Teubner Studienbücher Mathematik

Helmut Fischer, Helmut Kaul

Mathematik für Physiker

Helmut Fischer, Helmut Kaul

Mathematik für Physiker

Band 3: Variationsrechnung, Differentialgeometrie, Mathematische Grundlagen der allgemeinen Relativitätstheorie

2., überarbeitete Ausgabe

Teubner

Bibliografische Information Der Deutschen Bibliothek
Die Deutsche Bibliothek verzeichnet diese Publikation in der Deutschen Nationalbibliografie; detaillierte bibliografische Daten sind im Internet über <http://dnb.ddb.de> abrufbar.

Dr. rer. nat Helmut Fischer

Akad. Oberrat i. R., geb. 1936 in Wuppertal. Ab 1955 Studium der Mathematik und Physik, Universität Tübingen bei E. Kamke, H. Wielandt und W. Braunbek. Angestellten- und Assistententätigkeit am Mathematischen Institut der Universität Tübingen, 1967 Promotion bei H. Wielandt. 1969-2001 Rat/Oberrat am Mathematischen Institut der Universität Tübingen.

Dr. rer. nat Helmut Kaul

Geboren 1936 in Gleiwitz. 1958 – 1965 Studium der Mathematik und Physik, Universität Göttingen und FU Berlin bei H. Grauert, K.-P. Grotemeyer, W. Klingenberg und S. Hildebrandt. 1970 Promotion, Universität Mainz. 1971 - 1977 Wiss. Rat und Professor GHS Duisburg. Seit 1978 Professor, Universität Tübingen.

1. Auflage 2003
2., überarbeitete Auflage Januar 2006

Lektorat: Ulrich Sandten / Kerstin Hoffmann

Der B. G. Teubner Verlag ist ein Unternehmen von Springer Science+Business Media.
www.teubner.de

Umschlaggestaltung: Ulrike Weigel, www.CorporateDesignGroup.de
Druck und buchbinderische Verarbeitung: Strauss Offsetdruck, Mörlenbach
Gedruckt auf säurefreiem und chlorfrei gebleichtem Papier.
Printed in Germany

ISBN 3-8351-0031-9

Vorwort

Dieser Band gliedert sich in Variationsrechnung, Differentialgeometrie und mathematische Grundlagen der Relativitätstheorie. Er richtet sich an Studierende der Physik im Grund– und Hauptstudium sowie an alle, die sich näher mit Variationsrechnung und Relativitätstheorie befassen wollen. Als Einstiegsvoraussetzung reicht im Wesentlichen der in Band 1 behandelte Stoff.

Gegenstand der klassischen Variationsrechnung sind Integrale $\mathcal{F}(\mathbf{v})$ wie Wirkungsintegral, Bogenlänge oder Flächeninhalt, wobei $\mathbf{v}$ eine Funktionenklasse $\mathcal{V}$ durchläuft, die meistens durch Randbedingungen festgelegt ist. Gefragt wird nach notwendigen und hinreichenden Bedingungen dafür, dass eine Funktion $\mathbf{u} \in \mathcal{V}$ ein Minimum von $\mathcal{F}$ in $\mathcal{V}$ liefert. Notwendig hierfür ist die Stationarität von $\mathcal{F}$ an der Stelle $\mathbf{u}$, wofür $\delta\mathcal{F}(\mathbf{u}) = 0$ geschrieben wird. Aus dieser ergibt sich eine Differentialgleichung für $\mathbf{u}$, die Euler-Gleichung. In § 2 stellen wir Euler–Gleichungen für einige wichtige Variationsprobleme auf.

Für viele Gebiete der theoretischen Physik ist es zweckmäßig, ein Wirkungsprinzip der Form $\delta\mathcal{F}(\mathbf{u}) = 0$ an die Spitze zu stellen. Dies ist meistens der einfachste und sicherste Weg, die grundlegenden Differentialgleichungen aufzustellen; darüberhinaus lassen sich aus Invarianzeigenschaften des Wirkungsintegrals auf systematische Weise Erhaltungsgrößen gewinnen. Demgemäß spielen Variationsprinzipien in allen Teilen dieses Buches eine wichtige Rolle, z.B. in der Punkt– und Kontinuumsmechanik, in der geometrischen Optik, für Minimal– und Kapillaritätsflächen, bei Geodätischen auf Flächen und bei den Feldgleichungen der allgemeinen Relativitätstheorie.

In der allgemeinen Relativitätstheorie wird Gravitation als geometrische Eigenschaft einer vierdimensionalen Raum–Zeit–Mannigfaltigkeit beschrieben. Der für diese Theorie benötigte Apparat (Mannigfaltigkeiten, Tensoren, Lorentz–Mannigfaltigkeiten) wird in § 8 und § 9 bereitgestellt. Als Vorbereitung hierfür kann der Abschnitt § 7 über Flächen im $\mathbb{R}^3$ dienen, in dem wichtige Begriffe der Differentialgeometrie auf Mannigfaltigkeiten motiviert und mit geometrischer Anschauung verbunden werden.

Die Autoren haben sich bemüht, den Zugang zu den angesprochenen Themen zu erleichtern. So werden bei der Variationsrechnung, der Hamiltonschen Mechanik, der geometrischen Optik und der Differentialgeometrie von Flächen im $\mathbb{R}^3$ die Notationen der Vektoranalysis zugrunde gelegt und die Verwendung von Differentialformen vermieden. In der Differentialgeometrie auf Mannigfaltigkeiten und der Relativiätstheorie (§ 8–§ 11) wird bei der Einführung von Begriffen nach Möglichkeit die invariante Schreibweise verwendet. Diese kommt der Notation der Vektoranalysis am nächsten und lässt den geometrischen Gehalt deutlicher hervortreten als der Koordinatenkalkül. Jedoch stellen wir allen wichtigen invariant formulierten Rechnungen die entsprechende Koordinatenversion zur Seite, um den an die Koordinatenschreibweise gewöhnten Leserinnen und Lesern entgegen zu kommen.

Für wertvolle kritische Anmerkungen danken wir unseren Kollegen Frank Loose (§ 5) und Herbert Pfister (§ 10–§ 11) sehr herzlich. Unser ganz besonderer Dank gilt Ralph Hungerbühler für die drucktechnische Gestaltung und das Erstellen der Figuren. Ohne seinen Einsatz, seine Sachkenntnis, seine Hilfsbereitschaft und seine Geduld mit den Autoren hätte dieses Buch nicht entstehen können.

Tübingen, Oktober 2005 H. Fischer, H. Kaul

Zum Gebrauch. Ein Querverweis wie z.B. auf § 3 : 3.4 (a) bezieht sich auf § 3, Abschnitt 3, Unterabschnitt 3.4, Teil (a). Innerhalb von § 3 wird die betreffende Stelle nur mit 3.4 (a) aufgerufen. Literaturverweise wie z.B. auf [6] GIAQUINTA, M., HILDEBRANDT,S.: *Calculus of Variations, Vol.I, Ch.6, 2.4 Prop.1* erfolgen nach dem Muster

[6, I], Ch. 6, 2.4 Prop. 1.

oder auch

[GIAQUINTA–HILDEBRANDT] I, Ch. 6, 2.4 Prop. 1.

Durch das Symbol ÜA (Übungsaufgabe) werden die Leserinnen und Leser aufgefordert, Rechnungen oder Beweisschritte selbst auszuführen. Mit * markierte Abschnitte können bei der ersten Lektüre übergangen werden.

Wegweiser. Für die Anwendungen der Variationsrechnung auf die Mechanik und auf die Optik genügt es, neben § 1 die ersten drei Abschnitte von § 2 zu lesen und das Hauptergebnis § 3 : 3.4 zur Kenntnis zu nehmen. Die Differentialgeometrie von Flächen (§ 7) ist von den vorangehenden Abschnitten unabhängig; nur bei der Kennzeichnung von geodätischen Kurven als lokal kürzeste Linien wird ein Ergebnis aus § 5 verwendet. Für einen ersten, orientierenden Einstieg in die Relativitätstheorie wird zu Beginn von § 10 ein Leitfaden gegeben.

Bezeichnungen, Symbole und Abkürzungen orientieren sich im ersten Teil dieses Buches an den vorangehenden Bänden; im Symbolverzeichnis ist nur neu Hinzugekommenes aufgeführt. Ab § 8 passen wir uns dagegen der in der Differentialgeometrie üblichen Notation an.

Inhalt

Kapitel I

Variationsrechnung

§ 1 Übersicht

1 Beispiele für Variationsprobleme

1.1 Bahnen kürzester Laufzeit

(a) Ein Teilchen bewege sich in der x,y–Ebene so, dass seine Geschwindigkeit in jedem Punkt (x, y) einen vorgegebenen Wert $v(x, y)$ annimmt. Zu zwei gegebenen Punkten $A = (\alpha, a)$, $B = (\beta, b)$ betrachten wir alle Verbindungswege C, die Graph einer C^1–Funktion $u : [\alpha, \beta] \to \mathbb{R}$ sind. Die Laufzeit längs einer solchen Bahn C ist

$$\mathcal{T}(u) \;=\; \int\limits_C \frac{ds}{v} \;=\; \int\limits_\alpha^\beta \frac{\sqrt{1 + u'(x)^2}}{v(x, u(x))}\, dx\,.$$

Gefragt wird nach einem Minimum von $\mathcal{T}(u)$ in der Klasse $\mathcal{V}$ aller C^1–differenzierbaren Funktionen $u : [\alpha, \beta] \to \mathbb{R}$ mit $u(\alpha) = a,\ u(\beta) = b$.

Auf diese Problemstellung führt z.B. das **Fermat–Prinzip** für ein isotropes, achsensymmetrisches optisches Medium mit Brechungsindex $n(x, y)$ und Geschwindigkeit $v(x, y) = c/n(x, y)$ (c = Lichtgeschwindigkeit im Vakuum). Bei konstantem Brechungsindex ergibt sich die Frage nach der kürzesten Verbindungslinie zwischen A und B.

(b) Ein Spezialfall von (a) ist das **Brachistochronenproblem**: Dabei sind zwei nicht übereinander liegende Punkte A, B über der Erdoberfläche gegeben; A sei höher als B.

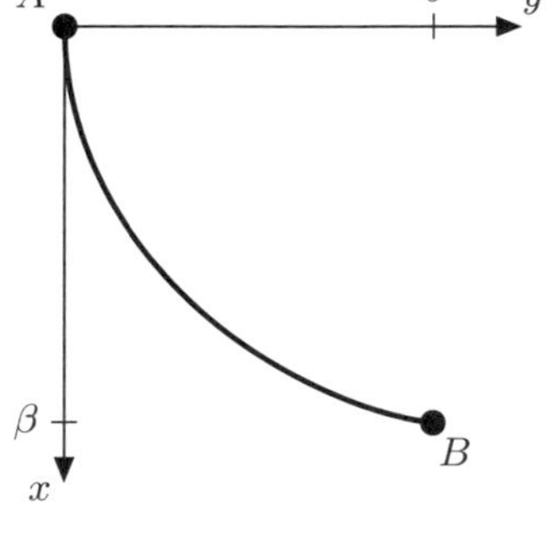

Gesucht ist eine Bahn, auf der ein Massenpunkt unter dem Einfluss der Schwere reibungsfrei in kürzester Zeit von A nach B gleitet. Da diese aller Voraussicht nach im Punkt A eine senkrechte Tangente haben wird, wählen wir das skizzierte Koordinatensystem. Nach dem Energiesatz ist dann $v(x, y) = \sqrt{2gx}$.

Zu bestimmen ist also eine Bahn mit kürzester Fallzeit

$$\mathcal{T}(u) = \int_0^\beta \sqrt{\frac{1+u'(x)^2}{2gx}}\, dx$$

in der Klasse $\mathcal{V}$ aller C^1–Funktionen $u : [0,\beta] \to \mathbb{R}$ mit $u(0) = 0,\ u(\beta) = b$.

1.2 Minimalflächen

Minimalflächen dienen als mathematisches Modell für Seifenhäute. Eine in eine oder mehrere geschlossene Kurven des $\mathbb{R}^3$ eingespannte Fläche heißt **Minimalfläche**, wenn sich der Flächeninhalt unter kleinen lokalen Deformationen nicht verringert. Die Annahme des absoluten Minimums des Flächeninhalts wird dabei nicht gefordert. Die Frage nach der Existenz und den Eigenschaften von Minimalflächen bei vorgegebener Berandung wird **Plateausches Problem** genannt. Wir betrachten hier zwei spezielle Situationen; auf das allgemeine Problem gehen wir in § 6 : 2.3 ein.

(a) Sei $\Omega \subset \mathbb{R}^2$ ein beschränktes Gebiet, und $g : \partial\Omega \to \mathbb{R}$ sei stetig. Für eine in die Kurve $\Gamma = \{(x,y,g(x,y)) \mid (x,y) \in \partial\Omega\}$ im $\mathbb{R}^3$ eingespannte Graphenfläche, gegeben durch eine Funktion $u \in C^0(\overline{\Omega}) \cap C^1(\Omega)$ mit $u = g$ auf $\partial\Omega$, ist der Flächeninhalt

$$\mathcal{A}(u) = \int_\Omega \sqrt{1 + \|\nabla u(x,y)\|^2}\, dx\, dy\,,$$

vergleiche Bd. 1, § 25 : 2.5 (a). Wir fragen nach einem Minimum von $\mathcal{A}(u)$ unter den eben genannten Bedingungen.

(b) Lassen wir den Graphen einer positiven C^1–Funktion $u : [\alpha,\beta] \to \mathbb{R}$ um die x–Achse rotieren, so entsteht eine zwischen zwei Kreisringen eingespannte Rotationsfläche mit Flächeninhalt [ÜA]

$$\mathcal{A}(u) = 2\pi \int_\alpha^\beta u(x)\sqrt{1+u'(x)^2}\, dx\,.$$

Wir untersuchen in § 2 : 2.5, unter welchen Bedingungen eine solche Rotationsfläche eine Minimalfläche ist.

1.3 Das Hamiltonsche Prinzip der Punktmechanik

Wir betrachten ein mechanisches System mit m Freiheitsgraden und der Lagrange–Funktion $L = T - U$, wobei die potentielle Energie $U(t,\mathbf{q})$ von den Lageparametern $\mathbf{q} = (q_1,\ldots,q_m)$ und der Zeit t abhängt und die kinetische Energie $T(t,\dot{\mathbf{q}})$ von den Geschwindigkeitskoordinaten $\dot{\mathbf{q}} = (\dot q_1,\ldots,\dot q_m)$ und von t. Für eine beliebige C^1–Kurve $t \mapsto \mathbf{q}(t)$ heißt

$$\mathcal{W}(\mathbf{q}) = \mathcal{W}(\mathbf{q},[t_1,t_2]) := \int_{t_1}^{t_2} L(t,\mathbf{q}(t),\dot{\mathbf{q}}(t))\,dt$$

das **Wirkungsintegral** auf dem Zeitintervall $[t_1,t_2]$.

Das Hamiltonsche Prinzip der kleinsten Wirkung besagt, dass jede Bahnkurve $t \mapsto \mathbf{q}(t)$ des Systems durch folgende Eigenschaft ausgezeichnet ist: Auf hinreichend kleinen Zeitintervallen $[t_1,t_2]$ ist

$$\mathcal{W}(\mathbf{q},[t_1,t_2]) \le \mathcal{W}(\mathbf{v},[t_1,t_2])$$

für alle C^1–Kurven $\mathbf{v} : [t_1,t_2] \to \mathbb{R}^m$ mit $\mathbf{v}(t_1) = \mathbf{q}(t_1)$, $\mathbf{v}(t_2) = \mathbf{q}(t_2)$ und genügend kleinem Abstand zur Bahnkurve $\mathbf{q}$.

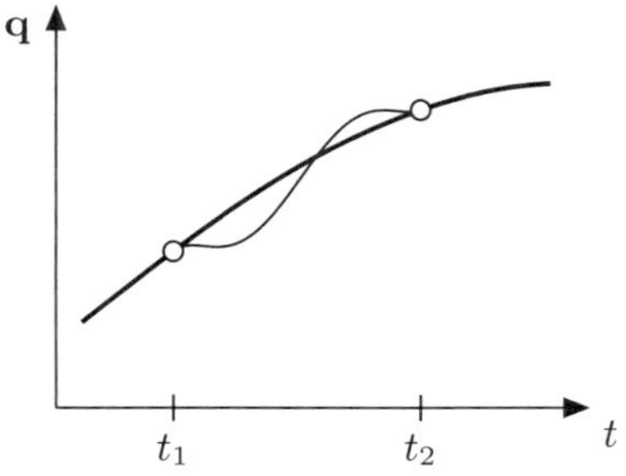

Die Bahnkurve $\mathbf{q}$ minimalisiert also das Wirkungsintegral im Vergleich mit allen denkbaren (virtuellen) Vergleichskurven $\mathbf{v}$, die aus $\mathbf{q}$ durch kleine, zeitlich lokalisierte Deformationen hervorgehen.

Dieses Prinzip stellt im holonomen Fall die allgemeinste Formulierung der Newtonschen Bewegungsgesetze dar und wird häufig an die Spitze der Mechanik gestellt, vgl. [87, I] § 2. Aus ihm lassen sich in systematischer und übersichtlicher Weise die Bewegungsgleichungen ableiten und Erhaltungsgrößen gewinnen; ferner bildet es den Ausgangspunkt für die Jacobische Integrationsmethode.

Das Hamiltonsche Prinzip ist nicht auf die Punktmechanik beschränkt; die meisten Feldtheorien lassen sich auf Variationsprinzipien zurückführen.

1.4 Geodätische

Eine Kurve C auf einem Flächenstück $M \subset \mathbb{R}^3$ heißt **Geodätische**, wenn sie zwischen je zwei hinreichend benachbarten Punkten $\mathbf{a}_1, \mathbf{a}_2 \in C$ die kürzeste Verbindung auf M herstellt.

Diese Minimumaufgabe läßt sich analytisch wie folgt fassen:
Wir fixieren eine Parametrisierung $\mathbf{\Phi} : \mathbb{R}^2 \supset U \to \mathbb{R}^3$ von M und erhalten jede Verbindungslinie von $\mathbf{a}_1, \mathbf{a}_2 \in M$ als Spur einer Kurve $\boldsymbol{\beta} = \mathbf{\Phi} \circ \mathbf{v}$, wobei $t \mapsto \mathbf{v}(t) = (v_1(t), v_2(t))$ eine Kurve im Parameterbereich mit vorgegebenen Endpunkten ist. Mit den Bezeichnungen $g_{ik} := \langle \partial_i \mathbf{\Phi}, \partial_k \mathbf{\Phi} \rangle$ ergibt sich für die Länge einer solchen Verbindungskurve

$$L(\boldsymbol{\beta}) = \int_{t_1}^{t_2} \|\dot{\boldsymbol{\beta}}(t)\|\,dt = \int_{t_1}^{t_2} \Big(\sum_{i,k=1}^{2} g_{ik}(\mathbf{v}(t))\,\dot{v}_i(t)\,\dot{v}_k(t) \Big)^{1/2} dt$$

ÜA, vgl. Bd. 1, § 25 : 2.1. Durch die rechte Seite ist ein Variationsintegral $\mathcal{L}(\mathbf{v})$ für eine ebene Kurve mit vorgegebenen Endpunkten definiert, das zu minimieren ist. Näheres hierzu wird in § 7 : 5 ausgeführt.

1.5 Isoperimetrische Probleme

Die Legende über die Gründung Karthagos (ca. 890 v. Chr.) berichtet, dass die phönizische Prinzessin DIDO nach ihrer Vertreibung sich vom numidischen König Jarbas soviel Land erbeten habe, als sie mit einer Stierhaut begrenzen könnte. Sie soll die Stierhaut zu einem dünnen Streifen zugeschnitten haben, um damit ein möglichst großes Areal zu umspannen.

Dass von allen ebenen Figuren gleichen Umfangs ($\iota\sigma o\ \pi\varepsilon\varrho\iota\mu\varepsilon\tau\varrho o\nu$) der Kreis den größten Flächeninhalt besitzt, galt von Alters her als evident. Einen ersten Schritt zum Beweis dieses Sachverhalts tat ZENODORUS um 180 v. Chr. Er zeigte, dass die Kreisfläche größer ist als die eines beliebigen n–Ecks mit gleichem Umfang. Die Vollendung des Beweises für ebene Figuren allgemeiner Art, denen sich ein Umfang und ein Flächeninhalt zuschreiben lässt, gelang F. EDLER 1882 nach Vorarbeit von Jacob STEINER.

Einfacher zu behandeln ist das 1697 von Jakob BERNOULLI in Angriff genommene Problem, für alle Funktionen $u : [\alpha, \beta] \to \mathbb{R}_+$ mit $u(\alpha) = u(\beta) = 0$ und vorgegebener Graphenlänge $\int\limits_\alpha^\beta \sqrt{1 + u'(x)^2}\, dx$ den Flächeninhalt $\int\limits_\alpha^\beta u(x)\, dx$ unter dem Graphen zum Maximum zu machen.

1.6 Die Variationsmethode für das Dirichlet–Problem

Wir betrachten das Dirichlet–Problem

$$(\mathrm{D}) \quad -\Delta u = f \quad \text{in } \Omega\,, \quad u = g \quad \text{auf } \partial\Omega$$

auf einem Normalgebiet $\Omega \subset \mathbb{R}^n$ mit gegebenen Funktionen $f \in \mathrm{C}^0(\overline{\Omega})$ und $g \in \mathrm{C}^0(\partial\Omega)$. Zum Nachweis der Existenz einer Lösung wird in Bd. 2, § 14 : 6 das Dirichlet–Integral

$$J(v) := \int\limits_\Omega \left(\tfrac{1}{2}\|\nabla v\|^2 - f \cdot v\right) d^n\mathbf{x}$$

betrachtet und die Existenz eines Minimums von $J(v)$ in einer geeigneten Funktionenklasse $\mathcal{V}$ nachgewiesen. Die Minimumstelle u von J liefert dann eine Lösung von (D) im schwachen (distributionellen) Sinne.

1.7 Optimale Kontrolle

Wir erläutern die Problemstellung am Beispiel der Steuerung einer Rakete. Diese soll auf einer Bahn $t \mapsto \mathbf{y}(t) = (\mathbf{q}(t), \dot{\mathbf{q}}(t))$ im Phasenraum $\mathbb{R}^6$ in vorgegebener Zeit T von $\mathbf{a} = \mathbf{q}(0)$ bis $\mathbf{b} = \mathbf{q}(T)$ fliegen, gesteuert durch Rückstoßbeschleunigung $\mathbf{u}(t)$ mittels Treibstoffverbrennung. Die Bewegungsgleichung sei

$$(1) \quad \dot{\mathbf{y}}(t) = \mathbf{f}(t, \mathbf{y}(t), \mathbf{u}(t)) .$$

Es sind system– und ressourcenbedingte Einschränkungen der Form

$$(2) \quad \mathbf{g}(t, \mathbf{y}(t), \mathbf{u}(t)) \geq 0$$

zu berücksichtigen. Zu gegebenen Daten $\mathbf{a}, \mathbf{b}, \mathbf{f}, \mathbf{g}$ sollen die Bahnkurve $\mathbf{y}$ und die Steuerungsfunktion $\mathbf{u}$ unter den Nebenbedingungen (1), (2) so bestimmt werden, dass eine „Kostenfunktion“

$$\mathcal{F}(\mathbf{y}, \mathbf{u}) = \int_0^T F(t, \mathbf{y}(t), \mathbf{u}(t))\, dt + \Psi(T, \mathbf{y}(T)) ,$$

z.B. der Treibstoffverbrauch, minimal wird.

Die optimale Kontrolltheorie ist ein noch in der Entwicklung befindliches Gebiet von großer Bedeutung für Technik und Ökonomie. Wir können aus Platzgründen hierauf nicht eingehen und verweisen auf die im Literaturverzeichnis angegebene Literatur.

2 Problemstellungen und Methoden der Variationsrechnung

2.1 Variationsfunktionale und Variationsklassen

(a) Bei einem eindimensionalen Variationsproblem 1. Ordnung sind gegeben

- ein **Variationsintegral $\mathcal{F}$ für Kurven $\mathbf{v} : [\alpha, \beta] \to \mathbb{R}^m$**,

$$\mathcal{F}(\mathbf{v}) = \int_\alpha^\beta F(x, \mathbf{v}(x), \mathbf{v}'(x))\, dx ,$$

- eine **Variationsklasse** oder **Vergleichsklasse** $\mathcal{V}$, welche die von der Aufgabenstellung her zugelassenen Vergleichskurven $\mathbf{v}$ enthält.

Hierdurch ist eine Funktion

$$\mathcal{F} : \mathcal{V} \longrightarrow \mathbb{R}$$

definiert, das **Variationsfunktional**. Bei dieser abstrakten Betrachtungsweise werden die Vergleichskurven als Punkte in einer Menge $\mathcal{V}$ aufgefaßt. Die Variationsrechnung fragt nach Stellen $\mathbf{u} \in \mathcal{V}$, an denen $\mathcal{F}$ ein lokales oder absolutes Minimum annimmt oder stationär wird.

Maximumprobleme lassen sich durch Übergang von $\mathcal{F}$ zu $-\mathcal{F}$ auf Minimumprobleme zurückführen.

Die Variationsklasse $\mathcal{V}$ besteht in den meisten Fällen aus Kurven, die einer Randbedingung genügen, im einfachsten Fall vorgeschriebene Endpunkte

$\mathbf{v}(\alpha) = \mathbf{a}$, $\mathbf{v}(\beta) = \mathbf{b}$ (**Zweipunktproblem**) oder bewegliche Endpunkte auf vorgegebenen Untermannigfaltigkeiten des $\mathbb{R}^m$.

Komplizierte Vergleichsklassen $\mathcal{V}$ entstehen durch Hinzunahme von Nebenbedingungen. Beispiele hierfür sind (vgl. Abschnitt 1):

- **holonome (punktweise) Nebenbedingungen**, bei denen die Kurven auf einer gegebenen Fläche liegen sollen,
- **isoperimetrische Nebenbedingungen** $\int_\alpha^\beta G(x, \mathbf{v}, \mathbf{v}')\, dx \;=\; c$,
- **Differentialgleichungs–Nebenbedingungen** wie in 1.7.

Variationsprobleme zweiter Ordnung enthalten auch die zweite Ableitung $\mathbf{v}''$ im Variationsintegral. Solche kommen z.B. bei der Balkenbiegung vor, wo die Krümmung im Integranden auftritt.

(b) Bei mehrdimensionalen Variationsproblemen erster Ordnung betrachten wir Variationsfunktionale $\mathcal{F} : \mathcal{V} \to \mathbb{R}$ der Form

$$\mathcal{F}(\mathbf{v}) \;=\; \int_\Omega F(\mathbf{x}, \mathbf{v}(\mathbf{x}), D\mathbf{v}(\mathbf{x}))\, d^n\mathbf{x}\,.$$

Die Elemente von $\mathcal{V}$ sind hier Funktionen oder Vektorfelder auf einem Gebiet $\Omega \subset \mathbb{R}^n$. Die Vergleichsklasse $\mathcal{V}$ ist wieder durch Randbedingungen und/oder Nebenbedingungen festgelegt, die wie oben punktweiser Art sein können oder die isoperimetrische Form $\mathcal{G}(\mathbf{v}) = c$ haben.

Mehrdimensionale Variationsprobleme zweiter Ordnung enthalten auch zweite Ableitungen von $\mathbf{v}$ im Variationsintegral. Solche Probleme treten in der Elastizitätstheorie und in der allgemeinen Relativitätstheorie auf.

2.2 Klassische Variationsrechnung

In diesem ältesten Zweig der Variationsrechnung werden vorwiegend Variationsprobleme für Kurven betrachtet. Dabei geht es vor allem um die Aufstellung notwendiger und hinreichender Bedingungen dafür, dass eine Kurve $\mathbf{u} \in \mathcal{V}$ ein lokales Minimum von $\mathcal{F} : \mathcal{V} \to \mathbb{R}$ liefert. Was dabei „lokal“ bedeuten soll, d.h. welcher Abstandsbegriff für Kurven zugrunde gelegt werden soll, hängt von der Natur der Aufgabenstellung ab und wird in § 2 : 1.2 diskutiert.

Wir skizzieren die Grundidee für den einfachsten Fall, in welchem $\mathcal{V}$ nur durch Randbedingungen festgelegt ist. Wie in der mehrdimensionalen Differentialrechnung betrachten wir für $\mathbf{u} \in \mathcal{V}$ die Richtungsableitungen, bezeichnet mit

$$\delta\mathcal{F}(\mathbf{u})\varphi \;:=\; \frac{d}{ds}\mathcal{F}(\mathbf{u} + s\varphi)\Big|_{s=0}\,, \quad \delta^2\mathcal{F}(\mathbf{u})\varphi \;:=\; \frac{d^2}{ds^2}\mathcal{F}(\mathbf{u} + s\varphi)\Big|_{s=0}\,.$$

Hat $\mathcal{F}$ an der Stelle $\mathbf{u} \in \mathcal{V}$ ein lokales Minimum, so gilt $\mathcal{F}(\mathbf{u} + s\varphi) \geq \mathcal{F}(\mathbf{u})$ für jede hinreichend glatte Kurve φ mit $\varphi(\alpha) = \varphi(\beta) = \mathbf{0}$ und für $|s| \ll 1$. Denn für jede solche *Testkurve* φ erfüllt $\mathbf{u} + s\varphi$ dieselben Randbedingungen wie $\mathbf{u}$ und ist für $|s| \ll 1$ hinreichend benachbart zu $\mathbf{u}$. Es folgt

$$\delta\mathcal{F}(\mathbf{u})\varphi = 0\,, \qquad \delta^2\mathcal{F}(\mathbf{u})\varphi \geq 0$$

für alle Testkurven φ.

Aus der ersten Bedingung ergibt sich ein Differentialgleichungssystem 2. Ordnung für $\mathbf{u}$, die **Euler–Gleichungen**, deren Lösungen **Extremalen** genannt werden. Aus der zweiten folgt eine Konvexitätsbedingung für den Integranden F (**Legendre–Bedingung**) sowie eine Längenbeschränkung für das Intervall $[\alpha, \beta]$ (**Jacobi–Bedingung**).

Hinreichende Bedingungen dafür, dass eine gegebene Extremale $\mathbf{u} \in \mathcal{V}$ ein lokales Minimum für $\mathcal{F} : \mathcal{V} \to \mathbb{R}$ liefert, bestehen in Verschärfungen der beiden zuletzt genannten Kriterien. Die verschärfte Konvexitätsbedingung an den Integranden, **Elliptizität** genannt, erweist sich als zentraler Begriff bei allen Minimumproblemen der Variationsrechnung. Diese Eigenschaft besitzen die Wirkungsintegrale der Punktmechanik und (nach geeigneter Umformung) auch die Laufzeitintegrale der geometrischen Optik.

2.3 Hamiltonsche Mechanik und geometrische Optik

(a) Ausgangspunkt für die Hamiltonsche Mechanik von Massenpunkten ist die im Hamiltonschen Prinzip 1.3 formulierte Tatsache, dass für jede Bahnkurve $t \mapsto \mathbf{q}(t)$ eines mechanischen Systems die erste Variation des Wirkungsintegrals $\mathcal{W}(\mathbf{q}) = \mathcal{W}(\mathbf{q}, [t_1, t_2])$ verschwindet, d.h. es gilt

$$\delta\mathcal{W}(\mathbf{q})\varphi \;=\; 0$$

für alle Testkurven φ mit $\varphi(t_1) = \varphi(t_2) = \mathbf{0}$ und alle Zeitintervalle $[t_1, t_2]$.

Äquivalent hierzu ist das Bestehen der Euler–Gleichungen, in der Mechanik auch Euler–Lagrange–Gleichungen genannt.

Auf dieser Grundlage entwickeln wir folgendes Programm:

- Transformation der Euler–Gleichungen in ein System von Differentialgleichungen 1. Ordnung, die Hamiltonschen Gleichungen,
- Aufstellung von Erhaltungsgrößen für Systeme mit Invarianzeigenschaften (Noetherscher Satz),
- Integrationsmethoden für die Bewegungsgleichungen (Hamilton–Jacobi–Theorie).

Die im Hamiltonschen Prinzip 1.3 formulierte Minimaleigenschaft des Wirkungsintegrals kann für diese Untersuchungen außer Acht gelassen werden. Sie ergibt sich als Folgerung aus dem Verschwinden der ersten Variation in § 3 : 2.3.

(b) Ein Ziel der geometrischen Optik ist die Beschreibung der Lichtausbreitung

- längs Strahlen nach dem Fermatschen Prinzip,
- durch Wellenfronten nach dem Huygensschen Prinzip,
- sowie der Nachweis der Gleichwertigkeit beider Prinzipien.

Die Verbindung der beiden Bilder der Lichtausbreitung wird durch Hamiltons **charakteristische Funktion** hergestellt. Letztere ist Lösung einer Differentialgleichung 1. Ordnung (der **Eikonalgleichung**) und liefert die „vollständige Figur" einer Schar von Wellenfronten und eines diese **transversal** durchsetzenden Bündels von Lichtstrahlen.

2.4 Die direkte Methode der Variationsrechnung

Gegenstand der klassischen Variationsrechnung ist die Untersuchung von Extremalen auf deren Minimaleigenschaften. Die Anwendung der dabei aufgestellten Kriterien setzt konkret gegebene Extremalen voraus. Nun lassen sich die Euler–Gleichungen nur in wenigen Fällen explizit lösen; in den übrigen Fällen ist es offen, ob es in einer Variationsklasse überhaupt Extremalen bzw. absolute oder lokale Minimumstellen gibt.

Diese Fragen sind das Thema der direkten Methode der Variationsrechnung, die um 1900 von HILBERT und LEBESGUE ins Leben gerufen wurde. In dieser Theorie werden Kriterien dafür aufgestellt, dass ein elliptisches, nach unten beschränktes Variationsfunktional $\mathcal{F} : \mathcal{V} \to \mathbb{R}$ sein Infimum $d = \inf \mathcal{F}(\mathcal{V})$ annimmt. Diese Methode ist u.a. ein wichtiges Hilfsmittel, um die Lösbarkeit einer wichtigen Klasse partieller Differentialgleichungsprobleme zu beweisen, die sich auf Variationsprobleme zurückführen lassen. Das Verfahren wurde in Bd. 2, § 14 : 6 am Beispiel des Dirichlet–Problems erläutert, vgl. 1.6.

Es stellen sich zwei Aufgaben.

- **Existenzbeweis für Minimumstellen**. Hierzu wird das Variationsfunktional zu einem Funktional $\overline{\mathcal{F}}$ auf eine größere Funktionenklasse $\overline{\mathcal{V}}$ fortgesetzt, die bezüglich einer dem Problem angepassten Integralnorm vollständig ist. Nach Einführung eines „schwachen" Konvergenzbegriffs wird dann gezeigt: Ist $(\mathbf{u}_k)$ eine **Minimalfolge**, d.h. eine Folge in $\mathcal{V}$ mit $\lim\limits_{k\to\infty} \mathcal{F}(\mathbf{u}_k) = d$, so konvergiert eine Teilfolge gegen ein $\mathbf{u} \in \overline{\mathcal{V}}$, und es gilt $\overline{\mathcal{F}}(\mathbf{u}) = d$, falls $\overline{\mathcal{F}}$ unterhalbstetig ist.

Die minimierende Funktion $\mathbf{u}$ besitzt u.U. nur schwache (distributionelle) Ableitungen und braucht im mehrdimensionalen Fall nicht einmal stetig zu sein. Wir sprechen daher von einer **schwachen Lösung** des Minimumproblems.

- **Regularitätsbeweis für schwache Lösungen**. Unter geeigneten Bedingungen werden Differenzierbarkeitseigenschaften schwacher Lösungen nachgewiesen; bei elliptischen Variationsproblemen für Kurven und für eine gesuchte Funktion mehrerer Variablen ergeben sich dabei optimale Aussagen, d.h. die Lösung ist so oft differenzierbar wie der Integrand F.

Einige Variationsprobleme der mathematischen Physik, z.B. in der Elastizitätstheorie, können nichtdifferenzierbare Lösungen haben; hier ist der schwache Lösungsbegriff der natürliche.

2.5 Zum Aufbau des ersten Kapitels

Die Grundzüge der klassischen Variationsrechnung werden in § 2 und § 3 behandelt. In § 2 werden die Euler–Gleichungen für ein– und mehrdimensionale Variationsprobleme sowie für isoperimetrische Variationsprobleme aufgestellt und für einige klassische Spezialfälle gelöst; ferner werden für elliptische eindimensionale Probleme die Regularität der Lösungen bewiesen und die Hamiltonschen Gleichungen hergeleitet. In § 3 werden notwendige und hinreichende Bedingungen für ein lokales Minimum beim Zweipunktproblem hergeleitet.

Wer schnell zur Hamiltonschen Mechanik (§ 4) vordringen will, benötigt aus § 2 nur die Abschnitte 1, 2, 3, 6; von § 3 ist hierfür eine Schlussfolgerung des Hauptsatzes 3.4 von Interesse: Das Prinzip der kleinsten Wirkung in der Punktmechanik ist äquivalent zu dem der stationären Wirkung.

Das mit dem Fermat–Prinzip verbundene Laufzeitintegral ist von anderem Typ als das Wirkungsintegral der Punktmechanik. Integrale dieser Art, sogenannte parametrische Integrale, treten auch beim Problem der Geodätischen auf Flächen auf. Daher wird in § 5 zunächst die Theorie parametrischer Variationsintegrale vorgestellt, bevor das in 2.3 (b) entworfene Programm durchgeführt werden kann.

Die für die ersten fünf Paragraphen erforderlichen Vorkenntnisse sind im Wesentlichen durch Band 1 abgedeckt; nur stellenweise werden Grundergebnisse über gewöhnliche Differentialgleichungen bemüht. Für die direkten Methoden in § 6 wird dagegen in stärkerem Maße auf Band 2 zurückgegrifffen. In diesem Paragraphen müssen wir uns wegen des gesetzten Rahmens darauf beschränken, die Vorgehensweise zu schildern und einzelne Anwendungen zu besprechen; für die Beweise verweisen wir häufig auf die Literatur.

§ 2 Extremalen

1 Das Zweipunktproblem

1.1 Bezeichnungen

Gegeben seien eine C^2–Funktion F auf einem Gebiet $\Omega_F \subset \mathbb{R} \times \mathbb{R}^m \times \mathbb{R}^m$, ein Intervall $[\alpha, \beta]$ und zwei Punkte $\mathbf{a}, \mathbf{b} \in \mathbb{R}^m$. Wir betrachten das **Variationsintegral**

$$\mathcal{F}(\mathbf{v}) := \int_\alpha^\beta F(x, \mathbf{v}(x), \mathbf{v}'(x))\, dx\,, \quad \text{kurz} \quad \mathcal{F}(\mathbf{v}) = \int_\alpha^\beta F(x, \mathbf{v}, \mathbf{v}')\, dx$$

auf der **Variationsklasse** $\mathcal{V}$ aller stückweis glatten Kurven $\mathbf{v} : [\alpha, \beta] \to \mathbb{R}^m$ mit

$$\mathbf{v}(\alpha) = \mathbf{a}\,, \quad \mathbf{v}(\beta) = \mathbf{b}\,,$$

für welche das Integral definiert ist.

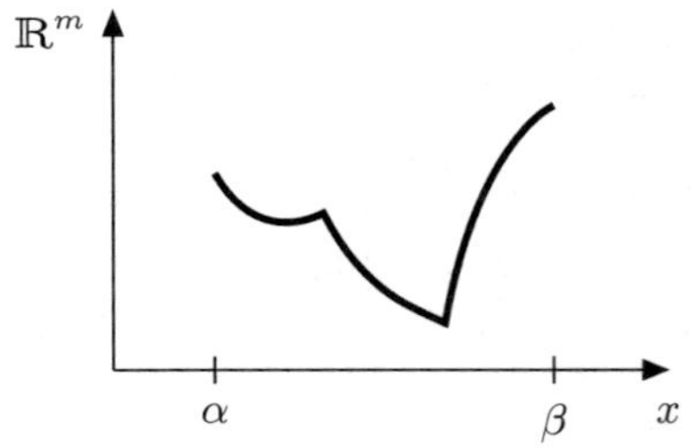

Eine Kurve $\mathbf{v} : [\alpha, \beta] \to \mathbb{R}^m$ heißt dabei **stückweis glatt**, wenn sie durch das Aneinanderhängen endlich vieler C^1–Kurven entsteht. Dies bedeutet, dass $\mathbf{v}$ stetig ist und C^1–differenzierbar mit Ausnahme höchstens endlich vieler Stellen, wobei in den Ausnahmepunkten die rechts– und linksseitigen Ableitungen $\mathbf{v}'(x+)$, $\mathbf{v}'(x-)$ existieren.

Den Vektorraum der stückweis glatten Kurven $\mathbf{v} : [\alpha, \beta] \to \mathbb{R}^m$ bezeichnen wir mit $PC^1([\alpha, \beta], \mathbb{R}^m)$ bzw. $PC^1[\alpha, \beta]$ für $m = 1$. Für diesen Raum verwenden wir wahlweise die C^0–Norm oder die C^1–Norm,

$$\|\mathbf{u}\|_{C^0} := \sup\{\|\mathbf{u}(x)\| \mid x \in [\alpha, \beta]\}\,, \qquad \|\mathbf{u}\|_{C^1} := \|\mathbf{u}\|_{C^0} + \|\mathbf{u}'\|_{C^0}\,,$$

wobei $\|\mathbf{u}'\|_{C^0}$ als Maximum der Normen $\|\mathbf{u}'\|_{C^0(I)}$ über alle Glattheitsintervalle I von $\mathbf{u}$ zu verstehen ist.

Wir wählen als Grundmenge die stückweis glatten Kurven, weil es Variationsprobleme gibt, die keine C^1–Lösungen, wohl aber PC^1–Lösungen besitzen. Solche Beispiele bilden allerdings die Ausnahme und werden durch die in 1.3 (d) angegebene Elliptizitätsbedingung ausgeschlossen.

Der **Definitionsbereich** $\mathcal{D}(\mathcal{F})$ von $\mathcal{F}$ besteht aus allen PC^1–Kurven $\mathbf{v}$, für welche das Variationsintegral $\mathcal{F}(\mathbf{v})$ definiert ist, d.h. für welche der **1–Graph** $\{(x, \mathbf{v}(x), \mathbf{v}'(x\pm)) \mid x \in [\alpha, \beta]\}$ zu Ω_F gehört. Das Integral $\mathcal{F}(\mathbf{v})$ ist dabei definiert als Summe der Integrale über die Glattheitsintervalle von $\mathbf{v}$.

Die Punkte von Ω_F bezeichnen wir in § 2 und in § 3 mit

$$(x, \mathbf{y}, \mathbf{z}) = (x, y_1, \ldots, y_m, z_1, \ldots, z_m)\,.$$

Entsprechend bezeichnen wir die partiellen Ableitungen von F mit

$$F_x := \frac{\partial F}{\partial x}, \qquad F_{y_k} := \frac{\partial F}{\partial y_k}, \qquad F_{z_k} := \frac{\partial F}{\partial z_k} \qquad (k = 1, \ldots, m),$$

die Jacobi–Matrizen bezüglich der Variablengruppen $\mathbf{y}, \mathbf{z}$ mit

$$F_{\mathbf{y}} := (F_{y_1}, \ldots, F_{y_m}), \qquad F_{\mathbf{z}} := (F_{z_1}, \ldots, F_{z_m})$$

und die zugehörigen Gradienten mit $\boldsymbol{\nabla}_{\mathbf{y}} F$, $\boldsymbol{\nabla}_{\mathbf{z}} F$.

Die $m \times m$–Matrizen der zweiten partiellen Ableitungen notieren wir in der Form

$$F_{\mathbf{zz}} := (F_{z_k z_\ell}), \qquad F_{\mathbf{yz}} := (F_{y_k z_\ell}), \qquad F_{\mathbf{yy}} := (F_{y_k y_\ell}).$$

1.2 Lokale Minima, erste und zweite Variation

(a) Ein Funktional $\mathcal{F} : \mathcal{V} \to \mathbb{R}$ auf einer beliebigen Vergleichsklasse $\mathcal{V} \subset \mathcal{D}(\mathcal{F})$ besitzt an der Stelle $\mathbf{u} \in \mathcal{V}$ ein **starkes lokales Minimum**, wenn

$$\mathcal{F}(\mathbf{u}) \le \mathcal{F}(\mathbf{v}) \quad \text{für alle } \mathbf{v} \in \mathcal{V} \quad \text{mit } \|\mathbf{u} - \mathbf{v}\|_{\mathrm{C}^0} \ll 1$$

und ein **schwaches lokales Minimum**, wenn

$$\mathcal{F}(\mathbf{u}) \le \mathcal{F}(\mathbf{v}) \quad \text{für alle } \mathbf{v} \in \mathcal{V} \quad \text{mit } \|\mathbf{u} - \mathbf{v}\|_{\mathrm{C}^1} \ll 1.$$

Jede starke lokale Minimumstelle liefert auch ein schwaches lokales Minimum [ÜA].

Ob es genügt, schwache lokale Minima zu finden, hängt von der Problemstellung ab; bei geometrischen Fragestellungen sind jedenfalls nur starke lokale Minima von Interesse.

Die Aufstellung notwendiger Bedingungen für eine lokale Minimumstelle $\mathbf{u} \in \mathcal{V}$ geschieht einheitlich für beide Fälle nach folgendem Muster.

(b) Zu der Variationsklasse $\mathcal{V} = \{\mathbf{v} \in \mathcal{D}(\mathcal{F}) \mid \mathbf{v}(\alpha) = \mathbf{a}, \ \ \mathbf{v}(\beta) = \mathbf{b}\}$ des Zweipunktproblems betrachten wir den **Variationsvektorraum**

$$\delta\mathcal{V} := \left\{ \boldsymbol{\varphi} \in \mathrm{PC}^1([\alpha, \beta], \mathbb{R}^m) \;\middle|\; \boldsymbol{\varphi}(\alpha) = \boldsymbol{\varphi}(\beta) = \mathbf{0} \right\}.$$

Die Elemente von $\delta\mathcal{V}$ nennen wir **Variationsvektoren**.

Für $\mathbf{u} \in \mathcal{V}$, $\boldsymbol{\varphi} \in \delta\mathcal{V}$ und $s \in \mathbb{R}$ hat dann $\mathbf{u} + s\boldsymbol{\varphi}$ dieselben Randwerte wie $\mathbf{u}$ und ist für $|s| \ll 1$ bezüglich jeder Norm zu $\mathbf{u}$ hinreichend benachbart.

Für eine lokale Minimumstelle $\mathbf{u}$ ist daher $\mathcal{F}(\mathbf{u}) \le \mathcal{F}(\mathbf{u} + s\boldsymbol{\varphi})$ für $\boldsymbol{\varphi} \in \delta\mathcal{V}$ und $|s| \ll 1$ und somit

$$\frac{d}{ds}\mathcal{F}(\mathbf{u} + s\boldsymbol{\varphi})\Big|_{s=0} = 0, \quad \frac{d^2}{ds^2}\mathcal{F}(\mathbf{u} + s\boldsymbol{\varphi})\Big|_{s=0} \ge 0 \quad \text{für alle } \boldsymbol{\varphi} \in \delta\mathcal{V}.$$

(c) SATZ. *Gegeben sei* $\mathbf{u} \in \mathcal{V}$. *Dann gilt für jedes* $\boldsymbol{\varphi} \in \delta\mathcal{V}$

$$\mathbf{u} + s\boldsymbol{\varphi} \in \mathcal{V} \quad \textit{für} \quad |s| \ll 1\,,$$

$$\begin{aligned}
\delta\mathcal{F}(\mathbf{u})\boldsymbol{\varphi} &:= \frac{d}{ds}\mathcal{F}(\mathbf{u} + s\boldsymbol{\varphi})\Big|_{s=0} \\
&= \int_\alpha^\beta (F_{\mathbf{y}}(x, \mathbf{u}, \mathbf{u}') \cdot \boldsymbol{\varphi} \, + \, F_{\mathbf{z}}(x, \mathbf{u}, \mathbf{u}') \cdot \boldsymbol{\varphi}')\, dx\,, \\
\delta^2\mathcal{F}(\mathbf{u})\boldsymbol{\varphi} &:= \frac{d^2}{ds^2}\mathcal{F}(\mathbf{u} + s\boldsymbol{\varphi})\Big|_{s=0} \\
&= \int_\alpha^\beta \Big(\big\langle \boldsymbol{\varphi}, F_{\mathbf{yy}}(x, \mathbf{u}, \mathbf{u}')\boldsymbol{\varphi}\big\rangle \\
&\qquad + 2\big\langle \boldsymbol{\varphi}', F_{\mathbf{zy}}(x, \mathbf{u}, \mathbf{u}')\boldsymbol{\varphi}\big\rangle \, + \, \big\langle \boldsymbol{\varphi}', F_{\mathbf{zz}}(x, \mathbf{u}, \mathbf{u}')\boldsymbol{\varphi}'\big\rangle\Big)\, dx\,.
\end{aligned}$$

Die Linearform

$$\delta\mathcal{F}(\mathbf{u}) : \delta\mathcal{V} \to \mathbb{R}, \quad \boldsymbol{\varphi} \mapsto \delta\mathcal{F}(\mathbf{u})\boldsymbol{\varphi}$$

heißt **erste Variation** von $\mathcal{F}$ an der Stelle $\mathbf{u}$, und die quadratische Form

$$\delta^2\mathcal{F}(\mathbf{u}) : \delta\mathcal{V} \to \mathbb{R}\,, \quad \boldsymbol{\varphi} \mapsto \delta^2\mathcal{F}(\mathbf{u})\boldsymbol{\varphi}\,,$$

heißt **zweite Variation** von $\mathcal{F}$ an der Stelle $\mathbf{u}$.

In der Literatur wird $\delta\mathcal{F}(\mathbf{u})\boldsymbol{\varphi}$ auch bezeichnet mit

$$\delta\mathcal{F}(\mathbf{u})(\boldsymbol{\varphi})\,, \quad \delta\mathcal{F}(\mathbf{u}, \boldsymbol{\varphi})\,, \quad \frac{\delta\mathcal{F}}{\delta\boldsymbol{\varphi}}(\mathbf{u})\,.$$

BEWEIS.

Es genügt, eines der kompakten Teilintervalle I von $[\alpha, \beta]$ zu betrachten, auf dem die Einschränkungen von $\mathbf{u}$ und $\boldsymbol{\varphi}$ beide C^1–differenzierbar sind. Da die Menge $K = \{(x, \mathbf{u}(x), \mathbf{u}'(x)) \mid x \in I\}$ kompakt ist, gibt es ein $r > 0$ mit $(x, \mathbf{y}, \mathbf{z}) \in \Omega_F$, falls $\|\mathbf{y} - \mathbf{u}(x)\| + \|\mathbf{z} - \mathbf{u}'(x)\| < r$. Es folgt $\mathbf{u} + s\boldsymbol{\varphi} \in \mathcal{D}(\mathcal{F})$, sobald $|s| \cdot (\|\boldsymbol{\varphi}(x)\| + \|\boldsymbol{\varphi}'(x)\|) < r$ für $x \in I$.

Nach dem Satz über Parameterintegrale und der Kettenregel folgt für $|s| \ll 1$

$$\begin{aligned}
&\frac{d}{ds}\int_\alpha^\beta F(x, \mathbf{u} + s\boldsymbol{\varphi}, \mathbf{u}' + s\boldsymbol{\varphi}')\, dx \\
&\quad = \int_\alpha^\beta \Big(F_{\mathbf{y}}(x, \mathbf{u} + s\boldsymbol{\varphi}, \mathbf{u}' + s\boldsymbol{\varphi}') \cdot \boldsymbol{\varphi} \, + \, F_{\mathbf{z}}(x, \mathbf{u} + s\boldsymbol{\varphi}, \mathbf{u}' + s\boldsymbol{\varphi}') \cdot \boldsymbol{\varphi}'\Big)\, dx\,.
\end{aligned}$$

Die Formel für die erste Variation folgt für $s = 0$, die für die zweite Variation durch weitere Ableitung nach s und Einsetzen von $s = 0$ ÜA. □

(d) ZUSATZ. *Ist* $\mathbf{u} \in \mathcal{V}$ *zusätzlich* C^2*–differenzierbar, so gilt*

$$\delta\mathcal{F}(\mathbf{u})\varphi = \int_\alpha^\beta \left\langle \nabla_\mathbf{y} F(x,\mathbf{u},\mathbf{u}') - \tfrac{d}{dx}\left[\nabla_\mathbf{z} F(x,\mathbf{u},\mathbf{u}')\right], \varphi(x)\right\rangle dx$$

für alle Variationsvektoren $\varphi \in \delta\mathcal{V}$.

Dies ergibt sich aus (b) durch partielle Integration wegen $\varphi(\alpha) = \varphi(\beta) = \mathbf{0}$ und der C^1–Differenzierbarkeit von $x \mapsto F_\mathbf{z}(x,\mathbf{u}(x),\mathbf{u}'(x))$.

1.3 Euler–Gleichungen und Extremalen

(a) SATZ. *Jede starke oder schwache lokale Minimumstelle* $\mathbf{u}$ *von* $\mathcal{F} : \mathcal{V} \to \mathbb{R}$ *ist ein* **stationärer (kritischer) Punkt**, *d.h. es gilt*

$$\delta\mathcal{F}(\mathbf{u}) = 0\,.$$

Dies folgt unmittelbar aus 1.2 (b).

(b) SATZ. *Eine* C^2*–Kurve* $u \in \mathcal{V}$ *liefert genau dann einen stationären Punkt von* $\mathcal{F} : \mathcal{V} \to \mathbb{R}$, *wenn* $\mathbf{u}$ *die* **Euler–Gleichungen**

$$\text{(EG)}\quad \frac{d}{dx}\left[\frac{\partial F}{\partial z_k}(x,\mathbf{u}(x),\mathbf{u}'(x))\right] = \frac{\partial F}{\partial y_k}(x,\mathbf{u}(x),\mathbf{u}'(x)) \qquad (k = 1,\dots,m)$$

erfüllt.

Diese Gleichungen, oft auch **Euler–Lagrange–Gleichungen** genannt, lassen sich zu einer vektoriellen Gleichung zusammenfassen:

$$\frac{d}{dx}\left[\nabla_\mathbf{z} F(x,\mathbf{u}(x),\mathbf{u}'(x))\right] = \nabla_\mathbf{y} F(x,\mathbf{u}(x),\mathbf{u}'(x))\,.$$

Jede C^2–Lösung von (EG) heißt eine **Extremale** von $\mathcal{F}$ bzw. von F.

BEWEIS.

Nach dem Zusatz 1.2 (d) gilt für jede C^2–Kurve $\mathbf{u}$ und für $\varphi \in \delta\mathcal{V}$

$$\delta\mathcal{F}(\mathbf{u})\varphi = \int_\alpha^\beta \langle \mathbf{E}(x), \varphi(x)\rangle\, dx \quad \text{mit der vektorwertigen Funktion}$$

$$\mathbf{E}(x) = \frac{d}{dx}\left[\nabla_\mathbf{z} F(x,\mathbf{u}(x),\mathbf{u}'(x))\right] - \nabla_\mathbf{y} F(x,\mathbf{u}(x),\mathbf{u}'(x))\,.$$

Aus dem Verschwinden der ersten Variation,

$$\int_\alpha^\beta \langle \mathbf{E}(x), \varphi(x)\rangle\, dx = 0 \quad \text{für alle} \quad \varphi \in \delta\mathcal{V}\,,$$

ergibt sich mit dem in 1.4 (c) folgenden Fundamentallemma der Variationsrechnung die Behauptung $\mathbf{E} = \mathbf{0}$. □

Aus (a) und (b) folgt:

(c) **Notwendige Bedingungen von Euler** (EULER 1744). *Nimmt das Variationsintegral* $\mathcal{F} : \mathcal{V} \to \mathbb{R}$ *für eine* C^2*–Kurve* $\mathbf{u} \in \mathcal{V}$ *ein starkes oder schwaches lokales Minimum an, so erfüllt* $\mathbf{u}$ *die Euler–Gleichungen.*

(d) Es stellt sich die Frage, in welchen Fällen für eine lokale Minimumstelle $\mathbf{u}$ von $\mathcal{F} : \mathcal{V} \to \mathbb{R}$ die Kurve $x \mapsto \mathbf{u}(x)$ automatisch C^2–differenzierbar ist und damit die Euler–Gleichung erfüllt. Dass dies nicht immer gelten muss, zeigt das in 1.5 (c) folgende Beispiel. Für **elliptische** Variationsprobleme ist die Antwort positiv:

Ein Variationsintegral $\mathcal{F}$ bzw. dessen Integrand F heißt **elliptisch**, wenn die **Leitmatrix** $F_{\mathbf{zz}}(x, \mathbf{y}, \mathbf{z})$ an jeder Stelle $(x, \mathbf{y}, \mathbf{z}) \in \Omega_F$ positiv definit ist und wenn das Gebiet Ω_F mit je zwei Punkten $(x, \mathbf{y}, \mathbf{z}_1)$, $(x, \mathbf{y}, \mathbf{z}_2)$ auch die Verbindungsstrecke enthält. Unter diesen Voraussetzungen gilt der

Regularitätssatz. *Ist* $\mathcal{F}$ *elliptisch, so folgt aus* $\delta\mathcal{F}(\mathbf{u}) = 0$ *die* C^2*–Differenzierbarkeit von* $\mathbf{u}$.

Der Beweis wird in 3.4 nachgetragen.

(e) Die Euler–Gleichungen liefern ein System gewöhnlicher Differentialgleichungen 2. Ordnung für $\mathbf{u} = (u_1, \ldots, u_m)$; dessen Term höchster Ordnung ist

$$P(x)\,\mathbf{u}''(x) \quad \text{mit der Leitmatrix } P(x) = F_{\mathbf{zz}}(x, \mathbf{u}(x), \mathbf{u}'(x))\,.$$

(f) In der Mechanik sind folgende Bezeichnungen üblich: Lautet das Wirkungsintegral

$$\mathcal{W}(\mathbf{q}) = \int_{t_1}^{t_2} L(t, q_1(t), \ldots, q_m(t), \dot{q}_1(t), \ldots, \dot{q}_m(t))\,dt\,,$$

so werden die Symbole $q_1, \ldots, q_m, \dot{q}_1, \ldots, \dot{q}_m$ auch als unabhängige Variable der Lagrange–Funktion $L = L(t, q_1, \ldots, q_m, \dot{q}_1, \ldots, \dot{q}_m)$ verwendet und die partiellen Ableitungen von L entsprechend mit

$$\frac{\partial L}{\partial q_k}, \quad \frac{\partial L}{\partial \dot{q}_k}$$

bezeichnet. Die Euler–Lagrange–Gleichungen erhalten damit die suggestive Gestalt

$$\frac{d}{dt}\left[\frac{\partial L}{\partial \dot{q}_k}(t, \mathbf{q}, \dot{\mathbf{q}})\right] = \frac{\partial L}{\partial q_k}(t, \mathbf{q}, \dot{\mathbf{q}})\,.$$

Durch Weglassung der Argumente ergibt sich die Kurzform

$$\frac{d}{dt}\frac{\partial L}{\partial \dot{q}_k} = \frac{\partial L}{\partial q_k}\,.$$

Die Verwendung der gleichen Symbole für die Variablen von L und die gesuchte Lösung erspart bei konkret gegebener Lagrange–Funktion Schreibarbeit und wird auch von uns bei Einzelbeispielen praktiziert. Für die Theorie ist dies aber wegen der Gefahr von Konfusionen nicht zu empfehlen; hier ist eine feste Variablenbenennung — unabhängig von den einzusetzenden Kurven — vorzuziehen.

1.4 Das Fundamentallemma der Variationsrechnung

(a) Unter einer **Testfunktion** auf einem Gebiet $\Omega \subset \mathbb{R}^n$ verstehen wir eine C^∞–Funktion $\varphi : \mathbb{R}^n \to \mathbb{R}$, deren **Träger** (engl. **support**)

$$\operatorname{supp} \varphi := \overline{\{\mathbf{x} \in \mathbb{R}^n \mid \varphi(\mathbf{x}) \neq 0\}}$$

kompakt ist und in Ω liegt. Den Vektorraum aller Testfunktionen auf Ω bezeichnen wir mit $\mathrm{C}_c^\infty(\Omega)$. Entsprechend bezeichnet $\mathrm{C}_c^\infty(\Omega, \mathbb{R}^m)$ die Gesamtheit aller **Testvektoren** $\boldsymbol{\varphi} = (\varphi_1, \ldots, \varphi_m)$ mit $\varphi_k \in \mathrm{C}_c^\infty(\Omega)$ $(k = 1, \ldots, m)$.

Es gibt beliebig scharf lokalisierte Testfunktionen:

SATZ. *Zu jeder Kugel $K_r(\mathbf{a}) \subset \mathbb{R}^n$ gibt es eine Testfunktion φ mit*

$$\varphi > 0 \quad \textit{in } K_r(\mathbf{a}), \quad \varphi = 0 \quad \textit{außerhalb } K_r(\mathbf{a}), \quad \int_{\mathbb{R}^n} \varphi \, d^n\mathbf{x} = 1.$$

BEWEIS.

Durch $\psi(t) := \mathrm{e}^{-1/t}$ für $t > 0$, $\psi(t) := 0$ für $t \leq 0$ ist nach Bd. 1, § 10 : 1.8 eine C^∞–Funktion auf $\mathbb{R}$ gegeben. Setzen wir

$$\varphi(\mathbf{x}) := c \cdot \psi(r^2 - \|\mathbf{x} - \mathbf{a}\|^2)$$

mit einer Konstanten $c > 0$, so ist $\varphi \in \mathrm{C}^\infty(\mathbb{R}^n)$, $\varphi(\mathbf{x}) > 0$ in $K_r(\mathbf{a})$ und $\varphi(\mathbf{x}) = 0$ sonst. Bei passender Wahl von c ergibt sich $\int_{\mathbb{R}^n} \varphi \, d^n\mathbf{x} = 1$. □

(b) **Fundamentallemma der Variationsrechnung** (DU BOIS–REYMOND 1879). *Ist $f : \mathbb{R}^n \supset \Omega \to \mathbb{R}$ stetig und gilt*

$$\int_\Omega f \cdot \varphi \, d^n\mathbf{x} = 0 \quad \text{für alle } \varphi \in \mathrm{C}_c^\infty(\Omega),$$

so folgt $f = 0$.

BEWEIS.

Angenommen, es gibt ein $\mathbf{a} \in \Omega$ mit $f(\mathbf{a}) \neq 0$, o.B.d.A. $f(\mathbf{a}) > 0$. Da f stetig ist, gibt es ein $r > 0$ mit $K_r(\mathbf{a}) \subset \Omega$ und $f(\mathbf{x}) > \frac{1}{2} f(\mathbf{a})$ für $\mathbf{x} \in K_r(\mathbf{a})$. Nach (a) gibt es ein $\varphi \in \mathrm{C}_c^\infty(\Omega)$ mit $\varphi > 0$ in $K_r(\mathbf{a})$, $\varphi = 0$ außerhalb $K_r(\mathbf{a})$ und $\int_{\mathbb{R}^n} \varphi \, d^n\mathbf{x} = 1$. Für diese entsteht ein Widerspruch zur Voraussetzung:

$$0 = \int_\Omega f \cdot \varphi \, d^n\mathbf{x} = \int_{K_r(\mathbf{a})} f \cdot \varphi \, d^n\mathbf{x} > \tfrac{1}{2} f(\mathbf{a}) \int_{K_r(\mathbf{a})} \varphi \, d^n\mathbf{x} = \tfrac{1}{2} f(\mathbf{a}) > 0. \quad \square$$

(c) **Fundamentallemma (vektorwertige Version).** *Ist* $\mathbf{f} : \mathbb{R}^n \supset \Omega \to \mathbb{R}^m$ *stetig und gilt*

$$\int_\Omega \langle \mathbf{f}, \boldsymbol{\varphi} \rangle \, d^n\mathbf{x} \;=\; 0 \quad \textit{für alle} \quad \boldsymbol{\varphi} \in \mathrm{C}_c^\infty(\Omega, \mathbb{R}^m)\,,$$

so folgt $\mathbf{f} = \mathbf{0}$.

Dies folgt unmittelbar aus (b) durch die Wahl $\boldsymbol{\varphi} = \psi \cdot \mathbf{e}_k$ mit $\psi \in \mathrm{C}_c^\infty(\Omega)$ für $k = 1, \ldots, m$.

Daraus ergibt sich der für die Herleitung der Euler–Gleichungen in 1.3 (b) noch fehlende Schluß wegen $\mathrm{C}_c^\infty(]\alpha, \beta[\,, \mathbb{R}^m) \subset \delta\mathcal{V}$.

1.5 Beispiele

(a) Das in § 1 : 1.1 vorgestellte Laufzeitintegral schreiben wir in der Form

$$\mathcal{F}(v) \;=\; \int_\alpha^\beta f(x, v(x)) \sqrt{1 + v'(x)^2}\, dx$$

mit einer C^2–Funktion $f : \mathbb{R}^2 \supset \Omega \to \mathbb{R}_{>0}$. Mit den in 1.1 vereinbarten Variablenbezeichnungen ergibt sich für den Integranden F

$$F(x,y,z) \;=\; f(x,y)\sqrt{1+z^2}\,, \qquad F_y(x,y,z) \;=\; f_y(x,y)\sqrt{1+z^2}\,,$$

$$F_z(x,y,z) \;=\; \frac{f(x,y)\cdot z}{\sqrt{1+z^2}}\,, \qquad F_{zz}(x,y,z) \;=\; \frac{f(x,y)}{\sqrt{(1+z^2)^3}} \;>\; 0\,.$$

Das Variationsintegral ist also elliptisch. Daher ergibt sich für eine Minimumstelle u von $\mathcal{F}$ in $\mathcal{V} = \{v \in \mathrm{PC}^1\,[\alpha, \beta] \mid v(\alpha) = a,\; v(\beta) = b\}$ als notwendige Bedingung die Euler–Gleichung

$$\frac{d}{dx}\left[f(x, u(x)) \frac{u'(x)}{\sqrt{1 + u'(x)^2}} \right] \;=\; \frac{\partial f}{\partial y}(x, u(x)) \sqrt{1 + u'(x)^2}\,.$$

Hängt f nicht von y ab, so erhalten wir daraus eine DG 1. Ordnung

$$f(x) \cdot \frac{u'(x)}{\sqrt{1 + u'(x)^2}} \;=\; c \quad \text{mit einer Konstanten } c.$$

Ist f konstant, so liefert diese DG $u'(x) = \mathrm{const}$, also eine Gerade.

(b) Ein Variationsintegral ohne Minimumstelle wurde 1870 von Karl WEIERSTRASS angegeben. Es lautet:

$$\mathcal{F}(v) = \int_{-1}^{1} x^2\, v'(x)^2\, dx \quad \text{auf} \;\; \mathcal{V} = \{v \in \mathrm{PC}^1[-1, 1] \mid v(\pm 1) = \pm 1\}.$$

Für die skizzierten $u_n \in \mathcal{V}$ ist

$$\mathcal{F}(u_n) = 2 \int_0^{1/n} n^2 x^2 \, dx = \frac{2}{3n},$$

also gilt $\inf\{\mathcal{F}(v) \mid v \in \mathcal{V}\} = 0$.

Das Infimum wird nicht angenommen. Denn aus $\mathcal{F}(u) = 0$ folgt $u'(x) = 0$ für $x \neq 0$ und wegen der Randbedingungen $u(x) = -1$ für $x < 0$, $u(x) = 1$ für $x > 0$, d.h. u ist unstetig und damit nicht in $\mathcal{V}$ gelegen.

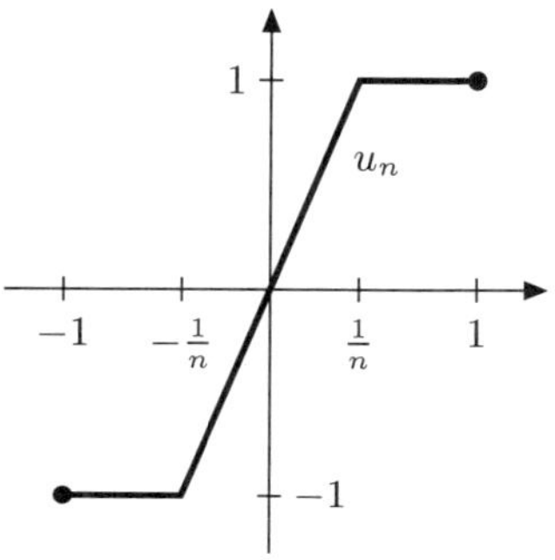

Karl WEIERSTRASS betrachtete anstelle der u_n die Folge der C^∞–Funktionen $v_n(x) = \arctan(nx)/\arctan(n)$. Für diese gilt ebenfalls $\lim\limits_{n\to\infty} \mathcal{F}(v_n) = 0$ ÜA; das Infimum von $\mathcal{F}$ auf der kleineren Variationsklasse $\mathcal{V} \cap \mathrm{C}^\infty[-1,1]$ ist also ebenfalls 0.

(c) Ein Variationsintegral, das sein absolutes Minimum nur für Funktionen mit Knickstellen annimmt, fand EULER 1779:

$$\mathcal{F}(v) = \int_0^1 (v'(x)^2 - 1)^2 \, dx \quad \text{auf } \mathcal{V} = \{v \in \mathrm{PC}^1\,[0,1] \mid v(0) = v(1) = 0\}.$$

Für jede Zickzackfunktion $u \in \mathcal{V}$, die intervallweise die Ableitungen 1 oder −1 besitzt (Fig.), nimmt $\mathcal{F}$ das absolute Minimum 0 an.
Auf der kleineren Variationsklasse

$$\mathcal{V}^1 = \mathcal{V} \cap \mathrm{C}^1\,[0,1]$$

hat $\mathcal{F}$ zwar auch das Infimum 0; dieses wird aber von keiner C^1–Funktion angenommen.

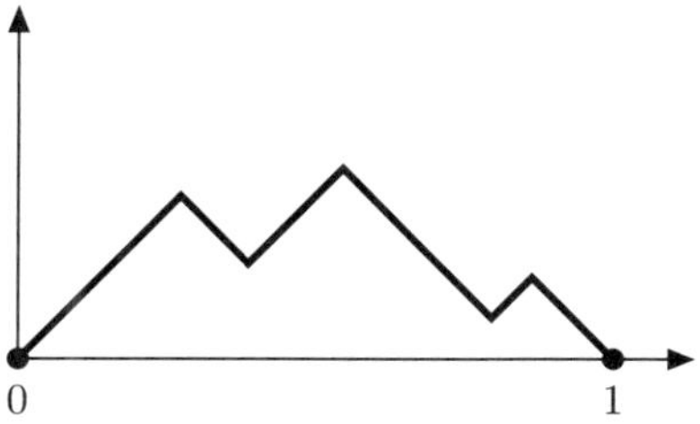

Um letzteres einzusehen, betrachten wir die durch $u(x) = \frac{1}{2} - \left|x - \frac{1}{2}\right|$ gegebene Funktion $u \in \mathcal{V}$ mit Dreiecksgestalt. Wegen $u' = \pm 1$ ist $\mathcal{F}(u) = 0$. Durch Ausrundung der Ecke bei $x = \frac{1}{2}$ mit kleinen Parabelbögen erhalten wir eine Folge von Funktionen $u_n \in \mathcal{V} \cap \mathrm{C}^1\,[0,1]$ mit $\lim\limits_{n\to\infty} \mathcal{F}(u_n) = 0$ ÜA.

Gilt $\mathcal{F}(u) = 0$ für eine C^1–Funktion u, so folgt $|u'| = 1$. Nach dem Zwischenwertsatz kann dann u' nur einen der Werte 1 oder −1 annehmen, daher kann u die Randbedingungen nicht erfüllen.

Somit nimmt $\mathcal{F}$ sein Minimum auf $\mathcal{V}$ nur für Funktionen mit Knicken, nicht aber für C^1– oder C^2–Funktionen an, obwohl der Integrand C^∞–differenzierbar ist. EULER fand dies „paradox".

Was ergibt sich aus der Euler–Gleichung $\frac{d}{dx}\left[2(u'(x)^2-1)u'(x)\right]=0$? Für deren Lösungen u gilt $(u'(x)^2-1)u'(x)=\text{const}=c$, also kann u' höchstens drei Werte annehmen und muss daher nach dem Zwischenwertsatz konstant sein. Die einzige Extremale in $\mathcal{V}$ ist somit die Nullfunktion. Es ist leicht zu sehen, dass $\mathcal{F}:\mathcal{V}\to\mathbb{R}$ an der Stelle $u=0$ ein schwaches, aber kein starkes lokales Maximum besitzt ÜA.

Beachten Sie, dass $\mathcal{F}$ nicht elliptisch ist wegen $F_{zz}=2(3z^2-1)$.

2 Lösung der Euler–Gleichung in Spezialfällen

2.1 Erste Integrale der Euler–Gleichungen

(a) Zu gegebenem Variationsintegral $\mathcal{F}$ mit Integrand F heißt eine C^1–Funktion $V:\Omega_F\to\mathbb{R}$ ein **erstes Integral** der Euler–Gleichungen, wenn

$$\frac{d}{dx}[V(x,\mathbf{u}(x),\mathbf{u}'(x))] \;=\; 0 \qquad \text{bzw.} \quad V(x,\mathbf{u}(x),\mathbf{u}'(x)) \;=\; \text{const.}$$

für jede Extremale $\mathbf{u}$ von $\mathcal{F}$.

Mit dem Auffinden eines ersten Integrals V ist meist ein Schritt zur Integration der Euler–Gleichungen getan; im Fall $m=1$ folgt z.B. aus der Euler–Gleichung eine implizite Differentialgleichung 1. Ordnung $V(x,u(x),u'(x))=c$. Bevor wir dies vertiefen, geben wir für zwei spezielle Situationen ein erstes Integral an.

(1) Tritt im Integranden F die k–te Variable y_k nicht auf, so ist $V=F_{z_k}$ ein erstes Integral aufgrund der k–ten Euler–Gleichung. Die betreffende Variable wird dann **zyklisch** genannt. Diese Situation ergibt sich häufig für Winkelvariable wie beim nachfolgenden Beispiel (b).

(2) Tritt im Integranden F die Variable x nicht auf, so ist

$$V(\mathbf{y},\mathbf{z}) \;:=\; F_{\mathbf{z}}(\mathbf{y},\mathbf{z})\cdot\mathbf{z} \;-\; F(\mathbf{y},\mathbf{z})$$

ein erstes Integral. Denn für jede Lösung $\mathbf{u}$ der Euler–Gleichung gilt

$$\begin{aligned}
\tfrac{d}{dx}\,[V(\mathbf{u},\mathbf{u}')] &= \tfrac{d}{dx}\,[F_{\mathbf{z}}(\mathbf{u},\mathbf{u}')\cdot\mathbf{u}' \;-\; F(\mathbf{u},\mathbf{u}')] \\
&= \tfrac{d}{dx}\,[F_{\mathbf{z}}(\mathbf{u},\mathbf{u}')]\cdot\mathbf{u}' \;+\; F_{\mathbf{z}}(\mathbf{u},\mathbf{u}')\cdot\mathbf{u}'' \\
&\qquad -\; F_{\mathbf{y}}(\mathbf{u},\mathbf{u}')\cdot\mathbf{u}' \;-\; F_{\mathbf{z}}(\mathbf{u},\mathbf{u}')\cdot\mathbf{u}'' \\
&= \Big(\tfrac{d}{dx}\,[F_{\mathbf{z}}(\mathbf{u},\mathbf{u}')] \;-\; F_{\mathbf{y}}(\mathbf{u},\mathbf{u}')\Big)\cdot\mathbf{u}' \;=\; 0\,.
\end{aligned}$$

(b) Beispiel. Wir beschreiben die (ebene) Bewegung eines Massenpunkts im Zentralfeld durch Polarkoordinaten $t\mapsto(r(t),\varphi(t))$. In der Lagrange–Funktion

$$L \;=\; \frac{1}{2}m\left(\dot{r}^2+r^2\dot{\varphi}^2\right) \;-\; U(r)$$

treten der Kurvenparameter (hier t genannt) und die Winkelvariable φ nicht auf. Aus (2) und (1) folgt mit der Bezeichnungsweise 1.3 (f)

$$\frac{\partial L}{\partial \dot r}\dot r + \frac{\partial L}{\partial \dot\varphi}\dot\varphi - L = \frac{1}{2}m\left(\dot r^2 + r^2\dot\varphi^2\right) + U(r) = \text{const.} = E\,,$$

$$\frac{\partial L}{\partial \dot\varphi} = mr^2\dot\varphi = \text{const.} = J \qquad \text{(Energiesatz und Flächensatz).}$$

2.2 Variationsintegrale der Form $\mathcal{F}(v) = \int\limits_\alpha^\beta F(x, v')\,dx$

Wir setzen voraus, dass $F(x,z)$ auf $\Omega_F = I \times J$ mit offenen Intervallen I, J die Elliptizitätsbedingung $F_{zz}(x,z) > 0$ erfüllt. Unser Ziel ist, die Minimumstellen von $\mathcal{F}$ in $\mathcal{V} = \{v \in \mathrm{PC}^1\,[\alpha,\beta] \cap \mathcal{D}(\mathcal{F}) \mid v(\alpha) = a,\ v(\beta) = b\}$ explizit zu bestimmen.

(a) Sei $u \in \mathcal{V}$ eine schwache lokale Minimumstelle von $\mathcal{F} : \mathcal{V} \to \mathbb{R}$. (Dies ist insbesondere der Fall, wenn u eine absolute Minimumstelle ist). Dann gilt $\delta\mathcal{F}(u) = 0$, und nach dem Regularitätssatz 1.3 (d) ist u eine Extremale, d.h. eine C^2–Lösung der Euler–Gleichung. Da F nicht von y abhängt, ist F_z ein erstes Integral, vgl. 2.1 (1), d.h. es gilt

(1) $\quad F_z(x, u'(x)) = c$

mit einer Konstanten c. Wegen $F_{zz} > 0$ kann die Gleichung $F_z(x,z) = c$ nach z aufgelöst werden, d.h. es existiert eine C^1–Funktion f mit

$$F_z(x,z) = c \iff z = f(x,c)$$

(Satz über implizite Funktionen; die explizite Bestimmung von f braucht nicht in allen Fällen zu gelingen). Somit ist (1) äquivalent zu

(2) $\quad u'(x) = f(x,c)\,,$

und wir erhalten aus dem Hauptsatz und den Randbedingungen

$$u(x) = a + \int\limits_\alpha^x f(t,c)\,dt \quad \text{und} \quad b - a = u(\beta) - u(\alpha) = \int\limits_\alpha^\beta f(t,c)\,dt\,.$$

(b) Wir kehren nun die Schlußweise um und nehmen an, dass die Konstante c so gewählt ist, dass

(3) $\quad \int\limits_\alpha^\beta f(t,c)\,dt = b - a\,.$

Diese Gleichung besitzt höchstens eine Lösung c, denn aus $F_z(x, f(x,c)) = c$ folgt $F_{zz}(x, f(x,c)) \cdot \frac{\partial f}{\partial c}(x,c) = 1$, also $\frac{d}{dc} \int\limits_\alpha^\beta f(t,c)\,dt = \int\limits_\alpha^\beta \frac{\partial f}{\partial c}(t,c)\,dt > 0$.

SATZ. *Erfüllt c die Gleichung* $\int\limits_\alpha^\beta f(t,c)\,dt = b - a$, *so liefert*

$$u(x) \;=\; a + \int\limits_\alpha^x f(t,c)\,dt \quad \text{für} \quad x \in [\alpha, \beta]$$

ein striktes absolutes Minimum von $\mathcal{F} : \mathcal{V} \to \mathbb{R}$, d.h. es gilt $\mathcal{F}(u) < \mathcal{F}(v)$ für alle $v \in \mathcal{V}$ mit $v \neq u$.

BEWEIS.

Wir zeigen, dass im Fall der Lösbarkeit von (3) die angegebene Lösung u das einzige Minimum von $\mathcal{F}$ in $\mathcal{V}$ liefert.

Sei $v \in \mathcal{V}$ und $\varphi := v - u \neq 0$. Wegen $u, v \in \mathcal{D}(\mathcal{F})$ ist die Menge

$$K \;=\; \left\{(x, u'(x) + s\varphi'(x\pm)) \;\middle|\; x \in [\alpha, \beta],\; s \in [0,1]\right\}$$

eine kompakte Teilmenge von $\Omega_F = I \times J$, also besitzt $F_{zz} > 0$ dort ein Minimum $\varrho > 0$. Zu jeder Glattheitsstelle x von u und v gibt es ein $\vartheta_x \in \,]0,1[$ mit

$$\begin{aligned} F(x, v'(x)) \;&=\; F(x, u'(x) + \varphi'(x)) \\ &=\; F(x, u'(x)) + F_z(x, u'(x)) \cdot \varphi'(x) + \tfrac{1}{2} F_{zz}(x, u'(x) + \vartheta_x \varphi'(x)) \cdot \varphi'(x)^2 . \end{aligned}$$

Wegen $F_z(x, u'(x)) = c$, $\int\limits_\alpha^\beta \varphi'(x)\,dx = \varphi(\beta) - \varphi(\alpha) = 0$ und $F_{zz} \geq \varrho$ in K folgt

$$\mathcal{F}(v) \;\geq\; \mathcal{F}(u) + \frac{1}{2}\varrho \int\limits_\alpha^\beta \varphi'(x)^2\,dx \;>\; \mathcal{F}(u) \quad \text{für} \quad v - u = \varphi \neq 0,$$

denn $\varphi' = 0$ und $\varphi(\alpha) = \varphi(\beta) = 0$ implizieren $\varphi = 0$. □

2.3 Die Brachistochrone

Wir betrachten das Variationsintegral

$$\mathcal{F}(v) \;=\; \int\limits_0^\beta \sqrt{\frac{1 + v'(x)^2}{x}}\,dx$$

für $v \in \mathrm{PC}^1[0, \beta]$ mit $v(0) = 0$, $v(\beta) = b > 0$.

Bis auf den Faktor $1/\sqrt{2g}$ ist $\mathcal{F}$ das im Brachistochronenproblem § 1 : 1.1 (b) auftretende Laufzeitintegral. Dieses Variationsintegral fällt insofern aus dem bisher betrachteten Rahmen, als bei der Integration Randpunkte des Definitionsgebiets $\Omega_F = \{(x,y,z) \mid x > 0\}$ von $F(x,z) = \sqrt{(1+z^2)/x}$ einbezogen werden und das Integral $\mathcal{F}(v)$ als uneigentliches aufzufassen ist. Die Anwendung der Schlüsse von 2.2 bedarf jedoch nur geringfügiger Modifikationen.

Für den Integranden gilt

$$F_z(x,z) \;=\; \frac{1}{\sqrt{x}} \cdot \frac{z}{\sqrt{1+z^2}}\,, \qquad F_{zz}(x,z) \;=\; \frac{1}{\sqrt{x}} \cdot \frac{1}{\sqrt{(1+z^2)^3}} \;>\; 0\,.$$

(a) *Notwendige Bedingungen für ein Minimum.* Sei u eine Minimumstelle von $\mathcal{F}$ in $\mathcal{V} = \{v \in \mathrm{PC}^1[0,\beta] \mid v(0) = 0,\ v(\beta) = b\}$. Dann gilt $\mathcal{F}(u) \le \mathcal{F}(u+s\varphi)$ für alle Testfunktionen φ auf $]0,\beta[$. Da deren Träger den Punkt $x = 0$ nicht enthält, ergibt sich $\delta\mathcal{F}(u)\varphi$ für $\varphi \in \mathrm{C}_c^\infty(]0,\beta[)$ wie in 1.2, ebenso bleiben alle daraus gezogenen Schlüsse gültig: Wegen $F_{zz} > 0$ in Ω_F ist u nach dem Regularitätssatz C^2–differenzierbar in $]0,\beta]$, und es gilt die Euler–Gleichung. Nach 2.1 ist F_z ein erstes Integral, also existiert eine Konstante c mit

$$\frac{1}{\sqrt{x}} \cdot \frac{u'(x)}{\sqrt{1+u'(x)^2}} \;=\; c \quad \text{für} \quad 0 < x \le \beta\,.$$

Demnach hat $u'(x)$ ein festes Vorzeichen in $]0,\beta]$. Wegen $u(\beta) = b > 0$ folgt $c > 0$, und die Auflösung nach $u'(x)$ ergibt

$$(*) \qquad u'(x) = \sqrt{\frac{x}{2r-x}} \quad \text{mit} \quad r = \frac{1}{2c^2}\,.$$

Da $u'(x)$ in einer rechtsseitigen Umgebung von $x = 0$ stetig ist, gilt diese Gleichung auch für $x = 0$. Die Konstanten c bzw. r sind nach den Überlegungen 2.2 durch die Randbedingungen festgelegt. Offenbar muss $2r > \beta$ gelten.

Die Lösung der DG $(*)$ läßt sich als parametrisierte Kurve $\varphi \mapsto (x(\varphi), y(\varphi))$ darstellen. Hierzu setzen wir $x(\varphi) := r\,(1-\cos\varphi) = 2r\,\sin^2\frac{\varphi}{2}$ für $\varphi \in [0,\varphi_0]$, wobei $\varphi_0 < \pi$ gegeben ist durch

$$\beta = x(\varphi_0) = 2r\sin^2(\varphi_0/2)\,, \quad \text{bzw.} \quad \varphi_0 = 2\arcsin\sqrt{\beta/2r}\,.$$

Für $y(\varphi) := u(x(\varphi))$ folgt dann mit $(*)$

$$\begin{aligned} y'(\varphi) \;&=\; u'(x(\varphi)) \cdot x'(\varphi) \;=\; \sqrt{\frac{r(1-\cos\varphi)}{r(1+\cos\varphi)}} \cdot r\sin\varphi \\ &=\; \sqrt{\frac{(1-\cos\varphi)^2}{1-\cos^2\varphi}} \cdot r\sin\varphi \;=\; r\cdot(1-\cos\varphi)\,. \end{aligned}$$

Mit $y(0) = 0$ ergibt sich durch Integration die Parameterdarstellung

$$x(\varphi) = r\,(1 - \cos\varphi)\,,$$
$$y(\varphi) = r\,(\varphi - \sin\varphi)$$

für $0 \le \varphi \le \varphi_0 < \pi$.

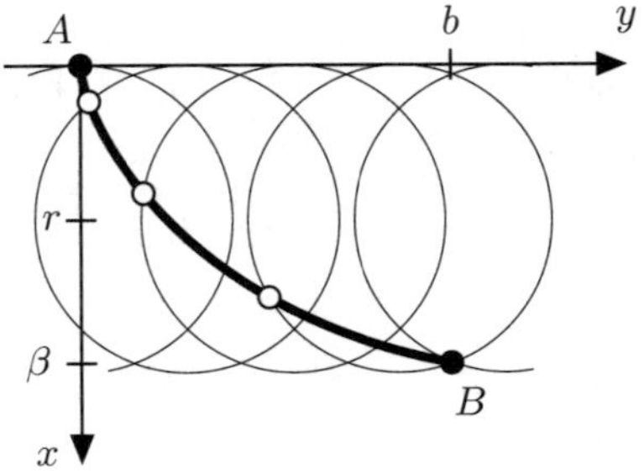

Diese stellt ein Zykloidenstück dar, d.h. ein Stück derjenigen Kurve, die ein Punkt auf einem Rad mit Radius r beim Abrollen gemäß Skizze dieses Rades auf der y–Achse beschreibt ÜA.

(b) *Existenz eines* $A = (0,0)$ *und* $B = (\beta, b)$ *verbindenden Zykloidenbogens.* Wir zeigen: Die Punkte A und B können genau dann durch einen Zykloidenbogen, der Graph über der x–Achse ist, verbunden werden, wenn

$$\frac{b}{\beta} < \frac{\pi}{2}\,.$$

Wir zeigen zuerst die eindeutige Bestimmtheit des Abrollwinkels $\varphi_0 < \pi$; der Rollradius r ergibt sich dann aus $\beta = x(\varphi_0) = r\,(1 - \cos\varphi_0)$. Für φ_0 muss gelten

$$\frac{b}{\beta} = \frac{u(\beta)}{\beta} = \frac{y(\varphi_0)}{x(\varphi_0)} = g(\varphi_0) \quad \text{mit} \quad g(\varphi) = \frac{\varphi - \sin\varphi}{1 - \cos\varphi}\,.$$

Die Funktion $g : \,]0,\pi] \to \,]0,\pi/2]$ ist bijektiv und streng monoton wachsend. Denn es gilt für $0 < \varphi < \pi$ ÜA

$$g'(\varphi) = \frac{2(1-\cos\varphi) - \varphi\,\sin\varphi}{(1-\cos\varphi)^2} = 2 \cdot \frac{\sin\varphi \cdot \left(\tan\frac{\varphi}{2} - \frac{\varphi}{2}\right)}{(1-\cos\varphi)^2} > 0\,,$$

ferner $g(\pi) = \frac{\pi}{2}$, und $\lim\limits_{\varphi \to 0+} g(\varphi) = 0$ nach der Regel von de l'Hospital.

Somit lässt sich jeder Punkt $B = (\beta, b)$ mit $\beta > 0$ und $0 < b < \pi\beta/2$ durch genau einen Zykloidenbogen in Graphengestalt mit $A = (0,0)$ verbinden.

Die durch den Zykloidenbogen definierte Funktion u liegt in $\mathcal{V} \cap \mathrm{C}^2[0,\beta]$ und erfüllt die Euler–Gleichung. Dies ergibt sich durch Rückwärtsverfolgen der Rechnungen in (a) und (b) ÜA.

(c) *Die Minimumeigenschaft der nach* (b) *bestimmten Extremalen* u ergibt sich wie in 2.2 (b) durch Taylorentwicklung von F bezüglich der z–Variablen: Sei $v \in \mathcal{V}$, $\varphi := v - u$ und $\sigma := \max\{|u'(x)| + |\varphi'(x\pm)| \mid x \in [0,\beta]\}$. Dann gilt für alle Glattheitsstellen $x \in \,]0,\beta]$ von v wegen $F_z(x,u'(x)) = c$

$$\begin{aligned} F(x,v'(x)) &= F(x,u'(x)) + F_z(x,u'(x)) \cdot \varphi'(x) \\ &\quad + \frac{1}{2} F_{zz}(x,u'(x) + \vartheta_x \varphi'(x)) \cdot \varphi'(x)^2 \\ &\geq F(x,u'(x)) + c \cdot \varphi'(x) + \frac{1}{2\sqrt{x}} \cdot \frac{1}{\sqrt{1+\sigma^2}^{\,3}} \cdot \varphi'(x)^2 . \end{aligned}$$

Integration dieser Gleichung unter Berücksichtigung von $\varphi(0) = \varphi(\beta) = 0$ ergibt

$$\mathcal{F}(v) = \mathcal{F}(u+\varphi) \geq \mathcal{F}(u)$$

mit Gleichheit nur für $\varphi' = 0$, also für $\varphi = 0$ wegen $\varphi(a) = 0$.

(e) **Das Zykloidenpendel**. Schwingt ein Massenpunkt unter dem Einfluss der Schwerkraft reibungsfrei auf einem Zykloidenbogen, so hängt seine Schwingungsdauer T nicht von der Größe des Ausschlags ab. Nachweis als ÜA in zwei Schritten (Koordinatensystem wie oben):

(i) Die Zeit $T/4$ für die Bewegung vom Hochpunkt $x = x_0$ $(0 \leq x_0 < 2r)$ bis zum Tiefpunkt $x = 2r$ ist nach den Überlegungen § 1:1.1 (b)

$$\frac{T}{4} = \int_{x_0}^{2r} \sqrt{\frac{1+u'(x)^2}{2g(x-x_0)}}\, dx\,, \quad \text{wobei} \quad u'(x)^2 = \frac{x}{2r-x}\,.$$

(ii) Das Integral hängt nicht von x_0 ab.

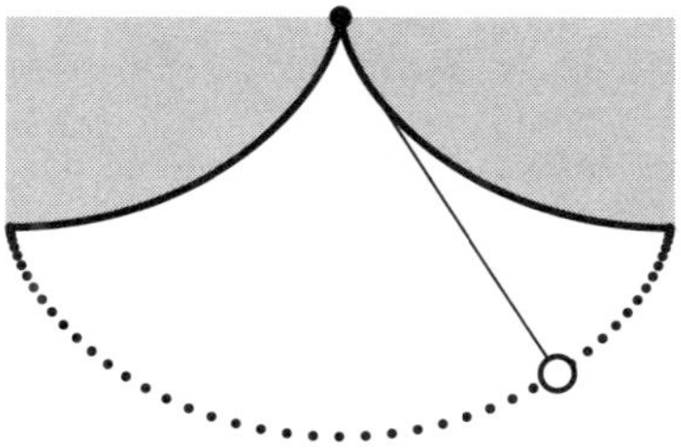

Christiaan Huygens zeigte diese Eigenschaft der Zykloide 1659 mit Hilfe von klassischen Exhaustionsmethoden. (Der Differentialkalkül stand ihm noch nicht zur Verfügung.)
Darüberhinaus fand er (Horologium oscillatorium ... 1673), dass die Zykloidenbahn durch ein Fadenpendel realisiert werden kann, dessen Faden sich an Backen anschmiegt, die ihrerseits Zykloidenform haben (vgl. auch § 7 : 1.3).

Er gab damit die Konstruktionsidee für eine Pendeluhr, deren Schwingungsdauer vom Pendelausschlag unabhängig ist.

2.4 Variationsintegrale der Form $\mathcal{F}(v) = \int\limits_\alpha^\beta F(v, v')\, dx$

Wir setzen wieder die Elliptizität von $F(y,z)$ voraus:

$$F_{zz}(y,z) > 0 \quad \text{in } \Omega_F = I \times J \quad \text{mit offenen Intervallen } I, J\,.$$

Kritische Punkte von $\mathcal{F}$ in $\mathcal{V} = \{v \in \mathrm{PC}^1[\alpha,\beta] \mid v(\alpha) = a,\ v(\beta) = b\}$ sind dann nach dem Regularitätssatz Extremalen; daher haben wir nur C^2–Lösungen der Euler–Gleichung zu betrachten.

Nach 2.1 (2) liefert

$$V(y,z) \;:=\; F_z(y,z) \cdot z - F(y,z)$$

ein erstes Integral. Zu jeder Extremalen u gibt es also eine Zahl c mit

$$(*) \qquad V(u,u') \;=\; F_z(u,u') \cdot u' \;-\; F(u,u') \;=\; c\,.$$

Eine allgemeine Regel zur Behandlung dieser Gleichung läßt sich nicht geben. Denn wegen $V_z(y,z) = F_{zz}(y,z) \cdot z$ ist die eindeutige Auflösbarkeit der Gleichung $V(y,z) = c$ nach z nur in Bereichen mit $z > 0$ bzw. $z < 0$ gesichert; die Nullstellen von u' sind aber meist a priori nicht bekannt.

Läßt sich allerdings aus den Gegebenheiten des Einzelfalls auf die Existenz höchstens einer Nullstelle von u' schließen, so sind die folgenden Ansätze aussichtsreich.

Hat u' keine Nullstelle, so führt $(*)$ auf eine separierte Differentialgleichung $u' = f(u,c)$. Ist $x \mapsto u(x,c)$ die Lösung mit $u(\alpha,c) = a$, so kann die unbekannte Integrationskonstante c ggf. aus $u(\beta,c) = b$ bestimmt werden.

Steht wie im folgenden Beispiel 2.5 fest, dass die gesuchte Extremale u genau eine Minimumstelle x_0 besitzt, die in $]\alpha,\beta[$ liegt, so bietet sich folgendes Verfahren an: Lokale Auflösungen der Gleichung $V(y,z) = c$ seien $z = f_+(y,c)$ für $z > 0$, $z = f_-(y,c)$ für $z < 0$. Die Lösungen der Anfangswertprobleme

$$u' \;=\; f_-(u,c)\,, \quad u(\alpha) = a \quad \text{und} \quad u' \;=\; f_+(u,c)\,, \quad u(\beta) = b$$

müssen sich an der Stelle x_0 zu einer C^2–Funktion verbinden lassen. Dies führt auf Bedingungen für die unbekannten Konstanten c, x_0.

2.5 Das Katenoid

(a) Wir behandeln das Problem rotationssymmetrischer Minimalflächen, die zwischen zwei koaxiale Kreisringe eingespannt sind, vgl. § 1:1.2 (b). Der Einfachheit halber wählen wir beide Kreisringe mit Radius 1 im Abstand 2β und betrachten alle Flächen, die durch Rotation des Graphen einer Funktion aus

$$\mathcal{V} \;=\; \left\{v \in \mathrm{PC}^1[-\beta,\beta] \;\middle|\; v > 0,\ v(-\beta) = v(\beta) = 1\right\}$$

um die x–Achse entstehen. Deren Flächeninhalt ist $\mathcal{A}(v) = 2\pi\mathcal{F}(v)$ mit

$$\mathcal{F}(v) \;=\; \int_{-\beta}^{\beta} v(x)\,\sqrt{1+v'(x)^2}\,dx\,.$$

Sei $u \in \mathcal{V}$ die Profilkurve einer rotationssymmetrischen Minimalfläche. Dann verschwindet die erste Variation des Flächeninhalts $\mathcal{A}$, d.h. es gilt $\delta\mathcal{F}(u) = 0$.

Der Integrand $F(y,z) \;=\; y\sqrt{1+z^2}$ ist bei Beschränkung auf die Halbebene $\Omega_F = \{(y,z) \mid y > 0\}$ elliptisch, denn es gilt

$$F_z(y,z) = \frac{y\,z}{\sqrt{1+z^2}}\,,\quad F_{zz}(y,z) = \frac{y}{\sqrt{1+z^2}^{\,3}} > 0\,,\quad F_y(y,z) = \sqrt{1+z^2}\,.$$

Aufgrund des Regularitätssatzes 1.3 (d) ist u somit C^2–differenzierbar.

(b) Nach 1.3 (b) ist daher das Verschwinden der ersten Variation $\delta\mathcal{F}(u) = 0$ äquivalent zur Euler–Gleichung, welche sich vereinfacht zu ÜA

$$(1)\qquad u''\cdot u - (u')^2 - 1 \;=\; 0\,.$$

Für Differentialgleichungen dieser Art gibt es kein allgemeines Lösungsverfahren. Da es sich hier aber um die Euler–Gleichung eines Variationsfunktionals vom Typ 2.4 handelt, finden wir ein erstes Integral V durch

$$V(y,z) = F_z(y,z)\cdot z - F(y,z) = \frac{y\,z^2}{\sqrt{1+z^2}} - y\sqrt{1+z^2} = -\,\frac{y}{\sqrt{1+z^2}}\,.$$

Somit gilt

$$(2)\qquad \frac{u(x)}{\sqrt{1+u'(x)^2}} \;=\; c \quad \text{in } [-\beta,\beta] \quad \text{mit einer Konstanten } c > 0\,.$$

Aus der Euler–Gleichung (1) folgt $u'' > 0$, also besitzt u genau eine Minimumstelle $x_0 \in]-\beta,\beta[$, und dies ist die einzige Nullstelle von u'. Damit ergeben sich durch Auflösung von (2) die separierten Differentialgleichungen

$$u' \;=\; -\sqrt{\left(\frac{u}{c}\right)^2 - 1} \;\text{ in } [-\beta,x_0[\,, \qquad u' \;=\; +\sqrt{\left(\frac{u}{c}\right)^2 - 1} \;\text{ in }]x_0,\beta]\,.$$

Das in 2.4 skizzierte Verfahren besteht darin, die erste Gleichung mit Anfangswert $u(-\beta) = 1$, die zweite mit Anfangswert $u(\beta) = 1$ zu lösen und die Konstanten c, x_0 aus den Bedingungen $u(x_0) \;=\; c,\; u'(x_0-) \;=\; u'(x_0+) \;=\; 0$ zu bestimmen. Diese etwas mühsame Prozedur können wir uns hier ersparen, denn die Kombination von (1) und (2) liefert die einfache Differentialgleichung

$$u''\cdot u = 1 + (u')^2 = c^{-2}\,u^2\,, \qquad \text{also} \qquad u'' \;=\; c^{-2}\,u\,.$$

Diese besitzt nach Bd. 1, § 10 : 4 die Lösung $u(x) = c_1 e^{x/c} + c_2 e^{-x/c}$, und unter Berücksichtigung der Randbedingungen ergibt sich ÜA

(3) $$u(x) = \frac{\cosh(x/c)}{\cosh(\beta/c)} = \frac{c}{\gamma} \cdot \cosh\left(\frac{x}{c}\right) \quad \text{mit} \quad \gamma := c \cdot \cosh\left(\frac{\beta}{c}\right).$$

(c) Wir untersuchen, unter welchen Bedingungen durch (3) eine Extremale für $\mathcal{F} : \mathcal{V} \to \mathbb{R}$, d.h. eine Lösung der Euler–Gleichung (1) gegeben ist.

Aus (3) folgt ÜA

$$u(x)\, u''(x) - u'(x)^2 - 1 = \gamma^{-2} \cosh^2\left(\frac{x}{c}\right) - \gamma^{-2} \sinh^2\left(\frac{x}{c}\right) - 1 = \gamma^{-2} - 1,$$

also gilt (1) genau für $\gamma = 1$, d.h. nach Definition von γ für

(4) $$c \cdot \cosh(\beta/c) = 1.$$

Wir schreiben dies in der Form

$$\frac{s}{\cosh s} = \beta \quad \text{mit} \quad s := \frac{\beta}{c}.$$

Die Funktion $s \mapsto s/\cosh s$ nimmt das Maximum $\beta_0 \approx 0.6627$ an genau einer Stelle $s_0 \approx 1.1997$ an (Fig.).

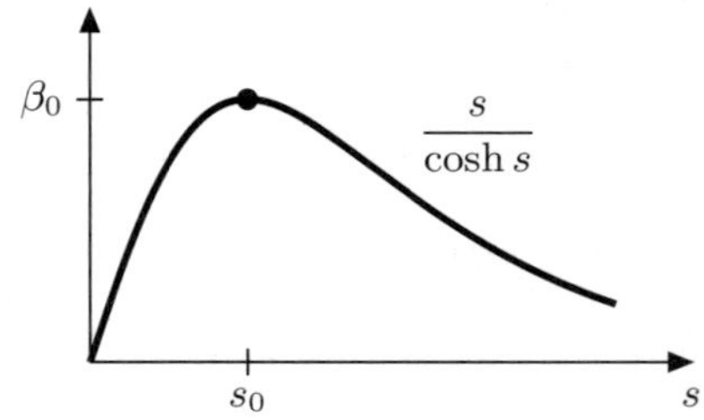

Für $\beta > \beta_0$ besitzt die Gleichung (4) also keine Lösung c, für $\beta = \beta_0$ genau eine und für $0 < \beta < \beta_0$ genau zwei. Damit erhalten wir:

Für die Profilkurve u einer rotationssymmetrischen Minimalfläche mit den Randwerten $u(\pm\beta) = 1$ gilt

$$\beta \le \beta_0$$

und

$$u(x) = c \cdot \cosh(x/c),$$

wobei $c > 0$ eine Lösung der Gleichung

$$c \cdot \cosh(\beta/c) = 1$$

ist.

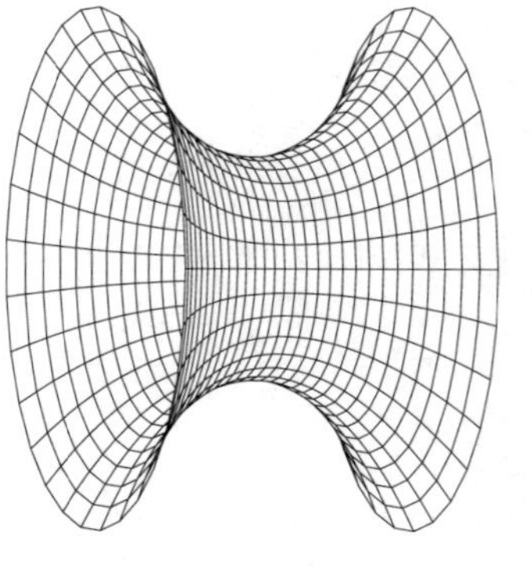

Der Graph der Funktion

$$x \mapsto \frac{c}{\gamma} \cdot \cosh\frac{x}{c}$$

heißt **Kettenlinie**; die von ihr erzeugte Rotationsfläche wird **Katenoid** oder **Kettenfläche** genannt.

Auf das Problem der hängenden Kette, von dem sich der Name ableitet, gehen wir in 5.2 (1) ein.

(d) Für den Flächeninhalt $\mathcal{A}(u)$ des von u erzeugten Katenoids ergibt sich ÜA

$$\mathcal{A}(u) = 2\pi\mathcal{F}(u) = 2\pi c \cdot \left(\beta + \sinh\frac{\beta}{c}\right),$$

wobei c der Gleichung (4) genügt.

Für $\beta \le \beta_0$ seien c_1, c_2 die Lösungen der Gleichung (4) mit $c_1 \le c_2$ und u_1, u_2 die zugehörigen Profilkurven. Dann gelten die folgenden Aussagen:

(i) $\mathcal{A}(u_1)$ und $\mathcal{A}(u_2)$ wachsen mit β bis zum Maximalwert $2\pi s_0$, wobei die Zahl $s_0 \approx 1.1997$ in (c) definiert ist.

(ii) Für $0 < \beta < \beta_0$ ist $\mathcal{A}(u_2) < \mathcal{A}(u_1)$.

(iii) Für $0 < \beta < \beta_0$ ist u_2 eine starke lokale Minimumstelle von $\mathcal{F}$ in $\mathcal{V}$.

(iv) Dagegen ist u_1 für $0 < \beta \le \beta_0$ keine schwache lokale Minimumstelle von $\mathcal{F}$; insbesondere besitzt $\mathcal{F}$ für $\beta = \beta_0$ kein lokales Minimum.

Die Aussagen (iii) und (iv) beweisen wir in § 3 : 3.5.

Diese Ergebnisse stehen in Übereinstimmung mit Seifenhautexperimenten. Von den zu c_1, c_2 gehörenden Katenoiden wird nur das mit dem größeren Taillenradius c_2 beobachtet; das zu c_1 gehörende wird wegen seiner Instabilität nicht realisiert. Die Seifenhaut bleibt beim Auseinanderziehen der Kreisringe solange bestehen, bis deren Abstand $2\beta_0 \approx \frac{4}{3}$ erreicht, danach zerplatzt sie. Im Grenzbereich ist ihr Flächeninhalt $2\pi s_0$ mit $s_0 \approx 1.2$ größer als die Fläche der beiden Kreisringe.

3 Der Regularitätssatz für elliptische Variationsprobleme

3.1 Die notwendige Bedingung von Legendre

Der im folgenden bewiesene Regularitätssatz setzt die positive Definitheit der Leitmatrix $F_{\mathbf{zz}}$ auf Ω_F voraus. Dass die positive Semidefinitheit von $F_{\mathbf{zz}}$ auf dem 1–Graphen einer schwachen lokalen Minimalkurve eine notwendige Bedingung ist, sei an dieser Stelle im Vorgriff auf § 3 : 1.2 (a) ohne Beweis mitgeteilt:

SATZ (LEGENDRE 1786). *Ist* $\mathbf{u} \in \mathcal{V}$ *eine schwache lokale Minimumstelle des Zweipunktproblems* $\mathcal{F} : \mathcal{V} \to \mathbb{R}$ *auf* $[\alpha, \beta]$, *so gilt*

$$F_{\mathbf{zz}}(x, \mathbf{u}(x), \mathbf{u}'(x\pm)) \ge 0$$

für alle $x \in \,]\alpha, \beta[\,$.

3.2 Schwache Extremalen und integrierte Euler–Gleichung

(a) Gegeben sei ein C^2–Integrand F auf einem Gebiet $\Omega_F \subset \mathbb{R} \times \mathbb{R}^m \times \mathbb{R}^m$. Eine stückweis glatte Kurve $\mathbf{u} : I \to \mathbb{R}^m$ auf einem offenen Intervall I mit 1–Graph in Ω_F wird eine **schwache Lösung der Euler–Gleichungen** oder **schwache Extremale** von F auf I genannt, wenn

$$(*) \qquad \delta\mathcal{F}(\mathbf{u})\varphi \;=\; \int_I \big(F_{\mathbf{y}}(x,\mathbf{u},\mathbf{u}')\cdot\varphi \;+\; F_{\mathbf{z}}(x,\mathbf{u},\mathbf{u}')\cdot\varphi'\big)\,dx \;=\; 0$$

für alle $\varphi \in C_c^\infty(I,\mathbb{R}^m)$ gilt, vgl. 1.2 (c).

Für das Variationsintegral des Zweipunktproblems $\mathcal{F} : \mathcal{V} \to \mathbb{R}$ gilt beispielsweise nach 1.3 (a): Hat $\mathcal{F}$ an der Stelle $\mathbf{u} \in \mathcal{V}$ ein lokales Minimum, so ist $\delta\mathcal{F}(\mathbf{u}) = 0$ und damit $\mathbf{u}$ eine schwache Extremale von F in $]\alpha,\beta[$.

In diesem Abschnitt zeigen wir, dass bei elliptischen Variationsproblemen jede schwache Extremale C^2–differenzierbar ist.

(b) SATZ. *Ist die PC^1–Kurve $\mathbf{u}$ eine schwache Extremale von F auf I, so gibt es zu gegebenem $x_0 \in I$ einen konstanten Vektor $\mathbf{c}$, so dass*

$$\nabla_{\mathbf{z}}F(x,\mathbf{u}(x),\mathbf{u}'(x)) \;=\; \int_{x_0}^{x} \nabla_{\mathbf{y}}F(t,\mathbf{u}(t),\mathbf{u}'(t))\,dt \;+\; \mathbf{c}$$

an jeder Glattheitsstelle $x \in I$ von $\mathbf{u}$ gilt.

Wir sagen, die schwache Extremale erfüllt die **Euler–Gleichungen in integrierter Form**.

BEWEIS.

Wir notieren die Beziehung $(*)$ in der Form

$$\int_I \big(\langle\nabla_{\mathbf{z}}F(x,\mathbf{u}(x),\mathbf{u}'(x)),\varphi'(x)\rangle + \langle\nabla_{\mathbf{y}}F(x,\mathbf{u}(x),\mathbf{u}'(x)),\varphi(x)\rangle\big)\,dx = 0\,.$$

Durch partielle Integration folgt mit $\mathbf{g}(x) := \int_{x_0}^{x} \nabla_{\mathbf{y}}F(t,\mathbf{u}(t),\mathbf{u}'(t))\,dt$

$$\int_I \langle\nabla_{\mathbf{z}}F(x,\mathbf{u}(x),\mathbf{u}'(x)) - \mathbf{g}(x),\varphi'(x)\rangle\,dx = 0 \;\text{ für alle }\; \varphi \in C_c^\infty(I,\mathbb{R}^m).$$

Der Rest des Beweises ergibt sich aus dem folgenden Lemma. □

(c) **Das Hilbert–Lemma**. *Ist $\mathbf{f} : I \to \mathbb{R}^m$ auf einem offenen Intervall I stückweis stetig und gilt*

$$\int_I \langle\mathbf{f},\varphi'\rangle\,dx \;=\; 0 \quad \textit{für alle} \quad \varphi \in C_c^\infty(I,\mathbb{R}^m)\,,$$

so gibt es einen konstanten Vektor $\mathbf{c}$ *mit* $\mathbf{f}(x) = \mathbf{c}$ *an allen Stetigkeitsstellen* $x \in I$ *von* $\mathbf{f}$.

BEWEIS.

(i) Wir verwenden folgende Verallgemeinerung des Fundamentallemmas:

Ist $g : I \to \mathbb{R}$ *stückweis stetig und gilt* $\int_I g \cdot \varphi = 0$ *für alle* $\varphi \in \mathrm{C}_c^\infty(I)$, *so ist* $g(x) = 0$ *in allen Stetigkeitspunkten* x *von* g.

Denn zu jedem Stetigkeitspunkt von g gibt es eine offene Intervallumgebung J, so dass g auf J stetig ist. Nach Voraussetzung gilt $\int_J g \cdot \varphi = 0$ für alle $\varphi \in \mathrm{C}_c^\infty(J)$, und nach dem Fundamentallemma 1.4 (b) folgt $g = 0$ in J.

(ii) Es reicht, den Fall $m = 1$ zu betrachten. Sei also $f : I \to \mathbb{R}$ stückweis stetig und $\int_I f \cdot \varphi' = 0$ für alle $\varphi \in \mathrm{C}_c^\infty(I)$. Wir fixieren eine Testfunktion $\varphi_0 \in \mathrm{C}_c^\infty(I)$ mit $\int_I \varphi_0 = 1$. Für eine beliebige Testfunktion $\varphi \in \mathrm{C}_c^\infty(I)$ wählen wir ein Intervall $[\alpha, \beta] \subset I$, das die Trägermengen supp φ_0, supp φ enthält und setzen

$$\psi(x) := \int_\alpha^x \Big(\varphi(t) - \Big(\int_I \varphi\Big) \cdot \varphi_0(t)\Big)\, dt\,.$$

Offenbar gilt $\psi \in \mathrm{C}^\infty(\mathbb{R})$ und $\psi(x) = 0$ für $x \le \alpha$. Für $x \ge \beta$ ergibt sich

$$\psi(x) = \int_\alpha^\beta \Big(\varphi(t) - \Big(\int_I \varphi\Big) \cdot \varphi_0(t)\Big)\, dt = \int_I \varphi - \Big(\int_I \varphi\Big) \cdot \int_I \varphi_0 = 0\,.$$

Somit gilt $\psi \in \mathrm{C}_c^\infty(I)$ und daher nach Voraussetzung mit $c := \int_I (f \cdot \varphi_0)$

$$0 = \int_I f \cdot \psi' = \int_I f \cdot \Big(\varphi - \Big(\int_I \varphi\Big) \cdot \varphi_0\Big) = \int_I (f - c) \cdot \varphi$$

für beliebige $\varphi \in \mathrm{C}_c^\infty(I)$.

Nach (i) folgt $f(x) - c = 0$ in allen Stetigkeitspunkten $x \in I$ von f. □

3.3 Elliptizität und Legendre–Transformation

(a) Im Beispiel von Euler 1.5 (c) nimmt das Variationsintegral $\mathcal{F}$ sein Minimum nur für Funktionen u an, die mindestens eine Knickstelle besitzen, d.h. eine Stelle, an der rechts– und linksseitige Ableitung voneinander verschieden sind. Um einzusehen, wie solche Phänomene auszuschließen sind, betrachten wir die integrierten Euler–Gleichungen 3.2 (b), denen jede lokale Minimumstelle $\mathbf{u}$ genügt. Diese besagen, dass es eine stetige Funktion $\mathbf{g}$ auf dem Intervall I gibt mit

$$\nabla_{\mathbf{z}} F(x, \mathbf{u}(x), \mathbf{u}'(x)) = \mathbf{g}(x)$$

an allen Stetigkeitsstellen x von $\mathbf{u}'$. Sind die beiden einseitigen Ableitungen $\mathbf{z}_- = \mathbf{u}'(x_0-)$ und $\mathbf{z}_+ = \mathbf{u}'(x_0+)$ an einer Stelle $x_0 \in I$ voneinander verschieden, so folgt wegen der Stetigkeit von $\mathbf{u}$ und $\mathbf{g}$ an der Stelle x_0

$$\nabla_{\mathbf{z}} F(x_0, \mathbf{u}(x_0), \mathbf{z}_-) = \nabla_{\mathbf{z}} F(x_0, \mathbf{u}(x_0), \mathbf{z}_+) .$$

Das Auftreten von Knickstellen bei schwachen Extremalen ist daher ausgeschlossen, wenn $\mathbf{z} \mapsto \nabla_{\mathbf{z}} F(x, \mathbf{y}, \mathbf{z})$ für alle in Betracht kommenden $x, \mathbf{y}$ injektiv ist. Dies garantiert die schon in 1.3 (d) genannte Elliptizitätsbedingung:

Der Integrand F eines Variationsintegrals $\mathcal{F}$ (bzw. $\mathcal{F}$ selbst) heißt **elliptisch**, wenn die Leitmatrix $F_{\mathbf{zz}}(x, \mathbf{y}, \mathbf{z})$ an jeder Stelle $(x, \mathbf{y}, \mathbf{z}) \in \Omega_F$ positiv definit ist und wenn Ω_F mit je zwei Punkten $(x, \mathbf{y}, \mathbf{z}_1)$, $(x, \mathbf{y}, \mathbf{z}_2)$ auch die Verbindungsstrecke enthält, d.h. wenn jeder $\mathbf{z}$–Schnitt $\Omega_{x,\mathbf{y}} := \{\mathbf{z} \in \mathbb{R}^m \mid (x, \mathbf{y}, \mathbf{z}) \in \Omega_F\}$ konvex ist.

Die Elliptizität spielt eine zentrale Rolle bei allen Minimumproblemen.

(b) **Umkehrsatz**. *Ist der Integrand $F : \Omega_F \to \mathbb{R}$ elliptisch und C^r–differenzierbar $(r \geq 2)$, so ist die* **Legendre–Transformation**

$$(x, \mathbf{y}, \mathbf{z}) \mapsto \mathbf{\Phi}(x, \mathbf{y}, \mathbf{z}) := (x, \mathbf{y}, \nabla_{\mathbf{z}} F(x, \mathbf{y}, \mathbf{z}))$$

ein C^{r-1}–Diffeomorphismus zwischen Ω_F und einem Gebiet $\Omega_H \subset \mathbb{R}^{2m+1}$.

Die Umkehrabbildung $\mathbf{\Psi} : \Omega_H \to \Omega_F$ der Legendre–Transformation ist somit von der Form

$$\mathbf{\Psi}(x, \mathbf{y}, \mathbf{p}) = (x, \mathbf{y}, \mathbf{Z}(x, \mathbf{y}, \mathbf{p})) ,$$

wobei $\mathbf{Z} : \Omega_H \to \mathbb{R}^m$ die eindeutig bestimmte C^{r-1}–Abbildung ist mit

$$\nabla_{\mathbf{z}} F(x, \mathbf{y}, \mathbf{z}) = \mathbf{p} \iff \mathbf{z} = \mathbf{Z}(x, \mathbf{y}, \mathbf{p}) .$$

Beweis.

(i) $\mathbf{\Phi}$ *ist injektiv.* Die Gleichung $\mathbf{\Phi}(x, \mathbf{y}, \mathbf{z}) = (x, \mathbf{y}, \mathbf{p})$ ist äquivalent zu $\nabla_{\mathbf{z}} F(x, \mathbf{y}, \mathbf{z}) = \mathbf{p}$. Daher ist $\mathbf{\Phi}$ genau dann injektiv, wenn für jeden Punkt $(x, \mathbf{y}) \in \Omega$ die Abbildung

$$\mathbf{f} : \Omega_{x,\mathbf{y}} \to \mathbb{R}^m , \quad \mathbf{z} \mapsto \nabla_{\mathbf{z}} F(x, \mathbf{y}, \mathbf{z})$$

injektiv ist, was wir jetzt zeigen. Nach Voraussetzung ist $\mathbf{f}'(\mathbf{z}) = F_{\mathbf{zz}}(x, \mathbf{y}, \mathbf{z})$ positiv definit. Für $\mathbf{a}, \mathbf{b} \in \Omega_{x,\mathbf{y}}$ mit $\mathbf{h} := \mathbf{b} - \mathbf{a} \neq \mathbf{0}$ setzen wir

$$g(t) := \langle \mathbf{h}, \mathbf{f}(\mathbf{a} + t\mathbf{h}) \rangle = \sum_{k=1}^{m} f_k(\mathbf{a} + t\mathbf{h}) h_k .$$

Aufgrund der Konvexität von $\Omega_{x,\mathbf{y}}$ ist $g(t)$ für $0 \le t \le 1$ definiert und C^1–differenzierbar mit

$$g'(t) \;=\; \sum_{i,k=1}^{m} \partial_i f_k(\mathbf{a}+t\mathbf{h})h_i h_k \;=\; \langle \mathbf{h}, \mathbf{f}'(\mathbf{a}+t\mathbf{h})\mathbf{h}\rangle \;>\; 0$$

wegen der positiven Definitheit von $\mathbf{f}'$. Es folgt

$$\langle \mathbf{h}, \mathbf{f}(\mathbf{b}) - \mathbf{f}(\mathbf{a})\rangle \;=\; g(1) - g(0) \;>\; 0\,,$$

insbesondere $\mathbf{f}(\mathbf{b}) \neq \mathbf{f}(\mathbf{a})$.

(ii) $\boldsymbol{\Phi}$ *ist ein* C^{r-1}*–Diffeomorphismus.* Die Jacobi–Matrix von $\boldsymbol{\Phi}$ hat die Gestalt

$$\boldsymbol{\Phi}' \;=\; \begin{pmatrix} E_{m+1} & 0 \\ * & A_m \end{pmatrix},$$

wobei E_{m+1} die $(m+1)\times(m+1)$–Einheitsmatrix ist und $A_m = F_{\mathbf{zz}}$ eine positiv definite und daher invertierbare $m \times m$–Matrix. Also hat $\boldsymbol{\Phi}'$ an jeder Stelle den Maximalrang $2m+1$. Nach dem lokalen Umkehrsatz Bd. 1, § 22 : 5.2 gibt es zu jedem Punkt aus der Bildmenge $\Omega_H = \boldsymbol{\Phi}(\Omega_F)$ eine Umgebung, die zu Ω_H gehört. Also ist Ω_H offen und als stetiges Bild eines Gebiets wegzusammenhängend. Damit ist $\boldsymbol{\Phi}$ eine bijektive Abbildung zwischen zwei Gebieten, deren Umkehrung C^{r-1}–differenzierbar ist. □

3.4 Der Regularitätssatz

(a) SATZ (HILBERT 1899). *Ist F elliptisch und C^r–differenzierbar ($r \ge 2$), so ist jede schwache Extremale $\mathbf{u}$ von F C^r–differenzierbar.*

Insbesondere kann das Variationsintegral $\mathcal{F}$ des Zweipunktproblems mit elliptischem Integranden ein lokales Minimum nur für C^2–Funktionen annehmen.

BEMERKUNG. Der Regularitätssatz bleibt gültig, wenn wir an Stelle von PC^1–Kurven die größere Klasse der absolutstetigen Kurven zugrundelegen. Dies wird für die direkte Methode wichtig. Näheres hierzu in § 6 : 1.1 (c), § 6 : 3.3.

BEWEIS.

Sei $\mathbf{u} : I \to \mathbb{R}^m$ eine schwache Extremale und $x_0 \in I$. Dann gibt es nach 3.2 (b) einen konstanten Vektor $\mathbf{c}$ mit

$$(1) \qquad \nabla_{\mathbf{z}} F(x, \mathbf{u}(x), \mathbf{u}'(x)) \;=\; \int_{x_0}^{x} \nabla_{\mathbf{y}} F(t, \mathbf{u}(t), \mathbf{u}'(t))\, dt \;+\; \mathbf{c} \;=:\; \mathbf{g}(x)$$

an allen Differenzierbarkeitsstellen x von $\mathbf{u}$. Nach 3.3 (b) ist (1) äquivalent zu

$$(2) \qquad \mathbf{u}'(x) \;=\; \mathbf{Z}(x, \mathbf{u}(x), \mathbf{g}(x))\,;$$

dabei ist $\mathbf{Z} : \Omega_H \to \mathbb{R}^m$ eine C^{r-1}–Abbildung, und $\mathbf{g}$ ist stetig auf I als unbestimmtes Integral der stückweis stetigen Funktion $t \mapsto \nabla_{\mathbf{y}} F(t, \mathbf{u}(t), \mathbf{u}'(t))$.

Wegen (2) kann $\mathbf{u}'$ zu einer auf I stetigen Funktion ergänzt werden, d.h. $\mathbf{u}$ ist C^1–differenzierbar.

Hieraus folgt die C^1–Differenzierbarkeit von $\mathbf{g}$ und damit auch von $\mathbf{u}'$ aufgrund von (2). Die Behauptung für $r > 2$ ergibt sich durch Induktion. □

(b) **Lokale Version des Regularitätssatzes.** *Der Integrand F sei C^r–differenzierbar ($r \geq 2$) auf einem beliebigen Gebiet Ω_F, und $\mathbf{u} : I \to \mathbb{R}^m$ sei eine C^1–differenzierbare schwache Extremale mit*

$$F_{\mathbf{zz}}(x, \mathbf{u}(x), \mathbf{u}'(x)) > 0 \quad \textit{für alle } x \in I .$$

Dann ist $\mathbf{u}$ eine C^r–differenzierbare Extremale.

Beweis.

Zu $x_0 \in I$ gibt es eine Umgebung $\Omega_0 = Q \times R \subset \Omega_F$ von $(x_0, \mathbf{u}(x_0), \mathbf{u}'(x_0))$ mit offenen Quadern $Q \subset \mathbb{R}^{m+1}$, $R \subset \mathbb{R}^m$, so dass $F_{\mathbf{zz}}(x, \mathbf{y}, \mathbf{z}) > 0$ auf Ω_0. Ferner gibt es wegen der Stetigkeit von $\mathbf{u}'$ ein $\delta > 0$ mit $(x, \mathbf{u}(x), \mathbf{u}'(x)) \subset \Omega_0$ für $|x - x_0| < \delta$. Damit sind auf Ω_0 die Voraussetzungen des Regularitätssatzes (a) erfüllt, und es folgt die C^r–Differenzierbarkeit von $\mathbf{u}$ auf $]x_0 - \delta, x_0 + \delta[$. □

4 Mehrdimensionale Variationsprobleme

4.1 Gaußscher Integralsatz und partielle Integration

(a) Für ein beschränktes Gebiet $\Omega \subset \mathbb{R}^n$ bezeichne $\mathrm{C}^1(\overline{\Omega})$ die Gesamtheit aller C^1–Funktionen u auf Ω, für die u und $\partial_1 u, \ldots, \partial_n u$ stetig auf $\overline{\Omega}$ fortsetzbar sind; für die Fortsetzungen verwenden wir wieder die Bezeichnungen $\partial_1 u, \ldots, \partial_n u$, vgl. Bd. 2, § 10 : 5.2.

Zu gegebener stetiger Funktion g auf $\partial\Omega$ setzen wir

$$\mathrm{C}^1_g(\overline{\Omega}) := \left\{ u \in \mathrm{C}^1(\overline{\Omega}) \;\middle|\; u = g \text{ auf } \partial\Omega \right\} .$$

$\mathrm{C}^1_0(\overline{\Omega})$ ist also die Menge der Funktionen $u \in \mathrm{C}^1(\overline{\Omega})$ mit verschwindenden Randwerten, und es gilt $\mathrm{C}^\infty_c(\Omega) \subset \mathrm{C}^1_0(\overline{\Omega})$.

Mit Hilfe der Supremumsnorm

$$\|\mathbf{v}\|_{\mathrm{C}^0} := \max \left\{ \|\mathbf{v}(\mathbf{x})\| \;\middle|\; \mathbf{x} \in \overline{\Omega} \right\}$$

für stetige Funktionen $\mathbf{v} : \overline{\Omega} \to \mathbb{R}^m$ definieren wir auf $\mathrm{C}^1(\overline{\Omega})$ die C^1–Norm

$$\|u\|_{\mathrm{C}^1} := \|u\|_{\mathrm{C}^0} + \|\nabla u\|_{\mathrm{C}^0} .$$

(b) Der Gaußsche Integralsatz im $\mathbb{R}^3$ wurde für Gaußsche Gebiete in Bd. 1, § 26 bewiesen. Wir formulieren hier kurz die Voraussetzungen für eine allgemeinere Version im $\mathbb{R}^n$ (siehe Bd. 2, § 11 : 3 oder [128] § 10).

Ein Randpunkt $\mathbf{a} \in \partial\Omega$ eines Gebiets $\Omega \subset \mathbb{R}^n$ heißt $\mathbf{C}^r$**–regulär** $(r \geq 1)$, wenn es eine C^r–Funktion ψ auf einer Umgebung U von $\mathbf{a}$ gibt mit nichtverschwindendem Gradienten und mit

$$U \cap \Omega \;=\; \{\mathbf{x} \in U \mid \psi(\mathbf{x}) < 0\}\,, \qquad U \setminus \Omega \;=\; \{\mathbf{x} \in U \mid \psi(\mathbf{x}) \geq 0\}\,.$$

Auf der Untermannigfaltigkeit $\partial_{\mathrm{reg}}\Omega$ aller C^1–regulären Randpunkte ist das stetige **äußere Einheitsnormalenfeld** $\mathbf{n}$ lokal definiert durch $\boldsymbol{\nabla}\psi / \|\boldsymbol{\nabla}\psi\|$.

Ein beschränktes Gebiet $\Omega \subset \mathbb{R}^n$ wird **Normalgebiet** genannt, wenn die Hyperfläche $\partial_{\mathrm{reg}}\Omega$ endlichen $(n-1)$–dimensionalen Flächeninhalt besitzt und der Rest von $\partial\Omega$ (im $\mathbb{R}^3$ bestehend aus Ecken und Kanten) eine Nullmenge im Sinne der $(n-1)$–dimensionalen Inhaltsmessung ist, vgl. [128] § 10.

Ein Gebiet heißt $\mathbf{C}^r$**–berandet** $(r \geq 1)$, wenn jeder Randpunkt C^r–regulär ist.

(c) **Gaußscher Integralsatz**. *Ist* $\Omega \subset \mathbb{R}^n$ *ein Normalgebiet mit äußerem Einheitsnormalenfeld* $\mathbf{n}$ *und* $\mathbf{v}$ *ein Vektorfeld mit* $\mathbf{v} \in \mathrm{C}^0(\overline{\Omega}) \cap \mathrm{C}^1(\Omega)$, *so gilt*

$$\int_{\Omega} \operatorname{div} \mathbf{v}\, d^n\mathbf{x} \;=\; \int_{\partial\Omega} \langle \mathbf{v}, \mathbf{n} \rangle\, do\,,$$

falls das links stehende Integral existiert.

Die Existenz des linksstehenden Integrals ist für $\mathbf{v} \in \mathrm{C}^1(\overline{\Omega})$ gesichert.

(d) **Partielle Integration**. Sei Ω ein Normalgebiet. Dann gilt für $u \in \mathrm{C}^1(\overline{\Omega})$, $v \in \mathrm{C}^1_0(\overline{\Omega})$

$$\int_{\Omega} u \cdot \partial_k v\, d^n\mathbf{x} \;=\; -\int_{\Omega} \partial_k u \cdot v\, d^n\mathbf{x} \qquad (k = 1, \ldots, n)\,.$$

Dies ergibt sich aus dem Gaußschen Integralsatz für die auf $\partial\Omega$ verschwindenden Vektorfelder $\mathbf{v}_k = u \cdot v \cdot \mathbf{e}_k$:

$$0 \;=\; \int_{\Omega} \operatorname{div} \mathbf{v}_k\, d^n\mathbf{x} \;=\; \int_{\Omega} (u \cdot \partial_k v + \partial_k u \cdot v)\, d^n\mathbf{x}\,.$$

4.2 Variationsprobleme mit Randbedingungen

Die Grundkonzepte bei Variationsproblemen für Funktionen auf dem $\mathbb{R}^n$ sind die gleichen wie bei Variationsproblemen für Kurven; wir können uns deshalb kurz fassen.

(a) **Das Variationsintegral**. Gegeben sei eine C^2–Funktion F auf einem Gebiet $\Omega_F \subset \mathbb{R}^n \times \mathbb{R} \times \mathbb{R}^n$, der Einfachheit halber $\Omega_F = \Omega_0 \times \mathbb{R} \times \mathbb{R}^{n+1}$

mit einem Gebiet $\Omega_0 \subset \mathbb{R}^n$. Ferner seien Ω ein Normalgebiet mit $\overline{\Omega} \subset \Omega_0$ und $g : \partial\Omega \to \mathbb{R}$ eine stetige Funktion.

Wir betrachten das Variationsintegral

$$\mathcal{F}(v) = \int_\Omega F(\mathbf{x}, v(\mathbf{x}), \nabla v(\mathbf{x}))\, d^n\mathbf{x}\,, \quad \text{kurz} \quad \mathcal{F}(v) = \int_\Omega F(\mathbf{x}, v, \nabla v)\, d^n\mathbf{x}$$

auf der Variationsklasse $\mathcal{V} = \mathrm{C}_g^1(\overline{\Omega})$ der Funktionen mit vorgeschriebenenen Randwerten g.

Für die Variablen von F vereinbaren wir die Bezeichnungen

$$(\mathbf{x}, y, \mathbf{z}) = (x_1, \ldots, x_n, y, z_1, \ldots, z_n)\,,$$

entsprechend notieren wir die partiellen Ableitungen von F mit

$$F_y, F_{z_k}, F_{yy}, F_{yz_k}, F_{z_i z_k}\,.$$

Weiter sei $\nabla_{\mathbf{z}} F$ der Vektor mit den Koordinaten $F_{z_1}, \ldots, F_{z_n}$ und $F_{\mathbf{zz}}$ die $n \times n$–Matrix $(F_{z_i z_k})$.

(b) **Erste und zweite Variation**. Der Variationsvektorraum zur Variationsklasse $\mathcal{V} = \mathrm{C}_g^1(\overline{\Omega})$ ist $\delta\mathcal{V} := \mathrm{C}_0^1(\overline{\Omega})$. Für $u \in \mathcal{V}$ und $\varphi \in \partial\mathcal{V}$ gilt dann $u + s\varphi \in \mathcal{V}$ für alle $s \in \mathbb{R}$ (bzw. für $|s| \ll 1$ bei allgemeineren Gebieten Ω_F, vgl. 1.2). Mit dem Satz über die Differenzierbarkeit von Parameterintegralen Bd. 1, § 23 : 5.2 ergibt sich

$$\begin{aligned}
\delta\mathcal{F}(u)\varphi &:= \frac{d}{ds}\mathcal{F}(u + s\varphi)\Big|_{s=0} \\
&= \int_\Omega \Big(F_y(\mathbf{x}, u, \nabla u)\, \varphi + \langle \nabla_{\mathbf{z}} F(\mathbf{x}, u, \nabla u), \nabla\varphi \rangle\Big)\, d^n\mathbf{x}\,,
\end{aligned}$$

$$\begin{aligned}
\delta^2\mathcal{F}(u)\varphi : &= \frac{d^2}{ds^2}\mathcal{F}(u + s\varphi)\Big|_{s=0} \\
&= \int_\Omega \Big(F_{yy}(\mathbf{x}, u, \nabla u)\, \varphi^2 \;+\; 2\sum_{k=1}^n F_{yz_k}(\mathbf{x}, u, \nabla u)\, \varphi\, \partial_k\varphi \\
&\qquad + \sum_{i,k=1}^n F_{z_i z_k}(\mathbf{x}, u, \nabla u)\, \partial_i\varphi\, \partial_k\varphi\Big)\, d^n\mathbf{x}\,.
\end{aligned}$$

Die Linearform

$$\delta\mathcal{F}(u) : \delta\mathcal{V} \to \mathbb{R}\,, \quad \varphi \mapsto \delta\mathcal{F}(u)\varphi$$

heißt die **erste Variation** und die quadratische Form

$$\delta^2\mathcal{F}(u) : \delta\mathcal{V} \to \mathbb{R}\,, \quad \varphi \mapsto \delta^2\mathcal{F}(u)\varphi$$

die **zweite Variation** von $\mathcal{F}$ an der Stelle $u \in \mathcal{V}$.

(c) **Lokale Minimumstellen**. Wir nennen $u \in \mathcal{V}$ eine **starke lokale Minimumstelle** von $\mathcal{F} : \mathcal{V} \to \mathbb{R}$, wenn

$$\mathcal{F}(u) \leq \mathcal{F}(v) \quad \text{für alle } v \in \mathcal{V} \quad \text{mit } \|u - v\|_{C^0} \ll 1$$

und eine **schwache lokale Minimumstelle** von $\mathcal{F}$, wenn

$$\mathcal{F}(u) \leq \mathcal{F}(v) \quad \text{für alle } v \in \mathcal{V} \quad \text{mit } \|u - v\|_{C^1} \ll 1\,,$$

vgl. 4.1 (a). Starke lokale Minimumstellen sind auch schwache.

(d) **Extremalen und schwache Extremalen**. Hat $\mathcal{F} : \mathcal{V} \to \mathbb{R}$ in $u \in \mathcal{V}$ ein absolutes oder lokales Minimum, so gilt $\delta\mathcal{F}(u) = 0$, d.h.

$$\delta\mathcal{F}(u)\varphi = 0 \quad \text{für alle Testfunktionen} \quad \varphi \in C_c^\infty(\Omega)\,.$$

Nach (b) bedeutet dies

$$\int_\Omega \big(F_y(\mathbf{x}, u, \nabla u) \cdot \varphi + \langle \nabla_\mathbf{z} F(\mathbf{x}, u, \nabla u), \nabla\varphi\rangle\big)\, d^n\mathbf{x} = 0$$

für alle $\varphi \in C_c^\infty(\Omega)$.

Jede Funktion, welche diese Bedingung auf einem Gebiet Ω mit $\overline{\Omega} \subset \Omega_0$ erfüllt, nennen wir eine **schwache Extremale** oder eine **schwache Lösung der Euler–Gleichung** von F.

Ist u zusätzlich C^2–differenzierbar in Ω und damit $\mathbf{x} \mapsto F_\mathbf{z}(\mathbf{x}, u(\mathbf{x}), \nabla u(\mathbf{x}))$ dort C^1–differenzierbar, so erhalten wir durch partielle Integration des zweiten Terms im Integral für die erste Variation

$$0 = \delta\mathcal{F}(u)\varphi = \int_\Omega \Big(F_y(\mathbf{x}, u, \nabla u) - \operatorname{div}\big[\nabla_\mathbf{z} F(\mathbf{x}, u, \nabla u)\big]\Big) \cdot \varphi\, d^n\mathbf{x}$$

für alle $\varphi \in C_c^\infty(\Omega)$. Mit dem Fundamentallemma 1.4 (b) folgt dann:

(e) SATZ. *Jede auf einem Gebiet Ω C^2–differenzierbare schwache Extremale u von F erfüllt dort die* **Euler–Gleichung** (**EG**)

$$\operatorname{div}\big[\nabla_\mathbf{z} F(\mathbf{x}, u(\mathbf{x}), \nabla u(\mathbf{x}))\big] = F_\mathbf{y}(\mathbf{x}, u(\mathbf{x}), \nabla u(\mathbf{x})) \quad \textit{in } \Omega\,.$$

Eine C^2–differenzierbare Lösung der Euler–Gleichung wird **Extremale** von F (oder auch von $\mathcal{F}$) genannt.

(f) **Regularitätssatz**. *Jede schwache Extremale $u \in C^1(\overline{\Omega})$ ist C^2–differenzierbar, wenn der Integrand F C^3–differenzierbar und* ***elliptisch*** *ist.*

Letzteres bedeutet im mehrdimensionalen Fall die Existenz einer Zahl $\mu > 0$ mit

$$\langle \mathbf{h}, F_{\mathbf{zz}}(\mathbf{x}, y, \mathbf{z})\mathbf{h}\rangle \geq \mu\,\|\mathbf{h}\|^2 \quad \text{für alle} \quad (\mathbf{x}, y, \mathbf{z}) \in \Omega_F \quad \text{und} \quad \mathbf{h} \in \mathbb{R}^n\,.$$

Diese Aussage ist eine Folge des Regularitätssatzes von MORREY, siehe [25] Thm. 1.10.3.

AUFGABE. Schreiben Sie die beiden Differentialgleichungen

$$-\Delta u \;=\; u^p \quad (p \geq 1)\,, \qquad -\operatorname{div}\left(\|\nabla u\|^{q-2}\nabla u\right) \;=\; f \quad (q \geq 2)$$

jeweils als Euler–Gleichungen von Variationsintegralen.

4.3 Variationsprobleme ohne Randbedingungen

Wir betrachten dasselbe Variationsintegral $\mathcal{F}$ wie oben, wählen aber als Variationsklasse $\mathcal{V} = \mathrm{C}^1(\overline{\Omega})$, schreiben also für die Vergleichsfunktionen keine Randbedingungen vor. Der zugehörige Variationsvektorraum $\delta\mathcal{V}$ ist dann $\mathrm{C}^1(\overline{\Omega})$. Damit ergibt sich für jeden kritischen Punkt $u \in \mathcal{V}$ von $\mathcal{F} : \mathcal{V} \to \mathbb{R}$

$$\delta\mathcal{F}(u)\varphi \;=\; \frac{d}{ds}\mathcal{F}(u+\varphi)\Big|_{s=0} = 0 \quad \text{für alle} \quad \varphi \in \mathrm{C}^1(\overline{\Omega})\,.$$

Setzen wir $u \in \mathrm{C}^2(\overline{\Omega})$ und Elliptizität voraus, so liefert das Verschwinden der ersten Variation $\delta\mathcal{F}(u)$ zwei Informationen:

(i) *u erfüllt die Euler–Gleichung in Ω,*

(ii) *u erfüllt die* **natürliche (Neumannsche) Randbedingung**

$$\langle \mathbf{n}(\mathbf{x}), \nabla_{\mathbf{z}} F(\mathbf{x}, u(\mathbf{x}), \nabla u(\mathbf{x}))\rangle \;=\; 0 \quad \textit{für alle} \quad \mathbf{x} \in \partial_{\text{reg}}\Omega\,,$$

$\mathbf{n}$ bezeichnet hierbei das äußere Einheitsnormalenfeld auf $\partial_{\text{reg}}\Omega$.

BEWEIS.

Für $\varphi \in \mathrm{C}^1(\overline{\Omega})$ gilt

$$\operatorname{div}(\varphi \cdot \nabla_{\mathbf{z}} F(\mathbf{x}, u, \nabla u)) = \langle \nabla_{\mathbf{z}} F(\mathbf{x}, u, \nabla u), \nabla\varphi\rangle \;+\; \varphi \cdot \operatorname{div}[\nabla_{\mathbf{z}} F(\mathbf{x}, u, \nabla u)],$$

also liefert der Gaußsche Integralsatz 4.1 (d) für alle $\varphi \in \delta\mathcal{V}$

$$\begin{aligned}
0 \;=\; \delta\mathcal{F}(u)\varphi \;&=\; \int_\Omega \left(F_y(\mathbf{x}, u, \nabla u)\cdot\varphi \;+\; \left\langle \nabla_{\mathbf{z}} F(\mathbf{x}, u, \nabla u), \nabla\varphi\right\rangle\right) d^n\mathbf{x} \\
&= \int_\Omega \left(F_y(\mathbf{x}, u, \nabla u) - \operatorname{div}\left[\nabla_{\mathbf{z}} F(\mathbf{x}, u, \nabla u)\right]\right)\cdot\varphi\, d^n\mathbf{x} \\
&\quad + \int_{\partial\Omega} \left\langle \mathbf{n}(\mathbf{x}), \nabla_{\mathbf{z}} F(\mathbf{x}, u, \nabla u)\right\rangle \cdot \varphi\, do\,.
\end{aligned}$$

Da dies insbesondere für alle Testfunktionen $\varphi \in \mathrm{C}_c^\infty(\Omega)$ gilt, ergibt sich nach den Schlüssen von 4.2 die Euler–Gleichung.

Für beliebige $\varphi \in \mathrm{C}^1(\overline{\Omega})$ bleibt hiernach die Gleichung

$$0 \;=\; \delta\mathcal{F}(u)\varphi \;=\; \int_{\partial\Omega} f\cdot\varphi\, do \quad \text{mit} \quad f(\mathbf{x}) \;=\; \left\langle \mathbf{n}(\mathbf{x}), \nabla_{\mathbf{z}} F(\mathbf{x}, u(\mathbf{x}), \nabla u(\mathbf{x}))\right\rangle$$

übrig. Aus dieser folgt $f = 0$ auf $\partial_{\text{reg}}\Omega$. Denn angenommen, für ein $\mathbf{a} \in \partial_{\text{reg}}\Omega$ gilt $f(\mathbf{a}) \neq 0$, o.B.d.A. $f(\mathbf{a}) > 0$. Dann gibt es eine Umgebung $U = K_r(\mathbf{a})$, so dass f auf $U \cap \partial\Omega$ positiv ist. Nach 1.4 (a) gibt es eine Testfunktion $\varphi \in C_c^\infty(\mathbb{R}^n)$ mit $\varphi(\mathbf{x}) > 0$ für $\|\mathbf{x} - \mathbf{a}\| < r$. Für diese ergibt sich der Widerspruch:

$$0 = \int_{\partial\Omega} f \cdot \varphi \, do = \int_{U \cap \partial\Omega} f \cdot \varphi \, do > 0\,,$$

denn wegen $\mathbf{a} \in \partial_{\text{reg}}\Omega$ hat $U \cap \partial_{\text{reg}}\Omega$ einen positiven $(n-1)$–dimensionalen Inhalt. □

4.4 Das Hamiltonsche Prinzip für elastische Schwingungen

Die Aufstellung der Bewegungsgleichungen für transversal schwingende elastische Medien (schwingende Saite, schwingender Stab, schwingende Membran) gelingt auf einfache und sichere Weise mit Hilfe des Hamiltonschen Prinzips, weil hierzu nur die Integrale der kinetischen Energie und der potentiellen Energie des Systems aufgestellt werden müssen.

Der elastische Körper (hier Saite, Membran, Stab) nehme im Ruhezustand ein Normalgebiet $\Omega \subset \mathbb{R}^n$ $(n \leq 2)$ ein. Jeder Punkt des Körpers mit Ruhelage $\mathbf{x} \in \Omega$ führe transversale Schwingungen aus; die senkrechte Auslenkung aus der Ruhelage in diese Richtung zur Zeit t sei $u(\mathbf{x}, t)$. Meist sind Randbedingungen (Einspannbedingungen) vorgeschrieben, z.B. $u(0,t) = u(L,t) = 0$ bei der schwingenden Saite, $u(0,t) = u_x(0,t) = 0$ beim schwingenden, einseitig eingeklemmten Stab oder $u(\mathbf{x},t) = g(\mathbf{x})$ für $\mathbf{x} \in \partial\Omega$, $t \in \mathbb{R}$ bei der schwingenden Membran.

Für jede Vergleichsfunktion $v : \Omega \times \mathbb{R} \to \mathbb{R}$ seien die kinetische und potentielle Energie gegeben als zeitabhängige Integrale

$$\mathbf{T}(t) = \int_{\Omega} T(\mathbf{x}, t, v, v_t)\, d^n\mathbf{x}\,, \qquad \mathbf{U}(t) = \int_{\Omega} U(\mathbf{x}, t, v, \nabla_{\mathbf{x}} v)\, d^n\mathbf{x}\,.$$

Das **Wirkungsintegral** von v auf dem Zeitintervall $I = [t_1, t_2]$ ist dann definiert durch

$$\begin{aligned} \mathcal{W}_I(v) &= \int_{t_1}^{t_2} \big(\mathbf{T}(t) - \mathbf{U}(t)\big)\, dt = \int_{t_1}^{t_2}\int_{\Omega} (T - U)(\mathbf{x}, t, v, \nabla_{\mathbf{x}} v, v_t)\, d^n\mathbf{x}\, dt \\ &= \int_{t_1}^{t_2}\int_{\Omega} L(\mathbf{x}, t, v, \nabla_{\mathbf{x}} v, v_t)\, d^n\mathbf{x}\, dt \end{aligned}$$

mit der Lagrange–Funktion $L = T - U$.

Das **Hamilton–Prinzip der stationären Wirkung** besagt: Für eine Schwingung $u : \Omega \times \mathbb{R} \to \mathbb{R}$ des elastischen Mediums verschwindet die erste Variation des Wirkungsintegrals auf jedem Zeitintervall $I = [t_1, t_2]$, und zwar gilt

$\delta\mathcal{W}_I(u) = 0$ auf der Vergleichsklasse $\mathcal{V}_I(u)$ aller $v \in \mathcal{D}(\mathcal{W}_I)$, die im Zeitintervall I dieselben Randbedingungen wie u erfüllen und zu den Zeitpunkten t_1, t_2 mit u übereinstimmen.

Der zugehörige Variationsvektorraum $\delta\mathcal{V}_I(u)$ ist

$$\delta\mathcal{V}_I(u) = \{\varphi \mid u + s\varphi \in \mathcal{V}_I(u) \quad \text{für } |s| \ll 1\}.$$

Im Fall von vorgeschriebenen Randwerten $u(\mathbf{x}, t) = g(\mathbf{x})$ auf $\partial\Omega$ ist $\delta\mathcal{V}_I(u)$ durch die Randbedingungen $\varphi(\mathbf{x}, t) = 0$ auf $\partial\Omega$, $\varphi(\mathbf{x}, t_1) = 0$, $\varphi(\mathbf{x}, t_2) = 0$ für alle $\mathbf{x} \in \Omega$ festgelegt. In diesem Fall liefert das Hamiltonsche Prinzip die Euler–Gleichung für die Lagrange–Funktion L als Schwingungsgleichung, denn es reicht, das Verschwinden von $\delta\mathcal{W}_I(u)\varphi$ für alle offenen Intervalle $J \subset I$ und alle Testfunktionen $\varphi \in \mathrm{C}_c^\infty(\Omega \times J)$ auszunützen.

Bei anderen oder fehlenden Randbedingungen ergeben sich ähnlich wie in 4.3 zusätzlich natürliche Randbedingungen. Wir geben unter (c) ein Beispiel.

Bemerkungen. (i) Das Hamiltonsche Prinzip liefert nur die Bewegungsgleichung und gegebenenfalls Randbedingungen; ein konkreter Schwingungsverlauf wird durch die Anfangsbedingungen

$$u(\mathbf{x}, 0) = u_0(\mathbf{x}), \quad \frac{\partial u}{\partial t}(\mathbf{x}, 0) = u_1(\mathbf{x})$$

mit gegebenen Funktionen u_0, u_1 auf Ω festgelegt.

(ii) Für Variationsintegrale, die bei elastischen Schwingungen auftreten, macht die Frage nach lokalen Minima oder Maxima i.a. keinen Sinn. Wir führen dies am ersten der drei folgenden Beispiele vor.

(a) **Die inhomogene schwingende Saite**. Wir nehmen an, dass die Saite Transversalschwingungen in einer Ebene ausführt und wählen in der Schwingungsebene ein Koordinatensystem, für welches die ruhende Saite die Strecke $[0, \ell] \times \{0\}$ belegt. Die zur Zeit t ausgelenkte Saite beschreiben wir durch den Graphen einer C^2–Funktion $x \mapsto u(x, t)$ $(0 \le x \le \ell)$ mit $u(0, t) = u(\ell, t) = 0$. Bei ortsabhängiger Massendichte $\varrho(x) > 0$ ist die kinetische Energie zur Zeit t gegeben durch

$$\mathbf{T}(t) = \frac{1}{2} \int_0^\ell \varrho(x) \, \frac{\partial u}{\partial t}(x, t)^2 \, dx.$$

Wir nehmen idealisierend an, dass die Biegesteifigkeit und der Einfluss der Schwere vernachlässigt werden dürfen. Für eine homogene Saite ist dann die potentielle Energie proportional zur Längenänderung bei Auslenkung aus der Ruhelage,

$$\mathbf{U}(t) \;=\; \sigma \int_0^\ell \left(\sqrt{1 + \frac{\partial u}{\partial x}(x,t)^2} - 1 \right) dx\,.$$

Bei einer inhomogenen Saite ist die Elastizitätskonstante $\sigma > 0$ ortsabhängig und daher unter das Integral zu ziehen. Als Euler–Gleichung ergibt sich eine nichtlineare partielle DG ÜA.

Betrachten wir nur Schwingungen kleiner Auslenkungen ($|\partial u/\partial x| \ll 1$), so wird

$$U(t) \;\approx\; \frac{1}{2} \int_0^1 \sigma(x)\, \frac{\partial u}{\partial x}(x,t)^2\, dx\,.$$

Das Hamiltonsche Prinzip besagt: Die Schwingungsgleichung für die Saite im Zeitintervall $[t_1, t_2]$ ist die Euler–Gleichung des Wirkungsintegrals

$$\mathcal{W}_I(u) = \int_{t_1}^{t_2} \big(\mathbf{T}(t) - \mathbf{U}(t)\big)\, dt = \frac{1}{2} \int_{t_1}^{t_2}\!\int_0^\ell \left(\varrho \left(\frac{\partial u}{\partial t}\right)^2 - \sigma \left(\frac{\partial u}{\partial x}\right)^2 \right) dt\, dx\,.$$

Der Integrand dieses Variationsintegrals ist

$$L(x,t,u,u_x,u_t) \;=\; \frac{1}{2}\left(\varrho(x)\, u_t^2 - \sigma(x)\, u_x^2\right)\;;$$

hierbei haben wir die sonst mit (x_1, x_2, y, z_1, z_2) bezeichneten Variablen gemäß der einzusetzenden Lösung u umbenannt, vgl. 1.3 (f).

Wegen

$$\frac{\partial L}{\partial u} \;=\; 0\,, \qquad \frac{\partial L}{\partial u_x} \;=\; -\sigma\, u_x\,, \qquad \frac{\partial L}{\partial u_t} \;=\; \varrho\, u_t$$

ergibt sich als Bewegungsgleichung die Euler–Gleichung für L

$$0 \;=\; \frac{\partial}{\partial x}\left[\frac{\partial L}{\partial u_x}(\ldots)\right] \;+\; \frac{\partial}{\partial t}\left[\frac{\partial L}{\partial u_t}(\ldots)\right] \;=\; -\frac{\partial}{\partial x}\left(\sigma \frac{\partial u}{\partial x}\right) + \varrho\, \frac{\partial^2 u}{\partial t^2}\,,$$

bzw.

$$\varrho\, \frac{\partial^2 u}{\partial t^2} \;=\; \frac{\partial}{\partial x}\left(\sigma\, \frac{\partial u}{\partial x}\right).$$

Wirkt auf die Saite die äußere Kraft $k(x,t)$ in der Auslenkungsrichtung, so ist die potentielle Energie

$$\mathbf{U}(t) \;=\; \int_0^\ell \left(\frac{1}{2}\,\sigma(x)\, \frac{\partial u}{\partial x}(x,t)^2 - k(x,t)\, u(x,t)\right) dx\,,$$

und die Schwingungsgleichung lautet ÜA

$$\varrho\, \frac{\partial^2 u}{\partial t^2} \;=\; \frac{\partial}{\partial x}\left(\sigma\, \frac{\partial u}{\partial x}\right) \;+\; k\,.$$

Die Lösung der Schwingungsgleichung für die kräftefreie homogene Saite wurde in Bd. 2, § 6 : 3 gegeben. Der Fall $\sigma = \text{const}$, ϱ variabel wurde in Bd. 2, § 22 : 5.2 behandelt.

Sind die Anfangsdaten $x \mapsto u(x,0)$, $x \mapsto \frac{\partial u}{\partial t}(x,0)$ nicht hinreichend glatt, so muss die Saitenschwingung durch schwache Lösungen der Euler–Gleichung beschrieben werden; diese ergeben sich aus der d'Alembertschen Lösungsformel, vgl. Bd. 2, § 13 : 1. Das Auftreten schwacher Lösungen hängt damit zusammen, dass das Wirkungsintegral nicht elliptisch ist; die Leitmatrix ist hier

$$L_{\mathbf{zz}} = \begin{pmatrix} -\sigma & 0 \\ 0 & \varrho \end{pmatrix},$$

also indefinit.

Eine Lösung u der Euler–Gleichung kann nicht lokale Minimum– oder Maximumstelle von $\mathcal{W}_I$ sein. Denn $\delta\mathcal{V}$ besteht aus allen C^1–Funktionen auf $R = [0,\ell] \times [t_1,t_2]$, die auf ∂R verschwinden, und für $v \in \delta\mathcal{V}$ folgt $W(u+sv) = W(u) + s^2 W(v)$ $\boxed{\text{ÜA}}$. Mit Funktionen $v \in \delta\mathcal{V}$ der Form $v(x,t) = \varphi(x) \cdot \psi(t)$ lässt sich sowohl $W(v) > 0$ als auch $W(v) < 0$ erreichen $\boxed{\text{ÜA}}$.

(b) **Die schwingende Membran.**
Die Aufstellung der Bewegungsgleichung für die schwingende Membran erfolgt ganz analog zu der für die schwingende Saite. Nimmt die Membran in der Ruhelage ein ebenes Normalgebiet Ω ein und wird deren Auslenkung zur Zeit t durch den Graphen einer Funktion $\mathbf{x} \mapsto u(\mathbf{x},t)$ $(\mathbf{x} \in \Omega)$ beschrieben, so erhalten wir für die kinetische Energie zur Zeit t

$$\mathbf{T}(t) = \frac{1}{2} \int\limits_{\Omega} \varrho(\mathbf{x}) \, \frac{\partial u}{\partial t}(\mathbf{x},t)^2 \, d^2\mathbf{x},$$

wobei $\varrho(\mathbf{x}) > 0$ die Massendichte der Membran ist.

Unter den Annahme fehlender Biegesteifigkeit, Schwerelosigkeit und kleiner Auslenkungen ($\|\nabla_{\mathbf{x}} u\| \ll 1$) verfahren wir wir in (a): Bei der homogenen Membran ist die potentielle Energie proportional zur Änderung des Flächeninhalts bei Auslenkung aus der Ruhelage. Für die inhomogene Membran ergibt sich

$$\begin{aligned} \mathbf{U}(t) &= \int\limits_{\Omega} \sigma(\mathbf{x}) \left(\sqrt{1 + \|\nabla_{\mathbf{x}} u(\mathbf{x},t)\|^2} - 1 \right) d^2\mathbf{x} \\ &\approx \frac{1}{2} \int\limits_{\Omega} \sigma(\mathbf{x}) \, \|\nabla_{\mathbf{x}} u(\mathbf{x},t)\|^2 \, d^2\mathbf{x}, \end{aligned}$$

dabei ist der Elastizitätsfaktor σ eine gegebene C^1–Funktion auf $\overline{\Omega}$.

Als Wirkungsintegral für $I = [t_1, t_2]$ ergibt sich somit

$$\mathcal{W}_I(u) = \int_{t_1}^{t_2} \big(\mathbf{T}(t) - \mathbf{U}(t)\big)\, dt = \frac{1}{2} \int_{t_1}^{t_2}\!\!\int_{\Omega} \left(\varrho \left(\frac{\partial u}{\partial t}\right)^2 - \sigma \left\|\boldsymbol{\nabla}_{\mathbf{x}} u\right\|^2\right) d^2\mathbf{x}\, dt\,,$$

und die zugehörige Lagrange–Funktion ist

$$L(x_1, x_2, t, u, u_{x_1}, u_{x_2}, u_t) \;=\; \frac{1}{2}\varrho(\mathbf{x})\, u_t^2 - \frac{1}{2}\sigma(\mathbf{x})\left(u_{x_1}^2 + u_{x_2}^2\right)\,.$$

Für die Euler–Gleichung als Bewegungsgleichung erhalten wir also

$$\begin{aligned} 0 \;&=\; \sum_{i=1}^{2} \frac{\partial}{\partial x_i}\left[\frac{\partial L}{\partial u_{x_i}}(\ldots)\right] \;+\; \frac{\partial}{\partial t}\left[\frac{\partial L}{\partial u_t}(\ldots)\right] \\ &=\; -\sum_{i=1}^{2} \frac{\partial}{\partial x_i}\left(\sigma\, \frac{\partial u}{\partial x_i}\right) \;+\; \varrho\, \frac{\partial^2 u}{\partial t^2} \qquad \text{bzw.} \\ \varrho\, \frac{\partial^2 u}{\partial t^2} \;&=\; \operatorname{div}_{\mathbf{x}}\left(\sigma\, \boldsymbol{\nabla}_{\mathbf{x}} u\right)\,. \end{aligned}$$

Ist der Elastizitätsfaktor σ konstant, so wird hieraus die zweidimensionale Wellengleichung

$$\frac{\partial^2 u}{\partial t^2} \;=\; c^2\, \Delta u \quad \text{mit} \quad c \;=\; \sqrt{\frac{\sigma}{\varrho}}\,,$$

wobei der Laplace–Operator nur auf die Ortskoordinaten wirkt.

Die Lösungstheorie der Wellengleichung wird in Bd. 2, § 17 behandelt; für die kreisförmige Membran verweisen wir auf Bd. 2, § 15 : 3.

(c) **Der schwingende Stab.**
Ein homogener, elastischer Stab der Länge ℓ mit überall gleichem rechteckigem Querschnitt führe horizontale Biegeschwingungen aus. Wir repräsentieren ihn durch seine neutrale Faser, d.h. die Verbindungslinie der Querschnittsmittelpunkte. Diese belege im Ruhezustand die Strecke $[0, \ell] \times \{0\}$. Die senkrechte Auslenkung aus der Ruhelage wird wie bisher durch eine hinreichen glatte Funktion $x \mapsto u(x, t)$ beschrieben. Die kinetische Energie zur Zeit t ist wieder

$$T(t) \;=\; \frac{\varrho}{2} \int_0^{\ell} \frac{\partial u}{\partial t}(x, t)^2\, dx\,.$$

Die zur Verbiegung aufgewendete Arbeit ist nach EULER (1744) und DE SAINT–VENANT (1855)

$$\mathbf{U}(t) \;=\; \frac{\mu}{2}\int\limits_0^{\ell} \kappa(x,t)^2\,dx\,,$$

dabei ist $\kappa(x,t)$ die Krümmung des Stabes an der Stelle x zur Zeit t und μ eine positive Konstante, vgl. [124, II] § 40.

Nach § 7 : 1.2 ist die Krümmung einer C^2–Kurve $x \mapsto (x, v(x))$ gegeben durch

$$\kappa(x) \;=\; \frac{v''(x)}{\sqrt{(1+v'(x)^2)^3}}\,,$$

bei kleinen Verbiegungen ($|v'(x)| \ll 1$) also näherungsweise durch $\kappa(x) = v''(x)$. Nehmen wir letzteres für den Stab an, so ist die potentielle Energie zur Zeit t

$$\mathbf{U}(t) \;=\; \frac{\mu}{2}\int\limits_0^{\ell} \frac{\partial^2 u}{\partial x^2}(x,t)^2\,dx\,.$$

Somit ergibt sich als Wirkungsintegral für $I = [t_1, t_2]$

$$\mathcal{W}_I(v) \;=\; \frac{1}{2}\int\limits_{t_1}^{t_2}\int\limits_0^{\ell} \left(\varrho\left(\frac{\partial v}{\partial t}\right)^2 - \mu\left(\frac{\partial^2 v}{\partial x^2}\right)^2\right)dx\,dt\,.$$

Variationsintegrale zweiter Ordnung wurden bisher noch nicht behandelt. Um auch in diesem Fall aus $\delta\mathcal{W}_I(u) = 0$ die Schwingungsgleichung und gegebenenfalls auftretende natürliche Randbedingungen abzuleiten, gehen wir ähnlich wie in 4.3 vor:

(i) Die Variationsklasse $\mathcal{V}$ sei durch die Bedingungen $v(x,t_1) = u(x,t_1)$, $v(x,t_2) = u(x,t_2)$ sowie durch ein– oder zweiseitige Randbedingungen für $v(0,t)$, $v_x(0,t)$, $v(\ell,t)$, $v_x(\ell,t)$ gegeben, der Variationsvektorraum durch

$$\delta\mathcal{V} \;:=\; \{\varphi \mid u + s\varphi \in \mathcal{V} \;\text{ für }\; |s| \ll 1\}$$

Dann wird das Integral $\delta\mathcal{W}_I(u)\varphi$ mit $\varphi \in \delta\mathcal{V}$ durch mehrfache partielle Integration in die Form

$$\delta\mathcal{W}_I(u)\varphi \;=\; \int\limits_{t_1}^{t_2}\int\limits_0^{\ell} [\ldots]\cdot\varphi\,dx\,dt \;\;+\;\; \text{Randintegrale}$$

gebracht.

(ii) Die Randintegrale werden zu einem Randterm $R(u,\varphi)$ vereinfacht durch Einarbeitung der sich aus $\varphi \in \delta\mathcal{V}$ ergebenden Randbedingungen für φ (evtl. $R(u,\varphi) = 0$).

(iii) Für Testfunktionen $\varphi \in \mathrm{C}_c^\infty(]t_1,t_2[\times]0,\ell[)$ wird $R(u,\varphi) = 0$; aus $\delta\mathcal{W}_I(u) = 0$ folgt mit dem Fundamentallemma die Euler–Gleichung $[\ldots] = 0$.

(iv) Für beliebige $\varphi \in \delta\mathcal{V}$ folgt aus $\delta\mathcal{W}_I(u)\varphi = 0$ die Bedingung $R(u,\varphi) = 0$; durch Austesten dieser Bedingung mit geeigneten Funktionen $\varphi \in \partial\mathcal{V}$ der Gestalt $\varphi(x,t) = \eta(x)\cdot\psi(t)$ ergeben sich im Fall $R \neq 0$ weitere natürliche Randbedingungen.

Im Fall des links eingespannten und rechts freischwingenden Stabes, also unter den Randbedingungen

$$u(0,t) = u_x(0,t) = 0$$

für alle t, ergibt sich die Schwingungsgleichung als „Euler–Gleichung" für $u \in \mathrm{C}^4([0,\ell]\times\mathbb{R})$:

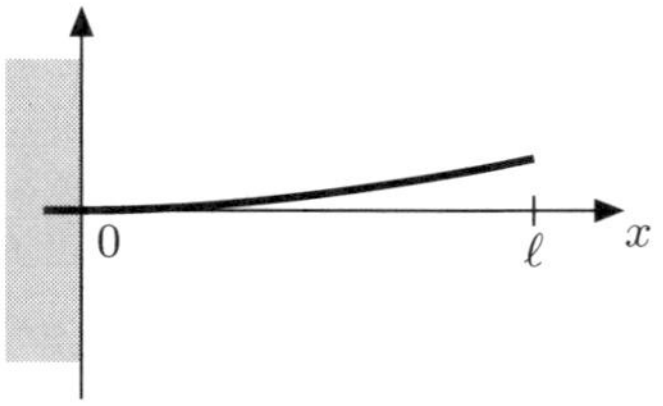

$$(*) \qquad \frac{\partial^2 u}{\partial t^2} + c^2\,\frac{\partial^4 u}{\partial x^4} = 0 \quad \text{mit } c = \sqrt{\frac{\mu}{\varrho}},$$

sowie die natürlichen Randbedingungen am freien Stabende

$$(**) \qquad \frac{\partial^2 u}{\partial x^2}(\ell,t) = \frac{\partial^3 u}{\partial x^3}(\ell,t) = 0 \quad \text{für alle } t.$$

Aufgabe. (1) Weisen Sie die Gleichungen $(*)$ und $(**)$ nach. Zeigen Sie hierzu, dass zur Vergleichsklasse $\mathcal{V}_I(u)$ der Variationsvektorraum

$$\delta\mathcal{V}_I(u) = \Big\{\varphi \in \mathrm{C}^4([0,\ell]\times[t_1,t_2]) \;\Big|\; \varphi(0,t) = \varphi_x(0,t) = 0 \quad \text{für alle } t, \quad \varphi(x,t_1) = \varphi(x,t_2) = 0 \quad \text{für alle } x \in [0,\ell]\Big\}$$

gehört.

Verwenden Sie für den Nachweis von $(*)$ Variationsvektoren $\varphi \in \mathrm{C}_c^\infty(]0,\ell[\times\mathbb{R})$ und für $(**)$ Variationsvektoren in Produktgestalt $\varphi(x,t) = \eta(x)\cdot\psi(t)$ mit $\psi \in \mathrm{C}_c^\infty(\mathbb{R})$ und geeigneten Vorgaben von $\eta(\ell)$, $\eta'(\ell)$.

(2) Zeigen Sie, dass sich durch den Separationsansatz $u(x,t) = v(x)\cdot w(t)$ für das Randwertproblem $(*)$, $u(0,t) = u_x(0,t) = 0$, $(**)$ folgende gewöhnliche Differentialgleichungsprobleme ergeben (vgl. Bd. 2, § 2 : 6)

$$v''''(x) - \lambda\,v(x) = 0, \quad v(0) = v'(0) = v''(\ell) = v'''(\ell) = 0,$$

$$w''(t) + c^2\lambda\,w(t) = 0$$

mit einer noch zu bestimmenden Konstanten $\lambda > 0$.

4.5 Minimalflächen in Graphengestalt

Wir betrachten das in § 1 : 1.2 (a) angesprochene Problem, in eine geschlossene Kurve $\Gamma \subset \mathbb{R}^3$ eine Graphenfläche kleinsten Flächeninhalts einzuspannen.

Ist die Randkurve der Graph einer stetigen Funktion $g : \partial\Omega \to \mathbb{R}$ ($\Omega \subset \mathbb{R}^2$ ein Normalgebiet), so geht es um die Bestimmung der Minimumstellen des Flächeninhalts $\mathcal{A} : \mathcal{V} \to \mathbb{R}$ mit

$$\mathcal{A}(v) \;=\; \int\limits_{\Omega} \sqrt{1 + \|\nabla v\|^2}\, d^2\mathbf{x}\,, \qquad \mathcal{V} = \mathrm{C}^1_g(\overline{\Omega})\,.$$

Als notwendige Bedingung für eine Minimumstelle $u \in \mathcal{V} \cap \mathrm{C}^2(\Omega)$ ergibt sich nach 4.2 die Euler–Gleichung ÜA

$$\operatorname{div} \frac{\nabla u}{\sqrt{1 + \|\nabla u\|^2}} \;=\; 0 \quad \text{in } \Omega\,.$$

Aus Sicht der Differentialgeometrie bedeutet diese Gleichung das Verschwinden der **mittleren Krümmung** der Graphenfläche, siehe § 7 : 3.3 (i). Flächen mit dieser Eigenschaft werden **Minimalflächen** genannt, auch wenn sie kein lokales Minimum von $\mathcal{A}$ auf $\mathcal{V}$ liefern.

4.6 Kapillaritätsflächen in Zylindern

Wir betrachten einen Zylinder $Z = \Omega \times \mathbb{R}_{>0}$ im $\mathbb{R}^3$ über einem konvexen Normalgebiet $\Omega \subset \mathbb{R}^2$ mit äußerem Normalenfeld $\mathbf{n}$ auf $\partial_{\text{reg}}\Omega$. Eine Flüssigkeitssäule in Z stellt sich so ein, dass deren Oberflächenkräfte mit der Schwerkraft ein Gleichgewicht bilden. Ihre obere Begrenzungsfläche heißt **Kapillaritätsfläche**. Wir nehmen an, dass diese der Graph einer positiven Funktion $u \in \mathrm{C}^1(\overline{\Omega})$ ist. Das folgende Variationsprinzip zur Charakterisierung des Gleichgewichtszustandes stammt von Gauss (1830):
Die Gleichung der Kapillaritätsfläche ergibt sich aus

$$\delta\mathcal{E}(u) \;=\; 0\,,$$

wobei sich die Gesamtenergie $\mathcal{E}$ zusammensetzt aus der Energie der freien Oberfläche (proportional zu deren Flächeninhalt), der Benetzungsenergie (proportional zur gemeinsamen Oberfläche der Flüssigkeit mit dem Zylinderrand) und der Gravitationsenergie. Dies bedeutet

$$\mathcal{E}(v) = \sigma \int\limits_{\Omega} \sqrt{1 + \|\nabla v\|^2}\, d^2\mathbf{x} \;-\; \sigma' \Big(\int\limits_{\partial\Omega} v\, ds + V^2(\Omega) \Big) \;+\; \tfrac{1}{2}\, g\, \varrho \int\limits_{\Omega} v^2\, d^2\mathbf{x}$$

auf $\mathcal{V} = \mathrm{C}^1(\overline{\Omega})$. Die Konstanten $\sigma > 0$, $\sigma' \in \mathbb{R}$ sind Koeffizienten von Oberflächenspannungen, g ist die Erdbeschleunigung und ϱ die konstante Massendichte der Flüssigkeit.

Wir setzen zur Abkürzung

$$\mathbf{T}v := \frac{\nabla v}{\sqrt{1+\|\nabla v\|^2}}, \quad \kappa := \frac{g\cdot\varrho}{\sigma}, \quad \beta := \frac{\sigma'}{\sigma}.$$

Dann ergibt sich für $u \in \mathcal{V}\cap \mathrm{C}^2(\Omega)$ und $\varphi \in \delta\mathcal{V} := \mathrm{C}^1(\overline{\Omega})$ mit partieller Integration [ÜA]

$$\begin{aligned}\delta\mathcal{E}(u)\varphi &= \sigma\int_\Omega \big(\langle \mathbf{T}u, \nabla\varphi\rangle + \kappa u\varphi\big)\, d^2\mathbf{x} - \sigma\beta\int_{\partial\Omega}\varphi\, ds \\ &= \sigma\int_\Omega \big(-\operatorname{div}\mathbf{T}u + \kappa u\big)\cdot\varphi\, d^2\mathbf{x} + \sigma\int_{\partial\Omega}\big(\langle \mathbf{n}, \mathbf{T}u\rangle - \beta\big)\cdot\varphi\, ds.\end{aligned}$$

Für eine Kapillaritätsfläche $u \in \mathcal{V}\cap \mathrm{C}^2(\Omega)$ ergibt sich wie in 4.3 durch Testen von $\delta\mathcal{E}(u)\varphi = 0$ mit $\varphi\in \mathrm{C}_c^\infty(\Omega)$ die Euler–Gleichung

$$\operatorname{div}\mathbf{T}u = \kappa u \quad \text{in } \Omega,$$

und durch anschliessendes Testen mit Buckelfunktionen $\varphi \in \mathrm{C}_c^\infty(\mathbb{R}^2)$, deren Träger um Randpunkte $\mathbf{a}\in\partial_{\mathrm{reg}}\Omega$ zentriert sind, weiter die Randbedingung

$$\langle \mathbf{n}, \mathbf{T}u\rangle = \beta \quad \text{auf } \partial_{\mathrm{reg}}\Omega.$$

Es folgt $|\beta| = |\langle \mathbf{n}, \mathbf{T}u\rangle| \le \|\mathbf{n}\|\cdot\|\mathbf{T}u\| < 1$.

Der Randbedingung läßt sich eine einfache geometrische Interpretation geben: Sind $\mathbf{n}_Z := (n_1, n_2, 0)$,

$$\mathbf{n}_K := \frac{(\partial_1 u, \partial_2 u, -1)}{\sqrt{1+\|\nabla u\|^2}},$$

die Einheitsnormalen der Mantelfläche des Zylinders Z bzw. der Kapillarfläche, so gilt für den von diesen eingeschlossenen **Kontaktwinkel** $\gamma \in\,]0,\pi[$

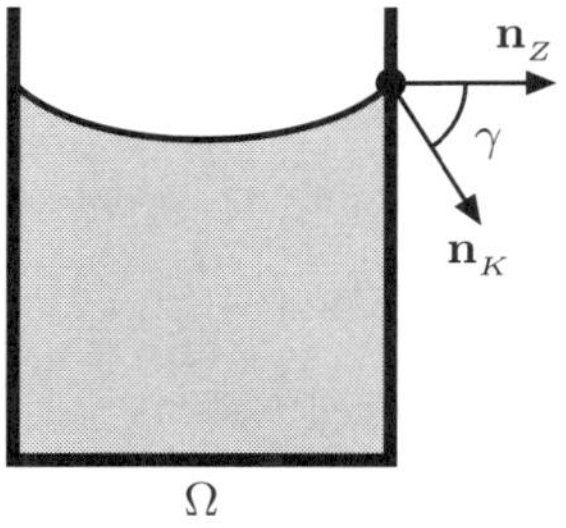

$$\cos\gamma = \langle \mathbf{n}_K, \mathbf{n}_Z\rangle = \langle \mathbf{T}u, \mathbf{n}\rangle = \beta \quad \text{auf } \partial_{\mathrm{reg}}\Omega.$$

Als Literatur zur Theorie der Kapillaritätsflächen empfehlen wir [33].

Aufgaben. (a) Zeigen Sie, dass das Flüssigkeitsvolumen V einer Kapillaritätsfläche mit dem Umfang L des Zylinders durch die Beziehung $\kappa\cdot V = L\cdot\cos\gamma$ verknüpft ist.

(b) Bestimmen Sie für rotationssymmetrische Kapillaritätsflächen (Ω also eine Kreisscheibe) die ersten Glieder der Potenzreihenentwicklung von $U(r) = u(r\cos\varphi, r\sin\varphi)$.

5 Isoperimetrische Probleme

5.1 Integral–Nebenbedingungen und Lagrange–Multiplikatoren

(a) Wir betrachten ein **isoperimetrisches Problem** der Form

$$\mathcal{F}(\mathbf{v}) = \min \quad \text{auf } \mathcal{V} \text{ unter der Nebenbedingung } \mathcal{G}(\mathbf{v}) = c\,;$$

dabei sind $\mathcal{F}$, $\mathcal{G}$ ein– oder mehrdimensionale Variationsintegrale auf einer durch Randbedingungen gegebenen Variationklasse $\mathcal{V} \subset \mathcal{D}(\mathcal{F}) \cap \mathcal{D}(\mathcal{G})$. Für den zugehörigen Variationsvektorraum $\delta\mathcal{V}$ bedeutet dies nach dem Beweis 1.2 bzw. nach 4.2 (b)

$$(*) \qquad \mathbf{u} \in \mathcal{V}, \quad \boldsymbol{\eta} \in \delta\mathcal{V} \implies \mathbf{u} + \boldsymbol{\eta} \in \mathcal{V} \quad \text{für } \|\boldsymbol{\eta}\|_{C^1} \ll 1\,.$$

Durch die Nebenbedingung $\mathcal{G}(\mathbf{v}) = c$ soll eine echte, nichtleere Teilmenge

$$\mathcal{V}_c \;:=\; \mathcal{V} \cap \{\mathcal{G} = c\} \;=\; \{\mathbf{v} \in \mathcal{V} \mid \mathcal{G}(\mathbf{v}) = c\}$$

von $\mathcal{V}$ gegeben sein. Dies ist z.B. der Fall, wenn es ein $\mathbf{u} \in \mathcal{V}$ gibt mit $\mathcal{G}(\mathbf{u}) = c$ und $\delta\mathcal{G}(\mathbf{u}) \neq 0$. Denn für jeden Variationsvektor $\boldsymbol{\varphi} \in \delta\mathcal{V}$ mit $\delta\mathcal{G}(\mathbf{u})\boldsymbol{\varphi} \neq 0$ ist dann $\mathcal{G}(\mathbf{u} + s\boldsymbol{\varphi}) \neq c$, falls $0 < |s| \ll 1$.

Satz. *Ist $\mathbf{u} \in \mathcal{V}_c$ eine starke oder schwache lokale Minimumstelle von $\mathcal{F}$ auf $\mathcal{V}_c$ und gilt*

$$\delta\mathcal{G}(\mathbf{u}) \;\neq\; 0 \quad \textit{auf } \delta\mathcal{V}\,,$$

so gibt es einen eindeutig bestimmten **Lagrange–Multiplikator** $\lambda \in \mathbb{R}$ *mit*

$$\delta(\mathcal{F} - \lambda\mathcal{G})(\mathbf{u}) \;=\; 0\,.$$

Dieser ist gegeben durch

$$\lambda \;=\; \frac{\delta\mathcal{F}(\mathbf{u})\boldsymbol{\varphi}}{\delta\mathcal{G}(\mathbf{u})\boldsymbol{\varphi}}\,,$$

wobei $\boldsymbol{\varphi} \in \delta\mathcal{V}$ ein beliebiger Variationsvektor ist mit $\delta\mathcal{G}(\mathbf{u})\boldsymbol{\varphi} \neq 0$.

Als notwendige Bedingungen für lokale Minimumstellen $\mathbf{u}$ von $\mathcal{F} : \mathcal{V} \to \mathbb{R}$ erhalten wir somit im Fall der C^2–Differenzierbarkeit von $\mathbf{u}$ neben

$$\mathbf{u} \in \mathcal{V}, \quad \mathcal{G}(\mathbf{u}) = c$$

die Euler–Gleichung für $\mathcal{F} - \lambda\mathcal{G}$; diese ist im eindimensionalen Fall $n = 1$

$$\frac{d}{dx}\left[F_{\mathbf{z}}(x, \mathbf{u}, \mathbf{u}') - \lambda\, G_{\mathbf{z}}(x, \mathbf{u}, \mathbf{u}')\right] \;=\; F_{\mathbf{y}}(x, \mathbf{u}, \mathbf{u}') - \lambda\, G_{\mathbf{y}}(x, \mathbf{u}, \mathbf{u}')\,,$$

bzw. im mehrdimensionalen Fall $n > 1$, $m = 1$

$$\operatorname{div}\,[\nabla_{\mathbf{z}}(F - \lambda G)(\mathbf{x}, u, \nabla u)] \;=\; (F - \lambda G)_y(\mathbf{x}, u, \nabla u)\,,$$

wobei F und G die Integranden von $\mathcal{F}$ bzw. $\mathcal{G}$ sind.

Beweis.

Da jedes starke lokale Minimum auch ein schwaches ist, gilt wegen (∗)

(1) $\quad \mathbf{u} + \boldsymbol{\eta} \in \mathcal{V} \quad$ für alle $\boldsymbol{\eta} \in \delta\mathcal{V} \quad$ mit $\|\boldsymbol{\eta}\|_{C^1} \ll 1\,,$

(2) $\quad \mathcal{F}(\mathbf{u}) \le \mathcal{F}(\mathbf{u} + \boldsymbol{\eta})$ für alle $\boldsymbol{\eta} \in \delta\mathcal{V}$ mit $\mathbf{u} + \boldsymbol{\eta} \in \mathcal{V}_c$ und $\|\boldsymbol{\eta}\|_{C^1} \ll 1\,.$

Nach den Ausführungen oben werden Vergleichsvektoren der Form $\mathbf{u} + s\boldsymbol{\psi}$ mit $\boldsymbol{\psi} \in \delta\mathcal{V}$ i.a. die Nebenbedingung $\mathcal{G} = c$ nicht erfüllen; wir modifizieren daher das bisherige Verfahren, indem wir von einer zweiparametrigen Schar $\mathbf{u} + s\boldsymbol{\varphi} + t\boldsymbol{\psi}$ ausgehen.

Nach Voraussetzung gibt es ein $\boldsymbol{\psi} \in \delta\mathcal{V}$ mit $\delta\mathcal{G}(\mathbf{u})\boldsymbol{\psi} \neq 0$. Wir halten $\boldsymbol{\psi}$ fest und wählen einen beliebigen Variationsvektor $\boldsymbol{\varphi} \in \delta\mathcal{V}$. Für $\boldsymbol{\eta}(s,t) := s\boldsymbol{\varphi} + t\boldsymbol{\psi} \in \delta\mathcal{V}$ ist dann $\|\boldsymbol{\eta}\|_{C^1} \le |s| \cdot \|\boldsymbol{\varphi}\|_{C^1} + |t| \cdot \|\boldsymbol{\psi}\|_{C^1} \ll 1$, falls $|s| + |t| \ll 1$. Somit ist

$$g(s,t) \;:=\; \mathcal{G}(\mathbf{u} + s\boldsymbol{\varphi} + t\boldsymbol{\psi})$$

für $|s| + |t| \ll 1$ definiert, und es gilt

$$g(0,0) \;=\; \mathcal{G}(\mathbf{u}) = c\,, \quad \frac{\partial g}{\partial s}(0,0) \;=\; \delta\mathcal{G}(\mathbf{u})\boldsymbol{\varphi}\,, \quad \frac{\partial g}{\partial t}(0,0) \;=\; \delta\mathcal{G}(\mathbf{u})\boldsymbol{\psi} \neq 0\,.$$

Nach dem Satz über implizite Funktionen gibt es daher eine offene Rechteckumgebung $U = I \times J$ von $(0,0)$ und eine C^1–Funktion $h : I \to J$ mit $h(0) = 0$ und $g(s,t) \;=\; c \iff t \;=\; h(s)$ in U.

Nach (2) hat $f(s,t) := \mathcal{F}(\mathbf{u} + s\boldsymbol{\varphi} + t\boldsymbol{\psi})$ an der Stelle $(0,0)$ ein lokales Minimum unter der Nebenbedingung $g(s,t) = c$. Daher gibt es einen Lagrange–Multiplikator λ mit $\nabla f(0,0) = \lambda \nabla g(0,0)$, vgl. Bd. 1, § 22 : 6.1. Wegen

$$\frac{\partial f}{\partial s}(0,0) \;=\; \delta\mathcal{F}(\mathbf{u})\boldsymbol{\varphi}\,, \qquad \frac{\partial f}{\partial t}(0,0) \;=\; \delta\mathcal{F}(\mathbf{u})\boldsymbol{\psi}$$

folgt

(3) $\quad \delta\mathcal{F}(\mathbf{u})\boldsymbol{\varphi} \;=\; \lambda\,\delta\mathcal{G}(\mathbf{u})\boldsymbol{\varphi}\,,$

(4) $\quad \delta\mathcal{F}(\mathbf{u})\boldsymbol{\psi} \;=\; \lambda\,\delta\mathcal{G}(\mathbf{u})\boldsymbol{\psi}\,.$

Der Lagrange–Parameter λ ist wegen $\delta\mathcal{G}(u)\psi \neq 0$ durch (4) eindeutig bestimmt. Er hängt nicht von der Wahl von ψ ab, wie Gleichung (3) zeigt. Aus (3) und (4) folgt somit $\lambda = \delta\mathcal{F}(\mathbf{u})\boldsymbol{\psi}/\delta\mathcal{G}(\mathbf{u})\boldsymbol{\psi}$ für alle $\boldsymbol{\psi} \in \delta\mathcal{V}$ mit $\delta\mathcal{G}(\mathbf{u})\boldsymbol{\psi} \neq 0$.

Nach (3) verschwindet die erste Variation von $\mathcal{F} - \lambda\mathcal{G}$ an der Stelle $\mathbf{u}$, und im Fall der C^2–Differenzierbarkeit von $\mathbf{u}$ folgen die entsprechenden Euler–Gleichungen nach 1.3 (b) bzw. 4.2 (d). □

(b) Bei mehreren Integral–Nebenbedingungen verfahren wir ganz analog. Seien $\mathcal{F}, \mathcal{G}_1, \dots, \mathcal{G}_p$ Variationsintegrale auf einer Variationsklasse $\mathcal{V}$ mit (∗), enthalten in $\mathcal{D}(\mathcal{F}) \cap \mathcal{D}(\mathcal{G}_1) \cap \dots \cap \mathcal{D}(\mathcal{G}_p)$. Für $\mathbf{c} = (c_1, \dots, c_p) \in \mathbb{R}^p$ sei

$$\mathcal{V}_{\mathbf{c}} = \left\{ \mathbf{v} \in \mathcal{V} \;\middle|\; \mathcal{G}_i(\mathbf{v}) = c_i \text{ für } i = 1, \dots, p \right\}.$$

Satz. *Sei* $\mathbf{u} \in \mathcal{V}_{\mathbf{c}}$ *eine starke oder schwache lokale Minimumstelle von* $\mathcal{F}$ *auf* $\mathcal{V}_{\mathbf{c}}$. *Existieren Variationsvektoren* $\boldsymbol{\psi}_1, \dots, \boldsymbol{\psi}_p \in \delta\mathcal{V}$ *mit*

$$\det(\delta\mathcal{G}_i(\mathbf{u})\boldsymbol{\psi}_k) \neq 0,$$

so gibt es eindeutig bestimmte Lagrange–Multiplikatoren $\lambda_1, \dots, \lambda_p$, *so dass die erste Variation von* $\mathcal{F} - \sum_{i=1}^{p} \lambda_i \mathcal{G}_i$ *an der Stelle* $\mathbf{u}$ *verschwindet.*

Beweisskizze.

Wir wählen $\boldsymbol{\psi}_1, \dots, \boldsymbol{\psi}_p \in \delta\mathcal{V}$ mit $\det(\delta\mathcal{G}_i(\mathbf{u})\boldsymbol{\psi}_k) \neq 0$ und fixieren ein beliebiges $\boldsymbol{\varphi} \in \delta\mathcal{V}$. Für $|s| + \sum_{i=1}^{p} |t_i| \ll 1$ sind dann

$$g_i(s, t_1, \dots, t_p) := \mathcal{G}_i(\mathbf{u} + s\boldsymbol{\varphi} + t_1\boldsymbol{\psi}_1 + \dots + t_p\boldsymbol{\psi}_p) \quad (i = 1, \dots, p),$$

$$f(s, t_1, \dots, t_p) := \mathcal{F}(\mathbf{u} + s\boldsymbol{\varphi} + t_1\boldsymbol{\psi}_1 + \dots + t_p\boldsymbol{\psi}_p)$$

definiert, da die Einträge nach (∗) zu $\mathcal{V}$ gehören. Ferner gilt

$$g_i(0, \mathbf{0}) = c_i, \quad \frac{\partial g_i}{\partial s}(0, \mathbf{0}) = \delta\mathcal{F}(\mathbf{u})\boldsymbol{\varphi}, \quad \frac{\partial g_i}{\partial t_k}(0, \mathbf{0}) = \delta\mathcal{G}_i(\mathbf{u})\boldsymbol{\psi}_k,$$

$$\frac{\partial f}{\partial s}(0, \mathbf{0}) = \delta\mathcal{F}(\mathbf{u})\boldsymbol{\varphi}, \quad \frac{\partial f}{\partial t_k}(0, \mathbf{0}) = \delta\mathcal{F}(\mathbf{u})\boldsymbol{\psi}_k$$

für $1 \leq i, k \leq p$. Nach Voraussetzung ist $\det\left(\frac{\partial g_i}{\partial t_k}(0, \mathbf{0})\right) \neq 0$. Somit beschreiben die Gleichungen $g_i(s, t_1, \dots, t_p) = c_i$ $(i = 1, \dots, p)$ eine eindimensionale Lösungsmannigfaltigkeit, auf der f an der Stelle $(0, \mathbf{0})$ ein lokales Minimum annimmt. Nach Bd. 1, § 22 : 6.1 gibt es daher Lagrange–Parameter $\lambda_1, \dots, \lambda_p$ mit

$$\boldsymbol{\nabla} f(0, \mathbf{0}) = \sum_{i=1}^{p} \lambda_i \boldsymbol{\nabla} g_i(0, \mathbf{0}).$$

Dies bedeutet

$$\text{(i)} \qquad \delta\mathcal{F}(\mathbf{u})\boldsymbol{\varphi} \;=\; \sum_{i=1}^{p} \lambda_i \delta\mathcal{G}_i(\mathbf{u})\boldsymbol{\varphi}\,,$$

$$\text{(ii)} \qquad \delta\mathcal{F}(\mathbf{u})\boldsymbol{\psi}_k \;=\; \sum_{i=1}^{p} \lambda_i \delta\mathcal{G}_i(\mathbf{u})\boldsymbol{\psi}_k \qquad (k = 1, \dots, p)\,.$$

Die Zahlen λ_i in (i) sind als Lösungen des Gleichungssystems (ii) mit nichtverschwindender Determinante durch $\boldsymbol{\psi}_1, \dots, \boldsymbol{\psi}_p$ eindeutig bestimmt. Nach (i) hängen sie nicht von der Wahl der $\boldsymbol{\psi}_k \in \delta\mathcal{V}$ ab. □

5.2 Die hängende Kette

Gegeben sind zwei nicht übereinander liegende Punkte A und B über der Erdoberfläche. Eine Kette, idealisierend dargestellt durch einen homogenen, unelastischen, schweren Faden ohne Biegesteifigkeit, sei an ihren Enden in A und B befestigt. Unter dem Einfluss der Schwerkraft stellt sich eine Kurve C ein, deren Gestalt zu bestimmen ist, die **Kettenlinie**.

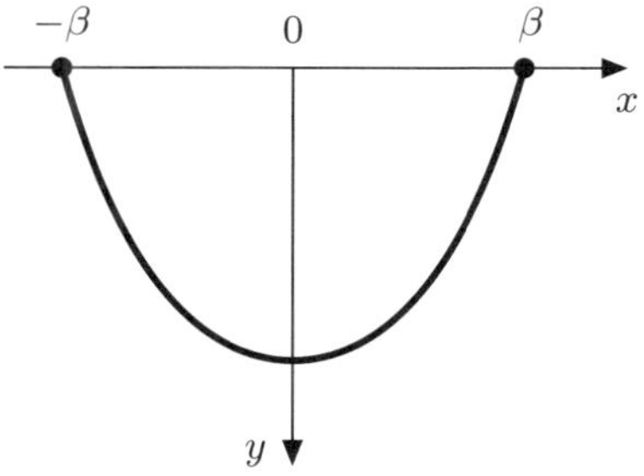

Wir beschreiben diese durch eine Funktion $w \in \mathrm{C}^2[-\beta, \beta]$ im skizzierten Koordinatensystem und beschränken uns auf den Fall $A = (-\beta, 0)$, $B = (\beta, 0)$, also $w(\beta) = w(-\beta) = 0$. Bei gegebener Länge

$$\mathcal{G}(v) \;=\; \int_{-\beta}^{\beta} \sqrt{1 + v'(x)^2}\, dx \;=\; L > 2\beta$$

maximiert w die y–Koordinate des Schwerpunkts

$$\mathcal{F}(v) \;=\; \int_C y\, ds \;=\; \int_{-\beta}^{\beta} v(x)\, \sqrt{1 + v'(x)^2}\, dx\,,$$

also das beim Seifenhautproblem 2.5 auftretende Variationsintegral. Mit den Integranden $F(y,z) = y\sqrt{1+z^2}$ von $\mathcal{F}$, $G(z) = \sqrt{1+z^2}$ von $\mathcal{G}$ ist w somit eine Extremale von $F(y,z) - \lambda G(y,z) = (y - \lambda)\sqrt{1+z^2}$ mit passendem λ, und daher ist $u := w - \lambda$ eine Extremale von $\mathcal{F}$ auf der Vergleichsklasse

$$\mathcal{V} \;=\; \left\{ v \in \mathrm{C}^2[-\beta, \beta] \;\middle|\; v(-\beta) = v(\beta) = -\lambda \right\}\,.$$

Damit übertragen sich die Schritte (1), (2), (3) von 2.5 mit geringfügigen Modifikationen.

Aufgabe. Zeigen Sie in Analogie zu 2.5:

(a) Es gibt eine Konstante $c \neq 0$ mit $u(x) = -\lambda \cdot \dfrac{\cosh(x/c)}{\cosh(\beta/c)}$.

(b) Wegen $w(x) > 0$ für $|x| < \beta$ folgt $\lambda > 0$ und damit $u(x) \leq c < 0$.

(c) Der Bedingung (4) in 2.5 (c) entspricht hier $\lambda = -c \cdot \cosh(\beta/c)$.

(d) Aus (a) und (c) folgt $L = \mathcal{G}(w) = \mathcal{G}(u) = 2c \cdot \sinh(\beta/c) =: f(c)$.

(e) Die Konstante c ist durch $f(c) = L > 2\beta$ eindeutig bestimmt, denn für $g(x) := f(\beta/x)$ ist $\lim\limits_{x\to 0+} g(x) = 2\beta$, $\lim\limits_{x\to\infty} g(x) = \infty$, $x^2 g'(x) > 0$, falls $x > 0$.

5.3 Zum Problem der Dido

(a) Das erste mit Mitteln der Analysis gelöste isoperimetrische Problem besteht darin, die Gestalt einer Graphenkurve gegebener Länge L über einem festen Intervall zu bestimmen, welche die Fläche zwischen der x–Achse und dem Graphen maximiert (Jakob Bernoulli 1697). Es geht also darum, unter allen PC^1–Kurven $v : [-\beta, \beta] \to \mathbb{R}_+$ mit $v(-\beta) = v(\beta) = 0$ den Flächeninhalt

$$\mathcal{F}(v) = \int_{-\beta}^{\beta} v(x)\, dx$$

zu maximieren unter der Nebenbedingung

$$\mathcal{G}(v) = \int_{-\beta}^{\beta} \sqrt{1 + v'(x)^2}\, dx = L .$$

Sei u eine Lösung dieses Problems. Nach 5.1 und 3.2 (b) erfüllt u die Euler–Gleichung in integrierter Form

$$-\lambda \cdot \frac{u'(x)}{\sqrt{1 + u'(x)^2}} = x + c$$

an allen Stetigkeitsstellen x von u', dabei sind λ und c Konstanten ÜA. Daraus folgt $\lambda \neq 0$ und die Stetigkeit von u'. Offenbar besitzt u' nur die Nullstelle $-c$; wegen $u'(-\beta) \geq 0$ ist daher $u'(x) \cdot (x + c) < 0$ für $x \neq -c$ und damit $\lambda > 0$. Auflösung nach $u'(x)$ und Integration ergibt

$$u'(x) = -\frac{x + c}{\sqrt{\lambda^2 - (x + c)^2}} = \frac{d}{dx}\sqrt{\lambda^2 - (x + c)^2}, \quad \text{bzw.}$$

$$u(x) = \sqrt{\lambda^2 - (x + c)^2} + d$$

mit einer Konstanten d. Aus $u(-\beta) = u(\beta) = 0$ folgt $c = 0$ und $d = -\sqrt{\lambda^2 - \beta^2}$. u beschreibt also einen Kreisbogen mit Radius λ und Mittelpunkt $(0, d)$.

(b) Die Fläche $\mathcal{F}(u)$ unter diesem hängt von β und damit vom halben Öffnungswinkel φ ab. Mit $\sin\varphi = \beta/\lambda$ und $L = 2\lambda\varphi$ ergibt sich ÜA

$$\mathcal{F}(u) = \lambda^2 \cdot (\varphi - \sin\varphi\cos\varphi) = \frac{L^2}{4\varphi^2}\left(\varphi - \tfrac{1}{2}\sin 2\varphi\right) =: f(\varphi).$$

Das Optimum bei frei wählbaren Randpunkten $(-\beta, 0)$, $(\beta, 0)$ ergibt sich für $\beta = L/\pi$, also einem Halbkreis, denn es gilt $f'(\varphi) > 0$ für $0 < \varphi < \pi/2$ ÜA.

(c) Das klassische Problem der Dido § 1 : 1.5 fassen wir wie folgt: Unter allen geschlossenen PC^1–Kurven $\mathbf{v} : [0,1] \to \mathbb{R}^2$ vorgegebener Länge L, welche den Nullpunkt einfach positiv umlaufen (Bd. 1, § 26 : 3.6), sind diejenigen zu bestimmen, deren Spur eine Fläche größten Inhalts umschließt.

Für jede zur Konkurrenz zugelassene Kurve hat die eingeschlossene Fläche nach der Leibnizschen Sektorformel (Bd. 1, § 24 : 4.6 (c)) den Inhalt

$$\mathcal{F}(\mathbf{v}) = \tfrac{1}{2}\int_C x\,dy - y\,dx = \tfrac{1}{2}\int_0^1 (v_1(t)\dot v_2(t) - \dot v_1(t)v_2(t))\,dt.$$

Liefert u das Maximum von $\mathcal{F}(\mathbf{v})$ unter der Nebenbedingung

$$\mathcal{G}(\mathbf{v}) = \int_0^1 \sqrt{\dot v_1(t)^2 + \dot v_2(t)^2}\,dt = L,$$

so gelten nach 5.1 und 3.2 (b) die Euler–Gleichungen in integrierter Form

$$-\tfrac{1}{2}u_2(t) - \lambda \cdot \frac{\dot u_1(t)}{\sqrt{\dot u_1(t)^2 + \dot u_2(t)^2}} = \tfrac{1}{2}\int_0^t \dot u_2(s)\,ds + c_1 = \tfrac{1}{2}u_2(t) + b_1,$$

$$\tfrac{1}{2}u_1(t) - \lambda \cdot \frac{\dot u_2(t)}{\sqrt{\dot u_1(t)^2 + \dot u_2(t)^2}} = \tfrac{1}{2}\int_0^t \dot u_1(s)\,ds + c_2 = -\tfrac{1}{2}u_1(t) + b_2$$

an den Glattheitsstellen von $\mathbf{u}$; b_k, c_k sind Konstanten. Es folgt

$$u_1 = \lambda \cdot \frac{\dot u_2}{\sqrt{\dot u_1^2 + \dot u_2^2}} + b_2, \qquad u_2 = -\lambda \cdot \frac{\dot u_1}{\sqrt{\dot u_1^2 + \dot u_2^2}} - b_1.$$

Durch Kombination dieser Gleichungen und Integration folgt hieraus

$$u_1\,\dot u_1 + u_2\,\dot u_2 = b_2\,\dot u_1 - b_1\,\dot u_2,$$

$$\tfrac{1}{2}(u_1^2 + u_2^2) - b_2\,u_1 + b_1\,u_2 = \alpha, \quad \text{bzw.} \quad \tfrac{1}{2}(u_1 - b_2)^2 + \tfrac{1}{2}(u_2 + b_1)^2 = \beta$$

mit Konstanten α, β. Die Kurve $\mathbf{u}$ beschreibt somit einen Kreis vom Radius $r = \sqrt{2\beta} = L/2\pi$ (letzteres wegen $\mathcal{G}(\mathbf{u}) = L$). Dessen Mittelpunkt ist durch die Aufgabenstellung nicht festgelegt.

6 Legendre–Transformation und Hamilton–Gleichungen

6.1 Übersicht

Die Euler–Gleichungen eines elliptischen Variationsintegranden lassen sich in ein äquivalentes System von $2m$ Differentialgleichungen erster Ordnung

$$y_i'(x) \;=\; \frac{\partial H}{\partial p_i}(x, \mathbf{y}(x), \mathbf{p}(x))\,, \qquad p_i'(x) \;=\; -\frac{\partial H}{\partial y_i}(x, \mathbf{y}(x), \mathbf{p}(x))$$

$(i = 1, \ldots, m)$ umformen, die **Hamilton–Gleichungen**.

Gegenüber den Euler–Gleichungen hat dieses System den Vorteil, explizit zu sein; des weiteren sind die Koordinaten $y_1, \ldots, y_m$ und $p_1, \ldots, p_m$ gleichberechtigte Variablen des **Phasenraums**. Mit Hilfe der Hamilton–Gleichungen gestaltet sich die Darstellung von ersten Integralen (in der Mechanik: von Erhaltungsgrößen) einfacher als bei den Euler–Gleichungen. Auf die Bedeutung der Hamiltonschen Formulierung der Bewegungsgesetze für die Mechanik gehen wir in § 4 ein.

6.2 Hamilton–Funktion und Hamilton–Gleichungen

(a) Sei $F : \mathbb{R}^{2m+1} \supset \Omega_F \to \mathbb{R}$ ein C^r–differenzierbarer elliptischer Variationsintegrand ($r \geq 2$). Nach 3.3 (b) ist die Abbildung

$$(x, \mathbf{y}, \mathbf{z}) \mapsto (x, \mathbf{y}, \mathbf{p}) = (x, \mathbf{y}, \nabla_{\mathbf{z}} F(x, \mathbf{y}, \mathbf{z}))$$

ein C^{r-1}–Diffeomorphismus zwischen Ω_F und einem Gebiet $\Omega_H \subset \mathbb{R}^{2m+1}$, dessen Umkehrabbildung wir mit

$$(x, \mathbf{y}, \mathbf{p}) \mapsto (x, \mathbf{y}, \mathbf{z}) = (x, \mathbf{y}, \mathbf{Z}(x, \mathbf{y}, \mathbf{p}))$$

bezeichnen.

Wir definieren die **Hamilton–Funktion** $H : \Omega_H \to \mathbb{R}$ von $F : \Omega_F \to \mathbb{R}$ durch

$$H(x, \mathbf{y}, \mathbf{p}) := \langle \mathbf{p}, \mathbf{z} \rangle - F(x, \mathbf{y}, \mathbf{z}) \quad \text{mit} \;\; \mathbf{z} := \mathbf{Z}(x, \mathbf{y}, \mathbf{p})\,.$$

Als **Legendre–Transformation** wird meistens sowohl der Variablenwechsel $(x, \mathbf{y}, \mathbf{z}) \mapsto (x, \mathbf{y}, \mathbf{p})$, als auch die Zuordnung $F \mapsto H$ verstanden.

Satz. *Die Hamilton–Funktion H ist C^r–differenzierbar, und es gilt*

$$\begin{aligned}
\nabla_{\mathbf{p}} H(x, \mathbf{y}, \mathbf{p}) &= \mathbf{Z}(x, \mathbf{y}, \mathbf{p})\,, \\
\nabla_{\mathbf{y}} H(x, \mathbf{y}, \mathbf{p}) &= -\nabla_{\mathbf{y}} F(x, \mathbf{y}, \mathbf{z}) \quad \textit{mit} \;\; \mathbf{z} = \mathbf{Z}(x, \mathbf{y}, \mathbf{p})\,, \\
\frac{\partial H}{\partial x}(x, \mathbf{y}, \mathbf{p}) &= -\frac{\partial F}{\partial x}(x, \mathbf{y}, \mathbf{z}) \quad \textit{mit} \;\; \mathbf{z} = \mathbf{Z}(x, \mathbf{y}, \mathbf{p})\,.
\end{aligned}$$

Beweis.

Aus der Definition

$$H(x,\mathbf{y},\mathbf{p}) \;=\; \sum_{i=1}^{m} p_i Z_i(x,\mathbf{y},\mathbf{p}) \;-\; F(x,\mathbf{y},\mathbf{Z}(x,\mathbf{y},\mathbf{p}))$$

folgt unter Beachtung von $p_i = \dfrac{\partial F}{\partial z_i}(x,\mathbf{y},\mathbf{z})$ mit $\mathbf{z} = \mathbf{Z}(x,\mathbf{y},\mathbf{p})$ nach der Kettenregel und unter Fortlassung der Argumente von H

$$\begin{aligned}\frac{\partial H}{\partial p_k} &= Z_k(x,\mathbf{y},\mathbf{p}) + \sum_{i=1}^{m} p_i \frac{\partial Z_i}{\partial p_k}(x,\mathbf{y},\mathbf{p}) - \sum_{i=1}^{m} \frac{\partial F}{\partial z_i}(x,\mathbf{y},\mathbf{z})\frac{\partial Z_i}{\partial p_k}(x,\mathbf{y},\mathbf{p}) \\ &= Z_k(x,\mathbf{y},\mathbf{p}),\end{aligned}$$

$$\begin{aligned}\frac{\partial H}{\partial y_k} &= \sum_{i=1}^{m} p_i \frac{\partial Z_i}{\partial y_k}(x,\mathbf{y},\mathbf{p}) - \frac{\partial F}{\partial y_k}(x,\mathbf{y},\mathbf{z}) - \sum_{i=1}^{m} \frac{\partial F}{\partial z_i}(x,\mathbf{y},\mathbf{z})\frac{\partial Z_i}{\partial y_k}(x,\mathbf{y},\mathbf{p}) \\ &= -\frac{\partial F}{\partial y_k}(x,\mathbf{y},\mathbf{z}) \quad \text{mit} \quad \mathbf{z} = \mathbf{Z}(x,\mathbf{y},\mathbf{p}),\end{aligned}$$

$$\begin{aligned}\frac{\partial H}{\partial x} &= \sum_{i=1}^{m} p_i \frac{\partial Z_i}{\partial x}(x,\mathbf{y},\mathbf{p}) - \frac{\partial F}{\partial x}(x,\mathbf{y},\mathbf{z}) - \sum_{i=1}^{m} \frac{\partial F}{\partial z_i}(x,\mathbf{y},\mathbf{z})\frac{\partial Z_i}{\partial x}(x,\mathbf{y},\mathbf{p}) \\ &= -\frac{\partial F}{\partial x}(x,\mathbf{y},\mathbf{z}) \quad \text{mit} \quad \mathbf{z} = \mathbf{Z}(x,\mathbf{y},\mathbf{p}).\end{aligned}$$

Insbesondere ist H C^r–differenzierbar, weil die Funktionen Z_k, $\partial F/\partial y_k$, $\partial F/\partial x$ C^{r-1}–differenzierbar sind. □

(b) Satz. *Die Euler–Gleichungen von F und die* **Hamilton–Gleichungen**

$$\text{(HG)} \quad \mathbf{y}'(x) \;=\; \nabla_{\mathbf{p}} H(x,\mathbf{y}(x),\mathbf{p}(x)), \quad \mathbf{p}'(x) \;=\; -\nabla_{\mathbf{y}} H(x,\mathbf{y}(x),\mathbf{p}(x))$$

sind in folgendem Sinn äquivalent:

Ist $x \mapsto \mathbf{y}(x)$ eine Lösung der Euler–Gleichungen von F, so ist $x \mapsto (\mathbf{y}(x),\mathbf{p}(x))$ mit $\mathbf{p}(x) = \nabla_{\mathbf{z}} F(x,\mathbf{y}(x),\mathbf{y}'(x))$ eine Lösung der Hamilton–Gleichungen. Umgekehrt ist für jede Lösung $x \mapsto (\mathbf{y}(x),\mathbf{p}(x))$ der Hamilton–Gleichungen durch $x \mapsto \mathbf{y}(x)$ eine Lösung der Euler–Gleichungen gegeben, und es gilt $\mathbf{p}(x) = \nabla_{\mathbf{z}} F(x,\mathbf{y}(x),\mathbf{y}'(x))$.

Denn aufgrund der Beziehungen zwischen H und F in (a) gilt

$$\mathbf{p}(x) = \nabla_{\mathbf{z}} F(x, \mathbf{y}(x), \mathbf{y}'(x)) \iff \mathbf{y}'(x) = \nabla_{\mathbf{p}} H(x, \mathbf{y}(x), \mathbf{p}(x))$$

und

$$\frac{d}{dx}\left[\nabla_{\mathbf{z}} F(x, \mathbf{y}(x), \mathbf{y}'(x))\right] - \nabla_{\mathbf{y}} F(x, \mathbf{y}(x), \mathbf{y}'(x))$$

$$= \mathbf{p}'(x) + \nabla_{\mathbf{y}} H(x, \mathbf{y}(x), \mathbf{p}(x)).$$

(c) SATZ (Poincaré 1893). *Die Hamilton–Gleichungen* (HG) *sind die Euler–Gleichungen des Variationsintegrals für Kurven* $x \mapsto (\mathbf{y}(x), \mathbf{p}(x))$ *im* $\mathbb{R}^{2m}$ *auf Intervallen* $I = [\alpha, \beta]$

$$\mathcal{F}_H(\mathbf{y}, \mathbf{p}) = \mathcal{F}_H(\mathbf{y}, \mathbf{p}, I) := \int\limits_{\alpha}^{\beta} \left\{ \langle \mathbf{p}(x), \mathbf{y}'(x) \rangle - H(x, \mathbf{y}(x), \mathbf{p}(x)) \right\} dx,$$

genauer: Für eine beliebige C^1*–Funktion* $H : \Omega_H \to \mathbb{R}$ *folgt aus dem Verschwinden der ersten Variation* $\delta\mathcal{F}_H(\mathbf{q}, \mathbf{p})$ *die* C^1*–Differenzierbarkeit von* $\mathbf{q}, \mathbf{p}$ *und das Bestehen der mit* H *gebildeten Hamilton–Gleichungen.*

BEMERKUNGEN. (i) Wegen

$$F(x, \mathbf{y}, \mathbf{z}) = \langle \mathbf{p}, \mathbf{z} \rangle - H(x, \mathbf{y}, \mathbf{p}) \quad \text{für } \mathbf{p} = \nabla_{\mathbf{z}} F(x, \mathbf{y}, \mathbf{z})$$

gilt für C^1–Kurven $\mathbf{y} : I \to \mathbb{R}^m$

$$\mathcal{F}_H(\mathbf{y}, \mathbf{p}) = \mathcal{F}(\mathbf{y}), \quad \text{falls } \mathbf{p}(x) = \nabla_{\mathbf{z}} F(x, \mathbf{y}(x), \mathbf{y}'(x)).$$

(ii) Das Variationsintegral $\mathcal{F}_H$ ist nicht elliptisch, dennoch folgt unter der Voraussetzung $H \in \mathrm{C}^1(\Omega_H)$ die C^1–Differenzierbarkeit von schwachen Extremalen.

BEWEIS als ÜA: Stellen Sie für $\mathcal{F}_H$ die Euler–Gleichungen in integrierter Form auf, vgl. 3.2 (a).

(d) In der Hamiltonschen Mechanik §4 verwenden wir die der traditionellen Notation angepassten Bezeichnungen

$t, \mathbf{q}, \mathbf{v}, L, \mathcal{W}$ anstelle von $x, \mathbf{y}, \mathbf{z}, F, \mathcal{F}$,

$t, \mathbf{q}, \mathbf{p}, H, \mathcal{W}_H$ anstelle von $x, \mathbf{y}, \mathbf{p}, H, \mathcal{F}_H$;

dabei ist L die Lagrange–Funktion und $\mathcal{W}$ das Wirkungsintegral.

Die Legendre–Transformation bewirkt in der Sprache der Mechanik den Austausch der Geschwindigkeitsvariablen $\mathbf{v}$ gegen die Impulsvariablen $\mathbf{p}$.

Um die an die Schreibweise der klassischen Vektoranalysis gewohnten Leserinnen und Leser nicht zu verwirren, fassen wir hier, wie auch später in der Hamiltonschen Mechanik §4 und in der geometrischen Optik §5, die Impulse

$\mathbf{p}$ als Vektoren des $\mathbb{R}^m$ auf. Wir weisen jedoch darauf hin, dass es korrekter ist, den Impuls als Linearform $\mathbf{p} = F_{\mathbf{y}}$ (bzw. in der Mechanik $\mathbf{p} = L_{\mathbf{v}}$) aufzufassen, weil hierdurch das Transformationsverhalten bei Koordinatenwechsel berücksichtigt wird.

6.3 Aufgabe

Für $t \in I$ und $q, v \in \mathbb{R}$ sei $L(t,q,v) = n(t,q) \cdot \sqrt{1+v^2} > 0$ (Bezeichnungen wie in 6.2 (d)).

(a) Geben Sie die Hamilton–Funktion H und deren Definitionsbereich Ω_H an. Stellen Sie die Hamilton–Gleichungen auf.

(b) Bestimmen Sie für $n(t,q) := \sqrt{t^2+q^2}$ die Extremale $q : \mathbb{R}_{>0} \to \mathbb{R}$ mit $q(0) = 1$, $\dot{q}(0) = 0$.

Anleitung:
Für die Lösungen der Hamilton–Gleichungen ist $q(t)^2 - p(t)^2$ konstant, ferner ergibt sich eine gewöhnliche Differentialgleichung für $d(t) = q(t) - p(t)$. Aus deren Lösung ergibt sich eine Gleichung für $q(t) + p(t)$.

§ 3 Minimaleigenschaften von Extremalen

In diesem Paragraphen stellen wir für das Zweipunktproblem $\mathcal{F} : \mathcal{V} \to \mathbb{R}$ von § 2 : 1.1 notwendige und hinreichende Bedingungen dafür auf, dass eine gegebene Extremale $\mathbf{u} \in \mathcal{V}$ ein lokales Minimum von $\mathcal{F}$ in $\mathcal{V}$ liefert. Notwendig sind zunächst Konvexitätsbedingungen für den Integranden (Legendre– und Weierstraß–Bedingung). Eine Schlüsselrolle spielt die notwendige Bedingung von Jacobi. Diese schränkt die Länge des Integrationsintervalls ein und liefert, leicht verschärft, eine hinreichende Bedingung für das Vorliegen eines schwachen lokalen Minimums. Grundlegend hierfür sind die Begriffe *Jacobi–Feld* und *konjugierte Stellen*. Für die Theorie starker lokaler Minima wird eine an der Optik orientierte Feldkonstruktion herangezogen.

Hinweis: Für die Hamiltonsche Mechanik (§ 4) und die geometrische Optik (§ 5) ist das Studium dieses Paragraphen nicht erforderlich.

1 Notwendige Bedingungen für lokale Minima

1.1 Konvexe Funktionen und Exzessfunktion

Eine Funktion $f : V \to \mathbb{R}$ auf einem konvexen Gebiet $V \subset \mathbb{R}^n$ heißt **konvex**, wenn

$$f(t_1\mathbf{z}_1 + t_2\mathbf{z}_2) \;\le\; t_1 f(\mathbf{z}_1) + t_2 f(\mathbf{z}_2)$$

für alle $\mathbf{z}_1, \mathbf{z}_2 \in V$ und $t_1, t_2 \in \mathbb{R}_+$ mit $t_1 + t_2 = 1$.

Sie heißt **streng konvex**, wenn

$$f(t_1\mathbf{z}_1 + t_2\mathbf{z}_2) < t_1 f(\mathbf{z}_1) + t_2 f(\mathbf{z}_2)\,,$$

falls $\mathbf{z}_1 \neq \mathbf{z}_2,\;\; t_1, t_2 > 0$ und $t_1 + t_2 = 1$.

Die **Exzessfunktion** W_f einer C^1–Funktion $f : V \to \mathbb{R}$ ist definiert durch

$$W_f(\mathbf{z}_1, \mathbf{z}_2) \;:=\; f(\mathbf{z}_2) - f(\mathbf{z}_1) - f'(\mathbf{z}_1)\cdot(\mathbf{z}_2 - \mathbf{z}_1)\,.$$

Diese misst, wie hoch der Funktionswert von f an der Stelle $\mathbf{z}_2$ über der Tangentialfläche

$$\mathbf{z} \mapsto f(\mathbf{z}_1) + f'(\mathbf{z}_1)\cdot(\mathbf{z} - \mathbf{z}_1)$$

durch den Punkt $(\mathbf{z}_1, f(\mathbf{z}_1))$ liegt.

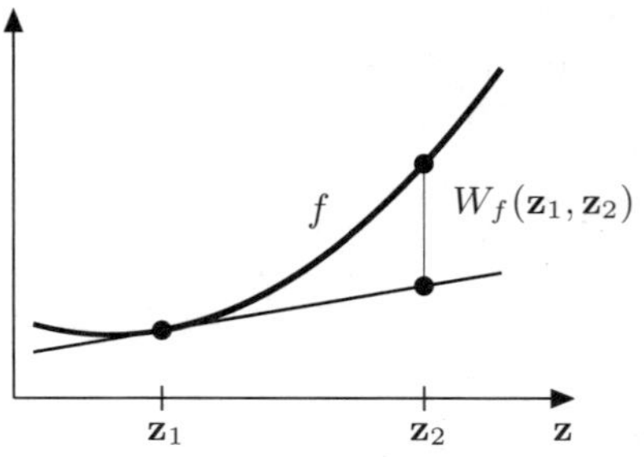

Satz. *Für* C^2*–Funktionen* $f : V \to \mathbb{R}$ *auf einem konvexen Gebiet* $V \subset \mathbb{R}^n$ *sind folgende Aussagen äquivalent*:

(a) *f ist konvex,*

(b) $W_f(\mathbf{z}_1, \mathbf{z}_2) \ge 0$ *für alle* $\mathbf{z}_1, \mathbf{z}_2 \in V$,

(c) *Die Hesse–Matrix $f''(\mathbf{z})$ ist positiv semidefinit auf V:*

$$f''(\mathbf{z}) \geq 0 \quad \textit{für alle} \quad \mathbf{z} \in V\,.$$

ZUSATZ. *Aus der positiven Definitheit $f''(\mathbf{z}) > 0$ auf V folgt*

(d) $W_f(\mathbf{z}_1, \mathbf{z}_2) > 0$ *für* $\mathbf{z}_1 \neq \mathbf{z}_2$,

(e) *f ist streng konvex.*

BEWEIS.

(c) $\Longrightarrow$ (b). Da V konvex ist, liegt mit $\mathbf{z}_1, \mathbf{z}_2$ auch die Verbindungsstrecke in V. Nach dem Satz von Taylor gibt es ein $\vartheta \in \,]0,1[$, so dass mit $\mathbf{h} := \mathbf{z}_2 - \mathbf{z}_1$

$$(*) \qquad W_f(\mathbf{z}_1, \mathbf{z}_2) = f(\mathbf{z}_1 + \mathbf{h}) - f(\mathbf{z}_1) - f'(\mathbf{z}_1)\mathbf{h} = \frac{1}{2}\big\langle \mathbf{h}, f''(\mathbf{z}_1 + \vartheta\mathbf{h})\mathbf{h}\big\rangle\,.$$

Ist f'' positiv semidefinit, so folgt $W_f(\mathbf{z}_1, \mathbf{z}_2) \geq 0$.

Im Fall der positiven Definitheit von f'' in V ergibt sich ferner $W_f(\mathbf{z}_1, \mathbf{z}_2) > 0$, falls $\mathbf{h} = \mathbf{z}_2 - \mathbf{z}_1 \neq \mathbf{0}$.

(b) $\Longrightarrow$ (c). Angenommen, f'' ist nicht positiv semidefinit. Dann gibt es ein $\mathbf{z}_1 \in V$ und ein $\mathbf{v} \neq \mathbf{0}$ mit $\langle \mathbf{v}, f''(\mathbf{z}_1)\mathbf{v}\rangle < 0$, also auch $\langle \mathbf{h}, f''(\mathbf{z})\mathbf{h}\rangle < 0$ für $\mathbf{z} \in K_r(\mathbf{z}_1)$ mit passendem $r > 0$ und $\mathbf{h} = \lambda\mathbf{v}$ mit $\lambda \neq 0$. Für $\|\mathbf{h}\| < r$ und $\mathbf{z}_2 = \mathbf{z}_1 + \mathbf{h}$ folgt $W_f(\mathbf{z}_1, \mathbf{z}_2) < 0$ nach $(*)$.

(a) $\Longrightarrow$ (b). Zu je zwei festen Vektoren $\mathbf{z}_1, \mathbf{z}_2 \in V$ betrachten wir

$$g(t) \;:=\; (1-t)f(\mathbf{z}_1) + tf(\mathbf{z}_2) - f((1-t)\mathbf{z}_1 + t\mathbf{z}_2) \quad \text{für} \;\; 0 \leq t \leq 1\,.$$

Konvexität von f bedeutet $g \geq 0$ für jede Vorgabe von $\mathbf{z}_1, \mathbf{z}_2$. Wegen

$$g'(t) \;=\; f(\mathbf{z}_2) - f(\mathbf{z}_1) - f'((1-t)\mathbf{z}_1 + t\mathbf{z}_2)\cdot(\mathbf{z}_2 - \mathbf{z}_1)$$

ist $g'(0) = W_f(\mathbf{z}_1, \mathbf{z}_2)$. Ferner gilt $g(0) = g(1) = 0$.

Ist f konvex, so gilt $g(t) \geq 0$ in $[0,1]$, also $W_f(\mathbf{z}_1, \mathbf{z}_2) = g'(0) \geq 0$ für jede Wahl von $\mathbf{z}_1, \mathbf{z}_2$.

(c) $\Longrightarrow$ (a). Sei $f''(\mathbf{z}) \geq 0$ für alle $\mathbf{z} \in V$. Nach den Schlüssen oben folgt (b). Zu je zwei gegebenen Punkten $\mathbf{z}_1, \mathbf{z}_2$ und der zugehörigen Funktion g ist daher $g(0) = g(1) = 0$, $g'(0) \geq 0$, ferner

$$g''(t) \;=\; -\big\langle \mathbf{z}_2 - \mathbf{z}_1, f''((1-t)\mathbf{z}_1 + t\mathbf{z}_2)\cdot(\mathbf{z}_2 - \mathbf{z}_1)\big\rangle \;\leq\; 0\,.$$

Es folgt $g(t) \geq 0$ in $[0,1]$, denn würde g negative Werte annehmen, so gäbe es ein $t_0 \in \,]0,1[$ mit $g'(t_0) < 0$ und daher $g'(t) < 0$ für $t_0 \leq t \leq 1$, was $g(1) < 0$ nach sich ziehen würde.

Ist f'' positiv definit in V, so gilt sogar $g''(t) < 0$ für $\mathbf{z}_1 \neq \mathbf{z}_2$, woraus ähnlich wie oben $g(t) > 0$ für $0 < t < 1$ folgt. Dies bedeutet strenge Konvexität. □

1.2 Die notwendigen Bedingungen von Legendre und Weierstraß

In diesem Paragraphen betrachten wir das Zweipunktproblem $\mathcal{F} : \mathcal{V} \to \mathbb{R}$ mit

$$\mathcal{F}(\mathbf{v}) := \int_\alpha^\beta F(x, \mathbf{v}, \mathbf{v}')\, dx\,,$$

$$\mathcal{V} := \left\{ \mathbf{v} \in \mathrm{PC}^1([\alpha,\beta], \mathbb{R}^m) \;\middle|\; \mathbf{v}(\alpha) = \mathbf{a},\ \mathbf{v}(\beta) = \mathbf{b},\ \mathbf{v} \in \mathcal{D}(\mathcal{F}) \right\},$$

$$\delta\mathcal{V} = \mathrm{PC}^1_0([\alpha,\beta], \mathbb{R}^m) := \left\{ \boldsymbol{\varphi} \in \mathrm{PC}^1([\alpha,\beta], \mathbb{R}^m) \;\middle|\; \boldsymbol{\varphi}(\alpha) = \boldsymbol{\varphi}(\beta) = \mathbf{0} \right\}.$$

Im Hinblick auf die Theorie hinreichender Bedingungen verlangen wir die C^3–Differenzierbarkeit von F auf einem Gebiet Ω_F, welches mit je zwei Punkten $(x, \mathbf{y}, \mathbf{z}_1)$, $(x, \mathbf{y}, \mathbf{z}_2)$ auch die Verbindungsstrecke enthält.

(a) **Die notwendige Bedingung von Legendre** (Legendre 1788). *Für jede schwache lokale Minimumstelle* $\mathbf{u} \in \mathcal{V}$ *des Zweipunktproblems* $\mathcal{F} : \mathcal{V} \to \mathbb{R}$ *gilt*

$$F_{\mathbf{zz}}(x, \mathbf{u}(x), \mathbf{u}'(x\pm)) \;\geq\; 0 \quad \textit{für alle}\ \ x \in \,]\alpha, \beta[\,.$$

Beweis.

Wir fixieren eine Glattheitsstelle

$$\xi \in \,]\alpha, \beta[$$

von $\mathbf{u}$, einen Vektor

$$\boldsymbol{\zeta} \in \mathbb{R}^m,$$

und setzen für $x \in \,]\alpha,\beta[$, $0 < \varepsilon \ll 1$,

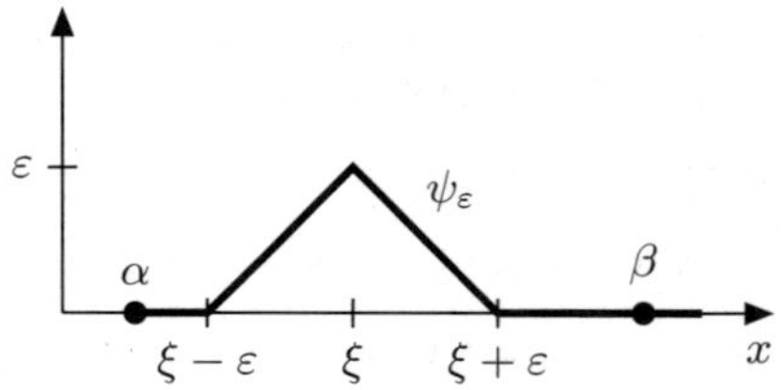

$$\boldsymbol{\varphi}_\varepsilon(x) \;=\; \psi_\varepsilon(x) \cdot \boldsymbol{\zeta} \quad \text{mit}$$

$$\psi_\varepsilon(x) \;=\; \begin{cases} \varepsilon - |x - \xi| & \text{für } |x-\xi| \leq \varepsilon\,, \\ 0 & \text{für } |x-\xi| \geq \varepsilon\,. \end{cases}$$

Dann ist $\boldsymbol{\varphi}_\varepsilon \in \delta\mathcal{V}$ und $\boldsymbol{\varphi}_\varepsilon'(x) = \mathrm{sign}\,(\xi - x) \cdot \boldsymbol{\zeta}$ für $0 < |\xi - x| < \varepsilon$; dabei ist $\mathrm{sign}\,(\xi - x)$ das Vorzeichen von $\xi - x$. Nach § 2 : 1.2 (b), (c) folgt aus der schwachen lokalen Minimumeigenschaft von $\mathbf{u}$

$$\begin{aligned} 0 \;&\leq\; \frac{1}{2\varepsilon} \cdot \delta^2\mathcal{F}(\mathbf{u})\, \boldsymbol{\varphi}_\varepsilon \\ &=\; \frac{1}{2\varepsilon} \int_{\xi-\varepsilon}^{\xi+\varepsilon} \Big(\big\langle \boldsymbol{\zeta}, F_{\mathbf{yy}}(x, \mathbf{u}, \mathbf{u}')\, \boldsymbol{\zeta} \big\rangle (\varepsilon - |x - \xi|)^2 \\ &\qquad + 2 \big\langle \boldsymbol{\zeta}, F_{\mathbf{zy}}(x, \mathbf{u}, \mathbf{u}')\, \boldsymbol{\zeta} \big\rangle (\varepsilon - |x-\xi|) \cdot \mathrm{sign}\,(\xi - x) \\ &\qquad + \; \big\langle \boldsymbol{\zeta}, F_{\mathbf{zz}}(x, \mathbf{u}, \mathbf{u}')\, \boldsymbol{\zeta} \big\rangle \Big)\, dx\,. \end{aligned}$$

Wegen der Stetigkeit der Integranden folgt nach dem Hauptsatz für $\varepsilon \to 0$

$$0 \leq \left\langle \boldsymbol{\zeta}, F_{\mathbf{zz}}(\xi, \mathbf{u}(\xi), \mathbf{u}'(\xi))\, \boldsymbol{\zeta} \right\rangle \quad \text{für alle} \;\; \boldsymbol{\zeta} \in \mathbb{R}^m .$$

Durch einseitigen Grenzübergang $\xi \to x$ gegen die Knickstellen $x \in \,]\alpha, \beta[$ von $\mathbf{u}$ folgt die Behauptung. □

(b) Wir definieren die **Weierstraßsche Exzessfunktion** W_F durch

$$W_F(x, \mathbf{y}, \mathbf{z}_1, \mathbf{z}_2) \;:=\; F(x, \mathbf{y}, \mathbf{z}_2) - F(x, \mathbf{y}, \mathbf{z}_1) - F_{\mathbf{z}}(x, \mathbf{y}, \mathbf{z}_1) \cdot (\mathbf{z}_2 - \mathbf{z}_1)\,,$$

vgl. 1.1.

Die notwendige Bedingung von Weierstraß (WEIERSTRASS um 1870).

Ist $\mathbf{u}$ *eine schwache lokale Minimumstelle von* $\mathcal{F} : \mathcal{V} \to \mathbb{R}$, *so gilt*

$$W_F(x, \mathbf{u}(x), \mathbf{u}'(x\pm), \mathbf{z}) \;\geq\; 0\,,$$

falls $x \in \,]\alpha, \beta[$ *und* $(x, \mathbf{u}(x), \mathbf{z}) \in \Omega_F$.

Dies folgt aus (a) mit Hilfe von 1.1, da für jedes feste $x \in [\alpha, \beta]$ die Menge $\{\mathbf{z} \mid (x, \mathbf{u}(x), \mathbf{z}) \in \Omega_F\}$ nach Voraussetzung konvex ist.

BEMERKUNGEN. Die notwendigen Bedingungen von Legendre und Weierstraß sind eher von problemgeschichtlicher Bedeutung. Sie zeigen, dass $\mathbf{u} \in \mathcal{V}$ nur dann eine lokale Minimumstelle von $\mathcal{F} : \mathcal{V} \to \mathbb{R}$ sein kann, wenn der Integrand längs des 1–Graphen von $\mathbf{u}$ bezüglich der $\mathbf{z}$–Variablen konvex ist. Es liegt nahe, zur Aufstellung hinreichender Bedingungen an Stelle der Konvexität die strenge Konvexität zu verlangen. Diese ist bei elliptischen Problemen nach dem Zusatz zu 1.1 gegeben; die Bedingungen (a), (b) sind also nur für nichtelliptische Probleme von Interesse.

2 Die Bedingungen von Jacobi für schwache lokale Minima

2.1 Jacobi–Felder und konjugierte Stellen

Im Folgenden stützen wir uns auf die Ergebnisse der Theorie gewöhnlicher Differentialgleichungen (Existenz, Eindeutigkeit und Differenzierbarkeitseigenschaften der Lösung, Bd. 2, § 2, Abschnitte 2 und 5).

(a) Unter den Voraussetzungen 1.2 betrachten wir eine Extremale $\mathbf{u} \in \mathcal{V}$, welche die **strenge Legendre–Bedingung**

$$(*) \qquad F_{\mathbf{zz}}(x, \mathbf{u}(x), \mathbf{u}'(x)) \;>\; 0$$

für $x \in [\alpha, \beta]$ erfüllt.

$\mathbf{u} : [\alpha, \beta] \to \mathbb{R}^m$ lässt sich unter Erhaltung von $(*)$ zu einer Extremalen auf ein größeres offenes Intervall I fortsetzen. Denn aus $(*)$ folgt $F_{\mathbf{zz}} > 0$ in einer

Umgebung des 1–Graphen von $\mathbf{u} : [\alpha, \beta] \to \mathbb{R}^m$, somit sind dort die Euler–Gleichungen nach § 2 : 6.2 (b) äquivalent zu einem expliziten System von Differentialgleichungen 1. Ordnung, deren maximale Lösung auf einem offenen Intervall definiert ist.

Aus dem lokalen Regularitätssatz § 2 : 3.4 (b) folgt die C^3–Differenzierbarkeit der Fortsetzung $\mathbf{u} : I \to \mathbb{R}^m$.

Die zweite Variation von $\mathcal{F}$ an der Stelle $\mathbf{u} \in \mathcal{V}$,

$$\varphi \mapsto \delta^2\mathcal{F}(\mathbf{u})\varphi \quad \text{auf} \quad \delta\mathcal{V} = \mathrm{PC}_0^1([\alpha, \beta]),$$

stellt ein neues Variationsintegral $\mathcal{G}(\varphi)$ dar. Nach § 2 : 1.2 (c) hat dieses die Gestalt

$$\begin{aligned} \mathcal{G}(\varphi) := \delta^2\mathcal{F}(\mathbf{u})\varphi &= \int_\alpha^\beta \big(\langle\varphi', P\varphi'\rangle + 2\langle\varphi', Q\varphi\rangle + \langle\varphi, R\varphi\rangle\big)\, dx \\ &= \int_\alpha^\beta \sum_{i,k=1}^m \big(P_{ik}\varphi_i'\varphi_k' + 2Q_{ik}\varphi_i'\varphi_k + R_{ik}\varphi_i\varphi_k\big)\, dx \end{aligned}$$

mit den Matrizen

$$\begin{aligned} P(x) &:= F_{\mathbf{zz}}(x, \mathbf{u}(x), \mathbf{u}'(x)), \\ Q(x) &:= F_{\mathbf{zy}}(x, \mathbf{u}(x), \mathbf{u}'(x)), \\ R(x) &:= F_{\mathbf{yy}}(x, \mathbf{u}(x), \mathbf{u}'(x)). \end{aligned}$$

Nach Voraussetzung sind die deren Einträge P_{ik}, Q_{ik}, R_{ik} jeweils C^1–differenzierbar; P, R sind symmetrisch, und P ist positiv definit.

Die Euler–Gleichungen für $\frac{1}{2}\mathcal{G}(\varphi) = \frac{1}{2}\delta^2\mathcal{F}(\mathbf{u})\varphi$ heißen **Jacobi–Gleichungen** längs $\mathbf{u}$ und deren Lösungen **Jacobi–Felder** längs $\mathbf{u}$. Die Jacobi–Gleichungen bilden ein lineares DG–System zweiter Ordnung ÜA

$$(P\varphi' + Q\varphi)' = Q^T\varphi' + R\varphi.$$

SATZ. *Sei* $\mathbf{u}_s : I \to \mathbb{R}^m$ *für* $|s| \ll 1$ *eine Schar von Extremalen von* $\mathcal{F}$ *mit* $\mathbf{u}_0 = \mathbf{u}$, *die* C^2*–differenzierbar von* s *und* x *abhängt.*

Dann ist $\varphi : I \to \mathbb{R}^m$ *mit*

$$\varphi(x) = \frac{\partial \mathbf{u}_s}{\partial s}(x)\Big|_{s=0} \quad \text{für } x \in I$$

ein Jacobi–Feld von $\mathcal{F}$ *längs* $\mathbf{u}$.

Der BEWEIS ergibt sich unter Verwendung von $\frac{\partial}{\partial s}\frac{\partial}{\partial x} = \frac{\partial}{\partial x}\frac{\partial}{\partial s}$ daraus, dass die Euler–Gleichungen für $\mathbf{u}_s$ durch Ableiten nach s an der Stelle $s = 0$ die Jacobi–Gleichungen liefern ÜA. Daher stellt das System der Jacobi–Gleichungen die Linearisierung des Systems der Euler–Gleichungen dar (vgl. Bd. 2, § 2 : 7.5).

(b) SATZ.

(1) *Die Jacobi–Gleichungen längs* $\mathbf{u}$ *haben zu gegebenen Anfangswerten*

$$\boldsymbol{\varphi}(\xi) = \boldsymbol{\varphi}_0\,, \quad \boldsymbol{\varphi}'(\xi) = \boldsymbol{\varphi}_1$$

($\xi \in I$, $\boldsymbol{\varphi}_0, \boldsymbol{\varphi}_1 \in \mathbb{R}^m$) *genau eine auf* I *definierte Lösung* φ.

(2) *Die Lösung* $x \mapsto \boldsymbol{\varphi}(x, \xi, \boldsymbol{\varphi}_0, \boldsymbol{\varphi}_1)$ *des Anfangswertproblems* (1) *hängt* C^1*–differenzierbar von sämtlichen Variablen* $x, \xi, \boldsymbol{\varphi}_0, \boldsymbol{\varphi}_1$ *ab.*

(3) *Ein nicht konstantes Jacobi–Feld besitzt auf jedem kompakten Intervall höchstens endlich viele Nullstellen.*

Hiernach hat der Vektorraum aller Jacobi–Felder von $\mathcal{F}$ längs $\mathbf{u}$ die Dimension $2m$, und der Teilraum der Jacobi–Felder $\boldsymbol{\varphi}$ mit $\boldsymbol{\varphi}(\xi) = \mathbf{0}$ ist m–dimensional.

BEWEIS.

Da nach Voraussetzung die Leitmatrix P der Jacobi–Gleichungen invertierbar ist, sind diese äquivalent zu einem expliziten System linearer DGn zweiter Ordnung $\boldsymbol{\varphi}'' = A(x)\boldsymbol{\varphi}' + B(x)\boldsymbol{\varphi}$ mit stetigen Koeffizientenmatrizen $A(x), B(x)$. Nach Bd. 2, § 3 : 3.1 ist dieses äquivalent zu einem linearen DG–System erster Ordnung für $x \mapsto (\boldsymbol{\varphi}(x), \boldsymbol{\varphi}'(x)) \in \mathbb{R}^{2m}$ mit stetigen Koeffizienten.

(1) und (2) ergeben sich aus der grundlegenden Theorie gewöhnlicher DG Bd. 2, § 2 : 6.7 und § 2 : 7.1 (b). (3) folgt wie in Bd. 2, § 4 : 2.5. □

(c) DEFINITION.
Wir nennen $\xi, \eta \in I$ mit $\xi \neq \eta$ ein Paar **längs u konjugierter Stellen (konjugiertes Paar)**, wenn es ein Jacobi–Feld $\boldsymbol{\varphi} \neq \mathbf{0}$ längs $\mathbf{u}$ gibt mit

$$\boldsymbol{\varphi}(\xi) = \boldsymbol{\varphi}(\eta) = \mathbf{0}\,.$$

Wir sagen dann auch, η **ist längs u konjugiert zu** ξ.

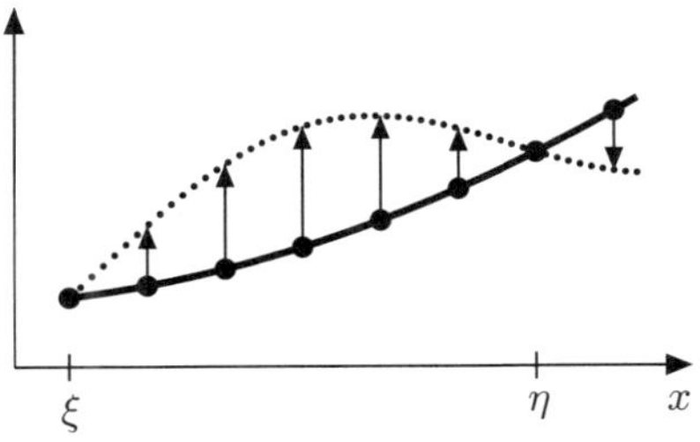

BEISPIEL. Das Variationsintegral

$$\mathcal{F}(v) = \int_0^\beta (v'(x)^2 - k \cdot v(x)^2)\, dx$$

mit den Randbedingungen $v(0) = v(\beta) = 0$ besitzt die Extremale $u(x) = 0$. Für die zweite Variation von $\mathcal{F}$ an der Stelle $u = 0$ ergibt sich $\delta^2\mathcal{F}(u)\varphi = 2\mathcal{F}(\varphi)$ und als Jacobi–Gleichung längs $u = 0$ [ÜA]

$$\varphi'' + k \cdot \varphi = 0\,.$$

Die Lösung φ mit $\varphi(0) = 0$, $\varphi'(0) = 1$ ist gegeben durch

$$\varphi(x) \;=\; \begin{cases} \dfrac{1}{\sqrt{k}} \cdot \sin \sqrt{k}x & \text{für } k > 0\,, \\ \quad x & \text{für } k = 0\,, \\ \dfrac{1}{\sqrt{-k}} \cdot \sinh \sqrt{-k}x & \text{für } k < 0\,. \end{cases}$$

Im Fall $k > 0$ ist $\eta = \pi/\sqrt{k}$ eine zu $\xi = 0$ konjugierte Stelle längs $u = 0$, im Fall $k \leq 0$ gibt es keine zu $\xi = 0$ konjugierten Stellen.

Lemma. *Seien $\boldsymbol{\varphi}_1, \ldots, \boldsymbol{\varphi}_{2m}$ linear unabhängige Jacobi–Felder längs* $\mathbf{u}$. *Ferner seien $\boldsymbol{\psi}_1, \ldots, \boldsymbol{\psi}_m$ linear unabhängige Jacobi–Felder längs $\mathbf{u}$ mit $\boldsymbol{\psi}_1(\xi) = \cdots = \boldsymbol{\psi}_m(\xi) = \mathbf{0}$. Dann sind die folgenden Aussagen äquivalent:*

(1) *η ist längs $\mathbf{u}$ konjugiert zu ξ,*

(2) $\det(\boldsymbol{\psi}_1(\eta), \ldots, \boldsymbol{\psi}_m(\eta)) = 0\,,$

(3) $\det \begin{pmatrix} \boldsymbol{\varphi}_1(\eta), \ldots, \boldsymbol{\varphi}_{2m}(\eta) \\ \boldsymbol{\varphi}_1(\xi), \ldots, \boldsymbol{\varphi}_{2m}(\xi) \end{pmatrix} \;=\; 0\,.$

Die Determinanten werden dabei mit den Spaltenvektoren $\boldsymbol{\psi}_k(\eta)$ bzw. $\left(\begin{smallmatrix} \boldsymbol{\varphi}_k(\eta) \\ \boldsymbol{\varphi}_k(\xi) \end{smallmatrix}\right)$ gebildet.

Beweis als ÜA. Beachten Sie die Bemerkung nach Satz 2.1 (b).

(d) Satz. *Enthält das Intervall $]\alpha, \beta]$ keine längs $\mathbf{u}$ zu α konjugierte Stelle, so existiert ein größeres Intervall $[\alpha - \varepsilon, \beta + \varepsilon] \subset I$, in welchem kein längs $\mathbf{u}$ konjugiertes Paar ξ, η mit $|\xi - \eta| < \varepsilon$ liegt.*

Enthält $[\alpha, \beta]$ kein längs $\mathbf{u}$ konjugiertes Paar, so gibt es ein größeres Intervall $[\alpha - \varepsilon, \beta + \varepsilon] \subset I$ mit derselben Eigenschaft.

Beweis.

Sei $\xi \in I$. Für $j = 1, \ldots, 2m$ betrachten wir die Jacobi–Felder $\boldsymbol{\varphi}_j$ mit

$$\begin{aligned} \boldsymbol{\varphi}_j(\xi) &= \mathbf{e}_j\,, \quad \boldsymbol{\varphi}_j'(\xi) = \mathbf{0} \quad \text{für } j = 1, \ldots, m\,, \\ \boldsymbol{\varphi}_j(\xi) &= \mathbf{0}\,, \quad \boldsymbol{\varphi}_j'(\xi) = \mathbf{e}_j \quad \text{für } j = m+1, \ldots, 2m\,. \end{aligned}$$

Die $\boldsymbol{\varphi}_1, \ldots, \boldsymbol{\varphi}_{2m}$ bilden nach Bd. 2, § 3 : 1.1 eine Basis des Vektorraums aller Jacobi–Felder längs $\mathbf{u}$ und hängen nach (b) C^1–differenzierbar von x und ξ ab.

Mit $\boldsymbol{\psi}_j(x) = \boldsymbol{\psi}_j(x, \xi) := \int\limits_0^1 \boldsymbol{\varphi}_j'(\xi + t(x - \xi))\, dt$ gilt

$$\boldsymbol{\varphi}_j(x) - \boldsymbol{\varphi}_j(\xi) \;=\; \int\limits_0^1 \tfrac{d}{dt} \boldsymbol{\varphi}_j(\xi + t(x - \xi))\, dt \;=\; (x - \xi) \cdot \boldsymbol{\psi}_j(x)\,.$$

Hieraus folgt für

$$D(x,\xi) := \det \begin{pmatrix} \varphi_1(x)\,, \, \dots \,, \, \varphi_{2m}(x) \\ \varphi_1(\xi)\,, \, \dots \,, \, \varphi_{2m}(\xi) \end{pmatrix}$$

durch Subtraktion der $(m+k)$–ten Zeile von der k–ten $(k = 1, \dots, m)$

$$\begin{aligned} D(x,\xi) &= \det \begin{pmatrix} \varphi_1(x) - \varphi_1(\xi)\,, \dots , \varphi_{2m}(x) - \varphi_{2m}(\xi) \\ \varphi_1(\xi)\,, \dots , \varphi_{2m}(\xi) \end{pmatrix} \\ &= (x-\xi)^{2m} \cdot \det \begin{pmatrix} \psi_1(x), \dots , \psi_{2m}(x) \\ \varphi_1(\xi), \dots , \varphi_{2m}(\xi) \end{pmatrix} =: (x-\xi)^{2m} \cdot d(x,\xi)\,. \end{aligned}$$

Nach dem vorhergehenden Lemma bilden $\xi, x \in I$ mit $x \neq \xi$ genau dann ein längs $\mathbf{u}$ konjugiertes Paar, wenn $d(x,\xi) = (x-\xi)^{-2m} D(x,\xi) = 0$ gilt. Weiter folgt unter Beachtung von $\psi_j(\xi) = \varphi_j'(\xi)$

$$\begin{aligned} d(\xi,\xi) &= \det \begin{pmatrix} \psi_1(\xi)\,, \dots , \psi_{2m}(\xi) \\ \varphi_1(\xi)\,, \dots , \varphi_{2m}(\xi) \end{pmatrix} \\ &= \det \begin{pmatrix} \mathbf{0}\,, \dots , \mathbf{0}\,, & \mathbf{e}_1\,, \dots , \mathbf{e}_m \\ \mathbf{e}_1\,, \dots , \mathbf{e}_m\,, & \mathbf{0}\,, \dots , \mathbf{0} \end{pmatrix} = (-1)^m\,. \end{aligned}$$

Damit ist $d(x,\xi)$ stetig auf $I \times I$. Ist also $K \subset I \times I$ eine kompakte Menge ohne Nullstellen von d, so gibt es ein $\varepsilon > 0$ mit $(\xi,\eta) \in I$ und $d(\xi,\eta) \neq 0$, falls $\operatorname{dist}\left((\xi,\eta), K\right) \leq \varepsilon$. Die Behauptungen des Satzes ergeben sich mit $K = \{\alpha\} \times [\alpha,\beta]$ bzw. $K = [\alpha,\beta] \times [\alpha,\beta]$. □

2.2 Die Bedingungen von Jacobi und Clebsch

(a) **Die notwendige Bedingung von Jacobi** (1837). *Unter den Voraussetzungen* 1.2 *sei* $\mathbf{u} \in \mathcal{V} \cap \mathrm{C}^1([\alpha,\beta], \mathbb{R}^m)$ *eine schwache lokale Minimumstelle des Zweipunktproblems* $\mathcal{F} : \mathcal{V} \to \mathbb{R}$, *die der strengen Legendre–Bedingung genügt,*

$$F_{\mathbf{zz}}(x, \mathbf{u}(x), \mathbf{u}'(x)) > 0 \quad \textit{für alle} \;\; x \in [\alpha,\beta]\,.$$

Dann enthält das offene Intervall $]\alpha,\beta[$ *weder eine zu* α *längs* $\mathbf{u}$ *konjugierte Stelle noch eine zu* β *längs* $\mathbf{u}$ *konjugierte Stelle noch ein konjugiertes Paar.*

(b) SATZ. *Erfüllt eine Extremale* $\mathbf{u} \in \mathcal{V}$ *die strenge Legendre–Bedingung auf* $[\alpha,\beta]$ *und enthält das abgeschlossene Intervall* $[\alpha,\beta]$ *kein längs* $\mathbf{u}$ *konjugiertes Paar, so hat* $\mathcal{F}$ *an der Stelle* $\mathbf{u}$ *ein striktes schwaches lokales Minimum,*

$$\mathcal{F}(\mathbf{u}) \; < \; \mathcal{F}(\mathbf{v}) \quad \textit{für alle} \;\; \mathbf{v} \in \mathcal{D}(\mathcal{F}) \quad \textit{mit} \;\; \mathbf{v} \neq \mathbf{u} \quad \textit{und} \;\; \|\mathbf{v} - \mathbf{u}\|_{\mathrm{C}^1} \ll 1\,.$$

Da wir in 3.4 in hinreichendes Kriterium für starke lokale Minima unter nur unwesentlich strengeren Voraussetzungen beweisen, verzichten wir auf den Beweis von (b), der auf JACOBI (1837 für $m = 1$) und CLEBSCH (1858 für $m \geq 2$) zurückgeht; Näheres in [8] 1.7.

BEWEIS von (a).

Wir zeigen die erste Behauptung; die beiden anderen folgen ganz analog.

(i) Nach der lokalen Version des Regularitätssatzes § 2 : 3.4 (b) ist $\mathbf{u}$ eine C^3–differenzierbare Extremale.
Für jeden Variationsvektor $\boldsymbol{\varphi} \in \delta\mathcal{V} = \mathrm{PC}_0^1([\alpha, \beta], \mathbb{R}^m)$ und $\mathbf{u}_s := \mathbf{u} + s\boldsymbol{\varphi}$ gilt $\|\mathbf{u}_s - \mathbf{u}\|_{C^1} = |s| \cdot \|\boldsymbol{\varphi}\|_{C^1} \ll 1$ und somit $\mathcal{F}(\mathbf{u}) \leq \mathcal{F}(\mathbf{u}_s)$ für $|s| \ll 1$. Es folgt

$$\delta^2\mathcal{F}(\mathbf{u})\boldsymbol{\varphi} = \frac{d^2}{ds^2}\mathcal{F}(\mathbf{u} + s\boldsymbol{\varphi})\Big|_{s=0} \geq 0 .$$

(ii) Angenommen, es existiert eine zu α längs $\mathbf{u}$ konjugierte Stelle $\eta \in \,]\alpha, \beta[$, d.h. es gibt ein Jacobi–Feld $\boldsymbol{\psi} \neq \mathbf{0}$ längs $\mathbf{u}$ mit $\boldsymbol{\psi}(\alpha) = \boldsymbol{\psi}(\eta) = \mathbf{0}$. Für die Kurve $\boldsymbol{\varphi} \in \mathrm{PC}_0^1([\alpha, \beta], \mathbb{R}^m)$ mit

$$\boldsymbol{\varphi}(x) = \begin{cases} \boldsymbol{\psi}(x) & \text{für } x \in [\alpha, \eta], \\ \mathbf{0} & \text{für } x \in [\eta, \beta] \end{cases}$$

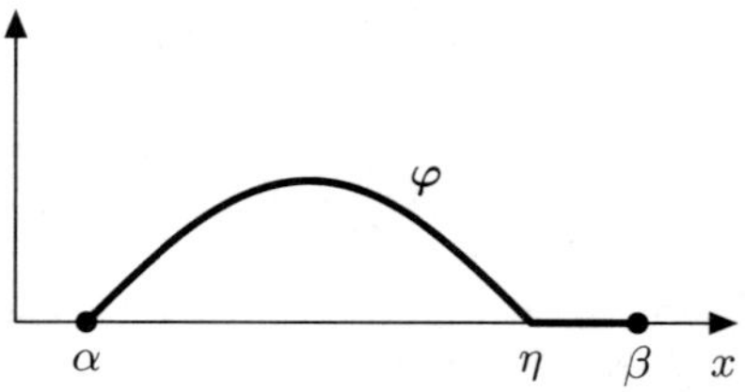

gilt dann mit den Bezeichnungen von 1.2

$$\begin{aligned} \delta^2\mathcal{F}(\mathbf{u})\boldsymbol{\varphi} &= \int_\alpha^\beta \Big(\big\langle P\boldsymbol{\varphi}' + Q\boldsymbol{\varphi}, \boldsymbol{\varphi}' \big\rangle + \big\langle Q^T\boldsymbol{\varphi}' + R\boldsymbol{\varphi}, \boldsymbol{\varphi} \big\rangle \Big)\, dx \\ &= \int_\alpha^\eta \Big(\langle P\boldsymbol{\psi}' + Q\boldsymbol{\psi}, \boldsymbol{\psi}' \rangle + \big\langle Q^T\boldsymbol{\psi}' + R\boldsymbol{\psi}, \boldsymbol{\psi} \big\rangle \Big)\, dx = 0 ; \end{aligned}$$

die letzte Gleichheit ergibt sich dabei durch partielle Integration des ersten Terms aus den Jacobi–Gleichungen 1.2 (a) für $\boldsymbol{\psi}$.

Damit ist $\boldsymbol{\varphi}$ nach Teil (a) eine Minimumstelle der zweiten Variation $\delta^2\mathcal{F}(\mathbf{u}) : \delta\mathcal{V} \to \mathbb{R}$ und somit C^2–differenzierbar nach dem Regularitätssatz § 2 : 3.4 (a). Dies bedeutet insbesondere

$$\boldsymbol{\psi}'(\eta) = \boldsymbol{\varphi}'(\eta-) = \boldsymbol{\varphi}'(\eta+) = \mathbf{0}, \quad \boldsymbol{\psi}(\eta) = \mathbf{0} .$$

Nach dem Eindeutigkeitssatz für Jacobi–Felder (1.2 (b), Satz (1)) folgt $\boldsymbol{\psi} = \mathbf{0}$, was ein Widerspruch ist. □

2.3 Das Prinzip der kleinsten Aktion in der Punktmechanik

(a) Aus den vorangehenden Sätzen ergibt sich eine erschöpfende Antwort auf die viel diskutierte Frage, inwieweit das Hamiltonsche Prinzip der Punktmechanik als Minimumprinzip formuliert werden kann.

Wir betrachten die Bahnkurve $t \mapsto \mathbf{q}(t)$ eines mechanischen Systems mit m Freiheitsgraden und elliptischer Lagrange–Funktion L sowie das auf $I = [t_1, t_2]$ bezogene Wirkungsintegral

$$\mathcal{W}_I(\mathbf{v}) = \int_{t_1}^{t_2} L(t, \mathbf{v}, \dot{\mathbf{v}})\, dt$$

in der durch $\mathbf{v}(t_1) = \mathbf{q}(t_1)$, $\mathbf{v}(t_2) = \mathbf{q}(t_2)$ festgelegten Vergleichsklasse $\mathcal{V}_I$. Gehen wir vom Verschwinden der ersten Variation $\delta\mathcal{W}_I(\mathbf{q})$ aus, so folgt aus dem Regularitätssatz zunächst die C^2–Differenzierbarkeit von $\mathbf{q}$ auf I. Darüberhinaus ergibt sich aus der Bedingung von Jacobi:

Enthält $[t_1, t_2[$ einen zu t_1 konjugierten Zeitpunkt, so liefert $\mathbf{q}$ kein lokales Minimum von $\mathcal{W}_I$. Enthält dagegen $I = [t_1, t_2]$ kein konjugiertes Paar, so ist $\mathbf{q}$ nach 2.2 (b) eine schwache lokale Minimumstelle von $\mathcal{W}_I$ in $\mathcal{V}_I$. Tatsächlich liegt sogar ein striktes starkes lokales Minimum vor, wie wir in Abschnitt 3 zeigen werden.

Somit lässt sich das **Hamiltonsche Prinzip** der Punktmechanik wie folgt präzisieren: Ist $t \mapsto \mathbf{q}(t)$ die Bahnkurve eines mechanischen Systems, so gilt $\delta\mathcal{W}_I(\mathbf{q}) = 0$ für jedes Intervall I; darüber hinaus macht $\mathbf{q} : I \to \mathbb{R}$ für jedes hinreichend kleine Zeitintervall $I = [t_1, t_2]$ das Wirkungsintegral $\mathcal{W}_I$ zu einem starken lokalen Minimum auf der Klasse $\mathcal{V}_I$ und ist hierdurch ausgezeichnet.

(b) Als BEISPIEL betrachten wir das Wirkungsintegral

$$\mathcal{W}_I(v) = \int_{t_1}^{t_2} \left(\frac{1}{2} v'(x)^2 + \cos v(x)\right) dx$$

des mathematischen Pendels mit der Lagrange–Funktion $L(y, z) = \frac{1}{2} z^2 + \cos y$. Wegen

$$L_y = -\sin y\,, \quad L_z = z\,, \quad L_{zz} = 1\,, \quad L_{yz} = 0\,, \quad L_{yy} = -\cos y$$

ist L elliptisch und $u = 0$ eine Lösung der Eulergleichung $u'' + \sin u = 0$ mit den Randwerten $u(t_1) = u(t_2) = 0$. Die Jacobi–Gleichung längs $u = 0$ lautet $\varphi'' + \varphi = 0$; die Lösungen mit $\varphi(t_1) = 0$ haben die Form $\varphi(t) = c \cdot \sin(t - t_1)$. Daher sind je zwei Zeitpunkte t_1, $t_1 + \pi$ konjugiert längs $u = 0$. Für $t_2 - t_1 < \pi$ folgt $\mathcal{W}_I(v) > \mathcal{W}_I(0) = t_2 - t_1$ für $0 \neq v \in \mathrm{PC}^1_0[t_1, t_2]$; dagegen gibt es für $t_2 - t_1 > \pi$ ein $v \in \mathrm{PC}^1_0[t_1, t_2]$ mit $\mathcal{W}_I(v) < \mathcal{W}_I(0)$.

3 Hinreichende Bedingungen für starke lokale Minima

Der Nachweis der starken lokalen Minimumeigenschaft einer gegebenen Extremalen $\mathbf{u}_0$ des in 1.2 formulierten Zweipunktproblems $\mathcal{F} : \mathcal{V} \to \mathbb{R}$ erfolgt mit Hilfe der **Feldtheorie**. Hierbei wird die Extremale $\mathbf{u}_0$ in eine Schar von Extremalen eingebettet, die zusammen mit einer transversalen Hyperflächenschar ein krummliniges Koordinatensystem bilden, mit dessen Hilfe sich nachweisen läßt, dass jede von $\mathbf{u}_0$ verschiedene, C^0–benachbarte Vergleichskurve aus $\mathcal{V}$ das Variationsintegral $\mathcal{F}$ im Vergleich mit $\mathbf{u}_0$ vergrößert.

Die Feldtheorie hat ihren Ursprung in der geometrischen Optik. Dort werden in analoger Weise Bündel von Lichtstrahlen und zu diesen transversale Wellenfronten betrachtet, siehe § 5 : 3.

Feldkonstruktionen können auch für allgemeinere Variationsprobleme ausgeführt werden, z.B. für Probleme mit beweglichen Endpunkten (siehe [8]) und für mehrdimensionale Variationsprobleme (siehe [6, II], [7], [3]).

3.1 Der Grundgedanke der Feldtheorie

Wir stützen uns im Folgenden auf die in 2.1 genannten Sätze über gewöhnliche Differentialgleichungen und verwenden die Hamilton–Gleichungen § 2 : 6.

Gegenstand dieses Abschnitts ist wieder das Zweipunktproblem 1.2 für

$$\mathcal{F}(\mathbf{v}) \;=\; \int\limits_{\alpha}^{\beta} F(x, \mathbf{v}, \mathbf{v}')\, dx\,.$$

Da beim starken Minimumproblem den Ableitungen der Vergleichskurven $\mathbf{v} \in \mathcal{V}$ keine Beschränkungen auferlegt sind, nehmen wir von vornherein an, dass der Definitionsbereich des C^3–Integranden F ein Zylindergebiet

$$\Omega_F = \Omega \times \mathbb{R}^m$$

mit einem Gebiet $\Omega \subset \mathbb{R}^{m+1}$ ist und verlangen statt der strengen Legendre–Bedingung die Elliptizität

$$F_{\mathbf{zz}}(x, \mathbf{y}, \mathbf{z}) > 0 \quad \text{für} \;\; (x, \mathbf{y}) \in \Omega \quad \text{und} \;\; \mathbf{z} \in \mathbb{R}^m\,.$$

Unter einem **Feld** auf einem einfachen Teilgebiet $\Omega_0 \subset \Omega$ (Bd. 1, § 24 : 5.3) verstehen wir einen C^2–Diffeomorphismus zwischen einem Zylinder $]a, b[\times \Lambda$ und Ω_0 der Gestalt

$$(x, \mathbf{c}) \mapsto \mathbf{U}(x, \mathbf{c}) = (x, \mathbf{u}(x, \mathbf{c})) \quad \text{für} \;\; (x, \mathbf{c}) \in\,]a, b[\times \Lambda\,,$$

wobei $\Lambda \subset \mathbb{R}^m$ ein Gebiet ist. Die Kurven $x \mapsto \mathbf{u}(x, \mathbf{c})$ (definiert auf Teilintervallen von $]a, b[$) heißen **Feldkurven**. Durch jeden Punkt $(\xi, \boldsymbol{\eta}) \in \Omega_0$ geht wegen Bijektivität von $\mathbf{U}$ genau eine Feldkurve, genauer, es gibt ein eindeutig bestimmtes $\mathbf{c} \in \Lambda$ mit $\boldsymbol{\eta} = \mathbf{u}(\xi, \mathbf{c})$. Wir sprechen von einem **Extremalenfeld** von $\mathcal{F}$, wenn alle Feldkurven Extremalen von $\mathcal{F}$ sind.

Die **Feldfunktion** des Feldes ist definiert durch

$$\mathbf{A} : \Omega_0 \to \mathbb{R}^m , \quad \mathbf{A} := \mathbf{u}' \circ \mathbf{U}^{-1} \quad \text{mit} \ ' := \partial/\partial x ;$$

es gilt also

$$\mathbf{u}'(x,\mathbf{c}) = \mathbf{A}(x,\mathbf{u}(x,\mathbf{c})) \quad \text{für jedes} \ (x,\mathbf{c}) \in \,]a,b[\, \times \Lambda ,$$

d.h. jede Feldkurve ist Lösung der DG

$$\mathbf{y}' = A(x,\mathbf{y}) .$$

Umgekehrt ist jede maximale Lösung $\mathbf{v} : I \to \mathbb{R}^m$ dieser DG eine Feldkurve. Denn sei $\mathbf{v}(\xi) = \boldsymbol{\eta}$. Das AWP

$$\mathbf{y}' = A(x,\mathbf{y}) , \quad \mathbf{y}(\xi) = \boldsymbol{\eta}$$

ist eindeutig lösbar und wird auch durch die Feldkurve mit $\mathbf{u}(\xi,\mathbf{c}) = \boldsymbol{\eta}$ gelöst.

Die Graphen der Feldkurven sind also genau die Integralkurven des Vektorfeldes

$$(x,\mathbf{y}) \mapsto (1,\mathbf{A}(x,\mathbf{y})) .$$

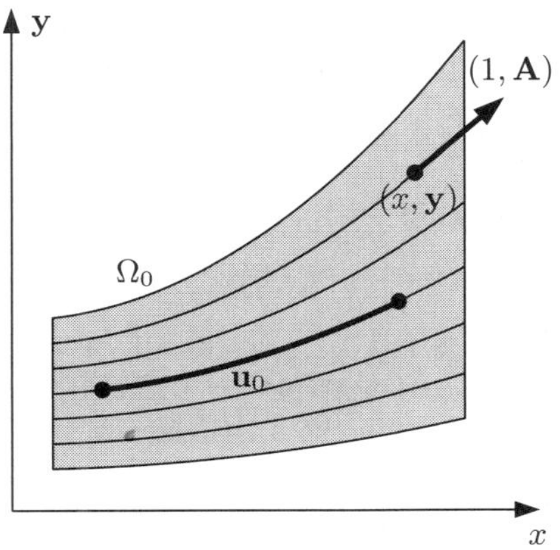

Der Grundgedanke der Feldtheorie für den Nachweis der starken lokalen Minimumeigenschaft einer gegebenen Extremalen $\mathbf{u}_0 \in \mathcal{V}$ von $\mathcal{F} : \mathcal{V} \to \mathbb{R}$ besteht in der Konstruktion eines Extremalenfeldes mit Feldfunktion $\mathbf{A}$, welches $\mathbf{u}_0$ als Feldkurve enthält, und einer Zerlegung des Variationsintegrals

$$\mathcal{F} = \mathcal{W}_\mathbf{A} + \mathcal{H}_\mathbf{A}$$

mit folgenden Eigenschaften:

(a) $\mathcal{W}_\mathbf{A}$ ist „positiv definit bezüglich der Feldkurven“, d.h. für jede Kurve $\mathbf{v}$ gilt

$$\mathcal{W}_\mathbf{A}(\mathbf{v}) \geq 0 ,$$

mit Gleichheit genau dann, wenn $\mathbf{v}$ Feldkurve ist,

(b) $\mathcal{H}_\mathbf{A}$ ist wegunabhängig, d.h. für jede Kurve $\mathbf{v}$ hängt $\mathcal{H}_\mathbf{A}(\mathbf{v})$ ist nur von den Endpunkten $(\alpha,\mathbf{v}(\alpha)), (\beta,\mathbf{v}(\beta))$ ab.

Ist ein Feld mit diesen Eigenschaften gefunden, so ergibt sich die lokale Minimumeigenschaft von $\mathbf{u}_0$ unmittelbar. Denn für jede Vergleichskurve $\mathbf{v} \in \mathcal{V}$ mit

$\mathbf{v} \neq \mathbf{u}_0$ und $\|\mathbf{v} - \mathbf{u}_0\|_{C^0} \ll 1$ liegt der Graph in Ω_0, und daher gilt

$$\mathcal{W}_{\mathbf{A}}(\mathbf{v}) \;>\; 0 \;=\; \mathcal{W}_{\mathbf{A}}(\mathbf{u}_0)\,,$$

weil $\mathbf{u}_0$ Feldkurve ist und durch $(\alpha, \mathbf{u}_0(\alpha))$ nur eine Feldkurve geht, sowie

$$\mathcal{H}_{\mathbf{A}}(\mathbf{v}) = \mathcal{H}_{\mathbf{A}}(\mathbf{u}_0)\,,$$

weil die Endpunkte übereinstimmen.

Hieraus folgt

$$\mathcal{F}(\mathbf{v}) = \mathcal{W}_{\mathbf{A}}(\mathbf{v}) + \mathcal{H}_{\mathbf{A}}(\mathbf{v}) > \mathcal{W}_{\mathbf{A}}(\mathbf{u}_0) + \mathcal{H}_{\mathbf{A}}(\mathbf{u}_0) = \mathcal{F}(\mathbf{u}_0)\,.$$

Zu gegebenem Feld mit Feldfunktion $\mathbf{A}$ auf $\Omega_0 \subset \Omega$ legen wir das Integral $\mathcal{W}_{\mathbf{A}}$ fest durch

$$\mathcal{W}_{\mathbf{A}}(\mathbf{v}) := \int\limits_\alpha^\beta W_F(x, \mathbf{v}(x), \mathbf{A}(x, \mathbf{v}(x)), \mathbf{v}'(x))\, dx\,;$$

dabei ist

$$W_F(x, \mathbf{y}, \mathbf{z}_1, \mathbf{z}_2) = F(x, \mathbf{y}, \mathbf{z}_2) - F(x, \mathbf{y}, \mathbf{z}_1) - F_{\mathbf{z}}(x, \mathbf{y}, \mathbf{z}_1) \cdot (\mathbf{z}_2 - \mathbf{z}_1)$$

die in 1.1 eingeführte Exzessfunktion von $\mathbf{z} \mapsto F(x, \mathbf{y}, \mathbf{z})$. Wegen $F_{\mathbf{zz}} > 0$ ist $\mathbf{z} \mapsto F(x, \mathbf{y}, \mathbf{z})$ nach dem Zusatz zu 1.1 für jede Stelle $(x, \mathbf{y}) \in \Omega$ streng konvex, und es gilt

$$W_F(x, \mathbf{y}, \mathbf{A}(x, \mathbf{y}), \mathbf{z}) \geq 0\,, \quad \text{mit Gleichheit nur für } \mathbf{z} = \mathbf{A}(x, \mathbf{y})\,.$$

Es folgt $\mathcal{W}_{\mathbf{A}}(\mathbf{v}) \geq 0$ für alle $\mathbf{v} \in \mathcal{D}(\mathcal{F})$, und aus $\mathcal{W}_{\mathbf{A}}(\mathbf{v}) = 0$ folgt $\mathbf{v}'(x) = \mathbf{A}(x, \mathbf{v}(x))$ zunächst für alle Stetigkeitsstellen x von $\mathbf{v}'$; da aber die rechte Seite stetig ist, gilt diese DG für alle $x \in [\alpha, \beta]$. Nach den Ausführungen oben muss $\mathbf{v}$ dann eine Feldkurve sein. Umgekehrt ist $\mathcal{W}_{\mathbf{A}}(\mathbf{v}) = 0$ für jede Feldkurve $\mathbf{v}$.

Mit dieser Festlegung von $\mathcal{W}_{\mathbf{A}}$ ist also die Eigenschaft (a) gesichert. Des Weiteren ist hiermit auch das Integral $\mathcal{H}_{\mathbf{A}}$ bestimmt:

$$\begin{aligned}\mathcal{H}_{\mathbf{A}}(\mathbf{v}) = \mathcal{F}(\mathbf{v}) - \mathcal{W}_{\mathbf{A}}(\mathbf{v}) &= \int\limits_\alpha^\beta \Big\{F(x, \mathbf{v}, \mathbf{v}') - W_F(x, \mathbf{v}, \mathbf{A}(x, \mathbf{v}), \mathbf{v}')\Big\}\, dx \\ &= \int\limits_\alpha^\beta \Big\{F(x, \mathbf{v}, \mathbf{A}(x, \mathbf{v})) + F_{\mathbf{z}}(x, \mathbf{v}, \mathbf{A}(x, \mathbf{v})) \cdot (\mathbf{v}' - \mathbf{A}(x, \mathbf{v}))\Big\}\, dx\,.\end{aligned}$$

Wir nennen $\mathcal{W}_{\mathbf{A}}$ das **Weierstraß–Integral** und $\mathcal{H}_{\mathbf{A}}$ das **Hilbert–Integral** zum Feld $\mathbf{U}$ mit Feldfunktion $\mathbf{A}$. Das Feld $\mathbf{U}$ heißt **Mayer–Feld** von $\mathcal{F}$, wenn das Hilbert–Integral wegunabhängig ist, d.h. wenn auch die Forderung (b) erfüllt ist.

Wir fassen die vorangehenden Überlegungen zusammen:

SATZ. *Ist eine auf* $[\alpha, \beta]$ *definierte Extremale* $\mathbf{u}_0 \in \mathcal{V}$ *in ein Mayer–Feld eingebettet, d.h. gibt es ein Mayer–Feld auf einem einfachen Gebiet* $\Omega_0 \subset \Omega$, *für das* $\mathbf{u}_0 : [\alpha, \beta] \to \mathbb{R}^m$ *eine Feldkurve ist, so gilt*

$$\mathcal{F}(\mathbf{u}_0) \; < \; \mathcal{F}(\mathbf{v}) \quad \textit{für alle } \; \mathbf{v} \in \mathcal{V} \quad \textit{mit } \; \mathbf{v} \neq \mathbf{u}_0$$

und $(x, \mathbf{v}(x)) \in \Omega_0 \quad$ *für* $x \in [\alpha, \beta]$.

Die letzte Bedingung ist für $\|\mathbf{v} - \mathbf{u}_0\|_{C^0} \ll 1$ *erfüllt, also ist* $\mathbf{u}_0$ *eine starke lokale Minimumstelle von* $\mathcal{F} : \mathcal{V} \to \mathbb{R}$ *im strikten Sinn.*

Im Fall $\Omega_0 = \Omega$ *gilt sogar* $\mathcal{F}(\mathbf{u}_0) < \mathcal{F}(\mathbf{v})$ *für alle* $\mathbf{v} \in \mathcal{V}$ *mit* $\mathbf{v} \neq \mathbf{u}_0$.

Im Folgenden geht es zunächst um die Charakterisierungen von Mayer–Feldern durch die Existenz eines Eikonals bzw. durch Integrabilitätsbedingungen sowie um die Konstruktion von Mayer–Feldern. Auf dieser Grundlage zeigen wir, dass sich eine Extremale in ein Mayer–Feld einbetten lässt, falls $[\alpha, \beta]$ keine längs $\mathbf{u}_0$ zu α konjugierte Stelle enthält.

HINWEIS. Die länglichen Rechnungen in 3.2 und 3.3 lassen sich mit Hilfe des Differentialformenkalküls (§ 8 : 5.2) in eine kürzere Form bringen.

3.2 Das Fundamentallemma für Mayer–Felder

Wir beschreiben im Folgenden die Extremalen durch die Hamiltonschen Gleichungen § 2 : 6. Gemäß den Bemerkungen in § 2 : 6.2 (d) stellen wir auch hier die Elemente des Dualraums von $\mathbb{R}^m$ durch Vektoren des $\mathbb{R}^m$ dar.

Nach § 2 : 6.2 (a), (d) ist die Legendre–Transformation von F,

$$\Omega_F \to \Omega_H \,, \quad (x, \mathbf{y}, \mathbf{z}) \mapsto (x, \mathbf{y}, \mathbf{p}) = (x, \mathbf{y}, \nabla_{\mathbf{z}} F(x, \mathbf{y}, \mathbf{z}))\,,$$

ein C^2–Diffeomorphismus, und die Hamiltonfunktion ist gegeben durch

$$H : \Omega_H \to \mathbb{R}, \quad H(x, \mathbf{y}, \mathbf{p}) = \langle \mathbf{p}, \mathbf{z} \rangle - F(x, \mathbf{y}, \mathbf{z})\,,$$

wobei $\mathbf{z}$ durch Anwendung der inversen Legendre–Transformation aus $(x, \mathbf{y}, \mathbf{p})$ zu bestimmen ist. Mit F ist auch H eine C^3–Funktion; die Variablen von H bezeichnen wir mit

$$(x, \mathbf{y}, \mathbf{p}) \; = \; (x, y_1, \ldots, y_m, p_1, \ldots, p_m) \; \in \; \Omega_H\,.$$

Jedem Feld mit Feldfunktion $\mathbf{A} : \Omega_0 \to \mathbb{R}^m$ ordnen wir die **duale Feldfunktion**

$$\mathbf{B} : \Omega_0 \to \mathbb{R}^m\,, \quad (x, \mathbf{y}) \mapsto \nabla_{\mathbf{z}} F(x, \mathbf{y}, \mathbf{A}(x, \mathbf{y}))$$

zu. Nach § 2 : 6.2 (a) liefert die inverse Legendre–Transformation

$$\mathbf{A}(x, \mathbf{y}) = \nabla_{\mathbf{p}} H(x, \mathbf{y}, \mathbf{B}(x, \mathbf{y}))\,.$$

Nach Definition von H und $\mathbf{B}$ ist ÜA

$$H(x, \mathbf{v}, \mathbf{B}(x, \mathbf{v})) \;=\; \langle \mathbf{B}(x, \mathbf{v}), \mathbf{A}(x, \mathbf{v}) \rangle - F(x, \mathbf{v}, \mathbf{A}(x, \mathbf{v}))\,.$$

Damit ergibt sich für das Hilbert–Integral des Feldes die Darstellung

$$\begin{aligned} \mathcal{H}_{\mathbf{A}}(\mathbf{v}) \;&=\; \int\limits_\alpha^\beta \Big\{ \langle \mathbf{B}(x, \mathbf{v}(x)), \mathbf{v}'(x) \rangle - H(x, \mathbf{v}(x), \mathbf{B}(x, \mathbf{v}(x))) \Big\}\, dx \\ &=\; \int\limits_\alpha^\beta \Big\{ \sum_{i=1}^m B_i(x, \mathbf{v}(x))\, v_i'(x) - H(x, \mathbf{v}(x), \mathbf{B}(x, \mathbf{v}(x))) \Big\}\, dx\,. \end{aligned}$$

Wir charakterisieren jetzt die Wegunabhängigkeit des Hilbert–Integrals durch Bedingungen an den Integranden entsprechend dem Hauptsatz für vektorielle Kurvenintegrale Bd. 1, § 24 : 5. Hierzu fassen wir das Hilbert–Integral als vektorielles Wegintegral für Kurven $x \mapsto (x, \mathbf{v}(x)) \in \mathbb{R}^{m+1}$ in Graphengestalt auf, haben es also mit einem Vektorfeld auf $\Omega_0 \subset \mathbb{R}^{m+1}$ zu tun, bestehend aus den $m+1$ Komponenten

$$B_0(x, \mathbf{y}), B_1(x, \mathbf{y}), \ldots, B_m(x, \mathbf{y})\,,$$

wobei

$$B_0(x, \mathbf{y}) = -H(x, \mathbf{y}, \mathbf{B}(x, \mathbf{y}))\,, \quad (B_1(x, \mathbf{y}), \ldots, B_m(x, \mathbf{y})) = \mathbf{B}(x, \mathbf{y})\,.$$

Hiermit ergibt sich das

Fundamentallemma für Mayer–Felder.

Für jedes Feld $\mathbf{U}$ *auf* Ω_0 *sind die folgenden Aussagen äquivalent:*

(1) $\mathbf{U}$ *ist ein Mayer–Feld.*

(2) *Es existiert eine* C^2*-Funktion* S *auf* Ω_0 *mit*

$$\frac{\partial S}{\partial x}(x, \mathbf{y}) = -H(x, \mathbf{y}, \mathbf{B}(x, \mathbf{y}))\,, \qquad \frac{\partial S}{\partial y_i}(x, \mathbf{y}) = B_i(x, \mathbf{y}) \quad (i = 1, \ldots, m)\,.$$

(3) *Es gelten die Integrabilitätsbedingungen auf* Ω_0:

$$\begin{aligned} &\frac{\partial B_i}{\partial x} - \frac{\partial B_0}{\partial y_i} = 0 \qquad (i = 1, \ldots, m)\,, \\ &\frac{\partial B_i}{\partial y_k} - \frac{\partial B_k}{\partial y_i} = 0 \qquad (i, k = 1, \ldots, m)\,. \end{aligned}$$

Bemerkung. Die in der Definition der Feldfunktion vorausgesetzte Einfachheit des Gebiets Ω_0 wird nur benötigt, um (1) und (2) aus (3) zu folgern.

Jede Stammfunktion S des Integranden des Hilbert–Integrals wird ein **Eikonal** des Mayer–Feldes genannt; für diese gilt also

$$\mathcal{H}_{\mathbf{A}}(\mathbf{v}) = S(\beta, \mathbf{v}(\beta)) - S(\alpha, \mathbf{v}(\alpha))$$

für jede Kurve $\mathbf{v} : [\alpha, \beta] \to \mathbb{R}^m$ mit $(x, \mathbf{v}(x)) \in \Omega_0$ für $x \in [\alpha, \beta]$.

Folgerung. *Eine* C^2*–Funktion* S *auf* Ω_0 *ist das Eikonal eines Mayer–Feldes von* $\mathcal{F}$ *genau dann, wenn sie der* **Hamilton–Jacobi–Gleichung**

$$S_x(x, \mathbf{y}) + H(x, \mathbf{y}, \nabla_{\mathbf{y}} S(x, \mathbf{y})) = 0$$

genügt.

Beweis als [ÜA].

3.3 Beziehungen zwischen Mayer–Feldern und Extremalenfeldern

(a) Ist $x \mapsto \mathbf{u}(x) = \mathbf{u}(x, \mathbf{c})$ eine Feldkurve, so bezeichnen wir den zugeordneten Impuls mit

$$x \mapsto \mathbf{p}(x) = \mathbf{p}(x, \mathbf{c}) = \nabla_{\mathbf{z}} F(x, \mathbf{u}(x), \mathbf{u}'(x)),$$

und nennen $x \mapsto (\mathbf{u}(x), \mathbf{p}(x))$ die **erweiterte Feldkurve**.

Die folgenden Formeln stellen die Verbindung zwischen Mayer–Feldern und Extremalenfeldern her:

Lemma. *Sei* $\mathbf{A}$ *die Feldfunktion und* $\mathbf{B}$ *die duale Feldfunktion eines Feldes. Dann gilt für jede erweiterte Feldkurve* $(\mathbf{u}, \mathbf{p})$ *und für* $i = 1, \ldots, m$

$$u_i'(x) - \frac{\partial H}{\partial p_i}(x, \mathbf{u}(x), \mathbf{p}(x)) = 0,$$

$$\begin{aligned} p_i'(x) + \frac{\partial H}{\partial y_i}(x, \mathbf{u}(x), \mathbf{p}(x)) \\ = \left(\frac{\partial B_i}{\partial x} - \frac{\partial B_0}{\partial y_i}\right)(x, \mathbf{u}(x)) + \sum_{k=1}^{m} \left(\frac{\partial B_i}{\partial y_k} - \frac{\partial B_k}{\partial y_i}\right)(x, \mathbf{u}(x)) \cdot u_k'(x). \end{aligned}$$

Beweis.

Für die erweiterte Feldkurve $(\mathbf{u}, \mathbf{p})$ einer Feldkurve $\mathbf{u}$ gilt

$$\mathbf{p}(x) = \nabla_{\mathbf{z}} F(x, \mathbf{u}(x), \mathbf{u}'(x)) = \nabla_{\mathbf{z}} F(x, \mathbf{u}(x), \mathbf{A}(x, \mathbf{u}(x))) = \mathbf{B}(x, \mathbf{u}(x)).$$

Zusammen mit der Beziehung $\mathbf{A}(x,\mathbf{y}) = \boldsymbol{\nabla}_{\mathbf{p}} H(x,\mathbf{y},\mathbf{B}(x,\mathbf{y}))$ von 3.2 ergibt sich die erste Gruppe der oben formulierten Gleichungen,

$$\mathbf{u}'(x) = \mathbf{A}(x,\mathbf{u}(x)) = \boldsymbol{\nabla}_{\mathbf{p}} H(x,\mathbf{u}(x),\mathbf{B}(x,\mathbf{u}(x))) = \boldsymbol{\nabla}_{\mathbf{p}} H(x,\mathbf{u}(x),\mathbf{p}(x))\,.$$

Aus $-B_0(x) = H(x,\mathbf{y},\mathbf{B}(x,\mathbf{y}))$ folgt

$$\begin{aligned} -\frac{\partial B_0}{\partial y_i}(x,\mathbf{y}) &= \frac{\partial}{\partial y_i}\big[H(x,\mathbf{y},\mathbf{B}(x,\mathbf{y}))\big] \\ &= \frac{\partial H}{\partial y_i}(x,\mathbf{y},\mathbf{B}(x,\mathbf{y})) + \sum_{k=1}^{m} \frac{\partial H}{\partial p_k}(x,\mathbf{y},\mathbf{B}(x,\mathbf{y}))\cdot\frac{\partial B_k}{\partial y_i}(x,\mathbf{y}) \\ &= \frac{\partial H}{\partial y_i}(x,\mathbf{y},\mathbf{B}(x,\mathbf{y})) + \sum_{k=1}^{m} \frac{\partial B_k}{\partial y_i}(x,\mathbf{y})\cdot u_k'(x)\,, \end{aligned}$$

woraus wir die zweite Gleichungsgruppe erhalten:

$$\begin{aligned} p_i'(x) + \frac{\partial H}{\partial y_i}(x,\mathbf{u}(x),\mathbf{p}(x)) &= \frac{\partial}{\partial x}\left[B_i(x,\mathbf{u}(x))\right] + \frac{\partial H}{\partial y_i}(x,\mathbf{u}(x),\mathbf{p}(x)) \\ &= \frac{\partial B_i}{\partial x}(x,\mathbf{u}(x)) + \sum_{k=1}^{m}\frac{\partial B_i}{\partial y_k}(x,\mathbf{u}(x))\cdot u_k'(x) + \frac{\partial H}{\partial y_i}(x,\mathbf{u}(x),\mathbf{p}(x)) \\ &= \left(\frac{\partial B_i}{\partial x} - \frac{\partial B_0}{\partial y_i}\right)(x,\mathbf{u}(x)) + \sum_{k=1}^{m}\left(\frac{\partial B_i}{\partial y_k} - \frac{\partial B_k}{\partial y_i}\right)(x,\mathbf{u}(x))\cdot u_k'(x)\,. \quad \square \end{aligned}$$

Hieraus ergibt sich der

SATZ. (1) *Jedes Mayer–Feld ist ein Extremalenfeld.*

(2) *Ein Extremalenfeld ist ein Mayer–Feld, wenn die Bedingungen*

$$\frac{\partial B_i}{\partial y_k} = \frac{\partial B_k}{\partial y_i} \qquad \text{für} \quad i,k = 1,\ldots,m \quad \textit{erfüllt sind.}$$

FOLGERUNG. *Für $m = 1$ ist jedes Extremalenfeld ein Mayer–Feld.*

Eine direkte Anwendung der Folgerung wird in 3.6 gegeben.

BEWEIS.

(1) Nach dem Fundamentallemma in 3.2 sind Mayer–Felder gekennzeichnet durch die Integrabilitätsbedingungen

$$\frac{\partial B_i}{\partial x} - \frac{\partial B_0}{\partial y_i} = 0\,, \qquad \frac{\partial B_i}{\partial y_k} - \frac{\partial B_k}{\partial y_i} = 0 \quad \text{für } i,k = 1,\ldots,m\,.$$

Nach dem vorhergehenden Lemma erfüllen die Feldkurven eines Mayer–Feldes die Hamilton–Gleichungen, sind also nach § 2 : 6.2 (b) Extremalen.

(2) Sei $\mathbf{U}$ ein Extremalenfeld auf Ω_0, dessen duale Feldfunktion $\mathbf{B}$ die Bedingungen

$$\frac{\partial B_i}{\partial y_k} = \frac{\partial B_k}{\partial y_i} \qquad (i, k = 1, \ldots, m)$$

erfüllt. Da jede Feldkurve $\mathbf{u}$ eine Extremale ist, erfüllen $\mathbf{u}$ und der zugeordnete Impuls $\mathbf{p}$ die Hamilton–Gleichungen. Mit dem Lemma oben ergibt sich die Beziehung

$$0 = p_i'(x) + \frac{\partial H}{\partial y_i}(x, \mathbf{u}(x), \mathbf{p}(x)) = \left(\frac{\partial B_i}{\partial x} - \frac{\partial B_0}{\partial y_i}\right)(x, \mathbf{u}(x))$$

längs jeder Feldkurve $\mathbf{u}$. Da jeder Punkt von Ω_0 Anfangspunkt einer Feldkurve ist, folgt die nach dem Fundamentallemma noch fehlende Bedingung für ein Mayer–Feld

$$\frac{\partial B_i}{\partial x} = \frac{\partial B_0}{\partial y_i} \quad \text{in } \Omega_0 \quad \text{für } i = 1, \ldots, m . \qquad \square$$

(b) Mit Hilfe der Aussage (2) des vorigen Satzes können wir ein einfaches geometrisches Kriterium dafür angeben, dass ein Extremalenfeld ein Mayer–Feld ist.

Wir nennen ein Extremalenfeld

$$\mathbf{U} :]a, b[\times \Lambda \to \Omega_0$$

stigmatisch, wenn es einen Knotenpunkt besitzt, worunter wir folgendes verstehen:

(i) Jede Feldkurve $x \mapsto \mathbf{u}(x, \mathbf{c})$ läßt sich zu einer Extremalen auf das Intervall $]a - \varepsilon, b[$ $(0 < \varepsilon \ll 1)$ fortsetzen,

(ii) es gibt eine Stelle $\xi \in]a - \varepsilon, a[$, so dass $\mathbf{c} \mapsto \mathbf{u}(\xi, \mathbf{c})$ konstant ist,

(iii) $\mathbf{U}$ lässt sich zu einer C^2–Abbildung auf $]a - \varepsilon, b[\times \Lambda$ fortsetzen und ist auf $]\xi, b[\times \Lambda$ ein C^2–Diffeomorphismus.

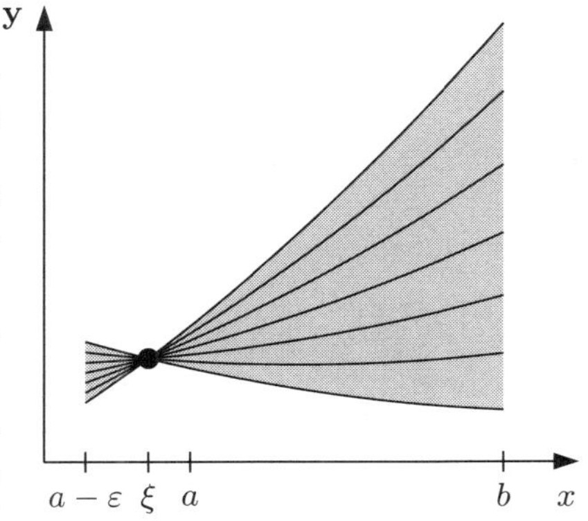

Die durch Fortsetzung auf $]a - \varepsilon, b[\times \Lambda$ entstehende Abbildung $\mathbf{U}$ ist kein Feld mehr; wir sprechen von einem **stigmatischen Extremalenbündel**.

Ein Beispiel für ein stigmatisches Extremalenfeld diskutierte Johann BERNOULLI 1697 im Zusammenhang mit seiner an der Optik orientierten Lösung des Problems der Brachistochrone (vgl. § 2 : 2.3). Die in dieser Betrachtungsweise liegenden Möglichkeiten wurden seinerzeit nicht verfolgt, und die Idee geriet in Vergessenheit, bis sie 1827 von HAMILTON neu entdeckt wurde.
Die Figur zeigt das Bündel der Zykloidenbögen zusammen mit der Orthogonalschar von Kurven gleicher Fallzeit, d.h. gleichen Eikonals S, vgl. 3.2.

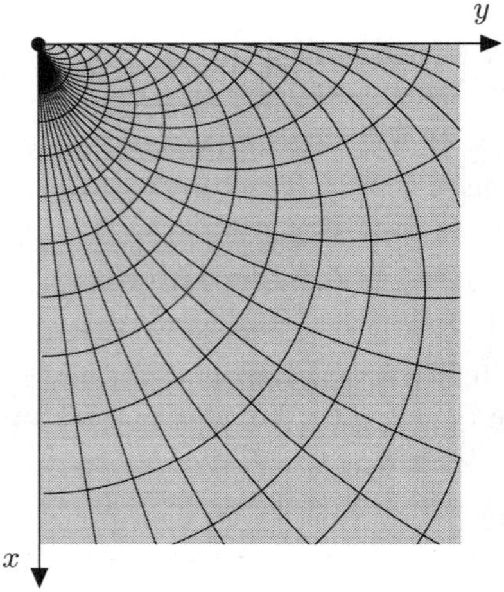

Ein Mayer–Feld–Kriterium (HILBERT 1900). *Jedes stigmatische Extremalenfeld ist ein Mayer–Feld.*

Der Beweis beruht auf dem

Lemma von Lagrange (LAGRANGE 1808). *Sei* $\mathbf{U} :]a_0, b_0[\, \times \Lambda \to \mathbb{R}^{m+1}$ *ein* **Extremalenbündel** *von* $\mathcal{F}$, *d.h. eine* C^2*-differenzierbare Abbildung der Gestalt*

$$\mathbf{U}(x, \mathbf{c}) = (x, \mathbf{u}(x, \mathbf{c}))\,,$$

für welche jede Kurve $x \mapsto \mathbf{u}(x, \mathbf{c})$ *ein Extremale ist, d.h. zusammen mit dem Impuls* $x \mapsto \mathbf{p}(x, \mathbf{c}) = \nabla_{\mathbf{z}} F(x, \mathbf{u}(x, \mathbf{c}), \mathbf{u}'(x, \mathbf{c}))$ *den Hamilton–Gleichungen von* $\mathcal{F}$ *genügt.*

Dann sind für jedes $\mathbf{c} \in \Lambda$ *die* **Lagrange–Klammern**

$$[c_\alpha, c_\beta] \;:=\; \sum_{i=1}^{m} \left(\frac{\partial p_i}{\partial c_\alpha} \frac{\partial u_i}{\partial c_\beta} - \frac{\partial p_i}{\partial c_\beta} \frac{\partial u_i}{\partial c_\alpha} \right)$$

von x unabhängig.

BEWEIS des Satzes von Hilbert.

Für das auf $]a - \varepsilon, b[\times \Lambda$ fortgesetzte Extremalenbündel ist $\mathbf{c} \mapsto \mathbf{u}(\xi, \mathbf{c})$ konstant, somit gilt $[c_\alpha, c_\beta](\xi, \mathbf{c}) = 0$ für alle $\mathbf{c}$, und nach dem Lagrange–Lemma auch $[c_\alpha, c_\beta](x, \mathbf{c}) = 0$ für alle $(x, \mathbf{c}) \in\,]a, b[\, \times \Lambda$ und alle α, β.

Aus

$$\begin{aligned} \mathbf{p}(x, \mathbf{c}) \;&=\; F_{\mathbf{z}}(x, \mathbf{u}(x, \mathbf{c}), u'(x, \mathbf{c})) \\ &=\; F_{\mathbf{z}}(x, \mathbf{u}(x, \mathbf{c}), \mathbf{A}(x, \mathbf{u}(x, \mathbf{c}))) \;=\; \mathbf{B}(x, \mathbf{u}(x, \mathbf{c})) \end{aligned}$$

folgt

$$\frac{\partial p_i}{\partial c_\gamma}(x,\mathbf{c}) \;=\; \sum_{k=1}^{m} \frac{\partial B_i}{\partial y_k}(\mathbf{U}(x,\mathbf{c}))\cdot\frac{\partial u_k}{\partial c_\gamma}(x,\mathbf{c})$$

und daher für alle α, β

$$0 = [c_\alpha, c_\beta](x,\mathbf{c}) = \sum_{i,k=1}^{m}\left(\frac{\partial B_k}{\partial y_i} - \frac{\partial B_i}{\partial y_k}\right)(\mathbf{U}(x,\mathbf{c}))\cdot\frac{\partial u_i}{\partial c_\alpha}(x,\mathbf{c})\cdot\frac{\partial u_k}{\partial c_\beta}(x,\mathbf{c}).$$

Dies ist für jedes $(x,\mathbf{c})$ ein System von Gleichungen $\langle \mathbf{b}_\alpha, A\mathbf{b}_\beta\rangle = 0$ $(\alpha,\beta = 1,\dots,m)$, wobei A die Einträge $a_{ik} = (\partial B_k/\partial y_i - \partial B_i/\partial y_k)(\mathbf{U}(x,\mathbf{c}))$ hat und die Vektoren

$$\mathbf{b}_1 = \frac{\partial \mathbf{u}}{\partial c_1}(x,\mathbf{c}),\dots,\mathbf{b}_m = \frac{\partial \mathbf{u}}{\partial c_m}(x,\mathbf{c})$$

wegen der Diffeomorphieeigenschaft von $(x,\mathbf{c}) \mapsto \mathbf{U}(x,\mathbf{c}) = (x,\mathbf{u}(x,\mathbf{c}))$ für jedes $(x,\mathbf{c}) \in\,]\alpha,\beta[\times\Lambda$ linear unabhängig sind. Es folgt $a_{ik} = \partial B_k/\partial y_i - \partial B_i/\partial y_k = 0$ auf Ω_0 und somit nach (a) die Mayer–Feld–Eigenschaft. □

Beweis des Lagrange–Lemmas.

Aus den Hamilton–Gleichungen

$$\frac{\partial u_i}{\partial x}(x,\mathbf{c}) = \frac{\partial H}{\partial p_i}(x,\mathbf{u}(x,\mathbf{c}),\mathbf{p}(x,\mathbf{c}))\,,$$

$$\frac{\partial p_i}{\partial x}(x,\mathbf{c}) = -\frac{\partial H}{\partial y_i}(x,\mathbf{u}(x,\mathbf{c}),\mathbf{p}(x,\mathbf{c}))$$

ergibt sich für den ersten Summanden der Lagrange–Klammer $[c_\alpha, c_\beta]$

$$\frac{\partial}{\partial x}\sum_{i=1}^{m}\frac{\partial p_i}{\partial c_\alpha}\cdot\frac{\partial u_i}{\partial c_\beta} \;=\; \sum_{i=1}^{m}\left(\frac{\partial^2 p_i}{\partial x\,\partial c_\alpha}\cdot\frac{\partial u_i}{\partial c_\beta} + \frac{\partial p_i}{\partial c_\alpha}\cdot\frac{\partial^2 u_i}{\partial x\,\partial c_\beta}\right)$$

$$= \sum_{i=1}^{m}\left(\frac{\partial^2 p_i}{\partial c_\alpha\,\partial x}\cdot\frac{\partial u_i}{\partial c_\beta} + \frac{\partial p_i}{\partial c_\alpha}\cdot\frac{\partial^2 u_i}{\partial c_\beta\,\partial x}\right)$$

$$= \sum_{i=1}^{m}\left(\frac{\partial}{\partial c_\alpha}\left[-\frac{\partial H}{\partial y_i}(\dots)\right]\cdot\frac{\partial u_i}{\partial c_\beta} + \frac{\partial p_i}{\partial c_\alpha}\cdot\frac{\partial}{\partial c_\beta}\left[\frac{\partial H}{\partial p_i}(\dots)\right]\right)$$

$$= \sum_{i,k=1}^{m} \Bigg\{ - \left(\frac{\partial^2 H}{\partial y_k \, \partial y_i}(\ldots) \cdot \frac{\partial u_k}{\partial c_\alpha} + \frac{\partial^2 H}{\partial p_k \, \partial y_i}(\ldots) \cdot \frac{\partial p_k}{\partial c_\alpha} \right) \cdot \frac{\partial u_i}{\partial c_\beta}$$

$$+ \frac{\partial p_i}{\partial c_\alpha} \cdot \left(\frac{\partial^2 H}{\partial y_k \, \partial p_i}(\ldots) \cdot \frac{\partial u_k}{\partial c_\beta} + \frac{\partial^2 H}{\partial p_k \, \partial p_i}(\ldots) \cdot \frac{\partial p_k}{\partial c_\beta} \right) \Bigg\}$$

$$= \sum_{i,k=1}^{m} \left\{ \frac{\partial^2 H}{\partial p_k \, \partial p_i}(\ldots) \cdot \frac{\partial p_k}{\partial c_\alpha} \cdot \frac{\partial p_i}{\partial c_\beta} - \frac{\partial^2 H}{\partial y_k \, \partial y_i}(\ldots) \cdot \frac{\partial u_i}{\partial c_\alpha} \cdot \frac{\partial u_k}{\partial c_\beta} \right\} .$$

Da dieser Ausdruck symmetrisch in α, β ist und wegen $[c_\beta, c_\alpha] = -[c_\alpha, c_\beta]$ folgt $\frac{\partial}{\partial x}[c_\alpha, c_\beta] = 0$ ÜA. □

Mayer–Felder wurden von BELTRAMI 1868, ZERMELO 1894, A. KNESER 1898, A. MAYER 1903 und CARATHÉODORY 1904–1935 untersucht.

3.4 Hinreichende Bedingungen für starke lokale Minima

(a) SATZ. *Sei F elliptisch und* C^3*-differenzierbar auf* $\Omega_F = \Omega \times \mathbb{R}^m$, *und sei* $\mathbf{u}_0 : [\alpha, \beta] \to \mathbb{R}^m$ *eine Extremale von* $\mathcal{F} : \mathcal{V} \to \mathbb{R}$.

Enthält das Intervall $]\alpha, \beta]$ *keine längs* $\mathbf{u}_0$ *zu* α *konjugierte Stelle, so ist* $\mathbf{u}_0$ *eine starke lokale Minimumstelle von* $\mathcal{F} : \mathcal{V} \to \mathbb{R}$ *im strikten Sinn, d.h.*

$$\mathcal{F}(\mathbf{v}) \;>\; \mathcal{F}(\mathbf{u}_0)$$

gilt für alle $\mathbf{v} \in \mathcal{V}$ *mit* $\|\mathbf{v} - \mathbf{u}_0\|_{C^0} \ll 1$ *und* $\mathbf{v} \neq \mathbf{u}_0$.

Dieser Hauptsatz der klassischen Variationsrechnung stammt für $m = 1$ von WEIERSTRASS (vorgestellt in seinen Berliner Vorlesungen zwischen 1865 und 1890, aber nicht in Journalen veröffentlicht) und für $m > 1$ von HILBERT 1900.

(b) FOLGERUNG. *Ist* $F \in C^3(\Omega \times \mathbb{R}^m)$ *elliptisch, so liefert jede Extremale* $\mathbf{u} : I \to \mathbb{R}^m$ *nach Einschränkung auf ein genügend kleines Intervall* $[\alpha, \beta] \subset I$ *ein striktes starkes lokales Minimum von* $\mathcal{F}(\mathbf{v}) = \int_\alpha^\beta F(x, \mathbf{v}, \mathbf{v}')\, dx$ *in der Klasse aller* PC^1*-Vergleichskurven auf* $[\alpha, \beta]$ *mit* $\mathbf{v}(\alpha) = \mathbf{u}(\alpha)$, $\mathbf{v}(\beta) = \mathbf{u}(\beta)$.

Denn nach 2.1 (b) enthält jedes Intervall $[\alpha, \gamma] \subset I$ höchstens endlich viele zu α längs $\mathbf{u}$ konjugierte Stellen, also gibt es ein $\beta \in \,]\alpha, \gamma]$, so dass $[\alpha, \beta]$ kein konjugiertes Paar enthält.

Auf die Bedeutung dieses Satzes für die Formulierung des Prinzips der kleinsten Wirkung in der Punktmechanik sind wir bereits in 2.3 eingegangen.

BEWEIS.

Der Beweis ergibt sich aus den folgenden beiden Sätzen, von denen der erste in 3.1 bewiesen wurde.

(c) SATZ. *Lässt sich unter den Voraussetzungen* (a) *eine Extremale* $\mathbf{u}_0 \in \mathcal{V}$ *des Variationsfunktionals* $\mathcal{F} : \mathcal{V} \to \mathbb{R}$ *in ein Mayer–Feld einbetten, so nimmt* $\mathcal{F} : \mathcal{V} \to \mathbb{R}$ *an der Stelle* $\mathbf{u}_0$ *ein striktes starkes lokales Minimum an.*

(d) **Einbettungssatz**. *Unter den Voraussetzungen* (a) *lässt sich die Extremale* $\mathbf{u}_0$ *in ein Mayer–Feld auf einer einfachen Umgebung* $\Omega_0 \subset \Omega$ *des Graphen* $\{(x, \mathbf{u}_0(x)) \mid x \in [\alpha, \beta]\}$ *von* $\mathbf{u}_0$ *einbetten.*

(e) BEWEIS des Einbettungssatzes.

Der Beweis besteht darin, $\mathbf{u}_0$ als Extremale um ein Stück nach links zu verlängern, und ein Extremalenbündel durch den Endpunkt der Verlängerung zu konstruieren. Nach dem Kriterium 3.3 (b) liefert dieses stigmatische Extremalenbündel dann ein Mayer–Feld.

(i) *Konstruktion eines stigmatischen Extremalenbündels.* Nach 2.1 (a), (d) können wir $\mathbf{u}_0 : [\alpha, \beta] \to \mathbb{R}^m$ als Extremale auf ein Intervall $[\alpha - 2\varepsilon, \beta + \varepsilon]$ mit $\varepsilon > 0$ fortsetzen, so dass dieses keine zu $\xi = \alpha - 2\varepsilon$ längs $\mathbf{u}_0$ konjugierte Stelle $x \neq \xi$ enthält. Wir setzen

$$\boldsymbol{\eta} := \mathbf{u}_0(\xi)\,, \quad \mathbf{c}_0 := \mathbf{u}_0'(\xi)\,,$$

und konstruieren ein Extremalenbündel mit dem Knotenpunkt $(\xi, \boldsymbol{\eta})$ wie folgt:

Für $\mathbf{c} \in \mathbb{R}^m$ sei $x \mapsto \mathbf{u}(x, \mathbf{c})$ die maximal definierte Lösung der Euler–Gleichungen von F mit den Anfangswerten

$$\mathbf{u}(\xi, \mathbf{c}) = \boldsymbol{\eta}\,, \quad \mathbf{u}'(\xi, \mathbf{c}) = \mathbf{c}\,.$$

Es gilt dann

$$\mathbf{u}_0(x) = \mathbf{u}(x, \mathbf{c}_0) \quad \text{für alle } x \in [\xi, \beta + \varepsilon]\,.$$

Die Abbildung

$$(x, \mathbf{c}) \mapsto \mathbf{U}(x, \mathbf{c}) := (x, \mathbf{u}(x, \mathbf{c}))$$

ist auf einer Umgebung der Strecke

$$[\xi, \beta + \varepsilon] \times \{\mathbf{c}_0\} \subset \mathbb{R}^{m+1}$$

definiert und C^2–differenzierbar. Dies ergibt sich aus dem Differenzierbarkeitssatz für die Lösungen von Anfangswertproblemen Bd. 2, § 2 : 7.1 (a), (d) durch

Anwendung auf das zu den Euler–Gleichungen äquivalente System der Hamilton–Gleichungen, vgl. § 2 : 6.2 (b). Deren rechte Seite ist C^2–differenzierbar, denn mit F ist auch die Hamilton–Funktion C^3–differenzierbar, so dass die dort geforderten Standardvoraussetzungen mit $k = 1$ erfüllt sind.

(ii) **U** *ist ein Mayer–Feld.* Zu zeigen bleibt, dass $\mathbf{U}$ nach Einschränkung auf einen Zylinder $\mathcal{Z}_0 =]a, b[\times \Lambda$ ein C^2–Diffeomorphismus zwischen $\mathcal{Z}_0$ und einer einfachen Umgebung Ω_0 des Graphen von $\mathbf{u}_0$ ist, vgl. 3.1. Nach 2.1 (a) sind die Funktionen

$$\boldsymbol{\psi}_\alpha : [\xi, \beta + \varepsilon] \to \mathbb{R}^m , \quad x \mapsto \frac{\partial \mathbf{u}}{\partial c_\alpha}(x, \mathbf{c}_0) \qquad (\alpha = 1, \dots, m)$$

Jacobi–Felder längs $\mathbf{u}_0$ mit

$$\boldsymbol{\psi}_\alpha(\xi) = \mathbf{0} , \quad \boldsymbol{\psi}'_\alpha(\xi) = \mathbf{e}_\alpha \qquad (\alpha = 1, \dots, m) .$$

Da das Intervall $]\xi, \beta + \varepsilon]$ nach Konstruktion keine zu ξ längs $\mathbf{u}_0$ konjugierte Stelle enthält, gilt nach dem Lemma 2.1 (c)

$$\det(\boldsymbol{\psi}_1(x), \dots, \boldsymbol{\psi}_m(x)) \neq 0 \quad \text{für alle} \;\; x \in]\xi, \beta + \varepsilon] .$$

Hiernach folgt mit $[a, b] := [\alpha - \varepsilon, \beta + \varepsilon] \subset]\xi, \beta + \varepsilon]$

$$\det(d\mathbf{U}(x, \mathbf{c}_0)) = \begin{vmatrix} 1 & 0 & \cdots & 0 \\ \dfrac{\partial u_1}{\partial x} & \dfrac{\partial u_1}{\partial c_1} & \cdots & \dfrac{\partial u_1}{\partial c_m} \\ \vdots & \vdots & \ddots & \vdots \\ \dfrac{\partial u_m}{\partial x} & \dfrac{\partial u_m}{\partial c_1} & \cdots & \dfrac{\partial u_m}{\partial c_m} \end{vmatrix} (x, \mathbf{c}_0)$$

$$= \det(\boldsymbol{\psi}_1(x), \dots, \boldsymbol{\psi}_m(x)) \neq 0 \qquad \text{für} \quad x \in [a, b] .$$

Nach dem Umkehrssatz (Bd. 1, § 22 : 5.2) ist für jeden Punkt $(x, \mathbf{c}_0)$ mit $x \in [a, b]$ die Abbildung $\mathbf{U}$, eingeschränkt auf eine hinreichend kleine Kugel um diesen Punkt, ein C^2–Diffeomorphismus. Da die kompakte Strecke $[a, b] \times \{\mathbf{c}_0\}$ von endlich vielen dieser Kugeln überdeckt wird, finden wir ein $\delta > 0$, so dass der Zylinder $Z_0 :=]a, b[\times \Lambda$ mit $\Lambda := K_\delta(\mathbf{c}_0)$ in der Vereinigung dieser endlich vielen Kugeln liegt. Hieraus folgt, dass $(x, \mathbf{c}) \mapsto \mathbf{U}(x, \mathbf{c}) = (x, \mathbf{u}(x, \mathbf{c}))$ ein C^2–Diffeomorphismus von Z_0 auf ein Gebiet $\Omega_0 := \mathbf{U}(Z_0) \subset \Omega$ ist, das den Graphen von $\mathbf{u}_0 : [\alpha, \beta] \to \mathbb{R}^m$ enthält. Dieses ist einfach als Bild des einfachen Gebiets $Z_0 =]a, b[\times K_\delta(\mathbf{c}_0)$ unter $\mathbf{U}$. Somit ist $\mathbf{U}$ ein Feld auf Ω_0 und nach (i) ein Extremalenfeld, also ein Mayer–Feld auf Grund von 3.3 (b). □

3.5 Minimaleigenschaften des Katenoids

Nach § 2 : 2.4 lassen sich in zwei koaxiale Kreisringe mit Radius 1 und Abstand 2β zwei Katenoide einspannen, deren Profilkurven $u_k : [-\beta, \beta] \to \mathbb{R}$ gegeben sind durch

$$u_k(x) = c_k \cdot \cosh \frac{x}{c_k} \quad (k = 1, 2)\,;$$

hierbei ist vorauszusetzen, dass

$$\beta < \beta_0 := \max \left\{ \frac{s}{\cosh s} \;\middle|\; s > 0 \right\}.$$

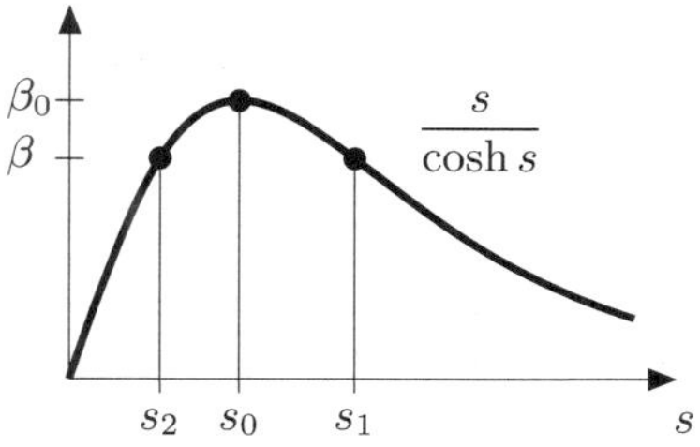

Die Konstanten c_k mit $c_1 < c_2$ sind gegeben als die Lösungen der Gleichung $c \cdot \cosh(\beta/c) = 1$. Also ist

$$\frac{s_k}{\cosh s_k} = \beta \quad \text{mit} \quad s_k := \frac{\beta}{c_k}, \quad \frac{1}{c_k} = \cosh s_k\,.$$

Zur Anwendung der notwendigen und hinreichenden Bedingungen für lokale Minima des Flächinhalts bestimmen wir die Lage der zu $\xi = -\beta$ längs u_k konjugierten Stellen η relativ zum rechten Endpunkt β. Die hierfür benötigten Jacobi–Felder längs u_k erhalten wir am einfachsten aus dem Extremalenbündel durch den Knotenpunkt $A = (-\beta, 1) = (\xi, 1)$ gemäß Satz 2.1 (a).

Die Schar der Extremalen durch A ist gegeben durch

$$u(x, s) = \frac{\cosh((x - \xi) \cdot \cosh s - s)}{\cosh s}$$

für $s > 0$. Denn nach § 2 : 2.5 ist jede Extremale von der Form

$$u(x) = c \cdot \cosh \frac{x - x_0}{c}\,,$$

und die Bedingung

$$1 = u(\xi) = c \cdot \cosh \frac{\xi - x_0}{c}$$

führt nach Ersetzung von c durch den Parameter $s > 0$ mit $\cosh s = 1/c$ auf

$$\cosh s = \frac{1}{c} = \cosh \frac{\xi - x_0}{c}\,, \quad \text{also}$$

$$s = \frac{x_0 - \xi}{c} > 0 \quad \text{und daher}$$

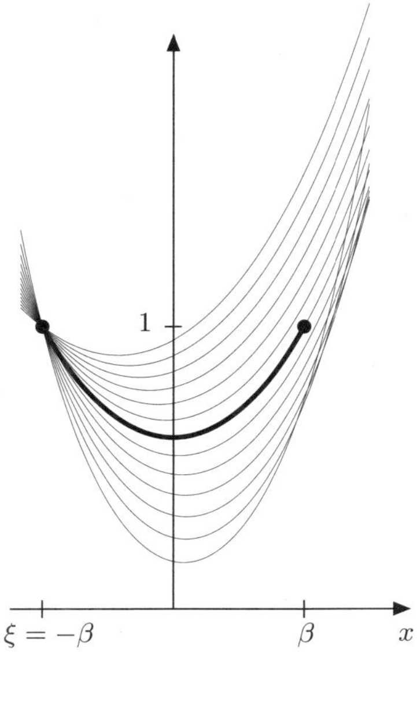

$$\begin{aligned} u(x) &= \frac{1}{\cosh s} \cdot \cosh\left(\frac{x-\xi}{c} - \frac{x_0-\xi}{c}\right) \\ &= \frac{1}{\cosh s} \cdot \cosh((x-\xi)\cdot\cosh s - s) \;=:\; u(x,s)\,. \end{aligned}$$

Nach 2.1 (a) erhalten wir Jacobi–Felder längs $u_k : x \mapsto u(x, s_k)$ durch

$$x \mapsto \varphi_k(x) = \frac{\partial u}{\partial s}(x, s_k) \qquad (k = 1, 2)\,.$$

Mit $a_k := \sinh s_k / \cosh^2 s_k > 0$ ergibt sich unter Beachtung von $-\xi = \beta$ sowie von $c_k \cdot \sinh s_k = a_k \cdot \cosh s_k = a_k / c_k = a_k s_k / \beta$ und von $c_k = a_k \coth s_k$ ÜA

$$\varphi_k(x) = a_k \cdot \left\{ \left(\frac{s_k x}{\beta} + s_k - \coth s_k \right) \cdot \sinh \frac{s_k x}{\beta} - \cosh \frac{s_k x}{\beta} \right\}.$$

Daher ist $\varphi_k(0) = -a_k < 0$. Für $x \neq 0$ erhalten wir

$$\varphi_k(x) = a_k \cdot \sinh \frac{s_k x}{\beta} \cdot \left\{ \phi\left(\tfrac{s_k x}{\beta}\right) + \phi(s_k) \right\}$$

mit $\phi(s) := s - \coth s \;\; (s \neq 0)$.

Für $s \neq 0$ ist $\phi(-s) = -\phi(s)$, ferner ist ϕ wegen $\phi'(s) = \coth^2(s) > 0$ in jedem der beiden Bereiche $s < 0$, $s > 0$ streng monoton steigend. Weiter gilt $\phi(\pm s_0) = 0$, wobei $s_0 \approx 1.1997$ diejenige Stelle in $\mathbb{R}_{>0}$ ist, an der die Ableitung von $s/\cosh s$ verschwindet (ÜA, vgl. § 2 : 2.5 (c)). Schließlich gilt

$$\lim_{x \to 0+} \phi(x) = -\infty\,, \qquad \lim_{x \to \infty} \phi(x) = \infty\,.$$

Somit besitzt $x \mapsto \{\phi(s_k x/\beta) + \phi(s_k)\}$ für $x < 0$ genau die Nullstelle $\xi = -\beta$ und für $x > 0$ genau eine Nullstelle η_k. Hieraus folgt mit $\varphi_k(0) \neq 0$, dass das Jacobi–Feld φ_k genau eine zu ξ längs u_k konjugierte Stelle $\eta_k > 0$ besitzt. Weiter gilt

$$\eta_1 < \beta < \eta_2\,,$$

denn wegen der strengen Monotonie von ϕ und der Gleichung $\phi(s_k \eta_k / \beta) = -\phi(s_k)$ bestehen die Äquivalenzen ÜA

$$\begin{aligned} \eta_1 < \beta < \eta_2 &\iff \phi(s_1\eta_1/\beta) < \phi(s_1)\,, \quad \phi(s_2) < \phi(s_2\eta_2/\beta) \\ &\iff \phi(s_2) < 0 = \phi(s_0) < \phi(s_1) \iff s_2 < s_0 < s_1\,. \end{aligned}$$

Somit liefert das Katenoid mit der Profilkurve u_1 nach 2.2 kein schwaches lokales Minimum des Flächeninhalts und das Katenoid mit der Profilkurve u_2 nach 3.4 ein starkes lokales Minimum.

Das zweite der vorangegangenen Bilder zeigt die Einbettung der Kettenlinie u_2 in ein Extremalenbündel mit Knotenpunkt

$$(\xi, 1) = (-\beta, 1)$$

für $\beta = 0.6$.

Hiermit sind die Aussagen (iii) und (iv) in § 2 : 2.5 (d) bewiesen, wenn wir noch den Fall $\beta = \beta_0$ einbeziehen. In diesem Fall ist $c_1 = c_2$, und das Jacobi–Feld $\varphi_1 = \varphi_2$ längs $u_1 = u_2$ besitzt neben ξ die Nullstelle $\eta_1 = \eta_2 = \beta$. Somit ist u_2 nach 3.2 keine schwache lokale Minimumstelle.

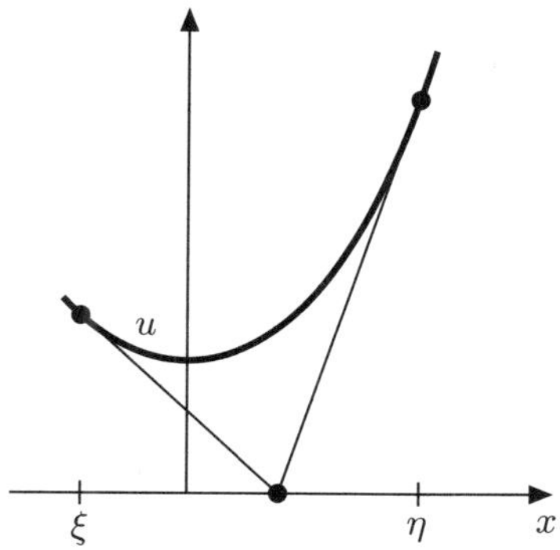

ÜA Zeigen Sie, dass für jedes Katenoid mit Profilkurve u die zu ξ konjugierte Stelle η durch die nebenstehend skizzierte Tangentenkonstruktion gefunden werden kann (LINDELÖF 1861).

3.6 Ein Extremalenfeld für den harmonischen Oszillator

(a) Wir betrachten für $0 < k \cdot (\beta - \alpha) < \pi$ das Wirkungsintegral

$$\mathcal{W}(v) = \int_\alpha^\beta \tfrac{1}{2}(v'^2 - k^2 v^2)\, dx \quad \text{auf}$$

$$\mathcal{V} = \left\{ v \in \mathrm{PC}^1\,[\alpha,\beta] \;\middle|\; v(\alpha) = a\,,\ v(\beta) = b \right\}.$$

Für den Integranden $F(y, z) = \frac{1}{2}(z^2 - k^2 y^2)$ ist $F_{zz} = 1$, $F_{zy} = 0$ und $F_{yy} = -k^2$. Daher ist F elliptisch, und die Euler–Gleichung lautet

$$u'' + k^2 u = 0;$$

dies ist gleichzeitig die Jacobi–Gleichung. Jede Lösung $\varphi \neq 0$ mit $\varphi(\alpha) = 0$ hat die Form $\varphi(x) = c \cdot \sin(k(x - \alpha))$ mit $c \neq 0$. Wegen $k \cdot (\beta - \alpha) < \pi$ hat diese keine Nullstelle in $]\alpha, \beta]$, d.h. $[\alpha, \beta]$ enthält kein längs irgend einer Extremalen konjugiertes Paar.

(b) Es gibt also genau eine Lösung $u \in \mathcal{V}$ der Euler–Gleichung, gegeben durch

$$u(x) = \frac{1}{s}\big(a \cdot \sin(k(\beta - x)) + b \cdot \sin(k(x - \alpha))\big)$$

mit $s := \sin(k \cdot (\beta - \alpha)) > 0$.

Nach dem Hauptsatz 3.4 (a) folgt unmittelbar, dass $\mathcal{W} : \mathcal{V} \to \mathbb{R}$ an der Stelle u ein striktes starkes lokales Minimum annimmt. Wir wollen hier zu Demonstrationszwecken den Hauptsatz aber nicht bemühen und unmittelbar an die Folgerung in 3.3 (a) anknüpfen, indem wir u in ein (nicht stigmatisches) Extremalenfeld einbetten und dessen Feldfunktion angeben. Hierzu setzen wir

$$u(x,c) := u(x) + c \cdot \sin(k(x - \alpha + \varepsilon)) \quad \text{für } \alpha - \varepsilon < x < \beta + \varepsilon\,, \quad c \in \mathbb{R};$$

dabei wählen wir $\varepsilon > 0$ so, dass $2\varepsilon < \pi/k - (\beta - \alpha)$.

Durch $\mathbf{U}(x,c) = (x, u(x,c))$ wird $\Omega_0 := \,]\alpha - \varepsilon, \beta + \varepsilon[\, \times \mathbb{R}$ bijektiv auf sich abgebildet. Wegen $\mathbf{U}^{-1}(x,y) = \big(x, (y - u(x))/\sin(k(x - \alpha + \varepsilon))\big)$ erhalten wir die Feldfunktion ÜA

$$A(x,y,c) \;=\; u'(x) + k \cdot \operatorname{cotg}(k(x - \alpha + \varepsilon)) \cdot (y - u(x))\,.$$

Nach 3.1 gilt $\mathcal{W}(u) < \mathcal{W}(v)$ für alle $v \in \mathcal{V}$ mit $v \neq u$, denn $\mathbf{U}$ ist nach der Folgerung des Satzes 3.3 ein Mayer–Feld, und für alle $v \in \mathcal{V}$ liegt der Graph in Ω_0.

(c) Nach (a) ist $u = 0$ die einzige Lösung der Euler–Gleichung mit Randwerten Null. Es folgt $\mathcal{W}(v) > 0 = \mathcal{W}(0)$ für alle $v \in \mathrm{PC}_0^1\,[\alpha,\beta]$, solange $0 < k < \pi/(\beta - \alpha)$. Durch Grenzübergang $k \to \pi/(\beta - \alpha)$ erhalten wir so die **scharfe Form der Poincaré–Ungleichung**

$$\int_\alpha^\beta v(x)^2\,dx \;\leq\; \left(\frac{\beta - \alpha}{\pi}\right)^2 \int_\alpha^\beta v'(x)^2\,dx \quad \text{für alle } v \in \mathrm{PC}_0^1\,[\alpha,\beta]\,.$$

Diese lässt sich nicht mehr verschärfen, denn für $v(x) = \sin\left(\pi \frac{x-\alpha}{\beta-\alpha}\right)$ gilt das Gleichheitszeichen. Wir formulieren das Ergebnis um:

(d) SATZ. *Für* $\mathcal{V} = \mathrm{PC}_0^1\,[\alpha,\beta]$ *existiert*

$$\min\Big\{\int_\alpha^\beta v'^2\,dx \;\Big|\; v \in \mathcal{V}\,,\; \int_\alpha^\beta v^2\,dx = 1\Big\} \;=\; \left(\frac{\pi}{\beta - \alpha}\right)^2$$

und wird angenommen für $v_0(x) = \sqrt{\dfrac{2}{\beta - \alpha}}\,\sin\left(\pi \cdot \dfrac{x - \alpha}{\beta - \alpha}\right)$.

ÜA Zeigen Sie: Ist $v \in \mathcal{V}$ eine Lösung des isoperimetrischen Problems

$$\int_\alpha^\beta v'^2\,dx \;=\; \min \quad \text{unter der Nebenbedingung} \quad \int_\alpha^\beta v^2\,dx = 1\,,$$

so gilt $v = \pm v_0$ (vgl. § 2 : 5.1).

§ 4 Hamiltonsche Mechanik

1 Bewegungsgleichungen bei Zwangsbedingungen, Hamiltonsches Prinzip

1.1 Die Newtonschen Gleichungen für freie Massenpunkte

(a) Wir betrachten N Massenpunkte im Raum unter dem Einfluss eines Kraftfeldes mit einem (möglicherweise zeitabhängigen) Potential V.

Die Koordinaten und Massen nummerieren wir wie folgt: Es seien

x_1, x_2, x_3 die Koordinaten des ersten Teilchens mit Masse $m_1 = m_2 = m_3$,

x_4, x_5, x_6 die Koordinaten des zweiten Teilchens mit Masse $m_4 = m_5 = m_6$,

usw. Diese Koordinaten fassen wir zu einem Vektor $\mathbf{x} = (x_1, \ldots, x_{3N}) \in \mathbb{R}^{3N}$ zusammen. Vom Potential $V(t, \mathbf{x})$ verlangen wir C^2–Differenzierbarkeit auf einem Gebiet des $\mathbb{R}^{3N+1}$. Dann lauten die Newtonschen Bewegungsgleichungen

$$m_\alpha \ddot{x}_\alpha \;+\; \partial_\alpha V(t, \mathbf{x}(t)) \;=\; 0 \qquad \text{für} \quad \alpha = 1, \ldots, 3N\,;$$

dabei steht $\partial_\alpha V$ für $\partial V / \partial x_\alpha$. Wir fassen diese $3N$ Gleichungen zu einer Vektorgleichung zusammen:

$$(*) \qquad \mathbf{m}\,\ddot{\mathbf{x}}(t) \;+\; \nabla_{\mathbf{x}} V(t, \mathbf{x}(t)) \;=\; \mathbf{0}\,;$$

hierbei ist $\mathbf{m}$ die Diagonalmatrix mit den Einträgen $m_1, \ldots, m_{3N}$.

(b) Die Gleichungen $(*)$ sind die Euler–Gleichungen für das Wirkungsintegral

$$\mathcal{W}(\mathbf{x}, I) \;=\; \int_I \Big\{ \tfrac{1}{2} \sum_{\alpha=1}^{3N} m_\alpha \dot{x}_\alpha(t)^2 - V(t, \mathbf{x}(t)) \Big\}\, dt \;=\; \int_I L(t, \mathbf{x}(t), \dot{\mathbf{x}}(t))\, dt$$

mit $I = [t_1, t_2]$ und der auf $\Omega_L = \Omega \times \mathbb{R}^{3N}$ elliptischen Lagrange–Funktion

$$L(t, \mathbf{x}, \mathbf{y}) \;=\; \tfrac{1}{2}\, \langle \mathbf{y}, \mathbf{m}\,\mathbf{y} \rangle - V(t, \mathbf{x})\,.$$

1.2 Massenpunkte unter Zwangsbedingungen, d'Alembertsches Prinzip

(a) Wir betrachten nun N Massenpunkte, denen $p < 3N$ **holonome Zwangsbedingungen (constraints)**

$$G_1(t, \mathbf{x}) = \cdots = G_p(t, \mathbf{x}) = 0\,, \quad \text{kurz} \;\; \mathbf{G}(t, \mathbf{x}) = \mathbf{0}$$

auferlegt sind, wobei die räumlichen Gradienten

$$\nabla_{\mathbf{x}} G_1(t, \mathbf{x}), \;\ldots,\; \nabla_{\mathbf{x}} G_p(t, \mathbf{x})$$

an jeder Stelle $(t, \mathbf{x})$ mit $\mathbf{G}(t, \mathbf{x}) = \mathbf{0}$ linear unabhängig sind.

Zu jedem Zeitpunkt t ist dann die **Constraintmannigfaltigkeit**

$$M(t) := \left\{\mathbf{x} \in \mathbb{R}^{3N} \;\middle|\; \mathbf{G}(t, \mathbf{x}) = \mathbf{0}\right\}$$

eine Lösungsmannigfaltigkeit im $\mathbb{R}^{3N}$ der Dimension $m = 3N - p$, d.h. $M(t)$ lässt sich lokal durch m Parameter beschreiben (Bd. 1, § 22 : 5.5).

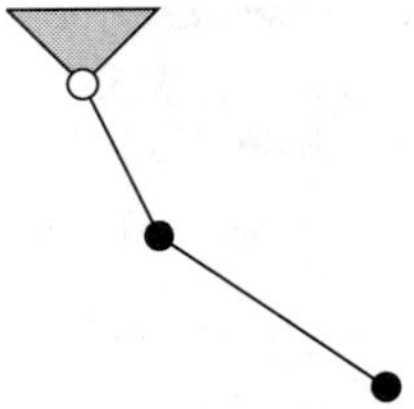

Beispiele sind das ebene mathematische Pendel ($N = 1, p = 2, m = 1$), das ebene Doppelpendel ($N = 2, p = 4, m = 2$) und das Foucaultsche Pendel ($N = 1, p = 1, m = 2$).

(b) **Das d'Alembertsche Prinzip**.

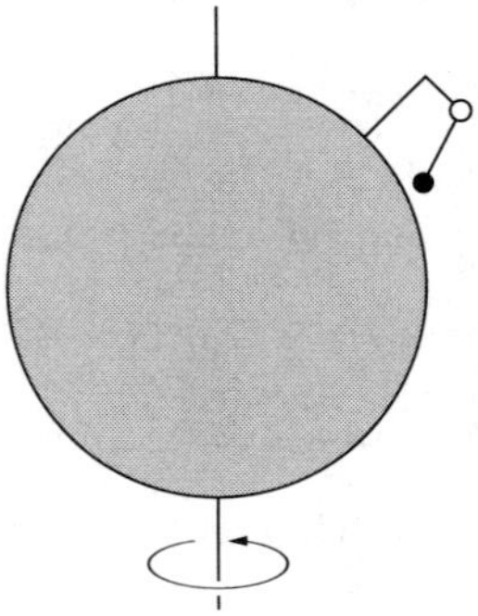

Für das Einhalten der Zwangsbedingungen, d.h. das Verbleiben des Systems auf M, wird eine Zwangskraft $\mathbf{F}_{\text{zwang}}$ verantwortlich gemacht. Diese soll im Kräftegleichgewicht mit der Trägheitskraft $\mathbf{F}_{\text{träg}} = -\mathbf{m}\,\ddot{\mathbf{x}}$ und der äußeren Kraft $\mathbf{F} = -\nabla_{\mathbf{x}} V$ stehen;

$$\mathbf{F}_{\text{zwang}} + \mathbf{F}_{\text{träg}} + \mathbf{F} = \mathbf{0}\,;$$

daraus ergibt sich zum Zeitpunkt t

$$\mathbf{F}_{\text{zwang}}(t) = \mathbf{m}\,\ddot{\mathbf{x}}(t) + \nabla_{\mathbf{x}} V(t, \mathbf{x}(t))\,.$$

Das **d'Alembertsche Prinzip** besagt, dass diese Zwangskraft zu jedem Zeitpunkt t senkrecht ist zum Tangentialraum $T_{\mathbf{x}(t)}M(t)$ von $M(t)$ im Punkt $\mathbf{x}(t)$:

$$(**) \quad \mathbf{m}\,\ddot{\mathbf{x}}(t) + \nabla_{\mathbf{x}} V(t, \mathbf{x}(t)) \;\perp\; T_{\mathbf{x}(t)}M(t)\,.$$

Es gilt also

$$\langle\, \mathbf{m}\,\ddot{\mathbf{x}}(t) + \nabla_{\mathbf{x}} V(t, \mathbf{x}(t))\,, \mathbf{v} \rangle \;=\; 0$$

für jeden Tangentialvektor $\mathbf{v}$ von $M(t)$ im Punkt $\mathbf{x}(t)$ (**d'Alembertsche Gleichungen**). In der Physikliteratur werden diese Tangentenvektoren oft *virtuelle Verrückungen* genannt.

Für den Gültigkeitsbereich des d'Alembertschen Prinzips über den Fall holonomer Zwangsbedingungen hinaus und für Überlegungen zu seiner Rechtfertigung verweisen wir auf [15] Ch. IV. Wir beschränken uns auf eine Plausibilitätsbetrachtung für den Fall eines Massenpunkts, der an eine feste Fläche $M \subset \mathbb{R}^3$

gebunden ist. Hierzu zerlegen wir die äußere Kraft $\mathbf{F}$ in die Normalkomponente $\mathbf{F}_\perp$ und eine Tangentialkomponente $\mathbf{F}_\top$. Da die Beschleunigung stets tangential erfolgt, wird sie durch $\mathbf{F}_\top$ bewirkt:

$$\mathbf{m}\,\ddot{\mathbf{x}} = \mathbf{F}_\top = \mathbf{F} - \mathbf{F}_\perp\,, \quad \text{also} \quad \mathbf{F}_\perp = -\mathbf{m}\,\ddot{\mathbf{x}} + \mathbf{F} = -\mathbf{F}_{\text{zwang}}\,.$$

1.3 Vom d'Alembertschen zum Hamiltonschen Prinzip

(a) Wir behandeln zunächst den Fall eines zeitunabhängigen Konfigurationsraums. Die Constraintmannigfaltigkeit $M \subset \mathbb{R}^{3N}$ sei durch zeitunabhängige (skleronome) Bedingungen

$$G_1(\mathbf{x}) = \cdots = G_p(\mathbf{x}) = 0\,, \quad \text{kurz} \quad \mathbf{G}(\mathbf{x}) = \mathbf{0}$$

gegeben, wobei die Gradienten der C^2–Funktionen G_k in jedem Punkt $\mathbf{x} \in M$ linear unabhängig sind. Dann ist der **Konfigurationsraum** M eine Lösungsmannigfaltigkeit der Dimension $m = 3N - p$ im $\mathbb{R}^{3N}$, und nach Bd. 1, § 22 : 5.4 lässt sich M lokal durch m Parameter beschreiben; z.B. können wir m Koordinaten von $\mathbf{x}$ (bezeichnet mit $q_1, \ldots, q_m$) frei wählen und die übrigen Koordinaten von $\mathbf{x} \in M$ durch diese ausdrücken. Damit lassen sich die Punkte von M lokal in der Form

$$\boldsymbol{\varphi}(q_1, \ldots, q_m) \;=\; (q_1, \ldots, q_m, \boldsymbol{\psi}(q_1, \ldots, q_m))$$

mit einer injektiven C^2–Abbildung $\boldsymbol{\psi}$ darstellen. Da die ersten m Zeilen der Jacobi–Matrix $d\boldsymbol{\varphi}$ die Einheitsmatrix E_m bilden, hat $d\boldsymbol{\varphi}$ den Rang m.

Wir machen uns nun von dieser speziellen Form der Parametrisierung frei und betrachten beliebige Parametrisierungen, d.h. C^2–Abbildungen

$$\boldsymbol{\varphi} : \mathbb{R}^m \supset \Omega \to M\,, \quad \mathbf{q} = (q_1, \ldots, q_m) \;\longmapsto\; (\varphi_1(\mathbf{q}), \ldots, \varphi_{3N}(\mathbf{q}))$$

mit folgenden Eigenschaften:

(i) $\boldsymbol{\varphi} : \Omega \to M$ ist bijektiv und stetig invertierbar. (Hierzu schränken wir M entsprechend ein.)

(ii) Die Jacobi–Matrix $d\boldsymbol{\varphi}(\mathbf{q})$ hat für jedes $\mathbf{q}$ aus der Koordinatenumgebung Ω den Rang m. Dann ist jede C^r–Kurve auf M ($r = 1, 2$) von der Form $t \mapsto \mathbf{x}(t) := \boldsymbol{\varphi}(\mathbf{q}(t))$ mit einer eindeutig bestimmten C^r–Kurve $t \mapsto \mathbf{q}(t)$ in der Koordinatenumgebung Ω. Dies folgt aus dem Satz über implizite Funktionen.

In diese Beschreibung des Konfigurationsraumes mittels Parametrisierungen lässt sich der Fall fehlender Zwangsbedingungen, also $m = 3N$, einbeziehen. In diesem Fall ist $\boldsymbol{\varphi}$ eine C^2–Koordinatentransformation, d.h. ein C^2–Diffeomorphismus $\boldsymbol{\varphi} : \Omega \to M$ zwischen den Gebieten Ω und M des $\mathbb{R}^{3N}$.

(b) Die zur Lagrange–Funktion $L(t, \mathbf{x}, \mathbf{y}) = \frac{1}{2}\langle \mathbf{y}, \mathbf{m}\,\mathbf{y}\rangle - V(t, \mathbf{x})$ unter der Parametrisierung $\boldsymbol{\varphi}$ gehörige Lagrange–Funktion $L^{\boldsymbol{\varphi}}$ definieren wir so, dass das

Wirkungsintegral erhalten bleibt, d.h. für beliebige C^1–Kurven $\mathbf{q} : [t_1, t_2] \to \Omega$ und ihre Bildkurve $\mathbf{x} = \varphi \circ \mathbf{q} : [t_1, t_2] \to M$ soll gelten

$$\int_{t_1}^{t_2} L^{\varphi}(t, \mathbf{q}(t), \dot{\mathbf{q}}(t))\, dt \;=\; \int_{t_1}^{t_2} L(t, \mathbf{x}(t), \dot{\mathbf{x}}(t))\, dt\,.$$

Durch Differentiation nach t_2 an der Stelle $t_1 = t$ erhalten wir die hierzu äquivalente Bedingung

$$L^{\varphi}(t, \mathbf{q}(t), \dot{\mathbf{q}}(t)) \;=\; L(t, \mathbf{x}(t), \dot{\mathbf{x}}(t)) \quad \text{mit} \;\; \mathbf{x}(t) = \varphi(\mathbf{q}(t))\,.$$

Die Variablen von L^{φ} bezeichnen wir mit

$$(t, \mathbf{q}, \mathbf{v}) \;=\; (t, q_1, \ldots, q_m, v_1, \ldots, v_m)\,.$$

Die $q_1, \ldots, q_m$ werden (krummlinige bzw. generalisierte) **Ortskoordinaten** genannt, und die $v_1, \ldots, v_m$ (generalisierte) **Geschwindigkeitskoordinaten.**

(c) SATZ. (i) *Es gilt*

$$\begin{aligned} L^{\varphi}(t, \mathbf{q}, \mathbf{v}) \;&=\; L(t, \varphi(\mathbf{q}), d\varphi(\mathbf{q}) \cdot \mathbf{v}) \\ &=\; \tfrac{1}{2} \sum_{i,k=1}^{m} a_{ik}(\mathbf{q}) v_i v_k - U(t, \mathbf{q}) \;=\; \tfrac{1}{2} \langle \mathbf{v}, A(\mathbf{q})\mathbf{v} \rangle - U(t, \mathbf{q})\,, \end{aligned}$$

wobei die Matrix $A(\mathbf{q})$ mit den Einträgen

$$a_{ik}(\mathbf{q}) \;:=\; \sum_{\alpha=1}^{3N} m_\alpha\, \partial_i \varphi_\alpha(\mathbf{q}) \cdot \partial_k \varphi_\alpha(\mathbf{q})$$

positiv definit ist und $U(t, \mathbf{q}) := V(t, \varphi(\mathbf{q}))$ eine C^2–Funktion auf Ω.

(ii) *Genau dann erfüllt $t \mapsto \mathbf{x}(t)$ auf dem Intervall I die d'Alembert–Gleichungen $(**)$, wenn $\mathbf{q}(t) = \varphi^{-1}(\mathbf{x}(t))$ auf I die Euler–Gleichungen*

$$\frac{d}{dt}\Big[\, \frac{\partial L^{\varphi}}{\partial v_j}(t, \mathbf{q}(t), \dot{\mathbf{q}}(t)) \,\Big] \;=\; \frac{\partial L^{\varphi}}{\partial q_j}(t, \mathbf{q}(t), \dot{\mathbf{q}}(t)) \qquad (j = 1, \ldots, m)$$

für L^{φ} erfüllt, d.h. wenn $\mathbf{q}$ ein stationärer Punkt des Wirkungsintegrals

$$\mathcal{W}(\mathbf{q}, [t_1, t_2]) \;=\; \int_{t_1}^{t_2} L^{\varphi}(t, \mathbf{q}(t), \dot{\mathbf{q}}(t))\, dt$$

für jedes Intervall $[t_1, t_2] \subset I$ ist.

Somit sind für holonome Systeme der oben beschriebenen Art das d'Alembertsche und das Hamiltonsche Prinzip äquivalent.

(d) FOLGERUNG. *Die Zeitentwicklung* $t \mapsto \mathbf{x}(t) = (\mathbf{x}_1(t), \ldots, \mathbf{x}_N(t))$ *eines Systems von* N *Massenpunkten in einem konservativen Kraftfeld unter zeitunabhängigen oder bei fehlenden Zwangsbedingungen ergibt sich aus einer beliebigen Parametrisierung* $\boldsymbol{\varphi} : \Omega \to M$ *des Konfigurationsraums durch* $\mathbf{x}(t) = \boldsymbol{\varphi}(\mathbf{q}(t))$, *wobei* $\mathbf{q}$ *die Euler–Gleichungen für* $L^{\boldsymbol{\varphi}}$ *erfüllt.*

BEWEIS.

(i) Aus der Definition von $L^{\boldsymbol{\varphi}}$ folgt mit der Kettenregel

$$L^{\boldsymbol{\varphi}}(t, \mathbf{q}(t), \dot{\mathbf{q}}(t)) \;=\; L(t, \boldsymbol{\varphi}(\mathbf{q}(t)), d\boldsymbol{\varphi}(\mathbf{q}(t)) \cdot \dot{\mathbf{q}}(t))$$

für jede C^1–Kurve $\mathbf{q} : I \to \Omega$. Zu gegebenem $(t, \mathbf{q}, \mathbf{v})$ wählen wir die durch $\mathbf{q}(s) = \mathbf{q} + (s-t)\mathbf{v}$ gegebene Gerade und erhalten wegen $\mathbf{q}(t) = \mathbf{q}$, $\dot{\mathbf{q}}(t) = \mathbf{v}$

$$L^{\boldsymbol{\varphi}}(t, \mathbf{q}, \mathbf{v}) \;=\; L(t, \boldsymbol{\varphi}(\mathbf{q}), d\boldsymbol{\varphi}(\mathbf{q}) \cdot \mathbf{v})\,.$$

Für $\mathbf{x}(s) = \boldsymbol{\varphi}(\mathbf{q}(s))$ mit $\mathbf{q}(s) = \mathbf{q} + (s-t)\mathbf{v}$ sei $\mathbf{y} = (y_1, \ldots, y_{3N}) := \dot{\mathbf{x}}(t)$. Dann gilt $\mathbf{y} = d\boldsymbol{\varphi}(\mathbf{q})\mathbf{v} = \sum\limits_{k=1}^{m} \partial_k \boldsymbol{\varphi}(\mathbf{q}) v_k$, also

$$\begin{aligned}
\langle \dot{\mathbf{x}}(t), \mathbf{m}\,\dot{\mathbf{x}}(t) \rangle \;&=\; \langle \mathbf{y}, \mathbf{m}\,\mathbf{y} \rangle \;=\; \sum_{\alpha=1}^{3N} m_\alpha\, y_\alpha^2 \;=\; \sum_{\alpha=1}^{3N} m_\alpha \Big(\sum_{k=1}^{m} \partial_k \varphi_\alpha(\mathbf{q})\, v_k \Big)^2 \\
&=\; \sum_{\alpha=1}^{3N} m_\alpha \sum_{i,k=1}^{m} \partial_i \varphi_\alpha(\mathbf{q})\, v_i\, \partial_k \varphi_\alpha(\mathbf{q})\, v_k \\
&=\; \sum_{i,k=1}^{m} v_i\, v_k \sum_{\alpha=1}^{3N} m_\alpha\, \partial_i \varphi_\alpha(\mathbf{q})\, \partial_k \varphi_\alpha(\mathbf{q})\,.
\end{aligned}$$

Für $\mathbf{v} \neq \mathbf{0}$ folgt $\mathbf{y} = d\boldsymbol{\varphi}(\mathbf{q})\mathbf{v} \neq \mathbf{0}$ (wegen $\operatorname{Rang} d\boldsymbol{\varphi}(\mathbf{q}) = m$) und daher $\langle \mathbf{y}, \mathbf{m}\,\mathbf{y} \rangle > 0$. Dies zeigt, dass $A(\mathbf{q})$ positiv definit ist. Der Rest von (i) ist klar.

(ii) Sei jetzt $t \mapsto \mathbf{x}(t) = \boldsymbol{\varphi}(\mathbf{q}(t))$ eine beliebige C^2–Kurve in M. Zweimalige Anwendung der Kettenregel ergibt

$$\dot{\mathbf{x}}(t) \;=\; d\boldsymbol{\varphi}(\mathbf{q}(t))\, \dot{\mathbf{q}}(t) \;=\; \sum_{k=1}^{m} \partial_k \boldsymbol{\varphi}(\mathbf{q}(t))\, \dot{q}_k(t)\,,$$

$$\ddot{\mathbf{x}}(t) \;=\; \sum_{i,k=1}^{m} \partial_i \partial_k \boldsymbol{\varphi}(\mathbf{q}(t))\, \dot{q}_i(t)\, \dot{q}_k(t) \;+\; \sum_{k=1}^{m} \partial_k \boldsymbol{\varphi}(\mathbf{q}(t))\, \ddot{q}_k(t)\,.$$

Aus $U(t, \mathbf{q}) = V(t, \boldsymbol{\varphi}(\mathbf{q}))$ folgt ferner mit $\partial_\alpha V = \partial V / \partial x_\alpha$, $\partial_j U = \partial U / \partial q_j$

$$\partial_j U(t, \mathbf{q}) \;=\; \sum_{\alpha=1}^{3N} \partial_\alpha V(t, \boldsymbol{\varphi}(\mathbf{q}))\, \partial_j \varphi_\alpha(\mathbf{q})\,.$$

Somit gilt

$$
\begin{aligned}
&\Big\langle \mathbf{m}\,\ddot{\mathbf{x}}(t) + \boldsymbol{\nabla}_{\mathbf{x}} V(t,\mathbf{x}(t))\;,\; \partial_j \boldsymbol{\varphi}(\mathbf{q}(t))\Big\rangle \\
&= \sum_{\alpha=1}^{3N} \Big(m_\alpha \ddot{x}_\alpha(t) + \partial_\alpha V(t,\mathbf{x}(t)) \cdot \partial_j \varphi_\alpha(\mathbf{q}(t))\Big) \\
(1)\qquad &= \sum_{\alpha=1}^{3N} m_\alpha \cdot \Big\{ \sum_{i,k=1}^{m} \partial_i\partial_k \varphi_\alpha(\mathbf{q}(t))\, \dot{q}_i(t)\, \dot{q}_k(t) \\
&\qquad + \sum_{k=1}^{m} \partial_k \varphi_\alpha(\mathbf{q}(t))\, \ddot{q}_k(t)\Big\} \cdot \partial_j \varphi_\alpha(\mathbf{q}(t)) \;+\; \partial_j U(t,\mathbf{q}(t))\,.
\end{aligned}
$$

Zur Berechnung von

$$
E_j(t) \;:=\; \frac{d}{dt}\Big[\, \frac{\partial L^{\boldsymbol{\varphi}}}{\partial v_j}(t,\mathbf{q}(t),\dot{\mathbf{q}}(t))\,\Big] \;-\; \frac{\partial L^{\boldsymbol{\varphi}}}{\partial q_j}(t,\mathbf{q}(t),\dot{\mathbf{q}}(t))
$$

beachten wir, dass nach (i) [ÜA]

$$
\begin{aligned}
\frac{\partial L^{\boldsymbol{\varphi}}}{\partial q_j}(t,\mathbf{q},\mathbf{v}) &= \frac{1}{2}\sum_{i,k=1}^{m} \partial_j a_{ik}(\mathbf{q})\, v_i\, v_k \;-\; \partial_j U(t,\mathbf{q}) \\
&= \sum_{i,k=1}^{m}\sum_{\alpha=1}^{3N} m_\alpha\, \partial_j\partial_i \varphi_\alpha(\mathbf{q}) \cdot \partial_k \varphi_\alpha(\mathbf{q})\, v_i\, v_k \;-\; \partial_j U(t,\mathbf{q})\,,
\end{aligned}
$$

$$
\frac{\partial L^{\boldsymbol{\varphi}}}{\partial v_j}(t,\mathbf{q},\mathbf{v}) \;=\; \sum_{k=1}^{m} a_{jk}(\mathbf{q})\, v_k \;=\; \sum_{k=1}^{m}\sum_{\alpha=1}^{3N} m_\alpha\, \partial_j \varphi_\alpha(\mathbf{q})\, \partial_k \varphi_\alpha(\mathbf{q})\, v_k\,,
$$

also mit Hilfe der Produkt– und Kettenregel und mit $\partial_i\partial_j\varphi_\alpha = \partial_j\partial_i\varphi_\alpha$

$$
\begin{aligned}
E_j(t) = &\sum_{i,k=1}^{m}\sum_{\alpha=1}^{3N} m_\alpha\, \partial_i\partial_j \varphi_\alpha(\mathbf{q}(t))\, \partial_k \varphi_\alpha(\mathbf{q}(t)) \cdot \dot{q}_i(t)\, \dot{q}_k(t) \\
&+ \sum_{i,k=1}^{m}\sum_{\alpha=1}^{3N} m_\alpha\, \partial_j \varphi_\alpha(\mathbf{q}(t))\, \partial_i\partial_k \varphi_\alpha(\mathbf{q}(t))\, \dot{q}_i(t)\, \dot{q}_k(t) \\
&+ \sum_{k=1}^{m}\sum_{\alpha=1}^{3N} m_\alpha\, \partial_j \varphi_\alpha(\mathbf{q}(t))\, \partial_k \varphi_\alpha(\mathbf{q}(t))\, \ddot{q}_k(t) \\
&- \sum_{i,k=1}^{m}\sum_{\alpha=1}^{3N} m_\alpha \partial_j\partial_i \varphi_\alpha(\mathbf{q}(t)) \cdot \partial_k \varphi_\alpha(\mathbf{q}(t))\, \dot{q}_i(t)\, \dot{q}_k(t) + \partial_j U(t,\mathbf{q}(t)) \\
= &\sum_{i,k=1}^{m}\sum_{\alpha=1}^{3N} m_\alpha \partial_j \varphi_\alpha(\mathbf{q}(t))\, \partial_i\partial_k \varphi_\alpha(\mathbf{q}(t))\, \dot{q}_i(t)\, \dot{q}_k(t) \\
&+ \sum_{k=1}^{m}\sum_{\alpha=1}^{3N} m_\alpha\, \partial_j \varphi_\alpha(\mathbf{q}(t)) \cdot \partial_k \varphi_\alpha(\mathbf{q}(t))\, \ddot{q}_k(t) \;+\; \partial_j U(t,\mathbf{q}(t)) \\
\overset{(1)}{=} &\Big\langle\, \mathbf{m}\,\ddot{\mathbf{x}}(t) + \boldsymbol{\nabla}_{\mathbf{x}} V(t,\mathbf{x}(t))\;,\; \partial_j \boldsymbol{\varphi}(t,\mathbf{q}(t))\,\Big\rangle\,.
\end{aligned}
$$

Da $\partial_1\boldsymbol{\varphi}(\mathbf{q}(t)),\ \dots,\ \partial_m\boldsymbol{\varphi}(\mathbf{q}(t))$ linear unabhängige Tangentenvektoren von M an der Stelle $\mathbf{x}(t) = \boldsymbol{\varphi}(\mathbf{q}(t))$ sind und damit den Tangentialraum $T_{\mathbf{x}(t)}M$ aufspannen, folgt

$$\mathbf{m}\,\ddot{\mathbf{x}}(t) + \nabla_{\mathbf{x}} V(t, \mathbf{x}(t)) \ \perp\ T_{\mathbf{x}(t)}M \iff E_1(t) = \cdots = E_m(t) = 0\,. \qquad \square$$

(e) Bei zeitabhängigen (rheonomen) Zwangsbedingungen $\mathbf{G}(t, \mathbf{x}) = \mathbf{0}$ sind die Parametrisierungen $\boldsymbol{\varphi}$ der Constraintflächen $M(t)$ ebenfalls zeitabhängig, also von der Form $\mathbf{q} \mapsto \boldsymbol{\varphi}(t, \mathbf{q})$. Die Lagrange–Funktion $L^{\boldsymbol{\varphi}}$ hat dann die Gestalt

$$L^{\boldsymbol{\varphi}}(t, \mathbf{q}, \mathbf{v}) \ = \ \frac{1}{2}\sum_{i,k=1}^{m} a_{ik}(t, \mathbf{q})\, v_i\, v_k \ - \ U(t, \mathbf{q})\,.$$

Auch in diesem Fall sind die Bewegungsgleichungen (∗∗) bzw. (∗) äquivalent zu den Euler–Gleichungen. Dies ergibt sich in Analogie zu den Rechnungen oben [ÜA].

Ein Beispiel liefert das Foucault–Pendel, vgl. 1.1 (a).

2 Legendre–Transformation und Hamilton–Gleichungen

2.1 Voraussetzungen und Bezeichnungen

(a) Wir betrachten im Folgenden für $r \geq 2$ eine elliptische C^r–Lagrange–Funktion

$$L : \Omega_L \to \mathbb{R}, \quad (t, \mathbf{q}, \mathbf{v}) \mapsto L(t, \mathbf{q}, \mathbf{v})\,,$$

wobei Ω_L von der Gestalt $\mathbb{R} \times \Omega \times \mathbb{R}^m$ ist mit einem Gebiet $\Omega \subset \mathbb{R}^m$. Nach § 2 : 3.3 (b) ist die Legendre–Transformation

$$(t, \mathbf{q}, \mathbf{v}) \mapsto (t, \mathbf{q}, \mathbf{p}) = (t, \mathbf{q}, \nabla_{\mathbf{v}} L(t, \mathbf{q}, \mathbf{v}))$$

ein C^{r-1}–Diffeomorphismus von Ω_L auf ein Gebiet $\Omega_H = \mathbb{R} \times \Omega \times \mathcal{P} \subset \mathbb{R}^{2m+1}$. Die Umkehrabbildung bezeichnen wir in diesem Paragraphen mit

$$(t, \mathbf{q}, \mathbf{p}) \mapsto (t, \mathbf{q}, \mathbf{V}(t, \mathbf{q}, \mathbf{p}))\,.$$

Die Hamilton–Funktion

$$H : \Omega_H \to \mathbb{R}, \quad (t, \mathbf{q}, \mathbf{p}) \mapsto H(t, \mathbf{q}, \mathbf{p})$$

ist definiert durch

$$H(t, \mathbf{q}, \mathbf{p}) \ := \ \langle \mathbf{p}, \mathbf{v} \rangle - L(t, \mathbf{q}, \mathbf{v}) \quad \text{mit} \ \ \mathbf{v} = \mathbf{V}(t, \mathbf{q}, \mathbf{p})\,.$$

Nach § 2 : 6.2 ist H ebenfalls C^r–differenzierbar.

Die Transformationen

$$\mathbf{v} \mapsto \mathbf{p} = \nabla_{\mathbf{v}} L(t,\mathbf{q},\mathbf{v}) \quad \text{bzw.} \quad \mathbf{p} \mapsto \mathbf{v} = \nabla_{\mathbf{p}} H(t,\mathbf{q},\mathbf{p})$$

verbinden die **Geschwindigkeitsvariablen v** mit den **Impulsvariablen p**; für die Darstellung der Impulse **p** als Vektoren des $\mathbb{R}^m$ verweisen wir auf das in § 2 : 6.2 (d) Gesagte.

Für die Lagrange–Funktion von Abschnitt 1,

$$L(t,\mathbf{q},\mathbf{v}) \;=\; \frac{1}{2}\big\langle \mathbf{v}, A(t,\mathbf{q})\mathbf{v}\big\rangle \;-\; U(t,\mathbf{q})\,,$$

ist $\Omega_H = \Omega_L$ und

$$H(t,\mathbf{q},\mathbf{p}) \;=\; \frac{1}{2}\big\langle \mathbf{p}, A(t,\mathbf{q})^{-1}\mathbf{p}\big\rangle \;+\; U(t,\mathbf{q})$$

die **Gesamtenergie**, ausgedrückt in Orts– und Impulskoordinaten ÜA.

(b) Nach § 2 : 6.2 (b) sind die **Euler–Gleichungen** (**Euler–Lagrange–Gleichungen**)

$$\text{(EG)} \begin{cases} \dfrac{d}{dt}\Big[\, \dfrac{\partial L}{\partial v_i}(t,\mathbf{q}(t),\dot{\mathbf{q}}(t)) \,\Big] \;=\; \dfrac{\partial L}{\partial q_i}(t,\mathbf{q}(t),\dot{\mathbf{q}}(t)) \qquad (i=1,\ldots,m) \text{ bzw.} \\[2ex] \dfrac{d}{dt}\Big[\, \nabla_{\mathbf{v}} L(t,\mathbf{q}(t),\dot{\mathbf{q}}(t)) \,\Big] \;=\; \nabla_{\mathbf{q}} L(t,\mathbf{q}(t),\dot{\mathbf{q}}(t))\,, \end{cases}$$

äquivalent zu den **Hamilton–Gleichungen** (auch **Hamiltonsche kanonische Gleichungen**)

$$\text{(HG)} \begin{cases} \dot{q}_i(t) \;=\; \dfrac{\partial H}{\partial p_i}(t,\mathbf{q}(t),\mathbf{p}(t))\,, \quad \dot{p}_i(t) \;=\; -\dfrac{\partial H}{\partial q_i}(t,\mathbf{q}(t),\mathbf{p}(t)) \\[2ex] (i=1,\ldots,m) \text{ bzw.} \\[2ex] \dot{\mathbf{q}}(t) \;=\; \nabla_{\mathbf{p}} H(t,\mathbf{q}(t),\mathbf{p}(t))\,, \quad \dot{\mathbf{p}}(t) \;=\; -\nabla_{\mathbf{q}} H(t,\mathbf{q}(t),\mathbf{p}(t)) \end{cases}$$

(c) Beide Differentialgeichungssysteme sind durch das Verschwinden der ersten Variation von **Wirkungsintegralen** gekennzeichnet. Für die Euler–Gleichungen EG ist dieses auf Zeitintervallen $I = [t_1, t_2]$

$$\mathcal{W}(\mathbf{q}) = \mathcal{W}(\mathbf{q}, I) = \int_{t_1}^{t_2} L(t,\mathbf{q}(t),\dot{\mathbf{q}}(t))\,dt\,,$$

und die Hamilton–Gleichungen HG ergeben sich nach § 2 : 6.2 (c) aus dem Verschwinden der ersten Variation des Wirkungintegrals für Kurven $t \mapsto (\mathbf{q}(t),\mathbf{p}(t))$

$$\mathcal{W}_H(\mathbf{q},\mathbf{p}) = \mathcal{W}_H(\mathbf{q},\mathbf{p},I) = \int_{t_1}^{t_2} \big\{ \langle \mathbf{p}(t),\dot{\mathbf{q}}(t)\rangle - H(t,\mathbf{q}(t),\mathbf{p}(t)) \big\}\,dt\,.$$

Das Integral $\mathcal{W}_H(\mathbf{q},\mathbf{p})$ entsteht aus $\mathcal{W}$ über die Legendre–Transformation:

$$\mathcal{W}_H(\mathbf{q},\mathbf{p}) = \mathcal{W}(\mathbf{q}) \quad \text{für} \quad \mathbf{p}(t) = \nabla_{\mathbf{v}} L(t,\mathbf{q}(t),\dot{\mathbf{q}}(t)) .$$

Um aus $\delta\mathcal{W}_H(\mathbf{p},\mathbf{q}) = 0$ auf die C^1–Differenzierbarkeit von $\mathbf{q},\mathbf{p}$ und die Gültigkeit der Hamilton–Gleichungen zu schließen, genügt nach § 2 : 6.2 (c) die C^1–Differenzierbarkeit von H.

(d) Die Hamiltonsche Formulierung der Bewegungsgesetze zeichnet sich mehrfach aus. Hängt die Lagrange–Funktion (und damit auch die Hamilton–Funktion) nicht explizit von der Zeit ab, so stellen die Hamilton–Gleichungen ein autonomes System mit divergenzfreier rechter Seite dar. Dies führt unmittelbar auf den Energiesatz; ferner folgt die Volumentreue des Flusses im $\mathbf{q},\mathbf{p}$–Raum (**Phasenraum**) nach dem Satz von Liouville (Bd. 2, § 5 : 6.3). Die Formulierung von Erhaltungssätzen im folgenden Abschnitt gestaltet sich im Hamiltonschen Formalismus besonders einfach.

Schließlich spielen die Hamilton–Gleichungen eine wesentliche Rolle bei der Beschreibung des Wellenbildes der Mechanik. Die Wellengleichung der Mechanik, die **Hamilton–Jacobi–Gleichung**

$$\frac{\partial S}{\partial t} + H\left(t,\mathbf{x},\frac{\partial S}{\partial x_1},\dots,\frac{\partial S}{\partial x_m}\right) = 0,$$

ist Ausgangspunkt der Jacobischen Integrationsmethode für die Hamilton–Gleichungen in Abschnitt 4; außerdem ergibt sich aus ihr durch formalen Übergang die Schrödinger–Gleichung der Quantenmechanik

$$\frac{\hbar}{i}\frac{\partial\psi}{\partial t} + H\left(t,\mathbf{x},\frac{\hbar}{i}\frac{\partial}{\partial x_1},\dots,\frac{\hbar}{i}\frac{\partial}{\partial x_m}\right)\psi = 0.$$

2.2 Aufgaben

(a) *Das sphärische Pendel* besitzt die Lagrange–Funktion in Kugelkoordinaten

$$L(\varphi_1,\varphi_2,\dot{\varphi}_1,\dot{\varphi}_2) = \frac{1}{2}m\ell^2\left(\dot{\varphi}_1^2 + \dot{\varphi}_2^2\sin^2\varphi_1\right) - mg\ell\cos\varphi_1 .$$

Verifizieren Sie dies und geben Sie ein Gebiet Ω_L an, in welchem L elliptisch ist. Bestimmen Sie das zugehörige Gebiet Ω_H und die Hamilton–Funktion H. Wie lauten die Hamilton–Gleichungen?

(b) *Die Legendre–Transformation ist involutorisch.* Zeigen Sie unter der Voraussetzung $\Omega_L = \mathbb{R}\times\Omega\times\mathbb{R}^m = \Omega_H$, dass auch H elliptisch ist und dass die Legendre–Transformation, angewandt auf $(t,\mathbf{q},\mathbf{p},H)$, wieder zu $(t,\mathbf{q},\mathbf{v},L)$ zurückführt.

(c) Die Bewegungsgleichung eines Teilchens der Masse m und Ladung e im elektromagnetischen Feld lautet

$$m\ddot{\mathbf{x}} \;=\; e\Big(\mathbf{E} + \frac{1}{c}\,\dot{\mathbf{x}} \times \mathbf{B}\Big) \qquad \text{(Lorentz–Gleichung)}\,.$$

Zeigen Sie: Besitzt das elektromagnetische Feld ein Potential, d.h. gilt

$$-\mathbf{E} \;=\; \frac{1}{c}\,\frac{\partial \mathbf{A}}{\partial t} + \boldsymbol{\nabla}\varphi\,, \quad \mathbf{B} \;=\; \operatorname{rot}\mathbf{A}$$

mit C^1–Funktionen $\varphi(t,\mathbf{x})$, $\mathbf{A}(t,\mathbf{x})$, so ergibt sich die Lorentz–Gleichung als Euler–Gleichung für die Lagrange–Funktion

$$L(t,\mathbf{x},\mathbf{v}) \;=\; \frac{m}{2}\|\mathbf{v}\|^2 + e\Big(\frac{1}{c}\big\langle \mathbf{v}, \mathbf{A}(t,\mathbf{x})\big\rangle \;-\; \varphi(t,\mathbf{x})\Big)$$

und aus den Hamilton–Gleichungen für die Hamilton–Funktion

$$H(t,\mathbf{x},\mathbf{p}) \;=\; \frac{1}{2m}\Big\|\mathbf{p} - \frac{e}{c}\,\mathbf{A}(t,\mathbf{x})\Big\|^2 \;+\; e\,\varphi(t,\mathbf{x})\,.$$

Verwenden Sie dabei die Identität $\mathbf{v} \times \operatorname{rot}\mathbf{A} \;=\; \sum\limits_{i=1}^{3} v_i\,(\boldsymbol{\nabla}_{\mathbf{x}} A_i - \partial_i \mathbf{A})$.

3 Symmetrien und Erhaltungsgrößen

3.1 Erhaltungsgrößen und Poisson–Klammern

(a) Wir betrachten in diesem Abschnitt eine elliptische Lagrange–Funktion $L : \Omega_L \to \mathbb{R}$ und die zugehörige Hamilton–Funktion $H : \Omega_H \to \mathbb{R}$; dabei setzen wir voraus, dass $\Omega_L = \Omega_0 \times \mathbb{R}^m$ und $\Omega_0 = \mathbb{R} \times \Omega$ mit einem Gebiet $\Omega \subset \mathbb{R}^m$.

Ein **erstes Integral** der Euler–Lagrange–Gleichung EG ist nach § 2 : 2.1 eine C^1–Funktion $F : \Omega_L \to \mathbb{R}$ mit der Eigenschaft

$$F(t,\mathbf{q}(t),\dot{\mathbf{q}}(t)) \quad \text{ist konstant für jede Lösung} \quad t \mapsto \mathbf{q}(t) \quad \text{der EG.}$$

Entsprechend nennen wir eine C^1–Funktion $G : \Omega_H \to \mathbb{R}$ ein erstes Integral der Hamilton–Gleichungen (HG) bzw. eine **Erhaltungsgröße** oder eine **Konstante der Bewegung**, wenn

$$G(t,\mathbf{q}(t),\mathbf{p}(t)) \;\; \text{konstant ist für jede Lösung} \;\; t \mapsto (\mathbf{q}(t),\mathbf{p}(t)) \;\; \text{der HG.}$$

(b) Erste Integrale der EG und Erhaltungsgrößen sind über die Legendre–Transformation 2.1 miteinander verknüpft:

SATZ. *Ist F ein erstes Integral der EG, so liefert*

$$G(t, \mathbf{q}, \mathbf{p}) \;=\; F(t, \mathbf{q}, \mathbf{V}(t, \mathbf{q}, \mathbf{p}))$$

eine Erhaltungsgröße. Umgekehrt ist für jede Erhaltungsgröße G durch

$$F(t, \mathbf{q}, \mathbf{v}) \;=\; G(t, \mathbf{q}, \nabla_{\mathbf{v}} L(t, \mathbf{q}, \mathbf{v}))$$

ein erstes Integral der EG gegeben (Bezeichnungen wie in 2.2 (a)).

Ist F ein erstes Integral der EG und $t \mapsto (\mathbf{q}(t), \mathbf{p}(t))$ eine Lösung der HG, so ist nach 2.2 (c) $t \mapsto \mathbf{q}(t)$ eine Lösung der EG, und es gilt $\mathbf{p}(t) = \nabla_{\mathbf{v}} L(t, \mathbf{q}(t), \dot{\mathbf{q}}(t))$, somit $\dot{\mathbf{q}}(t) = \mathbf{V}(t, \mathbf{q}(t), \mathbf{p}(t))$ nach 2.2 (a). Also ist $F(t, \mathbf{q}(t), \mathbf{V}(t, \mathbf{q}(t), \mathbf{p}(t)))$ konstant. Ist G eine Erhaltungsgröße, $t \mapsto \mathbf{q}(t)$ eine Lösung der EG und $\mathbf{p}(t) = \nabla_{\mathbf{v}} L(t, \mathbf{q}(t), \dot{\mathbf{q}}(t))$, so ist $t \mapsto (\mathbf{q}(t), \mathbf{p}(t))$ eine Lösung der HG und damit $G(t, \mathbf{q}(t), \nabla_{\mathbf{v}} L(t, \mathbf{q}(t), \dot{\mathbf{q}}(t)))$ konstant.

(c) BEISPIELE. (i) Hängt L nicht von t ab, $L(t, \mathbf{q}, \mathbf{v}) = L(\mathbf{q}, \mathbf{v})$, so ist H eine Erhaltungsgröße, vgl. 2.2 (b). Dieser entspricht das aus § 2 : 2.1 bekannte erste Integral

$$F(\mathbf{q}, \mathbf{v}) \;=\; L_{\mathbf{v}}(\mathbf{q}, \mathbf{v}) \cdot \mathbf{v} - L(\mathbf{q}, \mathbf{v})$$

der EG.

(ii) Hat L eine **zyklische Variable** q_k, d.h. tritt die k–te Ortskoordinate in L nicht auf, so ist L_{v_k} ein erstes Integral der EG, vgl. § 2 : 2.1. Die entsprechende Erhaltungsgröße ist dann die k–te Koordinate p_k des generalisierten Impulses.

(d) Für C^1–Funktionen $F, G : \Omega_H \to \mathbb{R}$ definieren wir die **Poisson–Klammer**

$$\{F, G\} \;:=\; \sum_{k=1}^{m} \left(\frac{\partial F}{\partial p_k} \cdot \frac{\partial G}{\partial q_k} - \frac{\partial F}{\partial q_k} \cdot \frac{\partial G}{\partial p_k} \right) .$$

SATZ. *Genau dann ist G eine Erhaltungsgröße, wenn für die Hamilton–Funktion H* gilt

$$\frac{\partial G}{\partial t} \;=\; \{G, H\} \quad \text{in } \Omega_H \,.$$

BEWEIS.

Für jede Lösung $t \mapsto (\mathbf{q}(t), \mathbf{p}(t))$ der HG gilt unter Fortlassung der Argumente

$$\begin{aligned} \frac{d}{dt} G(t, \mathbf{q}(t), \mathbf{p}(t)) &= \frac{\partial G}{\partial t} + \sum_{k=1}^{m} \left(\frac{\partial G}{\partial q_k} \cdot \dot{q}_k + \frac{\partial G}{\partial p_k} \cdot \dot{p}_k \right) \\ &= \frac{\partial G}{\partial t} + \sum_{k=1}^{m} \left(\frac{\partial G}{\partial q_k} \frac{\partial H}{\partial p_k} - \frac{\partial G}{\partial p_k} \frac{\partial H}{\partial q_k} \right) \;=\; \frac{\partial G}{\partial t} \;-\; \{G, H\}. \end{aligned}$$

Somit ist G eine Erhaltungsgröße, falls $\partial G/\partial t = \{G, H\}$ in Ω_H. Die Umkehrung folgt daraus, dass es zu jedem $(t_0, \mathbf{q}_0, \mathbf{p}_0) \in \Omega_H$ eine nahe t_0 definierte Lösung $t \mapsto (\mathbf{q}(t), \mathbf{p}(t))$ der HG gibt mit $\mathbf{q}(t_0) = \mathbf{q}_0$, $\mathbf{p}(t_0) = \mathbf{p}_0$. □

3.2 Symmetrie und Invarianz von mechanischen Systemen

Ziel dieses Abschnittes ist es, aus Invarianzeigenschaften eines mechanischen Systems auf Erhaltungsgrößen zu schließen. Von der Invarianz eines mechanischen Systems unter einer Transformationsgruppe sprechen wir, wenn sich das zugehörige Wirkungsintegral bei „Verschiebungen" von Bahnen durch die Transformationen nicht ändert. Da wir das Hamiltonsche Prinzip an die Spitze der Mechanik stellen, bietet sich dieser Ansatz auf natürliche Weise an; seine Zweckmäßigkeit erweist sich im Folgenden.

Wir definieren zunächst die Invarianz des Wirkungsintegrals unter reinen Raumtransformationen; in 3.5 gehen wir zum komplizierteren Fall von Raum–Zeit–Transformationen über.

(a) Unter der Voraussetzung 3.1 (a) sei $\mathbf{q} : I \to \Omega$ eine C^1–Kurve und

$$\mathcal{W}(\mathbf{q}, I) = \int_I L(t, \mathbf{q}(t), \dot{\mathbf{q}}(t))\, dt\,.$$

Ferner sei $\mathbf{h} : \Omega \to \Omega$ ein Diffeomorphismus und $t \mapsto (\mathbf{h} \circ \mathbf{q})(t) = \mathbf{h}(\mathbf{q}(t))$ die Bildkurve von $\mathbf{q}$ unter $\mathbf{h}$. Das Wirkungsintegral $\mathcal{W}$ heißt **invariant** unter $\mathbf{h}$, wenn

$$\mathcal{W}(\mathbf{q}, I) = \mathcal{W}(\mathbf{h} \circ \mathbf{q}, I) \quad \text{für jede } \mathrm{C}^1\text{–Kurve } \mathbf{q} : I \to \Omega\,.$$

Dies ist äquivalent zur **Invarianz der Lagrange–Funktion** unter $\mathbf{h}$,

$$(*) \qquad L(t, \mathbf{q}, \mathbf{v}) = L(t, \mathbf{h}(\mathbf{q}), (d\mathbf{h})(\mathbf{q}) \cdot \mathbf{v}) \quad \text{für } (t, \mathbf{q}) \in \Omega_0 \quad \text{und } \mathbf{v} \in \mathbb{R}^m\,.$$

Denn die Invarianz impliziert für die Kurve $\mathbf{q}(t) = \mathbf{q}_0 + (t - t_0)\mathbf{v}_0$ auf dem Intervall $I = [t_0, t]$

$$\begin{aligned}\int_{t_0}^{t} L(\tau, \mathbf{q}_0 + (\tau - t_0)\mathbf{v}_0, \mathbf{v}_0)\, d\tau &= \mathcal{W}(\mathbf{q}, I) = \mathcal{W}(\mathbf{h} \circ \mathbf{q}, I)\\ &= \int_{t_0}^{t} L(\tau, \mathbf{h}(\mathbf{q}_0 + (\tau - t_0)\mathbf{v}_0), d\mathbf{h}(\mathbf{q}_0 + (\tau - t_0)\mathbf{v}_0) \cdot \mathbf{v}_0)\, d\tau\,,\end{aligned}$$

woraus durch Ableiten nach der oberen Grenze an der Stelle $t = t_0$ folgt, dass $L(t_0, \mathbf{q}_0, \mathbf{v}_0) = L(t_0, \mathbf{h}(\mathbf{q}_0), d\mathbf{h}(\mathbf{q}_0) \cdot \mathbf{v}_0)$.

Umgekehrt ergibt sich aus der Invarianz der Lagrange–Funktion unmittelbar die Invarianz des Wirkungsintegrals.

Ist L invariant unter $\mathbf{h}$, so ist die Bildkurve jeder Extremalen unter $\mathbf{h}$ wieder eine Extremale, vgl. 1.3 (c).

(b) Unter einer **Symmetrie** eines mechanischen Systems von N freien Massenpunkten in $\Omega = \mathbb{R}^{3N}$ mit Ortsvektoren $\mathbf{q}_1, \ldots, \mathbf{q}_N$ verstehen wir die Invarianz des Wirkungsintegrals $\mathcal{W}$ unter der Wirkung einer Untergruppe der Bewegungsgruppe. Symmetrie bezüglich einer festen Achse bedeutet beispielsweise Invarianz von $\mathcal{W}$ unter den C^∞–Diffeomorphismen

$$\mathbf{h}_s : (\mathbf{q}_1, \ldots, \mathbf{q}_N) \mapsto (\boldsymbol{\vartheta}_s(\mathbf{q}_1), \ldots, \boldsymbol{\vartheta}_s(\mathbf{q}_N))$$

für alle Drehungen $\boldsymbol{\vartheta}_s$ um diese Achse mit Drehwinkel s. Translationssymmetrie in Richtung $\mathbf{a} \neq \mathbf{0}$ bedeutet Invarianz von $\mathcal{W}$ unter den Transformationen

$$\mathbf{h}_s : (\mathbf{q}_1, \ldots, \mathbf{q}_N) \longmapsto (\mathbf{q}_1 + s\,\mathbf{a}, \ldots, \mathbf{q}_N + s\,\mathbf{a}) .$$

Beidesmal handelt es sich um Symmetrien, die durch eine Einparametergruppe $\{\mathbf{h}_s \mid s \in \mathbb{R}\}$ von Diffeomorphismen gegeben sind, d.h. es gilt

$$\mathbf{h}_{s+t} = \mathbf{h}_s \circ \mathbf{h}_t = \mathbf{h}_t \circ \mathbf{h}_s \quad \text{für } s, t \in \mathbb{R}, \qquad \mathbf{h}_0 = \mathbb{1}_{\Omega_0} .$$

Bei Kugelsymmetrie liegt Invarianz von $\mathcal{W}$ unter der Wirkung der vollen Drehgruppe SO_3 vor; diese kann durch drei Parameter beschrieben werden. Allgemein lässt sich die Wirkung einer Untergruppe der Bewegungsgruppe auf die von Einparametergruppen zurückführen.

(c) Für zeitunabhängige Lagrange–Funktionen $L(\mathbf{q}, \mathbf{v})$ schließen wir in 3.3 aus der Invarianz unter einer Einparametergruppe $\{\mathbf{h}_s \mid s \in \mathbb{R}\}$ von Bewegungen auf ein erstes Integral der EG; für diesen Schluss ist jedoch die Invarianz unter der vollen Gruppe nicht nötig und in einer Reihe von weiteren Anwendungen auch nicht gegeben. Es genügt, die Invarianz unter einer Schar $\{\mathbf{h}_s \mid |s| \ll 1\}$ von Diffeomorphismen $\mathbf{h}_s : \Omega \to \Omega$ mit $\mathbf{h}_0 = \mathbb{1}_\Omega$ zu verlangen, für die $\mathbf{h}_s(\mathbf{q})$ bezüglich s und $\mathbf{q}$ C^2–differenzierbar ist.

3.3 Der Satz von Noether für reine Raumtransformationen

Wir betrachten die Schar $\{\mathbf{h}_s \mid |s| \ll 1\}$ von Diffeomorphismen $\mathbf{h}_s : \Omega \to \Omega$ eines Gebiets $\Omega \subset \mathbb{R}^m$, von der wir folgendes voraussetzen:

(i) $\mathbf{h}_0 = \mathbb{1}_\Omega$,

(ii) $(s, \mathbf{q}) \mapsto \mathbf{h}_s(\mathbf{q})$ ist C^2–differenzierbar für $|s| \ll 1$, $\mathbf{q} \in \Omega$.

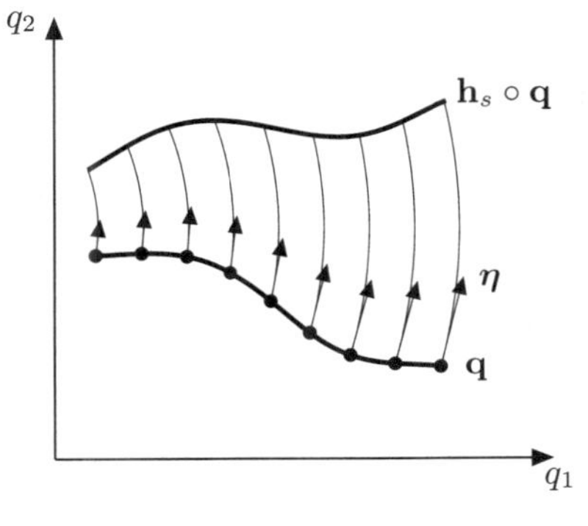

Der **infinitesimale Erzeuger** dieser Schar ist das Vektorfeld $\boldsymbol{\eta} : \Omega \to \mathbb{R}^m$,

$$\mathbf{q} \mapsto \boldsymbol{\eta}(\mathbf{q}) = \frac{\partial \mathbf{h}_s}{\partial s}(\mathbf{q})\Big|_{s=0} .$$

Ferner betrachten wir eine zeitunabhängige und elliptische Lagrange–Funktion $L(\mathbf{q},\mathbf{v})$ auf $\Omega_L = \Omega \times \mathbb{R}^m$ mit dem Wirkungsintegral

$$\mathcal{W}(\mathbf{q}, I) \;=\; \int_I L(\mathbf{q}, \dot{\mathbf{q}})\, dt \quad \text{für } \mathrm{C}^1\text{–Kurven } \mathbf{q} : I \to \Omega\,.$$

Nach 3.2 (a) ist die Invarianz des Wirkungsintegrals unter der Schar $\mathbf{h}_s$, d.h.

$$\mathcal{W}(\mathbf{h}_s \circ \mathbf{q}, I) \;=\; \mathcal{W}(\mathbf{q}, I) \quad \text{für alle } \mathrm{C}^1\text{–Kurven } \mathbf{q} : I \to \Omega\,,$$

äquivalent zur Invarianz der Lagrange–Funktion unter dieser Schar, d.h.

$$L(\mathbf{h}_s(\mathbf{q}), d\mathbf{h}_s(\mathbf{q}) \cdot \mathbf{v}) \;=\; L(\mathbf{q}, \mathbf{v}) \quad \text{für } (\mathbf{q}, \mathbf{v}) \in \Omega \times \mathbb{R}^m\,, \quad |s| \ll 1\,.$$

Satz (Emmy Noether 1918). *Ist L invariant unter der Schar $\mathbf{h}_s$, so ist*

$$F(\mathbf{q}, \mathbf{v}) \;:=\; L_{\mathbf{v}}(\mathbf{q}, \mathbf{v})\, \boldsymbol{\eta}(\mathbf{q})$$

ein erstes Integral der Euler–Gleichungen und

$$G(\mathbf{q}, \mathbf{p}) \;:=\; \langle \mathbf{p}, \boldsymbol{\eta}(\mathbf{q}) \rangle$$

eine Erhaltungsgröße, d.h. ein erstes Integral der Hamilton–Gleichungen.

Bemerkung. Für die erste Behauptung wird die Elliptizität von L nicht benötigt, wie sich aus dem Beweis ergibt. Die Korrespondenz 3.1 (b) zwischen ersten Integralen der EG und Erhaltungsgrößen stützt sich dagegen auf die Durchführbarkeit der Legendre–Transformation.

Beweis.

Für alle C^1–Kurven $t \mapsto \mathbf{q}(t)$ in Ω gilt

$$(*) \qquad \frac{\partial}{\partial s} \left(\frac{d}{dt}\, \mathbf{h}_s(\mathbf{q}(t)) \right) \Big|_{s=0} \;=\; \frac{d}{dt}\, \boldsymbol{\eta}(\mathbf{q}(t))\,,$$

denn für $\mathbf{h}(s, \mathbf{q}) := \mathbf{h}_s(\mathbf{q})$ gilt nach H. A. Schwarz

$$\begin{aligned}
\frac{\partial}{\partial s} \left(\frac{d}{dt} \mathbf{h}_s(\mathbf{q}(t)) \right) \;&=\; \frac{\partial}{\partial s} \sum_{k=1}^{m} \frac{\partial \mathbf{h}}{\partial q_k}(s, \mathbf{q}(t))\, \dot{q}_k(t) \\
&= \sum_{k=1}^{m} \frac{\partial^2 \mathbf{h}}{\partial s\, \partial q_k}(s, \mathbf{q}(t))\, \dot{q}_k(t) \\
&= \sum_{k=1}^{m} \frac{\partial^2 \mathbf{h}}{\partial q_k\, \partial s}(s, \mathbf{q}(t))\, \dot{q}_k(t) = \sum_{k=1}^{m} \frac{\partial}{\partial q_k} \frac{\partial \mathbf{h}}{\partial s}(s, \mathbf{q}(t)) \dot{q}_k(t) = \frac{d}{dt} \frac{\partial \mathbf{h}_s}{\partial s}(\mathbf{q}(t))\,.
\end{aligned}$$

Wir betrachten eine Lösung $\mathbf{q} : I = [t_1, t_2] \to \Omega$ der Euler–Gleichungen. Für $\mathbf{q}_s = \mathbf{h}_s \circ \mathbf{q}$ folgt dann aus der Invarianz von $\mathcal{W}$, dem Satz über Parameterintegrale unter Berücksichtigung von $\mathbf{h}_0 = \mathbb{1}_\Omega$ und von $(*)$

$$
\begin{aligned}
0 &= \frac{d}{ds}\mathcal{W}(\mathbf{q}_s, I)\Big|_{s=0} = \frac{d}{ds}\int_{t_1}^{t_2} L\left(\mathbf{h}_s(\mathbf{q}(t)), \tfrac{d}{dt}\mathbf{h}_s(\mathbf{q}(t))\right) dt\Big|_{s=0} \\
&= \int_{t_1}^{t_2} \left\{L_\mathbf{q}(\mathbf{q}_s(t), \dot{\mathbf{q}}_s(t))\tfrac{\partial \mathbf{h_s}}{\partial s}(\mathbf{q}(t)) + L_\mathbf{v}(\mathbf{q}_s(t), \dot{\mathbf{q}}_s(t))\tfrac{\partial}{\partial s}\tfrac{d}{dt}\mathbf{h}_s(\mathbf{q}(t))\right\} dt\Big|_{s=0} \\
&\overset{(*)}{=} \int_{t_1}^{t_2} \left\{L_\mathbf{q}(\mathbf{q}(t), \dot{\mathbf{q}}(t)) \cdot \boldsymbol{\eta}(\mathbf{q}(t)) + L_\mathbf{v}(\mathbf{q}(t), \dot{\mathbf{q}}(t))\tfrac{d}{dt}\boldsymbol{\eta}(\mathbf{q}(t))\right\} dt\,.
\end{aligned}
$$

Durch partielle Integration folgt für alle $t_1, t_2 \in \mathbb{R}$ mit Hilfe der EG

$$
0 = \Big[L_\mathbf{v}(\mathbf{q}(t), \dot{\mathbf{q}}(t)) \cdot \boldsymbol{\eta}(\mathbf{q}(t))\Big]\Big|_{t_1}^{t_2} = F(\mathbf{q}(t_2), \dot{\mathbf{q}}(t_2)) - F(\mathbf{q}(t_1), \dot{\mathbf{q}}(t_1))\,.
$$

Dass G eine Erhaltungsgröße ist folgt aus 3.1 (b) und

$$
F(\mathbf{q}, \mathbf{v}) = \left\langle \boldsymbol{\nabla}_\mathbf{v} L(\mathbf{q}, \mathbf{v}), \boldsymbol{\eta}(\mathbf{q})\right\rangle = G(\mathbf{q}, \boldsymbol{\nabla}_\mathbf{v} L(\mathbf{q}, \mathbf{v}))\,. \qquad \square
$$

3.4 Anwendungen des Noetherschen Satzes in der Mechanik

Wir betrachten ein System von N freien Massenpunkten unter dem Einfluss eines Potentials U. Zweckmäßigerweise bezeichnen wir Masse, Ort und Geschwindigkeit des k–ten Massenpunkts mit $m_k, \mathbf{q}_k, \mathbf{v}_k$ und die Lagrange–Funktion in Abhängigkeit von $\mathbf{q} = (\mathbf{q}_1, \ldots, \mathbf{q}_N)$, $\mathbf{v} = (\mathbf{v}_1, \ldots, \mathbf{v}_N)$ mit

$$
L(\mathbf{q}, \mathbf{v}) = \frac{1}{2}\sum_{k=1}^{N} m_k \|\mathbf{v}_k\|^2 - U(\mathbf{q}_1, \ldots, \mathbf{q}_N)\,.
$$

Die Lagrange–Funktion L ist elliptisch, und es gilt

$$
\boldsymbol{\nabla}_\mathbf{v} L(\mathbf{q}, \mathbf{v}) = (m_1\mathbf{v}_1, \ldots, m_N\mathbf{v}_N)\,.
$$

Lassen wir die Bewegung $\mathbf{x} \mapsto \mathbf{c} + D\mathbf{x}$ mit $D \in \mathrm{SO}_3$ auf jeden Massenpunkt wirken, so erhalten wir eine Transformation

$$
\mathbf{h} : \mathbf{q} = (\mathbf{q}_1, \ldots, \mathbf{q}_N) \mapsto (\mathbf{c} + D\mathbf{q}_1, \ldots, \mathbf{c} + D\mathbf{q}_N)\,,
$$

deren Ableitung durch die ortsunabhängige lineare Abbildung

$$
d\mathbf{h} : \mathbf{v} = (\mathbf{v}_1, \ldots, \mathbf{v}_N) \mapsto (D\mathbf{v}_1, \ldots, D\mathbf{v}_N)
$$

gegeben ist. Wegen $\|D\mathbf{v}_k\| = \|\mathbf{v}_k\|$ folgt

$$
L(\mathbf{h}(\mathbf{q}), d\mathbf{h}(\mathbf{q})\mathbf{v}) = \frac{1}{2}\sum_{k=1}^{N} m_k \|\mathbf{v}_k\|^2 - U(\mathbf{h}(\mathbf{q}))\,.
$$

Somit ist das Wirkungsintegral genau dann invariant unter $\mathbf{h}$, wenn das Potential U invariant unter $\mathbf{h}$ ist, d.h. wenn der Definitionsbereich Ω von U durch $\mathbf{h}$ auf sich abgebildet wird, und wenn $U(\mathbf{h}(\mathbf{q})) = U(\mathbf{q})$ für alle $\mathbf{q} \in \Omega$ gilt.

(a) *Translationsinvarianz und Impulserhaltung.* Wir betrachten die Wirkung der Translationen $\mathbf{x} \mapsto \mathbf{x} + s\,\mathbf{a}$ mit $\|\mathbf{a}\| = 1$ auf das System, also

$$\mathbf{h}_s : \mathbf{q} = (\mathbf{q}_1, \ldots, \mathbf{q}_N) \;\mapsto\; (\mathbf{q}_1 + s\,\mathbf{a}, \ldots, \mathbf{q}_N + s\,\mathbf{a}).$$

Die $\mathbf{h}_s$ bilden eine Einparametergruppe mit dem infinitesimalen Erzeuger

$$\boldsymbol{\eta}(\mathbf{q}) \;=\; (\mathbf{a}, \ldots, \mathbf{a}).$$

Gilt $U(\mathbf{q}_1 + s\,\mathbf{a}, \ldots, \mathbf{q}_N + s\,\mathbf{a}) = U(\mathbf{q}_1, \ldots, \mathbf{q}_N)$ für $(\mathbf{q}_1, \ldots, \mathbf{q}_N) \in \Omega$ und $|s| \ll 1$, so erhalten wir ein erstes Integral der EG durch

$$L_{\mathbf{v}}(\mathbf{q}, \mathbf{v}) \cdot \boldsymbol{\eta}(\mathbf{q}) \;=\; \sum_{k=1}^{N} m_k \langle \mathbf{v}_k, \mathbf{a} \rangle \;=\; \Big\langle \sum_{k=1}^{N} m_k \mathbf{v}_k, \mathbf{a} \Big\rangle,$$

das ist die Komponente des Gesamtimpulses in Richtung $\mathbf{a}$.

(b) *Rotationsinvarianz und Erhaltung des Drehimpulses.* Sei $\mathcal{B} = (\mathbf{u}_1, \mathbf{u}_2, \mathbf{u}_3)$ eine ONB des $\mathbb{R}^3$ und $\mathbf{y} = (\mathbf{x})_{\mathcal{B}}$ der Koordinatenvektor von $\mathbf{x} \in \mathbb{R}^3$ bezüglich $\mathcal{B}$, also $y_k = \langle \mathbf{u}_k, \mathbf{x} \rangle$ $(k = 1, 2, 3)$. Die Drehung $\boldsymbol{\vartheta}_s$ mit Drehachse Span $\{\mathbf{u}_1\}$ und Drehwinkel s hat bezüglich $\mathcal{B}$ die Matrix

$$M_{\mathcal{B}}(\boldsymbol{\vartheta}_s) \;=\; \begin{pmatrix} 1 & 0 & 0 \\ 0 & \cos s & -\sin s \\ 0 & \sin s & \cos s \end{pmatrix},$$

also gilt mit $y_k = \langle \mathbf{x}, \mathbf{u}_k \rangle$

$$\boldsymbol{\vartheta}_s(\mathbf{x}) \;=\; y_1\,\mathbf{u}_1 + (y_2 \cos s - y_3 \sin s)\mathbf{u}_2 + (y_2 \sin s + y_3 \cos s)\mathbf{u}_3 .$$

Mit dem Graßmannschen Entwicklungssatz (vgl. Bd. 1, § 6 : 3.4 (c)) und wegen $\mathbf{u}_2 \times \mathbf{u}_3 = \mathbf{u}_1$ folgt

$$\begin{aligned} \frac{d}{ds}\boldsymbol{\vartheta}_s(\mathbf{x})\Big|_{s=0} \;&=\; -y_3\mathbf{u}_2 + y_2\mathbf{u}_3 \;=\; \langle \mathbf{u}_2, \mathbf{x} \rangle \mathbf{u}_3 - \langle \mathbf{u}_3, \mathbf{x} \rangle \mathbf{u}_2 \\ &=\; (\mathbf{u}_2 \times \mathbf{u}_3) \times \mathbf{x} \;=\; \mathbf{u}_1 \times \mathbf{x}. \end{aligned}$$

Die Wirkung der Drehgruppe $\{\boldsymbol{\vartheta}_s \mid s \in \mathbb{R}\}$ auf das System, gegeben durch

$$\mathbf{h}_s : \mathbf{q} = (\mathbf{q}_1, \ldots, \mathbf{q}_N) \;\mapsto\; (\boldsymbol{\vartheta}_s(\mathbf{q}_1), \ldots, \boldsymbol{\vartheta}_s(\mathbf{q}_N)),$$

besitzt also den infinitesimalen Erzeuger

$$\boldsymbol{\eta}(\mathbf{q}) \;=\; (\mathbf{u}_1 \times \mathbf{q}_1, \ldots, \mathbf{u}_1 \times \mathbf{q}_N).$$

Bei Rotationssymmetrie bezüglich der Achse Span $\{\mathbf{u}_1\}$ (nach dem Vorangehenden äquivalent zu $U(\mathbf{h}_s(\mathbf{q})) = U(\mathbf{q})$ für alle $\mathbf{q}$ und alle $s \in \mathbb{R}$) ergibt sich also die Erhaltungsgröße

$$\begin{aligned}\langle \mathbf{p}, \boldsymbol{\eta}(\mathbf{q})\rangle_{\mathbb{R}^{3N}} &= \sum_{k=1}^{N} \langle \mathbf{p}_k, \mathbf{u}_1 \times \mathbf{q}_k\rangle_{\mathbb{R}^3} = \sum_{k=1}^{N} \langle \mathbf{u}_1, \mathbf{q}_k \times \mathbf{p}_k\rangle_{\mathbb{R}^3} \\ &= \Big\langle \mathbf{u}_1, \sum_{k=1}^{N} \mathbf{q}_k \times \mathbf{p}_k \Big\rangle_{\mathbb{R}^3},\end{aligned}$$

das ist die Projektion des Gesamtdrehimpulses auf die Achse Span $\{\mathbf{u}_1\}$.

(c) *Wechselwirkungspotentiale*

$$U(\mathbf{q}_1, \ldots, \mathbf{q}_N) = \sum_{1 \le i < k \le N} V(\|\mathbf{q}_i - \mathbf{q}_k\|)$$

mit einer C^2–Funktion $V : \mathbb{R}_{>0} \to \mathbb{R}$ sind definiert auf dem Gebiet $\Omega = \{(\mathbf{q}_1, \ldots, \mathbf{q}_N) \mid \|\mathbf{q}_i - \mathbf{q}_k\| > 0 \text{ für } i \neq k\}$. Da Bewegungen abstandstreu sind, ist U invariant unter der vollen Bewegungsgruppe. Somit sind der Gesamtimpuls und der Gesamtdrehimpuls Erhaltungsgrößen.

(d) ÜA Sei $U(\mathbf{q}) = U(q_1, q_2, q_3) := V(r)$ mit einer C^2–Funktion $V(r)$ für $r = \sqrt{q_1^2 + q_2^2} > 0$. Geben Sie alle Erhaltungsgrößen für ein Teilchen der Masse m unter dem Einfluss des Potentials U an. Beispiel: Für einen in der q_3–Achse liegenden unendlich langen, elektrisch geladenen Draht ist $V(r)$ proportional zu $\log r$.

3.5 Der Noethersche Satz für Raum–Zeit–Transformationen

(a) Wir betrachten eine Schar $\{\mathbf{h}_s \mid |s| \ll 1\}$ von Diffeomorphismen eines Gebiets $\Omega_0 = \mathbb{R} \times \Omega \subset \mathbb{R}^{m+1}$ im $t, \mathbf{q}$–Raum, die wir Raum–Zeit–Transformationen nennen. Wir schreiben

$$\mathbf{h}_s : \Omega_0 \to \Omega_0\,, \quad (t, \mathbf{q}) \mapsto \mathbf{h}_s(t, \mathbf{q}) = (T_s(t, \mathbf{q}), \mathbf{Q}_s(t, \mathbf{q}))\,,$$

und setzen voraus:

(i) $\mathbf{h}_0 = \mathbb{1}_{\Omega_0}$, d.h. $T_0(t, \mathbf{q}) = t$, $\mathbf{Q}_0(t, \mathbf{q}) = \mathbf{q}$,

(ii) $(s, t, \mathbf{q}) \mapsto \mathbf{h}_s(t, \mathbf{q})$ ist C^2–differenzierbar.

Unter dem **infinitesimalen Erzeuger** dieser Diffeomorphismenschar verstehen wir das Vektorfeld $(\xi, \boldsymbol{\eta})$ auf Ω_0 mit

$$(\xi(t, \mathbf{q}), \boldsymbol{\eta}(t, \mathbf{q})) := \left(\frac{\partial T_s}{\partial s}(t, \mathbf{q}), \frac{\partial \mathbf{Q}_s}{\partial s}(t, \mathbf{q})\right)\Big|_{s=0} = \frac{\partial \mathbf{h}_s}{\partial s}(t, \mathbf{q})\Big|_{s=0}.$$

Wir betrachten eine C^1–Kurve $\mathbf{q} : I \to \Omega$ auf einem kompakten Intervall I und deren Graphen $\Gamma(\mathbf{q}) = \{(t, \mathbf{q}(t)) \mid t \in I\} \subset \Omega_0$. Die Bildmenge von $\Gamma(\mathbf{q})$ unter

$\mathbf{h}_s : \Omega_0 \to \Omega_0$ lässt sich für $|s| \ll 1$ als Graph einer C^1–Kurve $\mathbf{q}_s : I_s \to \Omega_0$ darstellen. Denn es gilt $\mathbf{h}_s(t, \mathbf{q}(t)) = (\mathcal{T}_s(t), \mathcal{Q}_s(t))$ mit

$$\mathcal{T}_s(t) := T_s(t, \mathbf{q}(t)), \quad \mathcal{Q}_s(t) := \mathbf{Q}_s(t, \mathbf{q}(t)).$$

Wegen $\mathcal{T}_0(t) = t$, $\dot{\mathcal{T}}_0(t) = 1$ gilt auch $\dot{\mathcal{T}}_s > 0$ auf I für $|s| \ll 1$, so dass $\mathcal{T}_s$ eine C^1–Umkehrung $\mathcal{T}_s^{-1} : I_s \to I$ mit $I_s := \mathcal{T}_s(I)$ besitzt. Setzen wir

$$\mathbf{q}_s(t) := \mathcal{Q}_s \circ \mathcal{T}_s^{-1}(t) \quad \text{für } t \in I_s = \mathcal{T}_s(I),$$

so ist $\Gamma(\mathbf{q}_s) = \{(\mathcal{T}_s(t), \mathcal{Q}_s(t)) \mid t \in I\} = \mathbf{h}_s(\Gamma(\mathbf{q}))$ für $|s| \ll 1$.

Die in 3.3 gezeigte Figur kann im Fall $|s| \ll 1$ auch für die hier betrachtete Situation verwendet werden, wenn die beiden Kurven im Bild durch die Graphen von $\mathbf{q}$ und $\mathbf{q}_s$ ersetzt werden.

Ein mechanisches System mit der Lagrange–Funktion $L : \Omega_0 \times \mathbb{R}^m \to \mathbb{R}$ bzw. der Hamilton–Funktion $H : \Omega_0 \times \mathbb{R}^m \to \mathbb{R}$, heißt **invariant** unter der Diffeomorphismenschar $\{\mathbf{h}_s \mid |s| \ll 1\}$, wenn

$$\mathcal{W}(\mathbf{q}_s, I_s) = \mathcal{W}(\mathbf{q}, I) \text{ für jede } \mathrm{C}^1\text{–Kurve } \mathbf{q} : I \to \Omega \text{ und } |s| \ll 1.$$

SATZ. *Für ein unter der Schar $\{\mathbf{h}_s \mid |s| \ll 1\}$ invariantes System liefert*

$$F(t, \mathbf{q}, \mathbf{v}) := L_{\mathbf{v}}(t, \mathbf{q}, \mathbf{v}) \cdot \boldsymbol{\eta}(t, \mathbf{q}) - \xi(t, \mathbf{q}) \cdot \big(L_{\mathbf{v}}(t, \mathbf{q}, \mathbf{v}) \cdot \mathbf{v} - L(t, \mathbf{q}, \mathbf{v})\big)$$

ein erstes Integral der EG für L.

Wegen der vorausgesetzten Elliptizität von L ist durch

$$G(t, \mathbf{q}, \mathbf{p}) := \langle \mathbf{p}, \boldsymbol{\eta}(t, \mathbf{q}) \rangle - \xi(t, \mathbf{q}) \cdot H(t, \mathbf{q}, \mathbf{p})$$

eine Erhaltungsgröße gegeben.

(b) Vor dem Beweis erläutern wir die Definition des Invarianzbegriffs am Beispiel der Zeittranslationen $\mathbf{h}_s(t, \mathbf{q}) = (t + s, \mathbf{q})$. Die Transformation $\mathbf{h}_s$ bildet den Graph jeder Kurve $\mathbf{q} : I \to \Omega$ ab auf

$$\big\{(t + s, \mathbf{q}(t)) \;\big|\; t \in I\big\} = \big\{(t, \mathbf{q}(t - s)) \;\big|\; t \in I + s\big\},$$

somit ist $I_s = I + s$ und $\mathbf{q}_s(t) = \mathbf{q}(t - s)$. Wegen

$$\mathcal{W}(\mathbf{q}_s, I_s) = \int_{I+s} L(t, \mathbf{q}(t - s), \dot{\mathbf{q}}(t - s))\, dt = \int_I L(t + s, \mathbf{q}(t), \dot{\mathbf{q}}(t))\, dt$$

bedeutet die Invarianz unter den Zeittranslationen $\mathbf{h}_s$, dass

$$\int_I L(t + s, \mathbf{q}(t), \dot{\mathbf{q}}(t))\, dt = \mathcal{W}(\mathbf{q}_s, I_s) = \mathcal{W}(\mathbf{q}, I) = \int_I L(t, \mathbf{q}(t), \dot{\mathbf{q}}(t))\, dt$$

für jede Kurve $\mathbf{q} : I \to \Omega$. Durch Ableitung beider Integrale nach der oberen Grenze folgt

$$L(t+s, \mathbf{q}, \mathbf{v}) \;=\; L(t, \mathbf{q}, \mathbf{v}) \quad \text{für} \;\; s, t \in \mathbb{R}, \;\; \mathbf{q} \in \Omega, \;\; \mathbf{v} \in \mathbb{R}^m ,$$

also die Unabhängigkeit von L von der Zeit und damit die Erhaltung der Gesamtenergie.

(c) BEWEIS.
Wir führen den Satz (a) auf den Satz 3.3 von Noether für reine Raumtransformationen zurück. Hierzu fassen wir die Zeitkoordinate als nullte Ortskoordinate auf und schreiben

$$\mathbf{q}^* \;:=\; (q_0, q_1, \ldots, q_m) \quad \text{statt} \;\; (t, \mathbf{q}) \;=\; (t, q_1, \ldots, q_m) .$$

Ferner verwandeln wir das Wirkungsintegral per Substitution in ein Variationsintegral, welches die Anwendung des Satzes 3.3 gestattet.
Sei $q_0 : I \to J$ eine bijektive C^1–Funktion mit $\dot{q}_0 > 0$ und $\mathbf{u} : J \to \Omega$ eine C^1–Kurve. Dann gilt nach der Substitutionsregel

$$\begin{aligned}
\int_J L(t, \mathbf{u}(t), \dot{\mathbf{u}}(t))\, dt \;&=\; \int_I L(q_0(t),\, \mathbf{u}(q_0(t)),\, \dot{\mathbf{u}}(q_0(t))) \cdot \dot{q}_0(t)\, dt \\
&=\; \int_I L(q_0(t), \mathbf{u}(q_0(t)), \frac{1}{\dot{q}_0(t)} \frac{d}{dt} \mathbf{u}(q_0(t))) \cdot \dot{q}_0(t)\, dt \\
&=\; \int_I L^*(\mathbf{v}(t), \dot{\mathbf{v}}(t))\, dt
\end{aligned}$$

mit $\mathbf{v}(t) = (q_0(t), \mathbf{u}(q_0(t))) \in \Omega_0$ und dem für $\mathbf{q}^* = (q_0, \ldots, q_m) = (q_0, \mathbf{q}) \in \Omega_0$ und $\mathbf{v}^* = (v_0, \ldots, v_m) = (v_0, \mathbf{v}) \in \mathbb{R}_{>0} \times \mathbb{R}^m$ definierten Integranden

$$(0) \qquad L^*(\mathbf{q}^*, \mathbf{v}^*) \;:=\; L(q_0, \ldots, q_m, \frac{v_1}{v_0}, \ldots, \frac{v_m}{v_0}) \cdot v_0 \;=\; L(q_0, \mathbf{q}, \frac{1}{v_0}\mathbf{v}) \cdot v_0 .$$

Bezeichnen wir das zu L^* gehörige Variationsfunktional mit $\mathcal{W}^*$, so gilt also

$$(1) \qquad \mathcal{W}(\mathbf{u}, J) \;=\; \mathcal{W}^*(\mathbf{v}, I) \quad \text{für} \;\; \mathbf{v}(t) = (q_0(t), \mathbf{u}(q_0(t))) , \;\; J = q_0(I), \;\; \dot{q}_0 > 0 .$$

Für eine gegebene C^1–Kurve $\mathbf{q} : I \to \Omega$ wenden wir (1) auf zwei Fälle an:

(i) Für $q_0(t) = t$, $\mathbf{u} := \mathbf{q}$, $J = I$ wird $\mathbf{v}(t) = (t, \mathbf{q}(t))$ und $L^*(\mathbf{v}(t), \dot{\mathbf{v}}(t)) = L(t, \mathbf{q}(t), \dot{\mathbf{q}}(t))$; daher ergibt sich mit $\mathbf{q}^*(t) := \mathbf{v}(t) = (t, \mathbf{q}(t))$

$$(2) \qquad \mathcal{W}(\mathbf{q}, I) \;=\; \mathcal{W}^*(\mathbf{q}^*, I) .$$

(ii) Mit den Bezeichnungen (a) setzen wir $q_0 := \mathcal{T}_s$, $J := I_s$, $\mathbf{u} := \mathbf{q}_s = \mathcal{Q}_s \circ \mathcal{T}_s^{-1}$. Dann wird $\mathbf{v}(t) = (\mathcal{T}_s(t), \mathcal{Q}_s(t)) = \mathbf{h}_s(\mathbf{q}^*(t))$ mit $\mathbf{q}^*(t) = (t, \mathbf{q}(t))$, und es gilt $\mathcal{W}(\mathbf{u}, J) = \mathcal{W}(\mathbf{q}_s, I_s)$. Daher erhalten wir aus (1), (2) und der Invarianz von $\mathcal{W}$ unter der Schar $\{\mathbf{h}_s \mid |s| \ll 1\}$ für $\mathbf{q}_s^*(t) := (\mathcal{T}_s(t), \mathcal{Q}_s(t))$

$$\text{(3)} \qquad \mathcal{W}^*(\mathbf{q}_s^*, I) \overset{(1)}{=} \mathcal{W}(\mathbf{q}_s, I_s) = \mathcal{W}(\mathbf{q}, I) \overset{(2)}{=} \mathcal{W}^*(\mathbf{q}^*, I) \quad \text{für } |s| \ll 1 .$$

Nach dem Noetherschen Satz 3.3 und der Bemerkung dazu erhalten wir daher ein erstes Integral der EG für L^* durch

$$\text{(4)} \qquad F(\mathbf{q}^*, \mathbf{v}^*) = L^*_{\mathbf{v}^*}(\mathbf{q}^*, \mathbf{v}^*) \left.\frac{\partial \mathbf{h}_s}{\partial s}(\mathbf{q}^*)\right|_{s=0} = L^*_{\mathbf{v}^*}(\mathbf{q}^*, \mathbf{v}^*)\,(\xi(\mathbf{q}^*), \boldsymbol{\eta}(\mathbf{q}^*)) .$$

(d) Wir zeigen nun: Genau dann ist $t \mapsto \mathbf{q}(t)$ eine Lösung der EG für L, wenn $t \mapsto \mathbf{q}^*(t) = (t, \mathbf{q}(t))$ eine Lösung der EG für L^* ist. Gleichzeitig berechnen wir $L^*_{\mathbf{v}^*}$. Nach Definition von L^* ergeben sich folgende partielle Ableitungen:

$$\begin{aligned}
L^*_{q_0}(\mathbf{q}^*, \mathbf{v}^*) &= L_t(q_0, \mathbf{q}, \tfrac{1}{v_0}\mathbf{v}) \cdot v_0 , \\
L^*_{q_k}(\mathbf{q}^*, \mathbf{v}^*) &= L_{q_k}(q_0, \mathbf{q}, \tfrac{1}{v_0}\mathbf{v}) \cdot v_0 \qquad (k = 1, \dots, m) , \\
L^*_{v_0}(\mathbf{q}^*, \mathbf{v}^*) &= L(q_0, \mathbf{q}, \tfrac{1}{v_0}\mathbf{v}) - \tfrac{1}{v_0} L_{\mathbf{v}}(q_0, \mathbf{q}, \tfrac{1}{v_0}\mathbf{v}) \cdot \mathbf{v} , \\
L^*_{v_k}(\mathbf{q}^*, \mathbf{v}^*) &= L_{v_k}(q_0, \mathbf{q}, \tfrac{1}{v_0}\mathbf{v}) \qquad (k = 1, \dots, m) .
\end{aligned}$$

Setzen wir für eine C^2–Kurve $t \mapsto \mathbf{q}(t)$ in Ω

$$\mathbf{q}^*(t) = (t, \mathbf{q}(t)) , \quad E(t) := \frac{d}{dt}\left[L_{\mathbf{v}}(t, \mathbf{q}(t), \dot{\mathbf{q}}(t))\right] - L_{\mathbf{q}}(t, \mathbf{q}(t), \dot{\mathbf{q}}(t)) ,$$

so erhalten wir mit $q_0(t) = t$, $v_0(t) = 1$

$$\begin{aligned}
\frac{d}{dt} L^*_{v_0}(\mathbf{q}^*(t), \dot{\mathbf{q}}^*(t)) &= \frac{d}{dt}\left(L(q_0, \mathbf{q}, \frac{1}{v_0}\dot{\mathbf{q}}) - \frac{1}{v_0} L_{\mathbf{v}}(q_0, \mathbf{q}, \frac{1}{v_0}\dot{\mathbf{q}}) \cdot \dot{\mathbf{q}}\right) \\
&= L_t(t, \mathbf{q}(t), \dot{\mathbf{q}}(t)) - E(t)\,\dot{\mathbf{q}}(t) \\
&= L^*_{q_0}(\mathbf{q}^*(t), \dot{\mathbf{q}}(t)) - E(t)\,\dot{\mathbf{q}}(t) ,
\end{aligned}$$

und für $k = 1, \dots, m$ mit der k–ten Komponente $E_k(t)$ von $E(t)$

$$\frac{d}{dt} L^*_{v_k}(\mathbf{q}^*(t), \dot{\mathbf{q}}^*(t)) = \frac{d}{dt}\left[L_{v_k}(t, \mathbf{q}(t), \dot{\mathbf{q}}(t))\right] = E_k(t) + L^*_{q_k}(\mathbf{q}^*(t), \dot{\mathbf{q}}^*(t)) .$$

Daher erfüllt $\mathbf{q}^*$ genau dann die EG für L^*, wenn $E(t) = 0$ in I gilt.

Nach (4) folgt mit den Formeln für $L^*_{v_0}$, $L^*_{v_k}$ die Konstanz von

$$\xi(t, \mathbf{q}(t))\left(L(t, \mathbf{q}(t), \dot{\mathbf{q}}(t)) - L_{\mathbf{v}}(t, \mathbf{q}(t), \dot{\mathbf{q}}(t)) \cdot \dot{\mathbf{q}}(t)\right) \\ + L_{\mathbf{v}}(t, \mathbf{q}(t), \dot{\mathbf{q}}(t)) \cdot \boldsymbol{\eta}(t, \mathbf{q}(t))$$

längs jeder Lösung $t \mapsto \mathbf{q}(t)$ der EG für L.

Die F entsprechende Erhaltungsgröße G ergibt sich im Fall der Elliptizität von L aus 3.1 (b). □

(e) BEMERKUNG. Der Integrand L^* ist nicht elliptisch, auch dann nicht, wenn L elliptisch ist. Wie unter 3.3 angemerkt wurde, ergibt sich das erste Integral (4) der EG für L^* auch ohne die Voraussetzung der Elliptizität.

Das Variationsintegral $\mathcal{W}^*$ gehört zur für die Optik und die Differentialgeometrie wichtigen Klasse der parametrischen Variationsintegrale, die wir in § 5 behandeln.

4 Die Jacobi–Methode zur Lösung der Hamilton–Gleichungen

4.1 Das Wellenbild der Mechanik

(a) Die Jacobi–Methode geht aus von der **Wellengleichung der Mechanik**, der **Hamilton–Jacobi–Gleichung**

$$\text{(HJG)} \quad \frac{\partial S}{\partial t} + H(t, \mathbf{q}, \nabla_{\mathbf{q}} S) \;=\; 0\,,$$

um mittels einer „vollständigen" Lösung dieser Gleichung die Hamilton–Gleichungen

$$\text{(HG)} \quad \dot{\mathbf{q}} \;=\; \nabla_{\mathbf{p}} H(t, \mathbf{q}, \mathbf{p})\,, \qquad \dot{\mathbf{p}} \;=\; -\nabla_{\mathbf{q}} H(t, \mathbf{q}, \mathbf{p})$$

zu integrieren. Bevor wir diese Methode beschreiben, skizzieren wir die geometrischen Vorstellungen, welche hinter der Hamilton–Jacobi–Gleichung stehen und gehen auf die Bedeutung der **Wirkungsfunktion** S ein. Näheres hierzu finden Sie in [6, II] Ch. 9, [12] Ch. 9 und [16] Ch. 2.

Ausgangspunkt sind die Arbeiten von HAMILTON zur geometrischen Optik aus den Jahren 1824 bis 1833, in denen Strahlen und Wellenfronten aufeinander zurückgeführt werden. Wir skizzieren die Grundidee für Strahlen, die von einer punktformigen Lichtquelle ausgehen. Diese sind durch das Fermat–Prinzip gekennzeichnet. Wird auf jedem dieser Strahlen der Punkt markiert, an dem das Fermatsche Laufzeitintegral, von der Lichtquelle aus genommen, einen festen Wert annimmt, so entsteht eine Wellenfront. Die Wellenfronten sind die Niveauflächen einer Funktion $S = S(\mathbf{q})$, die der Eikonalgleichung $H(\mathbf{q}, \nabla_{\mathbf{q}} S) = 1$ genügt. Die Lichtstrahlen durchsetzen die Wellenfronten orthogonal bzw. im nichtisotropen Fall transversal. Auf Einzelheiten, insbesondere die Definition der Hamilton–Funktion in der Optik, gehen wir in § 5 ein.

Die Übertragung dieses Konzepts auf die Mechanik (HAMILTON 1833 und 1834, JACOBI 1838) lässt sich wie folgt skizzieren. An die Stelle der Lichtstrahlen treten **Bahnen** $t \mapsto (t, \mathbf{q}(t))$ eines mechanischen Systems im $t, \mathbf{q}$–Raum, gekennzeichnet durch das Hamilton–Prinzip der stationären Wirkung. Wir betrachten zunächst ein Bündel solcher Bahnen, die durch einen festen Punkt $(t_0, \mathbf{q}_0)$ gehen (stigmatisches Bündel). Gibt es zu jedem Punkt $(t, \mathbf{q})$ mit $t \neq t_0$ genau eine Extremale $\mathbf{Q}$ mit $\mathbf{Q}(t_0) = \mathbf{q}_0$, $\mathbf{Q}(t) = \mathbf{q}$, so ist das Wirkungsintegral

$$\int_{t_0}^{t} L(s, \mathbf{Q}(s), \dot{\mathbf{Q}}(s))\, ds$$

eine Funktion von $(t, \mathbf{q})$, die **Hamiltonsche Prinzipalfunktion** oder **Wirkungsfunktion** $S(t, \mathbf{q})$ des Bündels der Bahnen durch $(t_0, \mathbf{q}_0)$.

Wir zeigen, dass diese Prinzipalfunktion die Hamilton–Jacobi–Gleichung erfüllt, indem wir Transversalitätsbedingungen zwischen den Niveauflächen und den Bahnen herleiten. Diese Transversalitätsbedingungen legte Jacobi einem allgemeineren Konzept von Extremalenbündeln zugrunde, für welche Wirkungsfronten $\{S = \text{const}\}$ existieren und die nicht stigmatisch sein müssen. Auch im allgemeinen Fall steuert $S(t, \mathbf{q})$ die Ausbreitung der Wirkungsfronten allein dadurch, dass sie die Hamilton–Jacobi–Gleichung HJG erfüllt, welche daher zu Recht die Wellengleichung der Mechanik genannt wird.

(b) **Die Hamiltonsche Prinzipalfunktion.** Unter den Voraussetzungen und Bezeichnungen 3.1 fixieren wir einen Punkt $(t_0, \mathbf{q}_0)$ in $\Omega_0 = \mathbb{R} \times \Omega$. Die durch diesen Punkt gehenden Bahnen genügen den HG, dementsprechend notieren wir das Wirkungsintegral $\mathcal{W}_H$ auf $[t_0, t]$ in der Form

$$\mathcal{W}_H(\mathbf{q}, \mathbf{p}, [t_0, t]) \;=\; \int_{t_0}^{t} \big\{ \langle \mathbf{p}(s), \dot{\mathbf{q}}(s) \rangle - H(s, \mathbf{q}(s), \mathbf{p}(s)) \big\}\, ds\,,$$

vgl. 2.1 (c). Weiter nehmen wir an, dass es zu jedem Punkt $(t, \mathbf{q})$ mit $t > t_0$ genau eine Lösung

$$s \mapsto (\mathbf{Q}(s), \mathbf{P}(s)) \;=\; (\mathbf{Q}_{t,\mathbf{q}}(s), \mathbf{P}_{t,\mathbf{q}}(s)) \;=\; (\mathbf{Q}(s, t, \mathbf{q}), \mathbf{P}(s, t, \mathbf{q}))$$

der HG gibt mit $\mathbf{Q}(t_0) = \mathbf{q}_0$, $\mathbf{Q}(t) = \mathbf{q}$, und dass $\mathbf{Q}(s, t, \mathbf{q})$, $\mathbf{P}(s, t, \mathbf{q})$ bezüglich aller $m+2$ Variablen C^2–differenzierbar sind. Diese Voraussetzungen lassen sich durch Einschränkung auf Teilgebiete von Ω_0 realisieren, vgl. § 3 : 3.4 (b).

Dann ist durch

$$S(t, \mathbf{q}) \;:=\; \int_{t_0}^{t} \big\{ \big\langle \mathbf{P}_{t,\mathbf{q}}(s), \dot{\mathbf{Q}}_{t,\mathbf{q}}(s) \big\rangle - H(s, \mathbf{Q}_{t,\mathbf{q}}(s), \mathbf{P}_{t,\mathbf{q}}(s)) \big\}\, ds$$

für $t > t_0$ ein mittels des Wirkungsintegrals gemessener Abstand der Punkte $(t_0, \mathbf{q}_0)$, $(t, \mathbf{q})$ definiert.

Satz. *Die Prinzipalfunktion S ist C^2–differenzierbar, und es gilt*

$$\frac{\partial S}{\partial t}(t,\mathbf{q}) \;=\; -H(t,\mathbf{q},\mathbf{p})\,, \quad \boldsymbol{\nabla}_{\mathbf{q}} S(t,\mathbf{q}) \;=\; \mathbf{p} \quad \textit{mit} \quad \mathbf{p} := \mathbf{P}(t,t,\mathbf{q})\,.$$

Daraus folgt unmittelbar die Hamilton–Jacobi–Gleichung HJG.

Beweis.

Wir verwenden die Abkürzungen $^{\boldsymbol{\cdot}}$ für $\partial/\partial s$, $'$ für $\partial/\partial t$ und lassen bei Bedarf die Argumente weg. Die HG für $s \mapsto (\mathbf{Q}(s,t,\mathbf{q}), \mathbf{P}(s,t,\mathbf{q}))$ notieren wir in der Kurzform

$$(1) \qquad \dot{Q}_i \;=\; \frac{\partial H}{\partial p_i}\,, \qquad \dot{P}_i \;=\; -\frac{\partial H}{\partial q_i} \qquad (i = 1,\ldots,m)\,.$$

Aus den Randbedingungen $\mathbf{Q}(t_0,t,\mathbf{q}) = \mathbf{q}_0$, $\mathbf{Q}(t,t,\mathbf{q}) = \mathbf{q}$ folgt

$$(2) \qquad Q_i'(t_0,t,\mathbf{q}) \;=\; 0\,, \qquad \frac{\partial Q_i}{\partial q_k}(t_0,t,\mathbf{q}) \;=\; 0\,,$$

$$(3) \qquad \dot{Q}_i(t,t,\mathbf{q}) + Q_i'(t,t,\mathbf{q}) = 0\,, \qquad \frac{\partial Q_i}{\partial q_k}(t,t,\mathbf{q}) \;=\; \delta_{ik}\,.$$

Bei der Bestimmung der partiellen Ableitungen des Parameterintegrals

$$S(t,\mathbf{q}) \;=\; \int\limits_{t_0}^{t} \Big\{ \sum_{i=1}^{m} P_i(s,t,\mathbf{q})\, \dot{Q}_i(s,t,\mathbf{q}) - H(s,\mathbf{Q}(s,t,\mathbf{q}),\mathbf{P}(s,t,\mathbf{q})) \Big\}\, ds$$

mit variabler oberer Grenze lassen wir der Übersichtlichkeit halber die Argumente fort. Es ergibt sich (vgl. Bd. 2, § 6 : 3.7)

$$\begin{aligned} \frac{\partial S}{\partial t}(t,\mathbf{q}) \;&=\; \Big(\sum_{i=1}^{m} P_i \dot{Q}_i - H \Big)\Big|_{s=t} \\ &\quad + \int\limits_{t_0}^{t} \Big\{ \sum_{i=1}^{m} P_i' \dot{Q}_i + \sum_{i=1}^{m} P_i \dot{Q}_i' - \sum_{i=1}^{m} \tfrac{\partial H}{\partial q_i} Q_i' - \sum_{i=1}^{m} \tfrac{\partial H}{\partial p_i} P_i' \Big\}\, ds\,, \end{aligned}$$

$$\frac{\partial S}{\partial q_k}(t,\mathbf{q}) \;=\; \int\limits_{t_0}^{t} \Big\{ \sum_{i=1}^{m} \tfrac{\partial P_i}{\partial q_k} \dot{Q}_i + \sum_{i=1}^{m} P_i \tfrac{\partial \dot{Q}_i}{\partial q_k} - \sum_{i=1}^{m} \tfrac{\partial H}{\partial q_i} \tfrac{\partial Q_i}{\partial q_k} - \sum_{i=1}^{m} \tfrac{\partial H}{\partial p_i} \tfrac{\partial P_i}{\partial q_k} \Big\}\, ds\,.$$

Nach Einsetzen der Hamilton–Gleichungen (1) ergibt sich unter Beachtung von (2) und (3)

$$\begin{aligned}\frac{\partial S}{\partial t}(t,\mathbf{q}) &= \Big(\sum_{i=1}^{m} P_i\dot{Q}_i - H\Big)\Big|_{s=t} + \int_{t_0}^{t}\sum_{i=1}^{m}\big(P_i\dot{Q}_i' + \dot{P}_iQ_i'\big)\,ds \\ &= \Big(\sum_{i=1}^{m} P_i\dot{Q}_i - H\Big)\Big|_{s=t} + \int_{t_0}^{t}\tfrac{d}{ds}\sum_{i=1}^{m} P_iQ_i'ds \\ &= \Big(\sum_{i=1}^{m} P_i\dot{Q}_i - H\Big)\Big|_{s=t} + \sum_{i=1}^{m} P_iQ_i'\Big|_{s=t_0}^{s=t} = -H(t,\mathbf{q},\mathbf{p}),\end{aligned}$$

$$\begin{aligned}\frac{\partial S}{\partial q_k}(t,\mathbf{q}) &= \int_{t_0}^{t}\sum_{i=1}^{m}\Big(P_i\tfrac{\partial \dot{Q}_i}{\partial q_k} + \dot{P}_i\tfrac{\partial Q_i}{\partial q_k}\Big)\,ds = \int_{t_0}^{t}\tfrac{d}{ds}\sum_{i=1}^{m} P_i\tfrac{\partial Q_i}{\partial q_k}ds \\ &= \sum_{i=1}^{m} P_i\tfrac{\partial Q_i}{\partial q_k}\Big|_{s=t_0}^{s=t} \overset{(2),(3)}{=} P_k(t,t,\mathbf{q}) = p_k\,. \qquad \square\end{aligned}$$

BEMERKUNG. Fassen wir das Wirkungsintegral als Funktion beider Endpunkte $(t_0, \mathbf{q}_0)$, $(t, \mathbf{q})$ auf, so ergibt sich für die Wirkungsfunktion $S(t_0, \mathbf{q}_0, t, \mathbf{q})$ hieraus unmittelbar mit $\mathbf{p} := \mathbf{P}(t, (t_0, \mathbf{q}_0), (t, \mathbf{q}))$, $\mathbf{p}_0 := \mathbf{P}(t_0, (t_0, \mathbf{q}_0), (t, \mathbf{q}))$ ÜA

$$\frac{\partial S}{\partial t}(t_0,\mathbf{q}_0,t,\mathbf{q}) = -H(t,\mathbf{q},\mathbf{p}), \qquad \nabla_{\mathbf{q}} S(t_0,\mathbf{q}_0,t,\mathbf{q}) = \mathbf{p},$$

$$\frac{\partial S}{\partial t_0}(t_0,\mathbf{q}_0,t,\mathbf{q}) = H(t_0,\mathbf{q}_0,\mathbf{p}_0), \qquad \nabla_{\mathbf{q}_0} S(t_0,\mathbf{q}_0,t,\mathbf{q}) = -\mathbf{p}_0\,.$$

(c) Transversalitätsbedingung und Hamilton–Jacobi–Gleichung

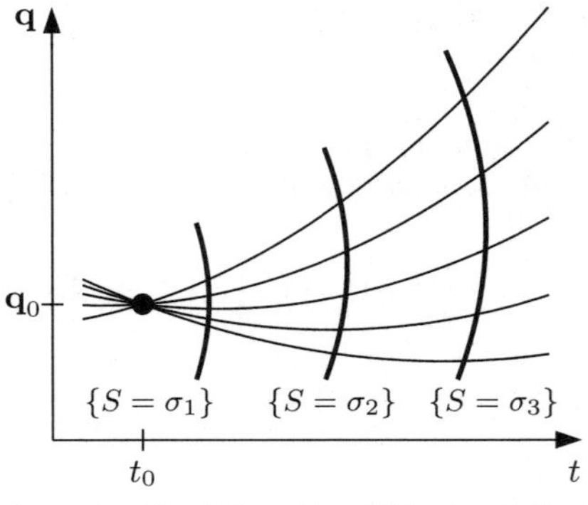

Durch die Hamiltonsche Konstruktion in (b) wurde eine Funktion S gefunden, mit deren Hilfe sich Fronten gleicher Wirkung $\{S = \text{const}\}$ definieren lassen.

Wir wollen nun Entsprechendes für allgemeinere Bündel von Bahnen durchführen, die nicht notwendig durch einen Punkt laufen.

Hierzu betrachten wir ein Bündel von Bahnen mit der Eigenschaft, dass durch jeden Punkt $(t, \mathbf{q})$ genau eine Bahn $s \mapsto (s, \mathbf{Q}(s))$ mit $(t, \mathbf{Q}(t)) = (t, \mathbf{q})$ geht, und dass eine Funktion $S = S(t, \mathbf{q})$ existiert mit

$$\text{(T)} \quad \begin{cases} \dfrac{\partial S}{\partial t}(t,\mathbf{q}) &= -H(t,\mathbf{q},\mathbf{p}) \\ \nabla_{\mathbf{q}} S(t,\mathbf{q}) &= \mathbf{p}\,, \end{cases}$$

wobei $\mathbf{p} = \mathbf{P}(t)$ der Impulsvektor der durch den Punkt $(t, \mathbf{q})$ laufenden Bahn ist. Wir stellen jetzt also die in (b) abgeleiteten Beziehungen an die Spitze.

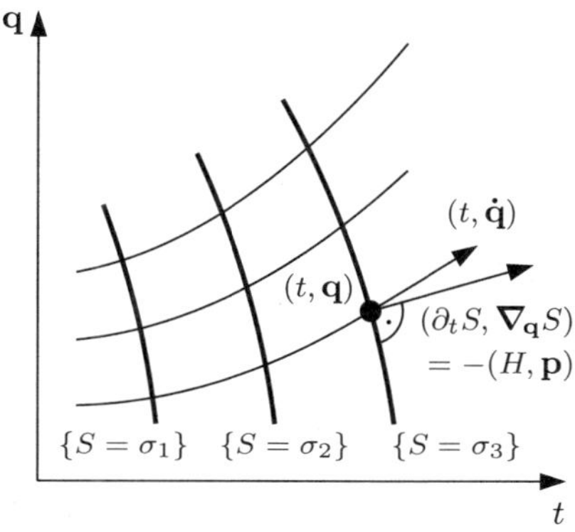

Für jede Bahn des Bündels folgt dann aus (T)

$$\begin{aligned} \frac{d}{dt}\left[S(t,\mathbf{Q}(t))\right] &= \frac{\partial S}{\partial t}(t,\mathbf{Q}(t)) + \left\langle \nabla_{\mathbf{q}} S(t,\mathbf{Q}(t)), \dot{\mathbf{Q}}(t)\right\rangle \\ &= -H(t,\mathbf{Q}(t),\mathbf{P}(t)) + \left\langle \mathbf{P}(t), \dot{\mathbf{Q}}(t)\right\rangle. \end{aligned}$$

Für das Wirkungsintegral zwischen Zeitpunkten t_1 und t_2 ergibt sich daher

$$\begin{aligned} \mathcal{W}_H(\mathbf{Q},\mathbf{P},[t_1,t_2]) &= \int_{t_1}^{t_2} \left\{\left\langle \mathbf{P}(t), \dot{\mathbf{Q}}(t)\right\rangle - H(t,\mathbf{Q}(t),\mathbf{P}(t))\right\} dt \\ &= \int_{t_1}^{t_2} \tfrac{d}{dt}\left[S(t,\mathbf{Q}(t))\right] dt = S(t_2,\mathbf{Q}(t_2)) - S(t_1,\mathbf{Q}(t_1))\,. \end{aligned}$$

Diese Beziehung besagt, dass jede Bahn des Bündels zwischen zwei Niveauflächen $\{S = \sigma_1\}$ und $\{S = \sigma_2\}$ die gleiche Wirkungsdifferenz $\sigma_2 - \sigma_1$ aufweist, ganz analog zur Situation in (a). Wir nennen daher die Niveauflächen $\{S = \text{const}\}$ die **Wirkungsfronten**, die Funktion S die **Wirkungsfunktion** des Bahnbündels. Die Beziehungen (T) legen die Lage der Bahnen und Fronten zueinander fest, wir bezeichnen sie als **Transversalitätsbedingungen** des mechanischen Systems. Funktionen S, die zu solchen Bahnbündeln gehören, sind charakterisiert durch die **Hamilton–Jacobi–Gleichung**

$$\text{(HJG)} \quad \frac{\partial S}{\partial t}(t,\mathbf{q}) + H(t,\mathbf{q},\nabla_{\mathbf{q}} S(t,\mathbf{q})) = 0\,, \quad \text{kurz} \quad \frac{\partial S}{\partial t} + H(t,\mathbf{q},\nabla_{\mathbf{q}} S) = 0\,.$$

(d) Jede Schar von Bahnen, die gewissen Integrabilitätsbedingungen genügen, besitzt (bis auf additive Konstanten) genau eine durch die Transversalitätsbedingung (T) festgelegte Wirkungsfunktion (vgl. § 3 : 3.2). Umgekehrt zeigt die Jacobische Methode in 4.2, dass jede Lösung der Hamilton–Jacobi–Gleichung genau ein Bündel von Bahnen mit (T) festlegt.

Das Teilchenbild und das Wellenbild der Mechanik sind in diesem Sinne äquivalent.

Wir müssen uns aus Platzgründen auf diese skizzenhafte Schilderung der Theorie beschränken und verweisen Interessierte auf die Literatur, insbesondere auf [6, II] Ch. 9, 2. Für die geometrische Optik wird das entsprechende Teilchen– und Wellenbild in § 5 behandelt.

(e) Die Hamilton–Jacobi–Gleichung steht in Analogie zur Schrödinger–Gleichung der Quantenmechanik. Die HJG als Wellengleichung eines mechanischen Systems

$$\frac{\partial S}{\partial t} + H\big(t, \mathbf{x}, \frac{\partial S}{\partial x_1}, \dots, \frac{\partial S}{\partial x_m}\big) = 0,$$

geht durch die formale Ersetzungsvorschrift

$$\frac{\partial S}{\partial t} \mapsto \frac{\hbar}{i}\frac{\partial}{\partial t}, \qquad \frac{\partial S}{\partial x_k} \mapsto \frac{\hbar}{i}\frac{\partial}{\partial x_k}$$

über in die Wellengleichung eines entsprechenden quantenmechanischen Systems, in die **Schrödinger–Gleichung**

$$\frac{\hbar}{i}\frac{\partial \psi}{\partial t} + H\big(t, \mathbf{x}, \frac{\hbar}{i}\frac{\partial}{\partial x_1}, \dots, \frac{\hbar}{i}\frac{\partial}{\partial x_m}\big)\psi = 0.$$

(f) AUFGABE.
Betrachten Sie für den harmonischen Oszillator mit der Hamilton–Funktion

$$H(q,p) = \frac{1}{2}\left(p^2 + \omega^2 q^2\right)$$

das Bündel der durch den Nullpunkt laufenden Extremalen $s \mapsto c \cdot \sin \omega s$, und geben Sie für dieses die Hamiltonsche Prinzipalfunktion $S(t,q)$ für $0 < t < \pi/\omega$, $q \in \mathbb{R}$ an.

4.2 Die Methode von Jacobi

(a) Eine **vollständige Lösung der Hamilton–Jacobi–Gleichung** ist definiert als eine Schar von Lösungen $S_{\mathbf{a}} : (t, \mathbf{q}) \mapsto S(t, \mathbf{q}, \mathbf{a})$ der HJG

$$\frac{\partial S}{\partial t} + H(t, \mathbf{q}, \nabla_{\mathbf{q}} S) = 0$$

mit den Eigenschaften: $S(t, \mathbf{q}, \mathbf{a})$ ist C^2–differenzierbar für $(t, \mathbf{q}) \in \Omega$ und $\mathbf{a} = (a_1, \dots, a_m)$ aus einem Parametergebiet $\Lambda \subset \mathbb{R}^m$, und es gilt

$$(*) \quad \det\left(\frac{\partial^2 S}{\partial q_i \, \partial a_k}\right) \neq 0 \quad \text{auf } \Omega \times \Lambda .$$

Auf Verfahren zur Herstellung einer vollständigen Lösung gehen wir in (b) ein; zunächst beschreiben wir die auf einer gegebenen vollständigen Lösung basierende Methode zur Lösung der Hamilton–Gleichungen in 2.1 (b).

Zu gegebenen Parametersätzen $\mathbf{a} \in \Lambda$, $\mathbf{b} = (b_1, \ldots, b_m)$ bestimmen wir eine C^1–Auflösung der Gleichung $\nabla_{\mathbf{a}} S(t, \mathbf{q}, \mathbf{a}) = \mathbf{b}$ nach $\mathbf{q}$:

$$(1) \qquad \nabla_{\mathbf{a}} S(t, \mathbf{q}, \mathbf{a}) = \mathbf{b} \iff \mathbf{q} = \mathbf{Q}(t, \mathbf{a}, \mathbf{b})\,.$$

(Dies ist nach dem Satz über implizite Funktionen in einer Umgebung jedes Datensatzes $(t_0, \mathbf{q}_0, \mathbf{a}_0, \mathbf{b}_0)$ mit $\mathbf{b}_0 = \nabla_{\mathbf{a}} S(t_0, \mathbf{q}_0, \mathbf{a}_0)$ möglich.) Dann setzen wir

$$(2) \qquad \mathbf{P}(t, \mathbf{a}, \mathbf{b}) \;:=\; \nabla_{\mathbf{q}} S(t, \mathbf{Q}(t, \mathbf{a}, \mathbf{b}), \mathbf{a})\,.$$

Satz (Jacobi 1837). *Für jeden Satz* $\mathbf{a}, \mathbf{b}$ *von Parametern mit* (1) *liefern*

$$\mathbf{q}(t) \;:=\; \mathbf{Q}(t, \mathbf{a}, \mathbf{b})\,, \qquad \mathbf{p}(t) \;:=\; \mathbf{P}(t, \mathbf{a}, \mathbf{b})$$

Lösungen der Hamilton–Gleichungen.

Ein Lösungspaar $t \mapsto (\mathbf{q}(t), \mathbf{p}(t))$ der (HG) mit vorgegebenen Anfangswerten $\mathbf{q}(t_0) = \mathbf{q}_0$, $\mathbf{p}(t_0) = \mathbf{p}_0$ ergibt sich dabei durch

$$\mathbf{q}(t) \;=\; \mathbf{Q}(t, \mathbf{a}_0, \mathbf{b}_0)\,, \qquad \mathbf{p}(t) \;=\; \mathbf{P}(t, \mathbf{a}_0, \mathbf{b}_0)\,,$$

falls die Gleichung $\nabla_{\mathbf{q}} S(t_0, \mathbf{q}_0, \mathbf{a}_0) = \mathbf{p}_0$ eine Lösung $\mathbf{a}_0$ besitzt und $\mathbf{b}_0 := \nabla_{\mathbf{a}} S(t_0, \mathbf{q}_0, \mathbf{a}_0)$ gesetzt wird. Letzteres folgt unmittelbar aus (1) und (2).

Bemerkungen. (i) Bei festem $\mathbf{a}$ liefert (1) das Bündel der Bahnen $t \mapsto (t, \mathbf{q}(t))$ mit Wirkungsfunktion $S_{\mathbf{a}}$, vgl. 4.1 (c). Die einzelnen Bahnkurven des Bündels ergeben sich je nach Wahl von $\mathbf{b}$.

(ii) Die praktische Anwendbarkeit des Jacobischen Verfahrens beruht auf der Möglichkeit, in wichtigen Fällen eine vollständige Lösung der HJG durch Separationsansätze zu finden, siehe (b). Als Beispiel behandeln wir in 4.3 das eingeschränkte Dreikörperproblem.

(iii) Die der Jacobischen Methode zugrundeliegende Idee lässt sich mit dem Konzept der kanonischen Transformationen verdeutlichen, siehe [6, II] Ch. 9, 3.3.

Beweis.

Wir lassen der Übersichtlichkeit halber die Argumente größtenteils weg. Aus der HJG $\frac{\partial}{\partial t} S + H(t, \mathbf{q}, \nabla_{\mathbf{q}} S) = 0$ für $S = S(t, \mathbf{q}, \mathbf{a})$ folgt durch partielle Differentiation nach den a_i und den q_k

$$(3) \qquad \frac{\partial^2 S}{\partial a_i\, \partial t} + \sum_{k=1}^{m} \frac{\partial H}{\partial p_k}(t, \mathbf{q}, \nabla_{\mathbf{q}} S) \cdot \frac{\partial^2 S}{\partial a_i\, \partial q_k} \;=\; 0\,,$$

$$(4) \qquad \frac{\partial^2 S}{\partial q_k\, \partial t} + \frac{\partial H}{\partial q_k}(t, \mathbf{q}, \nabla_{\mathbf{q}} S) + \sum_{j=1}^{m} \frac{\partial H}{\partial p_j} \cdot \frac{\partial^2 S}{\partial q_k\, \partial q_j} \;=\; 0\,.$$

Aus (1) und (2) folgt für $\mathbf{q}(t) = \mathbf{Q}(t, \mathbf{a}, \mathbf{b})$, $\mathbf{p}(t) = \mathbf{P}(t, \mathbf{a}, \mathbf{b})$

$$(5) \quad \frac{\partial S}{\partial a_i}(t, \mathbf{q}(t), \mathbf{a}) \;=\; b_i\,,$$

$$(6) \quad p_k(t) \;=\; \frac{\partial S}{\partial q_k}(t, \mathbf{q}(t), \mathbf{a})\,.$$

Ableiten von (5) nach t liefert

$$(7) \quad \frac{\partial^2 S}{\partial t\, \partial a_i} \;+\; \sum_{k=1}^{m} \frac{\partial^2 S}{\partial q_k\, \partial a_i} \cdot \dot{q}_k(t) \;=\; 0\,.$$

Daraus ergibt sich mit (3), (6) nach Vertauschen der zweiten Ableitungen

$$\sum_{k=1}^{m} \frac{\partial^2 S}{\partial a_i\, \partial q_k} \cdot \left(\dot{q}_k(t) - \frac{\partial H}{\partial p_k}(t, \mathbf{q}(t), \mathbf{p}(t)) \right) \;=\; 0 \quad \text{für } i = 1, \ldots, m\,.$$

Dieses Gleichungssystem für die in Klammern stehenden Ausdrücke hat wegen (∗) nur die triviale Lösung. Es folgt die erste Gruppe der HG 2.1 (b)

$$(8) \quad \dot{q}_k(t) \;=\; \frac{\partial H}{\partial p_k}(t, \mathbf{q}(t), \mathbf{p}(t)) \qquad (k = 1, \ldots, m)\,.$$

Ableiten von (6) nach t liefert unter Berücksichtigung von (8) und (4)

$$\dot{p}_k(t) \;=\; \frac{\partial^2 S}{\partial t\, \partial q_k} \;+\; \sum_{j=1}^{m} \frac{\partial^2 S}{\partial q_j\, \partial q_k}\, \dot{q}_j(t) \;=\; -\frac{\partial H}{\partial q_k}(t, \mathbf{q}(t), \mathbf{p}(t))\,,$$

das ist die zweite Gruppe der HG 2.1 (b). □

(b) **Separation der Hamilton–Jacobi–Gleichung**. In einer Reihe von Fällen lässt sich eine vollständige Lösung der HJG durch Lösung impliziter Gleichungen $f(x, c) = c$ und durch Berechnung von Integralen gewinnen. Dies ergibt sich aus dem Separationsansatz

$$S(t, \mathbf{q}) \;=\; S(t, q_1, \ldots, q_m) \;=\; S_0(t) + \sum_{k=1}^{m} S_k(q_k)\,.$$

Entscheidende Voraussetzung für den Erfolg eines solchen Ansatzes ist die Wahl geeigneter, der Geometrie des Problems angepasster Koordinaten.

Hängt die Hamilton–Funktion nicht explizit on t ab, so lässt sich der Zeitanteil von S durch den Ansatz

$$S(t, \mathbf{q}) \;=\; -E\,t + W(\mathbf{q})$$

abseparieren; W muss dabei die **reduzierte Hamilton–Jacobi–Gleichung**

$$H(\mathbf{q}, \nabla W) = E$$

erfüllen. Führt der Separationsansatz $W(q_1, \ldots, q_m) = S_1(q_1) + \cdots + S_m(q_m)$ für eine Lösung W der reduzierten Gleichung auf eine Gleichung der Form

$$\sum_{k=1}^{m} f_k(q_k, S_k'(q_k), E) = 0$$

so ergeben sich die Gleichungen $f_k(q_k, S_k'(q_k), E) = c_k$ mit passenden Konstanten c_k. Im Fall $m = 2$ folgt aus $f_1(q_1, S_1'(q_1), E) + f_2(q_2, S_2'(q_2), E) = 0$ beispielsweise die Existenz einer Konstanten a mit

$$f_1(q_1, S_1'(q_1), E) = a = -f_2(q_2, S_2'(q_2), E) .$$

Aus letzteren Gleichungen ergeben sich die Funktionen S_k durch Auflösung und Integration, und wir erhalten eine Lösung der HJG in der Form

$$S(t, q_1, q_2, a_1, a_2) = -a_2 \cdot t + S_1(q_1, a_1, a_2) + S_2(q_2, a_1, a_2)$$

mit $a_1 := a,\ a_2 := E$. Nach diesem Muster verfahren wir beim eingeschränkten Dreikörperproblem 4.3.

4.3 Das eingeschränkte Dreikörperproblem

Wir skizzieren Jacobis Integration der ebenen Bewegung einer Punktmasse m im Gravitationsfeld zweier ortsfester Massen m_1 in $(-\varepsilon, 0)$ und $m_2 < m_1$ in $(\varepsilon, 0)$, gegeben um 1843 in seinen Königsberger Vorlesungen.

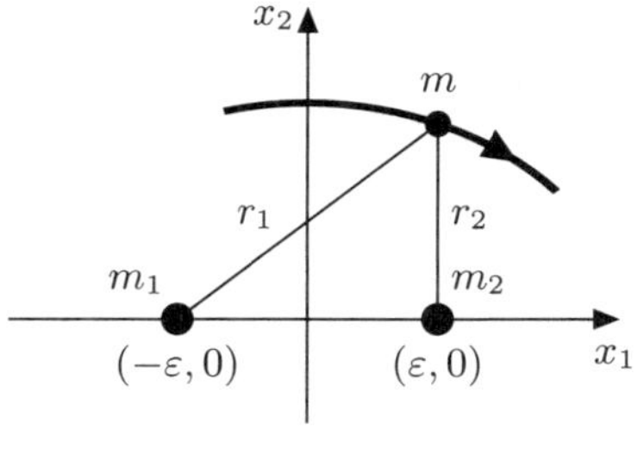

Mit den Bezeichnungen der Figur erhalten wir die kinetische und die potentielle Energie in kartesischen Koordinaten durch

$$T = \frac{1}{2} m \left(\dot{x}_1^2 + \dot{x}_2^2\right) , \qquad U = -\mathbf{G} m \left(\frac{m_1}{r_1} + \frac{m_2}{r_2}\right) ;$$

dabei ist $\mathbf{G}$ die Newtonsche Gravitationskonstante.

Bei dieser Koordinatenwahl lässt sich die Separationsmethode 4.2 (b) nicht anwenden. Beachten wir aber, dass im Fall $m_1 \gg m_2$ annähernd eine Ellipsenbahn mit Brennpunkt in $(-\varepsilon, 0)$ entsteht und daher $r_1 + r_2$ nahezu konstant ist, so bietet sich die folgende Koordinatenwahl an.

(a) *Einführung elliptischer Koordinaten.* Sei $G \subset \mathbb{R}^2$ eine der zwei Halbebenen $\{x_2 > 0\}$ bzw. $\{x_2 < 0\}$. Für $(x_1, x_2) \in G$ setzen wir

$$(1) \qquad q_1 := \frac{1}{2}(r_1 + r_2), \qquad q_2 := \frac{1}{2}(r_1 - r_2).$$

Aus $(x_1 + \varepsilon)^2 + x_2^2 = r_1^2$ und $(x_1 - \varepsilon)^2 + x_2^2 = r_2^2$ folgt

$$4\varepsilon x_1 = r_1^2 - r_2^2, \quad x_2^2 = r_1^2 - x_1^2 - 2\varepsilon x_1 - \varepsilon^2,$$

daraus mit (1) ÜA

$$(2) \qquad x_1 = \frac{1}{\varepsilon} q_1 q_2, \quad x_2^2 = \frac{1}{\varepsilon^2}(q_1^2 - \varepsilon^2)(\varepsilon^2 - q_2^2),$$

d.h. $(x_1, x_2) \in G$ ist durch (q_1, q_2) eindeutig bestimmt. Aus (1) folgt $q_1 > \varepsilon$, und aus (2) folgt $|q_2| < \varepsilon$ für $(x_1, x_2) \in G$. Somit wird G durch (1) bijektiv auf

$$(3) \qquad \Omega = \left\{(q_1, q_2) \;\middle|\; q_1 > \varepsilon, \ |q_2| < \varepsilon\right\}$$

abgebildet. Für eine C^1–Kurve $t \mapsto (x_1(t), x_2(t))$ und ihre Bildkurve $t \mapsto (q_1(t), q_2(t))$ unter (1) folgt aus (2)

$$\dot{x}_1 = \frac{1}{\varepsilon}(\dot{q}_1 q_2 + q_1 \dot{q}_2),$$

$$\dot{x}_2 = \pm \frac{1}{\varepsilon}\left(\sqrt{\frac{\varepsilon^2 - q_2^2}{q_1^2 - \varepsilon^2}}\, q_1 \dot{q}_1 - \sqrt{\frac{q_1^2 - \varepsilon^2}{\varepsilon^2 - q_2^2}}\, q_2 \dot{q}_2\right).$$

Daraus ergeben sich die kinetische und die potentielle Energie in elliptischen Koordinaten ÜA

$$T = \frac{m}{2}\left(q_1^2 - q_2^2\right) \cdot \left(\frac{\dot{q}_1^2}{q_1^2 - \varepsilon^2} + \frac{\dot{q}_2^2}{\varepsilon^2 - q_2^2}\right),$$

$$U = -\mathbf{G}\, m \cdot \left(\frac{m_1}{q_1 + q_2} + \frac{m_2}{q_1 - q_2}\right) = -\frac{1}{2m} \cdot \frac{c_1 q_1 - c_2 q_2}{q_1^2 - q_2^2} \quad \text{mit}$$

$$(4) \qquad c_1 := 2m^2\, \mathbf{G}\,(m_1 + m_2), \qquad c_2 := 2m^2\, \mathbf{G}\,(m_1 - m_2) > 0.$$

(b) *Aufstellung der Hamilton–Funktion.* Für die Lagrange–Funktion

$$L(q_1, q_2, v_1, v_2) = T(q_1, q_2, v_1, v_2) - U(q_1, q_2)$$

ist das Gleichungssystem $L_{v_k}(q_1, q_2, v_1, v_2) = p_k \quad (k = 1, 2)$ äquivalent zu

$$v_1 = h_1(q_2, q_2) \cdot p_1, \qquad v_2 = h_2(q_2, q_2) \cdot p_2 \quad \text{mit}$$

$$(5)\qquad h_1(q_1,q_2) \;:=\; \frac{q_1^2-\varepsilon^2}{m(q_1^2-q_2^2)}\,, \qquad h_2(q_1,q_2) \;:=\; \frac{\varepsilon^2-q_2^2}{m(q_1^2-q_2^2)}\,.$$

Damit ergibt sich die Hamilton–Funktion ÜA

$$(6)\qquad H(q_1,q_2,p_1,p_2) \;=\; \frac{1}{2}h_1(q_1,q_2)\,p_1^2 \;+\; \frac{1}{2}h_2(q_1,q_2)\,p_2^2 \;-\; \frac{1}{2m}\cdot\frac{c_1q_1-c_2q_2}{q_1^2-q_2^2}\,.$$

(c) *Separationsansatz.* Die reduzierte Gleichung $H(q_1,q_2,\partial_1W,\partial_2W)=E$ gestattet erst dann die Anwendung der Separationsmethode, wenn wir sie mit $2m\cdot(q_1^2-q_2^2)>0$ multiplizieren. Sie erhält dann die Form

$$\left(q_1^2-\varepsilon^2\right)(\partial_1W)^2-c_1q_1-2mEq_1^2=\left(q_2^2-\varepsilon^2\right)(\partial_2W)^2-c_2q_2-2mEq_2^2\,.$$

Der Separationsansatz $W(q_1,q_2)=S_1(q_1)+S_2(q_2)$ führt nach 4.2 (b) auf die Gleichungen

$$(7)\qquad \left(q_1^2-\varepsilon^2\right)\,S_1'(q_1)^2-c_1q_1-2mEq_1^2 \;=\; a\,,$$

$$(8)\qquad \left(q_2^2-\varepsilon^2\right)\,S_2'(q_2)^2-c_2q_2-2mEq_2^2 \;=\; a$$

mit einer Konstanten a. Für die Auflösung dieser formal identischen Gleichungen nach $S_1'(q_1)$ bzw. $S_2'(q_2)$ ist zu beachten, dass $q_1>\varepsilon$ und $|q_2|<\varepsilon$ in Ω gilt; ferner ist die Auflösung nur möglich, wenn

$$(9)\qquad -c_1q_1-2mEq_1^2 \;<\; a \;<\; -c_2q_2-2mEq_2^2\,.$$

Diese Gleichung ist für alle $(q_1,q_2)\in\Omega$ erfüllt, wenn wir $E>0$ und $a<0$ so wählen, dass

$$-c_1\varepsilon-2mE^2\varepsilon^2 \;<\; a \;<\; -c_2\varepsilon-2mE^2\varepsilon^2\,,$$

was wegen $0<c_2<c_1$ möglich ist ÜA.

Wir fixieren $(\eta_1,\eta_2)\in\Omega$ und betrachten unter der Bedingung (9) die folgenden, von den Parametern a,E abhängigen Lösungen S_1 von (7), S_2 von (8),

$$(10)\qquad S_1(q_1,a,E) \;=\; \int\limits_{\eta_1}^{q_1}\frac{\sqrt{a+c_1s+2mEs^2}}{\sqrt{s^2-\varepsilon^2}}\,ds\,,$$

$$(11)\qquad S_2(q_2,a,E) \;=\; \int\limits_{\eta_2}^{q_2}\frac{\sqrt{-a-c_2s-2mEs^2}}{\sqrt{\varepsilon^2-s^2}}\,ds\,.$$

(d) *Ein vollständiges Integral der Hamilton–Jacobi–Gleichung.*
Mit den Bezeichnungen $a_1 := a$, $a_2 := E$ ergibt sich nach 4.2 (b) durch

$$(12)\quad S(t,q_1,q_2,a_1,a_2) \;:=\; -a_2 t + S_1(q_1,a_1,a_2) + S_2(q_2,a_1,a_2)$$

eine Lösung der HJG. Mit den Abkürzungen

$$(13)\quad u_1(s,a_1,a_2) \;:=\; \sqrt{(s^2-\varepsilon^2)(a_1+c_1 s+2ma_2 s^2)}$$

$$(14)\quad u_2(s,a_1,a_2) \;:=\; \sqrt{(\varepsilon^2-s^2)(-a_1-c_2 s-2ma_2 s^2)}$$

ergibt sich aus (10), (11) und (12) ÜA

$$(15)\quad \frac{\partial S}{\partial a_1}(t,q_1,q_2,a_1,a_2) \;=\; \frac{1}{2}\left(\int\limits_{\eta_1}^{q_1}\frac{ds}{u_1(s,a_1,a_2)} - \int\limits_{\eta_2}^{q_2}\frac{ds}{u_2(s,a_1,a_2)}\right),$$

$$(16)\quad \frac{\partial S}{\partial a_2}(t,q_1,q_2,a_1,a_2) \;=\; -t + m\left(\int\limits_{\eta_1}^{q_1}\frac{s^2\,ds}{u_1(s,a_1,a_2)} - \int\limits_{\eta_2}^{q_2}\frac{s^2\,ds}{u_2(s,a_1,a_2)}\right).$$

Es folgt ÜA

$$\det\left(\frac{\partial^2 S}{\partial q_i\,\partial a_k}\right) \;=\; \frac{m}{2}\cdot\frac{q_1^2-q_2^2}{u_1(q_1,a_1,a_2)\cdot u_2(q_2,a_1,a_2)} \;>\; 0$$

wegen $q_1 > \varepsilon > |q_2|$. Also ist S ein vollständiges Integral.

(e) *Lösung des Anfangswertproblems für die Hamilton–Gleichungen.* Wir bestimmen gemäß dem Jacobischen Satz 4.2 (a) eine Lösung

$$t \;\mapsto\; (\mathbf{q}(t),\mathbf{p}(t)) \;=\; (q_1(t),q_2(t),p_1(t),p_2(t))$$

der HG mit

$$\mathbf{q}(0) \;=\; (\eta_1,\eta_2)\in\Omega\,, \qquad \mathbf{p}(0) \;=\; (\vartheta_1,\vartheta_2)\;:$$

(i) Nach 4.2 (a) haben wir a_1, a_2 so zu wählen, dass $\nabla_{\mathbf{q}} S(0,\eta_1,\eta_2,a_1,a_2) = \mathbf{p}(0)$ gilt. Nach (10) und (11) bedeutet dies

$$\begin{aligned} a_1 + c_1\eta_1 + 2m\,a_2\eta_1^2 \;&=\; \vartheta_1^2\cdot(\eta_1^2-\varepsilon^2)\,,\\ -a_1 - c_2\eta_2 - 2m\,a_2\eta_2^2 \;&=\; \vartheta_2^2\cdot(\varepsilon^2-\eta_2^2)\,. \end{aligned}$$

Wegen $\eta_1 > \varepsilon > |\eta_2|$ ergibt sich a_2 durch Addition dieser Gleichungen und a_1 dann aus der ersten. Mit den so festgelegten Zahlen $a = a_1$, $E = a_2$ bilden wir die Funktionen u_1, u_2 gemäß (10) und (11), wobei wir beachten, dass (9) für

$q_1 = \eta_1$, $q_2 = \eta_2$ nach den vorangehenden beiden Gleichungen erfüllt ist. Damit ist auch S nach (12) festgelegt.

(ii) Eine Lösung $t \mapsto \mathbf{q}(t)$ des Anfangswertproblems ergibt sich nach 4.2 (a) durch Auflösung der Gleichung

$$\nabla_{\mathbf{a}} S(t, \mathbf{q}(t), \mathbf{a}) \;=\; \nabla_{\mathbf{a}} S(0, \mathbf{q}(0), \mathbf{a})\,.$$

nach $\mathbf{q}(t)$. Wegen (15) und (16) besagt diese Gleichung $\nabla_{\mathbf{a}} S(t, \mathbf{q}(t), \mathbf{a}) = \mathbf{0}$, also

$$(17)\quad \int_{\eta_1}^{q_1(t)} \frac{ds}{u_1(s, a_1, a_2)} - \int_{\eta_2}^{q_2(t)} \frac{ds}{u_2(s, a_1, a_2)} \;=\; 0\,,$$

$$(18)\quad \int_{\eta_1}^{q_1(t)} \frac{s^2\, ds}{u_1(s, a_1, a_2)} - \int_{\eta_2}^{q_2(t)} \frac{s^2\, ds}{u_2(s, a_1, a_2)} \;=\; \frac{t}{m}\,.$$

Diese Gleichungen bestimmen $q_1(t)$ und $q_2(t)$ eindeutig, allerdings lassen sich die auftretenden elliptischen Integrale nicht in geschlossener Form angeben. Für die praktische Auswertung der Formeln (17) und (18) können Tafelwerke über elliptische Integrale oder Näherungsmethoden, z.B. Reihenentwicklungen herangezogen werden.

Die Impulse $p_1(t)$ und $p_2(t)$ ergeben sich aus $\mathbf{p}(t) = \nabla_{\mathbf{q}} S(t, \mathbf{q}(t), \mathbf{a})$. Wir erhalten ÜA

$$p_1(t) \;=\; \frac{u_1(q_1(t), a_1, a_2)}{q_1(t)^2 - \varepsilon^2}\,, \qquad p_2(t) \;=\; \frac{u_2(q_2(t), a_1, a_2)}{\varepsilon^2 - q_2(t)^2}\,.$$

§ 5 Geometrische Optik und parametrische Variationsprobleme

1 Übersicht

(a) In der geometrischen Optik wird die Ausbreitung des Lichts durch zwei duale Bilder beschrieben: Bewegung von Lichtpartikeln längs Strahlen, welche dem Fermatschen Prinzip genügen, und Fortschreiten von Wellenfronten nach dem Huygensschen Prinzip. Beide Bilder sind zueinander äquivalent: Jede Schar von Wellenfronten bestimmt ein diese transversal durchsetzendes Strahlenbündel, und jedes Strahlenbündel definiert eine Schar von Wellenfronten.

Der mathematische Formalismus, welcher die beiden Bilder verbindet, wurde um 1830 von HAMILTON entwickelt und später auf die Mechanik übertragen:

Lichtstrahlen genügen dem **Fermat–Prinzip**: Für jedes hinreichend kleine Teilstück C eines Lichtstrahls ist das **Laufzeitintegral**

$$\int_C \frac{ds}{v} = \int_C \frac{n}{c}\, ds \qquad (n = \text{Brechungsindex},\ \ c = \text{Lichtgeschwindigkeit})$$

nicht größer als das für Nachbarbahnen mit gleichen Endpunkten.

Das Fermat–Prinzip führt bei geeigneter Parametrisierung der Lichtstrahlen auf die **Hamilton–Gleichungen**

$$\dot{\mathbf{q}} = \nabla_{\mathbf{p}} H(\mathbf{q},\mathbf{p}), \quad \dot{\mathbf{p}} = -\nabla_{\mathbf{q}} H(\mathbf{q},\mathbf{p})$$

in den Stetigkeitsbereichen des Brechungsindex n und auf das Brechungsgesetz auf Flächen, an denen n einen Sprung macht.

Die **Wellenfronten** lassen sich außerhalb von Brennpunkten als Niveauflächen $\{S = \text{const}\}$ einer Funktion $S(\mathbf{q})$ schreiben, welche der **Eikonalgleichung**

$$H(\mathbf{q}, \nabla S(\mathbf{q})) = 1$$

genügt.

(b) Ist $\mathbf{q} : I \to \mathbb{R}^3$ eine Parametrisierung eines Kurvenstücks C, so wird das Laufzeitintegral über C zu einem Variationsintegral

$$\mathcal{L}(\mathbf{q}, I) = \int_I L(\mathbf{q}, \dot{\mathbf{q}})\, ds\,,$$

dessen Integrand L — anders als in der Mechanik — nicht elliptisch ist, so dass die Legendre–Transformation nach dem Muster der Mechanik nicht durchgeführt werden kann. Jedoch gelingt die Ausführung einer modifizierten Legendre–Transformation und damit die Konstruktion der zugehörigen Hamilton–Funktion. Für ein isotropes Medium mit Brechungsindex $n(\mathbf{q})$ ergibt sich dabei $H(\mathbf{p},\mathbf{q}) = c\,\|\mathbf{p}\|/n(\mathbf{q})$ und daher für die Eikonalgleichung $\|\nabla S(\mathbf{q})\| = n(\mathbf{q})/c$.

Bei dieser Konstruktion wird davon Gebrauch gemacht, dass L die Homogenitätseigenschaft $L(\mathbf{y}, \lambda\,\mathbf{z}) = |\lambda| \cdot L(\mathbf{y}, \mathbf{z})$ für $\lambda \in \mathbb{R}$ hat, die sich aus der Parameterinvarianz des Wegintegrals über C ergibt. Integranden mit dieser Eigenschaft heißen **parametrisch**. Da solche auch in der Differentialgeometrie betrachtet werden, behandeln wir in Abschnitt 2 parametrische Probleme unabhängig vom optischen Kontext.

(c) Die geometrische Optik kann als Grenzfall der Theorie elektromagnetischer Wellen in nicht magnetisierbaren Medien bei hohen Frequenzen aufgefasst werden. Unter geeigneten Annahmen führen die Maxwell–Gleichungen auf die Wellengleichung für die Komponenten $u(\mathbf{x}, t)$ des elektromagnetischen Feldes,

$$\frac{n^2}{c^2}\frac{\partial^2 u}{\partial t^2} = \Delta u \quad \text{mit } n = \sqrt{\mu\varepsilon}\,,$$

vgl. Bd. 2, § 1 : 2.6 (b). Der Ansatz

$$u(\mathbf{x}, t) = \operatorname{Re}\left\{A(\mathbf{x}) \cdot \mathrm{e}^{i\omega(t-S(\mathbf{x}))}\right\}$$

liefert eine Lösung, wenn A und S die Bedingung

$$\|\nabla S\|^2 - \frac{n^2}{c^2} = \frac{1}{\omega^2}\frac{\Delta A}{A}$$

sowie die weitere Bedingung $2\langle\nabla S, \nabla A\rangle + A\Delta S = 0$ erfüllen [ÜA]. Für $\omega \to \infty$ ergibt sich die Eikonalgleichung $\|\nabla S\| = n/c$ für ein isotropes Medium.

2 Parametrische Variationsprobleme

2.1 Parametrische Lagrange–Funktionen

(a) Eine Funktion

$$L : \Omega \times \mathbb{R}^m \to \mathbb{R}, \quad (\mathbf{y}, \mathbf{z}) \mapsto L(\mathbf{y}, \mathbf{z})$$

heißt **parametrisch**, wenn sie C^2–differenzierbar auf $\Omega \times (\mathbb{R}^m \setminus \{\mathbf{0}\})$ ist und die **Homogenitätsbedingung**

$$(*) \quad L(\mathbf{y}, \lambda\mathbf{z}) = |\lambda| \cdot L(\mathbf{y}, \mathbf{z}) \quad \text{für } \mathbf{y} \in \Omega,\ \mathbf{z} \in \mathbb{R}^m,\ \lambda \in \mathbb{R}$$

erfüllt. Dabei ist Ω ein Gebiet des $\mathbb{R}^m$. Aus den Voraussetzungen folgen die Stetigkeit von L auf $\Omega \times \mathbb{R}^m$, die Symmetriebedingung $L(\mathbf{y}, -\mathbf{z}) = L(\mathbf{y}, \mathbf{z})$ und $L(\mathbf{y}, \mathbf{0}) = 0$. Die partiellen Ableitungen $L_{z_k}(\mathbf{y}, \mathbf{0})$ existieren in der Regel nicht. Das zugehörige parametrische Variationsintegral bezeichnen wir mit

$$\mathcal{L}(\mathbf{v}, I) = \mathcal{L}_I(\mathbf{v}) = \int_I L(\mathbf{v}(s), \mathbf{v}'(s))\, ds = \int_I L(\mathbf{v}, \mathbf{v}')\, ds\,,$$

die Bezeichnung t für den Kurvenparameter ist ausgezeichneten (normalen) Parametrisierungen der Spur von $\mathbf{v}$ vorbehalten.

Beispiele für parametrische Lagrange–Funktionen sind

$$L(\mathbf{y},\mathbf{z}) \;=\; n(\mathbf{y})\cdot\|\mathbf{z}\| \quad \text{und} \quad L(\mathbf{y},\mathbf{z}) \;=\; \sqrt{\sum_{i,k=1}^{2} g_{ik}(\mathbf{y})\, z_i\, z_k}\;.$$

Das zugehörige Variationsintegral deuten wir im ersten Fall als Laufzeit längs eines Kurvenstücks in einem isotropen Medium mit Brechungsindex n ($c=1$ gesetzt); im zweiten Fall liefert es die Bogenlänge eines Kurvenstücks auf einer Fläche.

(b) SATZ. *Eine auf* $\Omega\times\mathbb{R}^m$ *stetige Funktion* L *erfüllt genau dann die Homogenitätsbedingung* $(*)$, *wenn* $L(\mathbf{y},-\mathbf{z}) = L(\mathbf{y},\mathbf{z})$ *gilt und wenn für je zwei Parametrisierungen* $\mathbf{v}: I\to\Omega$, $\mathbf{u}: J\to\Omega$ *eines beliebigen Kurvenstücks* $C\subset\Omega$ das Variationsintegral gleich ist:

$$\mathcal{L}(\mathbf{v},I) \;=\; \mathcal{L}(\mathbf{u},J)\,.$$

BEWEIS.

„$\Longrightarrow$" Aus $(*)$ folgt $L(\mathbf{y},-\mathbf{z}) = L(\mathbf{y},\mathbf{z})$. Nach Bd. 1, § 24 : 1.3 gibt es eine Parametertransformation, d.h. einen C^1–Diffeomorphismus $h: I\to J$ mit $h'>0$ und $\mathbf{v}=\mathbf{u}\circ h$. Wegen $\mathbf{v}'(s)=\mathbf{u}'(h(s))\cdot h'(s)$ ergibt sich aus $(*)$ und der Substitutionsregel

$$\begin{aligned}\mathcal{L}(\mathbf{v},I) &= \int_I L(\,\mathbf{v}(s),\mathbf{v}'(s)\,)\,ds \;=\; \int_I L(\,\mathbf{u}(h(s)),\mathbf{u}'(h(s))\,h'(s)\,)\,ds\\ &= \int_I L(\,\mathbf{u}(h(s)),\mathbf{u}'(h(s))\,)\cdot|h'(s)|\,ds \;=\; \int_J L(\,\mathbf{u}(t),\mathbf{u}'(t)\,)\,dt\\ &= \mathcal{L}(\mathbf{u},J)\,.\end{aligned}$$

„$\Longleftarrow$" Für $\mathbf{y}_0\in\Omega$, $\mathbf{z}_0\neq\mathbf{0}$ und $\lambda,\varepsilon>0$ betrachten wir die Parametrisierungen

$$\mathbf{v}(s) \;:=\; \mathbf{y}_0 + s\mathbf{z}_0 \quad \text{auf } I=[0,\lambda\varepsilon]\,,$$

$$\mathbf{u}(t) \;:=\; \mathbf{y}_0 + \lambda t\mathbf{z}_0 \quad \text{auf } J=[0,\varepsilon]\,.$$

der Strecke $\{\mathbf{v}(s)\mid s\in I\}$. Wegen der Parameterinvarianz gilt

$$\int_0^{\varepsilon} L(\mathbf{y}_0+t\lambda\mathbf{z}_0,\lambda\mathbf{z}_0)\,dt \;=\; \mathcal{L}(\mathbf{u},J)=\mathcal{L}(\mathbf{v},I) \;=\; \int_0^{\lambda\varepsilon} L(\mathbf{y}_0+s\mathbf{z}_0,\mathbf{z}_0)\,ds\,.$$

Durch Ableiten nach ε an der Stelle $\varepsilon=0$ ergibt sich

$$L(\mathbf{y}_0,\lambda\mathbf{z}_0) \;=\; \lambda L(\mathbf{y}_0,\mathbf{z}_0) \quad \text{für } (\mathbf{y}_0,\mathbf{z}_0)\in\Omega\times(\mathbb{R}^m\setminus\{\mathbf{0}\})\,, \text{ und } \lambda>0\,.$$

Wegen der Stetigkeit von L folgt $L(\mathbf{y}_0, \mathbf{0}) = 0$, und aus der Symmetrie von L in der $\mathbf{z}$–Variablen folgt für $\lambda < 0$

$$L(\mathbf{y}_0, \lambda\mathbf{z}_0) = L(\mathbf{y}_0, -|\lambda|\mathbf{z}_0) = L(\mathbf{y}_0, |\lambda|\mathbf{z}_0) = |\lambda| \cdot L(\mathbf{y}_0, \mathbf{z}_0). \qquad \square$$

2.2 Eigenschaften parametrischer Lagrange–Funktionen

(a) SATZ. *Die Ableitungen einer parametrischen Lagrange–Funktion L erfüllen für $\mathbf{y} \in \Omega$, $\mathbf{z} \neq \mathbf{0}$ folgende Relationen*

(1) $\quad L_{\mathbf{z}}(\mathbf{y}, \mathbf{z}) \cdot \mathbf{z} = \langle \nabla_{\mathbf{z}} L(\mathbf{y}, \mathbf{z}), \mathbf{z} \rangle = L(\mathbf{y}, \mathbf{z}) \qquad$ (Euler–Relation),

(2) $\quad L_{\mathbf{zz}}(\mathbf{y}, \mathbf{z}) \cdot \mathbf{z} = \mathbf{0}$,

(3) $\quad L_{\mathbf{yz}}(\mathbf{y}, \mathbf{z}) \cdot \mathbf{z} = \nabla_{\mathbf{y}} L(\mathbf{y}, \mathbf{z})$,

(4) $\quad L_{\mathbf{y}}(\mathbf{y}, \lambda\mathbf{z}) = |\lambda| \cdot L_{\mathbf{y}}(\mathbf{y}, \mathbf{z}) \quad$ für $\lambda \neq 0$,

(5) $\quad L_{\mathbf{z}}(\mathbf{y}, \lambda\mathbf{z}) = \begin{cases} L_{\mathbf{z}}(\mathbf{y}, \mathbf{z}) & \text{für } \lambda > 0, \\ -L_{\mathbf{z}}(\mathbf{y}, \mathbf{z}) & \text{für } \lambda < 0. \end{cases}$

Die Identität (2) zeigt, dass die Leitmatrix $L_{\mathbf{zz}}$ nicht invertierbar und L somit nicht elliptisch ist. Nach Gleichung (5) ist $\mathbf{z} \mapsto L_{\mathbf{z}}(\mathbf{y}, \mathbf{z})$ nicht injektiv, so dass die Legendre–Transformation gemäß § 2 : 6.2 nicht durchführbar ist.

BEWEIS.

Zunächst sei $\lambda > 0$. Aus $L(\mathbf{y}, \lambda\mathbf{z}) = \lambda L(\mathbf{y}, \mathbf{z})$ folgen (4) bzw. (5) durch Differentiation nach $\mathbf{y}$ bzw. $\mathbf{z}$ und $L_{\mathbf{z}}(\mathbf{y}, \lambda\mathbf{z})\mathbf{z} = L(\mathbf{y}, \mathbf{z})$ durch Differentiation nach $\lambda > 0$. Aus der letzteren Gleichung folgen (1) für $\lambda = 1$ und (3) durch Differentiation nach $\mathbf{y}$. Aus (1) folgt (2) durch Differentiation nach $\mathbf{z}$. Die Behauptungen (4) und (5) für $\lambda < 0$ ergeben sich analog aus $L(\mathbf{y}, \lambda\mathbf{z}) = -\lambda L(\mathbf{y}, \mathbf{z})$ [ÜA]. $\square$

(b) Aus den Relationen (a) ergeben sich einige Besonderheiten für die Euler–Gleichung, insbesondere die Invarianz unter Umparametrisierungen. Zunächst merken wir an, dass

$$s \mapsto \mathbf{E}_L(\mathbf{v})(s) := \frac{d}{ds}\left[\nabla_{\mathbf{z}} L(\mathbf{v}(s), \mathbf{v}'(s))\right] - \nabla_{\mathbf{y}} L(\mathbf{v}(s), \mathbf{v}'(s))$$

nur Sinn macht für reguläre C^2–Kurven, d.h. für C^2–Kurven $\mathbf{v}$ mit $\mathbf{v}'(s) \neq \mathbf{0}$. Dasselbe gilt für C^2–Lösungen $\mathbf{u}$ der Euler–Gleichung $\mathbf{E}_L(\mathbf{u}) = \mathbf{0}$.

SATZ. *Für eine parametrische Lagrange–Funktion L und jede reguläre C^2–Kurve $\mathbf{v}$ ist das Euler–Feld $\mathbf{E}_L(\mathbf{v})$ längs $\mathbf{v}$ orthogonal zum Tangentenvektorfeld längs $\mathbf{v}$,*

$$\mathbf{E}_L(\mathbf{v}) \perp \mathbf{v}'.$$

Beweis.

Mit der Kettenregel und unter Fortlassung der Argumente $\mathbf{v}, \mathbf{v}'$ ergibt sich

$$\begin{aligned}
\langle \mathbf{E}_L(\mathbf{v}), \mathbf{v}' \rangle &= \sum_{i=1}^{m} \left(\tfrac{d}{ds}[L_{z_i}] - L_{y_i} \right) v_i' \\
&= \sum_{i=1}^{m} \Big(\sum_{k=1}^{m} L_{y_k z_i} v_k' + L_{z_k z_i} v_k'' - L_{y_i} \Big) v_i' \\
&= \sum_{k=1}^{m} \Big(v_k' \sum_{i=1}^{m} L_{y_k z_i} v_i' + v_k'' \sum_{i=1}^{m} L_{z_k z_i} v_i' \Big) - \langle \mathbf{v}', \nabla_{\mathbf{y}} L \rangle \\
&= \langle \mathbf{v}', L_{\mathbf{yz}} \mathbf{v}' \rangle \; + \; \langle \mathbf{v}'', L_{\mathbf{zz}} \mathbf{v}' \rangle \; - \; \langle \mathbf{v}', \nabla_{\mathbf{y}} L \rangle \\
&= 0
\end{aligned}$$

nach (2) und (3). □

(c) Satz. *Aus jeder Lösung der Euler–Gleichung einer parametrischen Lagrange–Funktion L entsteht durch Umparametrisierung wieder eine Lösung der Euler–Gleichung von L.*

Beweis.

Sei $\mathbf{u}$ eine Lösung der Euler–Gleichungen

$$\text{(EG)} \quad L_{y_k}(\mathbf{u}, \mathbf{u}') \;=\; \frac{d}{ds} \left[L_{z_k}(\mathbf{u}, \mathbf{u}') \right] \;=\; \sum_{i=1}^{m} \left(L_{y_i z_k}(\mathbf{u}, \mathbf{u}') u_i' + L_{z_i z_k}(\mathbf{u}, \mathbf{u}') u_i'' \right)$$

$(k = 1, \ldots, m)$. Wir nehmen zunächst an, dass $\mathbf{v} = \mathbf{u} \circ h$ mit $h' > 0$. Dann ergibt sich mit den Formeln (a) und der Abkürzung h für $h(s)$

$$\begin{aligned}
&\frac{d}{ds} \left[L_{z_k}(\mathbf{v}(s), \mathbf{v}'(s)) \right] = \frac{d}{ds} \left[L_{z_k}(\mathbf{u} \circ h, (\mathbf{u}' \circ h) \cdot h') \right] \overset{(5)}{=} \frac{d}{ds} \left[L_{z_k}(\mathbf{u} \circ h, \mathbf{u}' \circ h) \right] \\
&= \sum_{i=1}^{m} (L_{y_i z_k}(\mathbf{u} \circ h, \mathbf{u}' \circ h) \cdot u_i' \circ h + L_{z_i z_k}(\mathbf{u} \circ h, \mathbf{u}' \circ h) \cdot u_i'' \circ h) \cdot h' \\
&\overset{\text{(EG)}}{=} L_{y_k}(\mathbf{u} \circ h, \mathbf{u}' \circ h) \cdot h' \overset{(4)}{=} L_{y_k}(\mathbf{u} \circ h, \mathbf{u}' \circ h \cdot h') \;=\; L_{y_k}(\mathbf{v}(s), \mathbf{v}'(s))
\end{aligned}$$

für $k = 1, \ldots, m$.

Der Fall $h' < 0$ ergibt sich in analoger Weise mit Hilfe der Beziehungen (4) und (5) mit $\lambda < 0$ [ÜA]. □

2.3 Übergang zu nichtparametrischen elliptischen Problemen

Wir beschreiben zwei Wege, ein parametrisches Problem in ein nichtparametrisches elliptisches Problem zu transformieren.

(a) **Wahl einer Kurvenkoordinate als Parameter**. Wird eine Kurvenkoordinate bei allen betrachteten Kurven injektiv durchlaufen, so kann sie als Kurvenparameter verwendet werden. Diese Situation ist z.B. beim Fernrohr gegeben. Ist die optische Achse des Fernrohrs als x_1–Achse gewählt, so lassen sich alle interessierenden Lichtstrahlen in der Form $x \mapsto (x, u_1(x), u_2(x))$ parametrisieren. Das Laufzeitintegral für isotrope Medien erhält dann die Form

$$\int_I n(x, u_1(x), u_2(x)) \sqrt{1 + u_1'(x)^2 + u_2'(x)^2}\, dx$$

mit elliptischem Integranden, welche die Formel § 1 : 1.1 auf nicht planar verlaufende Lichtstrahlen fortschreibt.

Allgemein entsteht aus einer parametrischen Funktion $L(y_1, \ldots, y_m, z_1, \ldots, z_m)$ auf diese Weise eine nicht parametrische Funktion

$$\begin{aligned} L^0(x, \mathbf{q}, \mathbf{v}) &= L^0(x, q_1, \ldots, q_{m-1}, v_1, \ldots, v_{m-1}) \\ &:= L(x, q_1, \ldots, q_{m-1}, 1, v_1, \ldots, v_{m-1})\,; \end{aligned}$$

für $\mathbf{w}(x) := (x, \mathbf{u}(x)) = (x, u_1(x), \ldots, u_{m-1}(x))$ gilt dann

$$\mathcal{L}(\mathbf{w}, I) = \int_I L^0(x, \mathbf{u}(x), \mathbf{u}'(x))\, dx\,.$$

Umgekehrt lässt sich jeder Lagrange–Funktion $L(x, \mathbf{y}, \mathbf{z})$ auf $\Omega \times \mathbb{R}^m$ mit $\Omega \subset \mathbb{R}^{m+1}$ eine parametrische Lagrange–Funktion L_0 auf $\Omega \times \mathbb{R}^{m+1}$ zuordnen durch die Vorschrift

$$L_0(y_0, \ldots, y_m, z_0, \ldots, z_m) := L\left(y_0, \ldots, y_m, \frac{z_1}{z_0}, \ldots, \frac{z_m}{z_0}\right) \cdot z_0\,.$$

Diese wurde beim Beweis des Noetherschen Satzes in § 4 : 3.5 verwendet.

Offenbar gilt dann bis auf Bezeichnung der Variablen $(L_0)^0 = L$; für eine parametrische Lagrange–Funktion L ergibt sich entsprechend $(L^0)_0 = L$ [ÜA].

Satz. *Eine* C^2*–Kurve in* Ω *mit Graphengestalt*

$$s \mapsto (s, \mathbf{u}(s)) = (s, u_1(s), \ldots, u_{m-1}(s))$$

löst die Euler–Gleichung für die parametrische Lagrange–Funktion L *genau dann, wenn* $s \mapsto \mathbf{u}(s)$ *die Euler–Gleichung für* L^0 *löst.*

Beweis als [ÜA].

Ist umgekehrt L eine beliebige Lagrange–Funktion, so ist $s \mapsto \mathbf{u}(s)$ genau dann eine Lösung der Euler–Gleichung für L, wenn $s \mapsto (s, \mathbf{u}(s))$ eine (reguläre) Lösung der Euler–Gleichung zu L_0 ist, vgl. § 4 : 3.5 (d).

(b) **Quadrieren des Integranden**. Ein Integrand $L \geq 0$ heißt **parametrisch–elliptisch**, wenn $L : \Omega \times \mathbb{R}^m \to \mathbb{R}_+$ parametrisch ist und wenn durch Quadrieren ein auf $\Omega \times \mathbb{R}^m$ überall C^3–differenzierbarer elliptischer Integrand

$$L^*(\mathbf{y}, \mathbf{z}) := \frac{1}{2} L^2(\mathbf{y}, \mathbf{z})$$

entsteht, dessen Leitmatrix

$$L^*_{\mathbf{zz}}(\mathbf{y}, \mathbf{z}) =: \big(g_{ik}(\mathbf{y}, \mathbf{z})\big)$$

also positiv definit ist, d.h. für $\mathbf{y} \in \Omega$ und $\mathbf{z} \in \mathbb{R}^m$, $\mathbf{0} \neq \boldsymbol{\zeta} \in \mathbb{R}^m$ gilt

$$\sum_{i,k=1}^{m} g_{ik}(\mathbf{y}, \mathbf{z})\, \zeta_i\, \zeta_k = \langle \boldsymbol{\zeta}, L^*_{\mathbf{zz}}(\mathbf{y}, \mathbf{z}) \boldsymbol{\zeta} \rangle > 0\,.$$

Aus der Homogenitätsrelation

$$L^*(\mathbf{y}, \lambda \mathbf{z}) = \frac{1}{2} L^2(\mathbf{y}, \lambda \mathbf{z}) = \frac{1}{2} \lambda^2 L^2(\mathbf{y}, \mathbf{z}) = \lambda^2 L^*(\mathbf{y}, \mathbf{z})$$

ergibt sich durch zweimalige Differentiation nach λ an der Stelle $\lambda = 1$

$$(1) \qquad L^*(\mathbf{y}, \mathbf{z}) = \frac{1}{2} L^2(\mathbf{y}, \mathbf{z}) = \frac{1}{2} \sum_{i,k=1}^{m} g_{ik}(\mathbf{y}, \mathbf{z}) z_i z_k \quad \text{für } \mathbf{y} \in \Omega,\ \mathbf{z} \in \mathbb{R}^m\,.$$

Vergleichen Sie hiermit die Beispiele 2.1 (a)!

Aus (1) und $L \geq 0$ folgt

$$(2) \qquad L(\mathbf{y}, \mathbf{z}) > 0 \quad \text{für } \mathbf{y} \in \Omega\,,\ \mathbf{z} \neq \mathbf{0}\,, \qquad L(\mathbf{y}, \mathbf{0}) = 0 \quad \text{für } \mathbf{y} \in \Omega\,.$$

Für parametrisch–elliptische Integranden L ergeben sich die Extremalen bei geeigneter Parametrisierung aus denen von L^* und umgekehrt. Deshalb lassen sich die für elliptische Probleme gewonnenen Ergebnisse wie Regularität und Minimaleigenschaft von Extremalen auf parametrisch–elliptische Probleme übertragen. Dies wird im Folgenden ausgeführt.

(c) Sei L eine parametrisch–elliptische Lagrange–Funktion. Eine C^1–Kurve $\mathbf{u} : I \to \Omega,\ t \mapsto \mathbf{u}(t)$ heißt **normal**, wenn

$$L(\mathbf{u}(t), \dot{\mathbf{u}}(t)) = 1$$

für alle $t \in I$ gilt. Wir reservieren im Folgenden das Symbol t für den Parameter normaler Kurven. Normale Kurven sind regulär nach (2).

Zu jeder regulären Kurve $\mathbf{v} : J \to \Omega$ *gibt es eine Parametertransformation* $h : I \to J$, *so dass* $t \mapsto \mathbf{u}(t) := \mathbf{v}(h(t))$ *eine normale Kurve ist. Der Parameter* t *ist hierbei bis auf Translationen eindeutig bestimmt.*

Für $L(\mathbf{y}) = \|\mathbf{y}\|$ ergibt sich die Parametrisierung durch die Bogenlänge.

Zum Beweis betrachten wir $\eta(s) := \int_{s_0}^{s} L(\mathbf{v}(x), \mathbf{v}'(x))\, dx$. Da $\mathbf{v}$ regulär ist, gilt $\eta'(s) = L(\mathbf{v}(s), \mathbf{v}'(s)) > 0$ nach (2). Also besitzt η eine C^1–Umkehrung h, welche das Gewünschte leistet [ÜA]. Ist umgekehrt $\mathbf{u} = \mathbf{v} \circ h$ normal, so erfüllt die Umkehrfunktion η von h die Bedingung $\eta'(s) = L(\mathbf{v}(s), \mathbf{v}'(s))$ [ÜA], ist also bis auf eine additive Konstante festgelegt. □

Nach 2.1 (b) ist das zu einer parametrischen Lagrange–Funktion L gehörige Variationsintegral invariant gegenüber Umparametrisierungen, und Extremalen gehen bei Umparametrisierung wieder in Extremalen über. Es liegt daher nahe, nur normale Parametrisierungen der Extremalen (**normale Extremalen**) zu betrachten. Es sei daran erinnert, dass Extremalen parametrischer Probleme immer regulär sein müssen.

SATZ. *Eine* C^2*–Kurve* $t \mapsto \mathbf{u}(t)$ *ist genau dann eine normale Extremale von* L*, wenn sie eine Extremale von* L^* *ist mit* $L(\mathbf{u}(t_0), \mathbf{u}'(t_0)) = 1$ *für ein* t_0.

BEWEIS.

Wir betrachten das Euler–Feld von L längs $\mathbf{u}$,

$$\mathbf{E}_L(\mathbf{u})(t) \;=\; \frac{d}{dt}\left[\nabla_{\mathbf{z}} L(\mathbf{u}(t), \mathbf{u}'(t))\right] \;-\; \nabla_{\mathbf{y}} L(\mathbf{u}(t), \mathbf{u}'(t))\,.$$

Wegen $\nabla_{\mathbf{z}} L^* = L \cdot \nabla_{\mathbf{z}} L$ und $\nabla_{\mathbf{y}} L^* = L \cdot \nabla_{\mathbf{y}} L$ erhalten wir mit der Produktregel bei Fortlassung des Parameters t für das Euler–Feld von L^* längs $\mathbf{u}$

$$(3) \qquad \mathbf{E}_{L^*}(\mathbf{u}) \;=\; \frac{d}{dt}\left[L(\mathbf{u}, \mathbf{u}')\right] \cdot \nabla_{\mathbf{z}} L(\mathbf{u}, \mathbf{u}') \;+\; L(\mathbf{u}, \mathbf{u}') \cdot \mathbf{E}_L(\mathbf{u})\,.$$

Für eine normale Extremale $\mathbf{u}$ ist $\mathbf{E}_L(\mathbf{u}) = \mathbf{0}$ und $L(\mathbf{u}, \mathbf{u}') = 1$, also $\mathbf{E}_{L^*}(\mathbf{u}) = \mathbf{0}$.

Zum Beweis der Umkehrung verwenden wir die Beziehungen $\langle \mathbf{E}_L(\mathbf{u}), \mathbf{u}' \rangle = 0$ aus 2.2 (b) und $\langle \nabla_{\mathbf{z}} L(\mathbf{u}, \mathbf{u}'), \mathbf{u}' \rangle = L(\mathbf{u}, \mathbf{u}')$ aus 2.2 (a). Damit ergibt sich mit (3)

$$\left\langle \mathbf{E}_{L^*}(\mathbf{u}), \mathbf{u}' \right\rangle \;=\; \frac{d}{dt}\left[L(\mathbf{u}, \mathbf{u}')\right] \cdot L(\mathbf{u}, \mathbf{u}') \;=\; \frac{d}{dt}\left[\frac{1}{2} L^2(\mathbf{u}, \mathbf{u}')\right].$$

Aus $\mathbf{E}_{L^*}(\mathbf{u}) = \mathbf{0}$ folgt daher, dass $L(\mathbf{u}, \mathbf{u}')$ konstant ist, also $L(\mathbf{u}(t), \mathbf{u}'(t)) = L(\mathbf{u}(t_0), \mathbf{u}'(t_0)) = 1$. Aus (3) folgt dann $\mathbf{E}_L(\mathbf{u}) = \mathbf{0}$. □

(d) **Der Regularitätssatz für parametrisch–elliptische Integranden** *Sei* L *parametrisch–elliptisch, und* $L^* = \frac{1}{2} L^2$ *sei* C^r*–differenzierbar* $(r \geq 3)$*. Dann ist jede schwache normale* PC^1*–Lösung der Euler–Gleichung von* L *ebenfalls* C^r*–differenzierbar.*

BEWEIS.

Sei $\mathbf{u} : I \to \Omega$ stückweis glatt mit $L(\mathbf{u}(t), \mathbf{u}'(t)) = 1$ an allen Stetigkeitsstellen von $\mathbf{u}'$, und es sei $\delta\mathcal{L}_I(\mathbf{u}) = 0$. Wegen $L^*_{\mathbf{y}} = L \cdot L_{\mathbf{y}}$, $L^*_{\mathbf{z}} = L \cdot L_{\mathbf{z}}$ folgt

$$0 = \int_I \big(L_{\mathbf{y}}(\mathbf{u}, \mathbf{u}')\varphi + L_{\mathbf{z}}(\mathbf{u}, \mathbf{u}')\varphi' \big)\, dt = \int_I \big(L^*_{\mathbf{y}}(\mathbf{u}, \mathbf{u}')\varphi + L^*_{\mathbf{z}}(\mathbf{u}, \mathbf{u}')\varphi' \big)\, dt$$

für alle Testvektoren φ, d.h. $\mathbf{u}$ ist eine schwache Lösung der Euler–Gleichung für L^* und damit eine C^r–Extremale für L^* nach dem Regularitätssatz § 2 : 3.4 für elliptische Probleme. Aus (c) folgt, dass $\mathbf{u}$ eine C^r–Extremale für L ist. □

2.4 Die Prinzipien von Jacobi und Euler–Maupertuis

(a) Ausgangspunkt ist eine elliptische C^3–Lagrange–Funktion

$$\overline{L}(\mathbf{y}, \mathbf{z}) = \frac{1}{2} \sum_{i,k=1}^{m} a_{ik}(\mathbf{y})\, z_i\, z_k - U(\mathbf{y}) = T(\mathbf{y}, \mathbf{z}) - U(\mathbf{y})$$

auf $\Omega \times \mathbb{R}^m$, wobei $U \in \mathrm{C}^3(\Omega)$ nach oben beschränkt ist, vgl. § 4 : 1.3. Aus dieser bilden wir für $E > \sup U$ die parametrisch–elliptische Lagrange–Funktion

$$L(\mathbf{y}, \mathbf{z}) = L_E(\mathbf{y}, \mathbf{z}) := 2\sqrt{(E - U(\mathbf{y})) \cdot T(\mathbf{y}, \mathbf{z})}\,.$$

Für $\mathbf{z} \neq \mathbf{0}$ ergeben sich die partiellen Ableitungen von $L = L_E$ durch

$$L_{y_j}(\mathbf{y}, \mathbf{z}) = -\sqrt{\frac{T(\mathbf{y}, \mathbf{z})}{E - U(\mathbf{y})}} \cdot U_{y_j}(\mathbf{y}) + \sqrt{\frac{E - U(\mathbf{y})}{T(\mathbf{y}, \mathbf{z})}} \cdot T_{y_j}(\mathbf{y}, \mathbf{z})\,,$$

$$L_{z_j}(\mathbf{y}, \mathbf{z}) = \sqrt{\frac{E - U(\mathbf{y})}{T(\mathbf{y}, \mathbf{z})}} \cdot T_{z_j}(\mathbf{y}, \mathbf{z})\,.$$

Auf der **Energiefläche**

$$\mathcal{V}_E := \big\{ (\mathbf{y}, \mathbf{z}) \in \Omega \times (\mathbb{R}^m \setminus \{\mathbf{0}\}) \;\big|\; T(\mathbf{y}, \mathbf{z}) + U(\mathbf{y}) = E \big\}$$

gilt daher

$$\nabla_{\mathbf{y}} L(\mathbf{y}, \mathbf{z}) = -\nabla U(\mathbf{y}) + \nabla_{\mathbf{y}} T(\mathbf{y}, \mathbf{z}) = \nabla_{\mathbf{y}} \overline{L}(\mathbf{y}, \mathbf{z})\,,$$

$$\nabla_{\mathbf{z}} L(\mathbf{y}, \mathbf{z}) = \nabla_{\mathbf{z}} T(\mathbf{y}, \mathbf{z}) = \nabla_{\mathbf{z}} \overline{L}(\mathbf{y}, \mathbf{z})\,.$$

Hieraus folgt unmittelbar:

Eine C^2–Kurve $s \mapsto \mathbf{u}(s)$ auf der Energiefläche $\mathcal{V}_E$ (d.h. $(\mathbf{u}(s), \mathbf{u}'(s)) \in \mathcal{V}_E$ für alle s) ist Extremale von $\overline{L}$ genau dann, wenn sie Extremale von L_E ist.

Nach § 2 : 2.1 ist $\overline{L}_{\mathbf{z}}(\mathbf{y}, \mathbf{z}) \cdot \mathbf{z} - \overline{L}(\mathbf{y}, \mathbf{z}) = T(\mathbf{y}, \mathbf{z}) + U(\mathbf{y})$ ein erstes Integral der Euler–Gleichung für $\overline{L}$. Daher liegt jede reguläre Extremale $\mathbf{u}$ von $\overline{L}$ auf einer

Energiefläche $\mathcal{V}_E$ mit $E > \sup U$, ist also auch eine Extremale von L_E. Durch eine C^2–Parametertransformation h entsteht aus $\mathbf{u}$ wieder eine Extremale $\mathbf{u} \circ h$ von L_E, diese muss aber weder auf einer Energiefläche liegen, noch Extremale von $\overline{L}$ sein. Daher besitzt L_E weitaus mehr Extremalen als $\overline{L}$, und es kann einfacher sein, bei vorgegebener Energie E eine Extremale von L_E zu finden. Dass dies von Nutzen ist, zeigt der folgende

(b) SATZ. *Sei* $s \mapsto \mathbf{v}(s)$ *eine Extremale von* L_E *mit* $E > \sup U$, *ferner sei*

$$\eta(s) \ := \ \eta_0 + \int\limits_{s_0}^{s} \sqrt{\frac{T(\mathbf{v}(\sigma), \mathbf{v}'(\sigma))}{E - U(\mathbf{v}(\sigma))}}\, d\sigma \qquad (\eta_0, s_0 \ \textit{Konstanten})$$

und h *die Umkehrfunktion von* η. *Dann ist* $\mathbf{u} := \mathbf{v} \circ h$ *eine Extremale von* $\overline{L}$ *auf der Energiefläche* $\mathcal{V}_E$.

Als FOLGERUNG ergibt sich mit dem Regularitätssatz 2.3 (d) das

Prinzip von Jacobi. *Jede Extremale von* $\overline{L}$ *liegt auf einer Energiefläche* $\mathcal{V}_E$ *und ist eine Extremale von* L_E. *Aus jeder Extremalen* $\mathbf{v}$ *von* L_E *ergibt sich durch die oben beschriebene Umparametrisierung* h *eine Extremale* $\mathbf{u} = \mathbf{v} \circ h$ *von* $\overline{L}$ *auf* $\mathcal{V}_E$.

In der Mechanik liefert eine Extremale von L_E zunächst nur die Gestalt der Bahnkurve des Systems; deren zeitliche Durchlaufung ergibt sich dann nach dem Satz (b).

BEMERKUNG. Der Übergang von der mechanischen Lagrange–Funktion $\overline{L}$ zur parametrischen Lagrange–Funktion L_E ist auch insofern von großer theoretischer Bedeutung, als durch $g_{ik} = 4(E - U)a_{ik}$ eine Riemannsche Metrik definiert ist (§ 9 : 2.1). Deren Geodätische, gegeben durch die Extremalen von L_E, sind nach dem oben Gesagten die Spuren der zu $\overline{L}$ gehörigen mechanischen Bahnen. Durch diese geometrische Beschreibung lassen sich Begriffe und Resultate der Riemannschen Geometrie auf die Mechanik übertragen.

BEWEIS.

Seien h eine C^2–Parametertransformation, η deren Inverse und $\mathbf{u} = \mathbf{v} \circ h$. Dann gilt $\mathbf{u}'(t) \ = \ \mathbf{v}'(h(t)) \cdot h'(t) \ = \ \mathbf{v}'(s)/\eta'(s)$ mit $s = h(t)$, also

$$\begin{aligned} T(\mathbf{u}(t), \mathbf{u}'(t)) + U(\mathbf{u}(t)) &= \frac{1}{2} \sum_{i,k=1}^{m} a_{ik}(\mathbf{u}(t)) \cdot u_i'(t)\, u_k'(t) + U(\mathbf{u}(t)) \\ &= \frac{1}{2\eta'(s)^2} \sum_{i,k=1}^{m} a_{ik}(\mathbf{v}(s))\, v_i'(s)\, v_k'(s) + U(\mathbf{v}(s)) \,. \end{aligned}$$

Daher liegt $\mathbf{u}$ genau dann auf der Energiefläche $\mathcal{V}_E$, wenn

$$\eta'(s)^2 \;=\; \frac{T(\mathbf{v}(s), \mathbf{v}'(s))}{E - U(\mathbf{v}(s))}\,.$$

Der Rest der Behauptung folgt aus (a). □

(c) Das **Euler–Maupertuissche Prinzip** wird in der Physikliteratur häufig wie folgt formuliert (vgl. [87, I] § 44): Die Gestalt der Bahnkurve eines frei beweglichen Massenpunkts in einem Potential U genügt dem „Variationsprinzip"

$$(*) \qquad \delta \int \sqrt{2m(E-U)}\, ds \;=\; 0\,.$$

Hierbei bleibt unklar, was gemeint ist. Wir können das Euler–Maupertuissche Prinzip als Spezialfall des Jacobischen Prinzips verstehen, angewandt auf

$$\overline{L}(\mathbf{y}, \mathbf{z}) \;=\; \frac{1}{2}\, m \,\|\mathbf{z}\|^2 - U(\mathbf{y})\,, \qquad L_E(\mathbf{y}, \mathbf{z}) \;=\; \sqrt{2m(E - U(\mathbf{y}))} \cdot \|\mathbf{z}\|\,.$$

Drücken wir für eine Bewegung $t \mapsto \mathbf{u}(t)$ des Massenpunkts die Zeit t durch die Bogenlänge s aus, $t = \eta(s)$, so ergibt sich für $\mathbf{v} = \mathbf{u} \circ \eta$

$$\begin{aligned} \int_{t_1}^{t_2} L_E(\mathbf{u}, \dot{\mathbf{u}})\, dt \;&=\; \int_{t_1}^{t_2} \sqrt{2m(E - U(\mathbf{u}(t)))} \cdot \|\dot{\mathbf{u}}(t)\|\, dt \\ &=\; \int_0^{\ell} \sqrt{2m(E - U(\mathbf{v}(s)))}\, ds\,. \end{aligned}$$

Obwohl eine korrekte Formulierung offen blieb, hat das Euler–Maupertuissche Prinzip immer wieder als Leitgedanke gedient, vor allem bei Betrachtungen zur Analogie Optik–Mechanik.

In einem Anhang der *Methodus inveniendi lineas curvas maximi minimive proprietate gaudentes . . .*, der ersten Systematik der Variationsrechnung, postulierte Euler 1744 für einen irgendwelchen Kräften unterworfenen Körper, dass seine Bahn durch die Eigenschaft

$$\int ds \sqrt{v} \;=\; \text{Minimum}$$

charakterisiert sei. Tatsächlich machte Euler von der Minimaleigenschaft keinen Gebrauch, sondern zeigte anhand von Beispielen für $v = 2m(E - U)$ nur, dass sich aus der Stationarität des Integrals die aus der Mechanik bekannten Bahnkurven ergeben. Für Maupertuis dagegen war gerade die Minimaleigenschaft entscheidend; er sah darin ein metaphysisches Prinzip, wonach die Natur bei der Hervorbringung ihrer Effekte immer mit den einfachsten Mitteln arbeitet, ja sogar einen Beweis für das Wirken Gottes. An der Frage, ob die „Aktion" immer minimal oder nur stationär ist, entzündete sich ein europaweit geführter

Streit über die Urheberschaft und die Gültigkeit des von MAUPERTUIS propagierten Prinzips, der zweite Prioritätenstreit ([45] S. 78 ff, [5] S. 621 ff).

Eine lesenswerte Würdigung des Prinzips der kleinsten Wirkung gab MAX PLANCK 1915 [44].

2.5 Lokale Minimumeigenschaft von parametrischen Extremalen

Gegeben sei eine parametrisch–elliptische Lagrange–Funktion L auf $\Omega \times \mathbb{R}^m$, siehe 2.3 (b).

SATZ. *Eine Extremale* $\mathbf{u}$ *von* L *macht das zugehörige Variationsintegral* $\mathcal{L}$ *in folgendem Sinn* **lokal zum Minimum**: *Zu jedem Punkt* $\mathbf{x}_0 = \mathbf{u}(s_0)$ *gibt es eine Umgebung* U *von* $\mathbf{x}_0$ *und eine Umgebung* $]s_1, s_2[$ *von* s_0 *mit* $\mathbf{u}([s_1, s_2]) \subset U$, *so dass* $\mathcal{L}$ *für das Kurvenstück* $\mathbf{u}([s_1, s_2])$ *minimal wird im Vergleich mit allen regulären* PC^1*–Kurvenketten in* U *mit den Endpunkten* $\mathbf{u}(s_1)$, $\mathbf{u}(s_2)$.

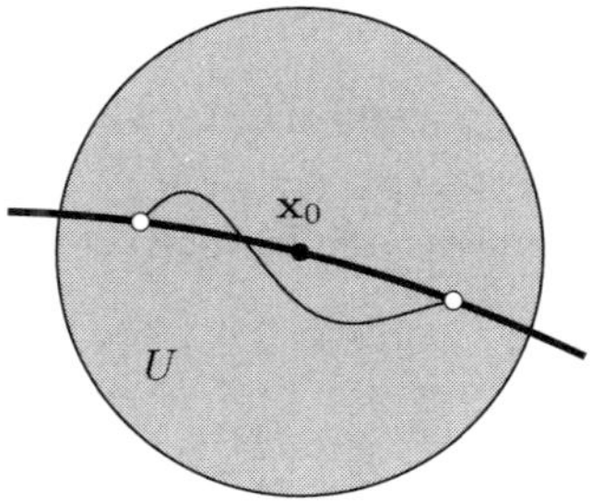

BEWEIS.

Wir wählen eine Parametertransformation h so, dass $\mathbf{u}_0 = \mathbf{u} \circ h$ eine normale Kurve ist; dabei dürfen wir $h(0) = s_0$ annehmen. Nach 2.2 (c) und 2.3 (c) ist $\mathbf{u}_0$ eine Extremale sowohl von L als auch von L^*. Wegen $L(\mathbf{u}_0(t), \dot{\mathbf{u}}_0(t)) = 1$ und aufgrund von 2.1 (b) erhalten wir für die zu L, L^* gehörigen Variationsintegrale $\mathcal{L}, \mathcal{L}^*$

$$(1) \qquad \mathcal{L}(\mathbf{u}, I)^2 \;=\; \mathcal{L}(\mathbf{u}_0, J)^2 \;=\; \ell^2 \;=\; 2\ell \cdot \mathcal{L}^*(\mathbf{u}_0, J)\,,$$

falls J ein kompaktes Intervall der Länge ℓ ist und $I = h(J)$.

Nach § 3 : 2.1 (b) gibt es ein $\delta > 0$, so dass $[0, \delta]$ keine zu 0 längs $\mathbf{u}_0$ bezüglich L^* konjugierte Stelle enthält, und nach § 3 : 2.1 (d) gibt es ein Intervall $J = [t_1, t_2]$ mit $t_1 < 0 < \delta < t_2$, das keine längs $\mathbf{u}_0$ bezüglich L^* zu t_1 konjugierte Stelle enthält. Aufgrund des Hauptsatzes § 3 : 3.4 (a) gibt es daher ein $\varepsilon > 0$, so dass

$$(2) \qquad \mathcal{L}^*(\mathbf{u}_0, J) \;\le\; \mathcal{L}^*(\mathbf{w}, J)$$

für alle PC^1–Kurven $\mathbf{w} : J \to \Omega$ mit $\mathbf{w}(t_1) = \mathbf{u}_0(t_1)$, $\mathbf{w}(t_2) = \mathbf{u}_0(t_2)$ und $\|\mathbf{w}(t) - \mathbf{u}_0(t)\|_{C^0} < \varepsilon$ in J. Wir definieren s_1, s_2, U durch

$$I \;=\; [s_1, s_2] \;:=\; h(J)\,, \quad U \;:=\; \bigcup_{t \in J} K_\varepsilon(\mathbf{u}_0(t))\,.$$

Sei nun $K = [r_1, r_2]$ und $\mathbf{v} : K \to U$ eine PC^1–Kurve mit $\mathbf{v}(r_1) = \mathbf{u}(s_1)$, $\mathbf{v}(r_2) = \mathbf{u}(s_2)$. Wir wählen zunächst eine Parametertransformation $j : K' \to K$, so dass $\mathbf{v}_0 := \mathbf{v} \circ j$ eine normale Kurve ist, dann bilden wir J durch $w : J \to K'$, $t \mapsto c \cdot t + d$ bijektiv auf K' ab. Für $\mathbf{w} = \mathbf{v}_0 \circ w = \mathbf{v} \circ k$ mit $k = j \circ w$ gilt dann $L(\mathbf{w}(t), \dot{\mathbf{w}}(t)) = c$, also

$$(3) \quad \mathcal{L}(\mathbf{v}, K)^2 \;=\; \mathcal{L}(\mathbf{w}, J)^2 \;=\; \ell^2 c^2 \;=\; 2\ell\, \mathcal{L}^*(\mathbf{w}, J)\,.$$

Ferner gilt $\mathbf{w}(t_k) = \mathbf{v}(r_k) = \mathbf{u}_0(t_k)$ für $k = 1, 2$ und $\|\mathbf{w}(t) - \mathbf{u}_0(t)\| < \varepsilon$ für $t \in J$. Somit ist $\mathcal{L}^*(\mathbf{u}_0, J) \le \mathcal{L}^*(\mathbf{w}, J)$ nach (2), und aus (1), (2), (3) folgt

$$\mathcal{L}(\mathbf{u}, I) \;\le\; \mathcal{L}(\mathbf{v}, K)\,. \qquad \square$$

2.6 Die parametrische Hamilton–Funktion

(a) Sei $L : \Omega \times \mathbb{R}^m \to \mathbb{R}_+$ eine parametrisch–elliptische Lagrange–Funktion. Wir definieren die **Indikatrix** von L im Punkt $\mathbf{y} \in \Omega$ als die Hyperfläche

$$\mathbf{L}_\mathbf{y} \;:=\; \left\{\mathbf{z} \in \mathbb{R}^m \;\middle|\; L(\mathbf{y}, \mathbf{z}) = 1\right\}$$

Diese ist kompakt. Denn für $\mathbf{y} \in \Omega$ gilt $\lambda := \min\{L(\mathbf{y}, \mathbf{z}) \mid \|\mathbf{z}\| = 1\} > 0$ nach 2.3 (b), somit $L(\mathbf{y}, \mathbf{z}) \ge \lambda \cdot \|\mathbf{z}\|$ für alle $\mathbf{z} \in \mathbb{R}^m$. Hieraus folgt $\|\mathbf{z}\| \le \lambda^{-1}$ für $L(\mathbf{y}, \mathbf{z}) = 1$, also die Beschränktheit der abgeschlossenen Menge $\mathbf{L}_\mathbf{y}$.

Die **parametrische Hamilton–Funktion** $H : \Omega \times \mathbb{R}^m \to \mathbb{R}$ definieren wir durch

$$H(\mathbf{y}, \mathbf{p}) \;:=\; \max\left\{\langle \mathbf{p}, \mathbf{z}\rangle \;\middle|\; \mathbf{z} \in \mathbf{L}_\mathbf{y}\right\}.$$

Für diese gilt $H(\mathbf{y}, \lambda\mathbf{p}) = |\lambda| \cdot H(\mathbf{y}, \mathbf{p})$ ÜA. Mit $\mathbf{z} := \mathbf{p}/L(\mathbf{y}, \mathbf{p})$ folgt daraus $H(\mathbf{y}, \mathbf{p}) \ge \langle \mathbf{p}, \mathbf{z}\rangle > 0$ für $\mathbf{p} \ne \mathbf{0}$.

Die nebenstehende Figur veranschaulicht das einfache Konstruktionsprinzip der parametrischen Hamilton–Funktion. Bei festem $\mathbf{y} \in \Omega$ legen wir für jeden Vektor $\mathbf{p} \ne \mathbf{0}$ wie skizziert die **Stützebene** an die Indikatrix $\mathbf{L}_\mathbf{y}$ und erhalten $H(\mathbf{y}, \mathbf{p})/\|\mathbf{p}\|$ als Abstand dieser Ebene zum Ursprung. Dass die Konfiguration wirklich so aussieht, zeigen wir in (c).

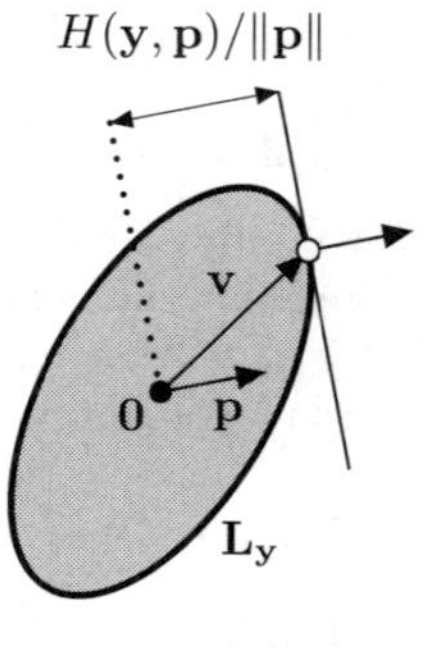

BEISPIEL. Für den Integranden $L(\mathbf{y}, \mathbf{z}) = n(\mathbf{y})\,\|\mathbf{z}\|$ des Laufzeitintegrals für ein isotropes Medium in $\Omega \subset \mathbb{R}^3$ ist $\mathbf{L}_\mathbf{y}$ eine Sphäre mit Radius $1/n(\mathbf{y})$ und $\mathbf{H}(\mathbf{y}, \mathbf{p}) = \|\mathbf{p}\|/n(\mathbf{y})$ ÜA.

(b) SATZ. *Für die elliptische Lagrange–Funktion*

$$L^* = \frac{1}{2} L^2$$

und die gemäß § 2 : 6.2 *zugehörige Hamilton–Funktion* H^* *gilt*

$$H^* = \frac{1}{2} H^2 .$$

Mit L *ist daher die parametrische Hamilton–Funktion* H *ebenfalls* C^3*–differenzierbar auf* $\Omega \times (\mathbb{R}^m \setminus \{\mathbf{0}\})$, *und es gilt*

$$(*) \qquad H(\mathbf{y},\mathbf{p}) = L(\mathbf{y},\mathbf{z}) \quad \textit{für} \quad \mathbf{p} = \boldsymbol{\nabla}_{\mathbf{z}} L^*(\mathbf{y},\mathbf{z}) \quad \textit{bzw.} \quad \mathbf{z} = \boldsymbol{\nabla}_{\mathbf{p}} H^*(\mathbf{y},\mathbf{p}) .$$

Weiter besteht die Darstellung

$$H(\mathbf{y},\mathbf{p}) = \sqrt{\sum_{i,k=1}^{m} g^{ik}(\mathbf{y},\mathbf{p})\, p_i\, p_k}$$

mit der nachfolgend in $(**)$ *angegebenen positiv definiten Matrix* (g^{ik}).

Damit erhalten wir die parametrische Hamilton–Funktion nach dem Schema

$$L \longmapsto \frac{1}{2} L^2 = L^* \longmapsto H^* \longmapsto H = \sqrt{2H^*} .$$

Vor dem Beweis erinnern wir an die Konstruktion von H^* gemäß § 2 : 6.2. Die durch

$$(1) \qquad \mathbf{p} = \boldsymbol{\nabla}_{\mathbf{z}} L^*(\mathbf{y},\mathbf{z})$$

gegebene Legendre–Transformation $(\mathbf{y},\mathbf{z}) \mapsto (\mathbf{y},\mathbf{p})$ ist ein Diffeomorphismus zwischen $\Omega \times \mathbb{R}^m$ und einem Gebiet $\Omega_{H^*} \subset \Omega \times \mathbb{R}^m$. Nach § 2 : 6.2 ist

$$(2) \qquad H^*(\mathbf{y},\mathbf{p}) = \langle \mathbf{p},\mathbf{z} \rangle - L^*(\mathbf{y},\mathbf{z}) ,$$

wobei für $\mathbf{z}$ die Auflösung von (1) einzusetzen ist, nämlich

$$(3) \qquad \mathbf{z} = \boldsymbol{\nabla}_{\mathbf{p}} H^*(\mathbf{y},\mathbf{p}) .$$

Aus der Homogenitätsbedingung für L ergibt sich mit Formel (5) aus 2.2 (a)

$$(4) \qquad \boldsymbol{\nabla}_{\mathbf{z}} L^*(\mathbf{y},\lambda\mathbf{z}) = L(\mathbf{y},\lambda\mathbf{z}) \boldsymbol{\nabla}_{\mathbf{z}} L(\mathbf{y},\lambda\mathbf{z}) = \lambda \boldsymbol{\nabla}_{\mathbf{z}} L^*(\mathbf{y},\mathbf{z}) \quad \text{für } \lambda > 0,\ \mathbf{z} \neq \mathbf{0}$$

und daraus $\boldsymbol{\nabla}_{\mathbf{z}} L^*(\mathbf{y},\mathbf{0}) = \mathbf{0}$, $\Omega_{H^*} = \Omega \times \mathbb{R}^m$ sowie $H^*(\mathbf{y},\lambda\mathbf{p}) = \lambda^2 H^*(\mathbf{y},\mathbf{p})$ für $\lambda > 0$ (ÜA, Letzteres mit Hilfe von (1) und (2)).

BEWEIS.

(I) *Darstellungen für H^* und H.*

Aus $L^*(\mathbf{y},\lambda\mathbf{z}) = \lambda^2 L^*(\mathbf{y},\mathbf{z})$ und $H^*(\mathbf{y},\lambda\mathbf{p}) = \lambda^2 H^*(\mathbf{y},\mathbf{p})$ für $\lambda > 0$ ergibt sich durch Differentiation nach λ an der Stelle $\lambda = 1$

$$2L^*(\mathbf{y},\mathbf{z}) \;=\; \langle \nabla_{\mathbf{z}} L^*(\mathbf{y},\mathbf{z}),\mathbf{z}\rangle\,, \quad 2H^*(\mathbf{y},\mathbf{p}) \;=\; \langle \nabla_{\mathbf{p}} H^*(\mathbf{y},\mathbf{p}),\mathbf{p}\rangle\,.$$

Mit (1) und (3) folgt ÜA

$$(5) \qquad H^*(\mathbf{y},\mathbf{p}) \;=\; L^*(\mathbf{y},\mathbf{z}) \quad \text{für } \mathbf{p} = \nabla_{\mathbf{z}} L^*(\mathbf{y},\mathbf{z}) \quad \text{bzw. } \mathbf{z} = \nabla_{\mathbf{p}} H^*(\mathbf{y},\mathbf{p})\,.$$

Nach Formel (1) von 2.3 (b) gilt

$$(6) \qquad L(\mathbf{y},\mathbf{z})^2 \;=\; \sum_{i,k=1}^{m} g_{ik}(\mathbf{y},\mathbf{z})\, z_i\, z_k\,,$$

wobei die $g_{ik}(\mathbf{y},\mathbf{z}) = L^*_{z_i z_k}(\mathbf{y},\mathbf{z})$ eine positiv definite Matrix bilden. Aus (6) folgt unmittelbar $g_{ik}(\mathbf{y},\lambda\mathbf{z}) = g_{ik}(\mathbf{y},\mathbf{z})$ für $\lambda \neq 0$. Wir bezeichnen die Koeffizienten der inversen Matrix $(g_{ik}(\mathbf{y},\mathbf{z}))^{-1}$ mit $\gamma^{ik}(\mathbf{y},\mathbf{z})$ und setzen

$$(**) \qquad g^{ik}(\mathbf{y},\mathbf{p}) \;:=\; \gamma^{ik}(\mathbf{y},\mathbf{z}) \quad \text{für } \mathbf{p} = \nabla_{\mathbf{z}} L^*(\mathbf{y},\mathbf{z}) \quad \text{bzw. } \mathbf{z} = \nabla_{\mathbf{p}} H^*(\mathbf{y},\mathbf{p})\,.$$

Die $g^{ik}(\mathbf{y},\mathbf{p})$ bilden dann eine positiv definite Matrix, und es gilt $g^{ik}(\mathbf{y},\lambda\mathbf{p}) = g^{ik}(\mathbf{y},\mathbf{p})$ für $\lambda \neq 0$, was aus der entsprechenden Eigenschaft der g_{ik} mit Hilfe von (4) folgt.

Aus $L^* = \frac{1}{2}L^2$ folgt $L^*_{z_i} = L \cdot L_{z_i}$ und

$$g_{ik} \;=\; L^*_{z_i z_k} \;=\; L_{z_i} \cdot L_{z_k} + L \cdot L_{z_i z_k}\,.$$

Mit Hilfe der Relationen (1), (2) von 2.2 (a),

$$\sum_{k=1}^{m} L_{z_k}(\mathbf{y},\mathbf{z}) \cdot z_k = L(\mathbf{y},\mathbf{z})\,, \qquad \sum_{k=1}^{m} L_{z_i z_k}(\mathbf{y},\mathbf{z}) \cdot z_k = 0\,,$$

ergibt sich daraus

$$\sum_{k=1}^{m} g_{ik}(\mathbf{y},\mathbf{z}) z_k = L(\mathbf{y},\mathbf{z}) \cdot L_{z_i}(\mathbf{y},\mathbf{z}) = L^*_{z_i}(\mathbf{y},\mathbf{z}) = p_i$$

nach (1). Damit erhalten die Beziehung (1) und ihre Umkehrung die Form

$$(7) \qquad p_i = \sum_{k=1}^{m} g_{ik}(\mathbf{y},\mathbf{z}) \cdot z_k\,, \qquad z_i = \sum_{k=1}^{m} g^{ik}(\mathbf{y},\mathbf{p}) \cdot p_k \qquad (i = 1,\dots,m)\,,$$

und es folgt aus (6)

$$(8) \qquad L(\mathbf{y},\mathbf{z})^2 \;=\; \sum_{i,k=1}^{m} g^{ik}(\mathbf{y},\mathbf{p})\, p_i p_k \quad \text{für } \nabla_{\mathbf{p}} H^*(\mathbf{y},\mathbf{p})\,.$$

Aus (2), (6) folgt mit der Darstellung (7) für die z_i

$$
(9)\quad \begin{aligned} H^*(\mathbf{y},\mathbf{p}) &= \sum_{i=1}^m p_i z_i - L^*(\mathbf{y},\mathbf{z}) = \sum_{i=1}^m p_i z_i - \tfrac{1}{2}\sum_{i,k=1}^m g_{ik}(\mathbf{y},\mathbf{z}) z_i z_k \\ &= \sum_{i=1}^m p_i z_i - \tfrac{1}{2}\sum_{i=1}^m p_i z_i = \tfrac{1}{2}\sum_{i=1}^m p_i z_i = \tfrac{1}{2}\sum_{i,k=1}^m g^{ik}(\mathbf{y},\mathbf{p}) p_i p_k \,. \end{aligned}
$$

Mit der im Satz behaupteten Beziehung $H^* = \frac{1}{2}H^2$, die wir anschließend aus (5) herleiten, ergeben sich aus (9), (6) und (8) die im Satz behaupteten Darstellungen

$$
H(\mathbf{y},\mathbf{p})^2 = \sum_{i,k=1}^m g^{ik}(\mathbf{y},\mathbf{p}) p_i p_k = L(\mathbf{y},\mathbf{z})^2 \quad \text{mit } \mathbf{z} = \nabla_{\mathbf{p}} H^*(\mathbf{y},\mathbf{p})\,.
$$

(II) *Herleitung der Identität* $H^2 = 2H^*$. Sei im Folgenden $\mathbf{y} \in \Omega$ fest.

(i) Wir zeigen: Für $\mathbf{z} \in \mathbf{L_y}$ und $\mathbf{p} := \nabla_{\mathbf{z}} L(\mathbf{y},\mathbf{z})$ ist $H(\mathbf{y},\mathbf{p}) = \langle \mathbf{p},\mathbf{z}\rangle$.

Wegen der Elliptizität von L^* ist $\mathbf{w} \mapsto L^*(\mathbf{y},\mathbf{w})$ konvex, also gilt nach § 3 : 1.1

$$
L^*(\mathbf{y},\mathbf{w}) \ge L^*(\mathbf{y},\mathbf{z}) + \langle \nabla_{\mathbf{z}} L^*(\mathbf{y},\mathbf{z}), \mathbf{w}-\mathbf{z}\rangle\,.
$$

Für $\mathbf{w} \in \mathbf{L_y}$ ist $L^*(\mathbf{y},\mathbf{w}) = \frac{1}{2}L(\mathbf{y},\mathbf{w})^2 = \frac{1}{2}$; wegen $\mathbf{z} \in \mathbf{L_y}$ ist ebenfalls $L^*(\mathbf{y},\mathbf{z}) = \frac{1}{2}$ sowie $\nabla_{\mathbf{z}} L^*(\mathbf{y},\mathbf{z}) = L(\mathbf{y},\mathbf{z}) \cdot \nabla_{\mathbf{z}} L(\mathbf{y},\mathbf{z}) = \nabla_{\mathbf{z}} L(\mathbf{y},\mathbf{z}) = \mathbf{p}$.

Es folgt $\frac{1}{2} \ge \frac{1}{2} + \langle \mathbf{p}, \mathbf{w}-\mathbf{z}\rangle$, also $\langle \mathbf{p},\mathbf{z}\rangle \ge \langle \mathbf{p},\mathbf{w}\rangle$ für alle $\mathbf{w} \in \mathbf{L_y}$ und damit wegen $\mathbf{z} \in \mathbf{L_y}$

$$
H(\mathbf{y},\mathbf{p}) = \max\left\{\langle \mathbf{p},\mathbf{w}\rangle \;\middle|\; \mathbf{w} \in \mathbf{L_y}\right\} = \langle \mathbf{p},\mathbf{z}\rangle \quad \text{für } \mathbf{p} = \nabla_{\mathbf{z}} L(\mathbf{y},\mathbf{z})\,,
$$

wie oben behauptet wurde. Mit der Euler–Relation 2.2 (1) folgt für $\mathbf{z} \in \mathbf{L_y}$

$$
H(\mathbf{y}, \nabla_{\mathbf{z}} L(\mathbf{y},\mathbf{z})) = \langle \nabla_{\mathbf{z}} L(\mathbf{y},\mathbf{z}), \mathbf{z}\rangle = L(\mathbf{y},\mathbf{z})\,.
$$

Für beliebige $\mathbf{z} \neq \mathbf{0}$ folgt

$$
(10)\quad H(\mathbf{y}, \nabla_{\mathbf{z}} L^*(\mathbf{y},\mathbf{z})) = L(\mathbf{y},\mathbf{z})\,.
$$

Denn nach 2.3 (b) (2) ist $L(\mathbf{y},\mathbf{z}) > 0$, also $\mathbf{w} := \mathbf{z}/L(\mathbf{y},\mathbf{z}) \in \mathbf{L_y}$. Ferner ist $\nabla_{\mathbf{z}} L^*(\mathbf{y},\mathbf{z}) = L(\mathbf{y},\mathbf{z}) \nabla_{\mathbf{z}} L(\mathbf{y},\mathbf{z}) = L(\mathbf{y},\mathbf{z}) \nabla_{\mathbf{z}} L(\mathbf{y},\mathbf{w})$ nach 2.2 (a) (5).

Wegen der Homogenitätsrelation für H und L folgt

$$
H(\mathbf{y}, \nabla_{\mathbf{z}} L^*(\mathbf{y},\mathbf{z})) = L(\mathbf{y},\mathbf{z}) H(\mathbf{y}, \nabla_{\mathbf{z}} L(\mathbf{y},\mathbf{w})) = L(\mathbf{y},\mathbf{z}) L(\mathbf{y},\mathbf{w}) = L(\mathbf{y},\mathbf{z})\,.
$$

(ii) Nach (10) und (5) folgt für $\mathbf{p} := \nabla_{\mathbf{z}} L^*(\mathbf{y},\mathbf{z})$

$$
H^2(\mathbf{y},\mathbf{p}) = H^2(\mathbf{y}, \nabla_{\mathbf{z}} L^*(\mathbf{y},\mathbf{z})) = L^2(\mathbf{y},\mathbf{z}) = 2L^*(\mathbf{y},\mathbf{z}) = 2H^*(\mathbf{y},\mathbf{p})
$$

und damit die Behauptung $H^2 = 2H^*$, da nach den sich aus (4) ergebenden Folgerungen die Abbildung $\mathbf{z} \mapsto \boldsymbol{\nabla}_{\mathbf{z}} L^*(\mathbf{y}, \mathbf{z}) : \mathbb{R}^m \to \mathbb{R}^m$ surjektiv ist. □

(c) Für $\mathbf{y} \in \Omega$ und $\mathbf{p} \neq \mathbf{0}$ heißt $\{\mathbf{z} \in \mathbb{R}^m \mid \langle \mathbf{p}, \mathbf{z} \rangle = H(\mathbf{y}, \mathbf{p})\}$ die **Stützebene** an die Indikatrix $\mathbf{L_y}$ mit Normalenvektor $\mathbf{p}$.

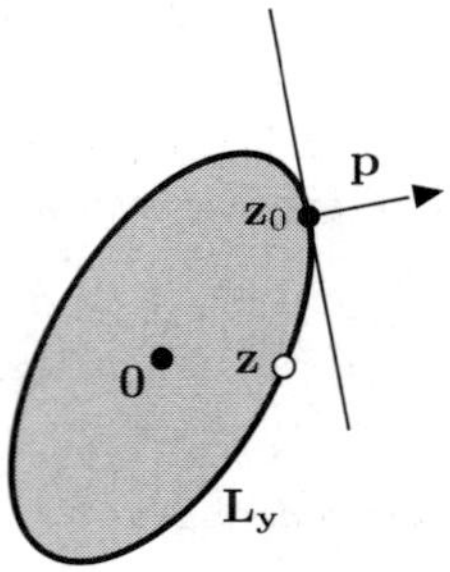

SATZ. *Die Indikatrix $\mathbf{L_y}$ liegt auf der dem Nullpunkt zugewandten Seite jeder Stützebene und berührt diese in genau einem Punkt.*

Diese Konfiguration enthält im Keim schon die Enveloppenkonstruktion von Wellenfronten nach dem Huygensschen Prinzip.

BEWEIS.
(i) *Die Stützebene ist eine Tangentialebene für $\mathbf{L_y}$.* Nach Definition ist

$$H(\mathbf{y}, \mathbf{p}) \;=\; \max\{\langle \mathbf{p}, \mathbf{z} \rangle \mid L(\mathbf{y}, \mathbf{z}) = 1\} \;>\; 0\,.$$

Dieses Maximum unter der Nebenbedingung $L(\mathbf{y}, \mathbf{z}) = 1$ werde für $\mathbf{z}_0 \in \mathbf{L_y}$ angenommen. Dann gilt $\mathbf{p} = \lambda_0 \boldsymbol{\nabla}_{\mathbf{z}} L(\mathbf{y}, \mathbf{z}_0)$ mit einem Lagrange–Multiplikator λ_0, denn nach (4) ist $\boldsymbol{\nabla}_{\mathbf{z}} L(\mathbf{y}, \mathbf{z}) \neq \mathbf{0}$ für $L(\mathbf{y}, \mathbf{z}) = 1$. Für diesen gilt nach der Euler–Relation 2.2 (a) (1)

$$\lambda_0 = \lambda_0 L(\mathbf{y}, \mathbf{z}_0) = \lambda_0 \langle \boldsymbol{\nabla}_{\mathbf{z}} L(\mathbf{y}, \mathbf{z}_0), \mathbf{z}_0 \rangle = \langle \mathbf{p}, \mathbf{z}_0 \rangle = H(\mathbf{y}, \mathbf{p}) > 0\,.$$

Für $\mathbf{z} \in \mathbb{R}^m$ gelten daher die Äquivalenzen

$$\langle \mathbf{p}, \mathbf{z} \rangle = H(\mathbf{y}, \mathbf{p}) \iff \langle \mathbf{p}, \mathbf{z} - \mathbf{z}_0 \rangle = 0 \iff \lambda_0 \langle \boldsymbol{\nabla}_{\mathbf{z}} L(\mathbf{y}, \mathbf{z}_0), \mathbf{z} - \mathbf{z}_0 \rangle = 0\,.$$

(ii) *Für $\mathbf{z} \in \mathbf{L_y}$ mit $\mathbf{z} \neq \mathbf{z}_0$ gilt $\langle \mathbf{p}, \mathbf{z} \rangle < \langle \mathbf{p}, \mathbf{z}_0 \rangle$:* Nach Definition von H ist jedenfalls $\langle \mathbf{p}, \mathbf{z} \rangle \leq \langle \mathbf{p}, \mathbf{z}_0 \rangle$. Angenommen $\langle \mathbf{p}, \mathbf{z} \rangle = \langle \mathbf{p}, \mathbf{z}_0 \rangle = H(\mathbf{y}, \mathbf{p})$. Wie oben folgt $\mathbf{p} = \lambda_0 \boldsymbol{\nabla}_{\mathbf{z}} L(\mathbf{y}, \mathbf{z})$ mit $\lambda_0 = H(\mathbf{y}, \mathbf{p})$. Wegen $L(\mathbf{y}, \mathbf{z}) = 1 = L(\mathbf{y}, \mathbf{z}_0)$ und der Homogenitätsbedingung für L^* ergibt sich

$$\begin{aligned} \boldsymbol{\nabla}_{\mathbf{z}} L^*(\mathbf{y}, \lambda_0 \mathbf{z}) \;&=\; \lambda_0 \boldsymbol{\nabla}_{\mathbf{z}} L^*(\mathbf{y}, \mathbf{z}) \;=\; \lambda_0 \boldsymbol{\nabla}_{\mathbf{z}} L(\mathbf{y}, \mathbf{z}) \;=\; \mathbf{p} \\ &=\; \lambda_0 \boldsymbol{\nabla}_{\mathbf{z}} L(\mathbf{y}, \mathbf{z}_0) \;=\; \lambda_0 \boldsymbol{\nabla}_{\mathbf{z}} L^*(\mathbf{y}, \mathbf{z}_0) \;=\; \boldsymbol{\nabla}_{\mathbf{z}} L^*(\mathbf{y}, \lambda_0 \mathbf{z}_0) \end{aligned}$$

und damit $\lambda_0 \mathbf{z} = \lambda_0 \mathbf{z}_0$, d.h. $\mathbf{z} = \mathbf{z}_0$ wegen der Injektivität von $\mathbf{z} \mapsto \boldsymbol{\nabla}_{\mathbf{z}} L^*(\mathbf{y}, \mathbf{z})$. □

2.7 Die Hamilton–Gleichungen im parametrisch–elliptischen Fall

SATZ. *Die* **normalen Euler–Gleichungen** *für einen parametrisch–elliptischen Integranden* L,

$$\text{(EGN)} \qquad \frac{d}{dt}\left[\nabla_{\mathbf{z}} L(\mathbf{y},\mathbf{y}')\right] = \nabla_{\mathbf{y}} L(\mathbf{y},\mathbf{y}'), \qquad L(\mathbf{y},\mathbf{y}')=1,$$

sind äquivalent zu den **normalen Hamilton–Gleichungen** *für die zugehörige parametrische Hamilton–Funktion* H,

$$\text{(HGN)} \qquad \mathbf{y}' = \nabla_{\mathbf{p}} H(\mathbf{y},\mathbf{p}), \quad \mathbf{p}' = -\nabla_{\mathbf{y}} H(\mathbf{y},\mathbf{p}), \qquad H(\mathbf{y},\mathbf{p})=1;$$

d.h. für jede normale Lösung $t \mapsto \mathbf{y}(t)$ *der Euler–Gleichung für* L *ist durch* $\mathbf{p}(t) := \nabla_{\mathbf{z}} L^*(\mathbf{y}(t),\mathbf{y}'(t))$ *eine Lösung* $t \mapsto (\mathbf{y}(t),\mathbf{p}(t))$ *der Hamilton–Gleichungen mit* $H(\mathbf{y}(t),\mathbf{p}(t))=1$ *gegeben, und für jede Lösung* $t \mapsto (\mathbf{y}(t),\mathbf{p}(t))$ *der Hamilton–Gleichungen mit* $H(\mathbf{y}(t),\mathbf{p}(t))=1$ *ist* $t \mapsto \mathbf{y}(t)$ *eine normale Lösung der Euler–Gleichungen.*

BEWEIS.

Für jede C^1–Kurve $t \mapsto \mathbf{y}(t)$ gilt mit $\mathbf{p}(t) := \nabla_{\mathbf{z}} L^*(\mathbf{y}(t),\mathbf{y}'(t))$ nach 2.6 (b)

$$H(\mathbf{y}(t),\mathbf{p}(t)) = L(\mathbf{y}(t),\mathbf{y}'(t)),$$

woraus die Äquivalenz der beiden Normierungsbedingungen folgt.

Nach 2.3 (c) sind die EGN äquivalent zu

$$(1) \qquad \frac{d}{dt}\left[\nabla_{\mathbf{z}} L^*(\mathbf{y},\mathbf{y}')\right] = \nabla_{\mathbf{y}} L^*(\mathbf{y},\mathbf{y}'), \qquad L(\mathbf{y},\mathbf{y}')=1.$$

Diese sind nach § 2 : 6.2 (b) äquivalent zu den Gleichungen

$$(2) \qquad \mathbf{y}' = \nabla_{\mathbf{p}} H^*(\mathbf{y},\mathbf{p}), \quad \mathbf{p}' = -\nabla_{\mathbf{y}} H^*(\mathbf{y},\mathbf{p}), \quad H(\mathbf{y},\mathbf{p})=1.$$

Die Äquivalenz (2) $\Longleftrightarrow$ (HGN) folgt daraus, dass $H^* = \frac{1}{2}H^2$, also

$$\nabla_{\mathbf{p}} H^* = H \cdot \nabla_{\mathbf{p}} H, \quad \nabla_{\mathbf{y}} H^* = H \cdot \nabla_{\mathbf{y}} H. \qquad \square$$

3 Grundkonzepte der geometrischen Optik

3.1 Optische Medien und Fermat–Prinzip

(a) Ein **optisches Medium** in einem Gebiet $\Omega \subset \mathbb{R}^3$ ist gekennzeichnet durch seinen **Brechungsindex**

$$n : \Omega \times S^2 \to \mathbb{R}_{>0}.$$

Dieser schreibt für jeden Ort $\mathbf{q} \in \Omega$ und jede Richtung $\mathbf{v} \in S^2 := \{\mathbf{v} \in \mathbb{R}^3 \mid \|\mathbf{v}\| = 1\}$ die Lichtgeschwindigkeit $c/n(\mathbf{q}, \mathbf{v})$ vor; dabei ist c die Lichtgeschwindigkeit im Vakuum.

Ist das Medium axialsymmetrisch, so reicht die Betrachtung von zweidimensionalen Modellen, auf welche sich die dreidimensionalen Begriffe und Ergebnisse in natürlicher Weise übertragen.

Das optische Medium heißt **isotrop**, wenn der Brechungsindex nur vom Ort abhängt und **homogen**, wenn $n(\mathbf{q}, \mathbf{v})$ konstant ist.

Wir lassen zu, dass es endlich viele disjunkte C^2–Flächen $\Gamma_1, \ldots, \Gamma_N \subset \Omega$ (**Grenzflächen**) gibt, an denen sich der Brechungsindex unstetig verhält. Wird Ω durch diese in Teilgebiete zerlegt, in denen Isotropie bzw. Homogenität vorliegt, so heißt das Medium **stückweis isotrop** bzw. **stückweis homogen**.

(b) Die **Lagrange–Funktion** des optischen Mediums,

$$L(\mathbf{q}, \mathbf{v}) := \begin{cases} n(\mathbf{q}, \mathbf{v}/\|\mathbf{v}\|) \cdot \|\mathbf{v}\| & \text{für } \mathbf{v} \neq \mathbf{0}, \\ 0 & \text{für } \mathbf{v} = \mathbf{0}, \end{cases}$$

stellt die Fortsetzung von $n(\mathbf{q}, \mathbf{v})$ zu einer bezüglich der $\mathbf{v}$–Variablen 1–homogenen Funktion auf $\Omega \times \mathbb{R}^3$ dar. (Wie in der Mechanik bezeichnen wir in der Optik die Variablen mit $(\mathbf{q}, \mathbf{v})$ statt wie in Abschnitt 2 mit $(\mathbf{y}, \mathbf{z})$.)

Wir setzen im Folgenden voraus, dass für jedes Teilgebiet Ω_0 von Ω ohne Grenzflächen die Lagrange–Funktion L parametrisch–elliptisch ist, d.h. $L^* := \frac{1}{2}L^2$ ist elliptisch und C^3–differenzierbar auf $\Omega_0 \times \mathbb{R}^3$. Damit werden stückweis isotrope und kristalline Medien erfasst; in beiden Fällen ist

$$L^*(\mathbf{q}, \mathbf{v}) = \frac{1}{2} \langle \mathbf{v}, A(\mathbf{q})\mathbf{v} \rangle$$

mit einer positiv definiten Matrix $A(\mathbf{q})$, vgl. 2.3 (b).

Einen **Lichtstrahl** beschreiben wir durch eine Kette C aneinandergehängter Kurvenstücke. Für jede Parametrisierung $C = \{q(\tau) \mid \tau \in I\}$ drücken wir die Laufzeit T des Lichts längs C mit Hilfe der Lagrange–Funktion L des optischen Mediums aus:

$$T = \int_C \frac{1}{v}\, ds = \frac{1}{c} \int n\, ds = \frac{1}{c} \int_I L(\mathbf{q}(\tau), \mathbf{q}'(\tau))\, d\tau \,.$$

Demgemäß bezeichnen wir für jede reguläre PC^1–Kurve $\mathbf{q} : I \to \Omega$ das Integral

$$\mathcal{L}(\mathbf{q}, I) = \mathcal{L}_I(\mathbf{q}) = \int_I L(\mathbf{q}(\tau), \mathbf{q}'(\tau))\, d\tau$$

als **Laufzeitintegral**.

(c) **Fermatsches und Huygenssches Prinzip.** Nach zwanzigjähriger Auseinandersetzung über die physikalischen Annahmen, welche DESCARTES seiner *Dioptrique*, insbesondere dem Brechungsgesetz, zugrunde gelegt hatte, stellte FERMAT 1657 in einem Brief an CUREAU DE LA CHAMBRE die Hypothese auf, dass ein Lichtstrahl so verläuft, dass der Widerstand (résistance) längs der Bahn am geringsten wird. In einem weiteren Brief an DE LA CHAMBRE ging er 1662 zum Prinzip der kürzesten Laufzeit über und leitete daraus das Brechungsgesetz her, wobei er im Gegensatz zu DESCARTES davon ausging, dass das Licht im optisch dichteren Medium langsamer ist. Dass FERMATs Prinzip sich zunächst nicht durchsetzte, hatte mehrere Gründe.

Zum einen war die Art der Lichtsausbreitung ungeklärt; erst 1675 wies Ole RŒMER nach, dass das Licht sich nicht unendlich schnell ausbreitet, wie DE LA CHAMBRE glaubte, und noch 1704 ging NEWTON in seinen *Opticks* davon aus, dass die Lichtgeschwindigkeit im optisch dichteren Medium größer ist.

Zum anderen fehlten noch die mathematischen Hilfsmittel, um aus FERMATs Prinzip nichttriviale Schlüsse zu ziehen. Vor allem aber wurde gegen dieses Prinzip das Fehlen einer physikalischen Begründung eingewendet: Warum sollte die Natur nach Sparsamkeitsgesichtspunkten verfahren, und warum sollte gerade die Zeit minimiert werden? Welches sind für die Einhaltung des Prinzips sorgenden Ursachen? In der Einleitung zu seiner „*Traité de la Lumière*“ sagte HUYGENS 1678 zu der Debatte über das Brechungsgesetz: „Da die hierbei vorgebrachten Ansichten zwar geistreich, jedoch nicht derart sind, dass die Verständigeren nicht Erklärungen wünschen sollten, die ihnen besser genügen ... werde ich versuchen, ... klarere und wahrscheinlichere Gründe anzugeben.“

HUYGENS erklärte die Lichtausbreitung in isotropen Medien als Fortschreiten von Wellenfronten derart, dass jeder Punkt einer Wellenfront Σ_t zur Zeit t Ausgangspunkt von kugelförmigen Elementarwellen ist, deren Einhüllende nach einer Zeitspanne Δt die Wellenfront $\Sigma_{t+\Delta t}$ ist. Die Elementarwellen deutete er als (aperiodische) Stoßwellen, wozu er die Fiktion einer allgegenwärtigen Äthermaterie benötigte. Lichtstrahlen waren in diesem Fall die senkrecht zu den Wellenfronten verlaufenden Linien. Mit seiner Theorie konnte HUYGENS nicht nur die Reflexion, die Brechung sowie die atmosphärische Beugung erklären, sondern durch den Ansatz von Elementarwellen in Form von Ellipsoiden auch Brechungsphänomene in Kristallen wie die Doppelbrechung beim Islandspat.

Wir werden sehen, dass das Huygenssche Prinzip der Wellenausbreitung und das Fermatsche Prinzip der Strahlenoptik aufeinander zurückgeführt werden können.

Mit dem Ausbau der Variationsrechnung gewann das Fermat–Prinzip an Bedeutung; allerdings wurde im Laufe des zweiten Prioritätenstreits (vgl. 2.4 (c)) mit Hinweis auf die Reflexion an Hohlspiegeln angezweifelt, dass es sich um ein Minimumprinzip handelt. (Wir kommen auf diesen Einwand in 3.2 (d) zurück.)

Für optische Medien ohne Grenzflächen formulieren wir das **Fermat–Prinzip** wie folgt.

Das Prinzip der stationären Laufzeit. *Beschreibt eine reguläre* PC^1*–Kurve* $\mathbf{q}: J \to \Omega$ *in einem Gebiet* Ω *ohne Grenzflächen einen Lichtstrahl, so gilt*

$$\delta\mathcal{L}_I(\mathbf{q}) \;=\; 0 \quad \textit{für jedes Intervall } I = [s_1, s_2] \subset J\,, \quad \textit{d.h.}$$

$$\delta\mathcal{L}_I(\mathbf{q})\varphi \;=\; \int_{s_1}^{s_2} \left\{ L_{\mathbf{q}}(\mathbf{q}, \mathbf{q}') \cdot \varphi + L_{\mathbf{v}}(\mathbf{q}, \mathbf{q}') \cdot \varphi' \right\} ds \;=\; 0$$

für alle Testvektoren $\varphi \in \mathrm{C}_c^\infty(]s_1, s_2[, \mathbb{R}^3)$.

Aufgrund des Regularitätssatzes 2.3 (d) und der lokalen Minimumeigenschaft 2.5 ergibt sich daraus:

SATZ. *Enthält das Gebiet* Ω *keine Grenzflächen, so folgt aus dem Prinzip der stationären Laufzeit das Prinzip der kürzesten Laufzeit im Sinne von* 2.5, *d.h. jede normale* PC^1*–Parametrisierung eines in* Ω *verlaufenden Lichtstrahls ist* C^3*–differenzierbar und macht* $\mathcal{L}$ *im Sinne von* 2.5 **lokal** *zum Minimum.*

Das Fermat–Prinzip für optische Medien mit Grenzflächen wird in 3.2 formuliert.

(d) **Die Euler–Gleichung des Laufzeitintegrals**,

$$\frac{d}{ds}\left[\nabla_{\mathbf{v}} L(\mathbf{q}(s), \mathbf{q}'(s))\right] \;=\; \nabla_{\mathbf{q}} L(\mathbf{q}(s), \mathbf{q}'(s))\,,$$

lässt sich im isotropen Fall $L(\mathbf{q}, \mathbf{v}) = n(\mathbf{q}) \cdot \|\mathbf{v}\|$ schreiben als

$$\left(\frac{\mathbf{q}''(s)}{\|\mathbf{q}'(s)\|^2} - \frac{\nabla n(\mathbf{q}(s))}{n(\mathbf{q}(s))} \right)^{\#} \;=\; \mathbf{0}\,,$$

dabei ist bei gegebenem $s \in J$ für einen Vektor $\mathbf{v} \in \mathbb{R}^3$

$$\mathbf{v}^{\#} \;:=\; \mathbf{v} \;-\; \frac{\langle \mathbf{v}, \mathbf{q}'(s) \rangle}{\|\mathbf{q}'(s)\|^2}\, \mathbf{q}'(s)$$

die Projektion von $\mathbf{v}$ auf die zu $\mathbf{q}'(s)$ senkrechte Ebene [ÜA].

Für jeden normal parametrisierten Lichtstrahl, $L(\mathbf{q}(t), \dot{\mathbf{q}}(t)) = 1$, ist der Parameter t offenbar als Zeit zu deuten. Im isotropen Fall ergibt sich durch Differentiation der Bedingung $n(\mathbf{q})\|\dot{\mathbf{q}}\| = 1$

$$n(\mathbf{q})\, \langle \dot{\mathbf{q}}, \ddot{\mathbf{q}} \rangle \;/\; \|\dot{\mathbf{q}}\| \;=\; -\, \langle \nabla n(\mathbf{q}), \dot{\mathbf{q}} \rangle\, \|\dot{\mathbf{q}}\|\,.$$

Setzen wir dies in die Euler–Gleichung ein, so erhalten wir die normale Euler–Gleichung für isotrope Medien

$$\text{(EGN)} \qquad \ddot{\mathbf{q}} \;=\; \frac{\boldsymbol{\nabla} n(\mathbf{q})}{n(\mathbf{q})^3} \;-\; \frac{2}{n(\mathbf{q})}\,\langle \boldsymbol{\nabla} n(\mathbf{q}), \dot{\mathbf{q}} \rangle\, \dot{\mathbf{q}}\,.$$

(b) Haben wir es bei einem ebenen isotropen Modell mit Lichtstrahlen zu tun, die sich als Graph $x \mapsto \mathbf{q}(x) = (x, u(x))$ in der x,y–Ebene parametrisieren lassen, so ist die Euler–Gleichung äquivalent zur Gleichung

$$k(x) \;=\; \left\langle \frac{\boldsymbol{\nabla} n(x, u(x))}{n(x, u(x))}\,,\; \mathbf{e}(x) \right\rangle,$$

wobei

$$k(x) \;=\; \frac{u''(x)}{\sqrt{(1 + u'(x)^2)^3}}\,, \qquad \mathbf{e}(x) \;=\; \frac{1}{\sqrt{1 + u'(x)^2}} \begin{pmatrix} -u(x) \\ 1 \end{pmatrix}$$

die Krümmung und der nach oben gerichtete Einheitsnormalenvektor des Strahles an der Stelle $(x, u(x))$ sind ÜA. Ziehen wir nur flache Lichtstrahlen ($|u'(x)| \ll 1$) in Betracht, können wir diese Gleichung näherungsweise ersetzen durch

$$(*) \qquad u''(x) \;=\; \frac{1}{n(x, u(x))} \cdot \frac{\partial n}{\partial y}(x, u(x))\,.$$

Hiermit lassen sich einige optische Phänomene modellhaft beschreiben. Nehmen wir an, dass der Brechungsindex mit der Dichte der Atmosphäre bei wachsender Höhe y über der Erdoberfläche exponentiell abnimmt,

$$n(x, y) \;=\; n_0 \cdot \mathrm{e}^{-\varrho y} \qquad (n_0 > 1,\;\; 0 < \varrho \ll 1)\,,$$

so liefert $(*)$ die DG $u'' = -\varrho$.

Die flach verlaufenden Lichtstrahlen durch den Beobachterpunkt $(0, y_0)$ sind also durch die Parabeln

$$u(x) \;=\; y_0 + cx - \frac{1}{2}\varrho x^2$$

mit $|c| \ll 1$ gegeben. Einem Beobachter in $(0, y_0)$ erscheint demnach von zwei gleich hohen Türmen der hintere höher als der vordere (Fig.).

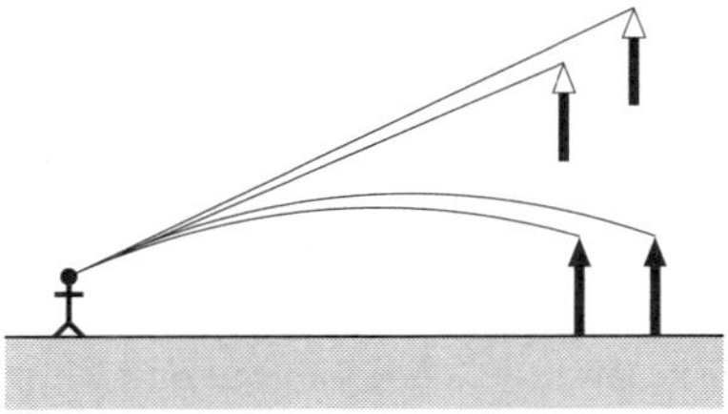

Auf ähnliche Weise lässt sich erklären, dass die Sonne auch nach Versinken unter die Horizontebene noch sichtbar sein kann.

Mit der DG $(*)$ lassen sich auch Spiegelungseffekte über heissen Asphaltstrassen qualitativ erklären. Wir nehmen an, dass an der Strassenoberfläche die Luft dünn ist, um dann mit wachsender Höhe dichter zu werden und von einer bestimmten Höhe an nahezu konstant zu sein. Dies realisieren wir durch den Ansatz

$$n(x,y) \;=\; \begin{cases} e^{k\cdot(2y-y^2-1)} & \text{für} \quad 0\le y\le 1\,, \\ 1 & \text{für} \quad y\ge 1 \end{cases}$$

mit $0 < k \ll 1$; dabei unterschlagen wir einen nahe bei 1 liegenden Vorfaktor $n_0 > 1$, den Brechungsindex der Luft in Höhe 1. Für die Lichtstrahlen durch den Beobachterpunkt $(0,1)$ erhalten wir folgende Lösungen der DG $(*)$:

$$u(x) \;=\; 1 + cx \quad \text{für} \;\; 0 \le c = u'(0) \ll 1\,;$$

für $-1 \ll c = u'(0) < 0$ ergibt sich mit $L := \pi/\sqrt{2k}$ ÜA

$$u(x) \;=\; \begin{cases} 1 + \dfrac{cL}{\pi}\,\sin\dfrac{\pi x}{L} & \text{für} \quad 0\le x\le L\,, \\ 1 - c\,(x-L) & \text{für} \quad x \ge L\,. \end{cases}$$

Verifizieren Sie anhand einer Skizze, dass die hier gemachten Modellannahmen folgenden bekannten Effekt produzieren: Blickt ein Beobachter in $(0,1)$ über ein erhitztes Straßenstück der Länge L, so sieht er von einem dahinter liegenden Wald $(x > L)$ die Baumspitzen längs der Strahlen mit $c > 0$ aufrecht, und längs der Strahlen mit $c < 0$ auf dem Kopf stehend mit darunter erscheinendem Himmel.

(e) Aufgabe. Maxwell fand 1854, dass der Brechungsindex in der Augenlinse von Fischen die Gestalt $n(x,y) = 2ab/(a^2+r^2)$ hat, wobei $r = \sqrt{x^2+y^2}$ der Abstand zur Linsenmitte $(0,0)$ ist. Zeigen Sie, dass in einem optischen Medium im $\mathbb{R}^2$ mit diesem Brechungsindex für jeden Punkt (x_0,y_0) ein kreisförmiger Lichtstrahl mit Mittelpunkt (x_0,y_0) existiert.

3.2 Erweitertes Fermat–Prinzip, Brechung und Reflexion

(a) Um die Gesetze für Brechung und Reflexion aus dem Fermat–Prinzip herzuleiten, bedarf dieses einer Erweiterung auf optische Medien mit Grenzflächen. Wir führen dies für die Brechung in einem stückweis isotropen Medium aus. Hierbei genügt es, die Brechung in einem Punkt $\mathbf{y}$ einer Fläche $\Gamma \subset \Omega$ zu diskutieren und sich dabei auf eine Umgebung U dieses Punktes zu beschränken. Wir nehmen an, dass $U \setminus \Gamma$ in zwei Teilgebiete U_1, U_2 mit Brechungsindizes n_1, n_2 zerlegt wird; dabei setzen wir $n_k \in \mathrm{C}^3(U_k) \cap \mathrm{C}^0(\overline{U}_k)$ voraus. Die zugehörigen Lagrange–Funktionen sind gegeben durch

$$L_k(\mathbf{q},\mathbf{v}) \;=\; n_k(\mathbf{q})\,\|\mathbf{v}\| \quad \text{mit} \quad \nabla_{\mathbf{v}} L_k(\mathbf{q},\mathbf{v}) \;=\; n_k(\mathbf{q})\,\frac{\mathbf{v}}{\|\mathbf{v}\|} \qquad (k=1,2)\,.$$

Wir fixieren einen im Punkt $\mathbf{y} \in \Gamma$ gebrochenen Lichtstrahl, wählen eine Parametrisierung $t \mapsto \mathbf{q}(t)$ mit $\mathbf{y} = \mathbf{q}(0)$, $L_k(\mathbf{q}(t), \dot{\mathbf{q}}(t)) = 1$ für $\mathbf{q}(t) \in U_k$ und betrachten zwei Punkte $\mathbf{q}_1 = \mathbf{q}(\alpha) \in U_1$, $\mathbf{q}_2 = \mathbf{q}(\beta) \in U_2$, o.B.d.A. $\alpha < 0 < \beta$. Die Fläche Γ soll er nur einmal durchstoßen und zwar nicht tangential, d.h. $\mathbf{q}$ gehört zur Variationsklasse $\mathcal{V}$ aller regulären PC^1–Kurven $\mathbf{u} : [\alpha, \beta] \to U$ mit

(i) $\mathbf{u}(\alpha) = \mathbf{q}_1$, $\mathbf{u}(0) \in \Gamma$, $\mathbf{u}(\beta) = \mathbf{q}_2$, $\mathbf{u}(\tau) \notin \Gamma$ für $\tau \neq 0$,

(ii) die einseitigen Ableitungen $\mathbf{u}'(0\pm)$ gehören nicht zum Tangentialraum $T_{\mathbf{u}(\mathbf{0})}\Gamma$. (Normalität der Vergleichskurven wird nicht verlangt.)

Für $\mathbf{u} \in \mathcal{V}$ ist das Laufzeitintegral wegen $\mathbf{u}(\tau) \in U_1$ für $\tau < 0$, $\mathbf{u}(\tau) \in U_2$ für $\tau > 0$

$$\mathcal{L}(\mathbf{u}) \;=\; \int_\alpha^0 L_1(\mathbf{u}, \dot{\mathbf{u}})\,dt \;+\; \int_0^\beta L_2(\mathbf{u}, \dot{\mathbf{u}})\,dt \;=\; \mathcal{L}_1(\mathbf{u}) + \mathcal{L}_2(\mathbf{u})\,.$$

Als zulässige Variationen von $\mathbf{q}$ können nicht einfach Kurven $\mathbf{q} + s\boldsymbol{\varphi}$ gewählt werden, da diese in der Regel nicht zu $\mathcal{V}$ gehören. Unter einer **gebrochenen Variation** verstehen wir eine Schar $\{\mathbf{q}_s \mid |s| < \varepsilon\}$ von Kurven $\mathbf{q}_s \in \mathcal{V}$ mit den Eigenschaften

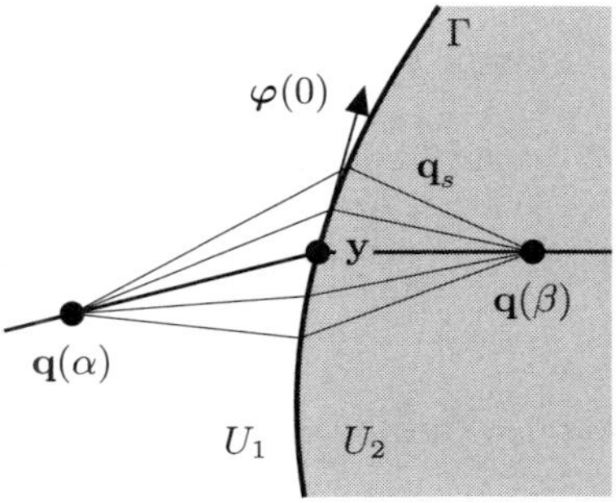

(i) $\mathbf{q}_0 = \mathbf{q}$.

(ii) Die Schar $(s, \tau) \mapsto \mathbf{q}_s(\tau)$ ist C^1–differenzierbar in $]-\varepsilon, \varepsilon[\times I_k$ $(k = 1, 2)$ mit $I_1 = [\alpha, 0]$, $I_2 = [0, \beta]$.

(iii) Der **Variationsvektor** $\boldsymbol{\varphi}$, gegeben durch $\boldsymbol{\varphi}(t) := \frac{d}{ds}\mathbf{q}_s(t)\big|_{s=0}$ ist eine stückweis glatte Kurve.

Das **Fermat–Prinzip** 3.1 (c) wird auf den Fall der Brechung durch den folgenden Zusatz erweitert: Für einen im Punkt $\mathbf{y} \in \Gamma$ gebrochenen Lichtstrahl ist mit den vorangehenden Bezeichnungen

$$\left.\frac{d\mathcal{L}(\mathbf{q}_s)}{ds}\right|_{s=0} \;=\; \delta\mathcal{L}(\mathbf{q})\boldsymbol{\varphi} \;=\; 0$$

für jede gebrochene Variation $\{\mathbf{q}_s \mid |s| \ll 1\}$ mit Variationsvektor $\boldsymbol{\varphi}$.

(b) SATZ. *Aus dem erweiterten Fermat–Prinzip ergeben sich zwei Folgerungen:*

(i) Auf $I_k \setminus \{0\}$ erfüllt $\mathbf{q}$ die Euler–Gleichung

$$\frac{d}{dt}\left[\nabla_{\mathbf{v}} L_k(\mathbf{q}(t), \dot{\mathbf{q}}(t))\right] \;=\; \nabla_{\mathbf{q}} L_k(\mathbf{q}(t), \dot{\mathbf{q}}(t)) \qquad (k = 1, 2)\,.$$

(ii) *Für die einseitigen Ableitungen*

$$\mathbf{v}_1 := \dot{\mathbf{q}}(0-), \quad \mathbf{v}_2 := \dot{\mathbf{q}}(0+)$$

gilt das **Brechungsgesetz**

$$n_1(\mathbf{y})\,\frac{\mathbf{v}_1}{\|\mathbf{v}_1\|} - n_2(\mathbf{y})\,\frac{\mathbf{v}_2}{\|\mathbf{v}_2\|} \;\perp\; T_{\mathbf{y}}\Gamma\,.$$

Hieraus folgt das nach SNELLIUS benannte Sinusgesetz

$$n_1(\mathbf{y})\sin\alpha_1 \;=\; n_2(\mathbf{y})\sin\alpha_2$$

für die Winkel α_k zwischen $\mathbf{v}_k$ und der Flächennormale im Punkt $\mathbf{y}$.

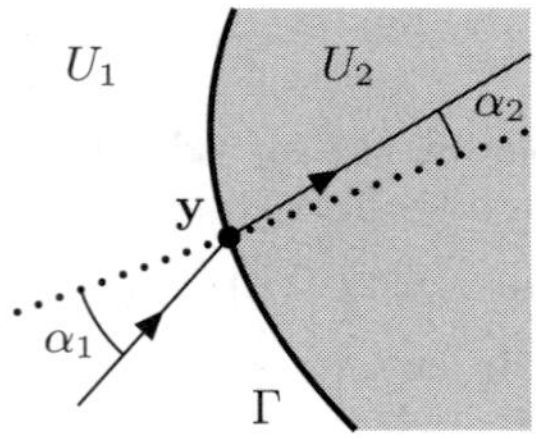

BEMERKUNGEN. (1) Trennt die Fläche Γ zwei anisotrope Medien mit Lagrange–Funktionen $L_k(\mathbf{q},\mathbf{v}) = n_k(\mathbf{q},\mathbf{v}/\|\mathbf{v}\|)\cdot\|\mathbf{v}\|$ $(k=1,2)$, so ergibt sich aus dem folgenden Beweis die Bedingung

$$\nabla_{\mathbf{v}} L_1(\mathbf{y},\mathbf{v}_1) - \nabla_{\mathbf{v}} L_2(\mathbf{y},\mathbf{v}_2) \;\perp\; T_{\mathbf{y}}\Gamma\,.$$

(2) Auch für den gebrochenen Strahl ergibt sich die lokale Minimumeigenschaft 2.5: Wählen wir auf einem im Punkt $\mathbf{y}\in\Gamma$ gebrochenen Strahl die Punkte $\mathbf{q}_1,\mathbf{q}_2$ hinreichend nahe bei $\mathbf{y}$, so gilt mit den Bezeichnungen (a)

$$\mathcal{L}(\mathbf{q}) \;\le\; \mathcal{L}(\mathbf{u}) \quad \text{für alle } \mathbf{u}\in\mathcal{V}\,.$$

Auf den BEWEIS können wir an dieser Stelle nicht eingehen.

BEWEIS des Satzes.

(i) Da $\mathbf{q}$ auf $[\alpha,0[,\ ]0,\beta]$ eine normale Parametrisierung ist, folgen die C^3–Differenzierbarkeit und die Euler–Gleichungen auf diesen Intervallen aus dem Regularitätssatz 2.3 (d) für parametrisch–elliptische Probleme.

(ii) Sei $\{\mathbf{q}_s \mid |s|\ll 1\}$ eine gebrochene Variation. Differentiation des Parameterintegrals $\mathcal{L}(\mathbf{q}_s) = \mathcal{L}_1(\mathbf{q}_s) + \mathcal{L}_2(\mathbf{q}_s)$ ergibt

$$\begin{aligned}
\frac{d}{ds}\mathcal{L}(\mathbf{q}_s)\Big|_{s=0} &= \int_\alpha^0 \big(\langle\nabla_{\mathbf{q}} L_1(\mathbf{q},\dot{\mathbf{q}}),\varphi\rangle + \langle\nabla_{\mathbf{v}} L_1(\mathbf{q},\dot{\mathbf{q}}),\varphi'\rangle\big)\,dt \\
&\quad + \int_0^\beta \big(\langle\nabla_{\mathbf{q}} L_2(\mathbf{q},\dot{\mathbf{q}}),\varphi\rangle + \langle\nabla_{\mathbf{v}} L_2(\mathbf{q},\dot{\mathbf{q}}),\varphi'\rangle\big)\,dt \\
&= \delta\mathcal{L}_1(\mathbf{q})\,\varphi \;+\; \delta\mathcal{L}_2(\mathbf{q})\,\varphi \;=:\; \delta\mathcal{L}(\mathbf{q})\,\varphi\,.
\end{aligned}$$

Nach partieller Integration und Ausnützung der Euler–Gleichungen folgt aus dem erweiterten Fermat–Prinzip

$$0 \;=\; \delta\mathcal{L}(\mathbf{q})\,\boldsymbol{\varphi} \;=\; \big\langle \boldsymbol{\nabla}_{\mathbf{v}} L_1(\mathbf{y},\mathbf{v}_1) - \boldsymbol{\nabla}_{\mathbf{v}} L_2(\mathbf{y},\mathbf{v}_1)\,,\, \boldsymbol{\varphi}(0)\big\rangle$$

$$= \left\langle n_1(\mathbf{y})\,\frac{\mathbf{v}_1}{\|\mathbf{v}_1\|} - n_2(\mathbf{y})\,\frac{\mathbf{v}_2}{\|\mathbf{v}_2\|}\,,\, \boldsymbol{\varphi}(0)\right\rangle .$$

Sei $\mathbf{w} \in T_{\mathbf{y}}\Gamma$, d.h. es gebe eine C^1–Kurve $\boldsymbol{\alpha} : \,]-r,r[\, \to \Gamma$ mit $\boldsymbol{\alpha}(0) = \mathbf{y}$, $\boldsymbol{\alpha}'(0) = \mathbf{w}$. Wir wählen für $[-\varepsilon,\varepsilon] \subset \,]\alpha,\beta[$ eine Testfunktion $\psi \in C_c^\infty(]-\varepsilon,\varepsilon[)$ mit $\psi(0) = 1$ und setzen

$$\mathbf{q}_s(t) \;:=\; \mathbf{q}(t) + \psi(t)\cdot(\boldsymbol{\alpha}(s) - \boldsymbol{\alpha}(0))\,.$$

Dann gilt $\mathbf{q}_0(t) = \mathbf{q}(t)$ und wegen $\psi(\alpha) = \psi(\beta) = 0$, $\boldsymbol{\alpha}(0) = \mathbf{y} = \mathbf{q}(0)$

$$\mathbf{q}_s(\alpha) = \mathbf{q}(\alpha) = \mathbf{q}_1\,, \quad \mathbf{q}_s(0) = \boldsymbol{\alpha}(s) \in \Gamma\,, \quad \mathbf{q}_s(\beta) = \mathbf{q}(\beta) = \mathbf{q}_2\,,$$

$$\boldsymbol{\varphi}(t) \;=\; \frac{d}{ds}\mathbf{q}_s(t)\Big|_{s=0} \;=\; \psi(t)\,\boldsymbol{\alpha}'(s)\,, \quad \text{also } \boldsymbol{\varphi}(0) \;=\; \mathbf{w}\,.$$

Somit ist das Brechungsgesetz hergeleitet, wenn noch sichergestellt ist, dass $\mathbf{q}_s \in \mathcal{V}$ für $\varepsilon, |s| \ll 1$, d.h. dass $\mathbf{q}_s$ die Fläche Γ nur einmal und nicht tangential trifft. Es gilt $\mathbf{q}_s(t) = \mathbf{q}(t)$ für $|t| \geq \varepsilon$, und wegen $\|\dot{\mathbf{q}}_s(t) - \dot{\mathbf{q}}(t)\| \leq \|\dot{\psi}\|_\infty \cdot \|\boldsymbol{\alpha}(s) - \boldsymbol{\alpha}(0)\|$ lässt sich für $|s| \ll 1$ erreichen, dass der Anteil von $\dot{\mathbf{q}}_s(t)$ in Richtung der Flächennormalen für $|t| \leq \varepsilon$ genauso wenig verschwindet wie der von $\dot{\mathbf{q}}(t)$. □

(c) Die in der Bemerkung (2) ausgesprochene Minimumeigenschaft ist nur eine lokale. Wir studieren dies an einem Beispiel in der Ebene als Schnitt einer achsensymmetrischen Situation. Die Grenzlinie

$$\Gamma \;=\; \big\{(x, f(x)) \;\big|\; x \in \mathbb{R}\big\}$$

trenne zwei optische Medien mit konstanten Brechungsindizes n_1 unterhalb und $n_2 > n_1$ oberhalb. Für $f \in C^2(\mathbb{R})$ gelte

$$f(0) = f'(0) = 0\,, \quad f''(0) > 0\,.$$

Wegen $f'(0) = 0$ erfüllt der Lichtstrahl $\{x = 0\}$ in $\mathbf{y} = 0$ das Brechungsgesetz mit Winkeln $\alpha_1 = \alpha_2 = 0$. Auf diesem wählen wir zwei Punkte $\mathbf{q}_1 = (0, b_1)$, $\mathbf{q}_2 = (0, b_2)$ mit $b_1 < 0 < b_2$ und betrachten die skizzierte stückweis gerade

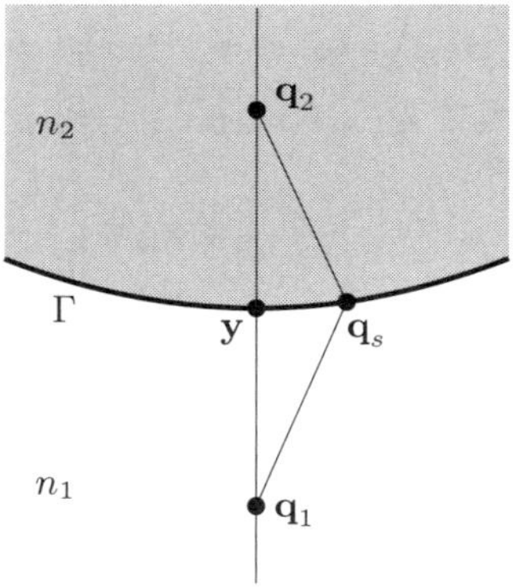

Vergleichskurve von $\mathbf{q}_1$ über $\mathbf{q}(s) = (s, f(s))$ nach $\mathbf{q}_2$. Für diese ergibt sich die Laufzeit

$$L(s) \;=\; n_1\|\mathbf{q}(s)-\mathbf{q}_1\| \;+\; n_2\|\mathbf{q}(s)-\mathbf{q}_2\|\,, \qquad \text{und es folgt } \boxed{\text{ÜA}}$$

$$L'(0)=0\,, \quad L''(0) = \frac{n_1}{|b_1|}\cdot\big(1-b_1\,f''(0)\big) + \frac{n_2}{|b_2|}\cdot\big(1-b_2\,f''(0)\big)\,.$$

Wählen wir $-b_1, b_2$ hinreichend klein, so ist $L''(0) > 0$ und $L(s) > L(0)$ für $0 < |s| \ll 1$ in Übereinstimmung mit der Bemerkung (2).

Für genügend große Werte von $-b_1, b_2$ ist hingegen $L''(0) < 0$, und das Stück des Lichtstrahls zwischen $\mathbf{q}_1$ und $\mathbf{q}_2$ liefert ein Maximum der Laufzeit für die betrachteten Vergleichskurven mit $|s| \ll 1$.

(d) Aufgabe. Übertragen Sie den Begriff der gebrochenen Variation und das erweiterte Fermat–Prinzip auf einen Lichtstrahl $t \mapsto \mathbf{q}(t)$, der im Punkt $\mathbf{y} = \mathbf{q}(0)$ einer Fläche Γ reflektiert wird. Leiten Sie für die einseitigen Ableitungen $\mathbf{v}_1 := \mathbf{q}'(0-)$, $\mathbf{v}_2 := \mathbf{q}'(0+)$ das **Reflexionsgesetz**

$$\frac{\mathbf{v}_1}{\|\mathbf{v}_1\|} - \frac{\mathbf{v}_2}{\|\mathbf{v}_2\|} \;\perp\; T_{\mathbf{y}}\Gamma$$

her, und schließen Sie auf die Gleichheit von Einfalls– und Ausfallswinkel.

Auch hier liefert der Lichtstrahl das Minimum des Laufzeitintegrals in der zu hinreichend nahe bei $\mathbf{y}$ auf dem Lichtstrahl liegenden Punkten $\mathbf{q}_1, \mathbf{q}_2$ gehörigen Variationsklasse $\mathcal{V}$. Hingegen ergibt sich bei der Reflexion an einem sphärischen Hohlspiegel S für $\mathbf{q}_1, \mathbf{q}_2 \in S$ ein Maximum der Laufzeit $\boxed{\text{ÜA}}$.

(e) Mit der in (a) verwendeten Methode lässt sich das **Problem Punkt–Fläche** für parametrisch–elliptische Integranden $L(\mathbf{q}, \mathbf{v})$ auf $\Omega \times \mathbb{R}^3$ behandeln. Gegeben seien eine Fläche Γ in Ω und ein Punkt $\mathbf{q}_0 \in \Omega \setminus \Gamma$. Auf der Variationsklasse $\mathcal{V}$ aller PC^1–Kurven $\mathbf{u} : [0, \beta] \to \Omega$ mit

$$\mathbf{u}(0) = \mathbf{q}_0\,, \quad \mathbf{u}(\beta) \in \Gamma\,, \quad \mathbf{u}(t) \neq \Gamma \quad \text{für } 0 \le t < \beta\,,$$

welche Γ nicht tangential treffen, betrachten wir

$$\mathcal{F}(\mathbf{u}) \;=\; \int_0^\beta L(\mathbf{u}, \mathbf{u}')\,dt\,.$$

Liefert die normale Kurve $\mathbf{q} \in \mathcal{V}$ ein lokales Minimum von $\mathcal{F}$ in $\mathcal{V}$, so erfüllt $\mathbf{q}$ die Euler–Gleichung in $[0, \beta[$, und es gilt die **Transversalitätsbedingung**

$$\nabla_{\mathbf{v}} L(\mathbf{q}(\beta), \dot{\mathbf{q}}(\beta)) \;\perp\; T_{\mathbf{q}(\beta)}\Gamma\,.$$

Dies folgt ähnlich wie in (a) aus der Bedingung $\frac{d}{ds}\mathcal{F}(\mathbf{q}_s)\big|_{s=0} = 0$ für Variationen $\mathbf{q}_s \in \mathcal{V}$ mit $\mathbf{q}_0 = \mathbf{q}$ $\boxed{\text{ÜA}}$.

3.3 Strahlenbündel und Wellenfronten

(a) Wir betrachten ein optisches Medium ohne Grenzflächen in einem Gebiet $\Omega \subset \mathbb{R}^3$, beschrieben durch eine parametrisch–elliptische Lagrange–Funktion L. Lichtstrahlen identifizieren wir im Folgenden mit ihren normalen Parametrisierungen $t \mapsto \mathbf{q}(t)$, für die also

$$L(\mathbf{q}(t), \dot{\mathbf{q}}(t)) = 1$$

gilt; der Zeitparameter t ist dabei bis auf Translationen eindeutig bestimmt, vgl. 2.2 (c).

Als Analogon zum Begriff des Impulses in der Mechanik ordnen wir jedem Lichtstrahl den **Wellenvektor**

$$t \;\mapsto\; \mathbf{p}(t) \;:=\; \nabla_{\mathbf{v}} L(\mathbf{q}(t), \dot{\mathbf{q}}(t))$$

zu und nennen die Kurve $t \mapsto (\mathbf{q}(t), \mathbf{p}(t))$ im Phasenraum $\Omega \times \mathbb{R}^3$ die **Erweiterung** von $\mathbf{q}$.

Zur Erfassung des Wellenaspekts gehen wir dazu über, Lichtstrahlen durch die Hamiltonschen Gleichungen

$$\text{(HG)}\quad \dot{\mathbf{q}}(t) \;=\; \nabla_{\mathbf{p}} H(\mathbf{q}(t), \mathbf{p}(t))\,, \qquad \dot{\mathbf{p}}(t) \;=\; -\nabla_{\mathbf{q}} H(\mathbf{q}(t), \mathbf{p}(t))\,,$$

zu beschreiben, zu ergänzen durch die Normalisierungsbedingung

$$\text{(N)}\qquad H(\mathbf{q}(t), \mathbf{p}(t)) \;=\; 1\,;$$

hierbei ist H die zu L gehörende parametrische Hamilton–Funktion, vgl. 2.6, 2.7.

Unter einer **Strahlenschar** verstehen wir eine Schar von Lichtstrahlen $t \mapsto \mathbf{Q}(t, \mathbf{c})$, deren Parameter $\mathbf{c} = (c_1, c_2)$ ein einfaches Gebiet $\Lambda \subset \mathbb{R}^2$ durchläuft und für welche die erweiterte Schar

$$(t, \mathbf{c}) \;\mapsto\; \mathbf{R}(t, \mathbf{c}) \;:=\; (\mathbf{Q}(t, \mathbf{c}), \mathbf{P}(t, \mathbf{c}))$$

mit $\mathbf{P}(t, \mathbf{c}) := \nabla_{\mathbf{v}} L(\mathbf{Q}(t, \mathbf{c}), \dot{\mathbf{Q}}(t, \mathbf{c}))$ C^2–differenzierbar ist.

Wir schreiben bei Bedarf c_0 anstelle von t und vereinbaren die Abkürzungen

$$\dot{\mathbf{Q}} = \partial_0 \mathbf{Q} := \frac{\partial \mathbf{Q}}{\partial t}\,, \quad \partial_\alpha \mathbf{Q} := \frac{\partial \mathbf{Q}}{\partial c_\alpha}\,, \quad \dot{\mathbf{P}} = \partial_0 \mathbf{P} := \frac{\partial \mathbf{P}}{\partial t}\,, \quad \partial_\alpha \mathbf{P} := \frac{\partial \mathbf{P}}{\partial c_\alpha}\,,$$

für $\alpha = 1, 2$ und

$$a_i \;:=\; \langle \mathbf{P}, \partial_i \mathbf{Q} \rangle \qquad (i = 0, 1, 2)\,.$$

Für Strahlenscharen $\mathbf{Q} : I \times \Lambda \to \Omega$ und $\alpha, \beta = 0, 1, 2$ definieren wir die **Lagrange–Klammern**

$$[c_\alpha, c_\beta] \; := \; \langle \partial_\alpha \mathbf{P}, \partial_\beta \mathbf{Q} \rangle - \langle \partial_\beta \mathbf{P}, \partial_\alpha \mathbf{Q} \rangle \; = \; \sum_{i=1}^{3} \left(\frac{\partial P_i}{\partial c_\alpha} \frac{\partial Q_i}{\partial c_\beta} - \frac{\partial P_i}{\partial c_\beta} \frac{\partial Q_i}{\partial c_\alpha} \right) .$$

Diese sind C^1–Funktionen von $(t, \mathbf{c}) = (t, c_1, c_2) = (c_0, c_1, c_2)$; die etwas ungewohnte Symbolik $[c_\alpha, c_\beta]$ entspricht althergebrachter Tradition. Offenbar gilt $[c_\beta, c_\alpha] = -[c_\alpha, c_\beta]$.

Eigenschaften von Strahlenscharen

(1) $\partial_1 a_2 - \partial_2 a_1 = [c_1, c_2]$,

(2) $a_0 = 1$,

(3) $[c_\alpha, c_0] = [c_0, c_\alpha] = 0 \quad (\alpha = 1, 2)$,

(4) $\dfrac{\partial a_\alpha}{\partial t} = 0 \qquad (\alpha = 1, 2)$,

(5) $\dfrac{\partial}{\partial t} [c_1, c_2] = 0$.

Die zeitliche Konstanz der Lagrange–Klammer $[c_1, c_2]$ bewies LAGRANGE 1808.

BEWEIS.

Es gilt

$$(\star) \qquad \begin{aligned} \partial_1 a_2 - \partial_2 a_1 &= \langle \partial_1 \mathbf{P}, \partial_2 \mathbf{Q} \rangle + \langle \mathbf{P}, \partial_1 \partial_2 \mathbf{Q} \rangle - \langle \partial_2 \mathbf{P}, \partial_1 \mathbf{Q} \rangle - \langle \mathbf{P}, \partial_2 \partial_1 \mathbf{Q} \rangle \\ &= \langle \partial_1 \mathbf{P}, \partial_2 \mathbf{Q} \rangle - \langle \partial_2 \mathbf{P}, \partial_1 \mathbf{Q} \rangle \; = \; [c_1, c_2] . \end{aligned}$$

Aus den Hamilton–Gleichungen (HG), der Normalisierungsbedingung (N) und der Homogenitätsrelation für H aus 2.6 folgt

$$a_0 \; = \; \big\langle \mathbf{P}, \dot{\mathbf{Q}} \big\rangle \; = \; \big\langle \mathbf{P}, \nabla_{\mathbf{p}} H(\mathbf{Q}, \mathbf{P}) \big\rangle \; = \; H(\mathbf{Q}, \mathbf{P}) = 1 ,$$

$$\begin{aligned} [c_\alpha, c_0] \; &= \; \sum_{i=1}^{3} \Big(\frac{\partial P_i}{\partial c_\alpha} \frac{\partial Q_i}{\partial t} - \frac{\partial P_i}{\partial t} \frac{\partial Q_i}{\partial c_\alpha} \Big) \\ &= \; \sum_{i=1}^{3} \left(\frac{\partial P_i}{\partial c_\alpha} \frac{\partial H}{\partial p_i}(\mathbf{Q}, \mathbf{P}) + \frac{\partial H}{\partial q_i}(\mathbf{Q}, \mathbf{P}) \frac{\partial Q_i}{\partial c_\alpha} \right) \\ &= \; \frac{\partial}{\partial c_\alpha} \big[H(\mathbf{Q}, \mathbf{P}) \big] \; = \; 0 , \end{aligned}$$

$$\begin{aligned}\frac{\partial a_\alpha}{\partial t} &= \frac{\partial}{\partial t}\langle \mathbf{P}, \partial_\alpha \mathbf{Q}\rangle = \langle \partial_0 \mathbf{P}, \partial_\alpha \mathbf{Q}\rangle + \langle \mathbf{P}, \partial_0\partial_\alpha \mathbf{Q}\rangle \\ &\overset{(3)}{=} \langle \partial_\alpha \mathbf{P}, \partial_0 \mathbf{Q}\rangle + \langle \mathbf{P}, \partial_\alpha\partial_0 \mathbf{Q}\rangle = \partial_\alpha a_0 \overset{(2)}{=} 0\,.\end{aligned}$$

(5) ergibt sich aus (1) und (4). □

(b) Das nachfolgend einzuführende Konzept des **Strahlenbündels** beinhaltet eine Rang– und eine Integrabilitätsbedingung. Um diese zu motivieren, betrachten wir eine durch einen Punkt $\mathbf{q}_0 \in \Omega$ laufende Strahlenschar, die wir wie folgt festlegen:

Der Zeitparameter t ist fixiert durch die Bedingung

$$\mathbf{Q}(0, \mathbf{c}) = \mathbf{q}_0\,,$$

als Scharparameter $\mathbf{c} = (c_1, c_2)$ wählen wir die Winkelkoordinaten auf der geschlitzten Einheitssphäre, festgelegt durch die Strahlenrichtungen zur Zeit $t = 0$. Für $t > 0$ deuten wir

$$\Sigma_t = \big\{\mathbf{Q}(t, \mathbf{c}) \;\big|\; \mathbf{c} \in \Lambda\big\}$$

als den Ort der Punkte, an denen ein in $\mathbf{q}_0$ zur Zeit $\tau = 0$ ausgesandtes Lichtsignal nach der Zeit t eintrifft und nennen diese Menge mit HUYGENS eine **Wellenfront** (entsprechend für $t < 0$ durch Zeitumkehr). Solange Σ_t eine Fläche ist, was für $0 < |t| \ll 1$ der Fall ist, gelten nach 3.2 (e) die **Transversalitätsbedingungen**

$$\big\langle \mathbf{P}(t, \mathbf{c}), \partial_\alpha \mathbf{Q}(t, \mathbf{c})\big\rangle = 0 \quad \text{für } \alpha = 1, 2\,,$$

denn die Laufzeit von $\mathbf{q}_0$ bis Σ_t ist für alle Strahlen der Schar gleich, so dass diese die Extremalen eines Punkt–Fläche–Problems sind. Für $t = 0$ gelten die Transversalitätsbedingungen wegen $\partial_\alpha \mathbf{Q}(0, \mathbf{c}) = 0$ $(\alpha = 1, 2)$ ebenfalls. Aus dem Verschwinden der Skalarprodukte $a_\alpha = \langle \mathbf{P}, \partial_\alpha \mathbf{Q}\rangle$ $(\alpha = 1, 2)$ folgt nach $(\star)$ die **Integrabilitätsbedingung** $[c_1, c_2] = 0$.

Nach Konstruktion entartet die Schar $\mathbf{Q}$ für $t = 0$ zu einem Punkt; dafür füllen die Strahlenrichtungen die Einheitssphäre aus. Wir folgern hieraus, dass die 6×3–Matrix

$$d\mathbf{R} = \begin{pmatrix} \partial_0 \mathbf{Q} & \partial_1 \mathbf{Q} & \partial_2 \mathbf{Q} \\ \partial_0 \mathbf{P} & \partial_1 \mathbf{P} & \partial_2 \mathbf{P} \end{pmatrix} \quad \text{mit } \mathbf{R} := \begin{pmatrix} \mathbf{Q} \\ \mathbf{P} \end{pmatrix}$$

an jeder Stelle $(0, \mathbf{c})$ die Rangbedingung

$$\operatorname{Rang} d\mathbf{R}(0, \mathbf{c}) = 3$$

erfüllt. Denn aus

$$\sum_{i=0}^{2} \lambda_i\, \partial_i \mathbf{Q}(0,\mathbf{c}) = \mathbf{0}\,, \qquad \sum_{i=0}^{2} \lambda_i\, \partial_i \mathbf{P}(0,\mathbf{c}) = \mathbf{0} \quad \text{mit} \quad \lambda_i \in \mathbb{R}$$

folgt wegen $\partial_0 \mathbf{Q}(0,\mathbf{c}) = \dot{\mathbf{Q}}(0,\mathbf{c}) \neq \mathbf{0}$, $\partial_i \mathbf{Q}(0,\mathbf{c}) = \mathbf{0}$ für $i = 1,2$ das Verschwinden von λ_0; es bleibt $\sum\limits_{i=1}^{2} \lambda_i \partial_i \mathbf{P}(0,\mathbf{c}) = \mathbf{0}$.

Da die Vektoren $\partial_1 \dot{\mathbf{Q}}(0,\mathbf{c})$, $\partial_2 \dot{\mathbf{Q}}(0,\mathbf{c})$ nach Konstruktion linear unabhängig sind, gilt dies auch für $\partial_1 \mathbf{P}(0,\mathbf{c})$, $\partial_2 \mathbf{P}(0,\mathbf{c})$, denn $\mathbf{P}$ und $\dot{\mathbf{Q}}$ sind nach 2.6 (b) durch den Diffeomorphismus $\mathbf{v} \mapsto \boldsymbol{\nabla}_{\mathbf{v}} L^*(\mathbf{q},\mathbf{v})$ miteinander verbunden, und die Behauptung folgt durch Anwendung der Kettenregel. Somit folgt auch $\lambda_1 = \lambda_2 = 0$, d.h. die Spalten von $d\mathbf{R}(0,\mathbf{c})$ sind linear unabhängig.

Für $t \neq 0$ ist $\partial_0 \mathbf{Q}(t,\mathbf{c}) = \dot{\mathbf{Q}}(t,\mathbf{c}) \neq \mathbf{0}$ orthogonal zu den linear unabhängigen Vektoren $\partial_1 \mathbf{Q}(t,\mathbf{c})$, $\partial_2 \mathbf{Q}(t,\mathbf{c})$, also ist $\operatorname{Rang} d\mathbf{Q}(t,\mathbf{c}) = 3$. Somit gilt

$$\operatorname{Rang} d\mathbf{R}(t,\mathbf{c}) = 3 \quad \text{für alle } t, \mathbf{c}\,.$$

Die Rangbedingung und die Integrabilitätsbedingung $\langle \partial_1 \mathbf{P}, \partial_2 \mathbf{Q} \rangle = \langle \partial_2 \mathbf{P}, \partial_1 \mathbf{Q} \rangle$ legen wir dem Konzept des Strahlenbündels in (d) zugrunde:

Unter einem **Strahlenbündel** in einem Gebiet $\Omega \subset \mathbb{R}^3$ verstehen wir eine Strahlenschar $\mathbf{Q} : \mathbb{R} \times \Lambda \to \Omega$, für welche die **Rangbedingung**

$$\operatorname{Rang} d\mathbf{R} = 3 \quad \text{auf } \mathbb{R} \times \Lambda$$

mit $\mathbf{R} = (\mathbf{Q}, \mathbf{P})$ und die **Integrabilitätsbedingung**

$$[c_1, c_2] = 0 \quad \text{auf } \mathbb{R} \times \Lambda$$

erfüllt sind.

Bei diesem Konzept der Lichtausbreitung werden zunächst keine Annahmen über die Erzeugung durch Lichtquellen gemacht. Wir zeigen im Folgenden, dass Strahlenbündel aufgrund der Integrabilitätsbedingung Wellenfronten besitzen und dass diese genau die Strahlenscharen sind, für die es eine Wellenfront gibt, auf der die Rangbedingung erfüllt ist.

(c) Eine Menge $\Sigma \subset \Omega$ heißt eine **Wellenfront** einer Strahlenschar $\mathbf{Q}$, wenn es eine C^2–Funktion σ auf Λ gibt, so dass mit

$$\mathbf{q}(\mathbf{c}) := \mathbf{Q}(t + \sigma(\mathbf{c}), \mathbf{c})\,, \quad \mathbf{p}(\mathbf{c}) := \mathbf{P}(t + \sigma(\mathbf{c}), \mathbf{c})$$

erstens $\Sigma = \mathbf{q}(\Lambda)$ gilt und zweitens die **Transversalitätsbedingungen**

$$\big\langle \mathbf{p}(\mathbf{c}), \partial_\alpha \mathbf{q}(\mathbf{c}) \big\rangle \;=\; 0 \quad \text{für } \alpha = 1,2,\; c \in \Lambda$$

erfüllt sind.

Eine Wellenfront kann die Gestalt einer Fläche besitzen, sie kann aber auch stellenweise oder überall zu niederdimensionalen Gebilden entarten. Die nebenstehende Figur zeigt ein Strahlenbündel mit einer eindimensionalen Wellenfront.

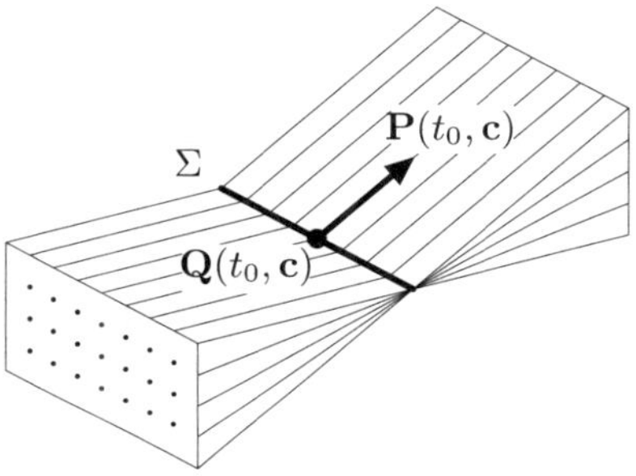

Hat ein Strahlenbündel $\mathbf{Q}$ einen **Knotenpunkt** $\mathbf{q}_0$, d.h. gilt

$$\mathbf{Q}(t_0, \mathbf{c}) = \mathbf{q}_0$$

für ein $t_0 \in \mathbb{R}$ und alle $\mathbf{c} \in \Lambda$ (**stigmatisches Bündel**), so ist $\{\mathbf{q}_0\}$ eine Wellenfront gemäß der Definition mit der Funktion $\sigma = \text{const} = t_0$. Die Transversalitätsbedingung ist hier nach 3.3 (c) (5) wegen $\partial_\alpha \mathbf{Q}(t_0, \mathbf{c}) = \mathbf{0}$ $(\alpha = 1, 2)$ für $t = t_0$ erfüllt.

Satz. *Für jede Strahlenschar* $\mathbf{Q}$ *mit* $[c_1, c_2] = 0$ *gibt es eine* C^2*-Funktion* σ *auf* Λ, *so dass durch*

$$\Sigma_t := \mathbf{q}_t(\Lambda) \quad \textit{mit} \;\; \mathbf{q}_t(\mathbf{c}) := \mathbf{Q}(t + \sigma(\mathbf{c}), \mathbf{c}), \quad t \in \mathbb{R}$$

Wellenfronten von $\mathbf{Q}$ *gegeben sind, und so entstehen alle Wellenfronten von* $\mathbf{Q}$.

Strahlenbündel besitzen somit Wellenfronten. Jede Wellenfront entsteht also aus einer festen Wellenfront Σ durch Translation in der Zeitkoordinate. Wird ein Strahlenbündel von einer Lichtquelle erzeugt, so ist diese eine Wellenfront; umgekehrt kann jede Wellenfront als Lichtquelle gedeutet werden.

Nach dem Satz sind die Transversalitätsbedingungen $\langle \mathbf{p}_t(\mathbf{c}), \partial_\alpha \mathbf{q}_t(\mathbf{c}) \rangle = 0$ $(\alpha = 1, 2)$ für alle $t, \mathbf{c}$ erfüllt. Diese besagen, dass sich die Wellenfronten in Richtung der Wellenvektoren ausbreiten, denn letztere stehen senkrecht auf den Wellenfronten, und nach 3.3 (a) (2) gilt $\langle \dot{\mathbf{q}}_t, \mathbf{p}_t \rangle = a_0 = 1$. Für isotrope Medien gilt $L(\mathbf{q}, \mathbf{v}) = n(\mathbf{q}) \cdot \|\mathbf{v}\|$ und $\nabla_{\mathbf{v}} L(\mathbf{q}, \mathbf{v}) = n(\mathbf{q})\, \mathbf{v} / \|\mathbf{v}\|$, also sind $\dot{\mathbf{Q}}$ und $\mathbf{P} = \nabla_{\mathbf{v}} L(\mathbf{Q}, \dot{\mathbf{Q}})$ gleichgerichtet, d.h. auch die Bündelstrahlen durchsetzen die Wellenfronten orthogonal.

Vor dem Beweis vereinfachen wir die Beschreibung der Wellenfronten durch Reduktion auf den Fall $\sigma = 0$:

Eine Strahlenschar $\mathbf{Q}$ mit $[c_1, c_2] = 0$ heißt **synchron**, wenn sich alle Wellenfronten in der Form

$$\Sigma_t := \mathbf{Q}_t(\Lambda) \quad \text{mit} \;\; \mathbf{Q}_t(\mathbf{c}) := \mathbf{Q}(t, \mathbf{c}), \quad t \in \mathbb{R}$$

darstellen lassen. In diesem Fall haben die Transversalitätsbedingungen die Gestalt

(T) $\big\langle \mathbf{P}, \partial_\alpha \mathbf{Q} \big\rangle \;=\; 0 \quad \text{auf } \mathbb{R}\times\Lambda \quad \text{für } \alpha = 1,2\,.$

Unter den Voraussetzungen des Satzes ist durch

$$\mathbf{Q}^*(t,\mathbf{c}) \;:=\; \mathbf{Q}(t+\sigma(\mathbf{c}),\mathbf{c}) \;=\; \mathbf{q}_t(\mathbf{c})$$

ein synchrone Strahlenschar $\mathbf{Q}^*$ mit $[c_1^*, c_2^*] = 0$ den gleichen Wellenfronten Σ_t gegeben. Ist $\mathbf{Q}$ ein Strahlenbündel, so auch $\mathbf{Q}^*$.

$\mathbf{Q}^*$ ist ebenfalls ein Strahlenbündel: Mit dem C^2–Diffeomorphismus $\mathbf{h}(t,\mathbf{c}) = (t+\sigma(\mathbf{c}),\mathbf{c})$ gilt $\mathbf{Q}^* = \mathbf{Q}\circ\mathbf{h}$, $\mathbf{P}^* = \mathbf{P}\circ\mathbf{h}$ und

(∗) $\partial_\alpha \mathbf{Q}^*(t,\mathbf{c}) \;=\; \partial_\alpha \mathbf{q}_t(\mathbf{c}) \;=\; \dot{\mathbf{Q}}(\mathbf{h}(t,\mathbf{c}))\,\partial_\alpha\sigma(\mathbf{c}) \;+\; \partial_\alpha \mathbf{Q}(\mathbf{h}(t,\mathbf{c}))\,,$

(∗∗) $\big\langle \mathbf{P}^*, \dot{\mathbf{Q}}^* \big\rangle \;=\; \big\langle \mathbf{P}\circ\mathbf{h}, \mathbf{Q}\circ\mathbf{h} \big\rangle \;=\; a_0 \;=\; 1 \quad \text{nach 3.3 (c)},$

woraus sich die Integrabilitätsbedingung und $\operatorname{Rang} d\mathbf{R}^* = \operatorname{Rang} d\mathbf{R}$ für $\mathbf{Q}^*$ ergeben [ÜA].

Beweis des Satzes.

(i) Nach 3.3 (a) sind die Skalarprodukte $a_\alpha = \langle \mathbf{P}, \partial_\alpha \mathbf{Q}\rangle$ $(\alpha = 1,2)$ zeitlich konstant, dürfen also als Funktionen auf Λ aufgefasst werden. Weiter gilt die Integrabilitätsbedingung $\partial_1 a_2 - \partial_2 a_1 = [c_1, c_2] = 0$, es gibt daher eine C^2–Funktion σ auf Λ mit

$$\partial_\alpha \sigma \;=\; -a_\alpha \quad \text{für } \alpha = 1,2\,.$$

Für

$$\mathbf{q}_t(\mathbf{c}) \;:=\; \mathbf{Q}(t+\sigma(\mathbf{c}),\mathbf{c})\,, \qquad \mathbf{p}_t(\mathbf{c}) \;:=\; \mathbf{P}(t+\sigma(\mathbf{c}),\mathbf{c})$$

gilt dann wegen (∗), (∗∗)

$$\langle \mathbf{p}_t, \partial_\alpha \mathbf{q}_t \rangle \;=\; \partial_\alpha\sigma + a_\alpha \;=\; 0 \quad \text{für } \alpha = 1,2\,,$$

somit sind die $\Sigma_t = \mathbf{q}_t(\Lambda)$ Wellenfronten von $\mathbf{Q}$.

(ii) Ist $\Sigma = \mathbf{q}(\Lambda)$ eine Wellenfront von $\mathbf{Q}$, also

$$\mathbf{q}(\mathbf{c}) \;=\; \mathbf{Q}(\tau(\mathbf{c}),\mathbf{c})\,, \qquad \mathbf{p}(\mathbf{c}) \;=\; \mathbf{P}(\tau(\mathbf{c}),\mathbf{c})$$

mit einer C^2–Funktion τ auf Λ, so liefern die Transversalitätsbedingungen mit der gleichen Rechnung wie eben $0 = \langle \mathbf{p}, \partial_\alpha \mathbf{q}\rangle = \partial_\alpha\tau + a_\alpha$ für $\alpha = 1,2$, also $\partial_\alpha(\tau-\sigma) = 0$ $(\alpha = 1,2)$ und damit $\tau - \sigma = \text{const} =: t_0$, was $\Sigma = \Sigma_{t_0}$ bedeutet. □

(d) SATZ. *Eine Strahlenschar* $\mathbf{Q}$ *ist schon dann ein Strahlenbündel, wenn es eine Wellenfront* $\Sigma = \{\mathbf{Q}(\sigma(\mathbf{c}), \mathbf{c}) \mid c \in \Lambda\}$ *gibt, auf welcher die Rangbedingung*

$$(*) \qquad \operatorname{Rang} d\mathbf{R}(\sigma(\mathbf{c}), \mathbf{c}) = 3 \quad \textit{für} \ \mathbf{c} \in \Lambda$$

erfüllt ist.

Aus (c) und (d) ergibt sich folgende Charakterisierung von Strahlenbündeln: Ist für eine Strahlenschar $\mathbf{Q}$ die Integrabilitätsbedingung $[c_1, c_2] = 0$ zu einem Zeitpunkt erfüllt, so ist sie für alle t erfüllt, und $\mathbf{Q}$ besitzt Wellenfronten. Ist (nach Synchronisation) die Rangbedingung $d\mathbf{R}(t, \mathbf{c}) = 3$ auf Λ zu einem Zeitpunkt erfüllt, so gilt sie immer, und $\mathbf{Q}$ ist ein Strahlenbündel. Unter **Lichtquellen** verstehen wir Wellenfronten synchronisierter Strahlenbündel.

Die Frage, welche Gebilde Σ in Ω als Strahlenbündel erzeugende Lichtquellen in Frage kommen, gehört zum Themenbereich der **Charakteristikentheorie**. Jede orientierbare zweidimensionale Fläche Σ erzeugt ein maximal definiertes Strahlenbündel (hierbei können die Definitionsintervalle der Bündelstrahlen echte Teilintervalle von $\mathbb{R}$ sein); ein lokales Resultat in dieser Richtung wird in Bd. 2, § 7 : 3.4 gezeigt. Für eine umfassende Darstellung der Charakteristikentheorie verweisen wir auf [6] Ch. 6.10.

BEWEIS.

(i) Nach 3.3 (a) (5) sind die $a_\alpha = \langle \mathbf{P}, \partial_\alpha \mathbf{Q} \rangle$ zeitunabhängig, also folgt aus den Transversalitätsbedingungen $a_\alpha(\mathbf{c}) = \langle \mathbf{P}(\sigma(\mathbf{c}), \mathbf{c}), \partial_\alpha \mathbf{Q}(\sigma(\mathbf{c}), \mathbf{c}) \rangle = 0$ für alle $\mathbf{c} \in \Lambda$ und damit $[c_1, c_2] = \partial_1 a_2 - \partial_2 a_1 = 0$ auf Λ. Nach dem Satz (c) wird $\mathbf{Q}$ also von Wellenfronten überdeckt und kann synchronisiert werden. Da Rang– und Integrabilitätsbedingung bei der Synchronisation erhalten bleiben, dürfen wir $\sigma = 0$ annehmen.

(ii) Die Vektorfelder $(\mathbf{X}_i(t), \mathbf{Y}_i(t)) := (\partial_i \mathbf{Q}(t, \mathbf{c}), \partial_i \mathbf{P}(t, \mathbf{c})) = \partial_i \mathbf{R}(t, \mathbf{c})$ im $\mathbb{R}^6$ $(i = 0, 1, 2)$ erfüllen für festes $\mathbf{c} \in \Lambda$ die linearisierten Hamilton–Gleichungen

$$(*) \qquad \dot{\mathbf{X}}(t) = A(t)\,\mathbf{X}(t) + B(t)\,\mathbf{Y}(t), \qquad \dot{\mathbf{Y}}(t) = C(t)\,\mathbf{X}(t) + D(t)\,\mathbf{Y}(t)$$

mit

$$a_{ik}(t) = \frac{\partial^2 H}{\partial q_k\,\partial q_i}(\mathbf{q}(t), \mathbf{p}(t)), \qquad b_{ik}(t) = \frac{\partial^2 H}{\partial p_k\,\partial q_i}(\mathbf{q}(t), \mathbf{p}(t)),$$

$$c_{ik}(t) = -\frac{\partial^2 H}{\partial q_k\,\partial p_i}(\mathbf{q}(t), \mathbf{p}(t)), \qquad d_{ik}(t) = -\frac{\partial^2 H}{\partial p_k\,\partial p_i}(\mathbf{q}(t), \mathbf{p}(t)),$$

und $\mathbf{q}(t) := \mathbf{Q}(t, \mathbf{c})$, $\mathbf{p}(t) := \mathbf{P}(t, \mathbf{c})$ [ÜA]. Nach Voraussetzung hat die 6×3–Matrix

$$\begin{pmatrix} \mathbf{X}_0(t) & \mathbf{X}_1(t) & \mathbf{X}_2(t) \\ \mathbf{Y}_0(t) & \mathbf{Y}_1(t) & \mathbf{Y}_2(t) \end{pmatrix} = d\mathbf{R}(t, \mathbf{c})$$

für $t = 0$ den Rang 3. Ergänzen wir die Spalten $\mathbf{s}_1, \mathbf{s}_2, \mathbf{s}_3$ von $d\mathbf{R}(0, \mathbf{c})$ zu einer Basis $(\mathbf{s}_1, \ldots, \mathbf{s}_6)$ des $\mathbb{R}^6$ und lösen wir das homogen lineare Differentialgleichungssystem $(*)$ mit den Anfangswerten $(\mathbf{X}(0), \mathbf{Y}(0)) = \mathbf{s}_k$ $(k = 1, \ldots, 6)$, so erhalten wir nach Bd. 2, § 3 : 1.1 sechs Lösungen, die für jedes $t \in \mathbb{R}$ linear unabhängig sind. Insbesondere sind dann die Spalten von $d\mathbf{R}(t, \mathbf{c})$ linear unabhängig für jedes $t \in \mathbb{R}$. □

3.4 Brennpunkte

Ein Punkt $\mathbf{q} = \mathbf{Q}(t, \mathbf{c})$ heißt ein **Brennpunkt** mit **Brennzeit** t zum Parameterwert $\mathbf{c} \in \Lambda$ eines synchronen Strahlenbündels $\mathbf{Q}$, falls

$$\operatorname{Rang} d\mathbf{Q}(t, \mathbf{c}) \ < \ 3 \,.$$

Die Menge der Brennpunkte bildet die **Brennfläche** oder **Kaustik** des Strahlenbündels.

In einem Brennpunkt $\mathbf{q} = \mathbf{Q}(t, \mathbf{c})$ hat also die Wellenfront Σ_t eine Entartung. Diese kann darin bestehen, dass sich eine Schar von Lichtstrahlen in $\mathbf{q}$ schneidet oder dass es beliebig nahe bei $\mathbf{q}$ Schnittpunkte von Strahlen gibt.

Beispiele für das Schneiden in einem Punkt liefern Knotenpunkte und die Punkte der in (a) dargestellten eindimensionalen Wellenfront. Kaustiken können eine komplizierte Gestalt besitzen; ihre lokale Geometrie lässt sich auf Normalformen reduzieren, siehe [13].

Satz (A. Mayer, von Escherich um 1900). *Für jeden Parameterwert* $\mathbf{c} \in \Lambda$ *besteht die Menge der Brennzeiten*

$$\bigl\{ t \in \mathbb{R} \;\big|\; \operatorname{Rang} d\mathbf{Q}(t, \mathbf{c}) < 3 \bigr\}$$

aus isolierten Punkten, d.h. jedes kompakte Intervall enthält nur endlich viele Brennzeiten.

Der Beweis beruht auf der Tatsache, dass für jedes $\mathbf{c} \in \Lambda$ die Vektorfelder $\mathbf{X}_i(t) := \partial_i \mathbf{Q}(t, \mathbf{c})$, $\mathbf{Y}_i(t) := \partial_i \mathbf{P}(t, \mathbf{c})$ (i=0,1,2) Lösungen eines linearen Differentialgleichungssystems erster Ordnung sind (den linearisierten Hamilton–Gleichungen, vgl. (c) Beweisteil (ii)), was zur Folge hat, dass die 6×3–Matrizen

$$\begin{pmatrix} \mathbf{X}_0(t) & \mathbf{X}_1(t) & \mathbf{X}_2(t) \\ \mathbf{Y}_0(t) & \mathbf{Y}_1(t) & \mathbf{Y}_2(t) \end{pmatrix}, \qquad \begin{pmatrix} \mathbf{X}_0(t) & \mathbf{X}_1(t) & \mathbf{X}_2(t) \\ \dot{\mathbf{X}}_0(t) & \dot{\mathbf{X}}_1(t) & \dot{\mathbf{X}}_2(t) \end{pmatrix}$$

aufgrund der Rangbedingung beide den Rang 3 besitzen. Taylorentwicklung von $\mathbf{X}_i(t) = \partial_i \mathbf{Q}(t, \mathbf{c})$ in Brennzeiten $t = t_0$ führt für die Determinante $\Delta(t, \mathbf{c}) := \det d\mathbf{Q}(t, \mathbf{c})$ auf die Darstellung

$$\Delta(t_0 + t, \mathbf{c}) \ = \ \lambda_k t^{3-k} + o(t^{3-k})$$

mit $\lambda_k \neq 0$, $\lim\limits_{s\to 0} o(s)/s = 0$ und $k := \operatorname{Rang} d\mathbf{Q}(t_0, \mathbf{c}) < 3$. Hiernach gibt es zu jeder Brennzeit t_0 eine Umgebung ohne weitere Brennzeiten. Der in [6] Ch. 6, 2.4, Prop. 2 gegebene Beweis lässt sich für den Variationsintegranden $F(t, \mathbf{q}, \mathbf{v}) = L^*(\mathbf{q}, \mathbf{v})$ unschwer auf die hier betrachtete Situation übertragen (L^* wie in 2.3 (b)).

Obwohl die Brennzeiten für jeden Bündelstrahl isoliert liegen, kann es geschehen, dass auf einem Strahl mit Parameterwert $\mathbf{c}_0$ Brennpunkte zu Parameterwerten $\mathbf{c} = \mathbf{c}_0$ sogar ein ganzes Lichtstrahlsegment ausfüllen. Dies tritt z.B. bei axialsymmetrischen Bündelkonfigurationen auf, siehe Aufgabe 3.5 (b).

3.5 Beispiele

(a) Das folgende einfache zweidimensionale Beispiel kann als ebener Schnitt in einem axialsymmetrischen dreidimensionalen Medium mit der y–Achse als Rotationsachse aufgefasst werden. Es dient vor allem der Illustration der in 3.3 und 3.4 eingeführten Begriffe.

In einem Medium in der x, y–Ebene mit Brechungsindex $n = 1$ (also $L(\mathbf{q}, \mathbf{v}) = \|\mathbf{v}\|$, $H(\mathbf{q}, \mathbf{p}) = \|\mathbf{p}\|$) sei $\mathbf{Q}(t, \mathbf{c})$ die Schar der geraden Lichtstrahlen, welche die Parabel $c \mapsto (c, c^2/2)$ zur Zeit $t = 0$ senkrecht schneiden.

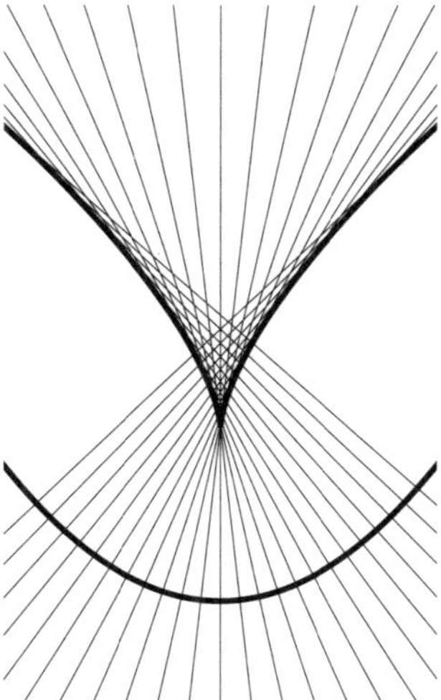

Es ergibt sich ÜA

$$\mathbf{Q}(t, c) = \left(c - \frac{ct}{\sqrt{1+c^2}}, \frac{c^2}{2} + \frac{t}{\sqrt{1+c^2}} \right)$$

und

$$\mathbf{P}(t, c) = \left(\frac{-c}{\sqrt{1+c^2}}, \frac{1}{\sqrt{1+c^2}} \right).$$

Dabei ist

$$\operatorname{Rang} d\mathbf{R}(t, c) = 2$$

für $\mathbf{R} = (\mathbf{Q}, \mathbf{P})$.

Die Kaustik ist

$$\left\{ (-c^3, 1 + 3c^2/2) \;\middle|\; c \in \mathbb{R} \right\}$$

(siehe nebenstehende Figur).

Die Wellenfronten Σ_t zu den Zeiten $t = 0, \frac{1}{2}, 1, \frac{3}{2}, 2$ haben die auf dem nächsten Bild gezeigte Gestalt (der Übersichtlichkeit halber sind diese in verschiedenen Zeitebenen dargestellt).

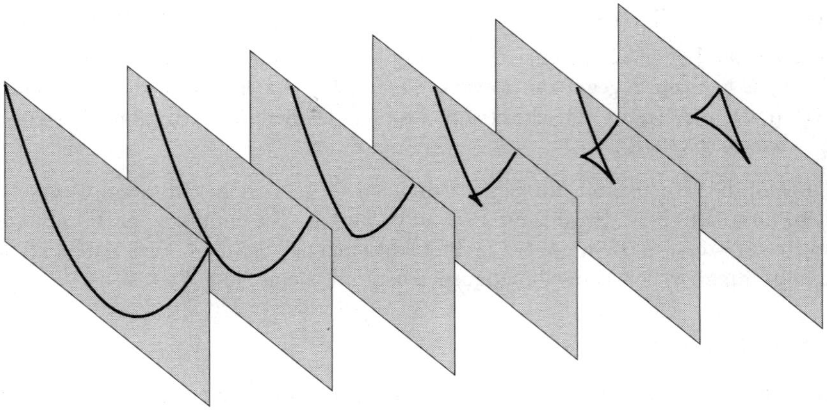

(b) Die Geradenschar mit Parameter $\mathbf{c} = (c_1, c_2)$, $\|\mathbf{c}\| < 1$,

$$\mathbf{Q}(t, \mathbf{c}) = \left(\left(1 + \frac{t}{w_2}\right) c_1,\ \left(1 + \frac{t}{w_2}\right) c_2,\ \sqrt{2}\left(1 + \frac{w_1 t}{w_2}\right) \right) \quad \text{mit}$$

$$w_1 = \sqrt{1 - \|\mathbf{c}\|^2}, \quad w_2 = \sqrt{2 - \|\mathbf{c}\|^2},$$

besitzt die nebenstehend abgebildete Kaustik. (Wir interpretieren $\mathbf{Q}$ nicht als Strahlenschar eines optischen Mediums.)

Denn es gilt ÜA

$$\det d\mathbf{Q}(t, \mathbf{c}) = \frac{2}{w_1 w_2} \left(\frac{t}{w_2} + 1\right)\left(\frac{t}{w_2} + w_1^2\right),$$

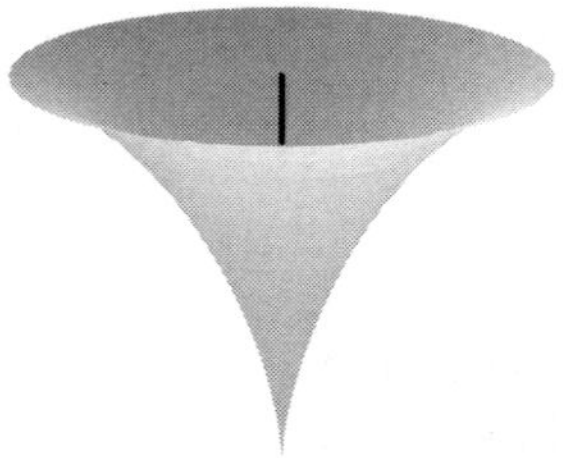

woraus sich für jedes $\mathbf{c}$ mit $\|\mathbf{c}\| < 1$ die Brennzeiten

$$t_1 = t_1(\mathbf{c}) = -w_2\,,$$

$$t_2 = t_2(\mathbf{c}) = -w_1^2 w_2$$

mit $t_1(\mathbf{0}) = t_2(\mathbf{0}) = -\sqrt{2}$ und $t_1(\mathbf{c}) < t_2(\mathbf{c})$ für $\mathbf{c} \neq \mathbf{0}$ ergeben.

Die Brennpunkte

$$\mathbf{Q}(t_2(\mathbf{c}), \mathbf{c}) = \left(\|\mathbf{c}\|^2 c_1, \|\mathbf{c}\|^2 c_2, \sqrt{2}(1 - w_1^3)\right)$$

durchlaufen den trompetenförmigen Teil der Kaustik.

Die Brennpunkte

$$\mathbf{Q}(t_1(\mathbf{c}), \mathbf{c}) = \left(0, 0, \sqrt{2}(1 - w_1)\right)$$

zu den Parameterwerten $\|\mathbf{c}\| < 1$ füllen das Segment $\{(0,0,s) \mid 0 \le s < \sqrt{2}\}$ auf der Rotationsachse, der q^3–Achse aus. Diese Gerade gehört zum Parameterwert $\mathbf{c}_0 = \mathbf{0}$, und der Ursprung ist der einzige Brennpunkt mit Parameterwert $\mathbf{c}_0 = \mathbf{0}$.

3.6 Die Eikonalgleichung

(a) Unter einem **Strahlenfeld** im Gebiet Ω verstehen wir eine Strahlenschar $\mathbf{Q} : I_0 \times \Lambda_0 \to \Omega$ mit den Eigenschaften:

(i) $I_0 \subset \mathbb{R}$ ist ein offenes Intervall, $\Lambda_0 \subset \mathbb{R}^2$ ist ein einfaches Gebiet.

(ii) $\mathbf{Q}$ ist ein C^2–Diffeomorphismus zwischen $I_0 \times \Lambda_0$ und einem (dann ebenfalls einfachen) Teilgebiet $\Omega_0 \subset \Omega$.

(iii) $\langle \mathbf{P}, \partial_\alpha \mathbf{Q} \rangle = 0$ für $\alpha = 1, 2$.

Diese Definition macht auch Sinn, wenn wir als Definitionsbereich für $\mathbf{Q}$ einen schiefberandeten Zylinder $\{(t, \mathbf{c}) \mid \mathbf{c} \in \Lambda,\ t_1(\mathbf{c}) < t < t_2(\mathbf{c})\}$ mit C^2–Funktionen $t_1 < t_2$ auf Λ zulassen.

Ein Strahlenfeld ist offenbar ein synchrones Strahlenbündel auf einem Zeitintervall I_0 (statt sonst $\mathbb{R}$).

Ist $\mathbf{q}_0 = \mathbf{Q}(t_0, \mathbf{c}_0)$ kein Brennpunkt eines synchronen Strahlenbündels, so gibt es wegen $\operatorname{Rang} d\mathbf{Q}(t_0, \mathbf{c}_0) = 3$ nach dem Umkehrsatz Umgebungen $U_0 \subset \mathbb{R} \times \Lambda$ von $(t_0, \mathbf{c}_0)$, $\Omega_0 \subset \Omega$ von $\mathbf{q}_0$, so dass $\mathbf{Q}$ einen C^2–Diffeomorphismus zwischen U_0 und Ω_0 vermittelt; hierbei dürfen wir o.B.d.A. annehmen, dass U_0 Zylindergestalt $I_0 \times \Lambda_0$ hat mit einer offenen Intervallumgebung von t_0 und einem einfachen Gebiet Λ_0. Die Einschränkung von $\mathbf{Q}$ auf U_0,

$$\mathbf{Q} : I_0 \times \Lambda_0 \to \Omega\,,$$

ist dann ein Strahlenfeld. Wir nennen sowohl dieses als auch dessen Bild einen **feldartigen Teil** von $\mathbf{Q}$.

(b) Wir zeigen jetzt, dass auf jedem feldartigen Teil $\Omega_0 = \mathbf{Q}(U_0)$ eines synchronen Strahlenbündels mit $U_0 = I_0 \times \Lambda_0$ die Ausbreitung der Wellenfronten durch die Eikonalgleichung beschrieben wird. Auf Ω_0 lässt sich das Wellenvektorfeld als Funktion des Ortes schreiben, bezeichnet mit

$$\mathbf{p} \;:=\; \mathbf{P} \circ \mathbf{Q}^{-1} : \Omega_0 \to \mathbb{R}^3\,.$$

Satz. *Es existiert eine* C^3*–Funktion* S *auf* Ω_0 *mit* $\nabla S = \mathbf{p}$. *Diese erfüllt die* **Eikonalgleichung**

$$H(\mathbf{q}, \nabla S(\mathbf{q})) = 1\,, \quad \textit{kurz} \;\; H(\mathbf{q}, \nabla S) = 1\,,$$

und es gilt

$$S(\mathbf{Q}(t, \mathbf{c})) = t + a \quad \textit{auf} \;\; U_0 \quad \textit{mit einer Konstanten} \;\; a\,;$$

insbesondere sind die Niveauflächen von S die Wellenfronten des eingeschränkten Strahlenbündels.

Die Funktion S wird ein **Eikonal** des Strahlenfeldes genannt; als Stammfunktion des Vektorfelds $\mathbf{p}$ ist sie bis auf additive Konstanten eindeutig bestimmt.

BEWEIS.

(i) Aus $\mathbf{P} = \mathbf{p} \circ \mathbf{Q}$ folgt $\partial_i P_j = \sum\limits_{\ell=1}^{3} \partial_\ell p_j(\mathbf{Q}) \partial_i Q_\ell$ und mit 3.3 (c), (d) ergibt sich

$$\begin{aligned} 0 \;=\; [c_i, c_k] \;&=\; \sum_{j=1}^{3} (\partial_i P_j \, \partial_k Q_j - \partial_k P_j \, \partial_i Q_j) \\ &=\; \sum_{j,\ell=1}^{3} (\partial_\ell p_j - \partial_j p_\ell) \, (\mathbf{Q}) \, \partial_i Q_\ell \, \partial_k Q_j \qquad (i, k = 0, 1, 2) \,. \end{aligned}$$

Wegen der Diffeomorphieeigenschaft von $\mathbf{Q}$ sind die Matrizen $d\mathbf{Q} = (\partial_i Q_\ell)$ an jeder Stelle invertierbar, so dass wir hieraus die Integrabilitätsbedingungen $\partial_\ell p_j - \partial_j p_\ell = 0$ auf dem einfachen Gebiet $\Omega_0 = \mathbf{Q}(U_0)$ erhalten. Das C^2–Vektorfeld $\mathbf{p}$ auf Ω_0 besitzt somit eine C^3–differenzierbare Stammfunktion $S : \Omega_0 \to \mathbb{R}$.

(ii) Wegen $\boldsymbol{\nabla} S(\mathbf{Q}) = (\boldsymbol{\nabla} S) \circ \mathbf{Q} = \mathbf{p} \circ \mathbf{Q} = \mathbf{P}$ ergibt sich mit der Normalisierungsbedingung (N) aus 3.3 $H(\mathbf{Q}, \boldsymbol{\nabla} S(\mathbf{Q})) = H(\mathbf{Q}, \mathbf{P}) = 1$ und damit die Eikonalgleichung

$$H(\mathbf{q}, \boldsymbol{\nabla} S(\mathbf{q})) = 1 \quad \text{für } \mathbf{q} \in \Omega_0 \,.$$

Wegen (5) in 3.3 (a) und der Transversalitätsbedingungen (T) in 3.4 (c) für synchrone Strahlenbündel folgt weiter

$$\begin{aligned} \partial_t (S \circ \mathbf{Q}) \;&=\; \big\langle \boldsymbol{\nabla} S(\mathbf{Q}), \dot{\mathbf{Q}} \big\rangle \;=\; \big\langle \mathbf{P}, \dot{\mathbf{Q}} \big\rangle \;=\; a_0 \;=\; 1 \,, \\ \partial_\alpha (S \circ \mathbf{Q}) \;&=\; \big\langle \boldsymbol{\nabla} S(\mathbf{Q}), \partial_\alpha \mathbf{Q} \big\rangle \;=\; \big\langle \mathbf{P}, \partial_\alpha \mathbf{Q} \big\rangle \;=\; 0 \,. \end{aligned}$$

Somit hat $S(\mathbf{Q}(t, \mathbf{c})) - t$ einen konstanten Wert a, d.h. es gilt

$$S(\mathbf{Q}(t, \mathbf{c})) = t + a \quad \text{auf } U_0 \,.$$

Hieraus folgt die Mengengleichheit $\Sigma_t = \{S = t + a\}$. Denn für $\mathbf{q} \in \Sigma_t$ gilt $\mathbf{q} = \mathbf{Q}(t, \mathbf{c})$ für ein $\mathbf{c} \in \Lambda_0$, also ist $S(\mathbf{q}) = S(\mathbf{Q}(t, \mathbf{c})) = t + a$, d.h. $\mathbf{q} \in \{S = t + a\}$.

Umgekehrt gibt es zu $\mathbf{q} \in \{S = t + a\}$ ein Paar $(\tau, \mathbf{c}) \in I_0 \times \Lambda_0$ mit $\mathbf{q} = \mathbf{Q}(\tau, \mathbf{c})$ also $S(\mathbf{Q}(\tau, \mathbf{c})) = t + a$. Hieraus folgt $t + a = S(\mathbf{q}) = S(\mathbf{Q}(\tau, \mathbf{c})) = \tau + a$, also $\tau = t$ und damit $\mathbf{q} \in \Sigma_t$. □

Für isotrope Medien mit der Hamilton–Funktion $H(\mathbf{q},\mathbf{p}) = \|\mathbf{p}\|/n(\mathbf{q})$ lässt sich die Eikonalgleichung in der Form

$$\|\nabla S(\mathbf{q})\| \;=\; n(\mathbf{q})$$

schreiben. Hieraus lesen wir ab, dass die Wellenfronten an Stellen mit größerem Brechungsindex enger beieinander liegen als an Stellen mit kleinerem Brechungsindex, was nach Definition von n und S auch plausibel ist.

(c) Wir zeigen jetzt, dass umgekehrt zu jeder Lösung S der Eikonalgleichung ein feldartiges Strahlenbündel gehört, dessen Wellenfronten die Niveauflächen von S sind.

Gegeben sei eine C^3–Lösung $S : \Omega_1 \to \mathbb{R}$ der Eikonalgleichung

$$H(\mathbf{q},\nabla S(\mathbf{q})) = 1 \quad \text{für } \mathbf{q} \in \Omega_1$$

auf einem Teilgebiet $\Omega_1 \subset \Omega$.

Wir fixieren einen Punkt $\mathbf{q}_0 \in \Omega_1$ und nehmen o.B.d.A. $S(\mathbf{q}_0) = 0$ an. Aus $H(\mathbf{q}_0,\nabla S(\mathbf{q}_0)) = 1$ und $H(\mathbf{q}_0,\mathbf{0}) = 0$ folgt $\mathbf{p}_0 := \nabla S(\mathbf{q}_0) \neq \mathbf{0}$, daher können wir die Niveaufläche $\Sigma := \{S = 0\}$ nahe $\mathbf{q}_0$ durch eine C^3–Parametrisierung $\mathbf{\Phi} : \Lambda_1 \to \mathbb{R}^3$ darstellen, wobei Λ_1 ein Gebiet in $\mathbb{R}^2$ ist und wir o.B.d.A. $\mathbf{0} \in \Lambda_1$, $\mathbf{\Phi}(\mathbf{0}) = \mathbf{q}_0$ annehmen dürfen.

Wir betrachten das Anfangswertproblem

$$(*) \qquad \dot{\mathbf{q}}(t) \;=\; \nabla_{\mathbf{p}} H(\mathbf{q}(t),\nabla S(\mathbf{q}(t)))\,, \qquad \mathbf{q}(0) \;=\; \mathbf{\Phi}(\mathbf{c}) \quad \text{mit } \mathbf{c} \in \Lambda_1\,.$$

Dessen maximal definierte Lösung $(t,\mathbf{c}) \mapsto \mathbf{Q}(t,\mathbf{c})$ ist in einer Umgebung von $(0,\mathbf{0})$ definiert und C^2–differenzierbar, vgl. Bd. 2, § 5 : 1.1.

Satz. *Nach geeigneter Verkleinerung von Λ_1 zu einem Gebiet $\Lambda_0 \subset \mathbb{R}^2$ gibt es eine Intervallumgebung I_0 von $t = 0$, so dass das oben definierte Feld $\mathbf{Q} : I_0 \times \Lambda_0 \to \Omega_0$ ein Strahlenfeld ist mit den Wellenfronten*

$$\Sigma_t \;=\; \{S = t\} \quad \textit{für } t \in I_0\,.$$

Hierbei haben wir S auf das verkleinerte Teilgebiet $\Omega_0 := \mathbf{Q}(I_0 \times \Lambda_0) \subset \Omega_1$ eingeschränkt und dadurch ein Eikonal für $\mathbf{Q}$ erhalten.

Beweis.

(i) Mit ∇S und $\mathbf{Q}$ ist $\mathbf{P} := \nabla S(\mathbf{Q})$ ebenfalls C^2–differenzierbar, und es gilt nach der Eikonalgleichung, nach $(*)$, aufgrund der Euler–Relation für H und nach 3.3 (a)

$$(1) \qquad H(\mathbf{Q},\mathbf{P}) \;=\; 1\,,$$

$$(2) \quad \dot{\mathbf{Q}} \;=\; \nabla_{\mathbf{p}} H(\mathbf{Q}, \nabla S(\mathbf{Q})) \;=\; \nabla_{\mathbf{p}} H(\mathbf{Q}, \mathbf{P}),$$

$$(3) \quad \frac{\partial}{\partial t}(S \circ \mathbf{Q}) \;=\; \big\langle \nabla S(\mathbf{Q}), \dot{\mathbf{Q}} \big\rangle \;=\; \big\langle \mathbf{P}, \nabla_{\mathbf{p}} H(\mathbf{P}, \mathbf{Q}) \big\rangle \;=\; 1\,.$$

Ferner gilt

$$(4) \quad \big\langle \mathbf{P}, \partial_\alpha \mathbf{Q} \big\rangle \;=\; \big\langle \nabla S(\mathbf{Q}), \partial_\alpha \mathbf{Q} \big\rangle \;=\; \frac{\partial}{\partial c_\alpha}(S \circ \mathbf{Q}) \;=\; 0\,;$$

dies folgt aus

$$\frac{\partial}{\partial t}\frac{\partial}{\partial c_\alpha}(S \circ \mathbf{Q}) \;=\; \frac{\partial}{\partial c_\alpha}\frac{\partial}{\partial t}(S \circ \mathbf{Q}) \;\overset{(3)}{=}\; 0$$

und $S(\mathbf{Q}(0, \mathbf{c})) = S(\mathbf{\Phi}(\mathbf{c})) = 0$ für $\mathbf{c} \in \Lambda_0$ mit der Konsequenz

$$\frac{\partial}{\partial c_\alpha}(S \circ \mathbf{Q})(t, \mathbf{c}) \;=\; \frac{\partial}{\partial c_\alpha}(S \circ \mathbf{Q})(0, \mathbf{c}) \;=\; 0 \quad \text{für } \alpha = 1, 2, \;\; \mathbf{c} \in \Lambda_0\,.$$

(ii) Die $\partial_\alpha \mathbf{Q}(0, \mathbf{0}) = \partial_\alpha \mathbf{\Phi}(\mathbf{0})$ $(\alpha = 1, 2)$ sind linear unabhängige Vektoren orthogonal zu $\mathbf{p}_0 = \nabla S(\mathbf{q}_0) = \nabla S(\mathbf{Q}(0, \mathbf{0})) = \mathbf{P}(0, \mathbf{0})$, und wegen

$$\langle \partial_0 \mathbf{Q}(0, \mathbf{0}), \mathbf{p}_0 \rangle = \big\langle \dot{\mathbf{Q}}(0, \mathbf{0}), \mathbf{P}(0, \mathbf{0}) \big\rangle \overset{(3)}{=} 1$$

hat die Jacobi–Matrix $d\mathbf{Q}(0, \mathbf{0})$ mit den Spalten $\partial_i \mathbf{Q}(0, \mathbf{0})$ den Maximalrang 3. Wir finden daher wie oben nach geeigneter Verkleinerung von Λ_0 zu einer einfachen, wieder mit Λ_0 bezeichneten Umgebung von $\mathbf{0}$ eine Intervallumgebung I_0 von 0, so dass $\mathbf{Q}$ ein C^2–Diffeomorphismus zwischen $U_0 = I_0 \times \Lambda_0$ und $\Omega_0 := \mathbf{Q}(U_0)$ ist.

(iii) $(\mathbf{Q}, \mathbf{P})$ *erfüllen die* HG: Nach (2) und (1) gilt mit $L^* = \frac{1}{2}L^2$, $H^* := \frac{1}{2}H^2$

$$\dot{\mathbf{Q}} \;=\; \nabla_{\mathbf{p}} H(\mathbf{Q}, \mathbf{P}) \;=\; \nabla_{\mathbf{p}} H^*(\mathbf{Q}, \mathbf{P})\,.$$

Nach 2.6 (b) folgt $L(\mathbf{Q}, \dot{\mathbf{Q}}) = 1$ (aus (1)) und

$$\mathbf{P} \;=\; \nabla_{\mathbf{v}} L^*(\mathbf{Q}, \dot{\mathbf{Q}}) \;=\; \nabla_{\mathbf{v}} L(\mathbf{Q}, \dot{\mathbf{Q}})\,,$$

d.h. $\mathbf{P}$ ist das $\mathbf{Q}$ zugeordnete Wellenvektorfeld. Aus $\mathbf{P} = \nabla S(\mathbf{Q})$ folgt mit (2)

$$\dot{P}_i \;=\; \sum_{k=1}^{3} \partial_k\, \partial_i\, S(\mathbf{Q})\, \dot{Q}_k \;=\; \sum_{k=1}^{3} \partial_i\, \partial_k S(\mathbf{Q})\, \frac{\partial H}{\partial p_k}(\mathbf{Q}, \mathbf{P})\,,$$

und durch Ableiten der Eikonalgleichung nach q_i ergibt sich

$$0 \;=\; \frac{\partial}{\partial q_i}\big[H(\mathbf{q}, \nabla S(\mathbf{q}))\big] \;=\; \frac{\partial H}{\partial q_i}(\ldots) \;+\; \sum_{k=1}^{3} \frac{\partial H}{\partial p_k}(\ldots)\, \partial_i\, \partial_k S(\mathbf{q})\,,$$

was zusammen die zweite Gruppe der Hamilton–Gleichungen ergibt:

$$\dot{P}_i \;=\; -\frac{\partial H}{\partial q_i}(\mathbf{Q},\mathbf{P}) \qquad (i=1,2,3)\,.$$

Wegen (4) ist $\mathbf{Q} : I_0 \times \Lambda_0 \to \Omega_0$ somit ein Strahlenfeld.

(iv) Nach (3) und (4) gilt

$$\frac{\partial}{\partial t}(S\circ\mathbf{Q}) \;=\; 1\,, \quad \frac{\partial}{\partial c_\alpha}(S\circ\mathbf{Q}) \;=\; 0 \qquad (\alpha=1,2)\,.$$

Wie im Beweis des Satzes in (a) folgt hieraus $S(\mathbf{Q}(t,\mathbf{c})) = t + a$ und wegen der Normierung $S(\mathbf{Q}(0,\mathbf{0})) = S(\mathbf{q}_0) = 0$ ist $a = 0$, woraus sich $\Sigma_t = \{S = t\}$ ergibt. □

3.7 Das Huygenssche Prinzip

(a) Wir formulieren nun das Huygenssche Prinzip und zeigen dessen Äquivalenz mit der Eikonalgleichung als Ausbreitungsgesetz für Wellenfronten.

In einem optischen Medium $\Omega \subset \mathbb{R}^3$ führen wir die **optische Distanz** zwischen zwei Punkten $\mathbf{q}_1, \mathbf{q}_2 \in \Omega$ ein als Infimum der Laufzeiten aller Verbindungskurven von $\mathbf{q}_1$ und $\mathbf{q}_2$,

$$d(\mathbf{q}_1,\mathbf{q}_2) \;:=\; \inf\Big\{\mathcal{L}(\mathbf{q},[s_1,s_2]) \;\Big|\; \mathbf{q} : [s_1,s_2] \to \Omega \quad \text{ist PC}^1\text{–Kurve mit} \quad \mathbf{q}(s_1) = \mathbf{q}_1,\ \mathbf{q}(s_2) = \mathbf{q}_2\Big\}\,.$$

Unter der **Elementarwellenfront** mit Zentrum $\mathbf{q}_0 \in \Omega$ und Laufzeit $\tau > 0$ verstehen wir die optische Abstandssphäre

$$\Sigma_\tau(\mathbf{q}_0) \;:=\; \big\{\mathbf{q}\in\Omega \;\big|\; d(\mathbf{q}_0,\mathbf{q}) = \tau\big\}\,,$$

für kleine $\tau > 0$ vorzustellen als Ort aller Punkte, in der eine von $\mathbf{q}_0$ ausgehende Lichterregung nach der Zeit τ ankommt.

Das Innere der Elementarwellenfront, also die optische Kugel um $\mathbf{q}_0$ mit Radius $\tau > 0$, bezeichnen wir mit

$$\mathcal{K}_\tau(\mathbf{q}_0) \;:=\; \big\{\mathbf{q}\in\Omega \;\big|\; d(\mathbf{q}_0,\mathbf{q}) < \tau\big\}\,.$$

Diese Begriffe sind auch sinnvoll, wenn im optischen Medium Grenzflächen vorhanden sind; in diesem Unterabschnitt schließen wir diese jedoch aus.

LEMMA 1. *Für* $0 < \tau \ll 1$ *gilt:*

(i) $\Sigma_\tau(\mathbf{q}_0)$ *ist eine Fläche,*

(ii) *je zwei Punkte* $\mathbf{q}_1, \mathbf{q}_2 \in \mathcal{K}_\tau(\mathbf{q}_0)$ *lassen sich durch genau ein Lichtstrahlsegment in* $\mathcal{K}_\tau(\mathbf{q}_0)$ *verbinden.*

Hiernach ist $\mathcal{K}_\tau(\mathbf{q}_0)$ eine glattberandete, „lichtkonvexe“ Umgebung von $\mathbf{q}_0$.

Für den BEWEIS verweisen wir auf [6] Ch. 8, 3.3 Thm. 3*.

FOLGERUNG. Für die Abstandsfunktion $\mathbf{q} \mapsto S_0(\mathbf{q}) := d(\mathbf{q}_0, \mathbf{q})$ und jeden Lichtstrahl $t \mapsto \mathbf{Q}(t)$ mit $\mathbf{Q}(0) = \mathbf{q}_0$ gilt

$$\nabla S_0(\mathbf{Q}(t)) \;=\; \nabla_{\mathbf{v}} L(\mathbf{Q}(t), \dot{\mathbf{Q}}(t)) \quad \text{für } 0 < t \ll 1 .$$

Der Nachweis erfolgt analog zu § 4 : 4.1 (b).

Gegeben sei eine durch die Zeit t parametrisierte Schar von Hyperflächen Σ_t, welche ein Teilgebiet $\Omega_1 \subset \Omega$ des optischen Mediums überdecken. Wir sagen, die Schar dieser Flächen genügt dem **Huygens–Prinzip**, wenn es um jeden Punkt $\mathbf{a} \in \Omega_1$ eine Umgebung $U \subset \Omega_1$ gibt, in welcher jede Fläche Σ_t die **Enveloppe** der Elementarwellenfronten mit Radius $\tau = |s - t| > 0$ und Mittelpunkten auf der den Punkt $\mathbf{a}$ enthaltenden Fläche Σ_s ist, womit wir Folgendes meinen:
Ist $\Sigma_t \cap U \neq \emptyset$, so gibt es zu jedem Punkt $\mathbf{q}_s \in \Sigma_s \cap U$ genau einen Punkt $\mathbf{q}_t \in \Sigma_t \cap U$ mit der Eigenschaft, dass die Elementarwellenfront $\Sigma_\tau(\mathbf{q}_s)$ die Fläche Σ_t im Punkt $\mathbf{q}_t$ berührt (Figur).

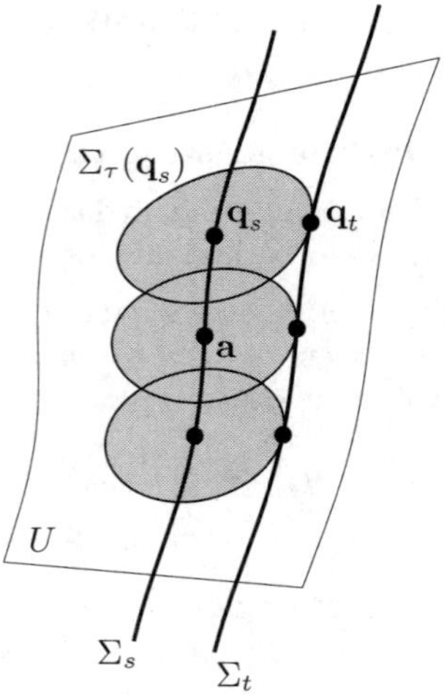

(b) SATZ. *Huygens–Prinzip und Eikonalgleichung sind zueinander äquivalent:*

(1) *Genügt eine Hyperflächenschar* $\{\Sigma_t\}$ *in* Ω_1 *dem Huygens–Prinzip, so erfüllt die Funktion*

$$S : \Omega_1 \to \mathbb{R} \quad \textit{mit } S(\mathbf{q}) = t\,, \quad \textit{falls } \mathbf{q} \in \Sigma_t$$

die Eikonalgleichung $H(\mathbf{q}, \nabla S(\mathbf{q})) = 1$.

(2) *Ist* $S : \Omega_1 \to \mathbb{R}$ *eine Lösung der Eikonalgleichung, so genügen die Niveauflächen* $\Sigma_t = \{S = t\}$ *dem Huygens–Prinzip.*

BEWEISSKIZZE.

(1) Wir fixieren $\mathbf{a} \in \Omega_1$ und nehmen o.B.d.A. $\mathbf{a} \in \Sigma_0$, also $S(\mathbf{a}) = 0$ an. Nach dem Huygens–Prinzip finden wir zum Punkt $\mathbf{q}_0 = \mathbf{a} \in \Sigma_0 \cap U$ und zu $0 < t \ll 1$ genau einen Punkt $\mathbf{Q}(t) = \mathbf{q}_t \in \Sigma_t \cap U$, in welchem sich $\Sigma_t(\mathbf{a})$

und Σ_t berühren. Es lässt sich zeigen, dass die Kurve $t \mapsto \mathbf{Q}(t) = \mathbf{q}_t$ ein Lichtstrahl ist. Es gilt also

(i) $L(\mathbf{Q}(t), \dot{\mathbf{Q}}(t)) = 1\,.$

Nach dem Huygens–Prinzip berühren sich die Flächen $\Sigma_t(\mathbf{a}) = \{S_0 = t\}$ und $\Sigma_t = \{S = t\}$ im Punkt $\mathbf{Q}(t) = \mathbf{q}_t$, d.h. es gilt

(ii) $S(\mathbf{Q}(t)) = t\,,$

(iii) $\nabla S(\mathbf{Q}(t)) = \lambda(t)\,\nabla S_0(\mathbf{Q}(t))$

mit $\lambda(t) \in \mathbb{R}$ (Figur).

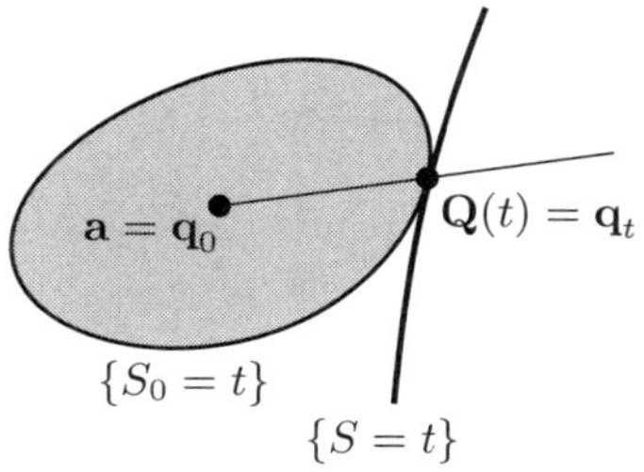

Aus (iii) und der Folgerung aus Lemma 1 ergibt sich

(iv) $\nabla S(\mathbf{Q}(t)) \;=\; \lambda \nabla_{\mathbf{v}} L(\mathbf{Q}(t), \dot{\mathbf{Q}}(t))\,.$

Durch Ableiten von (ii) nach t folgt mit (i)

$$\begin{aligned} 1 = \big\langle \nabla S(\mathbf{Q}(t)), \dot{\mathbf{Q}}(t) \big\rangle \;&=\; \lambda(t) \big\langle \nabla_{\mathbf{v}} L(\mathbf{Q}(t), \dot{\mathbf{Q}}(t)), \dot{\mathbf{Q}}(t) \big\rangle \\ &=\; \lambda(t)\, L(\mathbf{Q}(t), \dot{\mathbf{Q}}(t)) \;=\; \lambda(t)\,, \end{aligned}$$

also gilt (iv) mit $\lambda(t) = 1$, d.h. $\nabla S(\mathbf{Q}(t)) = \nabla_{\mathbf{v}} L(\mathbf{Q}(t), \dot{\mathbf{Q}}(t))$. Mit $\mathbf{v} := \dot{\mathbf{Q}}(0)$ erhalten wir somit $\nabla S(\mathbf{a}) = \nabla_{\mathbf{v}} L(\mathbf{a}, \mathbf{v})$ und $L(\mathbf{a}, \mathbf{v}) = 1$. Dies bedeutet nach 2.6 (b) $(*)$ die Eikonalgleichung $H(\mathbf{a}, \nabla S(\mathbf{a})) = 1$ an der Stelle $\mathbf{a} \in \Omega_1$.

Für eine andere Herleitung der Eikonalgleichung aus dem Huygens–Prinzip siehe Bd. 2, § 7 : 3.3.

(2) Es sei S eine Lösung der Eikonalgleichung und $\mathbf{a} \in \Omega_0$. Nach (b) existiert in einer Umgebung $U \subset \Omega_0$ von $\mathbf{a}$ ein feldartiges Strahlenbündel $\mathbf{Q} : I \times \Lambda \to U$ mit Wellenfronten $\Sigma_t := \{S = t\}$. Die Strahlen φ dieses Bündels sind bis auf Zeittranslation charakterisiert durch die DG

$(*)$ $\quad \dot{\boldsymbol{\psi}}(t) \;=\; \boldsymbol{\Psi}(\boldsymbol{\psi}(t)) \quad \text{mit} \quad \boldsymbol{\Psi}(\mathbf{q}) \;:=\; \nabla_{\mathbf{p}} H(\mathbf{q}, \nabla S(\mathbf{q}))\,.$

Durch eventuelle Verkleinerung der Umgebung U können wir nach Lemma 1 erreichen, dass je zwei Punkte in U durch ein Lichtstrahlsegment kürzester Laufzeit in U verbunden werden können.

Wir zeigen, dass für jedes τ mit $\Sigma_\tau \cap U \neq \emptyset$ die Fläche $\Sigma_\tau \cap U$ Enveloppe der Elementarfrontenschar $\Sigma_{|\tau|}(\mathbf{q}_0)$ mit $\mathbf{q}_0 \in \Sigma_0 \cap U$ ist, und nehmen o.B.d.A. $\tau > 0$ an. Hierzu fixieren wir $\mathbf{q}_0 \in \Sigma_0 \cap U$ und setzen $\mathbf{q}_\tau := \boldsymbol{\varphi}(\tau)$, wobei $\boldsymbol{\varphi} : [0, \tau] \to U$ der normale Bündelstrahl mit $\boldsymbol{\varphi}(0) = \mathbf{q}_0$ ist. Nach (b) gilt $\boldsymbol{\varphi}(0) = \mathbf{q}_0 \in \Sigma_0 \cap U$, $\boldsymbol{\varphi}(\tau) \in \Sigma_\tau \cap U$. Mit dem nachfolgenden Lemma 2 folgt

$$\mathcal{L}(\boldsymbol{\varphi}, [0, \tau]) = \tau \quad \text{und} \quad \mathcal{L}(\psi, [0, \tau]) \geq \tau$$

für beliebige reguläre PC^1–Kurven $\boldsymbol{\psi} : [0, \sigma] \to U$ mit $\boldsymbol{\psi}(0) \in \Sigma_0 \cap U$, $\boldsymbol{\psi}(\sigma) \in \Sigma_\tau \cap U$. Damit ist

$$d(\mathbf{q}_0, \mathbf{q}_\tau) = \tau$$

gezeigt. Für jeden von $\mathbf{q}_\tau$ verschiedenen Punkt $\mathbf{q}_\tau^* \in \Sigma_\tau \cap U$ gilt dagegen

$$d(\mathbf{q}_0, \mathbf{q}_\tau^*) > \tau\,.$$

Denn wäre $d(\mathbf{q}_0, \mathbf{q}_\tau^*) = \tau$, so könnten wir gemäß Lemma 1 die beiden Punkte durch ein normales Lichtstrahlsegment $\boldsymbol{\psi} : [0, \tau] \to U$ kürzester Laufzeit $\mathcal{L}(\boldsymbol{\psi}, [0, \tau]) = d(\mathbf{q}_0, \mathbf{q}_\tau^*) = \tau$ verbinden und erhielten aus dem nachfolgenden Lemma 2, dass $\boldsymbol{\psi}$ Bündelkurve ist. Zusammen mit $\boldsymbol{\psi}(0) = \mathbf{q}_0 = \boldsymbol{\varphi}(0)$ lieferte der Eindeutigkeitssatz für Lösungen der DG $(*)$ die Identität $\boldsymbol{\psi} = \boldsymbol{\varphi}$, insbesondere den Widerspruch $\mathbf{q}_\tau^* = \boldsymbol{\psi}(\tau) = \boldsymbol{\varphi}(\tau) = \mathbf{q}(\tau)$. Hieraus folgt, dass sich die beiden Flächen $\Sigma_\tau(\mathbf{q}_0)$ und Σ_τ in $\mathbf{q}_\tau$ berühren. □

LEMMA 2. *Für jede reguläre* PC^1*-Kurve* $\boldsymbol{\psi} : [s_1, s_2] \to U$ *mit* $\boldsymbol{\psi}(s_i) \in \Sigma_{t_i}$ $(i = 1, 2)$ *und* $t_1 < t_2$ *gilt*

$$\mathcal{L}(\boldsymbol{\psi}, [s_1, s_2]) \geq t_2 - t_1$$

mit Gleichheit genau dann, wenn $\boldsymbol{\psi}$ *nach Normalisierung eine Bündelkurve ist.*

BEWEIS.

Sei $\boldsymbol{\psi}$ o.B.d.A. normal, also $L(\boldsymbol{\psi}, \dot{\boldsymbol{\psi}}) = 1$ f.ü.. Dann gilt

$$\begin{aligned} \mathcal{L}(\boldsymbol{\psi}, [s_1, s_2]) - (t_2 - t_1) &= \mathcal{L}(\boldsymbol{\psi}, [s_1, s_2]) - \big(S(\boldsymbol{\psi}(s_2)) - S(\boldsymbol{\psi}(s_1))\big) \\ &= \int_{s_1}^{s_2} \Big\{L(\boldsymbol{\psi}(t), \dot{\boldsymbol{\psi}}(t)) - \frac{d}{dt} S(\boldsymbol{\psi}(t))\Big\}\, dt = \int_{s_1}^{s_2} \Big\{1 - \big\langle \boldsymbol{\nabla} S(\boldsymbol{\psi}(t)), \dot{\boldsymbol{\psi}}(t)\big\rangle\Big\}\, dt\,. \end{aligned}$$

Für die Exzessfunktion von $L^* = \frac{1}{2}L^2$ (vgl. § 3 : 1.1) gilt im Fall $L(\mathbf{q}, \mathbf{v}_1) = L(\mathbf{q}, \mathbf{v}_2) = 1$ unter Beachtung der Homogenitätsrelation $\langle \boldsymbol{\nabla}_{\mathbf{v}} L(\mathbf{q}, \mathbf{v}_1), \mathbf{v}_1 \rangle = L(\mathbf{q}, \mathbf{v}_1) = 1$

$$\begin{aligned} W_{L^*}(\mathbf{q}, \mathbf{v}_1, \mathbf{v}_2) &= L^*(\mathbf{q}, \mathbf{v}_2) - L^*(\mathbf{q}, \mathbf{v}_1) - \langle \boldsymbol{\nabla}_{\mathbf{v}} L^*(\mathbf{q}, \mathbf{v}_1), \mathbf{v}_2 - \mathbf{v}_1 \rangle \\ &= -\langle \boldsymbol{\nabla}_{\mathbf{v}} L(\mathbf{q}, \mathbf{v}_1), \mathbf{v}_2 - \mathbf{v}_1 \rangle = 1 - \langle \boldsymbol{\nabla}_{\mathbf{v}} L(\mathbf{q}, \mathbf{v}_1), \mathbf{v}_2 \rangle\,. \end{aligned}$$

Setzen wir $\mathbf{q} = \psi(t)$, $\mathbf{v}_1 = \mathbf{\Psi}(\psi(t))$, $\mathbf{v}_2 = \dot{\psi}(t)$ und beachten wir, dass nach 2.6 (b) (∗) $\nabla S(\psi(t)) = \nabla_{\mathbf{v}} L(\psi(t), \mathbf{\Psi}(\psi(t))) = \nabla_{\mathbf{v}} L(\mathbf{q}, \mathbf{v}_1)$ gilt, so ergibt sich

$$1 - \left\langle \nabla S(\psi(t)), \dot{\psi}(t) \right\rangle \;=\; W_{L^*}(\psi(t), \mathbf{\Psi}(\psi(t)), \dot{\psi}(t))\,.$$

Nach § 3 : 1.1 ist die Exzessfunktion nicht negativ, und aus dem Verschwinden des zugehörigen Integrals folgt $\dot{\psi}(t) = \mathbf{\Psi}(\psi(t))$, d.h. ψ ist Bündelkurve. □

3.8 Das Brechungsgesetz für Strahlenbündel

Wie in 3.2 (b) betrachten wir ein stückweis isotropes Medium in $\Omega \subset \mathbb{R}^3$, eine Grenzfläche $\Gamma \subset \Omega$, und eine Umgebung $U \subset \Omega$ eines Punktes $\mathbf{y} \in \Gamma$, für die $U \setminus \Gamma$ in zwei Gebiete U_1, U_2 mit Brechungsindizes n_1, n_2 zerlegt wird. Weiter sei eine Schar von geknickten Strahlen gegeben, welche die Grenzfläche nahe $\mathbf{y}$ gemäß dem Brechungsgesetz durchsetzen. Wir nehmen dabei den für die Anwendungen interessanten Fall an, dass die Strahlenschar auf der Grenzfläche nicht degeneriert, d.h. zusammen mit Γ injektiv parametrisiert werden kann.

Wir können also eine (i.a. nicht synchrone) Parametrisierung der Strahlenschar

$$\mathbf{Q} : \,]\alpha, \beta[\, \times \Lambda \to \Omega$$

finden; o.B.d.A. dürfen wir annehmen, dass $0 \in \,]\alpha, \beta[$ und dass für alle $\mathbf{c} \in \Lambda$

$$\mathbf{Q}_1(t, \mathbf{c}) \;:=\; \mathbf{Q}(t, \mathbf{c}) \in U_1 \quad \text{für} \quad \alpha < t < 0\,,$$

$$\mathbf{Q}_2(t, \mathbf{c}) \;:=\; \mathbf{Q}(t, \mathbf{c}) \in U_2 \quad \text{für} \quad 0 < t < \beta\,,$$

$$\mathbf{q}(\mathbf{c}) \;:=\; \mathbf{Q}(0, \mathbf{c}) \in \Gamma\,.$$

Seien $\mathbf{P}_j$ die zu $\mathbf{Q}_j$ gehörenden Wellenvektorfelder; wir setzen $\mathbf{Q}_j, \mathbf{P}_j$ und deren erste Ableitungen einseitig bis auf die Grenzfläche Γ fort. Das Brechungsgesetz lautet dann nach 3.2 (b), Bemerkung (1)

$$\mathbf{P}_2(0, \mathbf{c}) - \mathbf{P}_1(0, \mathbf{c}) \perp T_{\mathbf{q}(\mathbf{c})}\Gamma \quad \text{für} \quad \mathbf{c} \in \Lambda\,.$$

SATZ (MALUS 1808, DUPIN 1816). *Ist* $\mathbf{Q}$ *in* U_1 *ein Strahlenbündel, so auch in* U_2.

BEWEIS.

Wegen $\mathbf{Q}(0, \mathbf{c}) = \mathbf{q}(\mathbf{c}) \in \Gamma$ für $\mathbf{c} \in \Lambda$ sind $\partial_1 \mathbf{Q}(0, \mathbf{c})$, $\partial_2 \mathbf{Q}(0, \mathbf{c})$ Tangentenvektoren von Γ in $\mathbf{q}(\mathbf{c})$. Nach dem Brechungsgesetz folgt hieraus $\langle \mathbf{P}_1 - \mathbf{P}_2, \partial_\beta \mathbf{Q} \rangle(0, \mathbf{c}) = 0$ für $\mathbf{c} \in \Lambda$. Durch Ableiten nach c_α ergibt sich

$$0 \;=\; \langle \partial_\alpha(\mathbf{P}_1 - \mathbf{P}_2), \partial_\beta \mathbf{Q} \rangle(0, \mathbf{c}) + \langle \mathbf{P}_1 - \mathbf{P}_2, \partial_\alpha \partial_\beta \mathbf{Q} \rangle(0, \mathbf{c})\,.$$

Damit sind die Lagrange–Klammern auf beiden Seiten der Grenzfläche gleich:

$$\begin{aligned}[c_1, c_2]_1(0, \mathbf{c}) &= \langle \partial_1 \mathbf{P}_1, \partial_2 \mathbf{Q}_1 \rangle(0, \mathbf{c}) - \langle \partial_2 \mathbf{P}_1, \partial_1 \mathbf{Q}_1 \rangle(0, \mathbf{c}) \\ &= \langle \partial_1 \mathbf{P}_2, \partial_2 \mathbf{Q}_2 \rangle(0, \mathbf{c}) - \langle \partial_2 \mathbf{P}_2, \partial_1 \mathbf{Q}_2 \rangle(0, \mathbf{c}) =: [c_1, c_2]_2(0, \mathbf{c})\end{aligned}$$

Da $\mathbf{Q}$ in U_1 nach Voraussetzung ein Strahlenbündel ist, folgt $[c_1, c_2]_2(0, \mathbf{c}) = [c_1, c_2]_1(0, \mathbf{c}) = 0$ für $\mathbf{c} \in \Lambda$. Nach 3.4 (c) gilt dann $[c_1, c_2]_2 = 0$ überall, d.h. $\mathbf{Q}$ ist auch in U_2 ein Strahlenbündel. □

§ 6 Direkte Methoden der Variationsrechnung

1 Existenz von Minimumstellen

Vorkenntnisse: Grundlagen der Lebesgueschen Integrationstheorie, L^p–Räume, Hilberträume und Sobolew–Räume (Bd. 2, § 8, § 9, § 14 : 6).

Die direkten Methoden haben zum Ziel, die Existenz von Minimumstellen von Variationsintegralen nachzuweisen. Hierzu wird ein vorgelegtes Variationsintegral $\mathcal{F}$ auf einen Raum W schwach differenzierbarer Funktionen fortgesetzt, der bezüglich einer Integralnorm vollständig ist, und es werden Bedingungen für den Integranden und die Variationsklasse $\mathcal{V} \subset \mathrm{W}$ aufgestellt, welche die Existenz einer Minimumstelle $\mathbf{u}$ von $\mathcal{F} : \mathcal{V} \to \mathbb{R}$ sichern. In einem zweiten Schritt werden Regularitäts–(Glattheits–)Eigenschaften der Funktion $\mathbf{u}$ hergeleitet.

1.1 L^p–Räume und Sobolew–Räume

(a) Im Folgenden ist Ω ein (beschränktes) Normalgebiet im $\mathbb{R}^n$ und $1 < p < \infty$. Mit $\mathrm{L}^p(\Omega)$ bezeichnen wir die Menge aller messbaren Funktionen $u : \Omega \to \mathbb{R}$, für welche das Integral

$$\|u\|_p := \Big(\int_\Omega |u|^p \, d^n\mathbf{x}\Big)^{1/p}$$

(im Lebesgueschen Sinn) existiert; hierbei werden fast überall gleiche Funktionen identifiziert. Jede Funktion $u \in \mathrm{L}^p(\Omega)$ gehört zu $\mathrm{L}^1_{\mathrm{loc}}(\Omega)$, d.h. sie ist lokal (d.h. über alle kompakten Teilmengen von Ω) integrierbar (Bd. 2, § 8 : 2.5). Der Raum $\mathrm{C}^\infty_c(\Omega)$ der Testfunktionen auf Ω liegt dicht in $(\mathrm{L}^p(\Omega), \|\cdot\|_p)$, vgl. Bd. 2, § 10 : 3.3.

Gibt es zu $u \in \mathrm{L}^1_{\mathrm{loc}}(\Omega)$ eine Funktion $v_k \in \mathrm{L}^1_{\mathrm{loc}}(\Omega)$ mit

$$\int_\Omega u \, \partial_k\varphi \, d^n\mathbf{x} \;=\; -\int_\Omega v_k \, \varphi \, d^n\mathbf{x} \quad \text{für alle } \varphi \in \mathrm{C}^\infty_c(\Omega)\,,$$

so ist diese nach Bd. 2, § 10 : 4.2 eindeutig bestimmt und heißt **schwache (distributionelle) Ableitung** von u nach der k–ten Variablen. Wir bezeichnen sie mit $\partial_k u$; für $u \in \mathrm{C}^1(\Omega)$ ist dies in der Tat die k–te partielle Ableitung. Den **Sobolew–Raum** aller L^p–Funktionen mit schwachen L^p–Ableitungen,

$$\mathrm{W}^{1,p}(\Omega) := \big\{ u \in \mathrm{L}^p(\Omega) \;\big|\; \partial_1 u, \dots, \partial_n u \in \mathrm{L}^p(\Omega) \big\}\,,$$

versehen wir mit der Norm

$$\|u\|_{1,p} := \Big(\|u\|_p^p + \sum_{k=1}^n \|\partial_k u\|_p^p \Big)^{1/p}.$$

Die Räume $\mathrm{L}^p(\Omega)$, $W^{1,p}$ sind separable Banachräume, d.h. vollständige normierte Räume mit einer abzählbaren dichten Teilmenge.

Die Räume $\mathrm{L}^2(\Omega)$ bzw. $\mathrm{W}^1(\Omega) := W^{1,2}(\Omega)$ sind Hilberträume mit den Skalarprodukten

$$\langle u, v\rangle_2 \ := \ \int\limits_\Omega uv\, d^n\mathbf{x} \qquad \text{bzw.} \quad \langle u, v\rangle_{1,2} := \langle u, v\rangle_2 + \sum_{k=1}^n \langle \partial_k u, \partial_k v\rangle_2 \,.$$

(b) Den Abschluss von $\mathrm{C}_c^\infty(\Omega)$ in $\mathrm{W}^1(\Omega)$ bezüglich $\|\cdot\|_{1,2}$ bezeichnen wir mit

$$\mathrm{W}_0^1(\Omega) \ := \ \left\{u \in \mathrm{W}^1(\Omega) \;\middle|\; \text{es gibt } u_j \in \mathrm{C}_c^\infty(\Omega) \text{ mit } \lim_{j\to\infty} \|u - u_j\|_{1,2} = 0\right\}.$$

Wegen der vorausgesetzten Beschränktheit von Ω gilt nach Bd. 2, § 14 : 6.2 (d) die **Poincaré–Ungleichung**

$$\|u\|_2 \ \le \ c \cdot \|\nabla u\|_2 \quad \text{für } \ u \in \mathrm{W}_0^1(\Omega)$$

mit einer Gebietskonstanten $c = c(\Omega)$ und mit

$$\|\nabla u\|_2^2 \ := \ \sum_{k=1}^n \|\partial_k u\|_2^2 \,.$$

Somit sind die Normen $\|u\|_{1,2}$ und $\|\nabla u\|_2$ auf $\mathrm{W}_0^1(\Omega)$ äquivalent, und $\mathrm{W}_0^1(\Omega)$ mit dem Skalarprodukt $\langle \nabla u, \nabla v\rangle_2 := \sum\limits_{k=1}^n \langle \partial_k u, \partial_k v\rangle_2$ ist ein Hilbertraum. Aufgrund der Poincaré–Ungleichung gehören die konstanten Funktionen $u \neq 0$ nicht zum Raum $\mathrm{W}_0^1(\Omega)$, der somit ein echter Teilraum von $\mathrm{W}^1(\Omega)$ ist. Wir sagen, die Funktionen $u \in \mathrm{W}_0^1(\Omega)$ haben Randwerte Null im schwachen Sinn.

(c) Im Fall $n = 1$, $I = \,]a, b[$ lassen sich $\mathrm{W}^1(I)$, $\mathrm{W}_0^1(I)$ mit Hilfe absolutstetiger Funktionen charakterisieren. Eine Funktion $u : I \to \mathbb{R}$ heißt **absolutstetig**, wenn es zu jedem $\varepsilon > 0$ ein $\delta > 0$ gibt, so dass $\sum\limits_{k=1}^N |u(\beta_k) - u(\alpha_k)| < \varepsilon$ für je endlich viele Intervalle $[\alpha_k, \beta_k] \subset I$ mit paarweis disjunktem Innern und mit $\sum\limits_{k=1}^N (\beta_k - \alpha_k) < \delta$. Absolutstetige Funktionen sind f.ü. (fast überall, d.h. auf $I \setminus N$, N eine Nullmenge) im herkömmlichen Sinn differenzierbar. Ihre Ableitung u' ($u' := 0$ auf N) ist über I integrierbar, und es gilt

$$u(\beta) - u(\alpha) \ = \ \int\limits_\alpha^\beta u'\, dx \quad \text{für} \ \ [\alpha, \beta] \subset I \,.$$

Umgekehrt ist für $v \in \mathrm{L}^1(I)$ und $\alpha \in I$ durch $u(x) := \int\limits_\alpha^x v\, dt$ eine absolutstetige Funktion u mit $u' = v$ f.ü. (d.h. bis auf eine Nullmenge) gegeben.

Da absolutstetige Funktionen gleichmäßig stetig und damit stetig auf $\overline{I}$ fortsetzbar sind, dürfen wir im Fall $n = 1$ Intervalle $I = [a, b]$ zugrundelegen.
Für absolutstetige Funktionen u, v ist $u \cdot v$ absolutstetig, und es gilt

$$\int_\alpha^\beta (u'v + v'u)\, dx \;=\; u(\beta)v(\beta) - u(\alpha)v(\alpha)\,.$$

Daher stimmt die gewöhnliche Ableitung mit der schwachen überein. Wir erhalten

$$\mathrm{W}^1(I) \;=\; \left\{ u \in \mathrm{L}^2(I) \;\middle|\; u \text{ ist absolutstetig auf } I\,,\;\; u' \in \mathrm{L}^2(I) \right\}\,,$$

$$\mathrm{W}_0^1(I) \;=\; \left\{ u \in \mathrm{W}^1(I) \;\middle|\; u(a) = u(b) = 0 \right\}\,.$$

(d) Mit $\mathrm{L}^p(\Omega, \mathbb{R}^m)$, $\mathrm{W}^{1,p}(\Omega, \mathbb{R}^m)$, $\mathrm{W}^1(\Omega, \mathbb{R}^m)$, $\mathrm{W}_0^1(\Omega, \mathbb{R}^m)$, bezeichnen wir die Räume der Funktionen $\mathbf{u} : \Omega \to \mathbb{R}^m$, $\mathbf{x} \mapsto (u_1(\mathbf{x}), \ldots, u_m(\mathbf{x}))$, deren Koordinaten u_k beziehungsweise zu $\mathrm{L}^p(\Omega)$, $\mathrm{W}^{1,p}(\Omega)$, $\mathrm{W}^1(\Omega)$, $\mathrm{W}_0^1(\Omega)$ gehören. Die Räume $\mathrm{L}^2(\Omega, \mathbb{R}^m)$ bzw. $\mathrm{W}^1(\Omega, \mathbb{R}^m)$ und $\mathrm{W}_0^1(\Omega, \mathbb{R}^m)$ sind Hilberträume bezüglich der Skalarprodukte

$$\sum_{k=1}^m \langle u_k, v_k \rangle_2 \qquad \text{bzw.} \qquad \sum_{k=1}^m \langle u_k, v_k \rangle_{1,2}\,.$$

Für $\mathbf{u} \in \mathrm{W}^{1,p}(\Omega, \mathbb{R}^m)$ und eine C^k–Funktion F macht

$$\mathcal{F}(\mathbf{u}) \;:=\; \int_\Omega F(\mathbf{x}, \mathbf{u}(\mathbf{x}), D\mathbf{u}(\mathbf{x}))\, d^n\mathbf{x}$$

Sinn, sofern der Integrand eine Majorante $g \in \mathrm{L}^1(\Omega)$ besitzt.

1.2 Ein allgemeines Minimumprinzip

(a) Die Existenz einer Minimumstelle einer stetigen Funktion $f : K \to \mathbb{R}_+$ auf einer kompakten Menge $K \subset \mathbb{R}^N$ ergibt sich bekanntlich wie folgt: Wir betrachten eine **Minimalfolge**, d.h. eine Folge $(\mathbf{u}_k)$ in K mit $\lim\limits_{k\to\infty} f(\mathbf{u}_k) = \inf f(K)$. Da diese beschränkt ist, enthält sie eine konvergente Teilfolge $(\mathbf{u}_{k_j})_j$, deren Grenzwert $\mathbf{u} = \lim\limits_{j\to\infty} \mathbf{u}_{k_j}$, zu K gehört, da K abgeschlossen ist. Wegen der Stetigkeit von f folgt $f(\mathbf{u}) = \lim\limits_{j\to\infty} f(\mathbf{u}_{k_j}) = \inf f(K)$.

(b) **Schwache Konvergenz**. Der Übertragung dieser Schlussweise auf nach unten beschränkte Variationsintegrale $\mathcal{F} : \mathcal{V} \to \mathbb{R}$ auf einer abgeschlossenen Teilmenge $\mathcal{V}$ eines Sobolew–Raums stehen eine Reihe von Schwierigkeiten entgegen. Da $\mathcal{V}$ i.A. unbeschränkt ist, konvergente Folgen aber beschränkt sein müssen, ist zunächst die Beschränktheit von **Minimalfolgen**, d.h. von Folgen (u_k) in $\mathcal{V}$ mit $\lim\limits_{k\to\infty} \mathcal{F}(u_k) = \inf \mathcal{F}(\mathcal{V})$, zu sichern. Hierzu verlangen wir eine Koerzivitätsbedingung der Form $a\,\|u\|^p \le \mathcal{F}(u) + b$ mit $a, b, p > 0$. Die nächste

Schwierigkeit ergibt sich daraus, dass in unendlichdimensionalen Banachräumen beschränkte Folgen keine konvergenten Teilfolgen besitzen müssen; ein Beispiel liefert jedes abzählbare Orthonormalsystem in einem Hilbertraum. Diese Schwierigkeit überwinden wir durch Abschwächung des Konvergenzbegriffs, wobei wir uns auf separable Hilberträume $\mathcal{H}$ beschränken:

Eine Folge (u_k) in $\mathcal{H}$ heißt **schwach konvergent** gegen $u \in \mathcal{H}$, in Zeichen

$$u_k \rightharpoonup u \quad \text{für } k \to \infty,$$

wenn

$$\lim_{k\to\infty} \langle v, u_k \rangle = \langle v, u \rangle \quad \text{für alle } v \in \mathcal{H}.$$

Aus der Normkonvergenz $\|u - u_k\| \to 0$ für $k \to \infty$ folgt die schwache Konvergenz $u_k \rightharpoonup u$ für $k \to \infty$, denn es gilt $|\langle v, u_k - u\rangle| \le \|v\| \cdot \|u - u_k\|$. Die Umkehrung gilt nicht, falls $\dim \mathcal{H} = \infty$: Für ein ONS $\{u_k \mid k \in \mathbb{N}\}$ folgt aus der Besselschen Ungleichung $u_k \rightharpoonup 0$ für $k \to \infty$, ohne dass die Folge (u_k) eine normkonvergente Teilfolge besitzt.

Jede schwach konvergente Folge ist beschränkt (Bd. 2, § 21 : 4.3).

Satz 1 (**Auswahlsatz**). *Jede beschränkte Folge in $\mathcal{H}$ besitzt eine gegen ein $u \in \mathcal{H}$ schwach konvergente Teilfolge.*

Satz 2. *Jede konvexe, normabgeschlossene Menge $\mathcal{V} \subset \mathcal{H}$ ist schwach abgeschlossen, d.h. aus $u_k \in \mathcal{V}$, $u_k \rightharpoonup u$ für $k \to \infty$ folgt $u \in \mathcal{V}$.*

Entsprechende Aussagen gelten auch für die Räume $\mathrm{W}^{1,p}(\Omega, \mathbb{R}^m)$ $(p > 1)$ mit dem schwachen Konvergenzbegriff $u_k \rightharpoonup u$ für $k \to \infty \iff Lu = \lim\limits_{k\to\infty} Lu_k$ für jede stetige Linearform L.

Die Beweise für separable Hilberträume sind nicht schwierig, vgl. [129] V, 32,38. Ein Beweis für die Banachräume $\mathrm{W}^{1,p}$ findet sich in [130] V, 2 Thm.1 und 1, Thm.2.

(c) **Schwache Unterhalbstetigkeit**. Der Übertragung der Schlussweise (a) würde nun nichts mehr im Wege stehen, wenn Variationsintegrale schwach folgenstetig wären:

$$u_k \rightharpoonup u \quad \text{für } k \to \infty \implies \mathcal{F}(u) = \lim_{k\to\infty} \mathcal{F}(u_k).$$

Das ist aber in aller Regel nicht der Fall. Wir illustrieren dies am Längenintegral

$$\mathcal{F}(u) := \int_0^1 \sqrt{1 + u'(x)^2}\, dx \qquad \text{auf } \mathcal{H} := \mathrm{W}_0^1\,[0,1]\,.$$

Für die nebenstehend skizzierte Folge (u_k) gilt $u_k \rightharpoonup 0$ für $k \to \infty$, d.h.

$$\int_0^1 (v \cdot u_k + v' \cdot u_k')\, dx \to 0$$

für $k \to \infty$ und alle $v \in \mathrm{W}_0^1\,[0,1]$.

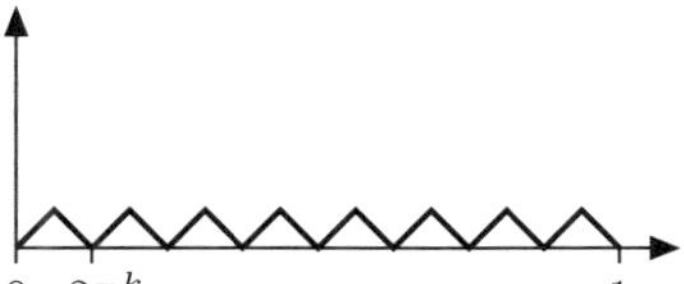

Denn aufgrund der gleichmäßigen Konvergenz $u_k \to 0$ gilt $\lim\limits_{k\to\infty} \int_0^1 v\, u_k\, dx = 0$.

Ferner sind $\int_0^1 v'\, u_k'\, dx = \langle v', u_k' \rangle_2$ die Fourierkoeffizienten von $v' \in \mathrm{L}^2\,[0,1]$ bezüglich des ONS $u_1', u_2', \ldots$ [ÜA]. Es folgt $\lim\limits_{k\to\infty} \int_0^1 v'\, u_k'\, dx = 0$.

Es ist aber $\mathcal{F}(u_k) = \sqrt{2}$ und $\mathcal{F}(0) = 1$, so dass $\mathcal{F}$ beim Grenzübergang $k \to \infty$ einen Sprung nach unten macht.

Für den Nachweis der Existenz einer Minimumstelle von $\mathcal{F} : \mathcal{V} \to \mathbb{R}_+$ ist indes die schwache Folgenstetigkeit nicht erforderlich; es genügt eine schwächere Bedingung: Ein Funktional $\mathcal{F} : \mathcal{V} \to \mathbb{R}$ auf einer Menge $\mathcal{V} \subset \mathcal{H}$ heißt **schwach unterhalbstetig**, wenn folgendes gilt:

Aus der schwachen Konvergenz $u_k \rightharpoonup u$ für $k \to \infty$ folgt

$$\mathcal{F}(u) \;\le\; \lim_{j\to\infty} F(u_{k_j})$$

für jede Teilfolge $(u_{k_j})_j$, für welche $\lim\limits_{j\to\infty} F(u_{k_j})$ existiert.

Dann gilt insbesondere $\mathcal{F}(u) \le \lim\limits_{k\to\infty} \mathcal{F}(u_k)$, falls dieser Limes existiert.

Bedingungen für die schwache Unterhalbstetigkeit von Variationsintegralen werden in 1.3 angegeben.

Satz 3. *Sei $\mathcal{V}$ eine nichtleere, schwach abgeschlossene Teilmenge eines separablen Hilbertraums $\mathcal{H}$, ferner sei $\mathcal{F} : \mathcal{V} \to \mathbb{R}$ schwach unterhalbstetig und koerziv, d.h. es gebe Zahlen $a, p > 0$ und $b \in \mathbb{R}_+$ mit*

$$a\,\|u\|^p - b \;\le\; \mathcal{F}(u) \quad \textit{für alle } u \in \mathcal{V}\,.$$

Dann besitzt $\mathcal{F}$ eine Minimumstelle in $\mathcal{V}$.

Beweis.

Wegen $\mathcal{F}(u) \ge -b$ existiert $\inf \mathcal{F}(\mathcal{V})$. Sei (u_k) eine Minimalfolge mit

$$\mathcal{F}(u_1) \;\ge\; \mathcal{F}(u_2) \;\ge\; \cdots\,, \qquad \lim_{k\to\infty} \mathcal{F}(u_k) \;=\; \inf \mathcal{F}(\mathcal{V})\,.$$

Wegen $a\,\|u_k\|^p \le \mathcal{F}(u_k) + b \le \mathcal{F}(u_1) + b$ ist die Folge (u_k) beschränkt, also gibt es nach Satz 1 eine wieder mit (u_k) bezeichnete Teilfolge, die schwach gegen ein $u \in \mathcal{H}$ konvergiert. Da $\mathcal{V}$ schwach abgeschlossen ist, folgt $u \in \mathcal{V}$. Wegen $\inf \mathcal{F}(\mathcal{V}) = \lim\limits_{k\to\infty} \mathcal{F}(u_k)$ ergibt die schwache Unterhalbstetigkeit von $\mathcal{F}$

$$\mathcal{F}(u) \le \lim_{k\to\infty} \mathcal{F}(u_k) = \inf \mathcal{F}(\mathcal{V}) \le \mathcal{F}(u)\,, \quad \text{also } \mathcal{F}(u) = \inf \mathcal{F}(\mathcal{V})\,. \quad \square$$

1.3 Existenz von Minimumstellen für Variationsintegrale

(a) Wir wenden den vorangehenden Satz an auf das Variationsintegral für Funktionen $\mathbf{u} : \mathbb{R}^n \supset \Omega \to \mathbb{R}^m$

$$\mathcal{F}(\mathbf{u}) = \int_\Omega F(\mathbf{x}, \mathbf{u}(\mathbf{x}), D\mathbf{u}(\mathbf{x}))\, d^n\mathbf{x}\,, \quad \text{kurz } \mathcal{F}(\mathbf{u}) = \int_\Omega F(\mathbf{x}, \mathbf{u}, D\mathbf{u})\, d^n\mathbf{x}\,,$$

mit einem Integranden

$$(\mathbf{x}, \mathbf{y}, \mathbf{z}) \mapsto F(\mathbf{x}, \mathbf{y}, \mathbf{z})\,, \quad \Omega \times \mathbb{R}^m \times \mathbb{R}^{m\times n} \to \mathbb{R}\,;$$

hierbei bezeichnet $\mathbb{R}^{m\times n}$ den Vektorraum aller $m \times n$–Matrizen $\mathbf{z} = (z_{ik})$, versehen mit der euklidischen Norm $\|\mathbf{z}\| = \Big(\sum\limits_{i=1}^m \sum\limits_{k=1}^n z_{ik}^2\Big)^{1/2}$. Entsprechend zu § 2 verwenden wir für die partiellen Ableitungen von F die Bezeichnungen

$$F_{x_k}\,, \quad F_{y_i}\,, \quad F_{z_{ik}} \quad (i = 1, \ldots, m,\ k = 1, \ldots, n)\,.$$

An F stellen wir folgende Bedingungen:

(1) F ist stetig und besitzt stetige partielle Ableitungen $F_{z_{ik}}$,

(2) $\mathbf{z} \mapsto F(\mathbf{x}, \mathbf{y}, \mathbf{z})$ ist konvex für jedes $(\mathbf{x}, \mathbf{y}) \in \Omega \times \mathbb{R}^m$,

(3) Es gibt Konstanten $0 < a_1 \le a_2$ und $\mathrm{L}^1(\Omega)$–Funktionen $b_1, b_2 \ge 0$ mit

$$a_1\,\|\mathbf{z}\|^2 - b_1(\mathbf{x}) \le F(\mathbf{x}, \mathbf{y}, \mathbf{z}) \le a_2\,\|\mathbf{z}\|^2 + b_2(\mathbf{x})$$

für alle $(\mathbf{x}, \mathbf{y}, \mathbf{z}) \in \Omega \times \mathbb{R}^m \times \mathbb{R}^{m\times n}$.

Für eine gegebene Funktion $\mathbf{g} \in \mathrm{W}^1 = \mathrm{W}^1(\Omega, \mathbb{R}^m)$ betrachten wir die Menge

$$\begin{aligned} \mathrm{W}^1_{\mathbf{g}} = \mathrm{W}^1_{\mathbf{g}}(\Omega, \mathbb{R}^m) &:= \left\{\mathbf{u} \in \mathrm{W}^1 \;\middle|\; \mathbf{u} - \mathbf{g} \in \mathrm{W}^1_0(\Omega, \mathbb{R}^m)\right\} \\ &= \mathbf{g} + \mathrm{W}^1_0(\Omega, \mathbb{R}^m) \end{aligned}$$

der W^1–Funktionen auf Ω, die im schwachen Sinn dieselben Randwerte wie $\mathbf{g}$ haben. $\mathrm{W}^1_{\mathbf{g}}$ ist mit W^1_0 abgeschlossen in W^1, enthält $\mathbf{g}$ und ist konvex, denn für $\mathbf{u}, \mathbf{v} \in \mathrm{W}^1_{\mathbf{g}}$ und $\alpha, \beta \ge 0$ mit $\alpha + \beta = 1$ ist $\alpha\mathbf{u} + \beta\mathbf{v} - \mathbf{g} = \alpha(\mathbf{u} - \mathbf{g}) + \beta(\mathbf{v} - \mathbf{g}) \in \mathrm{W}^1_0$. Nach Satz 2 ist $\mathrm{W}^1_{\mathbf{g}}$ also schwach abgeschlossen.

Aufgrund der rechten Ungleichung (3) existiert das Integral $\mathcal{F}(\mathbf{u})$ für $\mathbf{u} \in \mathrm{W}^1_{\mathbf{g}}$ nach dem Majorantensatz. Die linke Bedingung (3)

$$F(\mathbf{x}, \mathbf{u}, D\mathbf{u}) + b_1(\mathbf{x}) \;\geq\; a_1 \|D\mathbf{u}\|^2 \;=\; a_1 \sum_{i=1}^{m} \sum_{k=1}^{n} (\partial_k u_i)^2$$

(Koerzivität von F) sichert die für den Satz 1.2 wesentliche **Koerzivität** von $\mathcal{F}$, denn aufgrund der Poincaré–Ungleichung gilt für $\mathbf{v} \in \mathrm{W}^1_0$

$$\|\mathbf{v}\|^2_{1,2} \;\leq\; (1 + c^2)\|D\mathbf{v}\|^2_2 \,.$$

Für $\mathbf{u} \in \mathrm{W}^1_{\mathbf{g}}$ folgt wegen $\mathcal{F}(\mathbf{u}) \geq a_1 \|D\mathbf{u}\|^2_2 - \varrho$ mit $\varrho := \int\limits_{\Omega} b_1(\mathbf{x})\, d^n\mathbf{x}$

$$\begin{aligned}
\|\mathbf{u}\|^2_{1,2} \;&\leq\; \big(\|\mathbf{u} - \mathbf{g}\|_{1,2} + \|\mathbf{g}\|_{1,2}\big)^2 \;\leq\; 2\|\mathbf{u} - \mathbf{g}\|^2_{1,2} + 2\|\mathbf{g}\|^2_{1,2} \\
&\leq\; 2(1 + c^2)\|D(\mathbf{u} - \mathbf{g})\|^2_2 \;+\; 2\|\mathbf{g}\|^2_{1,2} \\
&\leq\; 4(1 + c^2)\left(\|D\mathbf{u}\|^2_2 + \|D\mathbf{g}\|^2_2\right) + 2\|\mathbf{g}\|^2_{1,2} \\
&\leq\; \frac{4(1 + c^2)}{a_1}\big(\mathcal{F}(\mathbf{u}) + \varrho\big) + \big(6 + 4c^2\big)\,\|\mathbf{g}\|^2_{1,2}\,,
\end{aligned}$$

also $\mathcal{F}(\mathbf{u}) \geq a\,\|\mathbf{u}\|^2_{1,2} - b$ mit Konstanten $a > 0,\, b \geq 0$.

Die Konvexitätsbedingung (2) ist verantwortlich für die schwache Unterhalbstetigkeit von $\mathcal{F}$:

SATZ 4 (SERRIN 1961). *Unter den Voraussetzungen* (1), (2), (3) *ist* $\mathcal{F}$ *schwach unterhalbstetig auf* $\mathrm{W}^1(\Omega, \mathbb{R}^m)$.

Anders als die Sätze 1, 2, 3 erfordert Satz 4 einigen beweistechnischen Aufwand. Beweise finden Sie in [25] Thm. 1.8.2 und unter allgemeineren Voraussetzungen in [21] 3.4, 4.2, [22] I.2.

In den Fällen $m = 1$ oder $n = 1$ ist die Konvexität von $\mathbf{z} \mapsto F(\mathbf{x}, \mathbf{y}, \mathbf{z})$ sogar äquivalent zur schwachen Unterhalbstetigkeit von $\mathcal{F}$ auf $\mathrm{W}^1(\Omega, \mathbb{R}^m)$; daraus ergibt sich, dass $\mathcal{F}$ nur dann schwach folgenstetig auf $\mathrm{W}^1(\Omega, \mathbb{R}^m)$ sein kann, wenn $\mathbf{z} \mapsto F(\mathbf{x}, \mathbf{y}, \mathbf{z})$ affin ist, vgl. [21] 3.3.

(b) **Existenzsatz für Minimumstellen** (MORREY, SERRIN 1961). *Unter den Voraussetzungen* (1), (2), (3) *besitzt das Variationsintegral* $\mathcal{F}$ *auf jeder nichtleeren, schwach abgeschlossenen Menge* $\mathcal{V} \subset \mathrm{W}^1_{\mathbf{g}}(\Omega, \mathbb{R}^m)$ *eine Minimumstelle.*

Dieser Satz ist das Resultat einer über 50 Jahre währenden Entwicklung, die von HILBERT, LEBESGUE, B. LEVI um 1900 angestoßen und insbesondere von TONELLI weitergeführt wurde. Zur Geschichte siehe [20] Introduction, 6.4, 6.6 und [22] II.1.

BEMERKUNGEN. (i) Beispiele schwach abgeschlossener Mengen $\mathcal{V}$ werden in (c) gegeben.

(ii) Minimumstellen $\mathbf{u}$ von Variationsintegralen in Sobolew–Räumen werden auch **schwache Minimumstellen** genannt. In der englischsprachigen Literatur ist die Bezeichnung **minimizer** üblich; diese verwenden wir im Folgenden für $\mathbf{u}$ als Funktion im Unterschied zu $\mathbf{u}$ als Stelle in einem Funktionenraum.

(iii) Liegt anstelle von (3) eine Wachstumsbedingung

$$(3') \quad a_1 \|\mathbf{z}\|^p - b_1(\mathbf{x}) \;\leq\; F(\mathbf{x},\mathbf{y},\mathbf{z}) \;\leq\; a_2 \|\mathbf{z}\|^p + b_2(\mathbf{x})$$

mit $p > 1$, $0 < a_1 \leq a_2$ und $L^1(\Omega)$–Funktionen $b_1, b_2 \geq 0$ vor, so bleibt die Aussage des Existenzsatzes bestehen, wenn $\mathrm{W}^1_{\mathbf{g}}(\Omega,\mathbb{R}^m)$ durch $\mathrm{W}^{1,p}_{\mathbf{g}}(\Omega,\mathbb{R}^m)$ ersetzt wird, vgl. [21] 3.4, 4.2.

(iv) Für die Anwendung des Existenzsatzes ist es oft nötig, das vorgelegte Problem zu modifizieren, z.B. durch Quadrieren des Integranden F, siehe 2.2, 2.3.

(c) SATZ 5. *Schwach abgeschlossene, nichtleere Teilmengen* $\mathcal{V}$ *von* $\mathrm{W}^1_{\mathbf{g}} = \mathrm{W}^1_{\mathbf{g}}(\Omega,\mathbb{R}^m)$ *sind*

(i) $\mathrm{W}^1_{\mathbf{g}}$ *selbst und alle nichtleeren, konvexen, normabgeschlossenen Teilmengen* $\mathcal{V}$ *von* $\mathrm{W}^1_{\mathbf{g}}$ *sowie*

(ii) $\mathcal{V} = \mathrm{W}^1_{\mathbf{g}}(\Omega, K) := \{\mathbf{u} \in \mathrm{W}^1_{\mathbf{g}} \mid \mathbf{u}(\mathbf{x}) \in K \text{ f.ü.}\}$ *für jede abgeschlossene Menge* $K \subset \mathbb{R}^m$ mit $\mathbf{g}(\mathbf{x}) \in K$ f.ü.

BEWEIS.

(i) folgt mit SATZ 2 aus der schwachen Abgeschlossenheit von $\mathrm{W}^1_{\mathbf{g}}$, vgl. (a).

Für (ii) stellen wir zunächst fest, dass $\mathcal{V}$ nichtleer ist wegen $\mathbf{g} \in \mathcal{V}$. Sei $(\mathbf{u}_k)$ eine Folge in $\mathcal{V}$, die schwach gegen $\mathbf{u} \in \mathrm{W}^1_{\mathbf{g}}$ konvergiert. Nach einem Satz von Rellich ([25] Thm. 3.4.4) folgt aus der schwachen Konvergenz $u_k \rightharpoonup u$ in W^1 die L^2–Konvergenz $\mathbf{u} = \lim\limits_{k\to\infty} \mathbf{u}_k$. Nach dem Satz von Fischer–Riesz (Bd. 2, § 8 : 2.1 (c)) gibt es eine Teilfolge $(\mathbf{u}_{k_j})_j$ mit $\mathbf{u}(\mathbf{x}) = \lim\limits_{j\to\infty} \mathbf{u}_{k_j}(\mathbf{x})$ f.ü.. Da K abgeschlossen ist, folgt $\mathbf{u}(\mathbf{x}) \in K$ f.ü.. □

2 Anwendungen

2.1 Das Dirichlet–Problem

$$-\Delta u = f \quad \text{in } \Omega\,, \qquad u = g \quad \text{auf } \partial\Omega$$

führen wir gemäß Bd. 2, § 14 : 6.1, 6.3 auf die Aufgabe zurück, eine Minimumstelle von

$$\mathcal{F}(u) \;=\; \int\limits_{\Omega} \left(\tfrac{1}{2}\|\nabla u\|^2 - f \cdot u\right) d^n\mathbf{x}$$

in $\mathcal{V} := \mathrm{W}^1_g(\Omega)$ zu finden. Hierbei setzen wir $f \in \mathrm{C}^0(\overline{\Omega})$, $g \in \mathrm{W}^1(\Omega)$ voraus. Die Existenz einer Minimumstelle vin $\mathcal{F}$ in $\mathcal{V}$ ergibt sich nach den Sätzen 3 und 4. Wir zeigen zunächst, dass $\mathcal{F}$ eine modifizierte Koerzivitätsbedingung erfüllt. Für $u = \varphi + g$ mit $\varphi \in \mathrm{W}^1_0(\Omega)$ folgt aus der Poincaré–Ungleichung $\|\varphi\|_2 \leq c\,\|\nabla\varphi\|_2$

$$(1) \qquad \|u\|_2 \;\leq\; \|\varphi\|_2 + \|g\|_2 \;\leq\; c\,\|\nabla\varphi\|_2 + \|g\|_2 \;\leq\; c\cdot\|\nabla u\|_2 + d$$

mit $d := c\cdot\|\nabla g\|_2 + \|g\|_2$. Wegen $\|\nabla u\|_2^2 = 2\mathcal{F}(u) + 2\langle f,u\rangle_2$ ergibt sich mit $\alpha := 2\cdot(1+2c^2)$

$$\begin{aligned}
\|u\|_{1,2}^2 &= \|\nabla u\|_2^2 + \|u\|_2^2 \overset{(1)}{\leq} (1+2c^2)\|\nabla u\|_2^2 + 2d^2 \\
&= \alpha\mathcal{F}(u) + \alpha\,\langle f,u\rangle_2 + 2d^2 \;\leq\; \alpha\,\mathcal{F}(u) + \alpha\,\|f\|_2\cdot\|u\|_2 + 2d^2 \\
&\overset{(1)}{\leq} \alpha\,\mathcal{F}(u) + \beta\,\|u\|_{1,2} + \gamma
\end{aligned}$$

mit Konstanten $\alpha,\beta,\gamma > 0$. Es folgt

$$\Big(\|u\|_{1,2} - \frac{1}{2}\beta\Big)^2 \;\leq\; \alpha\,\mathcal{F}(u) + \frac{1}{4}\beta^2 + \gamma\,,$$

woraus sich ergibt, dass $\mathcal{F}$ nach unten beschränkt ist und dass jede Minimalfolge bezüglich der Sobolew–Norm $\|\cdot\|_{1,2}$ beschränkt ist. Wegen der Konvexität von $\mathbf{z} \mapsto \|\mathbf{z}\|^2$ ist $\mathcal{F}$ schwach unterhalbstetig nach Satz 4. Nach Satz 3 existiert also $\min\mathcal{F}(\mathcal{V})$.

2.2 Parametrisch–elliptische Probleme

(a) Wir betrachten eine spezielle parametrisch–elliptische Lagrange–Funktion L auf $\Omega \times \mathbb{R}^m$, von der wir voraussetzen, dass

$$L^*(\mathbf{y},\mathbf{z}) \;:=\; \tfrac{1}{2}\,L^2(\mathbf{y},\mathbf{z}) \;=\; \tfrac{1}{2}\sum_{i,k=1}^{m} g_{ik}(\mathbf{y})\,z_i\,z_k \;=\; \tfrac{1}{2}\,\big\langle \mathbf{z}, G(\mathbf{y})\,\mathbf{z}\big\rangle$$

gilt mit $g_{ik} \in \mathrm{C}^3(\Omega)$ und $G(\mathbf{y}) > 0$ für $\mathbf{y} \in \Omega$.

Ferner sei $K \subset \Omega$ eine abgeschlossene Menge. Wir setzen voraus, dass es Zahlen $0 < a_1 \leq a_2$ gibt mit

$$(1) \qquad a_1\,\|\mathbf{z}\|^2 \;\leq\; L^*(\mathbf{y},\mathbf{z}) \;\leq\; a_2\,\|\mathbf{z}\|^2 \quad \text{für } \mathbf{y} \in K\,,\ \mathbf{z} \in \mathbb{R}^m\,.$$

Dies ist beispielsweise der Fall, wenn K kompakt ist, denn in diesem Fall nimmt $\frac{1}{2}\langle\mathbf{z}, G(\mathbf{y})\mathbf{z}\rangle$ auf der kompakten Menge $\{(\mathbf{y},\mathbf{z}) \mid \mathbf{y} \in K,\ \|\mathbf{z}\| = 1\}$ ein Minimum $a_1 > 0$ und ein Maximum $a_2 \geq a_1$ an.

Für $I = [0,1]$ und zwei gegebene Punkte $\mathbf{a},\mathbf{b} \in K$ mit $\mathbf{a} \neq \mathbf{b}$ sei

$$\mathcal{V} \;:=\; \big\{\mathbf{v} \in \mathrm{W}^1(I,\mathbb{R}^m) \;\big|\; \mathbf{v}(x) \in K \quad \text{für } x \in I,\ \mathbf{v}(0) = \mathbf{a},\ \mathbf{v}(1) = \mathbf{b}\big\}$$

eine nicht leere Variationsklasse.

Satz. *Unter diesen Voraussetzungen besitzt*

$$\mathcal{L}(\mathbf{v}) \;:=\; \int_0^1 L(\mathbf{v}(t), \mathbf{v}'(t))\, dt$$

eine Minimumstelle $\mathbf{u}$ *in* $\mathcal{V}$. *Für diese gilt* $L(\mathbf{u}(t), \dot{\mathbf{u}}(t)) = c$ *mit einer Konstanten* $c > 0$.

Beweis.

An Stelle von $\mathcal{L}$ betrachten wir das wegen (1) für $\mathbf{v} \in \mathrm{W}^1(I)$ definierte Integral

$$\mathcal{L}^*(\mathbf{v}) \;:=\; \int_0^1 L^*(\mathbf{v}(t), \mathbf{v}'(t))\, dt\,.$$

Nach § 3 : 1.1 ist $\mathbf{z} \mapsto L^*(\mathbf{y}, \mathbf{z})$ konvex, und nach 1.3 (c) (ii) ist $\mathcal{V}$ schwach abgeschlossen. Also sichert der Satz 1.3 (b) die Existenz einer Minimumstelle $\mathbf{u}$ von $\mathcal{L}^*$ in $\mathcal{V}$. Da wir nicht annehmen dürfen, dass für Testvektoren $\boldsymbol{\varphi}$ die Variationen $\mathbf{u} + s\boldsymbol{\varphi}$ zu $\mathcal{V}$ gehören, verwenden wir „innere Variationen“:
Für eine feste Testfunktion $\eta \in \mathrm{C}_c^\infty(]0,1[)$ betrachten wir

$$\varphi_s : t \mapsto \varphi(s,t) := t + s\,\eta(t)\,.$$

Offenbar sind die φ_s für $|s| \ll 1$ orientierungstreue C^∞–Parametertransformationen von I auf sich mit C^∞–Umkehrfunktionen ψ_s; dabei ist $\psi_0(x) = x$. Für die Variationsvektoren $\mathbf{v}_s := \mathbf{u} \circ \varphi_s$ gilt $\mathbf{v}_s : I \to K$ und $\mathbf{v}_s \in \mathcal{V}$, falls $|s| \ll 1$. Denn unter den vorliegenden Bedingungen existiert $\mathbf{v}_s'(t) = \mathbf{u}'(\varphi_s(t))\varphi_s'(t)$ f.ü. Wählen wir $|s|$ so klein, dass $\frac{1}{2} \le \varphi_s'(t) \le 2$ gilt, so ergibt sich die Quadratintegrierbarkeit von $\|\mathbf{v}_s\|$ und von $\|\mathbf{v}_s'\|$ mit Hilfe der Substitutionsregel [ÜA].
Wir erhalten wegen $L^*(\mathbf{y}, \lambda\mathbf{z}) = \lambda^2 L^*(\mathbf{y}, \mathbf{z})$ mit der Substitution $x = \varphi_s(t)$, $t = \psi_s(x)$

$$\begin{aligned} \mathcal{L}^*(\mathbf{v}_s) \;&=\; \int_0^1 L^*(\mathbf{u}(\varphi_s(t)), \mathbf{u}'(\varphi_s(t))) \cdot \varphi_s'(t)^2\, dt \\ &=\; \int_0^1 L^*(\mathbf{u}(x), \mathbf{u}'(x)) \cdot \varphi_s'(\psi_s(x))\, dx\,. \end{aligned}$$

Wegen $\mathbf{v}_0 = \mathbf{u}$ und $\mathcal{L}^*(\mathbf{u}) = \mathcal{L}^*(\mathbf{v}_s)$ für $|s| \ll 1$ folgt $\frac{d}{ds}\mathcal{L}^*(\mathbf{v}_s)\big|_{s=0} = 0$. Für die Differentiation von $\mathcal{L}^*(\mathbf{v}_s)$ nach s beachten wir, dass

$$\frac{\partial}{\partial s}\varphi_s'(\psi_s(x)) = \frac{\partial}{\partial s}\big(1 + s\,\eta'(\psi_s(x))\big) = \eta'(\psi_s(x)) + s\,\eta''(\psi_s(x))\,\frac{d}{ds}\psi_s(x)\,,$$

insbesondere $\frac{\partial}{\partial s}\varphi_s'(\psi_s(x))\big|_{s=0} = \eta'(x)$. Somit erhalten wir

$$0 \;=\; \int_0^1 L^*(\mathbf{u}(x), \mathbf{u}'(x)) \cdot \eta'(x)\, dx = 0 \quad \text{für alle } \eta \in \mathrm{C}_c^\infty(]0,1[)\,.$$

Aus dem Hilbert–Lemma Bd. 2, § 10 : 4.3 folgt $L^*(\mathbf{u},\mathbf{u}') = \kappa$ f.ü. mit einer Konstanten κ. Aus (1) folgt $\kappa > 0$ wegen $\mathbf{a} \neq \mathbf{b}$. Daher gilt

(2) $\quad \mathrm{L}(\mathbf{u},\mathbf{u}') = c$ f.ü. mit $c := \sqrt{2\kappa} > 0$.

Ist $\mathbf{w} \in \mathcal{V}$ quasinormal, d.h. gilt $L(\mathbf{w},\mathbf{w}') = d$ f.ü. mit einer Konstanten $d > 0$, so folgt aus (2) und der Minimaleigenschaft von $\mathbf{u}$

$$\mathcal{L}(\mathbf{u})^2 = c^2 = 2\kappa = 2\mathcal{L}^*(\mathbf{u}) \leq 2\mathcal{L}^*(\mathbf{w}) = d\mathcal{L}(\mathbf{w}) = \mathcal{L}(\mathbf{w})^2 .$$

Der Rest ergibt sich daraus, dass es zu jeder Kurve $\mathbf{v} \in \mathcal{V}$ eine quasinormale Kurve $\mathbf{w} \in \mathcal{V}$ gibt mit $\mathcal{L}(\mathbf{v}) = \mathcal{L}(\mathbf{w})$, gegeben durch $\mathbf{w} := \mathbf{v} \circ h$, wobei $h \in \mathrm{W}^1(I)$ die Umkehrfunktion zu $\eta(s) := \mathcal{L}(\mathbf{v})^{-1} \int\limits_0^s L(\mathbf{v},\mathbf{v}')\,dt$ ist. Näheres hierzu siehe [20], Lemma 5.23. □

(b) Aus dem Existenzsatz ergibt sich insbesondere: *Ist K eine kompakte, wegzusammenhängende Teilmenge einer C^3–Mannigfaltigkeit im $\mathbb{R}^m$, so existiert zu je zwei voneinander verschiedenen Punkten* $\mathbf{a}, \mathbf{b}$ *eine kürzeste Verbindung in K.* Hierbei sind zur Konkurrenz alle rektifizierbaren Verbindungswege zugelassen, d.h. alle Kurvenspuren in K mit Endpunkten $\mathbf{a}, \mathbf{b}$, für welche die Längen einbeschriebener Sehnenpolygone nach oben beschränkt sind. Näheres hierzu bei [20] 6.3, [129] 15.

(c) Unter den allgemeinen Voraussetzungen des Satzes (a) ist nicht zu erwarten, dass $\mathbf{u}$ die Euler–Gleichung erfüllt. Setzen wir zusätzlich voraus, dass die Spur von $\mathbf{u}$ im Innern von K liegt, so gilt für jeden Testvektor $\varphi \in \mathrm{C}_c^\infty(]0,1[\,,\mathbb{R}^m)$

$$\delta\mathcal{L}^*(\mathbf{u})\varphi = \int\limits_0^1 \left(L^*_{\mathbf{y}}(\mathbf{u},\mathbf{u}')\varphi + L^*_{\mathbf{z}}(\mathbf{u},\mathbf{u}')\varphi'\right) dt = 0 ,$$

d.h. $\mathbf{u}$ ist eine schwache Extremale für $\mathcal{L}^*$. Mit den Schlüssen von § 2 : 3.4 folgt wegen der Elliptizität von L^* die C^3–Differenzierbarkeit von $\mathbf{u}$ und das Bestehen der mit L^* gebildeten Euler–Gleichung $E_{L^*}(\mathbf{u}) = 0$ und damit nach § 5 : 2.3 (c) die Euler–Gleichung $E_L(\mathbf{u}) = 0$.

2.3 Parametrische Minimalflächen

(a) Auf Minimalflächen in Graphengestalt, d.h. auf nichtparametrische Flächenintegrale $\mathcal{A}(v) = \int\limits_\Omega \sqrt{1 + \|\nabla v\|^2}\, d^2\mathbf{x}$ für $v \in \mathrm{W}^1_g(\Omega)$ lässt sich die vorangehende Theorie nicht anwenden, da $\mathcal{A}$ nicht koerziv ist. Für die Behandlung solcher Probleme verweisen wir auf [31].

(b) **Das Plateausche Problem** der mathematischen Modellierung von Seifenhäuten besteht im einfachsten Fall in der Aufgabe, zu einer geschlossenen

Kurve $\Gamma \subset \mathbb{R}^3$ eine durch Γ berandete Minimalfläche zu finden. Hierbei wird Γ als orientierte, glatte *Jordan–Kurve* angenommen, d.h. Γ besitzt eine hinreichend glatte, orientierungsstiftende Parametrisierung $t \mapsto \gamma(\cos t, \sin t)$, die auf $[0, 2\pi[$ injektiv ist. Dementsprechend beschreiben wir eine durch Γ berandete Fläche mittels einer Parametrisierung $\mathbf{u} : \overline{\Omega} \to \mathbb{R}^3$ auf dem Abschluss der Einheitskreisscheibe $\Omega = K_1(\mathbf{0}) \subset \mathbb{R}^2$, von der wir verlangen, dass $\mathbf{u}\big|_{\partial\Omega} : t \mapsto \mathbf{u}(\cos t, \sin t)$ für $0 \leq t \leq 2\pi$ eine orientierungstreue Parametrisierung von Γ ist.

Anders als in der Differentialgeometrie können die hier betrachteten Minimalflächen Selbstdurchdringungen bzw. Verzweigungspunkte aufweisen, d.h. $\mathbf{u}$ muss nicht injektiv sein, und es kann Punkte mit $\operatorname{Rang} D(\mathbf{u}) < 2$ geben; solche Phänomene werden erst durch zusätzliche Annahmen über die Gestalt von Γ ausgeschlossen. Daher setzen wir das in Bd. 1, § 25 : 2.1 angegebene Integral

$$\mathcal{A}(\mathbf{u}) \;=\; \int\limits_{\Omega} \sqrt{g}\, d^2\mathbf{x} \quad \text{mit} \;\; g = g_{11}g_{22} - g_{12}^2\,, \quad g_{ik} = \langle \partial_i \mathbf{u}, \partial_k \mathbf{u} \rangle$$

für den Flächeninhalt einer Parametrisierung $\mathbf{u}$ auf eine größere Funktionenklasse fort, z.B. auf $\mathrm{W}^{1,1}(\Omega, \mathbb{R}^3)$.

Das nach dem belgischen Physiker Joseph PLATEAU benannte Problem trotzte lange Zeit den Bemühungen vieler Mathematiker. Nur für sehr spezielle Polygonkurven Γ konnten zunächst RIEMANN, WEIERSTRASS, SCHWARZ und andere Lösungen angeben. Erst um 1931 gelang es DOUGLAS und RADÓ, die Existenz von Lösungen für allgemeine Konfigurationen Γ mit Hilfe von Variationsmethoden nachzuweisen.

(c) Wir skizzieren im Folgenden den von COURANT 1937 gegebenen Beweis für die Existenz von Flächen vorgeschriebener Berandung, die den Flächeninhalt $\mathcal{A}$ minimalisieren.

Der Existenzsatz 1.3 (b) lässt sich auf das Funktional $\mathcal{A}$ nicht anwenden, denn der Integrand erfüllt nicht die dort angegebene Koerzivitätsbedingung (3), auch nicht die Bedingung (3′). Wie im Beispiel 1.2 gehen wir über zum **Dirichlet–Integral**

$$\mathcal{D}(\mathbf{u}) \;:=\; \frac{1}{2} \int\limits_{\Omega} \|D\mathbf{u}\|^2\, d^2\mathbf{x}$$

auf $\mathrm{W}^1 = \mathrm{W}^{1,2}(\Omega, \mathbb{R}^3)$. Für dieses gilt

$$\mathcal{D}(\mathbf{u}) \;\geq\; \mathcal{A}(\mathbf{u})$$

mit Gleichheit genau für **isotherme Parametrisierungen u**, definiert durch

$$g_{11} \;=\; \|\partial_1 \mathbf{u}\|^2 \;=\; \|\partial_2 \mathbf{u}\|^2 \;=\; g_{22}\,, \qquad g_{12} \;=\; \langle \partial_1 \mathbf{u}, \partial_2 \mathbf{u} \rangle \;=\; 0\,.$$

Dies folgt unmittelbar aus der Beziehung

$$\frac{1}{4}\|D\mathbf{u}\|^4 - g = \frac{1}{4}(g_{11}+g_{22})^2 - \left(g_{11}g_{22} - g_{12}^2\right) = \frac{1}{4}(g_{11}-g_{22})^2 + g_{12}^2 .$$

Das Variationsintegral $\mathcal{D}(\mathbf{u})$ existiert genau dann, wenn $\mathbf{u} \in \mathrm{W}^1$. Für eine gegebene orientierte Jordankurve Γ betrachten wir zunächst die Variationsklasse $\mathcal{V}$ aller $\mathbf{u} : \overline{\Omega} \to \mathbb{R}^3$ mit $\mathbf{u} \in \mathrm{W}^1$, für die $\mathbf{u}\big|_{\Omega} := t \mapsto \mathbf{u}(\cos t, \sin t)$ eine stetige, positive Parametrisierung von Γ ist. $\mathcal{V}$ ist nicht abgeschlossen bezüglich der schwachen Konvergenz in W^1; dies liegt daran, dass die Werte von $\mathbf{u}$ auf $\partial\Omega$ nicht festgelegt sind und die Bedingung $\mathbf{u}(\partial\Omega) = \Gamma$ zu viele Freiheiten lässt. Schwach abgeschlossen ist dagegen die Teilklasse $\mathcal{V}^*$ von $\mathcal{V}$, deren Elemente $\mathbf{u}$ einer **Drei–Punkte–Bedingung**

$$\mathbf{u}(\mathbf{x}_k) = \mathbf{y}_k \quad (k = 1, 2, 3),$$

genügen, wobei $\mathbf{x}_1, \mathbf{x}_2, \mathbf{x}_3 \in \partial\Omega$ bzw. $\mathbf{y}_1, \mathbf{y}_2, \mathbf{y}_3 \in \Gamma$ jeweils fest gewählte Tripel aus paarweis verschiedenen Punkten sind, deren Abfolge den Orientierungen von $\partial\Omega$ bzw. Γ entspricht.

Für $\mathcal{V}^*$ lassen sich die Voraussetzungen von Satz 1.3 (b) nachweisen, also existiert eine Minimalstelle $\mathbf{u}^*$ von $\mathcal{D}$ auf $\mathcal{V}^*$.

Dann gilt $\mathcal{D}(\mathbf{u}^*) \leq \mathcal{D}(\mathbf{v})$ für alle $\mathbf{v} \in \mathcal{V}$. Um dies zu zeigen, wird zu einer gegebenen Funktion $\mathbf{v} \in \mathcal{V}$ mit $\mathbf{v}(\mathbf{x}'_k) = \mathbf{y}_k$, $\mathbf{x}'_k \in \partial\Omega$ $(k = 1, 2, 3)$ eine Funktion $\mathbf{u} = \mathbf{v} \circ \mathbf{h}$ konstruiert mit $\mathbf{u} \in \mathcal{V}^*$, $\mathcal{D}(\mathbf{u}) = \mathcal{D}(\mathbf{v})$; hierbei ist $\mathbf{h} : \Omega \to \Omega$ ein Diffeomorphismus mit

$$\mathbf{h}(\mathbf{x}_k) = \mathbf{x}'_k \quad (k = 1, 2, 3)$$

und der Invarianzeigenschaft $\mathcal{D}(\mathbf{v} \circ \mathbf{h}) = \mathcal{D}(\mathbf{v})$ für alle $\mathbf{v} \in \mathcal{V}$. Ein solcher ergibt sich in komplexer Schreibweise durch

$$h(z) = \mathrm{e}^{i\varphi}\,\frac{z - a}{1 - \overline{a}\,z} \quad \text{mit } \varphi \in \mathbb{R},\ |a| < 1 .$$

Für die holomorphe Funktion h gelten die Cauchy–Riemannschen DGn

$$\frac{\partial h_1}{\partial x} = \frac{\partial h_2}{\partial y}, \quad \frac{\partial h_1}{\partial y} = -\frac{\partial h_2}{\partial x},$$

und es ist unschwer zu sehen, dass diese die Invarianz $\mathcal{D}(\mathbf{v} \circ \mathbf{h}) = \mathcal{D}(\mathbf{v})$ sichern.

Es bleibt zu zeigen, dass $\mathbf{u}^*$ eine isotherme Parametrisierung einer Minimalfläche ist. Zunächst hat $\mathcal{D}(\mathbf{u}^*) = \min \mathcal{D}(\mathcal{V})$ zur Folge, dass $\mathbf{u}^*$ die Euler–Gleichungen $\Delta u_1^* = \Delta u_2^* = 0$ in schwachem Sinn erfüllt. Aufgrund der Regularitätstheorie (Weylsches Lemma, siehe [25] Ch. 2.3) erfüllt dann $\mathbf{u}^*$ diese Gleichungen auch im klassischen Sinn.

Die Isothermie $g_{11} = g_{22},\ g_{12} = 0$ von $\mathbf{u}^*$ ergibt sich in Analogie zu 2.2 mittels innerer Variationen durch Diffeomorphismen

$$\mathbf{h}_s : \Omega \to \Omega,\ \mathbf{x} \mapsto \mathbf{x} + s\boldsymbol{\psi}(\mathbf{x}) \quad \text{mit} \quad \boldsymbol{\psi} \in \mathrm{C}_c^\infty(\Omega, \mathbb{R}^2)\,,\ |s| \ll 1\,.$$

Wegen $\mathbf{u}^* \circ \mathbf{h}_s^{-1} \in \mathcal{V},\ \mathbf{h}_0 = \mathbb{1}_\Omega$ und wegen $\mathcal{D}(\mathbf{u}^*) = \min \mathcal{D}(\mathcal{V})$ ist

$$\frac{d}{ds}\mathcal{D}(\mathbf{u}^* \circ \mathbf{h}_s^{-1})\Big|_{s=0} = 0 \quad \text{für alle} \quad \boldsymbol{\psi} \in \mathrm{C}_c^\infty(\Omega, \mathbb{R}^2)\,.$$

Andererseits ergibt sich mit etwas Rechnung

$$\begin{aligned}\frac{d}{ds}\mathcal{D}(\mathbf{u}^* \circ \mathbf{h}_s^{-1})\Big|_{s=0} \;=\; \tfrac{1}{2}\int\limits_\Omega \Big\{&(g_{22} - g_{11}) \cdot (\partial_1\psi_1 - \partial_2\psi_2) \\ &- 2g_{12} \cdot (\partial_1\psi_2 + \partial_2\psi_1)\Big\}\, d^2\mathbf{x}\,.\end{aligned}$$

Aus beidem folgt unschwer $g_{11} - g_{22} = g_{12} = 0$.

Als Literatur über Minimalflächen und das Plateausche Problem empfehlen wir [32], [35], [36].

3 Regularität von Minimizern und Extremalen

3.1 Übersicht

Wir sprechen von **optimaler Regularität** eines Minimizers oder einer schwachen Extremalen $\mathbf{u} : \Omega \to \mathbb{R}^m$ eines Variationsintegrals $\mathcal{F} : \mathcal{V} \to \mathbb{R}$, wenn $\mathbf{u}$ so oft differenzierbar ist wie der Integrand F. Die Regularitätstheorie liefert optimale Regularität in den Fällen

(I) $n = 1$ und $n = 2$, m beliebig,

(II) $m = 1$, n beliebig.

Für $n \geq 3,\ m \geq 2$ ist im Allgemeinen nur **partielle Regularität** zu erwarten, d.h. Glattheit von $\mathbf{u}$ auf einer offenen Teilmenge $\Omega_0 \subset \Omega$. Ziel der Regularitätstheorie ist hierbei eine Dimensionsabschätzung für die Singularitätenmenge $\Omega \setminus \Omega_0$. Für einige Typen von Variationsintegralen mit spezieller Bauart gibt es jedoch auch im Fall $n \geq 3,\ m \geq 2$ optimale Regularitätsaussagen überall, d.h. mit $\Omega_0 = \Omega$.

Regularitätsnachweise gehören zu den anspruchsvollsten Themen der Analysis. Wir beschränken uns auf die Diskussion der beiden Fälle (I) und (II) und verweisen Interessierte auf die Literatur [22], [18].

3.2 Schwache Extremalen und Euler–Gleichungen

Gegeben sei ein Variationsintegral $\mathcal{F} : \mathrm{W}^1_{\mathbf{g}}(\Omega, \mathbb{R}^m) \to \mathbb{R}$, dessen Integrand F den folgenden Bedingungen genügt:

(i) F ist C^1–differenzierbar auf $\Omega_F \;=\; \Omega \times \mathbb{R}^m \times \mathbb{R}^{m\times n}$,

(ii) $a_1 \|\mathbf{z}\|^2 - b_1 \;\le\; F(\mathbf{x},\mathbf{y},\mathbf{z}) \;\le\; a_2 \|\mathbf{z}\|^2 + b_2$ auf Ω_F,

(iii) $\|F_{\mathbf{y}}(\mathbf{x},\mathbf{y},\mathbf{z})\| \;\le\; a_3 \|\mathbf{z}\|^2 + b_3$, $\|F_{\mathbf{z}}(\mathbf{x},\mathbf{y},\mathbf{z})\| \;\le\; a_4 \|\mathbf{z}\|^2 + b_4$

auf Ω_F mit Konstanten $0 < a_1 \le a_2$ und $a_3, a_4, b_1, b_2, b_3, b_4 \ge 0$.

SATZ. *Für jedes* $\mathbf{u} \in \mathrm{W}^1(\Omega, \mathbb{R}^m) \cap \mathrm{L}^\infty(\Omega, \mathbb{R}^m)$ *und für* $\boldsymbol{\varphi} \in \mathrm{C}^\infty_c(\Omega, \mathbb{R}^m)$ *ist die erste Variation von* $\mathcal{F}$

$$\delta\mathcal{F}(\mathbf{u})\boldsymbol{\varphi} \;=\; \int\limits_\Omega \sum_{i=1}^m \Big(\sum_{k=1}^n F_{z_{ik}}(\mathbf{x},\mathbf{u},D\mathbf{u})\partial_k\varphi_i \;+\; F_{y_i}(\mathbf{x},\mathbf{u},D\mathbf{u})\varphi_i\Big)\, d^n\mathbf{x}$$

definiert. Insbesondere gilt für jeden Minimizer $\mathbf{u}$ *von* $\mathcal{F} : \mathrm{W}^1_{\mathbf{g}}(\Omega, \mathbb{R}^m) \to \mathbb{R}$ *mit* $\mathbf{u} \in \mathrm{L}^\infty(\Omega, \mathbb{R}^m)$

$$\delta\mathcal{F}(\mathbf{u})\boldsymbol{\varphi} \;=\; 0 \quad \textit{für alle} \quad \boldsymbol{\varphi} \in \mathrm{C}^\infty_c(\Omega, \mathbb{R}^m)\,.$$

Das Verschwinden der ersten Variation ist die schwache Form der Euler–Gleichungen

$$\sum_{k=1}^n \partial_k \big[F_{z_{ik}}(\mathbf{x},\mathbf{u},D\mathbf{u})\big] \;=\; F_{y_i}(\mathbf{x},\mathbf{u},D\mathbf{u}) \quad (i = 1,\ldots,m)\,.$$

Für den BEWEIS siehe [22] Ch. I, Thm. 5.2.

3.3 Regularität bei eindimensionalen elliptischen Problemen

SATZ. *Der Integrand* F *sei* C^k*–differenzierbar* $(2 \le k \le \infty)$ *auf* $\Omega_F = I \times \mathbb{R}^m \times \mathbb{R}^m$ *mit* $[\alpha,\beta] \subset \mathring{I}$*; ferner seien die Wachstumsbedingungen* (ii), (iii) *für* $\Omega =]\alpha,\beta[$ *erfüllt, und* F *sei elliptisch* ($F_{\mathbf{zz}}(x,\mathbf{y},\mathbf{z}) > 0$ für $x \in [\alpha,\beta]$, $\mathbf{y},\mathbf{z} \in \mathbb{R}^m$). *Liefert* $\mathbf{u}$ *ein starkes lokales Minimum von* $\mathcal{F}$ *in*

$$\mathcal{V} \;=\; \big\{\mathbf{v} \in \mathrm{W}^1(\alpha,\beta) \;\big|\; \mathbf{v}(\alpha) = \mathbf{a},\; \mathbf{v}(\beta) = \mathbf{b}\big\}\,,$$

so ist $\mathbf{u}$ *eine* C^k*–differenzierbare Lösung der Euler–Gleichung für* $\mathcal{F}$.

BEWEISSKIZZE.

Jede Kurve $\mathbf{v} \in \mathcal{V}$ ist absolutstetig auf $[\alpha,\beta]$, und es gibt eine Nullmenge $N \subset [\alpha,\beta]$, so dass $\mathbf{v}'(x)$ für $x \in [\alpha,\beta] \setminus N$ existiert. Wir setzen $\mathbf{v}'(x) := \mathbf{0}$

für $x \in N$. Sei $\mathcal{F}(\mathbf{u}) \leq \mathcal{F}(\mathbf{v})$ für alle $\mathbf{v} \in \mathcal{V}$ mit $\|\mathbf{v} - \mathbf{u}\|_\infty \ll 1$. Nach 3.2 gilt dann

$$\int_\alpha^\beta \big(F_\mathbf{y}(x, \mathbf{u}, \mathbf{u}')\varphi + F_\mathbf{z}(x, \mathbf{u}, \mathbf{u}')\varphi'\big)\, dx = 0 \quad \text{für alle} \quad \varphi \in \mathrm{C}_c^\infty(]\alpha, \beta[\,, \mathbb{R}^m)\,.$$

Wegen (iii) ist $\|F_\mathbf{y}(x, \mathbf{u}(x), \mathbf{u}'(x))\| \leq a_3 \|\mathbf{u}'(x)\|^2 + b_3$, also existiert

$$\boldsymbol{\Phi}(x) \ := \ \int_\alpha^x \boldsymbol{\nabla}_\mathbf{y} F(t, \mathbf{u}(t), \mathbf{u}'(t))\, dt$$

und ist absolutstetig. Partielle Integration (Bd. 2, § 8 : 3.3) ergibt

$$\int_\alpha^\beta \big(\boldsymbol{\nabla}_\mathbf{z} F(x, \mathbf{u}(x), \mathbf{u}'(x)) - \boldsymbol{\Phi}(x)\big)\varphi'(x)\, dx = 0 \quad \text{für} \quad \varphi \in \mathrm{C}_c^\infty(]a, b[\,, \mathbb{R}^m)\,.$$

Mit dem Hilbert–Lemma (Bd. 2, § 10 : 4.3) ergibt sich die Existenz einer Konstanten $\mathbf{c}$ mit

$$\boldsymbol{\nabla}_\mathbf{z} F(x, \mathbf{u}(x), \mathbf{u}'(x)) \ = \ \boldsymbol{\Phi}(x) + \mathbf{c} \ \ \text{f.ü.}$$

Die Regularität von $\mathbf{u}$ folgt nun wie in § 2 : 3.4: Auflösung nach $\mathbf{u}'(x)$ ergibt, dass $\mathbf{u}$ äquivalent zu einer W^1–Funktion ist; hierfür wird die Kettenregel für W^1–Funktionen benötigt, vgl. [20] Ch. 2, 2.24. Der Rest ergibt sich genauso wie in § 2 : 3.4. □

3.4 Regularität im mehrdimensionalen Fall $n \geq 2$

Für $n \geq 2$ und Gebiete $\Omega \subset \mathbb{R}^n$ sind die Funktionen $\mathbf{v} \in W_1 := \mathrm{W}^1(\Omega, \mathbb{R}^m)$ i.A. nicht stetig. Wir nennen zwei W^1–Funktionen **äquivalent** (im Wesentlichen gleich), wenn sie sich höchstens auf einer Nullmenge unterscheiden. Um Regularitätsaussagen für einen Minimizer bzw. eine schwache Extremale $\mathbf{u}$ zu gewinnen, wird in einem ersten Schritt deren **Hölder–Stetigkeit** nachgewiesen, d.h. das Bestehen einer Ungleichung

$$\|\mathbf{u}(\mathbf{x}_2) - \mathbf{u}(\mathbf{x}_1)\| \ \leq \ c\, \|\mathbf{x}_2 - \mathbf{x}_1\|^\alpha$$

mit Konstanten $\alpha \in\,]0, 1[$, $c > 0$. Hierzu sind also punktweise Eigenschaften aus Integralbeziehungen abzuleiten. Es ist plausibel, dass solche Beweise anspruchsvolle Techniken erfordern.

Für die Regularitätstheorie werden für den Integranden F schärfere Wachstumsbedingungen als die in 3.3 verlangt; diese garantieren u.a. für eine Minimumstelle $\mathbf{u}$ von $\mathcal{F}$ in $\mathrm{W}^1_\mathbf{g}$, dass $\delta\mathcal{F}(\mathbf{u})\varphi = 0$ für alle $\varphi \in \mathrm{W}^1_\mathbf{0}$. Für das Folgende setzen wir die C^2–Differenzierbarkeit von F auf $\Omega_F := \Omega \times \mathbb{R}^m \times \mathbb{R}^{m \times n}$ voraus und stellen die Wachstumsbedingungen

$$(1) \qquad a_1\,\|\mathbf{z}\|^2 - b_1 \;\le\; F(\mathbf{x},\mathbf{y},\mathbf{z}) \;\le\; a_2\,\|\mathbf{z}\|^2 + b_2\,,$$

$$(2) \qquad \big|F_{y_i}(\mathbf{x},\mathbf{y},\mathbf{z})\big|\,,\;\big|F_{y_ix_k}(\mathbf{x},\mathbf{y},\mathbf{z})\big|\,,\;\big|F_{y_iy_k}(\mathbf{x},\mathbf{y},\mathbf{z})\big| \;\le\; c_1\,(1+\|\mathbf{z}\|^2)\,,$$

$$(3) \qquad \big|F_{z_{ik}}(\mathbf{x},\mathbf{y},\mathbf{z})\big|\,,\;\big|F_{z_{ik}y_j}(\mathbf{x},\mathbf{y},\mathbf{z})\big|\,,\;\big|F_{z_{ik}x_j}(\mathbf{x},\mathbf{y},\mathbf{z})\big| \;\le\; c_2\,(1+\|\mathbf{z}\|)\,,$$

$$(4) \qquad \big|F_{z_{ik}z_{jl}}(\mathbf{x},\mathbf{y},\mathbf{z})\big| \;\le\; c_3$$

für $(\mathbf{x},\mathbf{y},\mathbf{z}) \in \Omega_F$ und alle in Frage kommenden Indizes; hierbei sind die a_i, b_j, c_k Konstanten mit $0 < a_1 \le a_2,\; b_1, b_2, c_1, c_2, c_3 \ge 0$.

Ferner gelte in Ω_F die **starke Elliptizitätsbedingung**

$$(5) \qquad \sum_{i,j=1}^{m}\;\sum_{k,l=1}^{n} F_{z_{ik}z_{jl}}(\mathbf{x},\mathbf{y},\mathbf{z})\,\zeta_{ik}\,\zeta_{jl} \;\ge\; c_0\,\|\boldsymbol{\zeta}\|^2$$

für alle Matrizen $\boldsymbol{\zeta} \in \mathbb{R}^{m\times n}$; dabei ist $c_0 > 0$ eine Konstante.

(a) SATZ (MORREY 1940). *Sei* $n = 2$, *und* F *erfülle die Bedingungen* (1)–(5). *Dann ist jeder Minimizer von* $\mathcal{F}$ *in* $\mathrm{W}^1_{\mathbf{g}}(\Omega,\mathbb{R}^m)$ *repräsentiert durch eine Funktion* $\mathbf{u} : \Omega \to \mathbb{R}^m$, *die so glatt ist wie der Integrand. Insbesondere ist* $\mathbf{u}$ *analytisch, wenn* F *analytisch ist.*

Diesem Satz ordnet sich das Beispiel 2.3 unter mit

$$\mathcal{D}(\mathbf{u}) \;:=\; \int_\Omega \|D\mathbf{u}\|^2\,d^2\mathbf{x} \;=\; \int_\Omega \big(\|\boldsymbol{\nabla} u_1\|^2 + \|\boldsymbol{\nabla} u_2\|^2\big)\,d^2\mathbf{x}\,, \qquad \Omega = K_1(\mathbf{0})\,,$$

$$F(\mathbf{z}) \;=\; \|\mathbf{z}\|^2 \quad \text{für } \mathbf{z} \in \mathbb{R}^{3\times 2}\,.$$

Offenbar sind die Voraussetzungen (1)–(5) erfüllt. Wie wir in 2.3 gesehen haben, liefert die dort angegebene isotherme Parametrisierung $\mathbf{u}^*$ ein Minimum von $\mathcal{D}$ auf $\mathrm{W}^1_{\mathbf{u}^*}(\Omega,\mathbb{R}^3)$, ist also analytisch.

Ein erster, wesentlicher Schritt zum Beweis des Satzes von Morrey ([25] Ch. 5) besteht im Nachweis der Hölder–Stetigkeit $\|\mathbf{u}(x_2) - \mathbf{u}(x_1)\| \le c\,\|x_2 - x_1\|^\alpha$ mit $\alpha = a_1/(2a_2)$. Dieser stützt sich auf die Bedingung (1) und beruht auf folgenden Argumenten ([25] Thm. 1.10.2, 3.5.2, [22] Ch. III.1):

(i) Für das Dirichlet–Integral

$$D_{\mathbf{x}}(r) \;:=\; \int_{K_r(\mathbf{x})} \|Du\|^2\,d^2\boldsymbol{\xi}$$

wird unter der Voraussetzung $K_r(\mathbf{x}) \subset \Omega,\; 0 < r < R$ die Wachstumsbedingung

$$D_{\mathbf{x}}(r) \;\le\; c(R)^2 \cdot (r/R)^{2\alpha} \quad \text{mit einer Konstanten } c(R) > 0$$

hergeleitet. Diese ergibt sich im Vergleich von $\mathbf{u} = (u_1, \ldots, u_m)$ mit der aus $\mathbf{u}$ durch harmonische Abänderung auf $B := K_r(\mathbf{x})$ entstehenden Funktion $\mathbf{v}$, d.h.

$$v_k = \begin{cases} u_k & \text{auf } \Omega \setminus B \\ h_k & \text{auf } \Omega \end{cases} \qquad (k = 1, \ldots, m);$$

hierbei sind die h_k die eindeutig bestimmten Lösungen von $\Delta h = 0$ in B, $h = u_k$ auf ∂B $(k = 1, \ldots, m;$ vgl. Bd. 2, § 6 : 5.4).

(ii) Durch Glättung

$$\mathbf{u}^*(\mathbf{x}) := \lim_{r \to 0} \frac{1}{\pi r^2} \int_{K_r(\mathbf{x})} \mathbf{u}\, d^2\boldsymbol{\xi}$$

entsteht eine für alle $\mathbf{x} \in \Omega$ definierte, zu $\mathbf{u}$ äquivalente Funktion $\mathbf{u}^* : \Omega \to \mathbb{R}^m$, welche die oben genannte Hölder–Bedingung erfüllt.

(b) *Der skalare Fall* $m = 1$. Hier hat die Elliptizitätsbedingung (5) die Form

$$\sum_{i,k=1}^{n} F_{z_i z_k}(\mathbf{x}, y, \mathbf{z})\, \xi_i, \xi_k \;\geq\; c_0 \, \|\boldsymbol{\xi}\|^2 \quad \text{mit } c_0 > 0\,.$$

Satz (Ladyzhenskaya, Uraltseva 1961).

Jede schwache Extremale $u \in \mathrm{W}^1(\Omega) \cap \mathrm{L}^\infty(\Omega)$ *von* $\mathcal{F} : \mathrm{W}^1(\Omega) \to \mathbb{R}$ *ist so glatt wie der Integrand* F. *Insbesondere ist* u *analytisch, wenn* F *analytisch ist.*

Hier wird nicht vorausgesetzt, dass u ein Minimizer ist.

Für den Beweis verweisen wir auf [24] Ch. 4, Ch. 5, [25] Ch. 5.11, [22] Ch. VII.1.

Kapitel II
Differentialgeometrie

§ 7 Kurven und Flächen im $\mathbb{R}^3$

In diesem Paragraphen stellen wir grundlegende Begriffe der Differentialgeometrie von Kurven und Flächen im $\mathbb{R}^3$ wie Krümmung, Geodätische und Parallelverschiebung vor. Die Vertrautheit mit diesen Konzepten ist für das Verständnis der Riemann– und Lorentz–Geometrie nicht unbedingt erforderlich, erleichtert aber den Zugang.

Wir betrachten im Folgenden durchweg C^∞–differenzierbare Objekte (Kurven, Flächen, Funktionen). Das erleichtert den Kalkül und bedeutet keinen Verlust an geometrischer Substanz.

1 Krümmung von Kurven

1.1 Kurven im $\mathbb{R}^3$

(a) Unter einer **Kurve** im $\mathbb{R}^3$ verstehen wir im Folgenden eine C^∞–Abbildung

$$\boldsymbol{\alpha} : I \to \mathbb{R}^n\,, \quad t \mapsto \boldsymbol{\alpha}(t) \;=\; (\alpha_1(t), \alpha_2(t), \alpha_3(t))$$

auf einem offenen Intervall I. Die Bildmenge $\boldsymbol{\alpha}(I)$ heißt **Spur** von $\boldsymbol{\alpha}$. Eine Kurve heißt **regulär**, wenn

$$\dot{\boldsymbol{\alpha}}(t) \;=\; (\dot\alpha_1(t), \dot\alpha_2(t), \dot\alpha_3(t)) \;\neq\; \mathbf{0} \quad \text{für alle } \; t \in I$$

und **Bogenlängen–Parametrisierung** (**Parametrisierung durch die Bogenlänge**), wenn $\|\dot{\boldsymbol{\alpha}}(t)\| = 1$ für alle $t \in I$.

Für Bogenlängen–Parametrisierungen gilt

$$\langle \dot{\boldsymbol{\alpha}}(t), \ddot{\boldsymbol{\alpha}}(t) \rangle \;=\; \frac{1}{2}\frac{d}{dt}\langle \dot{\boldsymbol{\alpha}}, \dot{\boldsymbol{\alpha}} \rangle \;=\; 0\,.$$

Zwei reguläre Kurven $\boldsymbol{\alpha} : I \to \mathbb{R}^3$, $\boldsymbol{\beta} : J \to \mathbb{R}^3$ heißen **äquivalent** (gehen durch **Umparametrisierung** auseinander hervor), wenn es einen C^∞–Diffeomorphismus $h : I \to J$ gibt mit $\boldsymbol{\alpha} = \boldsymbol{\beta} \circ h$. Die Kurven heißen **gleich orientiert**, wenn $\dot h > 0$ gilt, andernfalls heißen sie **entgegengesetzt orientiert**

Äquivalente Kurven haben dieselbe Spur; sind zwei reguläre Kurven $\boldsymbol{\alpha}, \boldsymbol{\beta}$ injektiv und stetig invertierbar, so ist die Gleichheit ihrer Spuren auch hinreichend für ihre Äquivalenz (Bd. 1, § 24 : 1.3).

(b) SATZ. *Zu jeder regulären Kurve* $\boldsymbol{\alpha} : I \to \mathbb{R}^3$ *gibt es eine äquivalente, gleich orientierte Bogenlängen–Parametrisierung* $\boldsymbol{\beta} : J \to \mathbb{R}^3$. *Diese ist nach Vorgabe eines Kurvenpunkts* $\mathbf{a} = \boldsymbol{\alpha}(t_0)$ *durch die Bedingung* $\boldsymbol{\beta}(0) = \mathbf{a}$ *eindeutig bestimmt.*

BEWEIS siehe § 5 : 2.3 (c) oder Bd. 1, § 24 : 2.5.

(c) Unter einem **Kurvenstück** verstehen wir hier (abweichend von Bd. 1, § 24 : 1) die Einschränkung einer Kurve auf ein kompaktes Intervall.

1.2 Krümmungsradius und Schmiegkreis

(a) SATZ. *Seien* $\boldsymbol{\beta} : J \to \mathbb{R}^3$ *eine Bogenlängen–Parametrisierung und* $\mathbf{a} = \boldsymbol{\beta}(s_0)$ *ein Kurvenpunkt mit* $\ddot{\boldsymbol{\beta}}(s_0) \neq \mathbf{0}$, *o.B.d.A.* $s_0 = 0$. *Dann gibt es genau einen Kreis*

$$s \mapsto \boldsymbol{\gamma}(s) = \mathbf{m} + r\cos(\omega s)\,\mathbf{v}_1 + r\sin(\omega s)\,\mathbf{v}_2$$

mit Mittelpunkt $\mathbf{m}$, *einem Orthonormalsystem* $\mathbf{v}_1, \mathbf{v}_2$ *und mit* $r, \omega > 0$, *der für* $s = 0$ *die Kurve* $\boldsymbol{\beta}$ *im Punkt* $\mathbf{a}$ *von zweiter Ordnung berührt:*

$$\boldsymbol{\beta}(0) = \boldsymbol{\gamma}(0)\,, \quad \dot{\boldsymbol{\beta}}(0) = \dot{\boldsymbol{\gamma}}(0)\,, \quad \ddot{\boldsymbol{\beta}}(0) = \ddot{\boldsymbol{\gamma}}(0)\,.$$

Für diesen gilt

$$r = \|\ddot{\boldsymbol{\beta}}(0)\|^{-1}\,, \quad \mathbf{m} = \mathbf{a} + r^2\,\ddot{\boldsymbol{\beta}}(0)\,, \quad \mathbf{v}_1 = r\,\ddot{\boldsymbol{\beta}}(0)\,, \quad \mathbf{v}_2 = \dot{\boldsymbol{\beta}}(0)\,.$$

Wir nennen r den **Krümmungsradius**, $\kappa := r^{-1} = \|\ddot{\boldsymbol{\beta}}(0)\|$ die **Krümmung**, $\mathbf{m}$ den Krümmungsmittelpunkt und die Spur von $\boldsymbol{\gamma}$ den **Schmiegkreis** der Kurve $\boldsymbol{\beta}$ im Punkt $\mathbf{a} = \boldsymbol{\beta}(0)$.

BEMERKUNGEN. (i) In Kurvenpunkten $\boldsymbol{\beta}(s_0)$ mit $\ddot{\boldsymbol{\beta}}(s_0) = 0$ setzen wir $\kappa = 0$.

(ii) Das Berühren zweiter Ordnung im Punkt $\mathbf{a}$ kann auch mittels Taylor–Entwicklung gekennzeichnet werden durch die Bedingungen ÜA

$$\lim_{s \to 0} \frac{1}{s^k}\big(\boldsymbol{\beta}(s) - \boldsymbol{\gamma}(s)\big) = \mathbf{0} \quad \text{für } k = 0, 1, 2.$$

BEWEIS.

Die Berührbedingungen liefern

$$\mathbf{a} = \boldsymbol{\beta}(0) = \boldsymbol{\gamma}(0) = \mathbf{m} + r\mathbf{v}_1\,, \qquad \dot{\boldsymbol{\beta}}(0) = \dot{\boldsymbol{\gamma}}(0) = r\omega\,\mathbf{v}_2\,,$$

$$\ddot{\boldsymbol{\beta}}(0) = \ddot{\boldsymbol{\gamma}}(0) = -r\,\omega^2\,\mathbf{v}_1\,.$$

Aus der zweiten Bedingung folgt $r\omega = \|\dot{\boldsymbol{\beta}}(0)\| = 1$, also $\mathbf{v}_2 = \dot{\boldsymbol{\beta}}(0)$. Aus der dritten Bedingung folgt $\omega\mathbf{v}_1 = r\omega^2\mathbf{v}_1 = -\ddot{\boldsymbol{\beta}}(0)$, also $r\,\|\ddot{\boldsymbol{\beta}}(0)\| = r\omega = 1$. □

(b) Die Krümmungsgrößen $r, \kappa, \mathbf{m}$ einer beliebigen regulären Kurve $\boldsymbol{\alpha} : I \to \mathbb{R}^3$ an der Stelle $\mathbf{a} = \boldsymbol{\alpha}(t_0)$ definieren wir durch die entsprechenden Größen der zugehörigen, gleich orientierten Bogenlängen–Parametrisierung $\boldsymbol{\beta} : J \to \mathbb{R}^3$ mit $\boldsymbol{\beta}(0) = \mathbf{a}$; hierzu muss die lineare Unabhängigkeit von $\dot{\boldsymbol{\alpha}}(t_0), \ddot{\boldsymbol{\alpha}}(t_0)$ vorausgesetzt werden. Das Gram–Schmidtsche Orthonormalisierungsverfahren, angewandt auf $\dot{\boldsymbol{\alpha}}(t_0), \ddot{\boldsymbol{\alpha}}(t_0)$, liefert dann ein Orthonormalsystem $\mathbf{T}, \mathbf{N}$ mit

$$\mathbf{T} = \frac{\dot{\boldsymbol{\alpha}}(t_0)}{\|\dot{\boldsymbol{\alpha}}(t_0)\|}, \qquad \mathbf{N} = \frac{\ddot{\boldsymbol{\alpha}}(t_0) - \langle \mathbf{T}, \ddot{\boldsymbol{\alpha}}(t_0)\rangle\, \mathbf{T}}{\|\ddot{\boldsymbol{\alpha}}(t_0) - \langle \mathbf{T}, \ddot{\boldsymbol{\alpha}}(t_0)\rangle\, \mathbf{T}\|}.$$

Es ergibt sich

$$\kappa = \frac{\|\dot{\boldsymbol{\alpha}}(t_0) \times \ddot{\boldsymbol{\alpha}}(t_0)\|}{\|\dot{\boldsymbol{\alpha}}(t_0)\|^3} = \frac{1}{r},$$

$$\mathbf{m} = \mathbf{a} + \frac{1}{\kappa}\mathbf{N}.$$

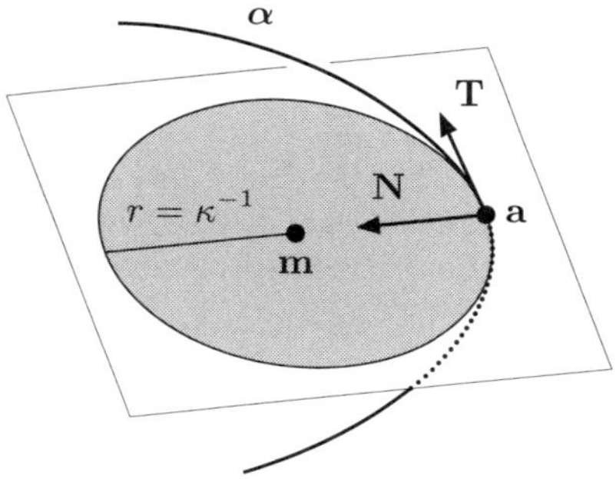

Im Fall der linearen Abhängigkeit von $\dot{\boldsymbol{\alpha}}(t_0), \ddot{\boldsymbol{\alpha}}(t_0)$ setzen wir $\kappa = 0$.

Nachweis als ÜA: Sei o.B.d.A. $t_0 = 0$. Folgern Sie aus $\boldsymbol{\alpha} = \boldsymbol{\beta} \circ h$ mit $\dot{h} > 0$, $h(0) = 0$ und aus $\|\dot{\boldsymbol{\beta}}\| = 1$, dass

$$\dot{h}(0) = \|\dot{\boldsymbol{\alpha}}(0)\|,$$

$$\dot{h}(0)\,\ddot{h}(0) = \langle \dot{\boldsymbol{\alpha}}(0), \ddot{\boldsymbol{\alpha}}(0)\rangle, \quad \ddot{h}(0) = \langle \mathbf{T}, \ddot{\boldsymbol{\alpha}}(0)\rangle, \quad \dot{\boldsymbol{\beta}}(0) = \mathbf{T},$$

$$\ddot{\boldsymbol{\beta}}(0) = \frac{\ddot{\boldsymbol{\alpha}}(0) - \langle \mathbf{T}, \ddot{\boldsymbol{\alpha}}(0)\rangle\, \mathbf{T}}{\|\dot{\boldsymbol{\alpha}}(0)\|^2} = \frac{\|\ddot{\boldsymbol{\alpha}}(0) - \langle \mathbf{T}, \ddot{\boldsymbol{\alpha}}(0)\rangle\, \mathbf{T}\|}{\|\dot{\boldsymbol{\alpha}}(0)\|^2}\,\mathbf{N}$$

$$= \frac{\|\dot{\boldsymbol{\alpha}}(0) \times \ddot{\boldsymbol{\alpha}}(0)\|}{\|\dot{\boldsymbol{\alpha}}(0)\|^3}\,\mathbf{N};$$

die letzte Gleichheit folgt aus

$$\|\mathbf{T} \times \ddot{\boldsymbol{\alpha}}(0)\|^2 = \|\ddot{\boldsymbol{\alpha}}(0)\|^2 - \langle \mathbf{T}, \ddot{\boldsymbol{\alpha}}(0)\rangle^2 = \|\ddot{\boldsymbol{\alpha}}(0) - \langle \mathbf{T}, \ddot{\boldsymbol{\alpha}}(0)\rangle\, \mathbf{T}\|^2.$$

Die Kurve $t \mapsto \mathbf{m}(t)$ der Krümmungsmittelpunkte heißt die **Evolute** von $\boldsymbol{\alpha}$.

(c) Für reguläre **ebene Kurven** $t \mapsto (x(t), y(t))$ ergeben sich die Krümmung und die Evolute aus (b) mit $\boldsymbol{\alpha}(t) = (x(t), y(t), 0)$ ÜA

$$\kappa(t) = \frac{|\dot{x}(t)\,\ddot{y}(t) - \ddot{x}(t)\dot{y}(t)|}{(\dot{x}(t)^2 + \dot{y}(t)^2)^{3/2}},$$

$$\mathbf{m}(t) = \begin{pmatrix} x(t) \\ y(t) \end{pmatrix} + \frac{\dot{x}(t)^2 + \dot{y}(t)^2}{\dot{x}(t)\ddot{y}(t) - \ddot{x}(t)\dot{y}(t)} \begin{pmatrix} -\dot{y}(t) \\ \dot{x}(t) \end{pmatrix}.$$

Für **ebene Kurven in Graphengestalt** $t \mapsto (t, y(t))$ ergibt sich die in § 2 : 4.4 (c) und § 5 : 3.1 (b) verwendete Formel $\kappa(t) = \ddot{y}(t)/\sqrt{(1+\dot{y}(t)^2)^3}$.

1.3 Aufgaben

(a) Die von NEWTON in seinen *Principia* verwendete Konstruktion des Krümmungsmittelpunkts einer ebenen Kurve besteht darin, die Normalen benachbarter Kurvenpunkte $\boldsymbol{\alpha}(t)$ und $\boldsymbol{\alpha}(t+h)$ zum Schnitt zu bringen und den sich für $h \to 0$ ergebenden Grenzwert zu bestimmen. Zeigen Sie die Übereinstimmung mit der hier gegebenen Definition.

(b) Berechnen Sie für die Ellipse $t \mapsto (a\cos t, b\sin t)$ $(a \neq b)$ die Krümmung und die Evolute. Zeigen Sie, dass letztere der Gleichung $(Ax)^{2/3} + (By)^{2/3} = 1$ mit Konstanten $A, B > 0$ genügt, und machen Sie eine Skizze.

(c) Zeigen Sie, dass die Evolute des Zykloidenbogens $t \mapsto (t - \sin t, 1 - \cos t)$ $(0 < t < 2\pi)$ ein Zykloidenbogen in verschobener Lage ist. Stellen Sie die Verbindung zwischen diesem Ergebnis und der Huygensschen Konstruktionsidee einer Pendeluhr mit Zykloidenhemmung her, vgl. § 2 : 2.3 (e).

(d) Zeigen Sie: Die Krümmung einer Kurve ist bewegungsinvariant.

2 Flächen im $\mathbb{R}^3$

2.1 Darstellung von Flächen, Beispiele

(a) Eine nichtleere Menge $M \subset \mathbb{R}^3$ heißt **Fläche**, wenn es zu jedem Punkt $\mathbf{a} \in M$ eine Umgebung $U \subset \mathbb{R}^3$ und eine C^∞–Abbildung $\boldsymbol{\Phi} : U_0 \to \mathbb{R}^3$ auf einem Gebiet $U_0 \subset \mathbb{R}^2$ gibt mit folgenden Eigenschaften:

(i) $\boldsymbol{\Phi}$ ist injektiv und $\boldsymbol{\Phi}(U_0) = M \cap U$,

(ii) die Jacobi–Matrix $d\boldsymbol{\Phi}(\mathbf{u})$ hat den Maximalrang 2 an jeder Stelle $\mathbf{u} \in U_0$,

(iii) die Umkehrabbildung $\boldsymbol{\Phi}^{-1} : M \cap U \to U_0$ ist stetig.

Jede solche Abbildung $\boldsymbol{\Phi}$ heißt **Parametrisierung** von M, und $M \cap U = \boldsymbol{\Phi}(U_0)$ heißt eine **Koordinatenumgebung** von $\mathbf{a}$ in M. Flächen, die Bild einer einzigen Parametrisierung sind, heißen Flächenstücke. Zu Beispielen von Flächenstücken und zur Bedeutung der Voraussetzungen (i)–(iii) verweisen wir auf Bd. 1, § 25 : 1.

Die Einschränkung einer Parametrisierung $\boldsymbol{\Phi} : U_0 \to M$ auf ein Teilgebiet von U_0 ist wieder eine Parametrisierung von M. Wir verzichten auf den rein technischen Beweis.

Für zwei Parametrisierungen $\boldsymbol{\Phi} : U_0 \to \mathbb{R}^3$, $\boldsymbol{\Psi} : V_0 \to \mathbb{R}^3$ von M mit $D := M \cap \boldsymbol{\Phi}(U_0) \cap \boldsymbol{\Psi}(V_0) \neq \emptyset$ vermittelt die **Parametertransformation** (**Koordinatentransformation**)

$$\mathbf{h} = \boldsymbol{\Psi}^{-1} \circ \boldsymbol{\Phi}$$

einen C^∞–Diffeomorphismus zwischen offenen Mengen $\mathbf{\Phi}^{-1}(D), \mathbf{\Psi}^{-1}(D) \subset \mathbb{R}^2$.

Der BEWEIS wird in Bd. 2, § 11 : 1.3 gegeben.

Auf schwächere Differenzierbarkeitsvoraussetzungen lassen wir uns nicht ein, weil es hier in erster Linie um Geometrie geht und weil wir uns nur unnötige Komplikationen einhandeln würden, denn alle Flächen von Interesse sind C^∞–Mannigfaltigkeiten.

Im Hinblick auf die ab § 8 verwendeten Notationen der Tensoranalysis schreiben wir bereits hier die Parameter und die Koordinaten der Flächenpunkte mit hochgestellten Indizes:

$$\mathbf{u} = (u^1, u^2), \qquad \mathbf{x} = (x^1, x^2, x^3).$$

(b) Wir erinnern an die Definition des **Tangentialraums** $T_\mathbf{a}M$ einer Fläche M im Flächenpunkt $\mathbf{a}$ (Bd. 1, § 25 : 3.3, Bd. 2, § 11 : 1.6). Dieser besteht aus den Tangentenvektoren $\mathbf{v} = \dot{\boldsymbol{\alpha}}(0)$ aller Kurven $\boldsymbol{\alpha} :]-\varepsilon, \varepsilon[\to M$ mit $\boldsymbol{\alpha}(0) = \mathbf{a}$.

Für jede Parametrisierung $\mathbf{\Phi}$ von M mit $\mathbf{a} = \mathbf{\Phi}(u)$ wird $T_\mathbf{a}M$ von den nach (ii) linear unabhängigen partiellen Ableitungen $\partial_1\mathbf{\Phi}(u)$, $\partial_2\mathbf{\Phi}(u)$ aufgespannt, ist also zweidimensional.

(c) SATZ. *Für jede* C^∞*–Funktion* $f : \mathbb{R}^3 \subset \Omega \to \mathbb{R}$ *ist die Nullstellenmenge*

$$M = \left\{ \mathbf{x} \in \Omega \;\middle|\; f(\mathbf{x}) = 0 \right\}$$

eine Fläche im $\mathbb{R}^3$*, falls* M *nicht leer ist und falls*

$$\nabla f(\mathbf{x}) \neq \mathbf{0} \quad \text{für alle } \mathbf{x} \in M.$$

Dies folgt aus dem Satz über implizite Funktionen, vgl. Bd. 1, § 22 : 5.5, 5.7. Ist z.B. $\mathbf{a} = (a^1, a^2, a^3) \in M$ und $\partial_3 f(\mathbf{a}) \neq 0$, so gibt es Umgebungen U_0 von (a^1, a^2) und V_0 von a^3 sowie eine eindeutig bestimmte C^∞–Funktion $\varphi : U_0 \to V_0$ mit

$$f(x^1, x^2, x^3) = 0 \iff x^3 = \varphi(x^1, x^2) \quad \text{für } (x^1, x^2, x^3) \in U := U_0 \times V_0,$$

d.h. $M \cap U = \left\{ \mathbf{\Phi}(x^1, x^2) := \left(x^1, x^2, \varphi(x^1, x^2)\right) \;\middle|\; (x^1, x^2) \in U_0 \right\}$.

ÜA: Prüfen Sie die Eigenschaften (i)–(iii) für $\mathbf{\Phi} : U_0 \to M \cap U$ nach.

Der Tangentialraum $T_\mathbf{a}M$ im Punkt $\mathbf{a} \in M$ ist in diesem Fall der Orthogonalraum zu $\nabla f(\mathbf{a})$ ÜA.

Mit diesem Satz lassen sich zahlreiche Gebilde im $\mathbb{R}^3$ als Flächen erkennen, z.B.

$$\left\{ (x, y, z) \;\middle|\; \frac{x^2}{a^2} + \frac{y^2}{b^2} + \frac{z^2}{c^2} = 1 \right\} \quad (a, b, c > 0) \quad \textbf{Ellipsoid},$$

$$\left\{(x,y,z) \;\middle|\; \sqrt{x^2+y^2} = \cosh z\right\} \quad \textbf{Katenoid},$$

$$\left\{(x,y,z) \;\middle|\; \left(\sqrt{x^2+y^2} - r\right)^2 + z^2 = h^2\right\} \quad (0 < h < r) \quad \textbf{Torus},$$

$$\left\{(x,y,z) \;\middle|\; x^2+y^2-z^2 = 1\right\} \quad \textbf{einschaliges Hyperboloid},$$

$$\left\{(x,y,z) \;\middle|\; x^2+y^2-z^2 = -1\right\} \quad \textbf{zweischaliges Hyperboloid}.$$

ÜA Skizzieren Sie diejenigen dieser Flächen, von denen Sie keine anschauliche Vorstellung haben.

(d) Eine Fläche $M \subset \mathbb{R}^3$ kann nahe jedes Flächenpunktes als Graph dargestellt werden:

SATZ. *Zu jedem Punkt* $\mathbf{a} = (a^1, a^2, a^3)$ *gibt es nach eventueller Umnummerierung der räumlichen Koordinaten eine Umgebung* $V_0 \subset \mathbb{R}^2$ *von* (a^1, a^2), *eine Umgebung* $U \subset \mathbb{R}^3$ *von* $\mathbf{a}$ *und eine* C^∞*–Funktion* $\varphi : V_0 \to \mathbb{R}$, *deren Graph* $M \cap U$ *ist. Nach Ausführung einer Bewegung des* $\mathbb{R}^3$ *lässt sich erreichen, dass* $\mathbf{a} = \mathbf{0}$, $\mathbf{e}_3 \perp T_{\mathbf{a}}M$ *und* $\varphi(0,0) = \partial_1\varphi(0,0) = \partial_2\varphi(0,0) = 0$ *gilt.*

BEWEIS.

Umnummerierungen der Raumkoordinaten und Bewegungen im $\mathbb{R}^3$ sind C^∞–Diffeomorphismen, die Flächen wieder in Flächen und Tangentialebenen wieder in Tangentialebenen überführen.

Wir wählen eine Parametrisierung $\mathbf{\Phi} : U_0 \to \mathbb{R}^3$ für M und eine Koordinatenumgebung U von $\mathbf{a}$ mit $\mathbf{\Phi}(U_0) = M \cap U$. Für $\mathbf{u}_0 = \mathbf{\Phi}^{-1}(\mathbf{a})$ hat $d\mathbf{\Phi}(\mathbf{u}_0)$ den Rang 2; bei entsprechender Nummerierung der Raumkoordinaten dürfen wir deshalb annehmen, dass

$$\begin{vmatrix} \partial_1\Phi^1(\mathbf{u}_0) & \partial_2\Phi^1(\mathbf{u}_0) \\ \partial_1\Phi^2(\mathbf{u}_0) & \partial_2\Phi^2(\mathbf{u}_0) \end{vmatrix} \neq 0 .$$

Wir wenden den Umkehrsatz Bd. 1, § 22 : 5.2 auf $\mathbf{\Psi} := (\Phi^1, \Phi^2)$ an. Nach der Bemerkung (a) über die Einschränkung von Parametrisierungen können wir U_0 gleich so wählen, dass $\mathbf{\Psi}$ ein C^∞–Diffeomorphismus zwischen U_0 und einer Umgebung V_0 von (a^1, a^2) ist. Die Abbildung $\mathbf{\Phi} \circ \mathbf{\Psi}^{-1} : V_0 \to \mathbb{R}^3$ hat die Gestalt $(u^1, u^2) \mapsto (u^1, u^2, \varphi(u^1, u^2))$ mit der C^∞–Funktion $\varphi = \Phi^3 \circ \mathbf{\Psi}^{-1}$ und besitzt die Bildmenge $\mathbf{\Phi} \circ \mathbf{\Psi}^{-1}(V_0) = \mathbf{\Phi}(U_0) = M \cap U$. □

2.2 Differentialrechnung auf Flächen

(a) Eine Funktion $f : M \to \mathbb{R}$ auf einer Fläche $M \subset \mathbb{R}^3$ heißt **differenzierbar**, wenn es zu jedem Punkt $\mathbf{a} \in M$ eine Parametrisierung $\mathbf{\Phi} : U_0 \to M \cap U$

einer Koordinatenumgebung von $\mathbf{a}$ gibt, so dass $f \circ \mathbf{\Phi}$ auf U_0 differenzierbar ist. Für jede andere Parametrisierung $\mathbf{\Psi} : V_0 \to M \cap V$ einer Koordinatenumgebung $M \cap V$ von $\mathbf{a}$ ist $f \circ \mathbf{\Psi} = (f \circ \mathbf{\Phi}) \circ (\mathbf{\Phi}^{-1} \circ \mathbf{\Psi})$ dann nach 2.1 (a) ebenfalls in einer Umgebung von $\mathbf{\Phi}^{-1}(\mathbf{a})$ differenzierbar, so dass die Frage der Differenzierbarkeit von f nicht an der Wahl der Parametrisierung hängt.

Differenzierbare Funktionen $f : M \to \mathbb{R}$ sind stetig wegen $f = (f \circ \mathbf{\Phi}) \circ \mathbf{\Phi}^{-1}$. Es ist klar, wie C^r–Differenzierbarkeit zu definieren ist. Auf den Begriff der Ableitung einer differenzierbaren Funktion $f : M \to \mathbb{R}$ gehen wir in (c) ein.

Die C^r–Differenzierbarkeit von Vektorfeldern $\mathbf{X} = (X^1, X^2, X^3) : M \to \mathbb{R}^3$ wird auf die C^r–Differenzierbarkeit der Koordinatenfunktionen X^1, X^2, X^3 zurückgeführt. Damit ist auch klar, was C^r-Differenzierbarkeit einer Abbildung $\varphi : M \to N$ zwischen zwei Flächen bedeutet.

Wenn nichts Anderes gesagt wird, setzen wir die C^∞–Differenzierbarkeit voraus. Den Vektorraum der C^∞–Funktionen $f : M \to \mathbb{R}$ bezeichnen wir mit $\mathcal{F}M$.

Unter einer **Flächenkurve** verstehen wir eine Kurve $\boldsymbol{\alpha} : I \to M$ mit der Eigenschaft, dass für jede Parametrisierung $\mathbf{\Phi} : U_0 \to M \cap U$ die Kurve $t \mapsto \mathbf{\Phi}^{-1}(\boldsymbol{\alpha}(t))$ für alle $t \in I$ mit $\boldsymbol{\alpha}(t) \in M \cap U$ eine C^∞–Kurve ist.

Meist lassen wir das Attribut „C^∞–differenzierbar“ weg und sprechen einfach von **Funktionen**, **Vektorfeldern** und **Kurven** auf einer Fläche M.

(b) Unter einem **tangentialen Vektorfeld X** auf M verstehen wir ein C^∞–Vektorfeld auf M mit $\mathbf{X}(\mathbf{a}) \in T_{\mathbf{a}}M$ für jedes $\mathbf{a} \in M$. Die Gesamtheit der tangentialen Vektorfelder auf M bezeichnen wir mit $\mathcal{V}M$. Diese enthält mit $X, Y \in \mathcal{V}M$, $f, g \in \mathcal{F}M$ auch die **$\mathcal{F}M$–Linearkombination** $fX + gY$.

Für jede Parametrisierung $\mathbf{\Phi} : U_0 \to \mathbb{R}^3$ von M mit Koordinatenumgebung $M \cap U = \mathbf{\Phi}(U_0)$ definieren wir die **lokalen Basisfelder** auf $M \cap U$ durch

$$\mathbf{X}_i(\mathbf{a}) := \partial_i \mathbf{\Phi}(\mathbf{u}) \quad \text{für } \mathbf{a} = \mathbf{\Phi}(\mathbf{u}) \in M \cap U \quad (i = 1, 2)\,.$$

Wegen $\mathbf{X}_i \circ \mathbf{\Phi} = \partial_i \mathbf{\Phi}$ und der C^∞–Differenzierbarkeit von $\mathbf{\Phi} : U_0 \to \mathbb{R}^3$ sind diese C^∞–differenzierbar.

Jedes tangentiale Vektorfeld $\mathbf{X} \in \mathcal{V}M$ hat auf $M \cap U$ die **lokale Basisdarstellung**

$$\mathbf{X} = \sum_{i=1}^{2} \xi^i \mathbf{X}_i$$

mit C^∞–differenzierbaren Koeffizientenfunktionen ξ^1, ξ^2.

Denn mit

$$a_{ik} = \langle \partial_i \mathbf{\Phi}, \partial_k \mathbf{\Phi} \rangle\,, \quad b_k = \langle \mathbf{X} \circ \mathbf{\Phi}, \partial_k \mathbf{\Phi} \rangle$$

ergibt sich aus $\mathbf{X} \circ \mathbf{\Phi} = \sum_{i=1}^{2} (\xi^i \circ \mathbf{\Phi})\, \partial_i \mathbf{\Phi}$ durch Skalarproduktbildung mit $\partial_k \mathbf{\Phi}$ das 2×2–Gleichungssystem

$$\sum_{k=1}^{2} a_{ik} \cdot (\xi^i \circ \mathbf{\Phi}) \;=\; b_k \qquad (k = 1, 2)$$

mit der Determinante

$$\|\partial_1 \mathbf{\Phi}\|^2 \|\partial_2 \mathbf{\Phi}\|^2 - \langle \partial_1 \mathbf{\Phi}, \partial_2 \mathbf{\Phi} \rangle^2 \;=\; \|\partial_1 \mathbf{\Phi} \times \partial_2 \mathbf{\Phi}\|^2 > 0\,.$$

Dessen Lösungen $\xi^i \circ \mathbf{\Phi}$ ergeben sich mit der Cramerschen Regel als rationale Ausdrücke in den differenzierbaren Funktionen a_{ik}, b_k, woraus sich definitionsgemäß die C^∞–Differenzierbarkeit der ξ^i ergibt.

(c) Für eine Funktion $f \in \mathcal{F}M$ und einen Punkt $\mathbf{a} \in M$ definieren wir die **Ableitung in Richtung eines Tangentialvektors** $\mathbf{v} \in T_{\mathbf{a}}M$ durch

$$\partial_{\mathbf{v}} f(\mathbf{a}) \;:=\; (f \circ \boldsymbol{\alpha})^{\boldsymbol{\cdot}}(0) \;=\; \frac{d}{dt} f(\boldsymbol{\alpha}(t))\Big|_{t=0}\,,$$

wobei $\boldsymbol{\alpha} : \,]-\varepsilon, \varepsilon[\, \to M$ eine Flächenkurve ist mit $\boldsymbol{\alpha}(0) = \mathbf{a}$, $\dot{\boldsymbol{\alpha}}(0) = \mathbf{v}$. Die Wahl von $\boldsymbol{\alpha}$ spielt hierbei keine Rolle; dies ergibt sich aus der

Koordinatenstellung der Richtungsableitung: Für jede Parametrisierung $\mathbf{\Phi}$ einer Koordinatenumgebung $M \cap U$ von $\mathbf{a}$ mit $\mathbf{\Phi}(\mathbf{u}_0) = \mathbf{a}$ und die zugehörigen lokalen Basisfelder $\mathbf{X}_1, \mathbf{X}_2$ gilt

(1) $$\partial_{\mathbf{v}} f(\mathbf{a}) \;=\; \sum_{i=1}^{2} v^i\, \partial_i f(\mathbf{a})\,, \quad \text{falls } \mathbf{v} \;=\; \sum_{i=1}^{2} v^i\, \mathbf{X}_i(\mathbf{a})\,;$$

hierbei ist

(2) $$\partial_i f(\mathbf{a}) \;:=\; \partial_i (f \circ \mathbf{\Phi})(\mathbf{u}_0) \;=\; \partial_{\mathbf{v}_i} f(\mathbf{a}) \quad \text{mit } \mathbf{v}_i \;:=\; \mathbf{X}_i(\mathbf{a}) \quad (i = 1, 2)\,.$$

Denn für $\mathbf{u}(t) = (u^1(t), u^2(t)) := \mathbf{\Phi}^{-1}(\boldsymbol{\alpha}(t))$ gilt $\mathbf{u}(0) = \mathbf{u}_0$ und

$$\mathbf{v} = \dot{\boldsymbol{\alpha}}(0) = (\mathbf{\Phi} \circ \mathbf{u})^{\boldsymbol{\cdot}}(0) \;=\; \sum_{i=1}^{2} \partial_i \mathbf{\Phi}(\mathbf{u}_0) \dot{u}^i(0) \;=\; \sum_{i=1}^{2} \dot{u}^i(0)\, \mathbf{X}_i(\mathbf{a})\,.$$

Es folgt $v^i = \dot{u}^i(0)$ für $i = 1, 2$ und damit

$$\begin{aligned} (f \circ \boldsymbol{\alpha})^{\boldsymbol{\cdot}}(0) \;&=\; ((f \circ \mathbf{\Phi}) \circ \mathbf{u})^{\boldsymbol{\cdot}}(0) \;=\; \sum_{i=1}^{2} \partial_i (f \circ \mathbf{\Phi})(\mathbf{u}_0)\, \dot{u}^i(0) \\ &=\; \sum_{i=1}^{2} v^i \partial_i f(\mathbf{a})\,. \end{aligned}$$

Aus (1) folgt insbesondere $\partial_i f(\mathbf{a}) = \partial_{\mathbf{v}_i} f(\mathbf{a})$ mit $\mathbf{v}_i := \mathbf{X}_i(\mathbf{a})$ $(i = 1, 2)$.

Rechenregeln für die Richtungsableitung

(3) $\mathbf{v} \mapsto \partial_{\mathbf{v}} f(\mathbf{a})$ ist linear auf $T_{\mathbf{a}}M$,

(4) $f \mapsto \partial_{\mathbf{v}} f(\mathbf{a})$ ist linear und genügt der Produktregel.

Beweis als ÜA.

(d) Für Vektorfelder

$$\mathbf{X} = (X^1, X^2, X^3) : M \to \mathbb{R}^3$$

erklären wir die Ableitung in Richtung $\mathbf{v} \in T_{\mathbf{a}}M$ durch

$$\partial_{\mathbf{v}} \mathbf{X}(\mathbf{a}) := \left(\partial_{\mathbf{v}} X^1(\mathbf{a}), \partial_{\mathbf{v}} X^2(\mathbf{a}), \partial_{\mathbf{v}} X^3(\mathbf{a})\right).$$

Wie in (c) ergibt sich die Linearität dieser Richtungsableitung bezüglich $\mathbf{v}$ und bezüglich $\mathbf{X}$; ferner gilt die **Skalarproduktregel** ÜA

$$\partial_{\mathbf{v}} \langle \mathbf{X}, \mathbf{Y} \rangle(\mathbf{a}) = \langle \partial_{\mathbf{v}} \mathbf{X}(\mathbf{a}), \mathbf{Y}(\mathbf{a}) \rangle + \langle \mathbf{X}(\mathbf{a}), \partial_{\mathbf{v}} \mathbf{Y}(\mathbf{a}) \rangle.$$

Für ein tangentiales Vektorfeld $\mathbf{X}$ und ein beliebiges Vektorfeld $\mathbf{Y}$ definieren wir schließlich das Feld $\partial_{\mathbf{X}} \mathbf{Y}$ durch die punktweise ausgeführte Richtungsableitung

$$\partial_{\mathbf{X}} \mathbf{Y}(\mathbf{a}) := \partial_{\mathbf{X}(\mathbf{a})} \mathbf{Y}(\mathbf{a}) \quad \text{für } \mathbf{a} \in M.$$

Bei gegebener Parametrisierung mit zugehörigen lokalen Basisfeldern $\mathbf{X}_1, \mathbf{X}_2$ setzen wir wie oben

$$\partial_i \mathbf{Y} := \partial_{\mathbf{X}_i} \mathbf{Y} \quad (i = 1, 2).$$

Für die lokalen Basisfelder $\mathbf{X}_1, \mathbf{X}_2$ gelten die Vertauschungsrelationen

$$\partial_i \mathbf{X}_k = \partial_k \mathbf{X}_i, \quad \partial_i \partial_j \mathbf{X}_k = \partial_j \partial_i \mathbf{X}_k,$$

denn diese bedeuten nichts anderes als

$$\partial_i \partial_k \mathbf{\Phi} = \partial_k \partial_i \mathbf{\Phi}, \quad \partial_i \partial_j \partial_k \mathbf{\Phi} = \partial_j \partial_i \partial_k \mathbf{\Phi}.$$

2.3 Die innere Geometrie einer Fläche

(a) Zur inneren Geometrie einer Fläche $M \subset \mathbb{R}^3$ zählen wir alle Begriffe und Größen, die sich allein auf Längenmessung innerhalb von M zurückführen lassen. Die Übertragung der Abstandsmessung vom umgebenden Raum $\mathbb{R}^3$ auf die Fläche kann wegen der Flächenkrümmung nur infinitesimal, d.h. unter Verwendung von Grenzprozessen erfolgen. Die Präzisierung des Übertragungsprozesses besteht darin, dass von jedem Tangentenvektor $\mathbf{v} \in T_{\mathbf{a}}M$ an einem Flächenpunkt $\mathbf{a} \in M$ die $\mathbb{R}^3$–Norm $\|\mathbf{v}\|$ für die Längenmessung in der Fläche M übernommen wird, oder, was auf dasselbe hinausläuft, das $\mathbb{R}^3$–Skalarprodukt

$\langle \mathbf{u}, \mathbf{v} \rangle$ zweier Vektoren $\mathbf{u}, \mathbf{v} \in T_{\mathbf{a}}M$. Wir bezeichnen das auf $T_{\mathbf{a}}M$ eingeschränkte Skalarprodukt der Deutlichkeit halber mit

$$\langle \cdot, \cdot \rangle_{\mathbf{a}} : T_{\mathbf{a}}M \times T_{\mathbf{a}}M \to \mathbb{R}$$

und nennen dieses die **erste Fundamentalform** von M an der Stelle $\mathbf{a} \in M$. Entsprechend bezeichnen wir die auf $T_{\mathbf{a}}M$ eingeschränkte Norm mit $\| \cdot \|_{\mathbf{a}}$. Alles, was sich mit Hilfe der ersten Fundamentalform ausdrücken lässt, rechnen wir seit GAUSS der **inneren Geometrie** von M zu. Hierzu gehören Winkel, Flächeninhalt, und, wie wir im Folgenden zeigen, die Gaußsche Krümmung, Geodätische und Parallelverschiebung von Vektorfeldern.

GAUSS entwickelte dieses Programm in seiner Flächentheorie 1827, vgl. [73].

(b) Sei $\mathbf{\Phi} : U_0 \to \mathbb{R}^3$ Parametrisierung einer Koordinatenumgebung $M \cap U = \mathbf{\Phi}(U_0)$, und $\mathbf{X}_1, \mathbf{X}_2$ seien die zugehörigen lokalen Basisfelder, d.h. für $i = 1, 2$ gilt

$$\mathbf{X}_i(\mathbf{a}) \;=\; \partial_i \mathbf{\Phi}(\mathbf{u}_0) \quad \text{für} \quad \mathbf{a} = \mathbf{\Phi}(\mathbf{u}_0)\,.$$

Dann sind die Koeffizienten der ersten Fundamentalform

$$g_{ik} \;=\; \langle \mathbf{X}_i, \mathbf{X}_k \rangle$$

C^∞–differenzierbar auf $M \cap U$ wegen $g_{ik} \circ \mathbf{\Phi} = \langle \partial_i \mathbf{\Phi}, \partial_k \mathbf{\Phi} \rangle \in \mathrm{C}^\infty(U_0)$.

Demnach sind die g_{ik} (von der Parametrisierung $\mathbf{\Phi}$ abhängige) Funktionen auf M. In solchen Fällen, in denen die Fläche durch konkrete Parametrisierungen gegeben ist, bezeichnen wir die Skalarprodukte $\langle \partial_i \mathbf{\Phi}, \partial_k \mathbf{\Phi} \rangle = g_{ik} \circ \mathbf{\Phi}^{-1}$ bequemlichkeitshalber ebenfalls mit g_{ik}, so wie dies in § 6 : 2.3 und in Bd. 1, § 25 : 2.1 praktiziert wurde.

Für tangentiale Vektorfelder $\mathbf{X}, \mathbf{Y}$ mit den Basisdarstellungen

$$\mathbf{X} \;=\; \sum_{i=1}^{2} \xi^i \, \mathbf{X}_i\,, \quad \mathbf{Y} \;=\; \sum_{k=1}^{2} \eta^k \, \mathbf{X}_k$$

erhalten wir

$$\langle \mathbf{X}, \mathbf{Y} \rangle \;=\; \sum_{i,k=1}^{2} g_{ik} \, \xi^i \eta^k\,, \quad \|\mathbf{X}\|^2 \;=\; \sum_{i,k=1}^{2} g_{ik} \, \xi^i \xi^k\,.$$

Die zweite Gleichung wird in traditioneller Notation geschrieben als

$$ds^2 \;=\; \sum_{i,k=1}^{2} g_{ik} \, du^i \, du^k$$

mit der Interpretation von ds als Abstand zweier „infinitesimal benachbarter“ Punkte mit den Koordinaten (u^1, u^2) und $(u^1 + du^1, u^2 + du^2)$.

Die Matrix (g_{ik}) ist an jeder Stelle $\mathbf{a}$ symmetrisch und positiv definit wegen $\sum\limits_{i,k=1}^{2} g_{ik}(\mathbf{a})v^i\,v^k = \|\mathbf{v}\|^2 > 0$ für $\mathbf{v} \neq \mathbf{0}$. Die inverse Matrix bezeichnen wir mit (g^{ik}); diese ist ebenfalls symmetrisch und positiv definit. Es gilt also

$$\sum_{j=1}^{2} g_{ij}g^{jk} = \delta_i^k\,, \qquad \sum_{j=1}^{2} g^{ij}g_{jk} = \delta_k^i \quad \text{mit } \delta_i^k = \begin{cases} 1 & \text{für } i = k \\ 0 & \text{für } i \neq k \end{cases}$$

und

$$(*) \qquad \begin{pmatrix} g^{11} & g^{12} \\ g^{21} & g^{22} \end{pmatrix} = \frac{1}{g}\begin{pmatrix} g_{22} & -g_{12} \\ -g_{21} & g_{11} \end{pmatrix} \quad \text{mit } g := \det(g_{ik}) > 0\,.$$

2.4 Orientierte Flächen

Eine Fläche $M \subset \mathbb{R}^3$ heißt **orientierbar**, wenn sie mittels einer Familie $\mathcal{O}$ von Parametrisierungen überdeckt werden kann, so dass je zwei überlappende Parametrisierungen $\mathbf{\Phi}, \mathbf{\Psi}$ durch eine Parametertransformation $\mathbf{h} = \mathbf{\Psi}^{-1} \circ \mathbf{\Phi}$ mit $\det d\mathbf{h} > 0$ verbunden sind. Eine **Orientierung** von M besteht in der Auszeichnung einer solchen Familie $\mathcal{O}$. Für jede Parametrisierung $\mathbf{\Phi} \in \mathcal{O}$ einer Koordinatenumgebung $\mathbf{\Phi}(U_0)$ eines Punktes $\mathbf{a} \in M$ hat

$$\mathbf{N}(\mathbf{a}) := \frac{\mathbf{X}_1(\mathbf{a}) \times \mathbf{X}_2(\mathbf{a})}{\|\mathbf{X}_1(\mathbf{a}) \times \mathbf{X}_2(\mathbf{a})\|} \qquad \text{mit } \mathbf{X}_i = (\partial_i \mathbf{\Phi}) \circ \mathbf{\Phi}^{-1} \quad (i = 1, 2)$$

denselben Wert (Bd. 1, § 25 : 3.3). Auf diese Weise induziert jede Orientierung von M ein C^∞-Vektorfeld auf M, das zugehörige Einheitsnormalenfeld.

Existiert umgekehrt ein Einheitsnormalenfeld $\mathbf{N}$ auf ganz M, d.h. ein C^∞-Vektorfeld mit

$$\mathbf{N}(\mathbf{a}) \perp T_{\mathbf{a}}M\,, \quad \|\mathbf{N}(\mathbf{a})\| = 1 \quad \text{für } \mathbf{a} \in M\,,$$

so ergibt sich eine Orientierung von M durch Auszeichnung aller Parametrisierungen $\mathbf{\Phi}$, für die $\partial_1\mathbf{\Phi}(\mathbf{u}) \times \partial_2\mathbf{\Phi}(\mathbf{u})$ jeweils ein positives Vielfaches von $\mathbf{N}(\mathbf{\Phi}(\mathbf{u}))$ ist. Diese nennen wir positive, alle anderen negative Parametrisierungen der durch das Einheitsnormalenfeld $\mathbf{N}$ orientierten Fläche M. Orientierbare Flächen besitzen demnach genau zwei Orientierungen bzw. genau zwei Einheitsnormalenfelder.

Jede durch eine Gleichung $f(\mathbf{x}) = 0$ definierte Fläche (vgl. 2.1 (c)) ist orientierbar, da $\mathbf{N} = \nabla f / \|\nabla f\|$ ein Einheitsnormalenfeld auf M ist.

Ein Einheitsnormalenfeld $\mathbf{N}$ auf M definiert in Umgebung jedes Flächenpunktes $\mathbf{a}$ einen Drehsinn über die durch $\mathbf{N}$ induzierte Orientierung von $T_{\mathbf{a}}M$.

3 Krümmung von Flächen

3.1 Normalschnitte und der Satz von Meusnier

(a) Sei M eine durch ein Einheitsnormalenfeld $\mathbf{N}$ orientierte Fläche. Wir ordnen jeder Tangentenrichtung in einem Flächenpunkt $\mathbf{a}$ auf folgende Weise eine Krümmung zu:

SATZ. *Sei* $\mathbf{v} \in T_{\mathbf{a}}M$ *ein Vektor der Länge* 1 *und* E *die von* $\mathbf{v}$ *und* $\mathbf{N}(\mathbf{a})$ *aufgespannte Ebene durch* $\mathbf{a}$. *Dann gibt es genau eine Kurve*

$$\boldsymbol{\alpha} : \,]-\varepsilon, \varepsilon[\, \to M \cap E$$

in Bogenlängen–Parametrisierung mit

$$\boldsymbol{\alpha}(0) = \mathbf{a}\,, \quad \dot{\boldsymbol{\alpha}}(0) = \mathbf{v}\,,$$

die **Normalschnittkurve** *von* $\mathbf{v}$ *in* $\mathbf{a}$ *genannt wird.*

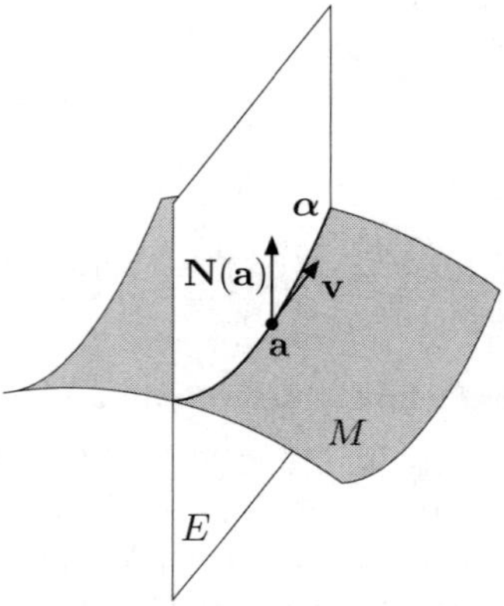

Die Zahl

$$\kappa_n := \langle \ddot{\boldsymbol{\alpha}}(0), \mathbf{N}(\mathbf{a}) \rangle$$

heißt **Normalkrümmung** von M an der Stelle $\mathbf{a}$ in Richtung $\mathbf{v} \in T_{\mathbf{a}}M$. Ihr Betrag ist die Krümmung κ des Normalschnitts. Im Fall $\kappa_n > 0$ ist der Normalschnitt zum Normalenvektor hin gekrümmt, im Fall $\kappa_n < 0$ von ihm weg.

BEWEIS.

(i) Nach Satz 2.1 (d) können wir durch Umnummerierung der Raumkoordinaten und durch eine räumliche Bewegung erreichen, dass M in einer Umgebung von $\mathbf{a} = \mathbf{0}$ Graph einer C^∞–Funktion φ mit $\varphi(0,0) = \partial_1\varphi(0,0) = \partial_2\varphi(0,0) = 0$ ist und daher $\mathbf{N}(\mathbf{0}) = \mathbf{e}_3$ gilt. Nach einer Drehung um die x_3–Achse dürfen wir zusätzlich $\mathbf{v} = \mathbf{e}_1$ annehmen, d.h. $E = \mathrm{Span}\{\mathbf{e}_1, \mathbf{e}_3\}$. Damit ist $M \cap E \cap U$ die Spur der Kurve $t \mapsto \boldsymbol{\beta}(t) := (t, 0, \varphi(t,0))$ $(|t| \ll 1)$. Die zugehörige Bogenlängen–Parametrisierung $\boldsymbol{\alpha}$ mit $\boldsymbol{\alpha}(0) = \boldsymbol{\beta}(0)$ liefert dann die eindeutig bestimmte Normalschnittkurve.

(ii) Da $\ddot{\boldsymbol{\alpha}}(0)$ auf $\mathbf{v} = \dot{\boldsymbol{\alpha}}(0)$ senkrecht steht und in E liegt, ist $\ddot{\boldsymbol{\alpha}}(0)$ ein Vielfaches von $\mathbf{N}(\mathbf{a})$, also $|\kappa_n| = \|\ddot{\boldsymbol{\alpha}}(0)\| = \kappa$. □

(b) SATZ (MEUSNIER 1776). *Für* $\mathbf{v} \in T_{\mathbf{a}}M$ *mit* $\|\mathbf{v}\| = 1$ *ist*

$$\kappa_n = -\langle \mathbf{v}, \partial_{\mathbf{v}}\mathbf{N}(\mathbf{a}) \rangle\,,$$

und es gilt

$$\kappa_n = \langle \ddot{\boldsymbol{\alpha}}(0), \mathbf{N}(\mathbf{a}) \rangle$$

für jede Kurve $\boldsymbol{\alpha}$ *auf* M *mit* $\boldsymbol{\alpha}(0) = \mathbf{a}$, $\dot{\boldsymbol{\alpha}}(0) = \mathbf{v}$.

Beweis.

Für jede Kurve $\boldsymbol{\alpha} :]-\varepsilon, \varepsilon[\to M$ mit $\boldsymbol{\alpha}(0) = \mathbf{a}$, $\dot{\boldsymbol{\alpha}}(0) = \mathbf{v}$ ist $\langle \dot{\boldsymbol{\alpha}}, \mathbf{N} \circ \boldsymbol{\alpha} \rangle = 0$, daraus ergibt sich durch Differentiation

$$0 = \langle \dot{\boldsymbol{\alpha}}, \mathbf{N} \circ \boldsymbol{\alpha} \rangle^{\boldsymbol{\cdot}} = \langle \ddot{\boldsymbol{\alpha}}, \mathbf{N} \circ \boldsymbol{\alpha} \rangle + \langle \dot{\boldsymbol{\alpha}}, (\mathbf{N} \circ \boldsymbol{\alpha})^{\boldsymbol{\cdot}} \rangle .$$

An der Stelle $t = 0$ ergibt sich daraus wegen $(\mathbf{N} \circ \boldsymbol{\alpha})^{\boldsymbol{\cdot}}(0) = \partial_{\mathbf{v}} \mathbf{N}(\mathbf{a})$

$$\langle \ddot{\boldsymbol{\alpha}}(0), \mathbf{N}(\mathbf{a}) \rangle = -\langle \mathbf{v}, \partial_{\mathbf{v}} \mathbf{N}(\mathbf{a}) \rangle .$$

Für Normalschnittkurven $\boldsymbol{\alpha}$ ist die linke Seite gleich κ_n. □

3.2 Zweite Fundamentalform, Gestalt–Operator und Krümmung

Wir betrachten eine durch ein Normalenfeld $\mathbf{N}$ orientierte Fläche $M \subset \mathbb{R}^3$.

(a) Grundlegend für das Folgende ist es, die Normalkrümmung als Wert einer quadratischen Form auf $T_{\mathbf{a}}M$ für Vektoren der Länge 1 aufzufassen. Hierzu definieren wir die **zweite Fundamentalform** $\mathrm{II}_{\mathbf{a}}$ von M an der Stelle $\mathbf{a}$ durch

$$\mathrm{II}_{\mathbf{a}} : T_{\mathbf{a}}M \times T_{\mathbf{a}}M \to \mathbb{R}, \quad \mathrm{II}_{\mathbf{a}}(\mathbf{u}, \mathbf{v}) := \langle \mathbf{u}, -\partial_{\mathbf{v}} \mathbf{N}(\mathbf{a}) \rangle .$$

Satz. *Die zweite Fundamentalform ist eine symmetrische Bilinearform auf* $T_{\mathbf{a}}M$.

Der Nachweis der Symmetrie folgt in 3.3. Die Linearität von $\mathbf{v} \mapsto -\partial_{\mathbf{v}} \mathbf{N}(\mathbf{a})$ ist leicht zu sehen. Darüberhinaus gilt

$$\partial_{\mathbf{v}} \mathbf{N}(\mathbf{a}) \in T_{\mathbf{a}}M \quad \text{für alle } \mathbf{v} \in T_{\mathbf{a}}M .$$

Denn aus $\langle \mathbf{N}, \mathbf{N} \rangle = 1$ folgt nach der Skalarproduktregel 2.2 (d)

$$0 = \partial_{\mathbf{v}} \langle \mathbf{N}, \mathbf{N} \rangle = 2 \langle \partial_{\mathbf{v}} \mathbf{N}, \mathbf{N} \rangle , \quad \text{also } \partial_{\mathbf{v}} \mathbf{N} \perp \mathbf{N} .$$

Wir nennen den linearen Operator

$$S_{\mathbf{a}} : T_{\mathbf{a}}M \to T_{\mathbf{a}}M , \quad \mathbf{v} \mapsto -\partial_{\mathbf{v}} \mathbf{N}(\mathbf{a})$$

die **Weingarten–Abbildung** oder den **Gestalt–Operator** von M an der Stelle $\mathbf{a}$.

Dieser ist also symmetrisch bezüglich der ersten Fundamentalform:

$$\langle S_{\mathbf{a}} \mathbf{u}, \mathbf{v} \rangle = \langle \mathbf{u}, S_{\mathbf{a}} \mathbf{v} \rangle = \mathrm{II}_{\mathbf{a}}(\mathbf{u}, \mathbf{v}) \quad \text{für } \mathbf{u}, \mathbf{v} \in T_{\mathbf{a}}M .$$

Somit hat das charakteristische Polynom $\det(S_{\mathbf{a}} - \lambda \mathbb{1})$ reelle Nullstellen κ_1, κ_2 mit $\kappa_1 \leq \kappa_2$, und es gibt eine Orthonormalbasis $(\mathbf{v}_1, \mathbf{v}_2)$ für $T_{\mathbf{a}}M$ aus zugehörigen Eigenvektoren.

Die Eigenwerte κ_1, κ_2 von $S_\mathbf{a}$ heißen **Hauptkrümmungen** von M an der Stelle $\mathbf{a}$; nach dem Rayleigh–Prinzip (Bd. 1, § 20 : 4.1) ist κ_1 die kleinste und κ_2 die größte Normalkrümmung von M an der Stelle $\mathbf{a}$.

Jeder Eigenvektor von $S_\mathbf{a}$ bestimmt eine **Hauptkrümmungsrichtung**.

Die Determinante $K(\mathbf{a})$ von $S_\mathbf{a}$ heißt **Gaußsche Krümmung** an der Stelle $\mathbf{a}$, und $H(\mathbf{a}) = \frac{1}{2}\mathrm{Spur}\, S_\mathbf{a}$ heißt **mittlere Krümmung** an der Stelle $\mathbf{a}$. Es gilt also

$$K(\mathbf{a}) = \kappa_1 \kappa_2 , \qquad H(\mathbf{a}) = \frac{1}{2}(\kappa_1 + \kappa_2) .$$

Die bekannte Beziehung zwischen arithmetischem und geometrischem Mittel besagt

$$K(\mathbf{a}) \le H^2(\mathbf{a}) ,$$

und aus $\det(S_\mathbf{a} - \lambda \mathbb{1}) = (\lambda - \kappa_1)(\lambda - \kappa_2) = \lambda^2 - 2H(\mathbf{a})\lambda + K(\mathbf{a})$ folgt

$$\kappa_1 = \left(H - \sqrt{H^2 - K}\right)(\mathbf{a}) , \qquad \kappa_2 = \left(H + \sqrt{H^2 - K}\right)(\mathbf{a}) .$$

Bei Änderung der Orientierung von M wechseln die Hauptkrümmungen und die mittlere Krümmung das Vorzeichen; die Gaußsche Krümmung ändert sich nicht.

Nach 1.3 (d) bleiben die Krümmungsgrößen κ_1, κ_2, H, K unter einer orientierungstreuen Bewegung der Fläche M erhalten.

Beispiele. (i) Für eine ebene Fläche M ist jeder Normalschnitt eine Gerade, also sind alle Normalkrümmungen Null. Es folgt $H = K = 0$.

(ii) Für die R–Sphäre $M = \left\{\mathbf{x} \in \mathbb{R}^3 \;\middle|\; \|\mathbf{x}\| = R\right\}$ mit dem äußeren Einheitsnormalenfeld sind alle Normalschnitte Großkreise mit Radius R; alle Normalkrümmungen sind $\kappa_n = -1/R$ [ÜA]. Es folgt $\kappa_1 = \kappa_2 = H = -1/R$, $K = 1/R^2$ in jedem Punkt $\mathbf{a} \in M$.

(iii) Für den Zylinder $M = \left\{(x, y, z) \;\middle|\; x^2 + y^2 = R^2\right\}$ mit dem äußeren Einheitsnormalenfeld ergeben sich die Hauptkrümmungen $\kappa_1 = -1/R$, $\kappa_2 = 0$; es gilt also $H = -1/2R$ und $K = 0$ in jedem Punkt $\mathbf{a} \in M$.

(b) Aus dem Vorzeichen der Gaußschen Krümmung $K(\mathbf{a})$ lässt sich auf die Gestalt der Fläche nahe $\mathbf{a}$ schließen: Im Fall $K(\mathbf{a}) > 0$ haben beide Hauptkrümmungen κ_1, κ_2 gleiches Vorzeichen. Für $\kappa_1, \kappa_2 > 0$ ist daher jede Normalschnittkurve $\boldsymbol{\alpha}$ mit $\boldsymbol{\alpha}(0) = \mathbf{a}$ wegen $\kappa_n = \langle \ddot{\boldsymbol{\alpha}}(0), \mathbf{N}(\mathbf{a})\rangle \ge \kappa_1 > 0$ zum Normalenvektor $\mathbf{N}(\mathbf{a})$ hin gekrümmt, für $\kappa_1, \kappa_2 < 0$ dagegen von ihm weg (Fig.). Im Fall $K(\mathbf{a}) < 0$ haben die Normalschnittkurven $\boldsymbol{\alpha}_1, \boldsymbol{\alpha}_2$ zu den Hauptkrümmungsrichtungen $\mathbf{v}_1 \perp \mathbf{v}_2$ entgegengesetzt gerichtete Normalkrümmungen $\kappa_i = \langle \ddot{\boldsymbol{\alpha}}_i(0), \mathbf{N}(\mathbf{a})\rangle$ $(i = 1, 2)$ (Fig.).

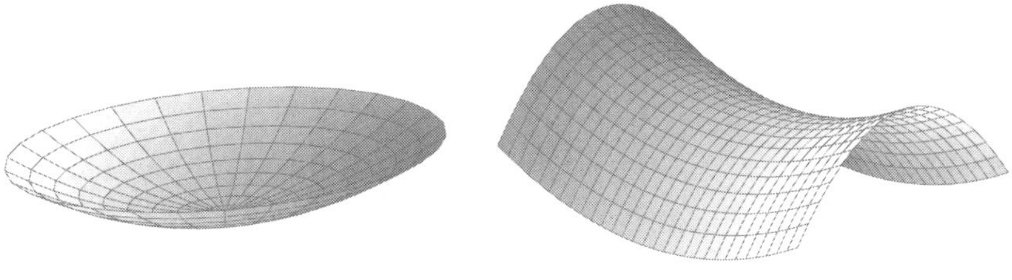

Die sattelförmige Gestalt im letzten Fall ist typisch für nicht ebene Minimalflächen ($H = 0$, $K \neq 0$) wegen $K < H^2 = 0$.

Für $K(\mathbf{a}) = 0$ lassen sich keine Aussagen über das Aussehen der Fläche nahe $\mathbf{a}$ machen, wie die Beispiele $M_\pm = \left\{(x,y,z) \;\middle|\; x^4 \pm y^4 = 0\right\}$, $\mathbf{a} = (0,0,0)$ zeigen $\boxed{\text{ÜA}}$.

3.3 Koordinatendarstellung der Krümmungsgrößen

Sei $\mathbf{\Phi} : U_0 \to M \cap U$ eine positive Parametrisierung der orientierten Fläche M, d.h. $\langle \partial_1 \mathbf{\Phi} \times \partial_2 \mathbf{\Phi}, \mathbf{N} \circ \mathbf{\Phi} \rangle > 0$, und $\mathbf{X}_1, \mathbf{X}_2$ seien die zugehörigen lokalen Basisfelder. Mit S bezeichnen wir das Feld der Gestaltoperatoren $S_\mathbf{a}$ auf $M \cap U$; entsprechend sei $\mathrm{I\!I} : \mathbf{a} \mapsto \mathrm{I\!I}_\mathbf{a}$.

(a) Den in 2.3 (b) definierten Komponenten $g_{ik} = \langle \mathbf{X}_i, \mathbf{X}_k \rangle$ der ersten Fundamentalform stellen wir die Komponenten $\mathrm{I\!I}(\mathbf{X}_i, \mathbf{X}_k)$ der zweiten zur Seite; dabei beachten wir die aus $\langle \mathbf{X}_i, \mathbf{N} \rangle = 0$ mit der Skalarproduktregel 2.2 (d) folgende Gleichung

$$0 = \partial_k \langle \mathbf{X}_i, \mathbf{N} \rangle = \langle \partial_k \mathbf{X}_i, \mathbf{N} \rangle + \langle \mathbf{X}_i, \partial_k \mathbf{N} \rangle .$$

Mit dem Vertauschungsregeln 2.2 (d) ergibt sich daraus

(1) $$\langle \mathbf{X}_i, -\partial_k \mathbf{N} \rangle = \langle \partial_k \mathbf{X}_i, \mathbf{N} \rangle = \langle \partial_i \mathbf{X}_k, \mathbf{N} \rangle = \langle \mathbf{X}_k, -\partial_i \mathbf{N} \rangle .$$

Somit haben wir

(2) $$g_{ik} = \langle \mathbf{X}_i, \mathbf{X}_k \rangle = g_{ki} , \quad g = \det(g_{ik}) > 0, \quad (g^{ik}) = (g_{ik})^{-1} ,$$

(3) $$h_{ik} := \mathrm{I\!I}(\mathbf{X}_i, \mathbf{X}_k) = \langle \mathbf{X}_i, -\partial_k \mathbf{N} \rangle \overset{(1)}{=} h_{ki} , \quad h := \det(h_{ik}) .$$

Mit $h_{ik} = h_{ki}$ folgt $\mathrm{I\!I}_\mathbf{a}(\mathbf{u}, \mathbf{v}) = \mathrm{I\!I}_\mathbf{a}(\mathbf{v}, \mathbf{u})$ aus den Basisdarstellungen von $\mathbf{u}, \mathbf{v}$ und damit die Symmetrie von S $\boxed{\text{ÜA}}$. Die Matrix (h_i^k) von S definieren wir durch

(4) $$S(\mathbf{X}_i) = \sum_{k=1}^{2} h_i^k \, \mathbf{X}_k .$$

Dann gelten die Beziehungen

$$(5) \qquad h_{ik} = \sum_{j=1}^{2} g_{ij} h_k^j , \qquad h_i^k = \sum_{j=1}^{2} g^{jk} h_{ij} .$$

Die erste folgt aus

$$h_{ik} = \mathrm{II}(\mathbf{X}_i, \mathbf{X}_k) = \langle \mathbf{X}_i, S(\mathbf{X}_k) \rangle = \sum_{j=1}^{2} h_k^j \langle \mathbf{X}_i, \mathbf{X}_j \rangle = \sum_{j=1}^{2} g_{ij}\, h_k^j ;$$

die zweite folgt aus der ersten:

$$\sum_{j=1}^{2} g^{jk} h_{ij} = \sum_{j=1}^{2} g^{jk} h_{ji} = \sum_{j,\ell=1}^{2} g^{jk} g_{j\ell} h_i^\ell = \sum_{j,\ell=1}^{2} \delta_\ell^k h_i^\ell = h_i^k .$$

Lassen wir gemäß der in 4.1 (c) vereinbarten Einsteinschen Konvention die Summenzeichen weg, so erhalten die Gleichungen (5) die übersichtlichere Form

$$(5') \qquad h_{ik} = g_{ij} h_k^j , \qquad h_i^k = g^{jk} h_{ij} .$$

Die Bildungsregeln für diese Formeln sind so leichter erkennbar: Heben (Hochziehen) von Indizes mit Hilfe der g^{ik} und Senken (Herunterziehen) mit Hilfe der g_{ij}.

Wir erhalten aus den Formeln (5) und mit (∗) von 2.3

$$K = \det S = \det(h_i^k) = \det\Big(\sum_{j=1}^{2} g^{jk} h_{ij}\Big) = \det(g^{jk}) \det(h_{ij}) = \frac{h}{g} ,$$

$$H = \frac{1}{2} \operatorname{Spur} S = \frac{1}{2} \sum_{i=1}^{2} h_i^i = \frac{1}{2} \sum_{i,j=1}^{2} g^{ij} h_{ij}$$
$$= \frac{1}{2g} \left(g_{22} h_{11} - 2 g_{12} h_{12} + g_{11} h_{22} \right) .$$

(b) Nach Definition sind die Koeffizienten g_{ij}, h_{ij}, … und die Krümmungsgrößen Funktionen auf der Koordinatenumgebung $M \cap U = \mathbf{\Phi}(U_0)$. In Beispielen, bei denen die Fläche durch Angabe von Parametrisierungen gegeben ist, ist es sinnvoll, diese Größen nicht auf die Flächenpunkte $\mathbf{a}$, sondern auf die zugehörigen Parameterwerte $\mathbf{u} = (u^1, u^2)$ zu beziehen, also $g_{ik} \circ \mathbf{\Phi}^{-1}$, $h_{ik} \circ \mathbf{\Phi}^{-1}$ usw. zu betrachten. Wir vereinbaren, in solchen Fällen

$$g_{ik} \;\text{ statt }\; g_{ik} \circ \mathbf{\Phi}^{-1} , \quad h_{ik} \;\text{ statt }\; h_{ik} \circ \mathbf{\Phi}^{-1} , \quad \mathbf{N} \;\text{ statt }\; \mathbf{N} \circ \mathbf{\Phi}^{-1}$$

zu schreiben. Mit dieser Konvention ist dann wegen $\mathbf{X}_i = (\partial_i \mathbf{\Phi}) \circ \mathbf{\Phi}^{-1}$

$$g_{ik} = \langle \partial_i \mathbf{\Phi}, \partial_k \mathbf{\Phi} \rangle , \quad h_{ik} \overset{(1)}{=} \langle \partial_i \partial_k \mathbf{\Phi}, \mathbf{N} \rangle , \quad \mathbf{N} = \pm \frac{\partial_1 \mathbf{\Phi} \times \partial_2 \mathbf{\Phi}}{\| \partial_1 \mathbf{\Phi} \times \partial_2 \mathbf{\Phi} \|} ,$$

wobei das Minuszeichen im Fall einer negativen Parametrisierung zu wählen ist.

GAUSS bezeichnete in seiner Flächentheorie von 1827 die Koeffizienten

$$g_{11},\ g_{12},\ g_{22},\ h_{11},\ h_{12},\ h_{22} \quad \text{mit} \quad E,\ F,\ G,\ L,\ M,\ N$$

und führte dort auch die Bezeichnungen H, K für die Krümmungsgrößen ein (*Disquisitiones generales circa superficies curvas*, erschienen 1828).

(c) Wir geben die Koordinatendarstellungen der Krümmungsgrößen für zwei Typen von Parametrisierungen an, wobei wir uns an die Konvention (b) halten.

(i) **Parametrisierung als Graph**, $\mathbf{\Phi}(u^1,u^2) = (u^1,u^2,\varphi(u^1,u^2))$ mit dem in natürlicher Weise zugeordneten Einheitsnormalenfeld

$$\mathbf{N} \;=\; \frac{\partial_1\mathbf{\Phi}\times\partial_2\mathbf{\Phi}}{\|\partial_1\mathbf{\Phi}\times\partial_2\mathbf{\Phi}\|} \;=\; \frac{1}{\sqrt{1+\|\nabla\varphi\|^2}}\,(-\partial_1\varphi,-\partial_2\varphi,1)\,.$$

Hierbei ergibt sich ÜA

$$K \;=\; \frac{\det(\partial_i\partial_k\varphi)}{\left(1+\|\nabla\varphi\|^2\right)^2}\,,$$

$$H \;=\; \frac{1}{2}\sum_{i=1}^{2}\partial_i\frac{\partial_i\varphi}{\sqrt{1+\|\nabla\varphi\|^2}} \;=\; \frac{1}{2}\operatorname{div}\frac{\nabla\varphi}{\sqrt{1+\|\nabla\varphi\|^2}}\,.$$

Nach § 2 : 4.5 sind Minimalflächen in Graphengestalt also durch das Verschwinden der mittleren Krümmung gekennzeichnet.

(ii) **Parametrisierung einer Rotationsfläche**,

$$\mathbf{\Phi}(s,\theta) \;=\; \big(r(s)\,\cos\theta, r(s)\,\sin\theta, z(s)\big) \quad \text{mit} \;\; r(s)>0\,.$$

Wir orientieren die Rotationsfläche durch das Einheitsnormalenfeld

$$\mathbf{N} \;=\; \frac{1}{\sqrt{r'^2+z'^2}}\left(z'\,\cos\theta, z'\,\sin\theta, -r'\right)\,.$$

ÜA Machen Sie sich klar, dass $\mathbf{\Phi}$ eine negative Parametrisierung der durch $\mathbf{N}$ orientierten Rotationsfläche ist ($\langle\partial_1\mathbf{\Phi}\times\partial_2\mathbf{\Phi},\mathbf{N}\rangle<0$), und dass $\mathbf{N}$ im Fall $z(s)=s$ das äußere Normalenfeld liefert.

Mit (a) und (b) ergeben sich unter Verwendung der Abkürzungen

$$\varrho := \sqrt{r'^2 + z'^2}\,, \quad D := \begin{vmatrix} r' & z' \\ r'' & z'' \end{vmatrix}$$

die Beziehungen ÜA

$$g_{11} = \varrho^2\,, \quad g_{12} = 0\,, \quad g_{22} = r^2\,, \quad g = r^2\varrho^2\,,$$

$$h_{11} = -D/\varrho\,, \quad h_{12} = 0\,, \quad h_{22} = -rz'/\varrho\,, \quad h = rz'D/\varrho^2\,,$$

$$K = \frac{z'}{r\,\varrho^2}\,D\,, \quad H = -\frac{1}{2\varrho}\left(\frac{z'}{r} + \frac{1}{\varrho^2}\,D\right).$$

Ist die **Meridiankurve** $s \mapsto (r(s), 0, z(s))$ durch die Bogenlänge parametrisiert, $r'^2 + z'^2 = 1$, so folgt $r'r'' + z'z'' = 0$ und damit ÜA

$$K = -\frac{r''}{r}\,, \quad H = -\frac{z'}{2r} - \frac{1}{2}\left(r'z'' - r''z'\right).$$

(d) AUFGABEN. (i) Bestimmen Sie H und K für das durch $r(s) = \cosh s$, $z(s) = s$ gegebene Katenoid.

(ii) Es gibt genau drei Typen von Rotationsflächen mit $K = 0$. Welche?

(iii) Eine Rotationsfläche mit konstanter Krümmung $K = -1$ heißt **Pseudosphäre**.

Was ergibt sich für eine Bogenlängen–Parametrisierung $s \mapsto (r(s), z(s))$ mit $r(0) = 1$, $r'(0) = -1$, $z(0) = 0$, $z'(0) \geq 0$? Skizzieren Sie die Meridianlinie.

4 Kovariante Ableitung und Theorema egregium

4.1 Kovariante Ableitung und Christoffel–Symbole

(a) Für tangentiale Vektorfelder $\mathbf{X}, \mathbf{Y} \in \mathcal{V}M$ auf einer Fläche M vereinbaren wir die Bezeichnungen

$$\langle \mathbf{X}, \mathbf{Y} \rangle : M \to \mathbb{R}\,, \quad \mathbf{a} \mapsto \langle \mathbf{X}(\mathbf{a}), \mathbf{Y}(\mathbf{a}) \rangle\,,$$

$$\mathrm{II}(\mathbf{X}, \mathbf{Y}) : M \to \mathbb{R}\,, \quad \mathbf{a} \mapsto \mathrm{II}_{\mathbf{a}}(\mathbf{X}(\mathbf{a}), \mathbf{Y}(\mathbf{a}))\,,$$

$$\partial_X \mathbf{Y} : M \to \mathbb{R}^3\,, \quad \mathbf{a} \mapsto \partial_{\mathbf{X}(\mathbf{a})} \mathbf{Y}(\mathbf{a})\,,$$

vgl. 2.2 (a).

Jeden in einem Punkt $\mathbf{a} \in M$ angehefteten Vektor $\mathbf{v}$ zerlegen wir in den Tangential– und den Normalanteil,

$$\mathbf{v} = \mathbf{v}^{\tan} + \mathbf{v}^{\mathrm{nor}} \quad \text{mit } \mathbf{v}^{\tan} \in T_{\mathbf{a}}M\,, \quad \mathbf{v}^{\mathrm{nor}} \perp T_{\mathbf{a}}M\,.$$

Hierdurch wird jedes Vektorfeld $\mathbf{X} \in \mathcal{V}M$ punktweise in den Tangential– und den Normalanteil zerlegt,

$$\mathbf{X} = \mathbf{X}^{\tan} + \mathbf{X}^{\mathrm{nor}}.$$

Bezüglich einer Parametrisierung $\mathbf{\Phi}$ von M mit den lokalen Basisfeldern $\mathbf{X}_1, \mathbf{X}_2$ ergibt sich

$$\mathbf{X}^{\tan} = \sum_{i=1}^{2} \xi^i \mathbf{X}_i \quad \text{mit} \quad \xi^i = \sum_{k=1}^{2} g^{ik} \langle \mathbf{X}, \mathbf{X}_k \rangle ,$$

letzteres aus $0 = \left\langle \mathbf{X} - \mathbf{X}^{\tan}, \mathbf{X}_k \right\rangle = \langle \mathbf{X}, \mathbf{X}_k \rangle - \sum_{i=1}^{2} \xi^i g_{ik}$.

(b) Für tangentiale Vektorfelder $\mathbf{X}, \mathbf{Y} \in \mathcal{V}M$ ist die Richtungsableitung $\partial_{\mathbf{X}} \mathbf{Y}$ im allgemeinen kein tangentiales Vektorfeld auf M. Wir definieren die **kovariante Ableitung** von $\mathbf{Y}$ in Richtung von $\mathbf{X}$ als den Tangentialanteil von $\partial_{\mathbf{X}} \mathbf{Y}$,

$$D_{\mathbf{X}} \mathbf{Y} := (\partial_{\mathbf{X}} \mathbf{Y})^{\tan} \in \mathcal{V}M .$$

Für Funktionen $f \in \mathcal{F}M$ setzen wir $D_{\mathbf{X}} f := \partial_{\mathbf{X}} f$; ferner vereinbaren wir, dass $D_{\mathbf{X}}$ immer nur auf den nächstenfolgenden Term wirken soll.

Rechenregeln für die kovariante Ableitung. *Die kovariante Ableitung*

$$(\mathbf{X}, \mathbf{Y}) \mapsto D_{\mathbf{X}} \mathbf{Y} , \quad \mathcal{V}M \times \mathcal{V}M \to \mathcal{V}M$$

(1) *ist* $\boldsymbol{\mathcal{F}M}$**–linear** *im ersten Argument, d.h.*

$$D_{f_1 \mathbf{X}_1 + f_2 \mathbf{X}_2} Y = f_1 D_{\mathbf{X}_1} Y + f_2 D_{\mathbf{X}_2} Y \quad \textit{für} \quad \mathbf{X}_1, \mathbf{X}_2 \in \mathcal{V}M , \ f_1, f_2 \in \mathcal{F}M,$$

(2) *ist* **linear** *im zweiten Argument, d.h.*

$$D_{\mathbf{X}}(a_1 \mathbf{Y}_1 + a_2 \mathbf{Y}_2) = a_1 D_{\mathbf{X}} \mathbf{Y}_1 + a_2 D_{\mathbf{X}} \mathbf{Y}_2 \quad (\mathbf{Y}_1, \mathbf{Y}_2 \in \mathcal{V}M, \ a_1, a_2 \in \mathbb{R})$$

(3) *genügt der Produktregel*

$$D_{\mathbf{X}}(f\,\mathbf{Y}) = D_{\mathbf{X}} f\ \mathbf{Y} + f\, D_{\mathbf{X}} \mathbf{Y} \quad \textit{für} \quad f \in \mathcal{F}M ,$$

(4) *erfüllt die* **Skalarproduktregel**

$$D_{\mathbf{Z}} \langle \mathbf{X}, \mathbf{Y} \rangle = \langle D_{\mathbf{Z}} \mathbf{X}, \mathbf{Y} \rangle + \langle \mathbf{X}, D_{\mathbf{Z}} \mathbf{Y} \rangle \quad \text{für} \quad \mathbf{Z} \in \mathcal{V}M .$$

Nachweis als [ÜA].

Weiter gilt für orientierte Flächen M mit Einheitsnormalenfeld $\mathbf{N}$ und für $Y \in \mathcal{V}M$ die **Gaußsche Ableitungsgleichung**

$$\partial_{\mathbf{X}} \mathbf{Y} = D_{\mathbf{X}} \mathbf{Y} + \mathrm{I\!I}(\mathbf{X}, \mathbf{Y})\, \mathbf{N} .$$

Denn nach Definition der kovarianten Ableitung gibt es eine Funktion ν auf M mit $\partial_{\mathbf{X}} \mathbf{Y} = D_{\mathbf{X}} \mathbf{Y} + \nu\, \mathbf{N}$, und mit der Skalarproduktregel in 2.2 (d) folgt

$$\begin{aligned} 0 &= \partial_{\mathbf{X}} \langle \mathbf{Y}, \mathbf{N} \rangle = \langle \partial_{\mathbf{X}} \mathbf{Y}, \mathbf{N} \rangle + \langle \mathbf{Y}, \partial_{\mathbf{X}} \mathbf{N} \rangle \\ &= \langle \nu\, \mathbf{N}, \mathbf{N} \rangle - \mathrm{I\!I}(\mathbf{Y}, \mathbf{X}) = \nu - \mathrm{I\!I}(\mathbf{X}, \mathbf{Y}) . \end{aligned}$$

(c) Wir leiten nun die Koordinatendarstellung der kovarianten Ableitung ab. Seien $\mathbf{\Phi}$ eine Parametrisierung von M und $\mathbf{X}_1, \mathbf{X}_2$ deren lokale Basisfelder. Wir schreiben

$$D_i \quad \text{für } D_{\mathbf{X}_i}\,;$$

weiter verwenden wir im Folgenden die **Summationskonvention**: Tritt in einem Ausdruck ein Index einmal oben und einmal unten auf, so ist über diesen Index zu summieren; z.B. ist

$$\xi^i \mathbf{X}_i \;\text{ zu lesen als }\; \sum_{i=1}^{2} \xi^i \mathbf{X}_i, \qquad g^{i\ell}\partial_\ell g_{ik} \;\text{ als }\; \sum_{i,\ell=1}^{2} g^{i\ell}\partial_\ell g_{ik}.$$

SATZ. *Besitzen* $\mathbf{X}, \mathbf{Y}$ *und* $D_i\mathbf{X}_k$ *die lokalen Basisdarstellungen*

$$\mathbf{X} = \xi^i \mathbf{X}_i\,, \quad \mathbf{Y} = \eta^k \mathbf{X}_k\,, \quad D_i\mathbf{X}_k = \Gamma_{ik}^j \mathbf{X}_j\,,$$

so hat die kovariante Ableitung die Darstellung

$$D_{\mathbf{X}}\mathbf{Y} = \xi^i \left(\partial_i \eta^j + \Gamma_{ik}^j \eta^k\right) \mathbf{X}_j\,,$$

und es gilt

$$\Gamma_{ik}^j = \frac{1}{2}\, g^{j\ell} \left(-\partial_\ell g_{ik} + \partial_i g_{\ell k} + \partial_k g_{i\ell}\right).$$

Hiernach ist die kovariante Ableitung allein mit Hilfe der ersten Fundamentalform ausgedrückt, gehört also zur inneren Geometrie der Fläche M.

BEWEIS.

Nach den Rechenregeln (1)–(3) in (b) und nach der Definition der Γ_{ik}^j gilt

$$\begin{aligned} D_{\mathbf{X}}\mathbf{Y} &= D_{\xi^i\mathbf{X}_i}\mathbf{Y} = \xi^i D_i \mathbf{Y} = \xi^i D_i(\eta^k \mathbf{X}_k) = \xi^i \left(D_i\eta^k\, \mathbf{X}_k + \eta^k\, D_i\mathbf{X}_k\right) \\ &= \xi^i \left(\partial_i \eta^k\, \mathbf{X}_k + \eta^k\, \Gamma_{ik}^j \mathbf{X}_j\right) = \xi^i \left(\partial_i\eta^j + \Gamma_{ik}^j \eta^k\right) \mathbf{X}_j\,. \end{aligned}$$

Aus der Skalarproduktregel (4) in (b) ergibt sich

$$\begin{aligned} \partial_\ell g_{ik} &= \partial_\ell \langle \mathbf{X}_i, \mathbf{X}_k\rangle = \langle D_\ell \mathbf{X}_i, \mathbf{X}_k\rangle + \langle \mathbf{X}_i, D_\ell \mathbf{X}_k\rangle \\ &= \left\langle \Gamma_{\ell i}^j \mathbf{X}_j, \mathbf{X}_k\right\rangle + \left\langle \mathbf{X}_i, \Gamma_{\ell k}^j \mathbf{X}_j\right\rangle = \Gamma_{\ell i}^j\, g_{jk} + \Gamma_{\ell k}^j\, g_{ij} \\ &= \Gamma_{\ell k i} + \Gamma_{\ell i k} \qquad \text{mit} \end{aligned}$$

$$\Gamma_{abc} := g_{bd}\Gamma_{ac}^d = \left\langle \mathbf{X}_b, \Gamma_{ab}^d \mathbf{X}_d\right\rangle.$$

Diese Koeffizienten sind symmetrisch in i und k, $\Gamma_{i\ell k} = \Gamma_{k\ell i}$, denn aus der Relation $\partial_i \mathbf{X}_k = \partial_k \mathbf{X}_i$ (vgl. 2.2 (d)) und nach Definition von Γ^j_{ik} folgt

$$\begin{aligned}\Gamma_{i\ell k} &= \left\langle \mathbf{X}_\ell, \Gamma^j_{ik}\mathbf{X}_j \right\rangle = \langle \mathbf{X}_\ell, D_i\mathbf{X}_k\rangle = \langle \mathbf{X}_\ell, \partial_i\mathbf{X}_k\rangle = \langle \mathbf{X}_\ell, \partial_k\mathbf{X}_i\rangle \\ &= \langle \mathbf{X}_\ell, D_k\mathbf{X}_i\rangle = \left\langle \mathbf{X}_\ell, \Gamma^j_{ki}\mathbf{X}_j \right\rangle = \Gamma_{k\ell i}\,.\end{aligned}$$

Aus der letzten Identität und der Formel für $\partial_\ell g_{ik}$ ergibt sich

$$-\partial_\ell g_{ik} + \partial_i g_{k\ell} + \partial_k g_{i\ell} = -\Gamma_{\ell ki} - \Gamma_{\ell ik} + \Gamma_{i\ell k} + \Gamma_{ik\ell} + \Gamma_{k\ell i} + \Gamma_{ki\ell} = 2\Gamma_{i\ell k}\,,$$

und wir erhalten

$$g^{j\ell}\left(-\partial_\ell g_{ik} + \partial_i g_{k\ell} + \partial_k g_{i\ell}\right) = 2g^{j\ell}\Gamma_{i\ell k} = 2\Gamma^j_{ik}\,. \qquad \square$$

(d) Die Koeffizienten $\Gamma_{i\ell k}$ und Γ^j_{ik} werden **Christoffel–Symbole** (erster und zweiter Art) genannt. Wir stellen ihre Eigenschaften zusammen:

$$D_i\mathbf{X}_k = \Gamma^j_{ik}\mathbf{X}_j\,, \quad \Gamma_{i\ell k} = \frac{1}{2}\left(-\partial_\ell g_{ik} + \partial_i g_{\ell k} + \partial_k g_{i\ell}\right),$$

$$\Gamma_{i\ell k} = g_{\ell j}\Gamma^j_{ik}\,, \quad \Gamma^j_{ik} = g^{j\ell}\Gamma_{i\ell k}\,,$$

$$\Gamma^j_{ik} = \Gamma^j_{ki}\,, \quad \Gamma_{i\ell k} = \Gamma_{k\ell i}\,,$$

$$\Gamma_{i\ell k} = \langle \partial_i\mathbf{X}_k, \mathbf{X}_\ell\rangle = \langle D_i\mathbf{X}_k, \mathbf{X}_\ell\rangle\,, \quad \partial_\ell g_{ik} = \Gamma_{\ell ik} + \Gamma_{\ell ki}\,.$$

Wie in 3.3 (b) beziehen wir bei konkret gegebenen Parametrisierungen $\mathbf{\Phi}$ die Christoffel–Symbole auf die Parameterwerte $\mathbf{u} = (u^1, u^2)$ und schreiben Γ_{ijk}, Γ^j_{ik} für $\Gamma_{ijk} \circ \mathbf{\Phi}^{-1}$, $\Gamma^j_{ik} \circ \mathbf{\Phi}^{-1}$. Die Berechnung der Γ^j_{ik} erfolgt dann nach den Formeln

$$g_{ik} = \langle \partial_i\mathbf{\Phi}, \partial_k\mathbf{\Phi}\rangle\,, \quad \left(g^{j\ell}\right) = (g_{ik})^{-1}\,,$$

$$\Gamma_{i\ell k} = \frac{1}{2}\left(-\partial_\ell g_{ik} + \partial_i g_{\ell k} + \partial_k g_{i\ell}\right), \qquad \Gamma^j_{ik} = g^{j\ell}\Gamma_{i\ell k}\,.$$

(e) AUFGABE. Berechnen Sie so die $\Gamma_{i\ell k}$, Γ^j_{ik} für die Parametrisierung

$$\mathbf{\Phi}(u^1, u^2) = \mathbf{\Phi}(s, \theta) = (r(s)\cos\theta,\; r(s)\sin\theta,\; z(s))$$

einer Rotationsfläche, vgl. 3.3 (c) (ii). Es ergibt sich

$$\Gamma^1_{11} = \frac{r'r'' + z'z''}{r'^2 + z'^2}\,, \qquad \Gamma^1_{22} = -\frac{rr'}{r'^2 + z'^2}\,,$$

$$\Gamma^2_{12} = \Gamma^2_{21} = \frac{r'}{r}\,, \qquad \Gamma^j_{ik} = 0 \quad \text{sonst.}$$

4.2 Die Gleichungen von Gauß und das Theorema egregium

(a) Sei M eine orientierte Fläche und $\mathbf{\Phi}$ eine Parametrisierung von M. Mit den Christoffel–Symbolen

$$\Gamma_{ik}^{j} = \frac{1}{2} g^{i\ell} \left(-\partial_\ell g_{ik} + \partial_i g_{\ell k} + \partial_k g_{i\ell} \right)$$

definieren wir

$$R_{kij}^{\ell} := \partial_i \Gamma_{jk}^{\ell} - \partial_j \Gamma_{ik}^{\ell} + \Gamma_{jk}^{m} \Gamma_{im}^{\ell} - \Gamma_{ik}^{m} \Gamma_{jm}^{\ell} .$$

SATZ. *Die Koeffizienten der ersten und der zweiten Fundamentalform sind durch die folgenden Beziehungen miteinander verbunden:*

$$R_{kij}^{\ell} = h_i^{\ell} h_{jk} - h_j^{\ell} h_{ik} \qquad \text{mit} \quad h_i^{j} = g^{j\ell} h_{i\ell} ,$$

(**Gleichungen von Gauß** 1827),

$$\partial_i h_{ij} - \partial_j h_{ik} = \Gamma_{ik}^{\ell} h_{j\ell} - \Gamma_{jk}^{\ell} h_{i\ell}$$

(**Gleichungen von Mainardi–Codazzi**).

GAUSS waren beide Beziehungen bekannt; er schrieb die zweite Gleichungsgruppe nur nicht auf, weil er sie vermutlich nicht für bemerkenswert hielt. Diese wurde von MAINARDI 1856 und CODAZZI 1860 wiederentdeckt.

BEWEIS.

Die Gaußsche Ableitungsgleichung 4.1(b) und die Koordinatendarstellung 4.1(c) der kovarianten Ableitung liefern

$$(1) \qquad \partial_j \mathbf{X}_k = D_j \mathbf{X}_k + \mathrm{II}(\mathbf{X}_j, \mathbf{X}_k)\, \mathbf{N} = \Gamma_{jk}^{\ell} \mathbf{X}_\ell + h_{jk} \mathbf{N} ,$$

vgl. 3.3 (a). Aus den Gleichungen 3.3 (4), (5) entnehmen wir

$$(2) \qquad \partial_i \mathbf{N} = -h_i^{\ell} \mathbf{X}_\ell , \quad h_i^{\ell} = g^{j\ell} h_{ij} , \quad h_{jk} = g_{jm} h_k^{m} .$$

Aus (1) und (2) folgt mit der Produktregel

$$\begin{aligned} \partial_i \partial_j \mathbf{X}_k &= \partial_i \left(\Gamma_{jk}^{\ell} \mathbf{X}_\ell + h_{jk} \mathbf{N} \right) \\ &= \partial_i \Gamma_{jk}^{\ell} \mathbf{X}_\ell + \Gamma_{jk}^{\ell} \partial_i \mathbf{X}_\ell + \partial_i h_{jk} \mathbf{N} + h_{jk} \partial_i \mathbf{N} \\ &= \partial_i \Gamma_{jk}^{\ell} \mathbf{X}_\ell + \Gamma_{jk}^{\ell} (\Gamma_{i\ell}^{m} \mathbf{X}_m + h_{i\ell} \mathbf{N}) + \partial_i h_{jk} \mathbf{N} - h_{jk} h_i^{\ell} \mathbf{X}_\ell \\ &= \left(\partial_i \Gamma_{jk}^{\ell} + \Gamma_{jk}^{m} \Gamma_{im}^{\ell} - h_{jk} h_i^{\ell} \right) \mathbf{X}_\ell + \left(\Gamma_{jk}^{\ell} h_{i\ell} + \partial_i h_{jk} \right) \mathbf{N} . \end{aligned}$$

Wegen $\partial_i\partial_j\mathbf{X}_k = \partial_j\partial_i\mathbf{X}_k$ (vgl. 2.2 (d)) ergibt sich daraus

$$\begin{aligned}\mathbf{0} &= \partial_i\partial_j\mathbf{X}_k - \partial_j\partial_i\mathbf{X}_k \\ &= \left(\partial_i\Gamma^\ell_{jk} - \partial_j\Gamma^\ell_{ik} + \Gamma^m_{jk}\,\Gamma^\ell_{im} - \Gamma^m_{ik}\,\Gamma^\ell_{jm} - h_{jk}h^\ell_i + h_{ik}h^\ell_j\right)\mathbf{X}_\ell \\ &+ \left(\Gamma^\ell_{jk}h_{i\ell} - \Gamma^\ell_{ik}h_{j\ell} + \partial_i h_{jk} - \partial_j h_{ik}\right)\mathbf{N} \\ &= \left(R^\ell_{kij} - h_{jk}h^\ell_i + h_{ik}h^\ell_j\right)\mathbf{X}_\ell + \left(\Gamma^\ell_{jk}h_{i\ell} - \Gamma^\ell_{ik}h_{j\ell} + \partial_i h_{jk} - \partial_j h_{ik}\right)\mathbf{N}\,.\end{aligned}$$

Die Gleichungen von Gauß und Mainardi–Codazzi folgen nun aus der linearen Unabhängigkeit von $\mathbf{X}_1, \mathbf{X}_2, \mathbf{N}$. □

(b) Die wichtigste Folgerung aus den Gleichungen (a) ist das

Theorema egregium (GAUSS 1827). *Die Gaußsche Krümmung K ist eine Größe der inneren Geometrie: Für jede Parametrisierung einer orientierten Fläche M gilt*

$$K = \frac{R_{1212}}{g}$$

mit $R_{\ell kij} := g_{\ell m}\,R^m_{kij}$ *und* $g = g_{11}g_{22} - g_{12}g_{21}$.

Denn nach 3.3 (a), der Gleichung (2) oben und den Gaußschen Gleichungen (a) gilt

$$g\,K = h = h_{11}h_{22} - h_{12}h_{21} = g_{1\ell}\left(h^\ell_1 h_{22} - h^\ell_2 h_{21}\right) = g_{1\ell}R^\ell_{212} = R_{1212}\,,$$

und nach 4.1 (c) sind die Christoffel–Symbole Größen der inneren Geometrie, somit auch die R^ℓ_{kij} und die $R_{\ell kij}$.

Dieses Theorem verdient in der Tat das Prädikat herausragend. Zum einen wurde ja die Gaußsche Krümmung mit Hilfe der zweiten Fundamentalform definiert, welche nicht zur inneren Geometrie gehört. Zum anderen ergibt sich hieraus als Konsequenz, dass es keine längentreue Erdkarte geben kann. Denn bei einer längentreuen Abbildung zwischen zwei Flächen müssen die erste Fundamentalform und damit auch die Gaußsche Krümmung in korrespondierenden Punkten gleich sein (vgl. [48] 4.2). Nach 3.2 hat die R–Sphäre die Gaußsche Krümmung $K = 1/R^2$, und für die Ebene ist $K = 0$.

(c) AUFGABE. Zeigen Sie für Parametrisierungen mit $g_{11} = g_{22}$, $g_{12} = 0$ (**isotherme Parametrisierungen**), dass bei Auffassung der g_{ik} als Funktion des Parameters $\mathbf{u}$

$$K = -\mathrm{e}^{-2\mu}\,\Delta\mu \quad \text{mit } \mathrm{e}^{2\mu} := g_{11} = g_{22}\,, \quad \Delta = \partial_1\partial_1 + \partial_2\partial_2.$$

5 Geodätische

5.1 Geodätische als geradeste Kurven

(a) Geraden im Raum können als Kurven verschwindender Krümmung gekennzeichnet werden, also durch $\kappa = \|\ddot{\boldsymbol{\alpha}}\| = 0$ für jede Bogenlängen–Parametrisierung $\boldsymbol{\alpha}$. Bei Flächenkurven müssen wir die Krümmung der Fläche berücksichtigen und charakterisieren deshalb die „geradesten" Kurven als Kurven minimaler Krümmung: Sei M eine Fläche und $\mathbf{N}$ ein Einheitsnormalenfeld auf M. Für eine Kurve $\boldsymbol{\alpha} : I \to M$ in Bogenlängen–Parametrisierung mit $\mathbf{a} = \boldsymbol{\alpha}(t) \in M$ und $\mathbf{v} = \dot{\boldsymbol{\alpha}}(t) \in T_{\mathbf{a}}M$ gilt nach 3.1 (a),(b) und 3.2 (a)

$$\langle \ddot{\boldsymbol{\alpha}}(t), \mathbf{N}(\mathbf{a}) \rangle \;=\; \kappa_n \;=\; \mathrm{II}_{\mathbf{a}}(\mathbf{v}, \mathbf{v})$$

und daher für die Krümmung κ von $\boldsymbol{\alpha}$ im Punkt $\mathbf{a} = \boldsymbol{\alpha}(t)$

$$\begin{aligned}\kappa^2 \;&=\; \|\ddot{\boldsymbol{\alpha}}(t)\|^2 \;=\; \left\|\ddot{\boldsymbol{\alpha}}(t)^{\tan} + \ddot{\boldsymbol{\alpha}}(t)^{\mathrm{nor}}\right\|^2 \;=\; \left\|\ddot{\boldsymbol{\alpha}}(t)^{\tan} + \kappa_n \mathbf{N}(\mathbf{a})\right\|^2 \\ &=\; \left\|\ddot{\boldsymbol{\alpha}}(t)^{\tan}\right\|^2 + \kappa_n^2 \;\geq\; \kappa_n^2 \;=\; \mathrm{II}_{\mathbf{a}}(\mathbf{v}, \mathbf{v})^2 \,.\end{aligned}$$

Die Kurve $\boldsymbol{\alpha}$ ist bei gegebenem $\mathbf{a} \in M$ und $\mathbf{v} \in T_{\mathbf{a}}M$ an der Stelle $t \in I$ daher am geradesten, d.h. am wenigsten gekrümmt, wenn $\ddot{\boldsymbol{\alpha}}(t)^{\tan} = \mathbf{0}$ (EULER 1728).

Wir nennen jede Kurve $\boldsymbol{\alpha} : I \to M$ mit $\ddot{\boldsymbol{\alpha}}(t)^{\tan} = \mathbf{0}$ für alle $t \in I$ eine **geodätische Kurve** oder kurz eine **Geodätische** auf M.

Für jede Geodätische ist $\langle \dot{\boldsymbol{\alpha}}, \dot{\boldsymbol{\alpha}} \rangle^{\boldsymbol{\cdot}} = 2\langle \dot{\boldsymbol{\alpha}}, \ddot{\boldsymbol{\alpha}} \rangle = 2\left\langle \dot{\boldsymbol{\alpha}}, \ddot{\boldsymbol{\alpha}}^{\tan} \right\rangle = 0$, also ist $\boldsymbol{\alpha}$ entweder konstant, oder es gilt $\|\dot{\boldsymbol{\alpha}}(t)\| = c$ mit einer Konstanten $c > 0$. Daher entsteht aus einer nichtkonstanten Geodätischen $\boldsymbol{\alpha}$ durch Umparametrisierung genau dann wieder eine Geodätische $\boldsymbol{\beta} = \boldsymbol{\alpha} \circ h$, wenn $h(t) = at + b$.

(b) BEISPIELE. (i) Enthält M eine Gerade g, so ist jede Parametrisierung von g, $t \mapsto \mathbf{a} + t\mathbf{v}$, eine Geodätische.

(ii) Geodätische auf der Sphäre $M = \{\mathbf{x} \in \mathbb{R}^3 \mid \|\mathbf{x}\| = R\}$ verlaufen auf Großkreisen: Genau dann ist $\boldsymbol{\alpha} : I \to M$ eine Geodätische, wenn $\|\dot{\boldsymbol{\alpha}}\|$ konstant ist und wenn es ein $\mathbf{v} \neq \mathbf{0}$ gibt mit $\boldsymbol{\alpha}(t) \perp \mathbf{v}$ für alle $t \in I$. Denn für reguläre Flächenkurven $\boldsymbol{\alpha}$ gilt $2\langle \boldsymbol{\alpha}, \dot{\boldsymbol{\alpha}} \rangle = \langle \boldsymbol{\alpha}, \boldsymbol{\alpha} \rangle^{\boldsymbol{\cdot}} = 0$, also $\dot{\boldsymbol{\alpha}} \perp \boldsymbol{\alpha}$ und $\mathbf{v} := \boldsymbol{\alpha} \times \dot{\boldsymbol{\alpha}} \neq \mathbf{0}$. Der Vektor $\mathbf{v}$ ist genau dann konstant, wenn $\mathbf{0} = \dot{\mathbf{v}} = \boldsymbol{\alpha} \times \ddot{\boldsymbol{\alpha}}$, wenn also $\ddot{\boldsymbol{\alpha}}$ ein Vielfaches von $\boldsymbol{\alpha}$ ist und damit $\ddot{\boldsymbol{\alpha}}^{\tan} = \mathbf{0}$ gilt.

Weitere Beispiele folgen in 5.4.

(c) Bezüglich einer Parametrisierung $\boldsymbol{\Phi}$ von M ergibt sich bei Verwendung der Summationskonvention 4.1 (c), die wir auch im Folgenden beibehalten,

$$\ddot{\boldsymbol{\alpha}}^{\tan} \;=\; \left(\ddot{u}^j + \Gamma^j_{ik}(\mathbf{u})\dot{u}^i\dot{u}^k\right) \partial_j \boldsymbol{\Phi}(\mathbf{u})\,;$$

hierbei sind die Christoffel–Symbole auf die Koordinaten (u^1, u^2) bezogen, und $t \mapsto \mathbf{u}(t) := \boldsymbol{\Phi}^{-1}(\boldsymbol{\alpha}(t))$ ist die Koordinatendarstellung von $\boldsymbol{\alpha}$ bezüglich $\boldsymbol{\Phi}$.

Denn aus $\boldsymbol{\alpha} = \boldsymbol{\Phi} \circ \mathbf{u}$ folgt

$$\begin{aligned} \dot{\boldsymbol{\alpha}} &= \partial_k \boldsymbol{\Phi}(\mathbf{u})\, \dot{u}^k = \dot{u}^k\, \partial_k \boldsymbol{\Phi}(\mathbf{u}), \\ \ddot{\boldsymbol{\alpha}} &= \ddot{u}^k\, \partial_k \boldsymbol{\Phi}(\mathbf{u}) + \dot{u}^k\, \partial_i \partial_k \boldsymbol{\Phi}(\mathbf{u}) \cdot \dot{u}^i, \end{aligned}$$

also mit der Koordinatendarstellung 4.1 (c) der kovarianten Ableitung

$$\ddot{\boldsymbol{\alpha}}^{\tan} = \ddot{u}^k\, \partial_k \boldsymbol{\Phi}(\mathbf{u}) + \Gamma^j_{ik} \dot{u}^i \dot{u}^k\, \partial_j \boldsymbol{\Phi}(\mathbf{u}) = \left(\ddot{u}^j + \Gamma^j_{ik} \dot{u}^i \dot{u}^k\right) \partial_j \boldsymbol{\Phi}(\mathbf{u}).$$

Die Koordinatenkurven $t \mapsto \mathbf{u}(t) = (u^1(t), u^2(t))$ von Geodätischen genügen also dem nichtlinearen System von Differentialgleichungen zweiter Ordnung

$$(*) \qquad \ddot{u}^j + \Gamma^j_{ik} \dot{u}^i \dot{u}^k = 0 \qquad (j = 1, 2).$$

Umgekehrt liefert jede Lösung $t \mapsto \mathbf{u}(t) = (u^1(t), u^2(t))$ dieser Gleichungen eine Geodätische $t \mapsto \boldsymbol{\Phi}(\mathbf{u}(t))$.

Mit den Γ^j_{ik} gehören damit auch die Geodätischen zur inneren Geometrie von M.

5.2 Geodätische als lokal kürzeste Kurven

Für Kurven $\boldsymbol{\alpha} : I \to M$ und kompakte Intervalle $J \subset I$ betrachten wir die Integrale

$$\mathcal{L}(\boldsymbol{\alpha}, J) = \int_J \|\dot{\boldsymbol{\alpha}}(t)\|\, dt, \qquad \mathcal{E}(\boldsymbol{\alpha}, J) := \int_J \|\dot{\boldsymbol{\alpha}}(t)\|^2\, dt.$$

Das erste ist die Länge des Kurvenstücks $\boldsymbol{\alpha} : J \to M$, das zweite nennen wir dessen **Energie**.

Eine Kurve $\boldsymbol{\alpha} : I \to M$ heißt **lokaler Minimizer** von $\mathcal{L}$ (bzw. von $\mathcal{E}$), wenn es zu jedem Kurvenpunkt $\mathbf{a} = \boldsymbol{\alpha}(t_0)$ eine Koordinatenumgebung $V \subset M$ gibt, so dass für jedes kompakte Intervall $J \subset I$ mit $t_0 \in J$ und $\boldsymbol{\alpha}(J) \subset V$ das Kurvenstück $\boldsymbol{\alpha} : J \to V$ das Minimum von $\mathcal{L}$ (bzw. von $\mathcal{E}$) in der Klasse aller Kurven $\boldsymbol{\beta} : J \to V$ mit gleichen Endpunkten wie $\boldsymbol{\alpha} : J \to V$ liefert. Einen lokalen Minimizer von $\mathcal{L}$ nennen wir auch **lokal kürzeste Kurve** in M.

SATZ. *Für eine reguläre Kurve* $\boldsymbol{\alpha} : I \to M$ *sind folgende Aussagen äquivalent*:

(1) $\boldsymbol{\alpha}$ *ist eine Geodätische*,

(2) $\boldsymbol{\alpha}$ *ist lokaler Minimizer der Energie*,

(3) $\boldsymbol{\alpha}$ *ist lokal Kürzeste in* M *und* $\|\dot{\boldsymbol{\alpha}}(t)\| = c$ *mit einer Konstanten* $c > 0$.

Da $\mathcal{L}$ invariant gegenüber Umparametrisierungen ist, ist nach diesem Satz mit einer Geodätischen $\boldsymbol{\alpha}$ auch jede Umparametrisierung $\boldsymbol{\beta} = \boldsymbol{\alpha} \circ h$ eine lokal Kürzeste, jedoch nur dann ein lokaler Minimizer von $\mathcal{E}$, wenn $\dot{h}$ konstant ist.

Beweis.

(i) *Übersicht.* Sei $\boldsymbol{\alpha} : I \to M$ ein lokaler Minimizer von $\mathcal{L}$ (bzw. von $\mathcal{E}$).

Zu $t_0 \in I$ wählen wir eine Koordinatenumgebung $V = \boldsymbol{\Phi}(U_0) \cap M$ der oben angegebenen Art und ein Intervall $J = [t_1, t_2]$ mit $\boldsymbol{\alpha}(J) \subset V$. Für die Koordinatenkurve $\mathbf{u} = \boldsymbol{\Phi}^{-1}(\boldsymbol{\alpha})$ gilt nach 2.3 unter Verwendung der Summationskonvention

$$\|\dot{\boldsymbol{\alpha}}\|^2 = \left\|\partial_i \boldsymbol{\Phi}(\mathbf{u})\dot{u}^i\right\|^2 = g_{ik}(\mathbf{u})\dot{u}^i\dot{u}^k .$$

Wir beziehen die Integrale $\mathcal{L}(\boldsymbol{\alpha}, J)$, $\mathcal{E}(\boldsymbol{\alpha}, J)$ auf die Koordinatenkurve $\mathbf{u}$ und schreiben

$$\mathcal{L}(\mathbf{u}, J) = \int_{t_1}^{t_2} \sqrt{g_{ik}(\mathbf{u})\,\dot{u}^i\dot{u}^k}\,dt\,, \qquad \mathcal{E}(\mathbf{u}, J) = \tfrac{1}{2}\int_{t_1}^{t_2} g_{ik}(\mathbf{u})\,\dot{u}^i\dot{u}^k\,dt\,.$$

Dann ist $\mathcal{L}$ ein parametrisch–elliptisches Variationsintegral, vgl. § 5 : 2. Nach Voraussetzung gilt

$$\mathcal{L}(\mathbf{u}, J) \le \mathcal{L}(\mathbf{v}, J) \quad (\text{bzw. } \mathcal{E}(\mathbf{u}, J) \le \mathcal{E}(\mathbf{v}, J))$$

für alle Kurven $\mathbf{v}$ mit $\mathbf{v}(t_1) = \mathbf{u}(t_1)$, $\mathbf{v}(t_2) = \mathbf{u}(t_2)$ und $\mathbf{v}(J) \subset V$; letzteres ist für $\|\mathbf{v} - \mathbf{u}\|_{C^0} \ll 1$ sicher der Fall. Somit ist $\mathbf{u}$ eine starke lokale Minimumstelle von $\mathcal{L}$ (bzw. von $\mathcal{E}$) und erfüllt daher insbesondere die zugehörigen Euler–Gleichungen.

Wir zeigen in (ii), dass unter den Voraussetzungen (3) (bzw. (2)) diese Euler–Gleichungen jeweils äquivalent zu den Gleichungen $(*)$ für Geodätische sind. Ist umgekehrt $\mathbf{u} : I \to U_0$ eine reguläre Lösung der Euler–Gleichungen $(*)$ und $t_0 \in I$, so ist $\mathbf{u}$ nach Einschränkung auf ein hinreichend kleines Intervall eine lokale Minimumstelle von $\mathcal{L}$ (bzw. von $\mathcal{E}$) bei vorgegebenen Randwerten, vgl. § 5 : 2.5 (bzw. § 3 : 3.4). Dies führt auf die Eigenschaften (3) (bzw. (2)).

(ii) Sei $\boldsymbol{\alpha} : I \to M$ eine lokal Kürzeste mit $\|\dot{\boldsymbol{\alpha}}(t)\| = c > 0$. Da $t \mapsto \boldsymbol{\alpha}(t/c)$ ebenfalls eine lokal Kürzeste ist und da unter Umparametrisierungen $t \mapsto ct$ Geodätische wieder in Geodätische übergehen, dürfen wir $c = 1$ annehmen. Nach § 5 : 2.3 (c) erfüllt mit den Bezeichnungen (i) die Kurve $\mathbf{u} = \boldsymbol{\Phi}^{-1}(\boldsymbol{\alpha})$ die Euler–Gleichungen für das Variationsintegral $\mathcal{E}$ mit der Lagrange–Funktion

$$E(\mathbf{u}, \dot{\mathbf{u}}) = \frac{1}{2} g_{ik}(\mathbf{u})\,\dot{u}^i\dot{u}^k .$$

Diese lauten

$$\frac{d}{dt}\left[\frac{\partial E}{\partial \dot{u}^\ell}(\mathbf{u}, \dot{\mathbf{u}})\right] - \frac{\partial E}{\partial u^\ell}(\mathbf{u}, \dot{\mathbf{u}}) = 0 \qquad (\ell = 1, 2)\,.$$

Wegen

$$\frac{\partial E}{\partial \dot{u}^\ell}(\mathbf{u}, \dot{\mathbf{u}}) \;=\; g_{\ell i}(\mathbf{u})\, \dot{u}^i\,, \qquad \frac{\partial E}{\partial u^\ell} \;=\; \frac{1}{2}\, \partial_\ell g_{ik}(\mathbf{u})\, \dot{u}^i \dot{u}^k$$

erhalten wir aus den Euler–Gleichungen für $\ell = 1, 2$

$$\begin{aligned} 0 \;&=\; \frac{d}{dt}\left[g_{\ell i}(\mathbf{u})\, \dot{u}^i\right] \;-\; \frac{1}{2}\partial_\ell g_{ik}(\mathbf{u})\, \dot{u}^i \dot{u}^k \\ &=\; g_{\ell i}(\mathbf{u})\, \ddot{u}^i \;+\; \partial_k g_{\ell i}(\mathbf{u})\, \dot{u}^i \dot{u}^k \;-\; \frac{1}{2}\partial_\ell g_{ik}(\mathbf{u})\, \dot{u}^i \dot{u}^k\,. \end{aligned}$$

Mit $\partial_k g_{\ell i}(\mathbf{u})\, \dot{u}^i \dot{u}^k \;=\; \partial_i g_{\ell k}(\mathbf{u})\, \dot{u}^k \dot{u}^i$ und der Formel für die $\Gamma_{i\ell k}$ in 4.1 (d) folgt

$$\begin{aligned} 0 \;&=\; g_{\ell i}(\mathbf{u})\, \ddot{u}^i \;+\; \frac{1}{2}\, \Big(-\partial_\ell g_{ik}(\mathbf{u}) + \partial_i g_{\ell k}(\mathbf{u}) + \partial_k g_{i\ell}(\mathbf{u})\Big)\, \dot{u}^i \dot{u}^k \\ &=\; g_{\ell i}(\mathbf{u})\, \ddot{u}^i + \Gamma_{i\ell k}(\mathbf{u})\, \dot{u}^i \dot{u}^k\,. \end{aligned}$$

Wegen $g^{j\ell} g_{\ell i} = \delta_i^j$ und $g^{j\ell}\Gamma_{i\ell k} = \Gamma_{ik}^j$ folgt daraus

$$0 \;=\; \ddot{u}^j \;+\; \Gamma_{ik}^j(\mathbf{u})\, \dot{u}^i \dot{u}^k \qquad (j = 1, 2)\,,$$

das sind die Differentialgleichungen (∗) einer Geodätischen. □

5.3 Exponentialabbildung und geodätische Polarkoordinaten

(a) SATZ 1. *Zu jedem Punkt* $\mathbf{a} \in M$ *und jedem Vektor* $\mathbf{v} \in T_\mathbf{a}M$ *existiert genau eine maximal definierte Geodätische* $\gamma = \gamma_{\mathbf{a},\mathbf{v}} : I \to M$ *auf einer offenen Intervallumgebung* $I = I_{\mathbf{a},\mathbf{v}}$ *von* 0 *mit*

$$\gamma(0) \;=\; \mathbf{a}\,, \quad \dot{\gamma}(0) \;=\; \mathbf{v}\,.$$

Der BEWEIS ergibt sich im Fall, dass M durch eine einzige Parametrisierung beschrieben wird, unmittelbar aus dem Existenz– und Eindeutigkeitssatz für gewöhnliche Differentialgleichungen. Im allgemeinen Fall ergibt sich die gesuchte Geodätische durch Verkleben von Stücken, die in Koordinatenumgebungen verlaufen, siehe [56] VIII.5. Ein solches Verkleben wird im Beweis 6.1 (c) ausgeführt.

Da Geodätische unter affinen Substitutionen wieder in Geodätische übergehen, folgt mit Satz 1 $\gamma_{\mathbf{a},\mathbf{v}}(t) = \gamma_{\mathbf{a},t\mathbf{v}}(1)$ für $t \in I$. Daher ist $\gamma_{\mathbf{a},s\mathbf{v}}(1)$ auf der Strecke $\{s\mathbf{v} \mid 0 \le s \le 1\}$ definiert, falls $\|\mathbf{v}\|$ genügend klein ist.

SATZ 2. *Für jeden Punkt* $\mathbf{a}$ *einer Fläche* M *gibt es eine sternförmige Umgebung* $U_\mathbf{a} \subset T_\mathbf{a}M$ *des Nullpunkts, für welche die* **Exponentialabbildung**

$$\exp_\mathbf{a} : U_\mathbf{a} \to M\,, \quad \mathbf{v} \mapsto \boldsymbol{\gamma}_{\mathbf{a},\mathbf{v}}(1)$$

einen Diffeomorphismus zwischen $U_\mathbf{a}$ *und* $V_\mathbf{a} := \exp_\mathbf{a}(U_\mathbf{a})$ *liefert.*

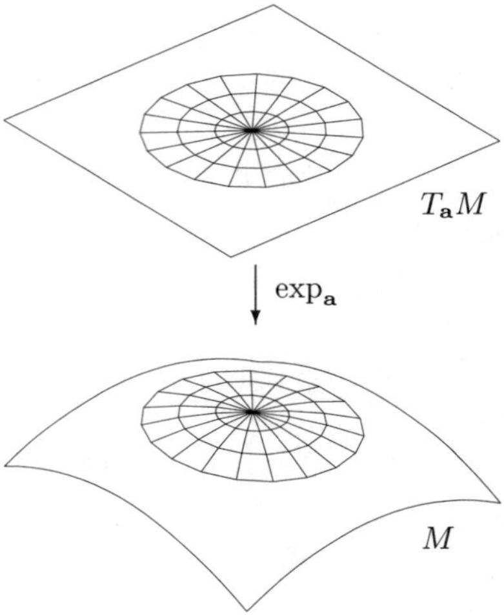

Für den BEWEIS siehe [48] 4.6.
Nach dem oben Gesagten bildet die Exponentialabbildung $\exp_\mathbf{a}$ jede genügend kleine Strecke $\{t\mathbf{v} \mid 0 \le t \le 1\}$ auf ein Stück der Geodätischen $\boldsymbol{\gamma}$ mit $\boldsymbol{\gamma}(0) = \mathbf{a}$, $\dot{\boldsymbol{\gamma}}(0) = \mathbf{v}$ ab.

Wählen wir in $T_\mathbf{a}M$ eine Orthonormalbasis $\mathbf{e}_1, \mathbf{e}_2$, so erhalten wir durch die Abbildung

$$\boldsymbol{\Phi} : \mathbf{u} = (u^1, u^2) \;\mapsto\; \exp_\mathbf{a}(u^i \mathbf{e}_i)$$

auf der sternförmigen Nullumgebung

$$U_0 \;=\; \left\{(u^1, u^2) \in \mathbb{R}^2 \;\middle|\; u^i \mathbf{e}_i \in U_\mathbf{a}\right\}$$

eine geometrisch ausgezeichnete Parametrisierung von M, genannt die Parametrisierung durch **Normalkoordinaten** um $\mathbf{a} \in M$.

SATZ 3. *Für die Parametrisierung durch Normalkoordinaten um* $\mathbf{a}$ *gilt*

$$g_{ik}(\mathbf{a}) \;=\; \delta_{ik}\,, \quad \Gamma^j_{ik}(\mathbf{a}) \;=\; 0\,.$$

BEWEIS.
Wegen $\boldsymbol{\gamma}_{\mathbf{a},t\mathbf{e}_i}(1) = \boldsymbol{\gamma}_{\mathbf{a},\mathbf{e}_i}(t)$ gilt $\partial_i \boldsymbol{\Phi}(\mathbf{0}) = \frac{d}{dt} \exp_\mathbf{a}(t\mathbf{e}_i)\big|_{t=0} = \dot{\boldsymbol{\gamma}}_{\mathbf{a},\mathbf{e}_i}(0) = \mathbf{e}_i$, also für die g_{ik}, Γ^j_{ik} als Funktion der Parameter $\mathbf{u}$

$$g_{ik}(0) \;=\; \langle \partial_i \boldsymbol{\Phi}(0), \partial_k \boldsymbol{\Phi}(0) \rangle \;=\; \langle \mathbf{e}_i, \mathbf{e}_k \rangle \;=\; \delta_{ik}\,.$$

Für jeden Vektor $\mathbf{0} \neq \mathbf{v} \in \mathbb{R}^2$ liefert $\mathbf{u}(t) = t\mathbf{v}$ die Koordinatendarstellung einer Geodätischen, also gilt nach 5.1 (c)

$$0 \;=\; \ddot{u}^j(0) + \Gamma^j_{ik}(\mathbf{0})\, \dot{u}^i(0)\, \dot{u}^k(0) \;=\; \Gamma^j_{ik}(\mathbf{0})\, v^i\, v^k \qquad (j = 1, 2)$$

für alle (v^1, v^2); mit $\Gamma^j_{ik} = \Gamma^j_{ki}$ folgt daraus $\Gamma^j_{ik}(\mathbf{0}) = 0$ für $i, k = 1, 2$. □

(b) Setzen wir in eine Parametrisierung $\boldsymbol{\Phi}$ durch Normalkoordinaten um $\mathbf{a}$ Polarkoordinaten $u^1 = r\cos\theta$, $u^2 = r\sin\theta$ ein, so erhalten wir eine Parametrisierung durch **geodätische Polarkoordinaten** um $\mathbf{a}$,

$$\boldsymbol{\Psi}(r, \theta) \;:=\; \boldsymbol{\Phi}(r\cos\theta, r\sin\theta) \quad \text{für } 0 < r \ll 1\,, \;\; 0 < \theta < 2\pi\,.$$

SATZ (GAUSS 1827). *Für geodätische Polarkoordinaten gilt*

$$ds^2 \;=\; dr^2 + J^2\, d\theta^2\,,$$

bzw.

$$g_{11} = 1\,, \quad g_{12} = 0\,, \quad g_{22} = J^2$$

mit einer Funktion $(r,\theta) \mapsto J(r,\theta)$, *die für jedes* θ *die Lösung des Anfangswertproblems*

$$\partial_r \partial_r J + K J \;=\; 0\,, \quad \lim_{r\to 0} J(r,\theta) = 0\,, \quad \lim_{r\to 0} \partial_r J(r,\theta) = 1$$

ist.

Für den BEWEIS verweisen wir auf [48] 4.6.

Die geodätischen Polarkoordinaten liefern eine optimale Beschreibung der durch Krümmung erzeugten Abstandsverhältnisse nahe des beobachteten Punkts **a**. Die Abstandskreise $\{r = \text{const}\}$ auf der Fläche treffen die radialen Strahlen $\{\theta = \text{const}\}$ senkrecht wegen $g_{12} = 0$, und die Längenmessung auf diesen Kreisen ist über die Funktion J vollständig durch die Gaußsche Krümmung K nahe **a** bestimmt.

FOLGERUNG. *Bezeichnet* $L(\varrho)$ *die Länge des Abstandskreises* $\{r = \varrho\}$ *mit* $0 < \varrho \ll 1$ *um* **a** *und* $A(\varrho)$ *den Flächeninhalt der Kreisscheibe* $\{r < \varrho\}$, *so gelten die Formeln von* BERTRAND, PUISSEUX *und* DIQUET *(um 1850)*

$$K(\mathbf{a}) \;=\; \lim_{\varrho\to 0} \frac{3}{\pi\varrho^3}\bigl(2\pi\varrho - L(\varrho)\bigr)\,, \quad K(\mathbf{a}) \;=\; \lim_{\varrho\to 0} \frac{12}{\pi\varrho^4}\bigl(\pi\varrho^2 - A(\varrho)\bigr)\,.$$

Mit Hilfe dieser Formeln ist es Flächenbewohnern möglich, allein durch Längen– bzw. Flächenmessung auf die Krümmung ihrer Welt zu schließen. Eine weitere Methode zur Messung der Krümmung geben wir in 6.3 (c) an.

BEWEISSKIZZE.

Wegen $\lim_{r\to 0} J(r,\theta) \;=\; 0 \;=\; \lim_{r\to 0} \partial_r\partial_r J(r,\theta)$ lässt sich $J(r,\theta)$ für jedes θ zu einer ungeraden C^3–Funktion auf ein 0 enthaltendes offenes Intervall fortsetzen, die wir wieder mit $J(r,\theta)$ bezeichnen ÜA. Für diese gilt dann $J(0,\theta) = 0$, $\partial_r J(0,\theta) = 1$, und aus der DG $\partial_r\partial_r J + K\,J = 0$ folgt $\partial_r\partial_r J(0,\theta) = 0$ sowie $\partial_r\partial_r\partial_r J(0,\theta) = -K(\mathbf{a})$ wegen $\partial_r\partial_r\partial_r J = -J\,\partial_r K - K\partial_r J$.

Taylorentwicklung an der Stelle $r = 0$ liefert

$$J(r,\theta) \;=\; r - \frac{r^3}{3!}\,K(\mathbf{a}) + R(r,\theta) \quad \text{mit} \quad \lim_{r\to 0} \frac{R(r,\theta)}{r^3} = 0$$

gleichmäßig in θ. Für die Länge des Abstandskreises $\{r = \varrho\}$ auf M ergibt sich hieraus ÜA

$$L(\varrho) = 2\pi\varrho - \frac{\pi\varrho^3}{3}K(\mathbf{a}) + R_1(\varrho)\,, \qquad \lim_{\varrho\to 0}\frac{R_1(\varrho)}{\varrho^3} = 0\,.$$

Für den Flächeninhalt von $\{r < \varrho\}$ folgt wegen $g = g_{11}g_{22} - g_{12}g_{21} = J$

$$A(\varrho) \;=\; \int_0^{2\pi}\int_0^{\varrho} \sqrt{g}\,dr\,d\theta \;=\; \int_0^{2\pi}\int_0^{\varrho} J\,dr\,d\theta \;=\; 2\pi\left(\frac{\varrho^2}{2} - \frac{\varrho^4}{24}K(\mathbf{a})\right) + R_2(\varrho)$$

mit $\lim\limits_{\varrho\to 0} R_2(\varrho)/\varrho^4 \;=\; 0.$ □

Im Fall konstanter Gaußscher Krümmung K hat das im Satz angegebene Anfangswertproblem für J die Lösungen ÜA

$$J(r,\theta) \;=\; \begin{cases} \sin(\sqrt{K}r)/\sqrt{K} & \text{für } K > 0\,, \\ r & \text{für } K = 0\,, \\ \sinh(\sqrt{-K}r)/\sqrt{-K} & \text{für } K < 0\,. \end{cases}$$

5.4 Geodätische auf Rotationsflächen

(a) Bei konkret gegebener Parametrisierung lassen sich die Differentialgleichungen für die Koordinatenkurven $t \mapsto \mathbf{u}(t) = (u^1(t), u^2(t))$ von Geodätischen auch ohne die Berechnung der Christoffel–Symbole gewinnen. Nach dem Beweisteil (i) in 5.2 sind sie äquivalent zu den Euler–Gleichungen

$$\frac{d}{dt}\left[\frac{\partial E}{\partial \dot{u}^\ell}(\mathbf{u},\dot{\mathbf{u}})\right] \;=\; \frac{\partial E}{\partial u^\ell}(\mathbf{u},\dot{\mathbf{u}}) \qquad (\ell = 1,2)$$

für die Lagrange–Funktion der Energie

$$E(\mathbf{u},\dot{\mathbf{u}}) \;=\; \frac{1}{2}\,g_{ik}(\mathbf{u})\,\dot{u}^i\,\dot{u}^k\,.$$

Die Euler–Gleichungen haben u.a. den Vorteil, dass sich bei Vorliegen einer zyklischen Variablen sofort ein Erhaltungssatz ergibt:

$$\frac{\partial E}{\partial u^\ell} \;=\; 0 \quad\Longrightarrow\quad \frac{\partial E}{\partial \dot{u}^\ell}(\mathbf{u},\dot{\mathbf{u}}) \;=\; \text{const.}$$

Wir illustrieren das Verfahren anhand einer Rotationsfläche mit Parametrisierung

$$\mathbf{\Phi}(\theta, z) \;=\; \big(r(z)\,\cos\theta,\; r(z)\,\sin\theta,\; z\big)$$

mit einer C^∞–Funktion $r > 0$. Es ergibt sich ÜA

$$g_{11} = r^2\,, \quad g_{12} = 0\,, \quad g_{22} = {r'}^2 + 1\,.$$

Die Lagrange–Funktion ist also

$$E(\theta, z, \dot\theta, \dot z) \;=\; \frac{1}{2}\left(r(z)^2\dot\theta^2 + (r'(z)^2+1)\,\dot z^2\right)$$

mit

$$\frac{\partial E}{\partial \theta} \;=\; 0\,, \qquad \frac{\partial E}{\partial z} \;=\; r(z)\,r'(z)\,\dot\theta^2 + r'(z)\,r''(z)\,\dot z^2\,,$$

$$\frac{\partial E}{\partial \dot\theta} \;=\; r(z)^2\,\dot\theta\,, \qquad \frac{\partial E}{\partial \dot z} \;=\; \left(r'(z)^2+1\right)\,\dot z\,.$$

Die Euler–Gleichungen und damit die Bedingungen für Geodätische sind daher

$$(r(z)^2\,\dot\theta)^{\boldsymbol\cdot} \;=\; 0\,, \quad ((r'(z)^2+1)\dot z)^{\boldsymbol\cdot} \;=\; r(z)\,r'(z)\,\dot\theta^2 + r'(z)\,r''(z)\,\dot z^2\,,$$

daraus folgt

$$r(z)^2\,\dot\theta \;=\; \text{const.}, \quad (r'(z)^2+1)\,\ddot z \;=\; r(z)\,r'(z)\,\dot\theta^2 - r'(z)\,r''(z)\,\dot z^2\,.$$

Wir formen die erste Gleichung um. Seien $t \mapsto \boldsymbol\alpha(t) := \boldsymbol\Phi(\theta(t), z(t))$ eine nichtkonstante Geodätische und $\varphi(t)$ der Winkel zwischen $\boldsymbol\alpha(t)$ und dem durch den Punkt $\boldsymbol\alpha(t)$ laufenden Breitenkreis $s \mapsto \boldsymbol\beta(s) := \boldsymbol\Phi(s, z(t))$.

Dann ist $r(t)^2\dot\theta(t) = a$ äquivalent zu

$$r(z(t))\,\cos\varphi(t) \;=\; a/c$$

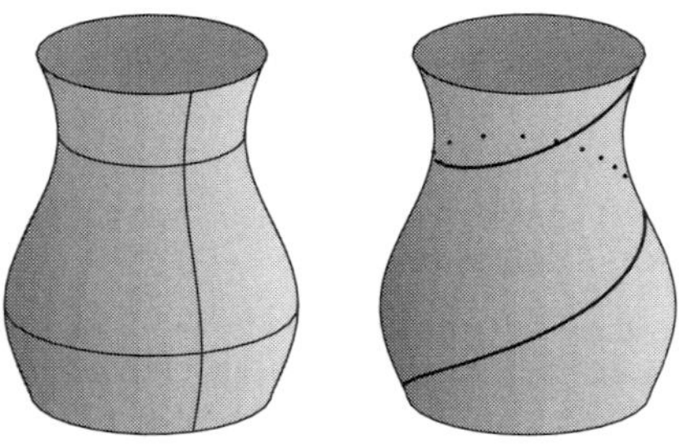

mit der Konstanten $c = \|\dot{\boldsymbol\alpha}\|$ (Clairaut 1733). Denn nach 5.1 (a) ist $\|\dot{\boldsymbol\alpha}\|$ konstant; ferner gilt

$$\dot{\boldsymbol\alpha} \;=\; \partial_1\boldsymbol\Phi(\theta, z)\,\dot\theta \;+\; \partial_2\boldsymbol\Phi(\theta, z)\,\dot z\,,$$

$$\boldsymbol\beta' \circ \theta \;=\; \partial_1\boldsymbol\Phi(\theta, z)\,,$$

somit folgt wegen $g_{12} = 0$

$$r\,\cos\varphi \;=\; r\,\frac{\langle \dot{\boldsymbol\alpha}, \boldsymbol\beta'\circ\theta\rangle}{\|\dot{\boldsymbol\alpha}\|\cdot\|\boldsymbol\beta'\circ\theta\|} \;=\; r\,\frac{g_{11}\,\dot\theta}{c\cdot\sqrt{g_{11}}} \;=\; \frac{r^2\,\dot\theta}{c}\,.$$

Daraus ergeben sich die nichtkonstanten Geodätischen auf M (bis auf affine Umparametrisierungen):

(i) Meridiankurven $z \mapsto \mathbf{\Phi}(\theta, z)$, entsprechend $\dot{\theta} = 0$,

(ii) Breitenkreise $\theta \mapsto \mathbf{\Phi}(\theta, z_0)$ an Stellen $\mathbf{z}_0$ mit $r'(z_0) = 0$, insbesondere um Taillen und Bäuche, entsprechend $\dot{z} = 0$, $r(z(t)) = \text{const.}$

(iii) Spiralförmige Kurven, die der Clairaut–Bedingung mit $\dot{z} \neq 0$, $\dot{\theta} \neq 0$ genügen. Diese sind an Bäuchen steiler als in Taillen (Fig.).

(b) Für einen Zylinder mit Parametrisierung $\mathbf{\Phi}(\theta, z) = (\cos\theta, \sin\theta, z)$ lauten die Euler–Gleichungen (a) $\dot{\theta} = \text{const}$, $\ddot{z} = 0$. Somit ergeben sich als Geodätische alle Meridianlinien, alle Breitenkreise und sämtliche Spiralen

$$t \mapsto (\cos t, \sin t, at + h) \quad \text{mit} \quad a, h \in \mathbb{R}, \quad a \neq 0\,.$$

(c) JACOBI gab 1843 für die Geodätischen auf einem Ellipsoid eine explizite Darstellung, indem er eine Parametrisierung durch elliptische Koordinaten wählte und die zur Lagrange–Funktion E gehörige Hamilton–Jacobi–Gleichung integrierte, vgl. § 4 : 4. Näheres hierzu finden Sie bei [4] II, Kap. II, § 8.5.

(d) AUFGABE. Bestimmen Sie die Exponentialabbildung

(i) um den Nordpol $\mathbf{a} = \mathbf{e}_3$ der Einheitssphäre $M = S^2$,

(ii) um den Punkt $\mathbf{a} = \mathbf{e}_1$ des Einheitszylinders $M = \{(x, y, z) \mid x^2 + y^2 = 1\}$.

6 Parallelverschiebung und Winkelexzess

Für die Grundlagen der ebenen Geometrie, zurückgehend auf die *Elemente* des EUKLID (Anfang 3. Jhd. v. Chr.), spielt neben den Begriffen Strecke, Länge, Winkel, Kreis, Fläche die Parallelität eine zentrale Rolle. EUKLID erkannte, dass der Satz über die Winkelsumme im Dreieck nicht ohne das Parallelenaxiom zu beweisen ist. Dieses Axiom kennzeichnet die Parallelität zweier Geraden durch die Gleichheit der Winkel, unter denen schräg zu ihnen laufende Geraden geschnitten werden.

Demnach kann eine Dreiecksseite längs einer der anderen Seiten auf genau eine Weise so in die gegenüberliegende Ecke verschoben werden, dass die Schnittwinkel mit dieser Seite gleich bleiben. Nach Ausführung dieser Verschiebung lässt sich die Summe der Dreieckswinkel an der betreffenden Ecke leicht ablesen.

Für die Geometrie auf einer Fläche übernehmen Stücke von Geodätischen die Rolle von Strecken. Wir gehen am Ende dieses Abschnitts auf die Winkelsumme in einem geodätischen Dreieck ein. Zuvor führen wir die Parallelverschiebung längs einer Flächenkurve ein.

6.1 Parallele Vektorfelder längs einer Flächenkurve

(a) Sei $\boldsymbol{\alpha} : I \to M$ eine Flächenkurve. Unter einem (tangentialen) **Vektorfeld längs $\boldsymbol{\alpha}$** verstehen wir eine C^∞–Abbildung

$$\mathbf{X} : I \to \mathbb{R}^3 \quad \text{mit} \quad \mathbf{X}(t) \in T_{\alpha(t)}M \quad \text{für} \quad t \in I\,.$$

Ein Beispiel bietet das Tangentialvektorfeld $\dot{\boldsymbol{\alpha}}$. Die Gesamtheit aller Vektorfelder längs $\boldsymbol{\alpha}$ bezeichnen wir mit $\mathcal{V}\alpha$. Mit $\mathbf{X}, \mathbf{Y} \in \mathcal{V}\alpha$ und $f, g \in \mathcal{F}M$ enthält $\mathcal{V}\alpha$ auch die punktweis definierte Linearkombination

$$f\,\mathbf{X} + g\,\mathbf{Y} : t \mapsto f(t)\,\mathbf{X}(t) + g(t)\,\mathbf{Y}(t)\,.$$

Ist $M \subset \mathbb{R}^3$ eine Ebene, so nennen wir ein Vektorfeld $\mathbf{X} \in \mathcal{V}\alpha$ parallel, wenn $\dot{\mathbf{X}} = \mathbf{0}$. Für gekrümmte Flächen muss $\dot{\mathbf{X}}$ für $\mathbf{X} \in \mathcal{V}\alpha$ nicht verschwinden. Zum Nachweis fixieren wir $t \in I$, setzen $\mathbf{a} := \boldsymbol{\alpha}(t)$, $\mathbf{v} := \dot{\boldsymbol{\alpha}}(t)$ und wählen ein Einheitsnormalenfeld $\mathbf{N}$ von M nahe $\mathbf{a}$. Dann gilt für jedes Vektorfeld $\mathbf{X} \in \mathcal{V}\alpha$

$$0 \;=\; \langle \mathbf{X}, \mathbf{N}\circ\boldsymbol{\alpha}\rangle^{\boldsymbol{\cdot}} \;=\; \big\langle \dot{\mathbf{X}}, \mathbf{N}\circ\boldsymbol{\alpha}\big\rangle + \langle \mathbf{X}, (\mathbf{N}\circ\boldsymbol{\alpha})^{\boldsymbol{\cdot}}\rangle\,, \quad \text{also}$$

$$\dot{\mathbf{X}}(t)^{\mathrm{nor}} \;=\; \big\langle \dot{\mathbf{X}}(t), \mathbf{N}(\mathbf{a})\big\rangle\, \mathbf{N}(\mathbf{a}) \;=\; -\langle \mathbf{X}(t), \partial_{\mathbf{v}}\mathbf{N}(\mathbf{a})\rangle \mathbf{N}(\mathbf{a})$$

und damit

$$\big\|\dot{\mathbf{X}}(t)\big\|^2 = \big\|\dot{\mathbf{X}}(t)^{\mathrm{tan}}\big\|^2 + \big\|\dot{\mathbf{X}}(t)^{\mathrm{nor}}\big\|^2 = \big\|\dot{\mathbf{X}}(t)^{\mathrm{tan}}\big\|^2 + \langle \mathbf{X}(t), \partial_{\mathbf{v}}\mathbf{N}(\mathbf{a})\rangle^2$$

$$\geq \langle \mathbf{X}(t), \partial_{\mathbf{v}}\mathbf{N}(\mathbf{a})\rangle^2\,.$$

Bei gegebenem $\mathbf{X}(t) \in T_{\alpha(t)}M$ wird also $\big\|\dot{\mathbf{X}}(t)\big\|$ minimal, falls $\dot{\mathbf{X}}(t)^{\mathrm{tan}} = \mathbf{0}$.

Wir nennen ein Vektorfeld $\mathbf{X} \in \mathcal{V}\alpha$ **parallel** oder **parallelverschoben längs $\boldsymbol{\alpha}$**, wenn

$$\dot{\mathbf{X}}(t)^{\mathrm{tan}} \;=\; \mathbf{0} \quad \text{für alle} \;\; t \in I$$

gilt (Levi–Civita, Hessenberg 1917, Schouten 1918).

Erhaltungssatz für das Skalarprodukt. *Für parallele Vektorfelder $\mathbf{X}, \mathbf{Y}$ längs $\boldsymbol{\alpha}$ ist das Skalarprodukt $\langle \mathbf{X}, \mathbf{Y}\rangle$ konstant.*

Damit bleiben ihre Längen und der Winkel zwischen ihnen konstant.

Denn aus $\dot{\mathbf{X}}^{\mathrm{tan}} = \dot{\mathbf{Y}}^{\mathrm{tan}} = \mathbf{0}$ folgt mit der Skalarproduktregel

$$\big\langle \mathbf{X}, \mathbf{Y}\big\rangle^{\boldsymbol{\cdot}} \;=\; \big\langle \dot{\mathbf{X}}, \mathbf{Y}\big\rangle + \big\langle \mathbf{X}, \dot{\mathbf{Y}}\big\rangle \;=\; \big\langle \dot{\mathbf{X}}^{\mathrm{tan}}, \mathbf{Y}\big\rangle + \big\langle \mathbf{X}, \dot{\mathbf{Y}}^{\mathrm{tan}}\big\rangle \;=\; 0\,.$$

(b) Sei $\boldsymbol{\Phi}$ eine Parametrisierung von M, die ein Stück von $\boldsymbol{\alpha}(I)$ überdeckt; ferner sei $\mathbf{u} = \boldsymbol{\Phi}^{-1} \circ \boldsymbol{\alpha}$ die Koordinatendarstellung von $\boldsymbol{\alpha}$. Hat $\mathbf{X} \in \mathcal{V}\alpha$ die lokale Basisdarstellung

$$\mathbf{X} \;=\; \xi^k \partial_k \boldsymbol{\Phi}(\mathbf{u}) \quad \text{mit Koeffizienten} \;\; t \mapsto \xi^k(t)$$

(mit der üblichen Summationskonvention), so folgt

$$\dot{\mathbf{X}} = \dot{\xi}^k \partial_k \mathbf{\Phi}(\mathbf{u}) + \xi^k \partial_i \partial_k \mathbf{\Phi}(\mathbf{u}) \dot{u}^i = \dot{\xi}^j \partial_j \mathbf{\Phi}(\mathbf{u}) + \xi^k \partial_i \partial_k \mathbf{\Phi}(\mathbf{u}) \dot{u}^i ,$$

also nach 4.1 (b), (c)

$$\dot{\mathbf{X}}^{\tan} = \left(\dot{\xi}^j + \Gamma^j_{ik}(\mathbf{u}) \dot{u}^i \xi^k \right) \partial_j \mathbf{\Phi}(\mathbf{u}) .$$

Die Koordinaten ξ^1, ξ^2 eines längs $\boldsymbol{\alpha}$ parallelen Vektorfelds genügen also dem linearen System von Differentialgleichungen

$$(*) \qquad \dot{\xi}^j + \Gamma^j_{ik}(\mathbf{u}) \dot{u}^i \xi^k = 0 \qquad (j = 1, 2) ;$$

umgekehrt liefert jede Lösung (ξ^1, ξ^2) von $(*)$ ein Vektorfeld $\mathbf{X} = \xi^k X_k$ längs $\boldsymbol{\alpha}$ mit $\dot{\mathbf{X}}^{\tan} = \mathbf{0}$.

Parallelität von Vektorfeldern ist somit ein Begriff der inneren Geometrie.

(c) **Existenz– und Eindeutigkeitssatz für parallele Vektorfelder**. *Gegeben seien eine Kurve* $\boldsymbol{\alpha} : I \to M$, *ein Kurvenpunkt* $\mathbf{a}_0 = \boldsymbol{\alpha}(t_0)$ *und ein Vektor* $\mathbf{v}_0 \in T_{\mathbf{a}_0} M$. *Dann gibt es genau ein paralleles Vektorfeld* $\mathbf{X}$ *längs* $\boldsymbol{\alpha}$ *mit* $\mathbf{X}(t_0) = \mathbf{v}_0$.

BEWEIS.

Es genügt, die Existenz und Eindeutigkeit für ein beliebiges kompaktes Teilintervall $J = [a, b] \subset I$ mit $t_0 \in \overset{\circ}{J}$ nachzuweisen. Die kompakte Menge $\boldsymbol{\alpha}([t_0, b])$ wird durch endlich viele Koordinatenumgebungen überdeckt: Es gibt Parametrisierungen $\mathbf{\Phi}_k : V_k \to M \cap U_k$ $(k = 1, \ldots, m)$ und eine Zerlegung $t_0 < t_1 < \cdots < t_m = b$ von $[t_0, b]$, so dass $\boldsymbol{\alpha}([t_{k-1}, t_k])$ in der Koordinatenumgebung $M \cap U_k$ liegt $(k = 1, \ldots, m)$.

Auf einem Intervall $I_\varepsilon =]t_0 - \varepsilon, t_1 + \varepsilon[$ mit $\boldsymbol{\alpha}(I_\varepsilon) \subset M \cap U_1$ betrachten wir $\mathbf{u}(t) := \mathbf{\Phi}_1^{-1}(\boldsymbol{\alpha}(t))$. Seien $\mathbf{u}_0 := \mathbf{u}(t_0) = \mathbf{\Phi}_1^{-1}(\mathbf{a})$ und $\mathbf{v}_0 := \xi_0^i \, \partial_i \mathbf{\Phi}_1(\mathbf{u}_0)$. Nach dem Existenz– und Eindeutigkeitssatz für lineare Differentialgleichungen Bd. 2, § 2 : 6.7 hat das System $(*)$ eine eindeutig bestimmte Lösung $(\xi^1, \xi^2) : I_\varepsilon \to \mathbb{R}^2$ mit $\xi^i(t_0) = \xi_0^i$ $(i = 1, 2)$. Daher existiert ein eindeutig bestimmtes, längs $\boldsymbol{\alpha} : I_\varepsilon \to M$ paralleles Vektorfeld $\mathbf{X}$ mit $\mathbf{X}(t_0) = \mathbf{v}_0$, gegeben durch $\mathbf{X}(t) = \xi^k(t) \, \partial_k \mathbf{\Phi}_1(\mathbf{u}(t))$.

Seien $J_\varepsilon =]t_1 - \varepsilon, t_2 + \varepsilon[$ mit $\boldsymbol{\alpha}(J_\varepsilon) \subset M \cap U_2$, $\mathbf{w}(t) := \mathbf{\Phi}_2^{-1}(\boldsymbol{\alpha}(t))$, $\mathbf{u}_1 := \mathbf{w}(t_1)$, $\mathbf{v}_1 := \mathbf{X}(t_1) = \eta_0^k \, \partial_k \mathbf{\Phi}_2(\mathbf{u}_1)$. Mit den zu $\mathbf{\Phi}_2$ gehörigen Christoffel–Symbolen $\overline{\Gamma}^j_{ik}$ betrachten wir die eindeutig bestimmte Lösung $(\eta^1, \eta^2) : J_\varepsilon \to \mathbb{R}^2$ des AWP

$$\dot{\eta}^j + \overline{\Gamma}^j_{ik}(\mathbf{w}) \, \dot{w}_i \, \eta^k = 0 , \quad \eta^j(t_1) = \eta_0^j \quad (j = 1, 2) .$$

Dann ist durch $\mathbf{Y}(t) = \eta^k(t)\,\partial_k \boldsymbol{\Phi}_2(\mathbf{w}(t))$ ein eindeutig bestimmtes, längs $\boldsymbol{\alpha} : J_\varepsilon \to M$ paralleles Vektorfeld gegeben mit $\mathbf{Y}(t_1) = \mathbf{v}_1 = \mathbf{X}(t_1)$. Somit stimmen $\mathbf{X}(t)$ und $\mathbf{Y}(t)$ auf $]t_1 - \varepsilon, t_1 + \varepsilon[$ überein. Durch Fortführung dieses Verfahrens und entsprechendes Vorgehen für $[a, t_0]$ ergibt sich die Behauptung. □

6.2 Das Foucault–Pendel

Wir betrachten ein Pendel der Länge ℓ, das in einem Turm mit der geographischen Breite Θ aufgehängt ist. Als Inertialsystem verwenden wir ein nichtrotierendes Koordinatensystem mit Ursprung im Erdmittelpunkt und der Erdachse als z–Achse. Bei der differentialgeometrischen Interpretation beschreiben wir die Erdoberfläche durch eine nichtrotierende R–Sphäre $M \subset \mathbb{R}^3$. Die durch die Erdrotation entstehende Bahn der ruhenden Pendelmasse ist dann ein Breitenkreis

$$t \mapsto \boldsymbol{\alpha}(t) = (R\cos\Theta\,\cos\Omega t, R\cos\Theta\,\sin\Omega t, R\sin\Theta)\,;$$

hierbei ist R der Erdradius und $\Omega = 2\pi/24\,\mathrm{h}^{-1}$ die Kreisfrequenz der Erddrehung. Kleine Pendelausschläge vorausgesetzt, dürfen wir den Ort der Pendelkugel zur Zeit t durch einen Vektor $\mathbf{Y}(t)$ in der Tangentialebene $T_{\boldsymbol{\alpha}}(t)M$ darstellen.

Die Bewegungsgleichung der Pendelkugel lautet dann unter Beachtung von $\Omega^2 \ll \omega^2 := g/\ell$ in guter Näherung

$$\ddot{\mathbf{Y}}(t)^{\tan} + \omega^2\mathbf{Y}(t) = \mathbf{0}\,, \quad \omega = \sqrt{g/\ell}\,, \quad g = \text{Erdbeschleunigung}.$$

Der Lösungsansatz

$$\mathbf{Y}(t) = a\,\sin\omega t\,\mathbf{X}(t)$$

mit einer Konstanten $a > 0$ und einem Vektorfeld $\mathbf{X}$ längs $\boldsymbol{\alpha}$ führt auf die Gleichung

$$\mathbf{0} = \ddot{\mathbf{Y}}(t)^{\tan} + \omega^2\mathbf{Y}(t) = 2a\omega\cos\omega t\,\dot{\mathbf{X}}(t)^{\tan}\,,$$

wenn wir $\|\ddot{\mathbf{X}}\| \ll \omega\,\|\dot{\mathbf{X}}\|$ annehmen.

Das Richtungsvektorfeld $\mathbf{X}$ des Pendelausschlags wird also längs des Breitenkreises $\boldsymbol{\alpha}$ parallel verschoben.
Daher ist $\|\mathbf{X}(t)\|$ konstant nach dem Erhaltungssatz 6.1 (a), und wir dürfen $\|\mathbf{X}(t)\| = 1$ annehmen.

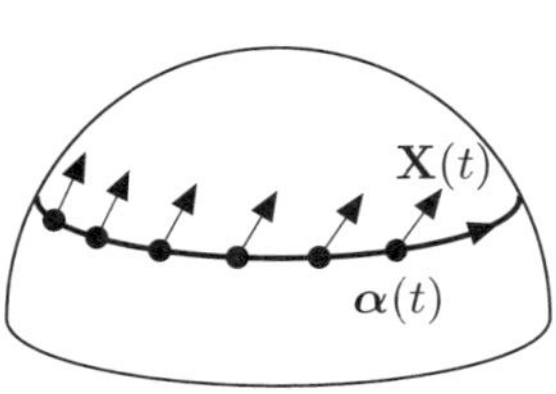

Zur Bestimmung der Winkeländerung von $\mathbf{X}$ nach einer Erddrehung führen wir ein Orthonormalsystem $\mathbf{e}_1, \mathbf{e}_2 \in \mathcal{V}\alpha$ ein durch

$$\mathbf{e}_1(t) = (-\sin \Omega t,\ \cos \Omega t,\ 0)\,,$$

$$\mathbf{e}_2(t) = (-\sin \Theta \cos \Omega t,\ -\sin \Theta \sin \Omega t,\ \cos \Theta)\,.$$

Mit $\mathbf{N}(t) := \mathbf{e}_1(t) \times \mathbf{e}_2(t) = (\cos \Theta \cos \Omega t,\ \cos \Theta \sin \Omega t,\ \sin \Theta)$ folgt $\boxed{\text{ÜA}}$

$$\dot{\mathbf{e}}_1 = \Omega \sin \Theta\, \mathbf{e}_2 - \Omega \cos \Theta\, \mathbf{N}\,, \quad \dot{\mathbf{e}}_2 = -\Omega \sin \Theta\, \mathbf{e}_1\,.$$

Stellen wir $\mathbf{X}$ mit Hilfe einer C^∞–Winkelfunktion $t \mapsto \varphi(t)$ dar als

$$\mathbf{X} = \cos \varphi\, \mathbf{e}_1 + \sin \varphi\, \mathbf{e}_2\,,$$

so erhalten wir $\boxed{\text{ÜA}}$

$$\begin{aligned}\mathbf{0} = \dot{\mathbf{X}}^{\tan} &= -\dot{\varphi} \sin \varphi\, \mathbf{e}_1 + \dot{\varphi} \cos \varphi\, \mathbf{e}_2 + \Omega \sin \Theta \cos \varphi\, \mathbf{e}_2 - \Omega \sin \Theta \sin \varphi\, \mathbf{e}_1 \\ &= (\dot{\varphi} + \Omega \sin \Theta)\,(-\sin \varphi\, \mathbf{e}_1 + \cos \varphi\, \mathbf{e}_2)\,,\end{aligned}$$

also $\dot{\varphi} + \Omega \sin \Theta = 0$. Die Winkeländerung von $\mathbf{X}$ nach der Zeit $T = 24\,\text{h}$ einer Erdumdrehung ist daher

$$\varphi(T) - \varphi(0) = \int_0^T \dot{\varphi}(t)\, dt = -T\Omega \sin \Theta = -2\pi \sin \Theta\,.$$

Bemerkung. Eine genauere Darstellung der Pendelbahn lautet

$$\mathbf{Y}(t) = a \sin bt\, \mathbf{X}_1(t) - ab^{-1}\Omega \sin \Theta \cos bt\, \mathbf{X}_2(t)$$

mit $b = \sqrt{\Omega^2 \sin^2 \Theta + \omega^2}$ und dem Orthonormalsystem von parallelen Vektorfeldern längs $\boldsymbol{\alpha}$

$$\mathbf{X}_1 = \cos \varphi\, \mathbf{e}_1 + \sin \varphi\, \mathbf{e}_2\,, \qquad \mathbf{X}_2 = -\sin \varphi\, \mathbf{e}_1 + \cos \varphi\, \mathbf{e}_2\,.$$

Nachweis als $\boxed{\text{ÜA}}$; vgl. [124] Bd. 1, § 31.

Versuche zum Foucault–Pendel wurden von Viviani 1661, Foucault 1850/51 und anderen durchgeführt; die theoretische Behandlung leistete Kamerlingh Onnes 1879.

6.3 Paralleltransport und Theorema elegantissimum

(a) Sei M eine zusammenhängende Fläche. Dann können zwei gegebene Punkte $\mathbf{a}, \mathbf{b} \in M$ durch ein Kurvenstück $\boldsymbol{\alpha} : [a, b] \to M$ mit $\boldsymbol{\alpha}(a) = \mathbf{a}$, $\boldsymbol{\alpha}(b) = \mathbf{b}$

verbunden werden. Nach dem Existenz– und Eindeutigkeitssatz 6.1 (c) für parallele Vektorfelder gibt es zu jedem Vektor $\mathbf{u} \in T_{\mathbf{a}}M$ genau ein paralleles Vektorfeld $\mathbf{X}$ längs $\boldsymbol{\alpha}$ mit $\mathbf{X}(a) = \mathbf{u}$. Wir bezeichnen die Abbildung

$$P_\alpha : T_{\mathbf{a}}M \to T_{\mathbf{b}}M\,, \quad \mathbf{u} = \mathbf{X}(a) \mapsto \mathbf{X}(b)$$

als den **Paralleltransport** längs $\boldsymbol{\alpha}$.

SATZ. *Der Paralleltransport* $P_\alpha : T_{\mathbf{a}}M \to T_{\mathbf{b}}M$ *ist linear und isometrisch:*

$$\langle P_\alpha \mathbf{u}, P_\alpha \mathbf{v}\rangle_{\mathbf{b}} \;=\; \langle \mathbf{u}, \mathbf{v}\rangle_{\mathbf{a}} \quad \textit{für} \;\; \mathbf{u}, \mathbf{v} \in T_{\mathbf{a}}M\,.$$

Die Isometrieeigenschaft von P_α folgt aus 6.1 (a); die Linearität folgt mit dem Eindeutigkeitssatz 6.1 (c) ÜA.

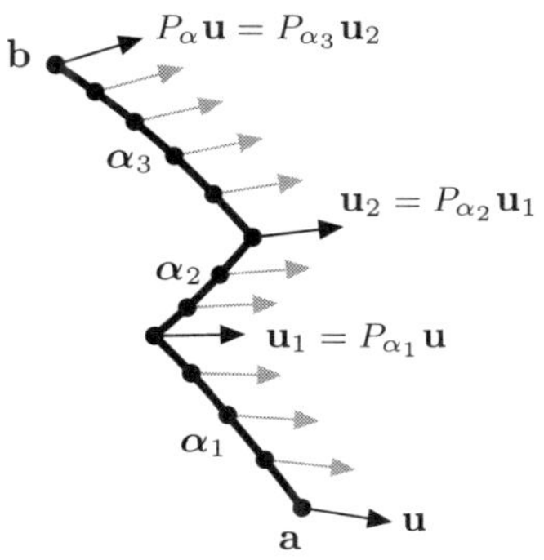

Der Paralleltransport lässt sich unmittelbar auf stückweis glatte Kurven

$$\boldsymbol{\alpha} = \boldsymbol{\alpha}_1 + \cdots + \boldsymbol{\alpha}_n$$

ausdehnen, indem

$$P_\alpha \;:=\; P_{\alpha_n} \circ \cdots \circ P_{\alpha_1}$$

gesetzt wird (Fig.).

(b) Wir stellen die Frage, ob und inwieweit der Paralleltransport vom verbindenden Kurvenstück abhängt und betrachten zwei die Punkte **a** und **b** verbindende Kurven $\boldsymbol{\alpha}$, $\boldsymbol{\beta}$. Statt P_α und P_β miteinander zu vergleichen setzen wir $\boldsymbol{\alpha}$ und den umgekehrt durchlaufenen Weg $\boldsymbol{\beta}$ zu einer geschlossenen Kurve $\boldsymbol{\gamma}$ zusammen und untersuchen, wieweit der Paralleltransport längs $\boldsymbol{\gamma}$ Vektoren $\mathbf{u} \in T_{\mathbf{a}}M$ verdreht. Da P_γ eine Isometrie ist, kommt es nur auf den Winkel zwischen $\mathbf{u}$ und $P_\gamma\mathbf{u}$ an. Eine erschöpfende Antwort auf unsere Frage gibt der nachfolgende Satz von Schouten, dem wir einige Definitionen vorausschicken.

Die Fläche M sei durch das Normalenfeld $\mathbf{N}$ orientiert. $\Omega \subset M$ heißt ein *einfaches Flächenstück*, wenn es eine positive Parametrisierung $\boldsymbol{\Phi} : U_0 \to M \cap U$ und ein sternförmiges Gebiet Ω_0 gibt mit $\overline{\Omega}_0 \subset U_0$, $\Omega = \boldsymbol{\Phi}(\Omega_0)$.

Das einfache Flächenstück $\Omega = \boldsymbol{\Phi}(\Omega_0)$ wird von der geschlossenen Kurve $\boldsymbol{\gamma} : [0, L] \to M$ *einfach positiv umlaufen*, wenn das Gebiet Ω_0 von der stückweis glatten Kurve $\boldsymbol{\Phi}^{-1} \circ \boldsymbol{\gamma}$ einfach positiv umlaufen wird, vgl. Bd. 1, § 26 : 3.6. Da $\boldsymbol{\Phi}$ als positive Parametrisierung angenommen wurde, zeigt dann der Normalenvektor $\boldsymbol{\nu} = (\mathbf{N} \circ \boldsymbol{\gamma}) \times \dot{\boldsymbol{\gamma}} \in \mathcal{V}\boldsymbol{\gamma}$ in Richtung von Ω.

Gegeben seien $\mathbf{a} = \boldsymbol{\gamma}(0)$ und $\mathbf{u} \in T_{\mathbf{a}}M$ mit $\|\mathbf{u}\| = 1$. Zur Definition des orientierten Winkels wählen wir ein positiv orientiertes Orthonormalsystem $\mathbf{E}_1, \mathbf{E}_2$ von tangentialen Vektorfeldern auf der Koordinatenumgebung $M \cap U$

und setzen $\mathbf{e}_i := \mathbf{E}_i \circ \boldsymbol{\gamma}$ $(i = 1,2)$. Ist $\mathbf{X}$ das parallele Vektorfeld längs $\boldsymbol{\gamma}$ mit $\mathbf{X}(0) = \mathbf{u}$, $\mathbf{X}(L) = P_\gamma \mathbf{u}$, so gibt es eine C^∞–Funktion $\varphi : [0, L] \to \mathbb{R}$ mit

$$(1) \qquad \mathbf{X} \;=\; \cos\varphi\, \mathbf{e}_1 \;+\; \sin\varphi\, \mathbf{e}_2\,,$$

und diese ist bis auf eine additive Konstante $2\pi k$ $(k \in \mathbb{Z})$ eindeutig bestimmt. Wir legen den *orientierten Drehwinkel* fest durch

$$(2) \qquad \angle(P_\gamma \mathbf{u}, \mathbf{u}) \;=\; \angle(\mathbf{X}(L), \mathbf{X}(0)) \;:=\; \varphi(L) - \varphi(0)\,.$$

SATZ (SCHOUTEN 1918). *Seien M eine orientierte Fläche und $\Omega \subset M$ ein einfaches Flächenstück, das von einer geschlossenen Kurve $\boldsymbol{\gamma} : [0, L] \to M$ mit $\boldsymbol{\gamma}(0) = \boldsymbol{\gamma}(L) = \mathbf{a}$ einfach positiv umlaufen wird. Dann gilt für jeden Vektor $\mathbf{u} \in T_\mathbf{a}M$ mit $\|\mathbf{u}\| = 1$*

$$\angle(P_\gamma \mathbf{u}, \mathbf{u}) \;=\; \int_\Omega K\, do\,.$$

Hierbei ist (vgl. Bd. 1, § 25 : 3.1)

$$\int_\Omega K\, do \;=\; \int_{\Omega_0} K\, \sqrt{g}\; du^1\, du^2 \qquad \text{mit} \quad g = \det(g_{ik})\,, \quad g_{ik} = \langle \partial_i \boldsymbol{\Phi}, \partial_k \boldsymbol{\Phi} \rangle\,.$$

BEWEISSKIZZE.

(i) Seien $\mathbf{e}_1, \mathbf{e}_2, \mathbf{X}$ wie oben definiert und $\mathbf{X} = \cos\varphi\, \mathbf{e}_1 + \sin\varphi\, \mathbf{e}_2$. Wir zeigen

$$(3) \qquad \dot\varphi \;=\; -\langle \dot{\mathbf{e}}_1, \mathbf{e}_2 \rangle\,.$$

Für $\mathbf{n} := \mathbf{N} \circ \boldsymbol{\gamma}$ gilt $\mathbf{n} \times \mathbf{e}_1 = \mathbf{e}_2$ und $\mathbf{n} \times \mathbf{e}_2 = -\mathbf{e}_1$, also

$$\mathbf{n} \times \mathbf{X} \;=\; \cos\varphi\; \mathbf{n} \times \mathbf{e}_1 \;+\; \sin\varphi\; \mathbf{n} \times \mathbf{e}_2 \;=\; \cos\varphi\; \mathbf{e}_2 \;-\; \sin\varphi\; \mathbf{e}_1\,,$$

$$\dot{\mathbf{X}} \;=\; -\dot\varphi\, \sin\varphi\, \mathbf{e}_1 + \cos\varphi\, \dot{\mathbf{e}}_1 + \dot\varphi\, \cos\varphi\, \mathbf{e}_2 + \sin\varphi\, \dot{\mathbf{e}}_2\,.$$

Mit $0 = \langle \mathbf{e}_1, \mathbf{e}_2 \rangle^{\boldsymbol{\cdot}} = \langle \dot{\mathbf{e}}_1, \mathbf{e}_2 \rangle + \langle \mathbf{e}_1, \dot{\mathbf{e}}_2 \rangle$ und $0 = \langle \mathbf{e}_i, \mathbf{e}_i \rangle^{\boldsymbol{\cdot}} = 2\langle \mathbf{e}_i, \dot{\mathbf{e}}_i \rangle$ folgt

$$\begin{aligned} 0 \;&=\; \big\langle \dot{\mathbf{X}}^{\tan}, \mathbf{n} \times \mathbf{X} \big\rangle \;=\; \big\langle \dot{\mathbf{X}}, \mathbf{n} \times \mathbf{X} \big\rangle \;=\; \big\langle \dot{\mathbf{X}}, \cos\varphi\, \mathbf{e}_2 - \sin\varphi\, \mathbf{e}_1 \big\rangle \\ &=\; \dot\varphi\, \sin^2\varphi + \cos^2\varphi\; \langle \dot{\mathbf{e}}_1, \mathbf{e}_2 \rangle + \dot\varphi \cos^2\varphi - \sin^2\varphi\; \langle \dot{\mathbf{e}}_2, \mathbf{e}_1 \rangle \\ &=\; \dot\varphi + \langle \dot{\mathbf{e}}_1, \mathbf{e}_2 \rangle\,. \end{aligned}$$

Als Folgerung ergibt sich für $\mathbf{u} \in T_\mathbf{a}M$ mit $\|\mathbf{u}\| = 1$

$$(4) \qquad \angle(P_\gamma \mathbf{u}, \mathbf{u}) \;=\; \varphi(L) - \varphi(0) \;=\; \int_0^L \dot\varphi\, dt \;=\; -\int_0^L \langle \dot{\mathbf{e}}_1, \mathbf{e}_2 \rangle\, dt\,.$$

(ii) Zur Vereinfachung des Beweises nehmen wir an, dass $\mathbf{\Phi}$ eine isotherme Parametrisierung ist, also $g_{ik} = \mathrm{e}^{2\mu}\,\delta_{ik}$ mit einer Funktion $\mu \in \mathrm{C}^\infty(U_0)$. (Anmerkungen zu dieser Annahme folgen am Beweisende.) Nach 4.2 (c) hat dann die Gaußsche Krümmung die einfache Gestalt $K = -\mathrm{e}^{-2\mu}\Delta\mu$.

Nach Voraussetzung umläuft die Kurve $\mathbf{u} = \mathbf{\Phi}^{-1} \circ \gamma,\ t \mapsto (u^1(t), u^2(t))$ das Gebiet Ω_0 einfach positiv. Daher folgt nach dem Stokesschen Satz für die Ebene (Bd. 1, § 26 : 3.3, 3.6)

$$\int\limits_\Omega K\,do \;=\; \int\limits_{\Omega_0} K\,\sqrt{g}\,du^1\,du^2 \;=\; \int\limits_{\Omega_0} K\cdot \mathrm{e}^{2\mu}\,du^1\,du^2 \;=\; -\int\limits_{\Omega_0} \Delta\mu\,du^1\,du^2$$

$$= \int\limits_{\partial\Omega_0} \left(\partial_2\mu\,du^1 - \partial_1\mu\,du^2\right) \;=\; \int\limits_0^L \left(\partial_2\mu(\mathbf{u})\,\dot u^1 - \partial_1\mu(\mathbf{u})\,\dot u^2\right)\,dt\,.$$

Wegen (4) ist daher der Beweis des Satzes erbracht, wenn gezeigt wird, dass

$$(5)\qquad \langle \dot{\mathbf{e}}_1, \mathbf{e}_2\rangle \;=\; \partial_1\mu(\mathbf{u})\,\dot u^2 - \partial_2\mu(\mathbf{u})\,\dot u^1\,,$$

wobei das orthonormale tangentiale Vektorfeld $\mathbf{E}_1, \mathbf{E}_2$ mit $\mathbf{e}_i = \mathbf{E}_i \circ \gamma$ für $i = 1, 2$ mit Hilfe der Tangentenvektoren $\partial_1\mathbf{\Phi}, \partial_2\mathbf{\Phi}$ definiert wird.

(iii) Wegen $\langle \partial_i\mathbf{\Phi}, \partial_k\mathbf{\Phi}\rangle = g_{ik} = \mathrm{e}^{2\mu}\,\delta_{ik}$ bilden die Vektoren

$$\frac{\partial_i\mathbf{\Phi}}{\|\partial_i\mathbf{\Phi}\|} \;=\; \frac{1}{\sqrt{g_{ii}}}\,\partial_i\mathbf{\Phi} \;=\; \mathrm{e}^{-\mu}\,\partial_i\mathbf{\Phi} \quad (i = 1, 2)$$

ein Orthonormalsystem. Zur Vereinfachung der Rechnung beziehen wir die $\mathbf{E}_i$ auf den Parameterbereich, setzen also

$$\mathbf{E}_i \;:=\; \mathrm{e}^{-\mu}\,\partial_i\mathbf{\Phi}\,, \quad \mathbf{e}_i \;= \mathbf{E}_i \circ \mathbf{u} \quad \text{mit } \mathbf{u} \;=\; \mathbf{\Phi}^{-1} \circ \gamma\,.$$

Dann gilt

$$(6)\qquad \dot{\mathbf{e}}_1 \;=\; \partial_i\mathbf{E}_1(\mathbf{u})\,\dot u^i\,, \quad \langle \dot{\mathbf{e}}_1, \mathbf{e}_2\rangle \;=\; \langle \partial_i\mathbf{E}_1(\mathbf{u}), \mathbf{E}_2(\mathbf{u})\rangle\,\dot u^i\,.$$

Hierbei ist

$$\partial_i\mathbf{E}_1 \;=\; \partial_i\left(\mathrm{e}^{-\mu}\,\partial_1\mathbf{\Phi}\right) \;=\; \mathrm{e}^{-\mu}\left(-\partial_i\mu\,\partial_1\mathbf{\Phi} + \partial_i\partial_1\mathbf{\Phi}\right)\,,$$

$$(7)\qquad \langle \partial_i\mathbf{E}_1, \mathbf{E}_2\rangle \;=\; \mathrm{e}^{-2\mu}\,\langle \partial_i\partial_1\mathbf{\Phi}, \partial_2\mathbf{\Phi}\rangle\,.$$

Zur Berechnung der rechten Seite von (7) beachten wir, dass $g_{12} = 0$ und

$$\partial_2 g_{11} \;=\; 2\langle \partial_1\mathbf{\Phi}, \partial_2\partial_1\mathbf{\Phi}\rangle \;=\; 2\langle \partial_1\mathbf{\Phi}, \partial_1\partial_2\mathbf{\Phi}\rangle$$

gilt.

Wir erhalten

$$\langle \partial_2\partial_1\mathbf{\Phi}, \partial_2\mathbf{\Phi}\rangle \;=\; \langle \partial_1\partial_2\mathbf{\Phi}, \partial_2\mathbf{\Phi}\rangle \;=\; \tfrac{1}{2}\partial_1 g_{22} \;=\; \mathrm{e}^{2\mu}\,\partial_1\mu\,,$$

$$\langle \partial_1\partial_1\mathbf{\Phi}, \partial_2\mathbf{\Phi}\rangle \;=\; \partial_1\langle \partial_1\mathbf{\Phi}, \partial_2\mathbf{\Phi}\rangle - \langle \partial_1\mathbf{\Phi}, \partial_1\partial_2\mathbf{\Phi}\rangle \;=\; -\tfrac{1}{2}\partial_2 g_{11} \;=\; -\mathrm{e}^{2\mu}\,\partial_2\mu.$$

Daraus ergibt sich mit (6) und (7) die noch fehlende Beziehung (5):

$$\begin{aligned}\langle \dot{\mathbf{e}}_1, \mathbf{e}_2\rangle \;&=\; \mathrm{e}^{-2\mu}\left(\langle \partial_1\partial_1\mathbf{\Phi}(\mathbf{u}), \partial_2\mathbf{\Phi}(\mathbf{u})\rangle\,\dot{u}^1 \;+\; \langle \partial_2\partial_1\mathbf{\Phi}(\mathbf{u}), \partial_2\mathbf{\Phi}(\mathbf{u})\rangle\,\dot{u}^2\right)\\ &=\; -\partial_2\mu(\mathbf{u})\,\dot{u}^1 \;+\; \partial_1\mu(\mathbf{u})\,\dot{u}^2\,.\end{aligned}$$

□

Bemerkung. Die Existenz isothermer Parametrisierungen wurde von Korn 1914 und Lichtenstein 1916 gezeigt (siehe [30] II, [35] 6). Der obige Satz kann jedoch auch ohne dieses nichttriviale Hilfsmittel bewiesen werden, siehe [51] 17.3, [50] 4F.

(c) **Theorema elegantissimum** (Gauss 1827). *Ist ein einfaches Flächenstück $\Omega \subset M$ der orientierten Fläche M durch drei reguläre Geodätische berandet, so gilt für die Innenwinkel $\delta_1, \delta_2, \delta_3$*

$$\delta_1 + \delta_2 + \delta_3 - \pi \;=\; \int_\Omega K\,do\,.$$

Die Zahl $\varepsilon(\Omega) \;=\; \delta_1 + \delta_2 + \delta_3 - \pi$ heißt der **Winkelexzess** des geodätischen Dreiecks Ω.

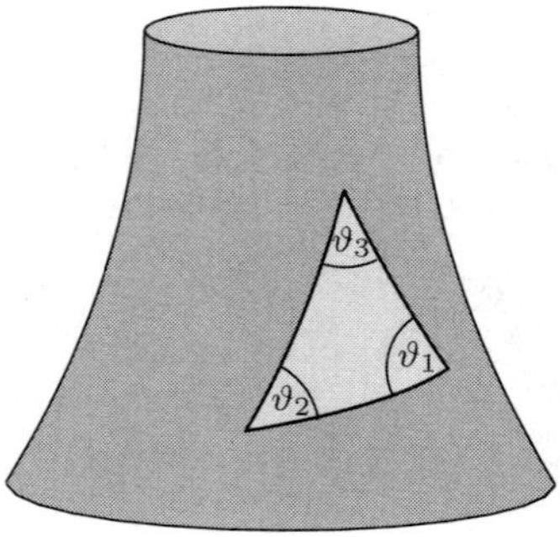

Flächenbewohner haben aufgrund dieses Resultats eine weitere Möglichkeit zur Bestimmung der Krümmung ihrer Welt:
Für jede sich auf den Punkt $\mathbf{a} \in M$ zusammenziehende Folge von geodätischen Dreiecken Ω_k mit Flächeninhalt $A(\Omega_k)$ ist

$$K(\mathbf{a}) \;=\; \lim_{k\to\infty} \frac{\varepsilon(\Omega_k)}{A(\Omega_k)}\,.$$

Wir geben im Folgenden einen Beweis mit Hilfe des Satzes von Schouten.

Gauss selbst hat das Konzept des Paralleltransports schon implizit verwendet, wenn auch nicht thematisiert.

Das von ihm so genannte *theorema elegantissimum* wurde 1848 von Bonnet auf Flächenstücke verallgemeinert, die nicht geodätisch berandet sind. Für geschlossene Flächen M liefert das Integral $\frac{1}{2\pi}\int_M K\,do$ eine topologische Flächeninvariante, die **Eulersche Charakteristik**, siehe z.B. [48] 4.5.

Beweis.

Da die geodätischen Randstücke regulär sind, dürfen wir eine Bogenlängen–Parametrisierung zugrundelegen. Wir wählen geeignete Parametrisierungen $\boldsymbol{\gamma}_i : [t_{i-1}, t_i] \to M$ mit $0 = t_0 < t_1 < t_2 < t_3 < L$ so, dass die Randkurve $\boldsymbol{\gamma} = \boldsymbol{\gamma}_1 + \boldsymbol{\gamma}_2 + \boldsymbol{\gamma}_3$ mit Bogenlänge L das Flächenstück Ω einfach positiv umläuft.

Wie in (a) seien $\mathbf{E}_1, \mathbf{E}_2$ tangentiale Vektorfelder derart, dass $\mathbf{E}_1(\mathbf{a}), \mathbf{E}_2(\mathbf{a})$ an jeder Stelle $\mathbf{a} \in M$ eine positiv orientierte Orthonormalbasis für $T_{\mathbf{a}}M$ ist; ferner setzen wir $\mathbf{e}_1 := \mathbf{E}_1 \circ \boldsymbol{\gamma}$, $\mathbf{e}_2 := \mathbf{E}_2 \circ \boldsymbol{\gamma}$. Dann gibt es orientierte Winkel $\psi_i : [t_{i-1}, t_i] \to [0, 2\pi[$ mit

$$\dot{\boldsymbol{\gamma}}_i \;=\; \cos\psi_i\,\mathbf{e}_1 \;+\; \sin\psi_i\,\mathbf{e}_2 \quad (i = 1, 2, 3)\,.$$

Wir wählen ein längs $\boldsymbol{\gamma}$ paralleles Vektorfeld $\mathbf{X}$ mit $\mathbf{X}(0) = \dot{\boldsymbol{\gamma}}_1(t_0)/\|\dot{\boldsymbol{\gamma}}_1(t_0)\|$. Für dieses gibt es eine Winkelfunktion φ mit

$$\mathbf{X} \;=\; \cos\varphi\,\mathbf{e}_1 + \sin\varphi\,\mathbf{e}_2\,.$$

Nach Voraussetzung ist $\boldsymbol{\gamma}_i$ eine Geodätische, d.h. es gilt $\ddot{\boldsymbol{\gamma}}_i^{\tan} = \mathbf{0}$, d.h. für $i = 1, 2, 3$ ist $\dot{\boldsymbol{\gamma}}_i$ ein längs $\boldsymbol{\gamma}_i$ paralleles Vektorfeld. Daher bleiben nach (a) die Winkel $\angle(\mathbf{X}, \dot{\boldsymbol{\gamma}}_i)$ längs $\boldsymbol{\gamma}_i$ konstant. Wegen des positiven Umlaufs folgt

$$\begin{aligned}
\psi_1(t_1) - \varphi(t_1) \;&=\; \psi_1(t_0) - \varphi(t_0) \;=\; 0\,,\\
\psi_2(t_2) - \varphi(t_2) \;&=\; \psi_2(t_1) - \varphi(t_1) \;>\; 0\,,\\
\psi_3(t_3) - \varphi(t_3) \;&=\; \psi_3(t_2) - \varphi(t_2) \;>\; \psi_2(t_2) - \varphi(t_2) \;>\; 0\,.
\end{aligned}$$

Nach (a) ist

$$\int_\Omega K\,do \;=\; \varphi(L) - \varphi(0) \;=\; \sum_{i=1}^{3}\left(\varphi(t_i) - \varphi(t_{i-1})\right) \;=\; \sum_{i=1}^{3}\left(\psi(t_i) - \psi(t_{i-1})\right)\,.$$

Für die letzte Summe ergibt sich $\sum\limits_{i=1}^{3} \delta_i - \pi$ nach dem sogenannten Umlaufsatz, siehe [49] § 6.3.

ÜA Machen Sie sich anhand einer Skizze den Umlaufsatz plausibel: Ist

$$\begin{aligned}
&\psi_2(t_1) - \psi_1(t_1) + \delta_2 = \pi\,,\\
&\psi_3(t_2) - \psi_2(t_2) + \delta_3 = \pi\,,
\end{aligned}$$

so gilt

$$\psi_3(t_3) - \psi_1(t_0) = \delta_1 + \pi\,,$$

woraus die Behauptung folgt. □

§ 8 Mannigfaltigkeiten, Tensoren, Differentialformen

Mannigfaltigkeiten und Tensoren bilden das Rüstzeug für die Differentialgeometrie gekrümmter Räume, die den mathematischen Modellen der allgemeinen Relativitätstheorie zugrunde liegt, insbesondere für Riemann– und Lorentz–Mannigfaltigkeiten. Der für die Bereitstellung dieser Konzepte benötigte mathematische Apparat ist recht umfangreich; geht es doch darum, mehrdimensionale Differentialrechnung auf Mannigfaltigkeiten neu zu etablieren und darüberhinaus einen Differentialkalkül für Tensorfelder auf diesen zu schaffen. Die Übertragung der Begriffe der mehrdimensionalen Differentialrechnung vom $\mathbb{R}^n$ auf Mannigfaltigkeiten geschieht mit Hilfe von Koordinatensystemen, wobei sich als neuer Gesichtspunkt die Frage nach der Invarianz der neugeschaffenen Objekte stellt.

Wir empfehlen unseren Leserinnen und Lesern, sich bei der Verarbeitung der Vielzahl von neuen Begriffen klarzumachen, dass sich die meisten auf natürliche Weise ergeben. Auch ist es hilfreich, sich den Sinn der neuen Konzepte anhand geometrischer Vorstellungen plausibel zu machen, z.B. durch Vergleich mit den entsprechenden Konzepten für Flächen im $\mathbb{R}^3$. Der Kalkül der Differentialformen wird in der Differentialgeometrie nicht benötigt, in der Relativitätstheorie lediglich in § 10 : 3*, § 10 : 4*; wir empfehlen, diesen Abschnitt erst bei Bedarf zu lesen.

1 Mannigfaltigkeiten und differenzierbare Funktionen

1.1 Der Begriff der Mannigfaltigkeit

Unter n–dimensionalen Mannigfaltigkeiten verstehen wir Gebilde, die sich durch Koordinatensysteme überdecken lassen, oder anders ausgedrückt, die im Kleinen (d.h. lokal) wie offene Mengen des $\mathbb{R}^n$ aussehen. Ihre Gestalt im Großen kann jedoch komplizierter als die des $\mathbb{R}^n$ sein. Klassische Modelle von zweidimensionalen Mannigfaltigkeiten sind Flächen im $\mathbb{R}^3$, z.B. Sphäre, Torus, Brezelfläche und Katenoid.

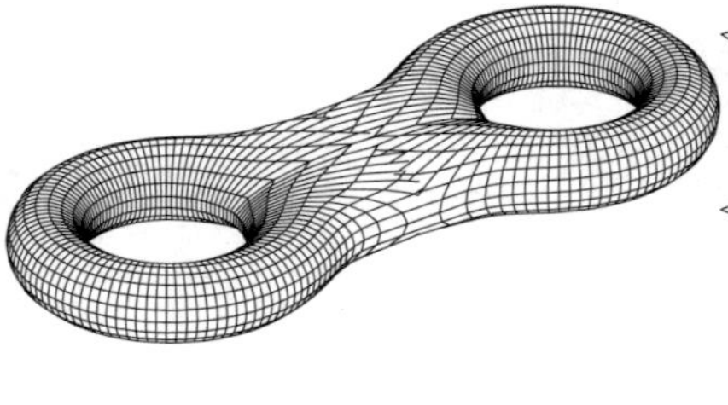

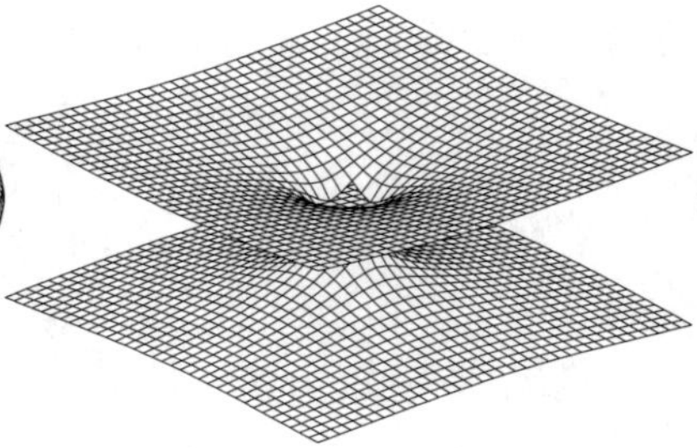

Die Raumzeit–Modelle der allgemeinen Relativitätstheorie sind vierdimensionale Mannigfaltigkeiten, die a priori nicht in einen $\mathbb{R}^N$ eingebettet sind, wir sprechen deshalb auch von abstrakten Mannigfaltigkeiten.

(a) Eine ***n*–dimensionale Mannigfaltigkeit** $(n \in \mathbb{N})$ besteht aus einer Menge M und einer Familie $\mathcal{A} = \{(U_\lambda, x_\lambda) \mid \lambda \in \Lambda\}$, $(\Lambda \neq \emptyset)$ mit folgenden Eigenschaften:

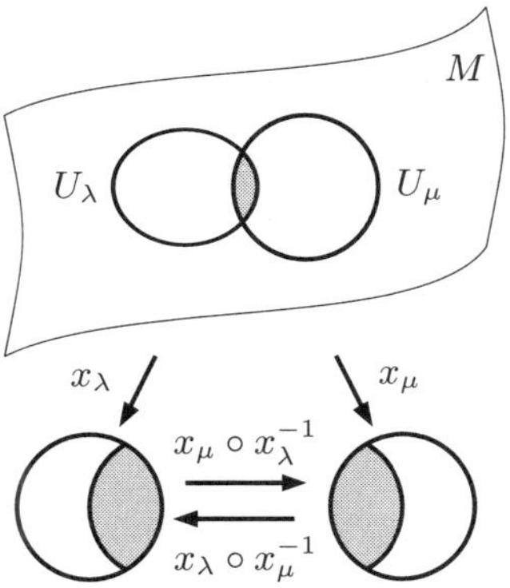

(1) $M = \bigcup_{\lambda \in \Lambda} U_\lambda$.

(2) Für jedes $\lambda \in \Lambda$ ist $x_\lambda : U_\lambda \to \mathbb{R}^n$ eine bijektive Abbildung auf eine offene Menge des $\mathbb{R}^n$.

(3) Im Fall $U_\lambda \cap U_\mu \neq \emptyset$ vermittelt $x_\mu \circ x_\lambda^{-1}$ eine C^∞–Abbildung zwischen den offenen Mengen $x_\lambda(U_\lambda \cap U_\mu)$ und $x_\mu(U_\lambda \cap U_\mu)$.

(4) Zu je zwei verschiedenen Punkten $p, q \in M$ gibt es (U_λ, x_λ), (U_μ, x_μ) in $\mathcal{A}$ mit $p \in U_\lambda$, $q \in U_\mu$ und $U_\lambda \cap U_\mu = \emptyset$.

(5) Die natürliche Topologie von M besitzt eine abzählbare Basis; Erläuterungen hierzu in 1.3.

Jedes der $U_\lambda \subset M$ heißt eine **Koordinatenumgebung**, jedes Paar (U_λ, x_λ) oder auch x_λ selbst eine **Karte** oder ein **Koordinatensystem**, die Kollektion $\mathcal{A}$ aller Karten ein **Atlas**, und jede Abbildung $x_\mu \circ x_\lambda^{-1}$ mit $U_\lambda \cap U_\mu \neq \emptyset$ eine **Koordinatentransformation** von M. Da $x_\mu \circ x_\lambda^{-1}$ die C^∞–Umkehrabbildung $x_\lambda \circ x_\mu^{-1}$ besitzt, ist jede Koordinatentransformation ein C^∞–Diffeomorphismus zwischen offenen Mengen des $\mathbb{R}^n$.

Die Indizierung der x_λ und U_λ hat den alleinigen Zweck, diese beiden Objekte aufeinander zu beziehen; wir schreiben im Folgenden immer (U, x), (V, y) für Koordinatensysteme. Liegt ein Punkt p in einer Koordinatenumgebung U, so sprechen wir von einer **Karte um *p***; hierbei lässt sich bei Bedarf nach Ausführung einer Translation des $\mathbb{R}^n$ noch $x(p) = \mathbf{0}$ erreichen. Für die n Koordinaten einer Karte x schreiben wir im Hinblick auf die Indexkonventionen der Tensoranalysis $x^1, \ldots, x^n$, entsprechend notieren wir Vektoren des $\mathbb{R}^n$ mit $\mathbf{u} = (u^1, \ldots, u^n)$ und Abbildungen mit Werten in $\mathbb{R}^n$ mit $h = (h^1, \ldots, h^n)$, wobei wir h jetzt nicht mehr fett drucken (handschriftlich also ohne Pfeil schreiben). Eine Verwechslung von Indizes mit Potenzen ist nicht zu befürchten.

Die Bedingungen (4) und (5) sorgen dafür, dass sich die in 1.3 definierte Topologie auf M analog zu der normierter Räume gestaltet; des Weiteren ermöglichen sie die Definition von Integralen auf M. Einige eher exotische Modelle der Relativitätstheorie verletzen die Trennungseigenschaft (4), siehe [79] 5.8.

(b) Bei der Festlegung einer Mannigfaltigkeitsstruktur für eine gegebene Menge M werden wir aus Ökonomiegründen bestrebt sein, mit möglichst wenigen Koordinatensystemen auszukommen; dies machen die Beispiele in 1.2 deutlich. Dagegen ist es für die Theorie nötig, möglichst viele Karten zur Verfügung zu haben. Ein gegebener Atlas $\mathcal{A}$ wird wie folgt durch weitere Koordinatensysteme ergänzt: Ein Paar (V, y) bestehend aus einer bijektiven Abbildung $y : M \supset V \to \mathbb{R}^n$ auf eine offene Menge des $\mathbb{R}^n$ heißt **C^∞–verträglich** mit $\mathcal{A}$, wenn auch $\mathcal{A} \cup \{(V, y)\}$ ein C^∞–Atlas ist, d.h. wenn für jede Karte $(U, x) \in \mathcal{A}$ mit $U \cap V \neq \emptyset$ sowohl $x \circ y^{-1}$ als auch $y \circ x^{-1}$ C^∞–differenzierbare Abbildungen zwischen offenen Mengen des $\mathbb{R}^n$ sind. Durch Auffüllen von $\mathcal{A}$ mit diesen weiteren Karten kommen wir zu einem maximalen C^∞–Atlas $\mathcal{A}'$ für M, die **von $\mathcal{A}$ erzeugte C^∞–Struktur** für M. Diese enthält mit einer Karte x auch jede Einschränkung y, deren Bildmenge offen und nichtleer ist ÜA. Wenn wir von einer Mannigfaltigkeit M sprechen, so denken wir uns diese immer in Verbindung mit einer festen C^∞–Struktur $\mathcal{A}'$. Unter Karten bzw. Koordinatensystemen sind stets solche aus dem maximalen Atlas $\mathcal{A}'$ zu verstehen.

(c) Eine Mannigfaltigkeit M heißt **orientierbar**, wenn es einen Atlas $\mathcal{O}$ für M gibt mit der Eigenschaft, dass für jedes Paar $x, y \in \mathcal{O}$ überlappender Karten die zugehörige Koordinatentransformation orientierungserhaltend ist, d.h. dass gilt

$$(*) \qquad \det\big(d(y \circ x^{-1})\big) > 0\,.$$

Es ist leicht zu zeigen, dass jeder maximale Atlas einer orientierbaren Mannigfaltigkeit M in zwei disjunkte Atlanten $\mathcal{O}_1, \mathcal{O}_2$ mit der Eigenschaft $(*)$, den **Orientierungsatlanten** zerfällt. Eine orientierbare Mannigfaltigkeit wird durch Auszeichnung eines der beiden Orientierungsatlanten **orientiert**; die Karten dieses Atlas legen dann einen **positiv** genannten Drehsinn auf der Mannigfaltigkeit fest.

Ein Beispiel einer 2–dimensionalen nicht orientierbaren Mannigfaltigkeit ist das Möbiusband, siehe [48] 2.6.

(d) Aufgaben. (i) Versehen Sie für gegebene Mannigfaltigkeiten M, N mit den Dimensionen m, n das Produkt $M \times N = \{(p, q) \mid p \in M,\ q \in N\}$ mit einem Atlas, durch welchen dieses zu einer $(m+n)$–dimensionalen Mannigfaltigkeit wird.

Wie lässt sich die Produktmannigfaltigkeit $S^1 \times \mathbb{R}$ (S^1 = Einheitskreislinie) als Fläche im $\mathbb{R}^3$ darstellen?

(ii) Zeigen Sie, dass die Abbildungen $x, y : \mathbb{R} \to \mathbb{R}$ mit $x(t) = t,\ \ y(t) = t^3$ nicht verträglich sind. Die von diesen erzeugten maximalen Atlanten für $M = \mathbb{R}$ sind also disjunkt.

Weiteres Material zum Mannigfaltigkeitsbegriff finden Sie in [56] I.

BEWEIS.

Da die geodätischen Randstücke regulär sind, dürfen wir eine Bogenlängen–Parametrisierung zugrundelegen. Wir wählen geeignete Parametrisierungen $\boldsymbol{\gamma}_i : [t_{i-1}, t_i] \to M$ mit $0 = t_0 < t_1 < t_2 < t_3 < L$ so, dass die Randkurve $\boldsymbol{\gamma} = \boldsymbol{\gamma}_1 + \boldsymbol{\gamma}_2 + \boldsymbol{\gamma}_3$ mit Bogenlänge L das Flächenstück Ω einfach positiv umläuft.

Wie in (a) seien $\mathbf{E}_1, \mathbf{E}_2$ tangentiale Vektorfelder derart, dass $\mathbf{E}_1(\mathbf{a}), \mathbf{E}_2(\mathbf{a})$ an jeder Stelle $\mathbf{a} \in M$ eine positiv orientierte Orthonormalbasis für $T_{\mathbf{a}}M$ ist; ferner setzen wir $\mathbf{e}_1 := \mathbf{E}_1 \circ \boldsymbol{\gamma}$, $\mathbf{e}_2 := \mathbf{E}_2 \circ \boldsymbol{\gamma}$. Dann gibt es orientierte Winkel $\psi_i : [t_{i-1}, t_i] \to [0, 2\pi[$ mit

$$\dot{\boldsymbol{\gamma}}_i \;=\; \cos\psi_i\,\mathbf{e}_1 \;+\; \sin\psi_i\,\mathbf{e}_2 \quad (i = 1, 2, 3)\,.$$

Wir wählen ein längs $\boldsymbol{\gamma}$ paralleles Vektorfeld $\mathbf{X}$ mit $\mathbf{X}(0) = \dot{\boldsymbol{\gamma}}_1(t_0)/\|\dot{\boldsymbol{\gamma}}_1(t_0)\|$. Für dieses gibt es eine Winkelfunktion φ mit

$$\mathbf{X} \;=\; \cos\varphi\,\mathbf{e}_1 + \sin\varphi\,\mathbf{e}_2\,.$$

Nach Voraussetzung ist $\boldsymbol{\gamma}_i$ eine Geodätische, d.h. es gilt $\ddot{\boldsymbol{\gamma}}_i^{\tan} = \mathbf{0}$, d.h. für $i = 1, 2, 3$ ist $\dot{\boldsymbol{\gamma}}_i$ ein längs $\boldsymbol{\gamma}_i$ paralleles Vektorfeld. Daher bleiben nach (a) die Winkel $\angle(\mathbf{X}, \dot{\boldsymbol{\gamma}}_i)$ längs $\boldsymbol{\gamma}_i$ konstant. Wegen des positiven Umlaufs folgt

$$\psi_1(t_1) - \varphi(t_1) \;=\; \psi_1(t_0) - \varphi(t_0) \;=\; 0\,,$$

$$\psi_2(t_2) - \varphi(t_2) \;=\; \psi_2(t_1) - \varphi(t_1) \;>\; 0\,,$$

$$\psi_3(t_3) - \varphi(t_3) \;=\; \psi_3(t_2) - \varphi(t_2) \;>\; \psi_2(t_2) - \varphi(t_2) \;>\; 0\,.$$

Nach (a) ist

$$\int\limits_{\Omega} K\,do \;=\; \varphi(L) - \varphi(0) \;=\; \sum_{i=1}^{3} \left(\varphi(t_i) - \varphi(t_{i-1})\right) \;=\; \sum_{i=1}^{3} \left(\psi(t_i) - \psi(t_{i-1})\right)\,.$$

Für die letzte Summe ergibt sich $\sum\limits_{i=1}^{3} \delta_i - \pi$ nach dem sogenannten Umlaufsatz, siehe [49] § 6.3.

ÜA Machen Sie sich anhand einer Skizze den Umlaufsatz plausibel: Ist

$$\psi_2(t_1) - \psi_1(t_1) + \delta_2 = \pi\,,$$

$$\psi_3(t_2) - \psi_2(t_2) + \delta_3 = \pi\,,$$

so gilt

$$\psi_3(t_3) - \psi_1(t_0) = \delta_1 + \pi\,,$$

woraus die Behauptung folgt. □

§ 8 Mannigfaltigkeiten, Tensoren, Differentialformen

Mannigfaltigkeiten und Tensoren bilden das Rüstzeug für die Differentialgeometrie gekrümmter Räume, die den mathematischen Modellen der allgemeinen Relativitätstheorie zugrunde liegt, insbesondere für Riemann– und Lorentz–Mannigfaltigkeiten. Der für die Bereitstellung dieser Konzepte benötigte mathematische Apparat ist recht umfangreich; geht es doch darum, mehrdimensionale Differentialrechnung auf Mannigfaltigkeiten neu zu etablieren und darüberhinaus einen Differentialkalkül für Tensorfelder auf diesen zu schaffen. Die Übertragung der Begriffe der mehrdimensionalen Differentialrechnung vom $\mathbb{R}^n$ auf Mannigfaltigkeiten geschieht mit Hilfe von Koordinatensystemen, wobei sich als neuer Gesichtspunkt die Frage nach der Invarianz der neugeschaffenen Objekte stellt.

Wir empfehlen unseren Leserinnen und Lesern, sich bei der Verarbeitung der Vielzahl von neuen Begriffen klarzumachen, dass sich die meisten auf natürliche Weise ergeben. Auch ist es hilfreich, sich den Sinn der neuen Konzepte anhand geometrischer Vorstellungen plausibel zu machen, z.B. durch Vergleich mit den entsprechenden Konzepten für Flächen im $\mathbb{R}^3$. Der Kalkül der Differentialformen wird in der Differentialgeometrie nicht benötigt, in der Relativitätstheorie lediglich in § 10 : 3*, § 10 : 4*; wir empfehlen, diesen Abschnitt erst bei Bedarf zu lesen.

1 Mannigfaltigkeiten und differenzierbare Funktionen

1.1 Der Begriff der Mannigfaltigkeit

Unter n–dimensionalen Mannigfaltigkeiten verstehen wir Gebilde, die sich durch Koordinatensysteme überdecken lassen, oder anders ausgedrückt, die im Kleinen (d.h. lokal) wie offene Mengen des $\mathbb{R}^n$ aussehen. Ihre Gestalt im Großen kann jedoch komplizierter als die des $\mathbb{R}^n$ sein. Klassische Modelle von zweidimensionalen Mannigfaltigkeiten sind Flächen im $\mathbb{R}^3$, z.B. Sphäre, Torus, Brezelfläche und Katenoid.

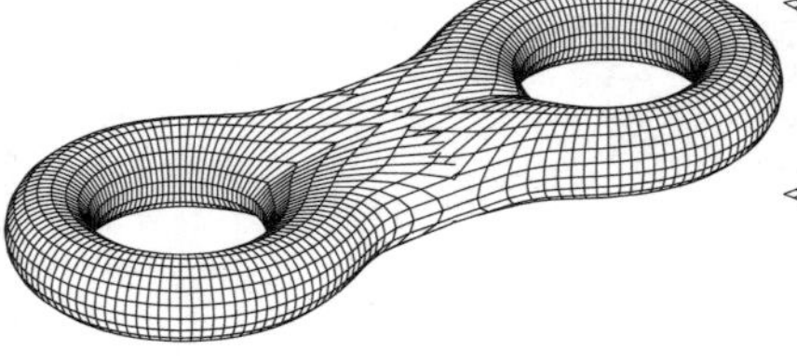

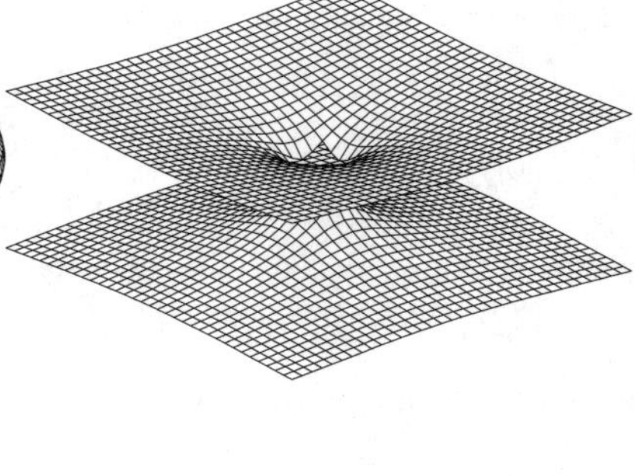

1.2 Beispiele für Mannigfaltigkeiten

(a) Jede offene Teilmenge U des $\mathbb{R}^n$ (insbesondere $U = \mathbb{R}^n$) ist eine n–dimensionale Mannigfaltigkeit. Einen Atlas erhalten wir durch $(U, \mathbb{1}_U)$. Ein weiterer Atlas besteht aus allen (V, x), wo $V \subset U$ offen ist und $x : V \to x(V)$ ein Diffeomorphismus zwischen offenen Mengen des $\mathbb{R}^n$. Dieser liefert eine C^∞–Struktur auf U [ÜA], auf die wir uns im Folgenden beziehen.

(b) Jeder n–dimensionale Vektorraum V über $\mathbb{R}$ ist eine n–dimensionale Mannigfaltigkeit. Nach Wahl einer Basis $(v_1, \dots, v_n)$ liefert die Koordinatenabbildung

$$V \to \mathbb{R}^n, \quad v \mapsto (\xi^1, \dots, \xi^n) \quad \text{mit} \quad v = \sum_{i=1}^{n} \xi^i v_i$$

eine ganz V überdeckende Karte. Die C^∞–Koordinatentransformation zwischen zwei solchen Koordinatensystemen wird durch eine Transformationsmatrix S vermittelt (Bd. 1, § 15 : 7.2).

(c) Jede Fläche $M \subset \mathbb{R}^3$ ist eine 2–dimensionale Mannigfaltigkeit, vgl. § 7 : 1.

(d) Die Einheitssphäre $S^2 = \{ \mathbf{x} \in \mathbb{R}^3 \mid \|\mathbf{x}\|^2 = 1 \}$ kann wie folgt mit jeweils zwei Koordinatensystemen (U, x), (V, y) überdeckt werden:

(i) *Verwendung der stereographischen Projektion* (Bd. 1, § 25 : 1.5): (U, x) sei die Karte, bestehend aus der Inversen $x : U \to \mathbb{R}^2$ der stereographischen Projektion vom Nordpol $\mathbf{n} = \mathbf{e}_3$ aus mit $U = S^2 \setminus \{\mathbf{e}_3\}$, und (V, y) entsprechend für den Südpol $\mathbf{s} = -\mathbf{e}_3$.

Für die Koordinatentransformation $\mathbf{u} = (u^1, u^2) \mapsto \mathbf{v} = (v^1, v^2)$ zwischen den beiden Karten ergibt sich die Spiegelung am Einheitskreis $\mathbf{u} \mapsto \mathbf{v} = \mathbf{u}/\|\mathbf{u}\|^2$ $(\mathbf{u} \neq \mathbf{0})$, also eine C^∞–Abbildung ([ÜA], betrachten Sie einen geeigneten Thales–Kreis).

(ii) *Verwendung von Kugelkoordinaten* (Bd. 1, § 25 : 1.1): Hierbei müssen die Rotationsachsen der beiden Koordinatensysteme so gelegt werden, dass die jeweils nicht überdeckten Halbkreisschlitze auf der Sphäre disjunkt sind. Machen Sie sich das an Hand einer Skizze klar. Die Koordinatentransformation $y \circ x^{-1}$ ist C^∞–differenzierbar, weil diese aus trigonometrischen Funktionen und deren Umkehrfunktionen aufgebaut ist.

(e) Unter einem n–dimensionalen **affinen Raum** verstehen wir eine Menge A zusammen mit einem n–dimensionalen Vektorraum V und einer Familie von bijektiven Abbildungen $\tau_v : A \to A$ für $v \in V$, wobei folgende Rechenregeln gelten:

(i) $\tau_0 = \mathbb{1}_A$,

(ii) $\tau_u \circ \tau_v = \tau_{u+v}$ für $u, v \in V$,

(iii) für jedes Punktepaar $p, q \in A$ gibt es genau ein $v \in V$ mit $\tau_v(p) = q$.

V heißt der **Richtungsvektorraum**, die Abbildungen τ_v heißen **Translationen** des affinen Raumes A; für $q = \tau_v(p)$ schreiben wir auch $q = p + v$ und $v = q - p$.

Nach Fixierung eines Punktes $p \in A$ können wir den Vektorraum V mittels der Abbildung $v \mapsto \tau_v(p) = p + v$ mit dem affinen Raum A identifizieren, jedoch wollen wir mit dem Konzept des affinen Raumes deutlich zwischen Punkten und Vektoren unterscheiden.

Jeder Vektorraum ist mit den Translationen $u \mapsto \tau_v(u) = u + v$ ein affiner Raum.

Ein n–dimensionaler affiner Raum wird zur n–dimensionalen Mannigfaltigkeit, indem wir jedem Punkt $p \in A$ und jeder Basis $v_1, \dots, v_n$ von V das Koordinatensystem

$$A \to \mathbb{R}^n, \quad q \mapsto (\xi^1, \dots, \xi^n) \quad \text{für } q = p + \sum_{i=1}^{n} \xi^i v_i$$

zuordnen. Jede Koordinatentransformation zwischen diesen Koordinatensystemen besteht in leichter Verallgemeinerung des Beispiels (b) aus einer linearen Transformation zuzüglich einer Translation, liefert also eine C^∞–Abbildung $\mathbb{R}^n \to \mathbb{R}^n$ [ÜA].

Weitere Beispiele von Mannigfaltigkeiten sind in [56] III.1, III.2, III.6 und bei [85] 1.1 d, 1.2 b zu finden.

1.3 Die natürliche Topologie einer Mannigfaltigkeit

(a) Eine Teilmenge V einer n–dimensionalen Mannigfaltigkeit M heißt **offen**, falls $x(V \cap U)$ für jede Karte (U, x) eine offene Menge im $\mathbb{R}^n$ ist. Aufgrund der Eigenschaft 1.1 (3) ist jede Koordinatenumgebung offen.

Die mengentheoretischen Eigenschaften der Kollektion aller offenen Mengen von M (genannt die **natürliche Topologie** von M) ergeben sich aus den Eigenschaften offener Mengen des $\mathbb{R}^n$ (Bd. 1, § 21 : 3.2):

(i) *$\emptyset$ und M sind offene Mengen,*

(ii) *die Vereinigung von beliebig vielen offenen Mengen ist offen,*

(iii) *der Durchschnitt endlich vieler offener Mengen ist offen.*

Beweis als [ÜA]. (Verwenden und beweisen Sie dabei die Mengengleichheiten $x(\bigcup A_i) = \bigcup x(A_i)$, $x(\bigcap A_i) = \bigcap x(A_i)$; letztere beruht auf der Injektivität von x.)

Wir formulieren nun die in 1.1 erwähnte Bedingung

(5) *Die Topologie besitzt eine* **abzählbare Basis** $V_1, V_2, \dots$ *aus offenen Mengen, d.h. jede offene Teilmenge von M ist die Vereinigung geeigneter V_k.*

Jede offene Menge $V \subset M$ mit $p \in V$ heißt (offene) **Umgebung** von p. Aus 1.1 (4) folgt:

Zu je zwei verschiedenen Punkten $p, q \in M$ gibt es Umgebungen U von p, V von q mit $U \cap V = \emptyset$ (Hausdorffsche Trennungseigenschaft).

(b) Eine Teilmenge $A \subset M$ heißt **abgeschlossen**, wenn $M \setminus A$ offen ist. Aufgrund der de Morganschen Regeln sind neben $\emptyset$, M beliebige Durchschnitte und endliche Vereinigungen abgeschlossener Mengen abgeschlossen. Ein Punkt p heißt **Randpunkt** einer Menge $A \subset M$ ($p \in \partial A$), wenn jede Umgebung von p sowohl A als auch $M \setminus A$ trifft. Die Menge $\overline{A} := A \cup \partial A$ heißt der **Abschluss** von A. Es gilt ÜA $A \subset B \implies \overline{A} \subset \overline{B}$ und

$$A \text{ ist abgeschlossen} \iff \partial A \subset A \iff \overline{A} = A\,.$$

(c) Eine Folge (p_k) in M heißt **konvergent** gegen $p \in M$ ($p_k \to p$ für $k \to \infty$), wenn es zu jeder Umgebung $V \subset M$ von p ein $k_0 \in \mathbb{N}$ gibt mit $p_k \in V$ für $k > k_0$. Aus $p_k \to p$, $p_k \to q$ für $k \to \infty$ folgt $p = q$ wegen der Hausdorffschen Trennungseigenschaft. Daher ist die Schreibweise $p = \lim\limits_{k\to\infty} p_k$ gerechtfertigt.

Ist x eine Karte um $p \in M$, so gilt für Folgen (p_k) in M ÜA

$$\lim_{k\to\infty} p_k = p \quad\iff\quad \lim_{k\to\infty} x(p_k) = x(p)\,.$$

(d) Eine Abbildung $\phi : M \to N$ von Mannigfaltigkeiten M, N heißt **stetig**, wenn das Urbild $\phi^{-1}(V)$ jeder offenen Menge $V \subset N$ offen in M ist. Demnach sind alle Karten $x : U \to x(U)$ sowie deren Umkehrabbildungen stetig; hierbei ist $x(U)$ gemäß 1.2 (a) als Mannigfaltigkeit aufzufassen.

(e) Eine Menge $K \subset M$ heißt **kompakt**, wenn für jede Überdeckung von K durch offene Mengen V_i bereits endlich viele der V_i genügen, um K zu überdecken.

Wegen des Trennungsaxioms (4) ist jede kompakte Menge abgeschlossen ÜA.

(f) Aus den Bedingungen 1.1 (4), (5) ergeben sich folgende Eigenschaften der natürlichen Topologie ([56] I, 3.6):

$p \in \overline{A} \iff \lim\limits_{k\to\infty} p_k = p$ für eine Folge (p_k) in A.

A ist abgeschlossen $\iff$ A enthält mit jeder konvergenten Folge auch deren Limes.

K ist kompakt $\iff$ jede Folge in K enthält eine in K konvergente Teilfolge.

$\phi : M \to N$ ist stetig $\iff$ aus $p = \lim\limits_{k\to\infty} p_k$ in M folgt $\phi(p) = \lim\limits_{k\to\infty} \phi(p_k)$ in N.

Es existiert ein abzählbarer Atlas $\{(U_i, x_i) \mid i \in \mathbb{N}\}$ für M, wobei die $\overline{U}_i$ kompakt sind.

1.4 Untermannigfaltigkeiten

(a) Wir nennen eine Teilmenge M einer n–dimensionalen Mannigfaltigkeit N eine **m–dimensionale Untermannigfaltigkeit** von N ($m < n$), wenn es für jeden Punkt $p \in N$ ein **angepasstes Koordinatensystem** gibt, d.h. eine Karte (U, x) von N um p mit

$$x(M \cap U) \;=\; \mathbb{R}^m \cap x(U)\,.$$

Wir identifizieren dabei den $\mathbb{R}^m$ mit der m–dimensionalen Ebene

$$\mathbb{R}^m \times 0^{n-m} \;= \\ \{\mathbf{u} \in \mathbb{R}^n \mid u^{m+1} = \cdots = u^n = 0\}.$$

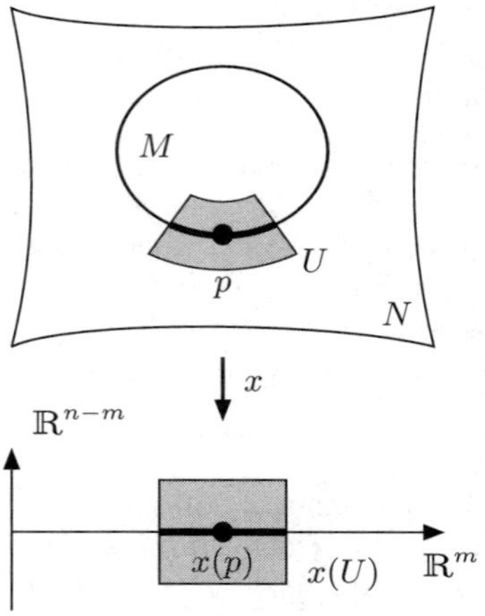

Beispiel. Der Äquator

$$S^1 = \left\{(\xi, \eta, 0) \in \mathbb{R}^3 \;\middle|\; \xi^2 + \eta^2 = 1\right\}$$

der Einheitssphäre

$$S^2 \;=\; \left\{\mathbf{x} \in \mathbb{R}^3 \;\middle|\; \|\mathbf{x}\| = 1\right\}$$

ist eine eindimensionale Untermannigfaltigkeit von S^2. Nachweis als ÜA (verwenden Sie Kugelkoordinaten für S^2).

Satz. *Jede m–dimensionale Untermannigfaltigkeit M von N ist eine m–dimensionale Mannigfaltigkeit: Jeder Atlas von N erzeugt mit*

$$\left\{\, (M \cap U, x\big|_{M \cap U}) \;\middle|\; (U, x) \in \mathcal{A} \;\; \textit{ist ein angepasstes Koordinatensystem}\right\}$$

einen Atlas für M.

Beweis [55] 2.6.2 Thm., [68] 1.3.1.

(c) Satz. *Jede nichtleere offene Teilmenge M einer n–dimensionalen Mannigfaltigkeit N mit Atlas $\mathcal{A}$ ist mit dem Atlas*

$$\left\{\, \left(M \cap U, x\big|_{M \cap U}\right) \;\middle|\; (U, x) \in \mathcal{A}\right\}$$

eine n–dimensionale Mannigfaltigkeit.

Beweis [55] 2.2.10.2 Prop..

1.5 Differenzierbare Abbildungen, Funktionen und Kurven

(a) Eine Abbildung

$$\phi : M \to N$$

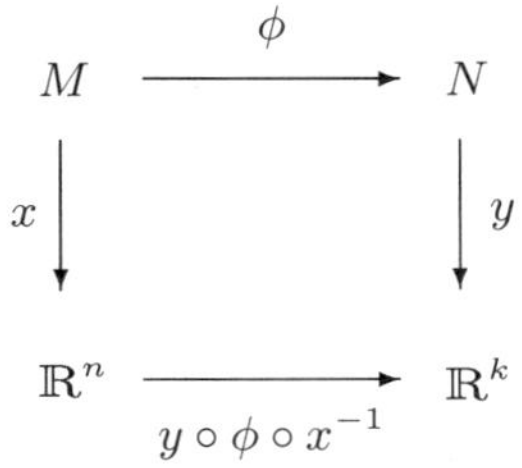

zwischen zwei Mannigfaltigkeiten M und N heißt **differenzierbar** (genauer: **C^∞–Abbildung** bzw. $\phi \in \mathrm{C}^\infty(M, N)$), wenn für jedes Paar von Karten x von M, y von N die **Koordinatendarstellung** von ϕ

$$y \circ \phi \circ x^{-1}$$

C^∞–differenzierbar im gewöhnlichen Sinn ist.

Differenzierbare Abbildungen sind stetig (ÜA mit Hilfe von 1.3 (c), (d)).

Eine Abbildung $\phi : M \to \mathbb{R}^k$ ist nach 1.2 (a) genau dann differenzierbar, wenn $\phi \circ x^{-1}$ für jede Karte (U, x) von M eine C^∞–Abbildung ist.

Mit $\psi : L \to M$ und $\phi : M \to N$ ist auch $\phi \circ \psi : L \to N$ eine C^∞–Abbildung, denn für Karten x von L, y von M, z von N ist

$$z \circ (\phi \circ \psi) \circ x^{-1} = (z \circ \phi \circ y^{-1}) \circ (y \circ \psi \circ x^{-1})$$

eine C^∞–Abbildung im gewöhnlichen Sinn.

Ein **Diffeomorphismus** (**C^∞–Diffeomorphismus**) ϕ zwischen zwei n–dimensionalen Mannigfaltigkeiten M und N ist eine bijektive C^∞–Abbildung $\phi : M \to N$ mit C^∞–differenzierbarer Umkehrabbildung $\phi^{-1} : N \to M$.

(b) Die Menge $\mathcal{F}M := \mathrm{C}^\infty(M, \mathbb{R})$ der C^∞–Funktionen auf M (meistens **Funktionen** auf M genannt) bildet bezüglich der punktweisen Addition und Multiplikation eine kommutative Algebra (siehe dazu Bd. 1, § 15 : 5.6).

Für $p \in M$ ist die Gesamtheit aller **lokal um p definierten Funktionen**,

$$\mathcal{F}_p M = \bigcup \{\mathcal{F}U \mid U \text{ ist eine Umgebung von } p\}\,,$$

ebenfalls eine kommutative Algebra, wenn Addition und Multiplikation von $f \in \mathcal{F}U$, $g \in \mathcal{F}V$ auf dem Durchschnitt $U \cap V$ definiert werden.

(c) Sei (U, x) eine Karte einer n–dimensionalen Mannigfaltigkeit M um einen Punkt $p \in M$. Für $f \in \mathcal{F}M$, $i = 1, \dots, n$ setzen wir

$$\frac{\partial f}{\partial x^i}(p) = \left.\frac{\partial f}{\partial x^i}\right|_p := \partial_i (f \circ x^{-1})(\mathbf{u}) \quad \text{mit } \mathbf{u} := x(p)\,,$$

wobei ∂_i die gewöhnliche i–te partielle Ableitung bedeutet. Bei dieser wichtigen Notationskonvention wird also die auf die Parameter $\mathbf{u}$ bezogene Funktion

$f \circ x^{-1}$ mit f identifiziert. Andere Schreibweisen für die partiellen Ableitungen sind

$$\partial_i f(p)\,, \quad \partial_i f\Big|_p\,.$$

Beispiele. (i) Für die i–te Koordinatenfunktion $f = x^i$ ergibt sich

$$\frac{\partial x^i}{\partial x^k}(p) \;=\; \partial_k(x^i \circ x^{-1})(\mathbf{u}) \;=\; \delta^i_k \;=\; \begin{cases} 1 & \text{für } i = k \\ 0 & \text{für } i \neq k \end{cases}$$

mit $\mathbf{u} = x(p)$, weil $x^i \circ x^{-1}$ die Projektion $\mathbf{u} = (u^1, \dots, u^n) \mapsto u^i$ auf die i–te Komponente ist.

(ii) Sind x und y Karten von M um p und ist $h := y \circ x^{-1}$ die zugehörige Koordinatentransformation, so sind

$$\frac{\partial y^i}{\partial x^k}(p) \;=\; \partial_k(y^i \circ x^{-1})(\mathbf{u}) \;=\; \partial_k h^i(\mathbf{u})$$

die Koeffizienten der Jacobi–Matrix von $h = (h^1, \dots, h^n)$ an der Stelle $\mathbf{u} = x(p)$, also

$$dh(\mathbf{u}) \;=\; \left(\frac{\partial y^i}{\partial x^k}(p)\right).$$

(d) **Existenz von Buckelfunktionen**. *Für jede Umgebung U von $p \in M$ gibt es eine Funktion $f \in \mathcal{F}M$ mit* $\operatorname{supp} f \subset U$ *und $f = 1$ auf einer Umgebung von p.*

Hierbei ist der **Träger** $\operatorname{supp} f$ einer Funktion $f \in \mathcal{F}M$ definiert durch

$$\operatorname{supp} f \;:=\; \overline{\{p \in M \mid f(p) \neq 0\}}\,.$$

Beweis.

Wir wählen eine Karte (V, x) von M mit $x(p) = \mathbf{0}$ und $r > 0$ mit $K_{3r}(\mathbf{0}) \subset x(U \cap V)$. Nach Bd. 2, § 10 : 3.1 existiert eine C^∞–Funktion $g : \mathbb{R} \to \mathbb{R}$ mit $g(t) = 1$ für $t \leq r$, $0 \leq g(t) \leq 1$ für $r \leq t \leq 2r$ und $g(t) = 0$ für $t \geq 2r$. Die Funktion $f : M \to \mathbb{R}$ mit $f(q) = g(\|x(q)\|)$ für $q \in U \cap V$ und $f = 0$ ausserhalb $U \cap V$ leistet das Gewünschte. □

(e) Unter einer **Kurve** (C^∞–Kurve) in einer Mannigfaltigkeit M verstehen wir eine C^∞–Abbildung $\alpha : I \to M$ auf einem offenen Intervall I. Eine Abbildung $\alpha : J \to M$ auf einem kompakten Intervall $J = [a, b]$ heißt ein **Kurvenstück** in M, wenn diese zu einer C^∞–Kurve in M auf einem umfassenden offenen Intervall $]a - \varepsilon, b + \varepsilon[$ $(\varepsilon > 0)$ fortgesetzt werden kann.

Eine Mannigfaltigkeit M heißt **zusammenhängend**, wenn es zu je zwei Punkten $p, q \in M$ ein Kurvenstück $\alpha : [0,1] \to M$ mit $\alpha(0) = p$, $\alpha(1) = q$ gibt.

Eine offene, zusammenhängende Teilmenge $V \neq \emptyset$ einer Mannigfaltigkeit M wird ein **Gebiet** genannt.

(f) SATZ. *Jede zusammenhängende eindimensionale Mannigfaltigkeit ist entweder diffeomorph zur reellen Achse* $\mathbb{R}$ *oder diffeomorph zur Kreislinie* S^1.

Für den nicht einfachen BEWEIS siehe [55] 3.4.1. Thm.

2 Tangentialraum und Differential

2.1 Tangentenvektoren

(a) Tangentenvektoren an eine Fläche $M \subset \mathbb{R}^3$ sind definiert als Tangentenvektoren von Kurven im $\mathbb{R}^3$, deren Spur in M liegt (§ 7 : 2.1); diese werden also vom umgebenden Raum $\mathbb{R}^3$ „geerbt". Bei abstrakten Mannigfaltigkeiten fehlt ein umgebender Raum; für diese müssen Tangentenvektoren neu erfunden werden.

Es gibt mehrere Konstruktionen von Tangentenvektoren für n–dimensionale Mannigfaltigkeiten; alle führen zum gleichen Ergebnis, d.h. liefern isomorphe n–dimensionale Vektorräume als Tangentialräume.

(1) **Tangentenvektoren als Äquivalenzklassen von Koordinaten–n–tupeln** (RICCI 1877). Für $p \in M$, zwei Karten x, y um p und zwei n–tupel $\boldsymbol{\xi} = (\xi^1, \dots, \xi^n)$, $\boldsymbol{\eta} = (\eta^1, \dots, \eta^n)$ definieren wir die Äquivalenz

$$(x, \boldsymbol{\xi}) \underset{p}{\sim} (y, \boldsymbol{\eta}) \quad \text{durch } \eta^i = \sum_{k=1}^{n} \frac{\partial y^i}{\partial x^k}(p)\, \xi^k \quad (i = 1, \dots, n).$$

Jede Äquivalenzklasse wird ein Tangentenvektor von M in p genannt. Die Tangentenvektoren in p bilden einen n–dimensionalen Vektorraum ([55] Thm. 2.5.11.).

(2) **Tangentenvektoren als Äquivalenzklassen von Kurven**. Für $p \in M$ heißen zwei Kurven $\alpha, \beta : \,]-\varepsilon, \varepsilon[\, \to M$ mit $\alpha(0) = \beta(0) = p$ äquivalent, $\alpha \sim_p \beta$, wenn für eine und damit jede Karte x um p die Koordinatenkurven $x \circ \alpha$, $x \circ \beta$ im $\mathbb{R}^n$ an der Stelle $t = 0$ die gleichen Tangentenvektoren besitzen, $(x \circ \alpha)^{\cdot}(0) = (x \circ \beta)^{\cdot}(0)$.

Jede Äquivalenzklasse wird ein Tangentenvektor von M in p genannt. Die Tangentenvektoren in p bilden einen n–dimensionalen Vektorraum, [80] 2.2.1.

Beide Konstruktionen sind umständlich zu handhaben, weil stets mit Vertretern der jeweiligen Äquivalenzklassen (Koordinaten–n–tupel, bzw. repräsentierende Kurven) gearbeitet werden muss.

(3) **Tangentenvektoren als Richtungsableitungen** (CHEVALLEY 1946). Um die nachfolgende Konstruktion zu motivieren, erinnern wir an den Begriff der Richtungsableitung einer C^1–Funktion $f : \mathbb{R}^n \to \mathbb{R}$ in einem Punkt $\mathbf{a} \in \mathbb{R}^n$ nach einem Vektor $\mathbf{v} \in \mathbb{R}^n$,

$$\partial_{\mathbf{v}} f(\mathbf{a}) \;=\; \frac{d}{dt} f(\mathbf{a} + t\mathbf{v})\Big|_{t=0} .$$

Die Zuordnung

$$f \mapsto \partial_{\mathbf{v}} f(\mathbf{a}) , \quad C^1(\mathbb{R}^n) \to \mathbb{R}$$

ist linear und genügt der Produktregel (Bd. 1, § 22 : 3.2).

Durch die folgende Definition werden Tangentenvektoren als Richtungsableitungen aufgefasst:

Ein **Tangentenvektor** v einer Mannigfaltigkeit M im Punkt $p \in M$ ist eine Linearform

$$v : \mathcal{F}M \to \mathbb{R}, \quad f \mapsto v(f)$$

die im Punkt p die Produktregel erfüllt, d.h. es gilt

$$v(af + bg) = a\, v(f) + b\, v(g) , \quad v(f \cdot g) \;=\; f(p)\, v(g) + g(p)\, v(f)$$

für $f, g \in \mathcal{F}M$, $a, b \in \mathbb{R}$.

Um die Linearität des Operators zu betonen, schreiben wir meist vf statt $v(f)$.

Diese Definition von Tangentenvektoren hat gegenüber den beiden vorhergehenden den Vorteil der Einfachheit und Koordinatenfreiheit; außerdem ergibt sich mit dieser auch eine übersichtlichere Beschreibung von Tensoren.

Wir verwenden im Folgenden diese dritte Konstruktion von Tangentenvektoren und stellen Beziehungen zu den beiden vorhergehenden her. Für den etwas gewöhnungsbedürftigen Umgang mit diesen Objekten empfehlen wir für den Anfang die Eselsbrücke „$v = \partial_v$“. Als ersten Schritt zeigen wir zwei bekannte Eigenschaften von Richtungsableitungen:

LEMMA. *Für jeden Tangentenvektor v von M in p gilt*

(i) $vf = 0$ *für konstante Funktionen* f,

(ii) $vf = vg$, *falls* f *und* g *in einer Umgebung von* p *übereinstimmen.*

Die zweite Aussage besagt, dass der Wert von vf nur vom Verhalten der Funktion f auf beliebig kleinen Umgebungen von p abhängt. Hiermit lässt sich leicht folgern, dass wir in der Definition von Tangentenvektoren anstelle von $\mathcal{F}M$ genauso gut die Algebra $\mathcal{F}_pM$ verwenden können.

Beweis.

(i) Für die konstante Funktion 1 gilt nach der Produktregel $v(1) = v(1 \cdot 1) = 1\,v(1) + 1\,v(1) = 2\,v(1)$, somit $v(1) = 0$, und für $f = c = c \cdot 1$ $(c \in \mathbb{R})$ wegen der Linearität $v(f) = v(c \cdot 1) = c \cdot v(1) = 0$.

(ii) Es sei $h := f - g = 0$ in einer Umgebung $U \subset M$ von p. Wir wählen gemäß 1.5 (d) eine Buckelfunktion $\varphi \in \mathcal{F}M$ mit $\varphi(p) = 1$ und $\varphi = 0$ außerhalb U. Dann gilt $\varphi \cdot h = 0$ auf M und nach (i)

$$0 = v(\varphi \cdot h) = \underbrace{\varphi(p)}_{=1}\, v(h) + \underbrace{h(p)}_{=0}\, v(\varphi) = v(h) = v(f-g) = v(f) - v(g)\,. \square$$

Beispiel. Sei (U, x) ein Koordinatensystem von M. Dann gehören zu jedem Punkt $p \in U$ die n durch die partiellen Ableitungen gegebenen Tangentenvektoren

$$\frac{\partial}{\partial x^i}\Big|_p\,, \quad \text{definiert durch} \quad f \longmapsto \frac{\partial f}{\partial x^i}\Big|_p \quad (i = 1, \ldots, n)\,.$$

Denn die Zuordnung

$$f \longmapsto \frac{\partial f}{\partial x^i}\Big|_p \;=\; \partial_i \left(f \circ x^{-1}\right)(\mathbf{u}) \quad \text{mit} \quad \mathbf{u} = x(p)$$

ist linear und genügt der Produktregel.

(b) **Basissatz.** *Sei M eine n–dimensionale Mannigfaltigkeit und $p \in M$. Dann ist die Gesamtheit T_pM der Tangentenvektoren von M in p bei der natürlichen Verknüpfung*

$$(au + bv)f \;:=\; auf + bvf \quad \textit{für alle} \quad f \in \mathcal{F}M$$

$(u, v \in T_pM,\ a, b \in \mathbb{R})$ ein n–dimensionaler Vektorraum, der **Tangentialraum** *von M in p.*

Für jedes Koordinatensystem (U, x) um p bilden die Tangentenvektoren

$$\frac{\partial}{\partial x^1}\Big|_p, \ldots, \frac{\partial}{\partial x^n}\Big|_p$$

eine Basis für T_pM, und zwar hat jeder Vektor $v \in T_pM$ die Darstellung

$$v \;=\; \sum_{i=1}^{n} \xi^i \frac{\partial}{\partial x^i}\Big|_p$$

mit der Wirkung $\xi^i = v(x^i)$ von v auf die i–te Koordinatenfunktion x^i.

Für die Basistangentenvektoren schreiben wir auch $\partial_1\big|_p, \ldots, \partial_n\big|_p$.

BEWEIS.

Sei (U, x) eine Karte um p, o.B.d.A. $x(p) = \mathbf{0}$.

(i) Die Vektoren $\frac{\partial}{\partial x^1}\big|_p, \ldots, \frac{\partial}{\partial x^n}\big|_p$ sind linear unabhängig. Denn aus der Gleichung

$$0 \;=\; \sum_{i=1}^{n} a^i \frac{\partial}{\partial x_i}\Big|_p \quad \text{mit } a^1, \ldots, a^n \in \mathbb{R}$$

folgt durch Anwendung auf die Koordinatenfunktion $f = x^k$ nach 1.5 (c)(i)

$$0 \;=\; \Big(\sum_{i=1}^{n} a^i \frac{\partial}{\partial x^i}\Big|_p\Big)\, x^k \;=\; \sum_{i=1}^{n} a^i \frac{\partial x^k}{\partial x^i}\Big|_p \;=\; \sum_{i=1}^{n} a^i \delta_i^k \;=\; a_k$$

für $k = 1, \ldots, n$.

(ii) Wir zeigen für jeden Tangentenvektor $v \in T_pM$ die Identität

$$v \;=\; \sum_{i=1}^{m} \xi^i \frac{\partial}{\partial x^i}\Big|_p \quad \text{mit } \xi^i = v(x^i)\,, \quad \text{d.h.}$$

$$vf \;=\; \sum_{i=1}^{n} \xi^i \frac{\partial f}{\partial x^i}\Big|_p \quad \text{für alle } f \in \mathcal{F}_pM\,.$$

O.B.d.A. sei $x(U) = K_r(\mathbf{0})$ mit einem $r > 0$. Für $f \in \mathcal{F}U$ ist $g := f \circ x^{-1}$ eine C^∞–Funktion auf $K_r(\mathbf{0}) \subset \mathbb{R}^n$, und es gilt für $\mathbf{u} \in K_r(\mathbf{0})$

$$g(\mathbf{u}) - g(\mathbf{0}) \;=\; \int_0^1 \tfrac{d}{dt} g(t\mathbf{u})\, dt \;=\; \int_0^1 \sum_{i=1}^{n} \partial_i g(t\mathbf{u})\, u^i\, dt \;=\; \sum_{i=1}^{n} u^i\, g_i(\mathbf{u})$$

mit den C^∞–Funktionen $g_i(\mathbf{u}) := \int_0^1 \partial_i g(t\mathbf{u})\, dt$.

Für $f_i := g_i \circ x \in \mathcal{F}U$ folgt dann

$$f_i(p) = g_i(\mathbf{0}) = \partial_i g(\mathbf{0}) = \partial_i (f \circ x^{-1})(\mathbf{0}) = \frac{\partial f}{\partial x_i}\Big|_p$$

und für alle $q \in U$

$$f(q) = g(x(q)) = g(\mathbf{0}) + \sum_{i=1}^{n} x^i(q)\, g_i(x(q)) = f(p) + \sum_{i=1}^{n} x^i(q)\, f_i(q)\,,$$

also mit der konstanten Funktion $c = f(p)$

$$(*) \qquad f = c + \sum_{i=1}^{n} x^i f_i \quad \text{auf } U \quad \text{und } f_i(p) = \frac{\partial f}{\partial x^i}\Big|_p\,.$$

Die Additions– und Produktregel für v liefern mit $v(c) = 0 = x^i(p)$ und $v(x^i) = \xi^i$ die Behauptung:

$$\begin{aligned} vf &= v\big(c + \sum_{i=1}^n x^i f_i\big) = v(c) + v\big(\sum_{i=1}^n x^i f_i\big) \\ &= \sum_{i=1}^n x^i(p)\, v(f_i) + \sum_{i=1}^n f_i(p) v(x^i) = \sum_{i=1}^n f_i(p)\,\xi^i = \sum_{i=1}^n \xi^i \frac{\partial f}{\partial x^i}\Big|_p . \end{aligned}$$ □

Bemerkung. Wir notieren, dass beim Beweis des Basissatzes die C^∞–Differenzierbarkeit der Mannigfaltigkeit und der für die Definition der Tangentenvektoren verwendeten Funktionen wesentlich verwendet wird. Ist f nur C^r–differenzierbar mit $1 \le r < \infty$, so sind die f_i nur C^{r-1}–differenzierbar, und $(*)$ ist keine Identität zwischen Funktionen des gleichen Funktionenraumes.

(c) **Transformationsverhalten bei Koordinatenwechsel.**

Satz. *Für Koordinatensysteme x und y um p gilt*

$$\frac{\partial}{\partial x^k}\Big|_p = \sum_{i=1}^n \frac{\partial y^i}{\partial x^k}(p)\,\frac{\partial}{\partial y^i}\Big|_p \qquad (k = 1, \ldots, n).$$

Besitzt also $v \in T_pM$ die Basisdarstellungen

$$v = \sum_{k=1}^n \xi^k \frac{\partial}{\partial x^k}\Big|_p = \sum_{i=1}^n \eta^i \frac{\partial}{\partial y^i}\Big|_p ,$$

so gilt das Transformationsgesetz

$$\eta^i = \sum_{k=1}^n \frac{\partial y^i}{\partial x^k}(p)\xi^k \quad (i = 1, \ldots n).$$

Dies ist die Äquivalenzrelation $(x, \boldsymbol{\xi}) \sim_p (y, \boldsymbol{\eta})$, die der Konstruktion (a)(1) der Tangentenvektoren nach Ricci zugrunde liegt.

Beweis.

Nach dem Basissatz besteht eine Darstellung

$$\frac{\partial}{\partial x^k}\Big|_p = \sum_{j=1}^n a_k^j \frac{\partial}{\partial y^j}\Big|_p \quad \text{mit } a_k^j \in \mathbb{R} \quad (k = 1, \ldots, n).$$

Anwendung dieser Identität auf die Koordinatenfunktion y^i ergibt nach 1.5 (c)

$$\begin{aligned} \frac{\partial y^i}{\partial x^k}(p) &= \Big(\frac{\partial}{\partial x^k}\Big|_p\Big) y^i = \Big(\sum_{j=1}^n a_k^j \frac{\partial}{\partial y^j}\Big|_p\Big) y^i \\ &= \sum_{j=1}^n a_k^j \frac{\partial y^i}{\partial y^j}(p) = \sum_{j=1}^n a_k^j \delta_j^i = a_k^i . \end{aligned}$$ □

(d) **Tangentialräume von affinen Räumen und von Vektorräumen**.

Sei A ein n–dimensionaler affiner Raum mit Richtungsvektorraum V. Wir bezeichnen wie in 1.2 (e) die vom Vektor $v \in V$ erzeugte Translation $A \to A$ mit $p \mapsto p + v$.

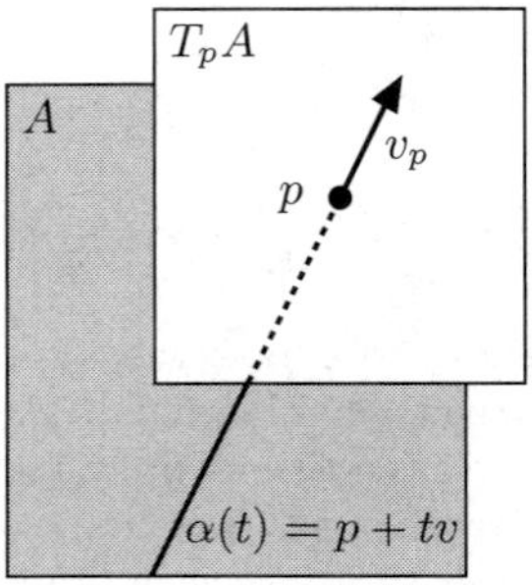

SATZ. *Für jeden Punkt* $p \in A$ *ist durch die Zuordnung*

$$i_p : V \to T_pA\,, \quad v \mapsto v_p$$

mit

$$v_p = \dot\alpha(0)\,, \quad \alpha(t) = p + tv$$

ein Isomorphismus, d.h. eine bijektive lineare Abbildung gegeben.

Da diese Zuordnung ohne Basiswahl definiert wurde, sprechen wir von einem **natürlichen Isomorphismus** und schreiben $T_pA \cong V$.

BEWEIS als ÜA. Zeigen Sie, dass die Abbildung $i_p : V \to T_pA$ linear und injektiv ist (letzteres durch Basiswahl in V). Wegen $\dim T_pA = n = \dim V$ ist diese dann ein Isomorphismus.

Da jeder Vektorraum V ein affiner Raum ist, erhalten wir $T_pV \cong V$ für jedes $p \in V$, insbesondere $T_{\mathbf{u}}\mathbb{R}^n \cong \mathbb{R}^n$ für jedes $\mathbf{u} \in \mathbb{R}^n$.

2.2 Tangentenvektoren von Kurven

Den **Tangentenvektor** $\dot\alpha(t)$ einer Kurve $\alpha : I \to M$ an der Stelle $t \in I$ definieren wir durch

$$\dot\alpha(t)f \;:=\; (f \circ \alpha)^{\boldsymbol{\cdot}}(t) \quad \text{für alle } f \in \mathcal{F}M\,.$$

Der Tangentenvektor ordnet also jeder Funktion f die Richtungsableitung von f bei Verschiebung längs der Kurve α zu. Es gilt

$$\dot\alpha(t) \in T_{\alpha(t)}M\,,$$

denn der Operator $f \mapsto \dot\alpha(t)f$ ist linear und genügt der Produktregel an der Stelle $p = \alpha(t)$.

Wir nennen eine Kurve $\alpha : I \to M$ **regulär**, wenn $\dot\alpha(t) \neq 0$ für jedes $t \in I$ gilt.

Sei x eine Karte um einen Kurvenpunkt $p = \alpha(t)$. Mit der auch im Folgenden verwendeten Abkürzung

$$x^i(t) \;:=\; x^i(\alpha(t))$$

hat der Tangentenvektor $\dot{\alpha}(t)$ nach dem Basissatz die Darstellung

$$\dot{\alpha}(t) = \sum_{i=1}^{n} \xi^i \, \partial_i\Big|_p \quad \text{mit } \xi^i = \dot{\alpha}(t)x^i = \dot{x}^i(t)\,.$$

FOLGERUNG. *Jeder Tangentenvektor* $v \in T_pM$ *kann als Tangentenvektor einer Kurve* $\alpha :]-\varepsilon, \varepsilon[$ *mit* $\alpha(0) = p$ *dargestellt werden,* $v = \dot{\alpha}(0)$.

Zum BEWEIS wählen wir eine Karte x mit $x(p) = \mathbf{0}$, stellen v durch die zugehörige Basis dar,

$$v = \sum_{i=1}^{n} \xi^i \, \partial_i\Big|_p\,,$$

und setzen

$$\alpha(t) = x^{-1}\Big(\sum_{i=1}^{n} t\xi^i \mathbf{e}_i\Big)$$

für $|t| < \varepsilon \ll 1$.

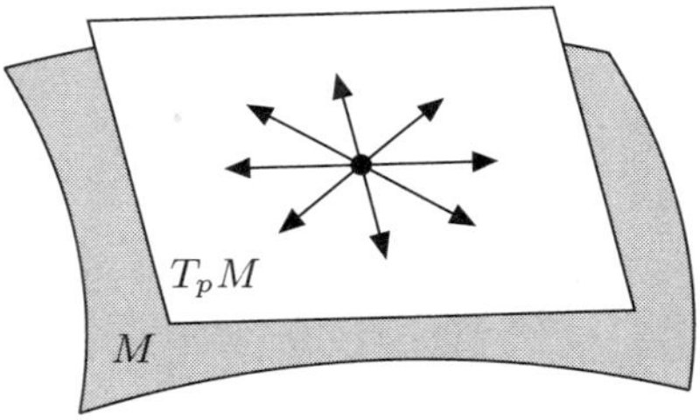

Dann gilt $\alpha(0) = p$, $x^i(t) = t\,\xi^i$ und damit $\dot{\alpha}(0) = \sum_{i=1}^{n} \xi^i \, \partial_i\Big|_p = v$.

Damit ist die Vorstellung von Vektoren $v \in T_pM$ als im Punkt p angetragene Pfeile gerechtfertigt. Des Weiteren ergibt sich die der zweiten Konstruktion zugrunde liegende Darstellung von Tangentenvektoren als Äquivalenzklassen von Kurven [ÜA].

[ÜA] Zeigen Sie: Gehen die Kurven $\alpha : I \to M$ und $\beta : J \to M$ durch Umparametrisierung auseinander hervor, also $\beta = \alpha \circ h$ mit einem C^∞–Diffeomorphismus $h : J \to I$, so gilt die Kettenregel

$$\dot{\beta}(t) = \dot{h}(t)\,\dot{\alpha}(s) \quad \text{mit } s = h(t) \quad \text{für } t \in J\,.$$

2.3 Das Differential von C^∞–Abbildungen

Sei $\phi : M \to N$ eine C^∞–Abbildung zwischen Mannigfaltigkeiten M, N. Das **Differential** von ϕ an der Stelle $p \in M$ erklären wir als Abbildung

$$d\phi_p : T_pM \to T_qN\,, \quad v \mapsto w \quad \text{mit } q = \phi(p)\,,$$

wobei für jedes $v \in T_pM$ der Bildvektor $w \in T_qN$ festgelegt wird durch

$$wf := v(f \circ \phi) \quad \text{für alle } f \in \mathcal{F}N\,.$$

[ÜA] Zeigen Sie, dass diese Definition eine lineare Abbildung $d\phi_p$ liefert.

Wir geben dieser Definition eine anschaulichere Form: Hierzu wählen wir zu einem Vektor $v \in T_pM$ gemäß 2.2 (c) eine Kurve $\alpha :]-\varepsilon, \varepsilon[\to M$ mit

$\alpha(0) = p$, $\dot\alpha(0) = v$ und erhalten $d\phi_p(v) = w = \dot\beta(0)$, wobei $\beta = \phi \circ \alpha$ die Bildkurve von α unter der Abbildung ϕ ist.

Dies ergibt sich unmittelbar mit der Definition in 2.2 (c): Für $f \in \mathcal{F}N$ gilt

$$wf \;=\; v(f \circ \phi) \;=\; \dot\alpha(0)(f \circ \phi) \;=\; (f \circ \phi \circ \alpha)^{\boldsymbol{\cdot}}(0) \;=\; (f \circ \beta)^{\boldsymbol{\cdot}}(0) \;=\; \dot\beta(0)f\,.$$

Es gilt die Kettenregel für Abbildungen $\psi : L \to M$, $\phi : M \to N$ und $p \in M$,

$$d(\phi \circ \psi)_p \;=\; d\phi_q \circ d\psi_p \quad \text{mit} \quad q = \psi(p)\,.$$

Nachweis als $\boxed{\text{ÜA}}$.

2.4* Das Tangentialbündel

Das **Tangentialbündel** einer n–dimensionalen Mannigfaltigkeit ist die disjunkte Vereinigung der Tangentialräume

$$TM \;=\; \bigcup_{p \in M} T_pM \;:=\; \left\{(p,v) \;\middle|\; p \in M\,,\; v \in T_pM\right\}\,.$$

Der Übergang von T_pM zu (p, T_pM) bedeutet Markierung des Fußpunktes $p \in M$ für jeden Vektor $v \in T_pM$. Die Zuordnung

$$\pi : TM \to M\,, \quad (p,v) \mapsto p$$

nennen wir die **Fußpunktabbildung** oder **Projektion**.

Wir identifizieren T_pM stets mit (p, T_pM).

Das Tangentialbündel TM ist auf natürliche Weise eine $2n$–dimensionale Mannigfaltigkeit: Für jedes Koordinatensystem (U, x) von M ist durch

$$(p,v) \mapsto \left(x^1(p), \ldots, x^n(p), \xi^1(p,v), \ldots, \xi^n(p,v)\right)\,,$$

wobei die $\xi^i = \xi^i(p,v)$ durch $v = \sum\limits_{k=1}^{n} \xi^i \partial_i\Big|_p$ gemäß dem Basissatz 2.1 (b) eindeutig bestimmt sind, eine bijektive Abbildung

$$\widetilde{x} : \pi^{-1}(U) \;=\; \bigcup_{p \in U} T_pM \to \mathbb{R}^{2n}$$

zugeordnet. Für zwei überlappende Koordinatensysteme (U,x), (V,y) von M ergibt sich unmittelbar nach 2.1 (d)

$$\left(\widetilde{y} \circ \widetilde{x}^{-1}\right)(\mathbf{u}, \boldsymbol{\xi}) \;=\; (\mathbf{v}, \boldsymbol{\eta})$$

mit $\mathbf{v} = y \circ x^{-1}(\mathbf{u})$, $\eta^i = \sum\limits_{k=1}^{n} \frac{\partial y^i}{\partial x^k}(p)\,\xi^k$, $p = x^{-1}(\mathbf{u})$; dies liefert eine C^∞–Abbildung zwischen offenen Mengen des $\mathbb{R}^{2n}$. Die Gültigkeit der Hausdorffschen Trennungseigenschaft von TM ist leicht zu sehen.

Die Projektion $\pi : TM \to M$ ist dann eine C^∞–Abbildung.

3 Vektorfelder und 1–Formen

3.1 Vektorfelder

(a) Unter einem **Vektorfeld** (**C$^\infty$–Vektorfeld**) X auf einer Mannigfaltigkeit M verstehen wir eine Abbildung

$$X : M \to TM\,, \quad p \mapsto X_p \in T_pM\,,$$

die C$^\infty$–differenzierbar ist in dem Sinn, dass für jede Funktion $f \in \mathcal{F}M$ die Funktion

$$p \mapsto X_p f,\ M \to \mathbb{R}$$

C$^\infty$–differenzierbar ist (zur Schreibweise siehe 2.1 (a) (3)).

Die Gesamtheit aller Vektorfelder auf M bezeichnen wir mit $\mathcal{V}M$. Für Vektorfelder $X, Y \in \mathcal{V}M$ und Funktionen $f, g \in \mathcal{F}M$ entsteht die **$\mathcal{F}M$–Linearkombination** $fX + gY \in \mathcal{V}M$ durch punktweise Verknüpfung

$$(fX + gY)_p \ := \ f(p)\,X_p + g(p)\,Y_p \ \in \ T_pM\,.$$

Die hierbei gültigen Rechenregeln ergeben sich unmittelbar aus der Vektorraumeigenschaft der Tangentialräume T_pM.

Es liegt auf der Hand, was unter einem Vektorfeld X auf einer offenen Teilmenge $U \subset M$ ($X \in \mathcal{V}U$) zu verstehen ist.

Für jede Karte (U, x) von M sind

$$U \ni p \mapsto \frac{\partial}{\partial x^i}\Big|_p \in T_pM \quad (i = 1, \ldots, n)$$

Vektorfelder auf der Koordinatenumgebung U, denn für jedes $f \in \mathcal{F}U$ ist

$$p \ \mapsto \ \frac{\partial}{\partial x^i}\Big|_p f \ = \ \frac{\partial f}{\partial x^i}\Big|_p \ = \ \partial_i(f \circ x^{-1})(x(p))$$

C$^\infty$–differenzierbar nach Definition 1.5 (a).

Jedes Vektorfeld $X \in \mathcal{V}M$ (oder $X \in \mathcal{V}U$) hat die lokale Basisdarstellung

$$X_p \ = \ \sum_{i=1}^{n} \xi^i(p)\,\frac{\partial}{\partial x^i}\Big|_p$$

mit eindeutig bestimmten Koeffizientenfunktionen $\xi^i \in \mathcal{F}U$, denn nach dem Basissatz 2.1 (b) besteht für jedes $p \in U$ eine solche Darstellung, und die Funktionen $p \mapsto \xi^i(p) = X_p x^i$ sind C$^\infty$–differenzierbar.

Wir nennen $\partial/\partial x^1, \ldots \partial/\partial x^n$, bzw. $\partial_1, \ldots, \partial_n$ die **lokalen Basisfelder** der Karte (U, x).

Lassen wir in der obigen Basisdarstellung das Argument p fort, so wird die Notation übersichtlicher,

$$X \;=\; \sum_{i=1}^{n} \xi^i \frac{\partial}{\partial x^i}\,, \quad \text{bzw.}\; X \;=\; \sum_{i=1}^{n} \xi^i \,\partial_i\,.$$

Mit der später eingeführten Summationskonvention lauten diese Formeln

$$X = \xi^i \frac{\partial}{\partial x^i}\,, \quad \text{bzw.}\; X = \xi^i \partial_i\,.$$

(b) **Vektorfelder als Derivationen**. Für jedes Vektorfeld $X \in \mathcal{V}M$ liefert die Schreibweise

$$(Xf)(p) \;:=\; X_p f \quad \text{für}\; p \in M\,,\; f \in \mathcal{F}M$$

eine Uminterpretation als Abbildung $X : \mathcal{F}M \to \mathcal{F}M$, welche linear ist und der Produktregel genügt:

(1) $\quad X(af + bg) \;=\; a\,Xf + b\,Xg \quad \text{für}\; f, g \in \mathcal{F}M\,,\;\; a, b \in \mathbb{R}\,,$

(2) $\quad X(f \cdot g) \;=\; f\,Xg + g\,Xf \quad \text{für}\; f, g \in \mathcal{F}M\,.$

Solche Abbildungen $\mathcal{F}M \to \mathcal{F}M$ werden **Derivationen** genannt. Jede Derivation Y lässt sich durch die Vorschrift

$$Y_p f \;:=\; (Yf)(p) \quad \text{für}\; f \in \mathcal{F}M\,,\;\; p \in M$$

wegen $(Yf)(p) \in T_pM$ auch wieder als Vektorfeld verstehen. Wir unterscheiden nicht zwischen diesen beiden Interpretationen und fassen Vektorfelder meistens als Derivationen auf. Im Hinblick auf die Definition von Tangentenvektoren in 2.1 (a) (3) bezeichnen wir Xf auch als **Richtungsableitung**.

3.2 Lie–Klammer und Integralkurven von Vektorfeldern

(a) **Die Lie–Klammer von Vektorfeldern**. Für Vektorfelder $X, Y \in \mathcal{V}M$ ist die Hintereinanderausführung der Derivationen

$$f \mapsto Y(Xf)\,, \quad \mathcal{F}M \to \mathcal{F}M$$

zwar linear, genügt aber nicht der Produktregel, denn es gilt

$$\begin{aligned} Y(X(f\,g)) \;&=\; Y(f\,Xg + g\,Xf) \\ &=\; (Yf)\cdot(Xg) + f\,Y(Xg) + (Yg)\,(Xf) + g\,Y(Xf) \end{aligned}$$

für $f, g \in \mathcal{F}M$.

Bilden wir jedoch den Kommutator der beiden Derivationen,

$$[X,Y]f \ := \ X(Yf) - Y(Xf) \quad \text{für} \ \ f \in \mathcal{F}M\,,$$

so heben sich die störenden ersten und dritten Terme weg, d.h. $[X,Y]$ erfüllt die Produktregel und ist als Derivation ein Vektorfeld. Der Verknüpfung $[\,.\,,\,.\,] : \mathcal{V}M \times \mathcal{V}M \to \mathcal{V}M$ wird **Lie–Klammer** auf M genannt.

Rechenregeln für die Lie–Klammer. *Die Lie–Klammer* $[\,.\,,\,.\,]$

(1) *ist linear in jedem der beiden Argumente,*

(2) *ist schiefsymmetrisch,*

(3) *erfüllt die* **Jacobi–Identität**

$$\big[[X,Y],Z\big] + \big[[Y,Z],X\big] + \big[[Z,X],Y\big] = 0 \quad \textit{für} \ \ X,Y,Z \in \mathcal{V}M\,.$$

BEWEIS als [ÜA].

Haben Vektorfelder $X, Y \in \mathcal{V}M$ bezüglich eines Koordinatensystems die lokalen Basisdarstellungen $X = \sum\limits_{i=1}^{n} \xi^i \partial_i$, $Y = \sum\limits_{k=1}^{n} \eta^k \partial_k$, so besitzt die Lie–Klammer von X und Y die Darstellung [ÜA]

$$[X,Y] \ = \ \sum_{i,k=1}^{n} \left(\xi^i \partial_i \eta^k - \eta^i \partial_i \xi^k\right) \frac{\partial}{\partial x_k}\,.$$

FOLGERUNG. *Die Lie–Klammer von lokalen Basisfeldern verschwindet stets,*

$$\left[\frac{\partial}{\partial x^i}, \frac{\partial}{\partial x^k}\right] \ = \ 0 \qquad (i,k = 1,\ldots,n)\,.$$

(b) **Integralkurven von Vektorfeldern**. Zu gegebenem Vektorfeld $X \in \mathcal{V}M$ heißt eine Kurve $\varphi : I \to M$ **Integralkurve** von X, wenn sie Lösung der Differentialgleichung

$$\dot\varphi(t) \ = \ X_{\varphi(t)} \quad \text{für} \ \ t \in I$$

ist. Analog wie im $\mathbb{R}^n$ gilt auch auf Mannigfaltigkeiten der

Existenz– und Eindeutigkeitssatz für das Anfangswertproblem.
Zu jedem Punkt $p \in M$ *gibt es genau eine maximal definierte Integralkurve* $\varphi : I \to M$ *von* X *mit* $\varphi(0) = p$.

Für die maximal definierten Integralkurven schreiben wir

$$\Phi(t,p) \ = \ \Phi_t(p) \ := \ \varphi(t)\,, \quad I_p := I$$

und setzen

$$\mathcal{D}(X) := \{(t,p) \in \mathbb{R} \times M \mid t \in I_p\} .$$

Die Abbildung $\Phi : \mathcal{D}(X) \to M, \ (t,p) \mapsto \Phi(t,p)$ wird **der vom Vektorfeld X erzeugte Fluss** genannt.

Differenzierbarkeit des Flusses.

(i) *$\mathcal{D}(X)$ ist eine offene Teilmenge der Produktmannigfaltigkeit $\mathbb{R} \times M$, und der Fluss Φ ist eine C^∞-Abbildung $\mathcal{D}(X) \to M$.*

(ii) *Im Fall $\mathcal{D}(X) = \mathbb{R} \times M$ gilt das Exponentialgesetz*

$$\Phi_0 = \mathbb{1}_M , \quad \Phi_s \circ \Phi_t = \Phi_{s+t} \quad \textit{für} \quad s,t \in \mathbb{R} .$$

Der BEWEIS besteht in der Übertragung der für Differentialgleichungen im $\mathbb{R}^n$ verwendeten Methoden (vgl. Bd. 2, § 2 : 5 und § 2 : 7) auf Mannigfaltigkeiten, siehe [56] IV.4, [55] 3.5.

Für den Nachweis der Eindeutigkeit von maximal definierten Integralkurven wird die Hausdorffsche Trennungseigenschaft (4) von 1.1 (a) benötigt. Bei Verletzung dieser Forderung kann es geschehen, dass Integralkurven in zwei Äste verzweigen, siehe [55] 3.5.5.

Im Fall $\mathcal{D}(X) = \mathbb{R} \times M$ sind die Abbildungen $\Phi_t : M \to M$ Diffeomorphismen wegen $\Phi_t \circ \Phi_{-t} = \Phi_{t-t} = \Phi_0 = \mathbb{1}_M$.

Das Exponentialgesetz $\Phi_s(\Phi_t(p)) = \Phi_{s+t}(p)$ ist auch im allgemeinen Fall $\mathcal{D}(X) \subset \mathbb{R} \times M$ gültig unter der Voraussetzung, dass die darin auftretenden Terme definiert sind.

Es seien $X, Y \in \mathcal{V}M$ zwei Vektorfelder auf M und Φ, Ψ die von diesen erzeugten Flüsse. Der Einfachheit halber nehmen wir $\mathcal{D}(X) = \mathcal{D}(Y) = \mathbb{R} \times M$ an.

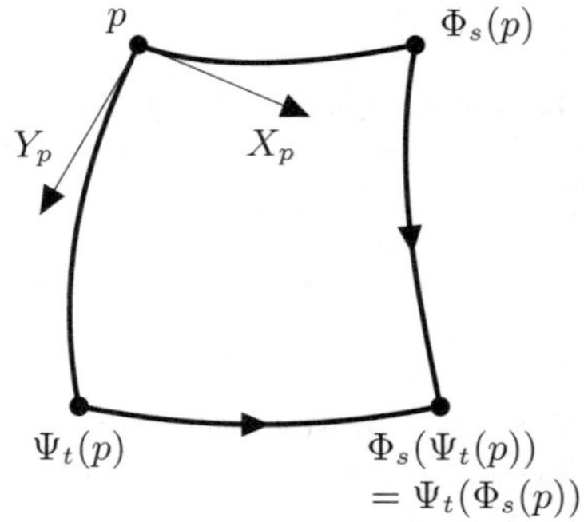

SATZ (LIE 1876). *Genau dann kommutieren die Flüsse von X und Y,*

$$\Phi_s \circ \Psi_t = \Psi_t \circ \Phi_s \quad \textit{für} \quad s,t \in \mathbb{R},$$

wenn die Lie–Klammer von X und Y verschwindet,

$$[X,Y] = 0 .$$

Diese Aussage liefert eine wichtige Interpretation der Lie–Klammer. Ihre Bedeutung ergibt sich aus der Tatsache, dass Flüsse als Lösungen von Differentialgleichungen im allgemeinen nicht explizit bekannt sind, die Verifikation der Bedingung $[X, Y] = 0$ dagegen nur Ausführung von Differentiationen verlangt.

Für den BEWEIS verweisen wir auf [56] IV.7.

(c)* Mit Hilfe des **Tangentialbündels** 2.4* kann jedes Vektorfeld $X \in \mathcal{V}M$ nach Identifizierung

$$X_p \cong (p, X_p)$$

als C^∞–Abbildung $X : M \to TM$ mit

$$\pi \circ X = \mathbb{1}_M$$

charakterisiert werden [ÜA].

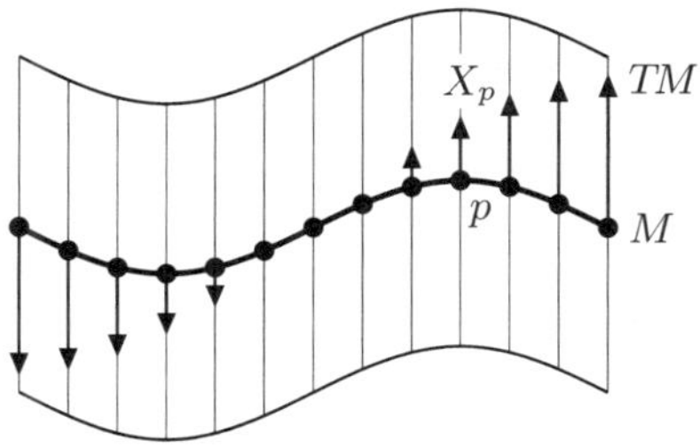

Die nebenstehende Figur macht die für die Vektorfelder auch verwendete Bezeichnung **Schnitte im Tangentialbündel** plausibel.

3.3 1–Formen

(a) Für einen n–dimensionalen Vektorraum V nennen wir den Vektorraum der Linearformen (**Kovektoren**) $\omega : V \to \mathbb{R}$ den **Dualraum** von V und bezeichnen diesen mit V^*.

V^* ist ebenfalls n–dimensional, und für jede Basis $v_1, \ldots, v_n$ von V bilden die Linearformen $v_*^1, \ldots, v_*^n$ mit

$$v_*^i(v_k) \;=\; \delta_k^i \quad (k = 1, \ldots, n)$$

eine Basis für V^*. Denn für jede Linearform $\omega \in V^*$ gilt

$$\omega \;=\; \sum_{k=1}^{n} a_k v_*^k$$

mit den eindeutig bestimmten Koeffizienten $a_k := \omega(v_k)$, da beide Seiten Linearformen sind, die auf den Basisvektoren v_i denselben Wert annehmen.

$v_1, \ldots, v_n; v_*^1, \ldots, v_*^n$ heißt ein **Paar dualer Basen** (**duales Basispaar**) von V und V^*. Den Dualraum von T_pM bezeichnen wir mit T_p^*M.

(b) Eine **1–Form** ω auf einer Mannigfaltigkeit M ist eine Abbildung

$$\omega : \; p \mapsto \omega_p \in T_p^*M\,,$$

die differenzierbar ist in dem Sinn, dass für jedes Vektorfeld $X \in \mathcal{V}M$ durch

$$\omega(X) : \; p \mapsto \omega_p(X_p)\,, \quad M \to \mathbb{R}$$

eine C^∞–Funktion auf M gegeben ist.

Die Gesamtheit der 1–Formen auf M bezeichnen wir mit $\mathcal{V}^*M$. Für 1–Formen $\omega_1, \omega_2 \in \mathcal{V}^*M$ und Funktionen $f_1, f_2 \in \mathcal{F}M$ entsteht durch die punktweise Verknüpfung $(f_1\omega_1 + f_2\omega_2)\big|_p := f_1(p)\omega_1\big|_p + f_2(p)\omega_2\big|_p$ die $\mathcal{F}M$–Linearkombination $f_1\omega_1 + f_2\omega_2$. Da die T_p^*M Vektorräume sind, folgt $f_1\omega_1 + f_2\omega_2 \in \mathcal{V}^*M$.

Nach dieser Definition wirken 1–Formen ω auf Vektorfelder $\mathcal{F}M$–linear, d.h.

$$\omega(fX + gY) = f\,\omega(X) + g\,\omega(Y) \quad \text{für } f, g \in \mathcal{F}M, \quad X, Y \in \mathcal{V}M\,.$$

(c) Für jede Funktion $f \in \mathcal{F}M$ erklären wir das **Differential** von f als die 1–Form $df \in \mathcal{V}^*M$ mit

$$df_p(v) \;=\; vf \quad \text{für alle } v \in T_pM \text{ und } p \in M\,.$$

Nach 3.1 (b) bedeutet dies

$$df(X) \;=\; Xf \quad \text{für alle } X \in \mathcal{V}M\,.$$

Zur Deutung repräsentieren wir einen Tangentenvektor $v \in T_pM$ durch eine Kurve $\alpha :]-\varepsilon, \varepsilon[\to M$ mit $\alpha(0) = p$, $\dot\alpha(0) = v$. Dann gilt nach 2.2 (c)

$$df_p(v) \;=\; \dot\alpha(0)\,f \;=\; (f \circ \alpha)^{\boldsymbol{\cdot}}(0)\,.$$

Hiernach beschreibt $df_p(v)$ die Änderung der Funktion f längs der Kurve α im Punkt p.

Für jede Karte (U, x) um p besitzen die Koordinatenfunktionen $x^1, \ldots, x^n$ Differentiale $dx^1, \ldots, dx^n \in \mathcal{V}^*U$. Für diese gilt nach 1.5 (c)

$$dx^i\left(\frac{\partial}{\partial x^k}\right) \;=\; \left(\frac{\partial}{\partial x^k}\right)x^i \;=\; \frac{\partial x^i}{\partial x^k} \;=\; \delta^i_k \quad (i, k = 1, \ldots, n)\,,$$

d.h. die Linearformen $dx^1_p, \ldots, dx^n_p$ bilden die zu $\frac{\partial}{\partial x^1}\big|_p, \ldots, \frac{\partial}{\partial x^n}\big|_p$ duale Basis in T_p^*M.

Damit erhalten wir für jede 1–Form $\omega \in \mathcal{V}^*M$ (oder $\omega \in \mathcal{V}^*(U)$) die Darstellung

$$\omega \;=\; \sum_{i=1}^n a_i\,dx^i$$

mit den nach (a) eindeutig bestimmten Koeffizientenfunktionen

$$a_i \;=\; \omega\left(\frac{\partial}{\partial x^i}\right) \in \mathcal{F}U \quad (i = 1, \ldots, n)\,.$$

Für $v = \sum\limits_{k=1}^n \xi^k \frac{\partial}{\partial x^k}\big|_p \in T_pM$ folgt $\omega(v) = \sum\limits_{i=1}^n a_i\xi^i$.

Für Differentiale $\omega = df$ ergibt sich insbesondere

$$df \;=\; \sum_{i=1}^{n} \frac{\partial f}{\partial x^i}\, dx^i$$

wegen $a_i = df\Big(\dfrac{\partial}{\partial x^i}\Big) = \dfrac{\partial f}{\partial x^i}$ für $i = 1, \dots, n$.

Rechenregeln für das Differential

(i) Die Abbildung $f \mapsto df,\ \mathcal{F}M \to \mathcal{V}^*M$ ist linear.

(ii) Es gilt die Produktregel $d(f \cdot g) = g\,df + f\,dg$ für $f, g \in \mathcal{F}M$.

Nachweis als [ÜA].

(d) Das Differential von Funktionen $f : M \to \mathbb{R}$, für den Moment mit $\widetilde{d}f_p : T_pM \to \mathbb{R}$ bezeichnet, stimmt mit dem in 2.3 definierten Differential von Abbildungen nicht überein; vielmehr gilt $df_p = i_t \circ \widetilde{d}f_p$ mit $t := f(p)$ und dem natürlichen Isomorphismus $i_t : \mathbb{R} \to T_t\mathbb{R}$ von 2.1 (d) [ÜA]. Durch Identifizierung $T_t\mathbb{R} = \mathbb{R}$ wird die gleiche Schreibweise für die beiden Begriffe gerechtfertigt.

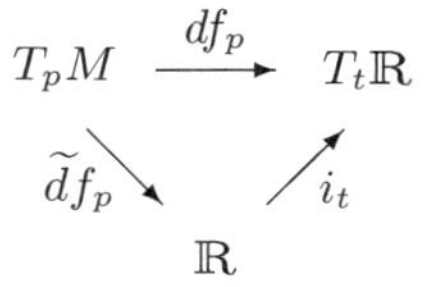

Bemerkung. Es ist klar, dass Vektorfelder und 1–Formen begrifflich verschieden sind. Wenn wir in Kap. I dennoch Impulse in der Mechanik und ihre Gegenstücke in der Optik durch Vektoren des $\mathbb{R}^n$ dargestellt haben, obwohl es sich in der Sache um Linearformen handelt, so geschah dies zugunsten der Einfachheit und Einheitlichkeit der Rechnung. Auch die in Bd. 1, § 24 : 6.1 betrachtete Wärmeänderung eines thermodynamischen Systems ist kein Vektorfeld (Q_1, Q_2), sondern seiner Natur nach eine 1–Form $\omega = Q_1\,dT + Q_2\,dv$ auf dem $\mathbb{R}^2$.

4 Tensoren

4.1 Tensoren als multilineare Abbildungen

(a) Den Dualraum zu V^* bezeichnen wir mit V^{**}. Zu jedem $v \in V$ ist durch

$$\ell_v(\omega) \;:=\; \omega(v)$$

eine Linearform ℓ_v auf V^* gegeben.

Satz. *Die Abbildung*

$$I_V : V \to V^{**}\,, \quad v \mapsto \ell_v \qquad \textit{ist ein Isomorphismus.}$$

Wir identifizieren daher im Folgenden V^{**} mit V und schreiben

$$(*) \quad v(\omega) \quad \text{für} \quad \ell_v(\omega) \;=\; \omega(v)\,.$$

BEWEIS.

Die Linearität on I_V folgt aus der Linearität der $\omega \in V^*$. I_V ist injektiv: Aus $\ell_v = 0$ mit $v \in \sum_{i=1}^{n} \xi^i v_i$ folgt $0 = v_*^k(v) = \sum_{i=1}^{n} \xi^i v_*^k(v_i) = \xi^k \quad (k = 1, \ldots, n)$. Wegen $\dim V^{**} = \dim V^* = \dim V = n$ ist I_V bijektiv. □

BEMERKUNG. Ein Isomorphismus zwischen V^* und V lässt sich nur mit Hilfe von Basen in V, V^* angeben. Dagegen ist I_V ein natürlicher (basisfrei definierter) Isomorphismus.

(b) Für endlichdimensionale Vektorräume $V_1, \ldots V_r, W$ heißt eine Abbildung

$$A : V_1 \times \cdots \times V_r \to W$$

multilinear, wenn sie in jedem der r Argumente bei Festhalten der restlichen linear ist.

Die Gesamtheit der multilinearen Abbildungen $V_1 \times \cdots \times V_r \to W$ bezeichnen wir mit $L(V_1 \times \cdots \times V_r, W)$.

Für $A, B \in L(V_1 \times \cdots \times V_r, W)$ und $a, b \in \mathbb{R}$ ist durch punktweise Verknüpfung in W die Linearkombination

$$aA + bB : (v_1, \ldots, v_r) \mapsto a\,A(v_1, \ldots, v_r) + b\,B(v_1, \ldots, v_r)$$

definiert, die diese Menge zu einem Vektorraum macht. Jede multilineare Abbildung ist schon durch ihre Wirkung auf Basisvektoren in $V_1, \ldots, V_r$ festgelegt.

SATZ. $\dim L(V_1 \times \cdots \times V_r, W) \;=\; \dim V_1 \cdot \ldots \cdot \dim V_r \cdot \dim W$.

BEWEIS.

Wir beschränken uns auf den Fall $r = 2$ und betrachten drei Vektorräume U, V, W der Dimensionen l, m, n und für diese Basen $(u_1, \ldots, u_l)$, $(v_1, \ldots, v_m)$, $(w_1, \ldots, w_n)$.

Wir legen $A_k^{ij} \in L(U \times V, W)$ fest durch die Wirkung auf die Paare von Basisvektoren (u_a, v_b),

$$A_k^{ij}(u_a, v_b) \;:=\; \delta_a^i\,\delta_b^j\,w_k\,.$$

Diese $l \cdot m \cdot n$ bilinearen Abbildungen bilden eine Basis von $L(U \times V, W)$, denn für jede Abbildung $A \in L(U \times V, W)$ sind die Basisdarstellungen

$$(1) \quad A(u_i, v_j) \; = \; \sum_{k=1}^{n} a_{ij}^k \, w_k \quad \text{in } W \quad (i = 1, \ldots, l, j = 1, \ldots, m)$$

äquivalent zu der Beziehung

$$(2) \quad A \; = \; \sum_{i=1}^{l} \sum_{j=1}^{m} \sum_{k=1}^{n} a_{ij}^k \, A_k^{ij} \, ,$$

was sich durch Auswertung beider Seiten auf den Paaren (u_a, v_b) ergibt. □

(c) Sei V ein n–dimensionaler Vektorraum, und $r, s \geq 0$ seien ganze Zahlen. Wir setzen

$$\bigotimes\nolimits_s^r V \; := \; L(\underbrace{V^* \times \cdots \times V^*}_{r\text{–mal}} \times \underbrace{V \times \cdots \times V}_{s\text{–mal}}, \mathbb{R})$$

für $r + s \geq 1$ und $\bigotimes_0^0 V := \mathbb{R}$. Die Elemente von $\bigotimes_s^r V$ heißen **(r, s)–Tensoren (r–fach kontravariante und s–fach kovariante Tensoren)** auf V. Die Zahl r heißt **kontravarianter Rang**, und s heißt **kovarianter Rang**. $\bigotimes_s^r V$ ist nach (b) ein Vektorraum der Dimension n^{r+s}.

Einige Tensortypen sind uns schon bekannt, z.B.

$$\begin{aligned}
\textstyle\bigotimes_0^0 V \; &= \; \mathbb{R} && \text{Skalare,} \\
\textstyle\bigotimes_0^1 V \; &= \; L(V^*, \mathbb{R}) = V^{**} = V && \text{Vektoren,} \\
\textstyle\bigotimes_1^0 V \; &= \; L(V, \mathbb{R}) = V^* && \text{Linearformen,} \\
\textstyle\bigotimes_2^0 V \; &= \; L(V \times V, \mathbb{R}) && \text{Bilinearformen,} \\
\textstyle\bigotimes_s^0 V \; &= \; L(\underbrace{V \times \cdots \times V}_{s\text{–mal}}, \mathbb{R}) && \text{Multilinearformen.}
\end{aligned}$$

Wir setzen zur Abkürzung

$$V^s := \underbrace{V \times \cdots \times V}_{s\text{–mal}}, \qquad (V^*)^r := \underbrace{V^* \times \cdots \times V^*}_{r\text{–mal}},$$

$$\bigotimes\nolimits^r V \; := \; \bigotimes\nolimits_0^r V \; = \; L((V^*)^r, \mathbb{R}) \, .$$

Für $r, s \geq 1$ lassen sich (r, s)–Tensoren als lineare Abbildungen $A : V^s \to \bigotimes^r V$ interpretieren. Eine solche Abbildung ordnet jedem $(v_1, \ldots, v_s) \in V^s$ eine Linearform auf $(V^*)^r$ zu:

$$A(v_1, \ldots, v_s) : (V^*)^r \to \mathbb{R} \, , \quad (\omega_1, \ldots, \omega_r) \mapsto A(v_1, \ldots, v_s)(\omega_1, \ldots, \omega_r) \, .$$

Durch

$$\widetilde{A}(\omega_1, \ldots, \omega_r, v_1, \ldots, v_s) := A(v_1, \ldots, v_s)(\omega_1, \ldots, \omega_r)$$

ist ein $((r,s)$–Tensor $\widetilde{A}$ gegeben. Die lineare Abbildung

$$J : L(V^s, \bigotimes^r V) \to \bigotimes_s^r V, \quad A \mapsto \widetilde{A} \qquad \textit{ist ein Isomorphismus.}$$

J ist injektiv, denn $J(A) = 0$ bedeutet einfach, dass A die Nullabbildung ist. Die Surjektivität von J folgt aus Dimensionsgründen: Nach (c) ist $\dim \bigotimes_s^r V = n^{r+s}$ und $\dim \bigotimes^r V = n^r$. Mit (b) folgt $\dim L(V^s, \bigotimes^r V) = n^s n^r$.

Im wichtigsten Fall $r = 1$ entstehen Tensoeren oft aus linearen Abbildungen $A : V^s \to V$ durch $\widetilde{A}(\omega, v_1, \ldots, v_s) := \omega(A(v_1, \ldots, v_s))$ für $\omega \in V^*$.

Wir identifizieren im Folgenden $\bigotimes_s^r V$ mit $L(V^s, \bigotimes^r V)$.

(d) Für endlichdimensionale Vektorräume $V_1, \ldots, V_m$ heißt der Vektorraum

$$V_1 \otimes \cdots \otimes V_m \ := \ L(V_1^* \times \cdots \times V_m^*, \mathbb{R})$$

das **Tensorprodukt** von $V_1, \ldots, V_m$.

Demnach ist wegen $V^{**} = V$

$$\bigotimes_s^r V \ = \ \underbrace{V \otimes \cdots \otimes V}_{r\text{–mal}} \otimes \underbrace{V^* \otimes \cdots \otimes V^*}_{s\text{–mal}} .$$

Für $v_1 \in V_1, \ \ldots, \ v_m \in V_m$ heißt die r–Form $v_1 \otimes \cdots \otimes v_m \in V_1 \otimes \cdots \otimes V_m$ mit

$$(v_1 \otimes \cdots \otimes v_m)(\omega_1, \ldots, \omega_m) \ := \ \omega_1(v_1) \cdot \ldots \cdot \omega_m(v_m)$$

für $\omega_i \in V_i^*$, $i = 1, \ldots, m$ das **Tensorprodukt** der Vektoren $v_1, \ldots, v_m$.

4.2 Basisdarstellung von Tensoren

Es sei $v_1, \ldots, v_n; v_*^1, \ldots, v_*^n$ ein Paar dualer Basen von V. Für die aus diesen Basisvektoren gebildeten Tensorprodukte gilt nach Definition und unter Beachtung von 3.3 (a) und von $V^{**} = V$

$$\begin{aligned} &\left(v_{i_1} \otimes \cdots \otimes v_{i_r} \otimes v_*^{j_1} \otimes \cdots \otimes v_*^{j_s}\right) \left(v_*^{k_1}, \cdots, v_*^{k_r}, v_{l_1}, \cdots, v_{l_s}\right) \\ (**) \qquad &= \ v_*^{k_1}(v_{i_1}) \cdot \ldots \cdot v_*^{k_r}(v_{i_r})\, v_*^{j_1}(v_{l_1}) \cdot \ldots \cdot v_*^{j_s}(v_{l_s}) \\ &= \ \delta_{i_1}^{k_1} \cdot \ldots \cdot \delta_{i_r}^{k_r} \cdot \delta_{l_1}^{j_1} \cdot \ldots \cdot \delta_{l_s}^{j_s} . \end{aligned}$$

Satz. *Die* n^{r+s} *Tensorprodukte* $v_{i_1} \otimes \cdots \otimes v_{i_r} \otimes v_*^{j_1} \otimes \cdots \otimes v_*^{j_s}$ *bilden für* $r+s \geq 1$ *eine Basis von* $\bigotimes_s^r V$.

Jeder (r,s)*–Tensor* $A \in \bigotimes_s^r V$ *besitzt diesbezüglich die Basisdarstellung*

$$A \;=\; \sum_{i_1=1}^{n} \cdots \sum_{j_s=1}^{n} a_{j_1\cdots j_s}^{i_1\cdots i_r}\; v_{i_1} \otimes \cdots \otimes v_{i_r} \otimes v_*^{j_1} \otimes \cdots \otimes v_*^{j_s}$$

mit den Koeffizienten

$$a_{j_1\cdots j_s}^{i_1\cdots i_r} \;=\; A(v_*^{i_1},\ldots,v_*^{i_r},v_{j_1},\ldots,v_{j_s})\,.$$

Der Beweis verläuft unter Verwendung von $(**)$ ganz analog wie der des Dimensionssatzes in (b).

Um die Basisdarstellung etwas übersichtlicher zu gestalten, verwenden wir die **Einsteinsche Summationskonvention**: Über jeden doppelt auftretenden Index ist zu summieren; das entsprechende Summenzeichen wird fortgelassen. Die Basisdarstellung schreibt sich hiermit

$$A \;=\; a_{j_1\cdots j_s}^{i_1\cdots i_r}\; v_{i_1} \otimes \cdots \otimes v_{i_r} \otimes v_*^{j_1} \otimes \cdots \otimes v_*^{j_s}\,.$$

4.3 Kontraktion von Tensoren

Für einen $(1,1)$–Tensor $A \in \bigotimes_1^1 V$ ist die Kontraktion definiert als die Zahl

$$C_1^1 A \;:=\; A(v_*^i, v_i) \qquad \text{(Summationskonvention)},$$

hierbei ist $v_1,\ldots,v_n; v_*^1,\ldots,v_*^n$ ein beliebiges Paar dualer Basen für V, V^*.

Die Zahl hängt nicht vom gewählten Basispaar ab: Ist $w_1,\ldots,w_n; w_*^1,\ldots,w_*^n$ ein anderes Basispaar von V, so ergibt sich mit $v_i = S_i^k w_k$, $v_*^j = T_\ell^j w_*^\ell$, $T_\ell^i S_i^k = \delta_\ell^k$ die Gleichheit

$$\begin{aligned} A(v_*^i, v_i) &= A(T_\ell^i w_*^\ell, S_i^k w_k) \;=\; T_\ell^i S_i^k\, A(w_*^\ell, w_k) \\ &= \delta_\ell^k\, A(w_*^\ell, w_k) \;=\; A(w_*^k, w_k)\,. \end{aligned}$$

Fassen wir gemäß 4.1 (c) $A \in \bigotimes_1^1 V$ als lineare Abbildung von V auf, so ist die Kontraktion nichts anderes als die Spur.

Ganz entsprechend definieren wir die Kontraktion von $A \in \bigotimes_s^r V$ mit $r,s \geq 1$ für $1 \leq \mu \leq r$, $1 \leq \nu \leq s$ als den $(r-1,s-1)$–Tensor $C_\nu^\mu A$ mit

$$\begin{aligned} &(C_\nu^\mu A)(\omega_1,\ldots,\omega_{r-1},v_1,\ldots,v_{s-1}) \\ &\quad := \sum_{k=1}^{n} A(\ldots,\omega_{\mu-1},v_*^k,\omega_\mu,\ldots,v_{\nu-1},v_k,v_\nu,\ldots) \end{aligned}$$

für $\omega_1,\ldots,\omega_{r-1} \in V^*$, $v_1,\ldots,v_{s-1} \in V$.

Hat A die Koeffizienten $a^{i_1 \dots i_r}_{j_1 \dots j_s}$ bezüglich eines dualen Basispaars von V, so besitzt der kontrahierte Tensor $C^{\mu}_{\nu} A$ die Koeffizienten

$$\sum_{k=1}^{n} a^{\dots i_{\mu-1}\, k\, i_{\mu} \dots}_{\dots j_{\nu-1}\, k\, j_{\nu} \dots} .$$

4.4 Tensorfelder, lokale Basisdarstellung, Transformationsgesetz

(a) Ein **(r, s)–Tensorfeld** auf einer n–dimensionalen Mannigfaltigkeit M ist eine Abbildung

$$A : p \;\mapsto\; A_p \in \bigotimes\nolimits^r_s T_p M\,,$$

die differenzierbar ist in dem Sinn, dass für beliebige 1–Formen $\omega^1, \dots, \omega^r \in \mathcal{V}^* M$ und Vektorfelder $X_1 \dots, X_s \in \mathcal{V} M$ die Funktion

$$M \;\to\; \mathbb{R}, \quad p \;\mapsto\; A_p \left(\omega^1\big|_p, \dots, \omega^r\big|_p, X_1\big|_p, \dots, X_s\big|_p \right)$$

C^∞–differenzierbar ist.

Die Gesamtheit der (r, s)–Tensorfelder auf M bezeichnen wir mit $\mathcal{T}^r_s M$. Für $A, B \in \mathcal{T}^r_s M$ und Funktionen $f, g \in \mathcal{F} M$ definieren wir die $\mathcal{F} M$–Linearkombination $fA + gB \in \mathcal{T}^r_s M$ punktweise, d.h. durch $p \mapsto f(p)A(p) + g(p)B(p) \in \bigotimes^r_s T_p M$.

Insbesondere ist

$$\mathcal{T}^0_0 M \;=\; \mathcal{F} M\,, \quad \mathcal{T}^1_0 \;=\; \mathcal{V} M\,, \quad \mathcal{T}^0_1 \;=\; \mathcal{V}^* M\,.$$

Meistens werden Tensorfelder einfach **Tensoren** genannt. Diese Sprechweise ist unproblematisch, weil Tensoren in einem Punkt so gut wie nie auftreten.

(b) **Tensorfelder als $\mathcal{F}M$–Multilinearformen**. Ein Tensorfeld $A \in \mathcal{T}^r_s M$ mit $r + s \geq 1$ lässt sich uminterpretieren in eine Abbildung

$$\widehat{A} : \underbrace{\mathcal{V}^* M \times \dots \times \mathcal{V}^* M}_{r\text{–mal}} \times \underbrace{\mathcal{V} M \times \dots \times \mathcal{V} M}_{s\text{–mal}} \;\longrightarrow\; \mathcal{F} M$$

mit

$$\widehat{A}(\omega^1, \dots, \omega^r, X_1, \dots, X_s)(p) \;:=\; A_p \left(\omega^1\big|_p, \dots, \omega^r\big|_p, X_1\big|_p, \dots, X_s\big|_p \right)$$

für $\omega^1, \dots, \omega^r \in \mathcal{V}^* M,\;\; X_1, \dots, X_s \in \mathcal{V} M$ und $p \in M$.

Die Abbildung $\widehat{A}$ ist in jedem der $r + s$ Argumente **$\mathcal{F}M$–linear**; d.h. es gilt

$$\widehat{A}(\dots, fX_k + gY_k, \dots) \;=\; f\,\widehat{A}(\dots, X_k, \dots) + g\,\widehat{A}(\dots, Y_k, \dots)$$

für $f, g \in \mathcal{F}M$, $X_k, Y_k \in \mathcal{V}M$ sowie Entsprechendes für die Variablen ω^i. Dies liegt an der Definition von $\mathcal{F}M$–Linearkombinationen. Wir sprechen von einer **$\mathcal{F}M$–Multilinearform**.

Wir zeigen, dass sich der Prozess $A \mapsto \widehat{A}$ auch wieder umkehren lässt. Dies ist von Bedeutung, weil wichtige Tensoren durch Differentiationsprozesse entstehen und daher zunächst nicht punktweise definiert sind. Das prominenteste Beispiel hierfür ist der Riemannsche Krümmungstensor, der durch zweifaches Differenzieren gebildet wird.

SATZ (*Punktweise Auswertbarkeit von $\mathcal{F}M$–Multilinearformen*). *Gilt $r + s \geq 1$ und ist $A : (\mathcal{V}^*M)^r \times (\mathcal{V}M)^s \to \mathcal{F}M$ eine $\mathcal{F}M$–Multilinearform, so hängt für $\omega^1, \ldots, \omega^r \in \mathcal{V}^*M$, $X_1 \ldots, X_s \in \mathcal{V}M$ und $p \in M$ die Zahl*

$$A(\omega^1, \ldots, \omega^r, X_1, \ldots, X_s)(p)$$

nur von den Werten von $\omega^1, \ldots, \omega^r, X_1, \ldots, X_s$ im Punkt p ab.

Hiernach können wir die $\mathcal{F}M$–Multilinearform A in jedem Punkt $p \in M$ ausweiten, indem wir gegebene Kovektoren $\omega^1, \ldots, \omega^r \in T_pM^*$ und Vektoren $v_1, \ldots, v_s \in T_pM$ zu 1–Formen $\Omega^1, \ldots, \Omega^r \in \mathcal{V}^*M$ und Vektorfeldern $V_1, \ldots, V_s \in \mathcal{V}M$ mit

$$\Omega_i\Big|_p = \omega^i, \quad V_j\Big|_p = v_j \qquad (i = 1, \ldots, r,\ j = 1, \ldots, s)$$

fortsetzen; dass dies möglich ist, zeigen wir anschließend. Setzen wir gemäß dem Satz

$$\widetilde{A}\Big|_p (\omega^1, \ldots, \omega^r, v_1, \ldots, v_s) := A(\Omega^1, \ldots, \Omega^r, V_1, \ldots, V_s)(p)$$

setzen. Lassen wir dann $p \in M$ laufen, so erhalten wir ein (r, s)–Tensorfeld $\widetilde{A} \in \mathcal{T}_s^r M$.

Aufgrund dieser Isomorphie ist es erlaubt, (r, s)–Tensoren mit $\mathcal{F}M$–Multilinearformen $(\mathcal{V}^*M)^r \times (\mathcal{V}M)^s \mapsto \mathcal{F}M$ zu identifizieren.

Vor dem Beweis des Satzes zeigen wir, dass jeder Vektor in einem Punkt zu einem Vektorfeld auf M fortsetzbar ist.

Zu gegebenem Vektor $v \in T_pM$ wählen wir eine Karte (U, x) um p und gemäß 1.5 (d) eine Buckelfunktion $f \in \mathcal{F}M$ mit $f(p) = 1$ und $\operatorname{supp} f \subset U$. Wir setzen dann

$$V := f\,\xi^i \partial_i \quad \text{in } U \quad \text{und } V := 0 \quad \text{in } M \setminus U\,,$$

wobei $v := \xi^i \partial_i\Big|_p$ die Basisdarstellung von v ist. Dann ist V ein Vektorfeld auf M mit $V\Big|_p = v$.

Ganz analog gehen wir bei der Fortsetzung eines Kovektors zu einer 1–Form auf M vor [ÜA].

Beweis des Satzes.

(i) *Gilt* $\omega^i\big|_p = 0$ *für ein* $i = 1, \dots, r$ *oder* $X_j\big|_p = 0$ *für ein* $j = 1, \dots, s$, *so ist* $A(\omega^1, \dots, \omega^r, X_1, \dots, X_s)(p) = 0$.

Zum Nachweis wählen wir eine Karte (U, x) um p und gemäß 1.5 (d) eine Buckelfunktion $f \in \mathcal{F}M$ mit $f(p) = 1$ und $\operatorname{supp} f \subset U$. Angenommen, es gilt $\omega^1\big|_p = 0$. Dann folgt mit der lokalen Basisdarstellung $\omega^1 = a_i\, dx^i$ (vgl. 3.3 (a))

$$\begin{aligned} f^2 A(\omega^1, \dots, \omega^r, X_1, \dots, X_s) &= A(f^2\, \omega^1, \dots, \omega^r, X_1, \dots, X_s) \\ &= A(f a_i f\, dx^i, \omega^2, \dots, \omega^r, X_1, \dots, X_s) \\ &= f a_i A(f\, dx^i, \omega^2, \dots, \omega^r, X_1, \dots, X_s)\,, \end{aligned}$$

insbesondere wegen $f(p)\, a_i(p) = 0$ für $i = 1, \dots, n$

$$A(\omega^1, \dots, \omega^r, X_1, \dots, X_s)(p) = f(p)^2 A(\omega^1, \dots, \omega^r, X_1, \dots, X_s)(p) = 0\,.$$

(ii) *Für* $\omega^1, \dots, \omega^r, \sigma^1, \dots, \sigma^r \in \mathcal{V}^*M$, $X_1, \dots, X_s, Y_1, \dots, Y_s \in \mathcal{V}M$ *mit*

$$\omega^i\big|_p = \sigma^i\big|_p \quad (i = 1, \dots, r)\,, \qquad X_j\big|_p = Y_j\big|_p \quad (j = 1, \dots, s)$$

gilt

$$A(\omega^1, \dots, \omega^r, X_1, \dots, X_s)(p) = A(\sigma^1, \dots, \sigma^r, Y_1, \dots, Y_s)(p)\,.$$

Denn mit der $\mathcal{F}M$–Multilinearität von A folgt durch sukzessives Einschieben

$$\begin{aligned} &A(\omega^1, \dots, X_s) - A(\sigma^1, \dots, Y_s) \\ &= A(\omega^1 - \sigma^1, \omega^2, \dots, X_s) + A(\sigma^1, \omega^2 - \sigma^2, \omega^3, \dots, X_s) \\ &\quad + \cdots + A(\sigma^1, \dots, Y_{s-1}, X_s - Y_s)\,, \end{aligned}$$

und nach (i) verschwindet die rechte Seite an der Stelle p, was die Behauptung liefert. □

(c) **Lokale Basisdarstellung von Tensoren**. Ist (U, x) eine Karte von M, so bilden nach 3.3 (a) in jedem Punkt $p \in U$ die Vektoren und Kovektoren

$$\partial_1\big|_p, \dots, \partial_n\big|_p\ ; \quad dx^1\big|_p, \dots, dx^n\big|_p$$

ein Paar dualer Basen für T_pM, T_p^*M.

Jeder Tensor $A \in \mathcal{T}_s^r M$ mit $r + s \geq 1$ besitzt dann nach 4.2 die lokale Basisdarstellung auf U

$$A = a^{i_1 \dots i_r}_{j_1 \dots j_s}\, \partial_{i_1} \otimes \dots \otimes \partial_{i_r} \otimes dx^{j_1} \otimes \dots \otimes dx^{j_s}$$

mit den Koeffizientenfunktionen

$$a^{i_1\ldots i_r}_{j_1\ldots j_s} = A(dx^{i_1},\ldots,dx^{i_r},\partial_{j_1},\ldots,\partial_{j_s}) \in \mathcal{F}U\,.$$

FOLGERUNG. *Sind* (U,x), (V,y) *überlappende Koordinatensysteme von* M *und hat der Tensor* $A \in \mathcal{T}^r_s M$ *mit* $r+s \geq 1$ *die Koeffizienten*

$$a^{i_1\ldots i_r}_{j_1\ldots j_s} \;\textit{bezüglich}\; x\,,\quad b^{k_1\ldots k_r}_{\ell_1\ldots \ell_s} \;\textit{bezüglich}\; y\,,$$

so gilt das **Transformationsgesetz**

$$(*)\qquad b^{k_1\ldots k_r}_{\ell_1\ldots \ell_s} = a^{i_1\ldots i_r}_{j_1\ldots j_s}\, S^{k_1}_{i_1}\cdots S^{k_r}_{i_r}\cdot T^{j_1}_{\ell_1}\cdots T^{j_s}_{\ell_s} \qquad \textit{auf}\; U\cap V \;\textit{mit}$$

$$S^k_i := \frac{\partial y^k}{\partial x_i}\,,\quad T^j_\ell := \frac{\partial x^j}{\partial y_\ell}\,.$$

Denn nach 2.1 (c) gilt für die Basisfelder das Transformationsgesetz

$$\frac{\partial}{\partial x^i} = \frac{\partial y^k}{\partial x^i}\frac{\partial}{\partial y^k} = S^k_i\frac{\partial}{\partial y^k}\,.$$

Aufgrund der Basiseigenschaft sind $dx^1,\ldots,dx^n$ aus den $dy^1,\ldots,dy^n$ linear kombinierbar, $dx^j = \widetilde{T}^j_\ell\, dy^\ell$ mit geeigneten Koeffizientenfunktionen $\widetilde{T}^j_\ell$. Hieraus folgt

$$\begin{aligned}\delta^j_i &= dx^j\left(\frac{\partial}{\partial x^i}\right) = dx^j\left(S^k_i\frac{\partial}{\partial y^k}\right) = S^k_i\, dx^j\left(\frac{\partial}{\partial y^k}\right)\\ &= S^k_i\,\widetilde{T}^j_\ell\, dy^\ell\left(\frac{\partial}{\partial y^k}\right) = S^k_i\,\widetilde{T}^j_\ell\,\delta^\ell_k = S^k_i\,\widetilde{T}^j_\ell\end{aligned}$$

und damit $\widetilde{T}^j_\ell = \partial x^j/\partial y^\ell = T^j_\ell$, weil die Matrizen (S^k_i) und $T^j_\ell)$ zueinander invers sind. Das Transformationsgesetz $(*)$ ergibt sich nun mit Hilfe der obigen Basisdarstellungen durch Koeffizientenvergleich.

4.5* Die Lie–Ableitung

Bei gegebenem Vektorfeld $V \in \mathcal{V}M$ soll die Lie–Ableitung jedem Tensorfeld $A \in \mathcal{T}^r_s M$ ein Tensorfeld $L_V A \in \mathcal{T}^r_s M$ zuordnen, welches die Ableitung von A bei Verschiebung längs der Integralkurven von V darstellt. Dies wird in (b) präzisiert; die Definition (a) lässt das noch nicht erkennen.

(a) Die **Lie–Ableitung** L_V bezüglich $V \in \mathcal{V}M$ legen wir in der Wirkung auf Funktionen und Vektorfelder fest durch

$$(1)\qquad L_V f := Vf = df(V) \quad \text{für } f \in \mathcal{F}M\,,$$

$$(2)\qquad L_V X := [V,X] \quad \text{für } X \in \mathcal{V}M\,;$$

hierbei ist $[V,X]$ die in 3.2 (a) eingeführte Lie–Klammer. Nach 3.2 (a) bzw. 3.3 (c) gilt die Produktregel: $[V,X](f \cdot g) = ([V,X]f)g + ([V,X]g)f$ beziehungsweise $L_V(f \cdot g) = (L_V f)g + (L_V g)f$.

Die Erweiterung auf Tensorfelder ergibt sich auf eindeutige Weise, wenn wir die Gültigkeit der Produktregel für die Tensorprodukte fordern. Um diese suggestiv zu formulieren, schreiben wir für den Moment für die Wirkung einer 1–Form ω auf ein Vektorfeld Y

$$\omega \cdot Y \quad \text{statt} \quad \omega(Y),$$

und für die Wirkung eines Tensors $A \in \mathcal{T}_s^r M$ mit $r+s \geq 1$ auf seine Argumente $\omega^i \in \mathcal{V}^* M$, $Y_k \in \mathcal{V} M$

$$A \cdot \omega^1 \cdot \ldots \cdot \omega^r \cdot Y_1 \cdot \ldots \cdot Y_s \quad \text{statt} \quad A(\omega^1, \ldots, \omega^r, Y_1, \ldots, Y^s).$$

Des Weiteren verabreden wir, dass der Operator L_V stets nur auf den unmittelbar nachfolgenden Term wirken soll.

Für $\omega \in \mathcal{T}_1^0 M = \mathcal{V}^* M$ legen wir die Lie–Ableitung $L_V \omega$ als 1–Form fest durch die Gültigkeit der Produktregel

$$L_V(\omega \cdot Y) = L_V \omega \cdot Y + \omega \cdot L_V Y \quad \text{für } Y \in \mathcal{V} M,$$

wobei der erste Ausdruck nach (1) und der letzte nach (2) definiert sind. Wir setzen also $L_V \omega \cdot Y := L_V(\omega \cdot Y) - \omega \, L_V Y$ und erhalten in der üblichen Schreibweise unter Verwendung von (1), (2)

$$(3) \qquad (L_V \omega) Y := V\, \omega(Y) - \omega([V,Y]) \quad \text{für } Y \in \mathcal{V} M.$$

Entsprechend definieren wir für einen (r,s)–Tensor $A \in \mathcal{T}_s^r M$ die Lie–Ableitung $L_V A \in \mathcal{T}_s^r M$ symbolisch über die Produktregel für $1+r+s$ Faktoren:

$$\begin{aligned}
& L_V(A \cdot \omega^1 \cdot \ldots \cdot \omega^r \cdot Y_1 \cdot \ldots \cdot Y_s) \\
& = (L_V A) \cdot \omega^1 \cdot \ldots \cdot \omega^r \cdot Y_1 \cdot \ldots \cdot Y_s \\
& \quad + \sum_{i=1}^{r} A \cdot \omega^1 \cdot \ldots \cdot L_V \omega^i \cdot \ldots \cdot \omega^r \cdot Y_1 \cdot \ldots \cdot Y_s \\
& \quad + \sum_{k=1}^{s} A \cdot \omega^1 \cdot \ldots \cdot \omega^r \cdot Y_1 \cdot \ldots \cdot L_V Y_k \cdot \ldots \cdot Y_s,
\end{aligned}$$

wobei die linke Seite nach (1) definiert ist, die erste Summe nach (3) und die letzte Summe nach (2). Damit ergibt sich due Definition von $L_V A$ in der üblichen Notation:

$$
\begin{aligned}
&L_V A(\omega^1,\dots,\omega^r,Y_1,\dots,Y_s)\\
&\quad := V\big(A(\omega^1,\dots,\omega^r,Y_1,\dots,Y_s)\big)\\
&\qquad - \sum_{i=1}^{r} A(\omega^1,\dots,L_V\omega^i,\dots,\omega^r,Y_1,\dots,Y_s)\\
&\qquad - \sum_{k=1}^{s} A(\omega^1,\dots,\omega^r,Y_1,\dots,L_V Y_k,\dots,Y_s)
\end{aligned} \tag{4}
$$

für $\omega^1,\dots,\omega^r \in \mathcal{V}^*M,\ Y_1,\dots,Y_s \in \mathcal{V}M$.

SATZ. *Die Lie–Ableitung* $L_V : \mathcal{T}_s^r M \to \mathcal{T}_s^r M$ *ist linear und genügt der Produktregel*

$$L_V(fA) = (L_V f)A + f\,L_V A.$$

Dies ergibt sich unmittelbar aus der Definition.

Die Koordinatendarstellung bezüglich eines Koordinatensystems (U,x) ergibt sich mit der Koordinatendarstellung $V = v^j\partial_j$ [ÜA]:

$$
\begin{aligned}
L_V f &= v^j\partial_j f && \text{für Funktionen } f\,,\\
L_V X &= \big(v^j\partial_j\xi^k - \partial_j v^k\xi^j\big)\,\partial_k && \text{für Vektorfelder } X = \xi^i\partial_i\,,\\
L_V\omega &= \big(v^j\partial_j a_k + \partial_k v^j a_j\big)\,dx^k && \text{für 1–Formen } \omega = a_k dx^k\,,\\
L_V A &= \big(v^j\partial_j a_{ik} + \partial_i v^j a_{jk} + \partial_k v^j a_{ij}\big)\,dx^i\otimes dx^k\\
& && \text{für 2–Formen } A = a_{ik}dx^i\otimes dx^k\,.
\end{aligned}
$$

Insbesondere gilt

$$L_V\partial_i = -\partial_i v^k\partial_k\,, \qquad L_V dx^i = \partial_k v^i dx^k\,.$$

(b) Wir beschreiben die Lie–Ableitung L_V mit Hilfe des von V erzeugten Flusses $\boldsymbol{\Phi}$. Da dieser nach 3.2 (b) auf einer offenen Menge $\mathcal{D}(V) \subset \mathbb{R}\times M$ definiert ist, gibt es zu jedem Punkt $p \in M$ eine Umgebung $W_p \subset M$ und ein $\varepsilon > 0$ mit $]-\varepsilon,\varepsilon[\, \times W_p \subset \mathcal{D}(V)$. Somit sind die **lokalen Flussabbildungen** $\boldsymbol{\Phi}_t : W_p \to M$ für $|t| < \varepsilon$ erklärt und liefern wegen $\boldsymbol{\Phi}_{-t}\circ\boldsymbol{\Phi}_t = \boldsymbol{\Phi}_0 = \mathbb{1}$ Diffeomorphismen.

Für einen kontravarianten Tensor $A \in \mathcal{T}_s^0 M$ $(s \ge 1)$ definieren wir den mit **$\boldsymbol{\Phi}_t$ zurückgeholten Tensor** $\boldsymbol{\Phi}_t^* A \in \mathcal{T}_s^0 M$ durch

$$(\boldsymbol{\Phi}_t^* A)(Y_1,\dots,Y_s) := A(d\boldsymbol{\Phi}_t(Y_1),\dots,d\Phi_t(Y_s))$$

für $Y_1,\dots,Y_s \in \mathcal{V}M$. (Zur Definition der Differentiale siehe 2.3.)

SATZ. (1) *Für ein Vektorfeld* $X \in \mathcal{V}M$ *gilt*

$$(L_V X)_p \;=\; \lim_{t\to 0} \frac{1}{t}\left(d\mathbf{\Phi}_{-t}(X_{\Phi(t,p)}) - X_p\right) \quad \textit{für} \;\; p \in M\,.$$

(2) *Für einen kovarianten Tensor* $A \in \mathcal{T}_s^0 M$ *mit* $s \geq 1$ *gilt*

$$L_V A \;=\; \lim_{t\to 0} \frac{1}{t}\left(\mathbf{\Phi}_t^* A - A\right)\;;$$

dies ist im Fall $s = 2$ zu lesen als

$$(L_V A)_p \;=\; \lim_{t\to 0} \frac{1}{t}\left((\Phi_t^* A)(X_p, Y_p) - A_p(X_p, Y_p)\right)$$

für $X, Y \in \mathcal{V}M$ und $p \in M$.

Für den BEWEIS verweisen wir auf [56] IV.7, [68] Prop 1.58, Prop. 9.21.

5* Differentialformen

Der Kalkül der Differentialformen, eingeführt um 1900 von BURALI–FORTI und E. CARTAN, verallgemeinert die Operationen der Vektoranalysis (Kreuzprodukt, Rotation, Divergenz) in systematischer Form und erlaubt damit eine übersichtliche Formulierung der Integralsätze in jeder Dimension. Da Differentialformen in diesem Band keine wichtige Rolle spielen, beschränken wir uns auf eine knappe Darstellung und verweisen für die Beweise auf die Literatur, insbesondere auf [64] § 2, § 3, [127] § 19–21, [80] 2.3, 2.5.

5.1 Äußere Algebra

(a) Die Permutationen von $A_n = \{1, 2, \ldots, n\}$, d.h. die Bijektionen $\sigma : A_n \to A_n$, bilden bezüglich der Hintereinanderausführung eine Gruppe S_n mit $n!$ Elementen. Unter einer Transposition $\tau \in S_n$ werden nur zwei Elemente von A_n vertauscht ($n \geq 2$). Jede Permutation $\sigma \in S_n$ lässt sich auf verschiedene Weise als Produkt $\sigma = \tau_1 \circ \cdots \circ \tau_r$ von Transpositionen darstellen; für jede solche Darstellung hat das **Signum** (Vorzeichen) von σ

$$\operatorname{sign}\sigma \;:=\; (-1)^r$$

denselben Wert. Im Fall $\operatorname{sign}\sigma = 1$ heißt σ **gerade**, sonst **ungerade**. Es gilt

$$\operatorname{sign}(\sigma_1 \circ \sigma_2) = \operatorname{sign}\sigma_1 \cdot \operatorname{sign}\sigma_2 \quad \text{für} \;\; \sigma_1, \sigma_2 \in S_n\,,$$

und für jede $n \times n$–Matrix $A = (a_{ik})$ ist

$$\det A \;=\; \sum_{\sigma\in S_n} \operatorname{sign}\sigma \cdot a_{1\sigma(1)} \cdot \ldots \cdot a_{n\sigma(n)}\,,$$

siehe [126] 4.1, 4.2.

(b) Sei V ein n–dimensionaler Vektorraum und $r = 0, 1, \ldots$. Wir nennen eine r–Form $\xi \in \bigotimes_r^0 V = L(V^r, \mathbb{R})$ mit $r \geq 2$ **alternierend**, wenn sie beim Vertauschen zweier Argumente das Vorzeichen wechselt, oder äquivalent hierzu, wenn

$$\xi(v_{\sigma(1)}, \ldots, v_{\sigma(r)}) = \operatorname{sign} \sigma \cdot \xi(v_1, \ldots, v_r)$$

für alle $v_1, \ldots, v_r \in V$ und $\sigma \in S_n$ gilt. Die Gesamtheit $\bigwedge_r V$ der alternierenden r–Formen ist ein Teilraum von $\bigotimes_r^0 V$; wir setzen noch

$$\textstyle\bigwedge_0 V := \mathbb{R}, \qquad \bigwedge_1 V := L(V, \mathbb{R}) = V^*.$$

Für $\xi \in \bigwedge_r V$, $\eta \in \bigwedge_s V$ mit $r, s \geq 1$ erklären wir das **Dachprodukt** oder **äußere Produkt** (engl. *wedge product*) $\xi \wedge \eta \in \bigwedge_{r+s} V$ durch

$$\begin{aligned}
&(\xi \wedge \eta)(v_1, \ldots, v_{r+s}) \\
&= \frac{1}{r! \cdot s!} \sum_{\sigma \in S_{r+s}} \operatorname{sign} \sigma \cdot \xi(v_{\sigma(1)}, \ldots, v_{\sigma(r)}) \cdot \eta(v_{\sigma(r+1)}, \ldots, v_{\sigma(r+s)}) \\
&= \sum_{\substack{\sigma \in S_{r+s} \\ \sigma(1) < \cdots < \sigma(r) \\ \sigma(r+1) < \cdots < \sigma(r+s)}} \operatorname{sign} \sigma \cdot \xi(v_{\sigma(1)}, \ldots, v_{\sigma(r)}) \cdot \eta(v_{\sigma(r+1)}, \ldots, v_{\sigma(r+s)}) .
\end{aligned}$$

Im Fall $r = 0$ setzen wir $\xi \wedge \eta := \xi \cdot \eta$ und für $s = 0$ entsprechend $\xi \wedge \eta := \eta \cdot \xi$. Für $r = s = 1$ ist also

$$(\xi \wedge \eta)(v_1, v_2) = \xi(v_1) \cdot \eta(v_2) - \xi(v_2) \cdot \eta(v_1),$$

und für $r = 2$, $s = 1$ ergibt sich

$$(\xi \wedge \eta)(v_1, v_2, v_3) = \xi(v_1, v_2) \cdot \eta(v_3) - \xi(v_1, v_3) \cdot \eta(v_2) + \xi(v_2, v_3) \cdot \eta(v_1) .$$

Hieraus folgt für $\xi_1, \xi_2, \xi_3 \in \bigwedge_1 V$, $v_1, v_2, v_3 \in V$

$$(\xi_1 \wedge \xi_2 \wedge \xi_3)(v_1, v_2, v_3) = \det(\xi_i(v_k)) .$$

Rechenregeln für das Dachprodukt.

Das Dachprodukt $\bigwedge_r V \times \bigwedge_s V \to \bigwedge_{r+s} V$ *ist*

(i) *bilinear und*

(ii) *antikommutativ*: $\eta \wedge \xi = (-1)^{rs}\, \xi \wedge \eta$.

(iii) *Es gilt das Assoziativgesetz: Für* $\eta_i \in \bigwedge_{r_i} V$ $(i = 1, 2, 3)$ *ist*

$$(\eta_1 \wedge \eta_2) \wedge \eta_3 = \eta_1 \wedge (\eta_2 \wedge \eta_3) .$$

Daher dürfen wir bei Dachprodukten aus mehreren Faktoren die Klammern weglassen.

Allgemein gilt für $\xi_i \in \bigwedge_1 V,\ v_k \in V \quad (i, k = 1, \dots, r)$

$$(\xi_1 \wedge \cdots \wedge \xi_r)(v_1, \dots, v_r) \;=\; \det(\xi_i(v_k))\,.$$

Den BEWEIS der Rechenregeln und des folgenden Satzes finden Sie in [56] V,6.

(c) SATZ. (i) $\dim \bigwedge_r V = \binom{n}{r}$.

Insbesondere gilt $\bigwedge_r V = \{0\}$ *für* $r > n$.

(ii) *Für* $2 \le r \le n$ *und jedes Paar* $v_1, \dots, v_n; v_*^1, \dots, v_*^n$ *dualer Basen von* V *und* V^* *bilden die* r*–Formen*

$$v_*^{i_1} \wedge \cdots \wedge v_*^{i_r} \quad \textit{mit } i_1 < \cdots < i_r$$

eine Basis für $\bigwedge_r V$. *Jedes* $\xi \in \bigwedge_r V$ *besitzt die Basisdarstellung*

$$\xi \;=\; \sum_{i_1 < \cdots < i_r} a_{i_1 \cdots i_r}\, v_*^{i_1} \wedge \cdots \wedge v_*^{i_r} \qquad \textit{mit}$$

$$a_{i_1 \cdots i_r} \;=\; \xi(v_{i_1}, \dots, v_{i_r})\,.$$

(iii) *Haben* $\xi \in \bigwedge_r V,\ \eta \in \bigwedge_s V$ *mit* $r, s \ge 1$ *die Basisdarstellungen*

$$\xi \;=\; \sum_{i_1 < \cdots < i_r} a_{i_1 \cdots i_r}\, v_*^{i_1} \wedge \cdots \wedge v_*^{i_r}\,,$$

$$\eta \;=\; \sum_{j_1 < \cdots < j_s} b_{j_1 \cdots j_s}\, v_*^{j_1} \wedge \cdots \wedge v_*^{j_s}\,,$$

so ist

$$\xi \wedge \eta \;=\; \sum_{\substack{i_1 < \cdots < i_r \\ j_1 < \cdots < j_s}} a_{i_1 \cdots i_r}\, b_{j_1 \cdots j_s}\, v_*^{i_1} \wedge \cdots \wedge v_*^{i_r} \wedge v_*^{j_1} \wedge \cdots \wedge v_*^{j_s}\,.$$

5.2 Differentialformen

(a) Sei M eine n–dimensionale Mannigfaltigkeit und $r = 0, 1, \dots$. Eine (**alternierende**) **Differentialform** vom Grad r, kurz $\boldsymbol{r}$**–Form** auf M ist ein Tensorfeld $\omega \in \mathcal{T}_r^0 M$ mit $\omega\big|_p \in \bigwedge_r T_p M$ für jedes $p \in M$. Die Gesamtheit der r–Formen bezeichnen wir mit $\vartheta_r M$; es ist also $\vartheta_0 M = \mathcal{F} M$ und $\vartheta_1 M = \mathcal{V}^* M$.

Wie bei Tensorfeldern schreiben wir für $\omega \in \vartheta_r M,\ X_1, \dots, X_r \in \mathcal{V} M$ mit $r \ge 1$

$$\omega(X_1, \dots, X_r) \quad \text{für die Funktion } p \mapsto \omega\big|_p \left(X_1\big|_p, \dots, X_r\big|_p\right)\,.$$

Ist (U, x) ein Koordinatensystem von M so hat eine r–Form $\omega \in \vartheta_r M$ (oder $\omega \in \vartheta_r U$) für $r \geq 2$ nach 5.1 (c) und 3.3 (c) die lokale Basisdarstellung

$$(*) \qquad \omega = \sum_{i_1 < \cdots < i_r} a_{i_1 \cdots i_r} \, dx^{i_1} \wedge \cdots \wedge dx^{i_r}$$

mit den Koeffizientenfunktionen $a_{i_1 \cdots i_r} = \omega(\partial_{i_1}, \ldots, \partial_{i_r}) \in \mathcal{F}U$.

(b) Wir führen die **äußere Ableitung** $d\omega$ von $\omega \in \vartheta_r M$ mit Hilfe eines Atlas ein: Ist (U, x) eine Karte und hat ω in U die Darstellung $(*)$, so setzen wir

$$(**) \qquad \begin{aligned} d\omega = d_{(U,x)}\omega &:= \sum_{i_1 < \cdots < i_r} da_{i_1 \cdots i_r} \wedge dx^{i_1} \wedge \cdots \wedge dx^{i_r} \\ &= \sum_{i_1 < \cdots < i_r} \sum_{k=1}^{n} \partial_k a_{i_1 \cdots i_r} \, dx^k \wedge dx^{i_1} \wedge \cdots \wedge dx^{i_r} \, ; \end{aligned}$$

hierbei haben wir für die Koeffizientenfunktionen $f = a_{i_1 \cdots i_r}$ die lokale Basisdarstellung $df = \sum\limits_{k=1}^{n} \partial_k f \, dx^k$ verwendet, vgl. 3.3 (c).

Satz. *Diese Definition liefert eine Sequenz von Operatoren*

$$d_r : \vartheta_r M \to \vartheta_{r+1} M \, , \quad \omega \mapsto d\omega \qquad (r = 0, \ldots, n-1) \, ,$$

die eindeutig durch die folgenden Bedingungen festgelegt sind:

(1) d_r *ist linear.*

(2) $df = d_0 f$ *ist das Differential von Funktionen* $f \in \vartheta_0 M = \mathcal{F}M$,

(3) $d(d\omega) = 0$ *für* $\omega \in \vartheta_r M$, $r = 0, 1, \ldots$ (**Poincaré–Relation**),

(4) $d(\omega \wedge \sigma) = (d\omega) \wedge \sigma + (-1)^r \omega \wedge d\sigma$ *für* $\omega \in \vartheta_r M, \sigma \in \vartheta_s M$ (**Produktregel**).

Beispiele werden in (c) gegeben.

Der Beweis besteht in zwei Schritten. Zunächst wird gezeigt, dass aus $(**)$ die Eigenschaften (1)–(4) folgen. Dann wird für die Operatoren mit den Eigenschaften (1)–(4) Folgendes gezeigt:

(i) d wirkt lokal, d.h. $d\omega\big|_p$ ist für $p \in M$, $\omega \in \vartheta_r M$ schon bestimmt durch die Werte von ω in einer Umgebung U von p:

$$\omega_1 = \omega_2 \quad \text{auf } U \implies d\omega_1\big|_p = d\omega_2\big|_p \, ,$$

(ii) für jedes Koordinatensystem (U, x) von M hat $d\omega$ notwendigerweise die Gestalt $(**)$.

Zum Nachweis von (i) setzen wir $\omega := \omega_1 - \omega_2$ und wählen gemäß 1.5 (d) eine Buckelfunktion $f \in \mathcal{F}M$ mit supp $f \subset U$ und $f = 1$ in einer kleineren Umgebung von p. Dann gilt $df_p = 0$ und $f \wedge \omega = f \cdot \omega = 0$, vgl. 5.1 (c). Aus (i) und der Produktregel (4) folgt

$$0 \;=\; d(f \wedge \omega) = (df) \wedge \omega + f \wedge d\omega \;=\; (df) \wedge \omega + f \cdot d\omega\,,$$

insbesondere ergibt sich an der Stelle p

$$d\omega\Big|_p = f(p) \cdot d\omega\Big|_p = -df_p \wedge \omega\Big|_p = 0\,,$$

somit $d\omega_1\Big|_p = d\omega_2\Big|_p$.

Den Nachweis von (ii) stellen wir als ÜA unter Beachtung von

$$d\,dx^i = 0 \quad \text{und} \quad d(dx^{i_1} \wedge \cdots \wedge dx^{i_r}) = 0\,.$$

Für den vollständigen Beweis verweisen wir auf [64] § 3–2, [80] 2.5.

(c) **Spezialfälle.** Für $n = 3$, insbesondere für $M = \mathbb{R}^3$, ergeben sich folgende Darstellungen von $d\omega$ bezüglich eines Koordinatensystems $x = (x^1, x^2, x^3)$.

(1) Für $f \in \vartheta_0 M = \mathcal{F}M$ ist $df = \sum\limits_{i=1}^{3} \partial_i f\, dx^i$.

(2) Für $\omega \in \vartheta_1 M = \mathcal{V}^* M$ mit $\omega = \sum\limits_{i=1}^{3} a_i\, dx^i$ ist

$$\begin{aligned} d\omega \;&=\; \sum_{i=1}^{3} da_i \wedge dx^i \;=\; \sum_{i=1}^{3}\sum_{k=1}^{3} \partial_k a_i\, dx^k \wedge dx^i \\ &=\; (\partial_2 a_3 - \partial_3 a_2)\, dx^2 \wedge dx^3 + (\partial_3 a_1 - \partial_1 a_3)\, dx^3 \wedge dx^1 \\ &\qquad + (\partial_1 a_2 - \partial_2 a_1)\, dx^1 \wedge dx^2\,; \end{aligned}$$

die Koeffizienten von $d\omega$ stimmen mit denen der Rotation des Vektorfelds (a_1, a_2, a_3) in kartesischen Koordinaten überein.

(3) Für $\omega = \sum\limits_{i<k} a_{ik}\, dx^i \wedge dx^k =: b_1\, dx^2 \wedge dx^3 + b_2\, dx^3 \wedge dx^1 + b_3\, dx^1 \wedge dx^2$ aus $\vartheta_2 M$ folgt mit (2) und der Gleichung (3) von (b)

$$\begin{aligned} d\omega \;&=\; db_1\, dx^2 \wedge dx^3 + db_2\, dx^3 \wedge dx^1 + db_3\, dx^1 \wedge dx^2 \\ &=\; \sum_{k=1}^{3} \partial_k b_1\, dx^k \wedge dx^2 \wedge dx^3 \;+\; \sum_{k=1}^{3} \partial_k b_2\, dx^k \wedge dx^3 \wedge dx^1 \\ &\qquad + \sum_{k=1}^{3} \partial_k b_3\, dx^k \wedge dx^1 \wedge dx^2 \\ &=\; (\partial_1 b_1 + \partial_2 b_2 + \partial_3 b_3)\, dx^1 \wedge dx^2 \wedge dx^3\,. \end{aligned}$$

Der Koeffizient von $d\omega$ ist also die Divergenz des Vektorfeldes (b_1, b_2, b_3) in kartesischen Koordinaten.

AUFGABE. Zeigen Sie die invariante Darstellung der äußeren Ableitung $d\omega$ für $\omega \in \vartheta_1 M$:

$$(d\omega)(X,Y) \;=\; X(\omega(Y)) - Y(\omega(X)) - \omega([X,Y]) \quad \text{für alle } X, Y \in \mathcal{V}M\,.$$

5.3 Das Poincaré–Lemma

Eine Differentialform $\omega \in \vartheta_{r+1} M$ heißt **geschlossen**, wenn $d\omega = 0$ gilt und **exakt**, wenn es eine Differentialform $\theta \in \vartheta_r M$ gibt mit $\omega = d\theta$. Die Poincaré–Relationen $d\,d\theta = 0$ besagen, dass jede exakte Form geschlossen ist. Diesen Relationen entsprechen in der Vektoranalysis die Beziehungen $\operatorname{rot} \boldsymbol{\nabla} U = \mathbf{0}$ und $\operatorname{div} \operatorname{rot} \mathbf{v} = 0$ (Bd. 1, § 24 : 7.2, vgl. 5.2 (c)). Rotationsfreie Vektorfelder besitzen lokale Potentiale (Bd. 1, § 24 : 5.5, 7.3). Dies wird verallgemeinert durch das

Poincaré–Lemma. *Jede geschlossene $(r+1)$–Form $\omega \in \vartheta_{r+1} M$ ist lokal exakt, d.h. zu jedem Punkt $p \in M$ gibt es eine Umgebung $U \subset M$ und eine r–Form $\theta \in \vartheta_r U$ mit*

$$\omega \;=\; d\theta \quad \textit{auf } U\,.$$

Diese lokalen r–Formen lassen sich i.A. nicht zu einer r–Form auf ganz M verkleben. Möglich ist dies, falls M einfach zusammenhängend ist, d.h. wenn sich jede geschlossene Kurve in M stetig auf einen Punkt zusammenziehen lässt.

Der BEWEIS des Poincaré–Lemmas besteht in der Übertragung des Konstruktion von Potentialen für Vektorfelder mit Integrabilitätsbedingung auf sternförmigen Gebieten in Bd. 1, § 24 : 5.5; Näheres in [80] 2.5.1.

5.4 Zurückholen von Differentialformen

Sei $\phi : M \to N$ eine C^∞–differenzierbare Abbildung zwischen Mannigfaltigkeiten M, N. Dann ist für jede Differentialform $\omega \in \vartheta_r N$ die mit ϕ **zurückgeholte Form** $\phi^*\omega \in \vartheta_r M$ (auch **pull back** von ω genannt) definiert durch

$$(\phi^*\omega)\big|_p (v_1, \ldots, v_r) \;:=\; \omega\big|_{\phi(p)} (d\phi_p(v_1), \ldots, d\phi_p(v_r))$$

für $v_1, \ldots, v_r \in T_pM$, $p \in M$ im Fall $r \geq 1$ und durch

$$\phi^*\omega \;=\; \omega \circ \phi \quad \text{im Fall } r = 0\,.$$

Hierbei ist $d\phi_p$ das in 2.2 definierte Differential $d\phi_p : T_pM \to T_{\phi(p)}N$.

Eigenschaften des pull back. *Die Abbildung* $\phi^* : \vartheta_r N \to \vartheta_r M$ *hat die folgenden Eigenschaften:*

(1) $\phi^*(f\,\omega + g\,\sigma) = f\,\phi^*\omega + g\,\phi^*\sigma$ *($\mathcal{F}M$-Linearität),*

(2) $\phi^*(\omega \wedge \sigma) = (\phi^*\omega) \wedge (\phi^*\sigma)$ *(Verträglichkeit mit dem Dachprodukt),*

(3) $\phi^*(d\omega) = d(\phi^*\omega)$ *(Verträglichkeit mit der äußeren Ableitung).*

Sind $(U, x) = (U, x^1, \ldots, x^m)$, $(V, y) = (V, y^1, \ldots, y^n)$ Koordinatensysteme von M bzw. N, so hat die zurückgeholte Form die Basisdarstellung ÜA:

$$\phi^*\omega \;=\; \sum_{i=1}^{n}\sum_{k=1}^{n}(a_i \circ \phi)\,\frac{\partial y^i}{\partial x^k}\,dx^k \quad \text{für } \omega \in \vartheta_1 N \quad \text{mit } \omega = \sum_{k=1}^{n} a_i\,dy^i\,.$$

Für $\omega \in \vartheta_2 N$ mit $\omega = \sum_{i<j} a_{ij}\,dy^i \wedge dy^j$ gilt unter Verwendung der Abkürzung $S^i_k := \partial(y^i \circ \phi)/\partial_k$

$$\begin{aligned}
\phi^*\omega \;&=\; \sum_{i<j}(a_{ij} \circ \phi)\,d(y^i \circ \phi) \wedge d(y^i \circ \phi)\\
&=\; \sum_{i<j}\sum_{k,\ell=1}^{m}(a_{ij} \circ \phi)\,S^i_k\,S^j_\ell\,dx^k \wedge dx^\ell\\
&=\; \sum_{i<j}\sum_{k<\ell}(a_{ij} \circ \phi)(S^i_k S^j_\ell - S^i_\ell S^j_k)\,dx^k \wedge dx^\ell\,.
\end{aligned}$$

Für $\omega \in \vartheta_n N$ mit $\omega = a\,dy^1 \wedge \cdots \wedge dy^n$ erhalten wir im Fall $m = n$

$$\phi^*\omega \;=\; (a \circ \phi) \cdot |S|\,dx^1 \wedge \cdots \wedge dx^n\,;$$

hierbei ist $|S| = \det(S^i_k)$ die Jacobi–Determinante der Abbildung $y \circ \phi \circ x^{-1}$.

Folgerung. Hat eine n–Form $\omega \in \vartheta_n M$ auf einer n–dimensionalen Mannigfaltigkeit M die lokalen Basisdarstellungen bezüglich zweier überlappender Koordinatensysteme (U, x) und (V, y),

$$\omega \;=\; a\,dx^1 \wedge \cdots \wedge dx^n \;=\; b\,dy^1 \wedge \cdots \wedge dy^n \quad \text{in } U \cap V\,,$$

so gilt das Transformationsgesetz

$$(*) \qquad a \;=\; b \cdot \frac{\partial(y^1, \ldots, y^n)}{\partial(x^1, \ldots, x^n)} \qquad \text{mit} \qquad \frac{\partial(y^1, \ldots, y^n)}{\partial(x^1, \ldots, x^n)} \;:=\; \det\left(\frac{\partial y^i}{\partial x^k}\right).$$

Dies ergibt sich aus der lokalen Basisdarstellung von $\phi^*\omega$ für $\omega \in \vartheta_n M$ für den Spezialfall $M = N$, $\phi = \mathbb{1}_M$ durch Koeffizientenvergleich

$$\begin{aligned}
a\,dx^1 \wedge \cdots \wedge dx^n \;&=\; \omega \;=\; \phi^*(b\,dy^1 \wedge \cdots \wedge dy^n)\\
&=\; \frac{\partial(y^1, \ldots, y^n)}{\partial(x^1, \ldots, x^n)} \cdot b\,dx^1 \wedge \cdots \wedge dx^n\,.
\end{aligned}$$

5.5 Integrale von Differentialformen

(a) Sei M eine orientierte n–dimensionale Mannigfaltigkeit und ω eine n–Form auf M. Wir erklären das **Integral** von ω über eine kompakte Menge $K \subset M$ durch

$$\int_K \omega \;:=\; \int_{x(K)} (a \circ x^{-1})(\mathbf{u})\, du^1 \cdots du^n\,,$$

falls K durch ein positiv orientiertes Koordinatensystem (U, x) von M überdeckt wird und ω die Basisdarstellung $\omega = a\,dx^1 \wedge \cdots \wedge dx^n$ in U besitzt. Hierbei lassen wir auch stetige Koeffizientenfunktionen a zu und definieren das Integral von $|\omega| := |a|\,dx^1 \wedge \cdots \wedge dx^n$ über K entsprechend.

Im allgemeinen Fall lässt sich K durch endlich viele positiv orientierte Koordinatensysteme $(U_1, x_1), \ldots, (U_m, x_m)$ überdecken. Dann gibt es eine zugehörige Zerlegung der Eins, d.h. Funktionen $\varphi_1, \ldots, \varphi_m \in \mathcal{F}M$ mit $0 \le \varphi_j \le 1$, $\operatorname{supp} \varphi_j \subset U_j$ für $j = 1, \ldots, m$ und $\sum\limits_{j=1}^{m} \varphi_j = 1$ auf K. Dies ergibt sich mit Hilfe von 1.5 (d) wie in Bd. 2, § 10 : 3.5. Das Integral

$$\int_K \omega \;:=\; \sum_{j=1}^{m} \int_{K \cap U_j} \varphi_j\, \omega\,.$$

ist unabhängig von der Wahl der Koordinatensysteme. Dies ergibt sich ganz analog wie in Bd. 2, § 11 : 2.1 unter Beachtung der Koordinateninvarianz

$$\int_{x(K\cap U\cap V)} (a \circ x^{-1})(\mathbf{u})\, du^1 \cdots du^n \;=\; \int_{y(K\cap U\cap V)} (b \circ y^{-1})(\mathbf{v})\, dv^1 \cdots dv^n\,,$$

falls ω die Basisdarstellungen

$$\omega \;=\; a\,dx^1 \wedge \cdots \wedge dx^n \;=\; b\,dy^1 \wedge \cdots \wedge dy^n \quad \text{in } U \cap V$$

bezüglich zweier positiv orientierter Karten (U, x), (V, y) mit $K \cap U \cap V \neq \emptyset$ besitzt. Diese wiederum ergibt sich wie folgt.

Mit $h := y \circ x^{-1}$, $J := \det(\partial_i h^k) > 0$ gilt nach 5.4 $(*)$

$$(a \circ x^{-1})(\mathbf{u}) \;=\; (b \circ x^{-1})(\mathbf{u}) \cdot J(\mathbf{u}) \quad \text{für } \mathbf{u} \in x(U \cap V) \subset \mathbb{R}^n$$

woraus mit dem Transformationssatz für Integrale Bd. 1, § 23 : 8.1 unter Beachtung von $x = h^{-1} \circ y$ und $x^{-1} = y^{-1} \circ h$ folgt

$$\begin{aligned}
&\int_{x(K\cap U\cap V)} (a \circ x^{-1})(\mathbf{u})\, du^1 \cdots du^n \\
&\quad= \int_{x(K\cap U\cap V)} (b \circ x^{-1})(\mathbf{u}) \cdot |J(\mathbf{u})|\, du^1 \cdots du^n \;=
\end{aligned}$$

$$= \int\limits_{h^{-1}\circ y(K\cap U\cap V)} (b\circ y^{-1}\circ h)(\mathbf{u})\cdot |J(\mathbf{u})|\, du^1\cdots du^n$$

$$= \int\limits_{y(K\cap U\cap V)} (b\circ y^{-1})(\mathbf{v})\, dv^1\cdots dv^n\,.$$

SATZ. *Für das Integral von* $\omega \in \vartheta_n M$ *über eine kompakte Menge* $K \subset M$ *gilt*

$$\int\limits_K (a_1\omega_1 + a_2\omega_2) \;=\; a_1\int\limits_K \omega_1 + a_2\int\limits_K \omega_2\,,$$

wobei für $\omega_1, \omega_2 \in \vartheta_n M$, $a_1, a_2 \in \mathbb{R}$ *die Linearkombination* $a_1\omega_1 + a_2\omega_2$ *punktweise gebildet wird.*

(b) Nach 1.3 (f) gibt es einen abzählbaren Atlas $\{(U_i, x_i) \mid i \in \mathbb{N}\}$, wobei die $\overline{U}_i$ kompakt sind. Nach eventueller Umorientierung der Karten x_i dürfen wir diese als positiv orientiert annehmen. Wir setzen $V_k := \overline{U}_1 \cup \cdots \cup \overline{U}_k$. Dann bilden die gemäß (a) definierten Integrale $\int_{V_k} |\omega|$ eine aufsteigende Folge reeller Zahlen. Ist diese beschränkt, so heißt $\omega \in \vartheta_n M$ über M **integrierbar**, und wir definieren

$$\int\limits_M \omega \;:=\; \lim_{k\to\infty} \int\limits_{V_k} \omega\,.$$

SATZ. *Integrierbarkeit und Integral sind wohldefiniert, d.h. unabhängig vom gewählten Atlas. Das Integral ist linear und monoton.*

Zum BEWEIS siehe [80] 2.5.4.

5.6 Der Integralsatz von Stokes

Sei M eine n–dimensionale orientierte Mannigfaltigkeit mit $n \geq 2$. Ein Gebiet $D \subset M$ heißt **glatt berandet**, wenn der Rand ∂D eine $(n-1)$–dimensionale Untermannigfaltigkeit von M ist. Wir geben ∂D eine Orientierung, indem wir einen Atlas von M, bestehend aus positiv orientierten angepassten Karten (U, x) mit

$$\overline{D}\cap U \;=\; \left\{q \in U \;\middle|\; (-1)^n x^n(q) \geq 0\right\}$$

auswählen und auf ∂D einschränken, vgl. 1.4 (a).

SATZ. *Seien* $D \subset M$ *ein glatt berandetes Gebiet mit kompaktem Abschluss und* $\omega \in \vartheta_{n-1} M$. *Dann gilt*

$$\int\limits_D d\omega \;=\; \int\limits_{\partial D} i^*\omega\,,$$

wobei $i^*\omega$ *die mit der Einbettung* $i : \partial D \to M,\ \ p \mapsto p$ *zurückgeholte Form* ω *ist.*

Für die rechte Seite wird meist $\int\limits_{\partial D} \omega$ geschrieben. Der Satz bleibt gültig, wenn der Rand ∂D singuläre Punkte (Kanten, Ecken) aufweist. Dies ist z.B. von Interesse für ein Flussröhrenstück

$$D = \mathbf{\Phi}(]0, T[\times S)\,,$$

das als Bild einer $(n-1)$–dimensionalen Scheibe S unter dem Fluss $\mathbf{\Phi}$ eines Vektorfelds entsteht. Hierbei besteht ∂D aus den beiden Deckeln S und $S_T = \mathbf{\Phi}_T(S)$ sowie den Mantel bildenden Integralkurven (Fig.).

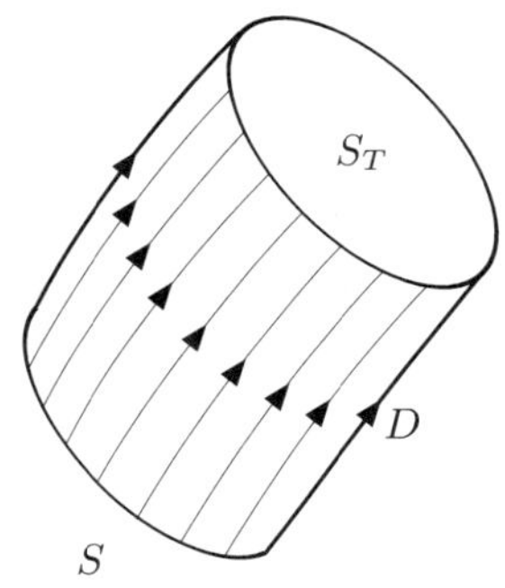

Der allgemeine Stokessche Satz enthält die Integralsätze der Vektoranalysis als Spezialfälle. Für die Beweise siehe [53] § 72, 7.2 B, 7.3.

§ 9 Lorentz– und Riemann–Mannigfaltigkeiten

In diesem Paragraphen behandeln wir die wichtigsten Grundbegriffe der Geometrie auf abstrakten Mannigfaltigkeiten: kovariante Ableitungen von Vektor– und Tensorfeldern, Krümmungstensoren, Parallelismus und Geodätische. Vorkenntnisse hierfür sind Mannigfaltigkeiten und Tensoren (Abschnitte 1–4 von § 8). Wer es eilig hat, kann sich zunächst mit den Unterabschnitten 1.1, 1.4, 1.5, 2.1, 3.1, 3.2, 4.1–4.4 von § 8 begnügen.

Die Differentialgeometrie von Flächen im $\mathbb{R}^3$ wird im Folgenden nicht vorausgesetzt, jedoch bietet sie eine Vorerfahrung, welche den Zugang zu diesem Paragraphen erleichtert.

1 Minkowski–Räume

1.1 Das Minkowski–Skalarprodukt

(a) Eine quadratische Form (also eine symmetrische Bilinearform) $\mathbf{g}$ auf einem endlichdimensionalen $\mathbb{R}$–Vektorraum V heißt **nicht entartet**, wenn die lineare Abbildung

$$V \to V^*, \quad u \mapsto \mathbf{g}(u, \cdot)$$

injektiv ist:

$$\text{Aus } \mathbf{g}(u,v) = 0 \quad \text{für alle} \quad v \in V \quad \text{folgt } u = 0$$

bzw.

$$\text{zu jedem } u \neq 0 \text{ gibt es ein } v \in V \text{ mit } \mathbf{g}(u,v) \neq 0\,.$$

Wegen $\dim V^* = \dim V$ (§ 8 : 3.3) ist für eine nichtentartete quadratische Form die Abbildung $u \mapsto \mathbf{g}(u, \cdot)$ sogar ein Isomorphismus zwischen V und V^*.

Jede positiv definite quadratische Form ist nicht entartet, denn zu jedem $u \neq 0$ gibt es ein $v \in V$ mit $\mathbf{g}(u,v) \neq 0$, nämlich $v = u$.

ÜA Zeigen Sie, dass eine quadratische Form genau dann nicht entartet ist, wenn für eine (und damit jede) Basis $v_1, \dots, v_n$ von V gilt

$$\det(g_{ik}) \neq 0 \quad \text{mit} \quad g_{ik} := \mathbf{g}(v_i, v_k)\,.$$

Der **Index** einer quadratischen Form $\mathbf{g}$ ist die maximale Dimension von Teilräumen $W \subset V$, auf denen $\mathbf{g}$ negativ definit ist ($\mathbf{g}(u,u) < 0$ für $u \in W \setminus \{0\}$).

(b) Unter einem **Minkowski–Raum** verstehen wir einen Vektorraum V der Dimension $n \geq 2$ zusammen mit einer nichtentarteten quadratischen Form $\mathbf{g}$ vom Index 1.

Diese nennen wir **Minkowski–Skalarprodukt** oder — in Abänderung unserer bisherigen Sprechweise — einfach **Skalarprodukt** und schreiben meistens $\langle u, v\rangle$ für $\mathbf{g}(u, v)$.

Wir setzen $\|u\| := \sqrt{|\langle u, u\rangle|}$ und nennen jeden Vektor $u \in V$ mit $\|u\| = 1$ einen **Einheitsvektor**. Mit dem Symbol $\langle\,\cdot\,,\,\cdot\,\rangle$ übernehmen wir auch die Bezeichnungen

$$u \perp v \;:\Longleftrightarrow\; \langle u, v\rangle = 0 \quad (\textbf{Orthogonalität}),$$

$$u^\perp \;:=\; \{v \in V \mid u \perp v\} \quad (\textbf{Orthogonalraum}).$$

(c) DEFINITION (MINKOWSKI 1908).
Ein Vektor u eines Minkowski–Raumes heißt

zeitartig, wenn $\langle u, u\rangle < 0$,

lichtartig, wenn $\langle u, u\rangle = 0$ und $u \neq 0$,

raumartig, wenn $\langle u, u\rangle > 0$ oder $u = 0$.

Ein nicht raumartiger (also zeit– oder lichtartiger) Vektor wird **kausal** genannt, lichtartige Vektoren heißen auch **Nullvektoren**.

Ein Teilraum $W \subset V$ wird **raumartig** genannt, wenn alle Vektoren $u \in W$ raumartig sind, d.h. wenn das Skalarprodukt auf W positiv definit ist.

SATZ. *Für jeden zeitartigen Einheitsvektor u eines n–dimensionalen Minkowski–Raumes V (also $\langle u, u\rangle = -1$) ist der Orthogonalraum $u^\perp$ ein $(n-1)$–dimensionaler raumartiger Teilraum mit*

$$V \;=\; \mathbb{R}u \oplus u^\perp$$

($\mathbb{R}u :=$ Span $\{u\}$).

Jeder Vektor $v \in V$ besitzt also eine eindeutig bestimmte Zerlegung

$$v \;=\; v^0 u + \vec{v}$$

mit $v^0 \in \mathbb{R}$, $\vec{v} \in u^\perp$, dabei ist

(i) $v^0 = -\langle u, v\rangle$, $\vec{v} = v + \langle u, v\rangle u$,

(ii) $\langle v, v\rangle = -v^0 v^0 + \|\vec{v}\|^2$.

Mit der Zerlegung $w = w^0 u + \vec{w}$ folgt

(iii) $\langle v, w\rangle = -v^0 w^0 + \langle \vec{v}, \vec{w}\rangle$.

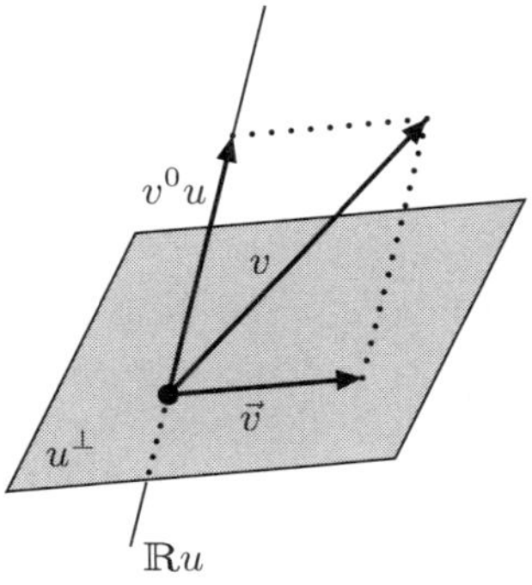

Beweis.

(1) $u^\perp$ *ist raumartig.* Sei $v \in u^\perp$, $v \neq 0$. Wegen $\langle u, v\rangle = 0$ sind u, v linear unabhängig. Wir zeigen $\langle v, v\rangle > 0$. Wegen

$$\langle su + tv, su + tv\rangle \;=\; s^2\langle u, u\rangle + 2st\langle u, v\rangle + t^2\langle v, v\rangle \;=\; -s^2 + t^2\langle v, v\rangle$$

scheidet der Fall $\langle v, v\rangle < 0$ aus, denn dann wäre das Skalarprodukt negativ definit auf dem zweidimensionalen Teilraum $\text{Span}\{u, v\}$ im Widerspruch zu Index $\mathbf{g} = 1$. Auch die Annahme $\langle v, v\rangle = 0$ führt zum Widerspruch: Wegen der Nichtentartung gibt es ein $v_1 \in V$ mit $\langle v, v_1\rangle \neq 0$. Für $v_2 := v_1 + \langle v_1, u\rangle u$ gilt dann $v_2 \in u^\perp$ und $\langle v, v_2\rangle = \langle v, v_1\rangle \neq 0$. Damit ist $v' := v + tv_2 \in u^\perp$ für $t \in \mathbb{R}$ und

$$\langle v', v'\rangle = \langle v, v\rangle + 2t\langle v, v_2\rangle + t^2\langle v_2, v_2\rangle = 2t\langle v, v_2\rangle + t^2\langle v_2, v_2\rangle < 0$$

für passende Wahl von t wegen $\langle v, v_2\rangle \neq 0$, was wie oben zum Widerspruch führt.

(2) Für $v \in V$ gilt $v = -\langle u, v\rangle u + \vec{v}$ mit $\vec{v} := v + \langle u, v\rangle u \perp u$. Umgekehrt folgt aus $v = su + w$ mit $s \in \mathbb{R}$, $w \perp u$

$$\langle u, v\rangle = -s\,, \quad \text{also } w = v + \langle u, v\rangle u = \vec{v}\,,$$

$$\|\vec{v}\|^2 = \langle v, v\rangle + 2\langle u, v\rangle^2 + \langle u, v\rangle^2\|u\|^2 = \|v\|^2 + \langle u, v\rangle^2\,.$$

Die Formel (iii) ist leicht einzusehen [ÜA].

(3) Nach (1) entsteht aus jeder Basis von $u^\perp$ durch Hinzunahme von u eine Basis von V. Es folgt $\dim u^\perp = n - 1$. □

(d) Folgerung. *Jeder zeitartige Einheitsvektor* e_0 $(\langle e_0, e_0\rangle = -1)$ *eines* n*–dimensionalen Minkowski–Raumes* V *lässt sich zu einer Basis* $(e_0, \dots, e_{n-1})$ *von* V *mit*

$$\langle e_i, e_k\rangle \;=\; \eta_{ik} \;:=\; \begin{cases} -1 & \textit{für } i = k = 0\,, \\ 1 & \textit{für } i = k > 0\,, \\ 0 & \textit{für } i \neq k \end{cases}$$

ergänzen. Jede solche Basis heißt eine **Orthonormalbasis** (ONB) *von* V.

Denn $e_0^\perp$ ist, versehen mit $\langle\cdot\,,\cdot\rangle$, ein Skalarproduktraum, besitzt also nach Bd. 1, § 19 : 3.2 eine Basis $(e_1, \dots, e_{n-1})$ mit $\langle e_i, e_k\rangle = \delta_{ik}$ $(i, k = 1, \dots, n-1)$. Hat $u \in V$ bezüglich der ONB $(e_0, \dots, e_{n-1})$ die Darstellung

$$u \;=\; \sum_{i=0}^{n-1} \xi^i e_i\,,$$

so gilt $\xi^0 = -\langle e_0, u\rangle$, $\xi^i = \langle e_i, u\rangle$ für $i = 1, \dots, n-1$, und mit der Basisdarstellung $v = \sum\limits_{k=0}^{n-1} \eta^k e_k$ ergibt sich

$$\langle u, v\rangle \;=\; \sum_{i,k=0}^{n-1} \eta_{ik}\xi^i\eta^k \;=\; -\xi^0\eta^0 + \sum_{i=1}^{n-1} \xi^i\eta^i\,.$$

Bemerkung. Mit Bezug auf die auftretenden Vorzeichen sprechen wir von der *Signatur* $(-+\cdots+)$. Manche Autoren betrachten $-\langle\,\cdot\,,\cdot\,\rangle$ statt $\langle\,\cdot\,,\cdot\,\rangle$, die betreffende Signatur ist dann $(+-\cdots-)$. Später verwenden wir für die Minkowski–Räume die Signatur $(+\cdots+-)$.

(e) **Die natürliche Topologie eines Minkowski–Raums.** Jeder n–dimensionale Minkowski–Raum V ist eine n–dimensionale Mannigfaltigkeit: Nach Wahl einer ONB $(e_0, \dots, e_{n-1})$ ist die lineare Abbildung

$$x : V \to \mathbb{R}^n\,, \quad u = \sum_{i=0}^{n-1} \xi^i e_i \;\mapsto\; (\xi^0, \dots, \xi^{n-1})$$

eine ganz V erfassende Karte, vgl. § 8 : 1.2 (b). Für die natürliche Topologie von V (§ 8 : 1.3) ist die Konvergenz $v_k \to v$ für $k \to \infty$ äquivalent zur Konvergenz $x(v) = \lim\limits_{k\to\infty} x(v_k)$ im $\mathbb{R}^n$ und damit zur Konvergenz der Koordinaten $\langle e_i, v\rangle = \lim\limits_{k\to\infty} \langle e_i, v_k\rangle$ $(i = 0, \dots, n-1)$. Es folgt $\|v\|^2 = \lim\limits_{k\to\infty} \|v_k\|^2$, $\langle u, v\rangle = \lim\limits_{k\to\infty} \langle u, v_k\rangle$ und $\lim\limits_{k\to\infty} \|v - v_k\| = 0$; aus der letzten Beziehung folgt aber nicht $v = \lim\limits_{k\to\infty} v_k$ ÜA.

1.2 Zeitkegel

(a) Mit $\mathcal{Z} := \{u \in V \mid \langle u, u\rangle < 0\}$ bezeichnen wir die Menge aller zeitartigen Vektoren eines Minkowski–Raums V. Für $u \in \mathcal{Z}$ heißt

$$\mathcal{Z}(u) := \{v \in \mathcal{Z} \mid \langle u, v\rangle < 0\}$$

der u enthaltende **Zeitkegel**.

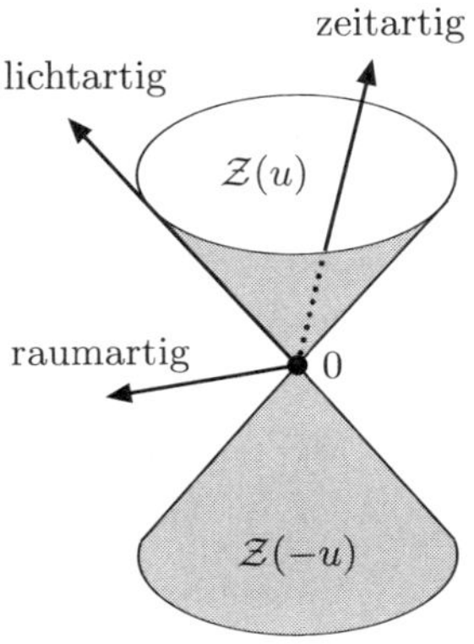

Die Kegeleigenschaft bedeutet, dass für $v_1, v_2 \in \mathcal{Z}(u)$, $t_1, t_2 \geq 0$ mit $t_1 + t_2 > 0$ auch $t_1v_1 + t_2v_2$ in $\mathcal{Z}(u)$ liegt.

Für jeden zeitartigen Vektor $u \in V$ gilt

$$\mathcal{Z} = \mathcal{Z}(u) \cup \mathcal{Z}(-u)\,,$$
$$\mathcal{Z}(u) \cap \mathcal{Z}(-u) = \emptyset\,.$$

Dies folgt aus 1.1 (c), denn für $u \in \mathcal{Z}$, $v \in V$ gilt

$$\langle u, v \rangle = 0 \iff v = \vec{v} \iff \langle v, v \rangle \geq 0 .$$

LEMMA. *Zwei zeitartige Vektoren* $v, w \in V$ *liegen genau dann im gleichen Zeitkegel, wenn* $\langle v, w \rangle < 0$.

BEWEIS.
Sei $v \in \mathcal{Z}(u)$ und o.B.d.A. $\|u\| = 1$. Nach Satz 1.1 (c) gilt

$$v = v^0 u + \vec{v} \quad \text{mit } v^0 = -\langle u, v \rangle > 0 \quad \text{und } \vec{v} \in u^{\perp} ,$$

$$\|\vec{v}\|^2 = v^0 v^0 + \langle v, v \rangle < |v^0|^2$$

sowie für die entsprechende Zerlegung $w = w^0 u + \vec{w}$ von Vektoren $w \in \mathcal{Z}$

$$(*) \qquad \langle v, w \rangle = -v^0 w^0 + \langle \vec{v}, \vec{w} \rangle , \qquad \|\vec{w}\| < |w^0| , \quad w^0 = -\langle w, u \rangle .$$

Da $\vec{v}, \vec{w}$ raumartig sind, gilt die Cauchy–Schwarzsche Ungleichung

$$|\langle \vec{v}, \vec{w} \rangle| \leq \|\vec{v}\| \cdot \|\vec{w}\| < |v^0| \cdot |w^0| = v^0 \cdot |w^0| .$$

Hieraus folgt mit $(*)$

$$-v^0 \left(w^0 + |w^0| \right) < \langle v, w \rangle < v^0 \left(|w^0| - w^0 \right) , \quad \text{also}$$

$$w \in \mathcal{Z}(u) \iff w^0 = -\langle w, u \rangle > 0 \iff w^0 = |w^0| \iff \langle v, w \rangle < 0 . \qquad \square$$

(b) Mit 1.1 (c) ergibt sich $\boxed{\text{ÜA}}$

$$\{ u \in V \mid \langle u, u \rangle = 0 \} = \partial \mathcal{Z} .$$

1.3 Weitere Besonderheiten der Minkowski–Geometrie

(a) **Die zeitartige Cauchy–Schwarz–Ungleichung und die zeitartige Dreiecks–Ungleichung.** *Für zeitartige Vektoren* $u, v \in V$ *gilt*

(i) $|\langle u, v \rangle| \geq \|u\| \cdot \|v\|$,

(ii) $\|u\| + \|v\| \leq \|u + v\|$ *im Fall* $\langle u, v \rangle < 0$.

In beiden Fällen tritt Gleichheit genau dann ein, wenn u und v linear abhängig sind.

BEWEIS als $\boxed{\text{ÜA}}$. Nehmen Sie in (i) o.B.d.A. $\|u\| = 1$ an und verwenden Sie den Satz 1.1 (c). (ii) folgt unmittelbar aus (i).

(b) Ist $u \in V$ lichtartig, $\langle u, u \rangle = 0$ und $u \neq 0$, so liegt u im Orthogonalraum $u^{\perp}$ (der auch hier die Dimension $n - 1$ hat); $\mathbb{R}u$ und $u^{\perp}$ spannen in diesem Fall also nicht den ganzen Raum V auf.

(c) Ist $u \in V$ lichtartig, so gibt es nach 1.2 (b) eine Folge zeitartiger Vektoren u_k mit $u = \lim_{k\to\infty} u_k$. Für jede solche Folge ergibt sich aus der Zerlegung $u = -\langle u_k, u\rangle u_k + v_k$ eine gegen u konvergierende Folge (v_k) mit $v_k \in u_k^\perp$ für $k \in \mathbb{N}$ (ÜA, siehe 1.1 (e)).

(d) AUFGABE. Konstruieren Sie für einen vierdimensionalen Minkowski–Raum mit Hilfe einer Orthonormalbasis eine Basis $u_1, \dots, u_4$ mit

$$\begin{aligned} \langle u_i, u_i\rangle &= 1 \quad \text{für } i = 1,2\,, \quad \langle u_1, u_2\rangle = 0\,, \\ \langle u_k, u_k\rangle &= 0 \quad \text{für } k = 3,4\,, \quad \langle u_3, u_4\rangle = -1\,, \\ \langle u_i, u_k\rangle &= 0 \quad \text{für } i = 1,2 \quad \text{und} \quad k = 3,4\,. \end{aligned}$$

2 Lorentz– und Riemann–Mannigfaltigkeiten

2.1 Definitionen und Bezeichnungen

Wir betrachten eine n–dimensionale Mannigfaltigkeit M, auf der ein $(0,2)$–Tensorfeld $\mathbf{g}$ definiert ist: Jedem $p \in M$ ist eine Bilinearform $\mathbf{g}_p$ auf dem Tangentialraum T_pM zugeordnet, und für jedes Paar von Vektorfeldern $X, Y \in \mathcal{V}M$ ist $p \mapsto \mathbf{g}_p(X_p, Y_p)$ eine C^∞–Funktion auf M, vgl. § 8 : 4.4.

Das Paar $(M, \mathbf{g})$ heißt **Lorentz–Mannigfaltigkeit** mit der **Lorentz–Metrik** $\mathbf{g}$, wenn $\mathbf{g}_p$ an jeder Stelle $p \in M$ ein Minkowski–Skalarprodukt auf T_pM liefert. Ist $\mathbf{g}_p$ für jeden Punkt $p \in M$ positiv definit, so heißt $(M, \mathbf{g})$ eine **Riemann–Mannigfaltigkeit** mit **Riemann–Metrik g**.

Riemann–Mannigfaltigkeiten werden auch mit M^n, Lorentz–Mannigfaltigkeiten mit $M^{n-1,1}$ bezeichnet. Koordinatensysteme für letztere schreiben wir in diesem Paragraphen in der Form $x = (x^1, \dots, x^n)$; die zeitartige Koordinate ist hierbei x^n, d.h. es gilt $\mathbf{g}(\partial_n, \partial_n) < 0$. In § 10 und § 11 verwenden wir wie in 1.1 die Darstellung $x = (x^0, \dots, x^{n-1})$, wobei x^0 die zeitartige Koordinate ist.

In beiden Fällen schreiben wir meistens $\langle\,\cdot\,,\,\cdot\,\rangle$ statt $\mathbf{g}$ und $\langle\,\cdot\,,\,\cdot\,\rangle_p$ statt $\mathbf{g}_p$. Damit ist für Vektorfelder $X, Y \in \mathcal{V}M$ die Funktion

$$\langle X, Y\rangle : M \to \mathbb{R}, \quad p \mapsto \langle X_p, Y_p\rangle_p$$

C^∞–differenzierbar auf M. Mit den zu einer Karte (U, x) gehörigen lokalen Basisfeldern $\partial_i = \frac{\partial}{\partial x^i}$ erhalten wir die Koeffizienten der Metrik $\mathbf{g}$

$$g_{ik} := \langle \partial_i, \partial_k\rangle \;:\; p \mapsto g_{ik}(p) \;=\; \langle \partial_i|_p, \partial_k|_p\rangle_p \;=\; \mathbf{g}_p\left(\partial_i|_p, \partial_k|_p\right).$$

Haben die Vektorfelder $X, Y \in \mathcal{V}M$ auf U die lokalen Basisdarstellungen $X = \xi^i \partial_i$, $Y = \eta^i \partial_k$ (wir verwenden die Summationskonvention § 8 : 4.2), so folgt

$$(*) \quad \langle X, Y\rangle \;=\; \left\langle \xi^i \partial_i, \eta^k \partial_k\right\rangle \;=\; \xi^i \eta^k \langle \partial_i, \partial_k\rangle \;=\; g_{ik}\, \xi^i \eta^k\,.$$

Eine andere Schreibweise für $(*)$ ist

$$(**) \quad \mathbf{g} \;=\; g_{ik}\,dx^i \otimes dx^k\,,$$

denn nach der Definition des Tensorprodukts § 8 : 4.1 (d) und wegen $dx^i(\partial_j) = \delta^i_j$ (§ 8 : 3.3 (c)) gilt

$$g_{ik}\,dx^i \otimes dx^k(\partial_j, \partial_\ell) = g_{ik}\,dx^i(\partial_j)\cdot dx^k(\partial_\ell) = g_{ik}\delta^i_j\delta^k_\ell = g_{j\ell} = \mathbf{g}(\partial_j, \partial_\ell)\,.$$

Eine weniger präzise, aber häufig verwendete Schreibweise für $(*)$ und $(**)$ ist

$$ds^2 \;=\; g_{ik}\,dx^i\,dx^k\,.$$

Dieser liegt im Riemannschen Fall die Vorstellung zu Grunde, dass das „Linienelement" ds den Abstand zweier infinitesimal benachbarter Punkte mit den Koordinaten $(x^1,\dots,x^n)$ und $(x^1+dx^1,\dots,x^n+dx^n)$ misst. Für Lorentz–Mannigfaltigkeiten wird diese Symbolik übernommen.

Nach Voraussetzung ist die Minkowski–Metrik $\mathbf{g}_p$ für kein $p \in M$ entartet, und dies bedeutet nach 1.1, dass für jede Karte (U,x) die zugehörige Koeffizientenmatrix $(g_{ik}(p))$ für $p \in U$ invertierbar ist. Die Inverse

$$\bigl(g^{ik}(p)\bigr) \;:=\; (g_{ik}(p))^{-1}$$

ist symmetrisch, und nach der Cramerschen Regel gilt $g^{ik} \in \mathcal{F}U$. Dasselbe gilt für die positiv definite Matrix $(g_{ik}(p))$ der Riemann–Metrik bezüglich (U,x). Wie wir in 3.1 zeigen, ermöglicht allein die Nichtentartung der Metrik die Einführung der kovarianten Ableitung. Aus diesem Grund lassen sich die geometrischen Grundkonzepte für Riemann– und Lorentz–Mannigfaltigkeiten, Krümmung und Parallelverschiebung, gemeinsam entwickeln.

2.2 Zeitorientierte Lorentz–Mannigfaltigkeiten

(a) Nach 1.2 enthält jeder Tangentialraum T_pM einer Lorentz–Mannigfaltigkeit M genau zwei Zeitkegel; für zeitartige Vektoren $u \in T_pM$ bezeichne $\mathcal{Z}_p(u)$ den u enthaltenden Zeitkegel. Wir wollen auf stetige Weise in jedem Tangentialraum einen Zeitkegel auszeichnen. Hierzu nennen wir eine zusammenhängende Lorentz–Mannigfaltigkeit M **zeitorientierbar**, wenn es auf M ein zeitartiges Vektorfeld Z gibt, d.h. ein Vektorfeld mit $\langle Z_p, Z_p\rangle < 0$ für $p \in M$.

Wählen wir für eine zeitorientierbare Lorentz–Mannigfaltigkeit ein solches Vektorfeld Z aus, so ist für jedes $p \in M$ der Z_p enthaltende Zeitkegel

$$I_p^+ \;:=\; \mathcal{Z}_p(Z_p) \;=\; \{u \in T_pM \mid \langle u,u\rangle < 0,\;\; \langle u, Z_p\rangle < 0\}$$

nach dem Lemma 1.2 ausgezeichnet und damit auch dessen Abschluß in T_pM,

$$J_p^+ \;:=\; \overline{\mathcal{Z}_p(Z_p)} \;=\; \{u \in T_pM \mid \langle u,u\rangle \le 0,\;\; \langle u, Z_p\rangle \le 0\}\,.$$

Wir nennen die Kegelschar $\{J_p^+ \mid p \in M\}$ eine **Zeitorientierung** von M und M eine **zeitorientierte Lorentz–Mannigfaltigkeit**. Die Vektoren $u \neq 0$ in J_p^+ werden **zukunftsgerichtet** genannt.

(b) *Für* $u \in I_p^+$, $v \in J_p^+ \setminus \{0\}$ *gilt* $\langle u, v\rangle < 0$.

Denn $u \in I_p^+$ ist zeitartig, und für $0 \neq v \in J_p^+ = \overline{I}_p^+$ gibt es Vektoren $v_k \in I_p^+$ mit $v = \lim\limits_{k\to\infty} v_k$. Nach Lemma 1.2 gilt $\langle u, v_k\rangle < 0$ und $\langle v_k, v_k\rangle < 0$, und nach 1.1 (b) folgt $\langle u, v\rangle = \lim\limits_{k\to\infty} \langle u, v_k\rangle \leq 0$, $\langle v, v\rangle = \lim\limits_{k\to\infty} \langle v_k, v_k\rangle \leq 0$. Wäre $\langle u, v\rangle = 0$, so wäre v nach Satz 1.1 (c) raumartig, also $\langle v, v\rangle > 0$ wegen $v \neq 0$ im Widerspruch zu $\langle v, v\rangle \leq 0$.

2.3 Beispiele von Riemann– und Lorentz–Mannigfaltigkeiten

(a) Jede Fläche $M \subset \mathbb{R}^3$, versehen mit dem auf die Tangentialräume $T_{\mathbf{a}}M$ eingeschränkten Skalarprodukt des $\mathbb{R}^3$, ist eine zweidimensionale Riemann–Mannigfaltigkeit.

(b) Jeder n–dimensionale Minkowski–Raum V kann als n–dimensionale Lorentz–Mannigfaltigkeit aufgefasst werden: Nach Wahl einer Basis $(u_1, \dots, u_n)$ erhalten wir eine ganz V erfassende Karte $x = (x^1, \dots, x^n)$ durch die Koordinaten x^k bezüglich dieser Basis. Nach § 8 : 2.1 (d) liefert

$$\mathbf{i}_p : V \to T_pV, \quad v \mapsto v_p := \dot{\alpha}(0) \quad \text{mit} \quad \alpha(t) = p + tv$$

einen natürlichen Isomorphismus zwischen V und T_pV für $p \in V$.

Das Minkowski–Skalarprodukt $\langle\,\cdot\,,\,\cdot\,\rangle$ induziert durch

$$\langle u_p, v_p\rangle_p \;:=\; \langle u, v\rangle$$

ein Minkowski–Skalarprodukt $\langle\,\cdot\,,\,\cdot\,\rangle_p$ auf T_pV; hiermit sind je zwei Tangentialräume durch eine Isometrie miteinander verbunden.

Nach § 8 : 2.2 sind die Basisfelder ∂_k gegeben durch $\partial_k|_p = \mathbf{i}_p(u_k)$. Für die Koeffizienten der Lorentz–Metrik ergibt sich somit

$$g_{ik}(p) = \left\langle \partial_i|_p, \partial_i|_p \right\rangle_p = \langle u_i, u_k\rangle\,.$$

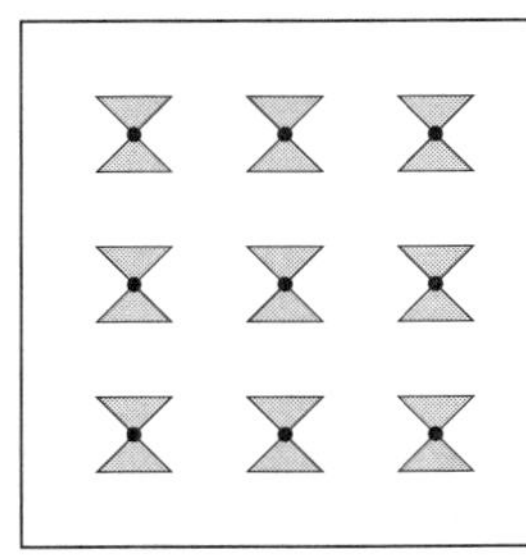

Eine Zeitorientierung von V erhalten wir durch Auszeichnung eines zeitartigen Vektors $z \in V$, Fortsetzung zu dem zeitartigen Vektorfeld $p \mapsto Z_p := \mathbf{i}_p(z)$ und Auszeichnung der Zeitkegel $\mathcal{Z}_p(Z_p)$.

Der vierdimensionale Minkowski–Raum als Lorentz–Mannigfaltigkeit bildet das Raumzeit–Modell der speziellen Relativitätstheorie.

(c) Zahlreiche Modelle von Riemann– und Lorentz–Mannigfaltigkeiten sind wie die folgenden auf einem Gebiet M des $\mathbb{R}^n$ gegeben, wobei die Metrik durch ihre Koeffizienten g_{ik} bezüglich der Karte $x = \mathbb{1}_M : M \to \mathbb{R}^n$ festgelegt ist. Das Transformationsgesetz § 8 : 2.1 (c) für die lokalen Basisfelder erlaubt die Berechnung der metrischen Koeffizienten bezüglich jedes anderen Koordinatensystems.

(d) So ist die obere Halbebene $H^2 = \{(x,y) \mid y > 0\}$, versehen mit der Metrik

$$ds^2 = \frac{dx^2 + dy^2}{y^2}, \quad \text{also mit} \quad g_{ik}(x,y) = \frac{\delta_{ik}}{y^2}$$

bezüglich des Koordinatensystems $(x,y) \mapsto (x,y)$ eine Riemannsche Mannigfaltigkeit, genannt die **Poincaré–Halbebene**. Diese liefert ein Modell der nichteuklidischen Geometrie, in welcher das Parallelaxiom verletzt ist, siehe [51] IV.12.6.

(e) Versehen wir die x,y–Ebene $\mathbb{R}^2$ mit einer Lorentz–Metrik, welche die nebenstehend skizzierten Zeitkegel besitzt, und wickeln wir diese durch Identifikation der Geraden $\{x = \pi\}$ und $\{x = -\pi\}$ zu einem Zylinder auf, so entsteht eine nicht zeitorientierbare Lorentz–Mannigfaltigkeit.

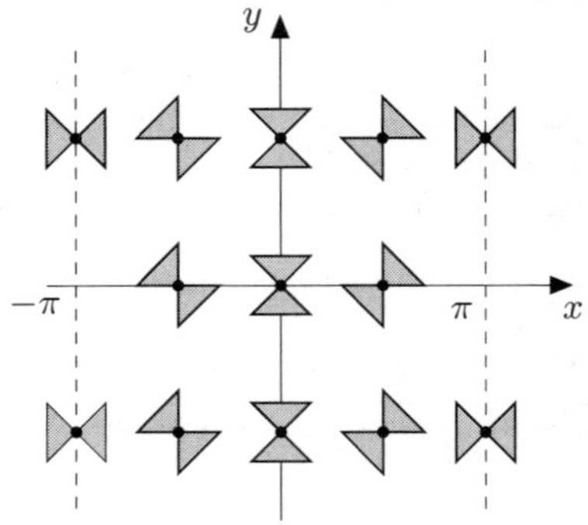

Die Lorentz–Metrik lässt sich durch $ds^2 = \cos x (x\,dx - y\,dy)^2 + 2\sin x\,dx\,dy$ realisieren ÜA.

(f) Die Halbebene $M = \{(r,t) \mid r > 2m\}$ ($m > 0$ eine Konstante), versehen mit der Metrik

$$ds^2 = \left(1 - \frac{2m}{r}\right)^{-1} dr^2 - \left(1 - \frac{2m}{r}\right) dt^2 ,$$

also mit den Koeffizienten

$$g_{11} = \left(1 - \frac{2m}{r}\right)^{-1},$$

$$g_{22} = -\left(1 - \frac{2m}{r}\right),$$

$$g_{12} = g_{21} = 0$$

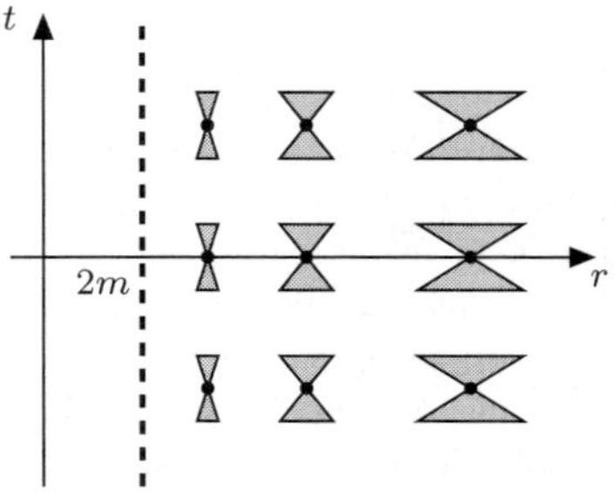

ist bezüglich der Karte $(r,t) \mapsto (r,t)$ eine zweidimensionale Lorentz–Mannigfaltigkeit, genannt **Schwarzschild–Halbebene**.

2.4 Metrische Äquivalenz von Tensoren

(a) Sei M eine Lorentz– oder Riemann–Mannigfaltigkeit und $p \in M$. Für den Vektor $u \in T_pM$ definieren wir den Kovektor $u_\flat \in T_p^*M$ durch

$$u_\flat : v \longmapsto \langle u, v \rangle \,.$$

Da die Metrik in beiden Fällen nicht entartet (vgl. 1.1), ist

$$u \longmapsto u_\flat : T_pM \longrightarrow T_p^*M$$

ein Isomorphismus. Dessen Umkehrung bezeichnen wir mit

$$\sigma \longmapsto \sigma^\sharp : T_p^*M \longrightarrow T_pM \,.$$

Für $\sigma \in T_p^*M$ ist $u = \sigma^\sharp \in T_pM$ der Vektor mit $\sigma = u_\flat$, d.h.

$$(*) \qquad \sigma(v) \;=\; u_\flat(v) \;=\; \langle u, v \rangle \;=\; \left\langle \sigma^\sharp, v \right\rangle \quad \text{für } v \in T_pM \,.$$

Durch punktweise Anwendung der „musikalischen“ Operationen $\flat$ und $\sharp$ erhalten wir, wie anschließend gezeigt wird, eine Zuordnung von Vektorfeldern zu 1–Formen und umgekehrt:

$$X \mapsto X_\flat : \mathcal{V}M \to \mathcal{V}^*M \qquad \text{bzw.} \qquad \omega \mapsto \omega^\sharp : \mathcal{V}^*M \to \mathcal{V}M \,.$$

Wir sprechen von **metrischer Äquivalenz** von Vektorfeldern und 1–Formen.

Die Differenzierbarkeit von $X_\flat$ bzw. $\omega^\sharp$ ergibt sich aus den Koordinatendarstellungen

$$(**) \quad \begin{array}{lllll} X \;=\; \xi^i \partial_i & \Longrightarrow & X_\flat \;=\; \xi_k \, dx^k & \text{mit} & \xi_k \;:=\; g_{ik}\, \xi^i \,, \\ \omega \;=\; a_k \, dx^k & \Longrightarrow & \omega^\sharp \;=\; a^i \, \partial_i & \text{mit} & a^i \;:=\; g^{ik}\, a_k \,. \end{array}$$

Die Operation $\flat$ bewirkt also in der Koordinatendarstellung das **Senken von Indizes** mit Hilfe der g_{ik}, und $\sharp$ bewirkt das **Heben von Indizes** mit Hilfe der g^{ik}.

Zum Nachweis von $(**)$ betrachten wir eine 1–Form $\omega \in \mathcal{V}^*M$. Nach § 8 : 3.3 (c) gilt

$$\omega = a_k \, dx^k \quad \text{mit } a_k = \omega(\partial_k) \in \mathcal{F}M \quad (k = 1, \ldots, n) \,.$$

Wegen $\omega_p^\sharp \in T_pM$ für jedes $p \in M$ gilt nach § 8 : 2.1 (b)

$$\omega^\sharp \;=\; a^i \, \partial_i$$

mit eindeutig bestimmten Koeffizienten $a^i = a^i(p)$. Aus $(*)$ folgt

$$a_k = \omega(\partial_k) = \left\langle \omega^\sharp, \partial_k \right\rangle = \left\langle a^i \partial_i, \partial_k \right\rangle = g_{ik}\, a^i \,, \quad \text{also}$$

$$g^{ki} a_k = g^{ki} g_{\ell k} a^\ell = a^i .$$

Da die g^{ik} nach 2.1 differenzierbar sind, gilt dies auch für die a^i. Entsprechend folgt aus den Darstellungen $X = \xi^i \partial_i$ mit $\xi^i \in \mathcal{F}M$ und $X_\flat = \xi_k\, dx^k$ mit $\sigma = X_\flat$, $\sigma^\sharp = X$ die Gleichung $\xi_k = g_{ik}\, \xi^i$, aus der sich die Differenzierbarkeit von $X_\flat$ ergibt.

(b) Der **Gradient** einer differenzierbaren Funktion $f \in \mathcal{F}M$ ist definiert als das Vektorfeld $\nabla f \in \mathcal{V}M$, welches mit dem Differential $df \in \mathcal{V}^*M$ (§ 8 : 3.3 (c)) durch die Operation $\sharp$ verbunden ist, $\nabla f = (df)_\sharp$, also nach (∗)

$$\langle \nabla f, X \rangle = df(X) \quad \text{für alle } X \in \mathcal{V}M .$$

Aus $df = \partial_i f\, dx^i$ ergibt sich mit (∗∗) die Koordinatendarstellung des Gradienten:

$$\nabla f = g^{ik}\, \partial_i f\, \partial_k = g^{ik} \frac{\partial f}{\partial x^i} \frac{\partial}{\partial x^k} .$$

(c) Nach § 8 : 4.4 lässt sich ein Tensor $A \in \mathcal{T}^r_s M$ auffassen als $\mathcal{F}M$–Multilinearform

$$A : (\mathcal{V}^*M)^r \times (\mathcal{V}M)^s \to \mathcal{F}M ,$$
$$p \mapsto A_p(\omega^1|_p, \dots, \omega^r|_p, X_1|_p, \dots, X_s|_p) .$$

Aus einem symmetrischen Tensor $A \in \mathcal{T}^0_2 M$ erhalten wir **metrisch äquivalente Tensoren** $A^\sharp \in \mathcal{T}^1_1 M$, $A^{\sharp\sharp} \in \mathcal{T}^2_0 M$ durch die Vorschriften

$$A^\sharp(\sigma, Y) := A(\sigma^\sharp, Y) = A(Y, \sigma^\sharp) \quad \text{für } \sigma \in \mathcal{V}^*M , \ Y \in \mathcal{V}M ,$$

$$A^{\sharp\sharp}(\omega, \sigma) := A(\omega^\sharp, \sigma^\sharp) \quad \text{für } \omega, \sigma \in \mathcal{V}^*M .$$

Nach § 8 : 4.4 (c) gibt es Koordinatendarstellungen

$$A = a_{ik}\, dx^i \otimes dx^k , \quad A^\sharp = a^i_k\, \partial_i \otimes dx^k , \quad A^{\sharp\sharp} = a^{ik}\, \partial_i \otimes \partial_k .$$

Wie sich unmittelbar aus (∗∗) ergibt, sind diese verbunden durch ÜA

$$a^i_k = g^{ij}\, a_{jk} , \qquad a^{ik} = g^{ij}\, g^{k\ell}\, a_{j\ell} .$$

Die Operation $A \mapsto C(A)$, die jedem symmetrischen $(0, 2)$–Tensor A den Tensor $C^1_1(A^\sharp)$ zuordnet, heißt **metrische Kontraktion**; hierbei bedeutet C^1_1 die Kontraktion von $(1, 1)$–Tensoren, vgl. § 8 : 4.3. Hiernach gilt

$$C(A) = a^i_i = g^{ik} a_{ik} \qquad \text{für} \quad A = a_{ik}\, dx^i \otimes dx^k .$$

(d) Allgemein ergibt sich aus einem Tensor $A \in \mathcal{T}^r_s M$ ein metrisch äquivalenter Tensor, indem in $A(\omega^1, \dots, \omega^r, X_1, \dots, X_s)$ ein Argument X_i durch $\sigma^\sharp$

bzw. ein Argument ω^k durch $X_\flat$ ersetzt wird. In der Koordinatendarstellung bedeutet dies Heben eines Index mit Hilfe der g^{ik} bzw. Senken eines Index mit Hilfe der g_{ik}.

3 Kovariante Ableitung und Krümmung

3.1 Kovariante Ableitung von Vektorfeldern und Parallelismus

(a) Sei M eine Lorentz– oder Riemann–Mannigfaltigkeit. Unser Ziel ist es, die Ableitung D_vY eines Vektorfelds $Y \in \mathcal{V}M$ in Richtung eines Vektors $v \in T_pM$ zu definieren.

Im Fall $M = \mathbb{R}^n$ ist das möglich durch die Definition

$$D_vY := \lim_{t\to 0} \frac{1}{t} \left(\|_t Y(p+tv) - Y(p)\right).$$

Hierbei bedeutet $\|_t Y(p+tv)$ den aus $Y(p+tv)$ durch Parallelverschiebung entstehenden Vektor.

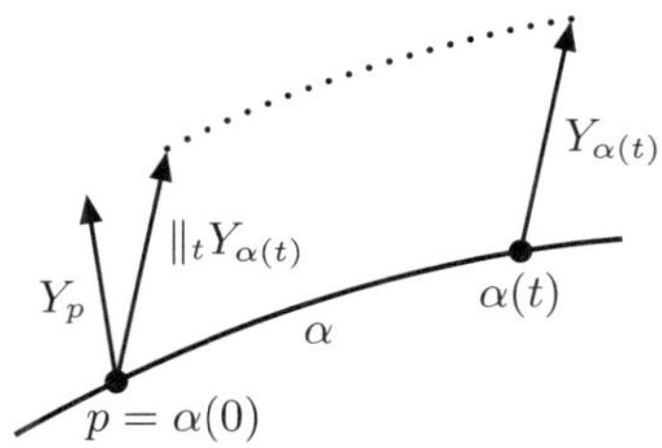

Eine äquivalente Definition ist

$$D_vY := \lim_{t\to 0} \frac{1}{t} \left(\|_t Y(\alpha(t)) - Y(p)\right),$$

wobei nun $t \mapsto \alpha(t)$ eine Kurve mit $\alpha(0) = p$ und $\dot\alpha(0) = v$ ist (Figur).

Die Übertragung dieser Definition auf eine Mannigfaltigkeit M erfordert einen Parallelitätsbegriff zwischen den Tangentialräumen $T_{\alpha(t)}M$ und T_pM für $|t| \ll 1$. Ein solcher Parallelitätsbegriff lässt sich für Lorentz– und Riemann–Mannigfaltigkeiten als isometrische Abbildung $\|_t : T_{\alpha(t)}M \to T_pM$ einführen und ermöglicht die Festlegung der Richtungsableitung durch die letzte Gleichung. Dieses Vorgehen erweist sich jedoch als schwerfällig in der Handhabung. Leichter ist die Durchführung des Programms in der umgekehrten Reihenfolge:

- Kennzeichnung eines Ableitungsoperators D_XY durch Rechenregeln,
- Nachweis der Existenz und Eindeutigkeit dieses Operators,
- Konstruktion des Parallelismus zwischen Tangentialräumen.

(b) Unter einem **Ableitungsoperator** für Vektorfelder auf M verstehen wir eine Abbildung

$$X, Y \longmapsto D_XY, \quad \mathcal{V}M \times \mathcal{V}M \to \mathcal{V}M$$

mit folgenden Rechenregeln:

(1) $X \mapsto D_X Y$ ist $\mathcal{F}M$–linear für jedes $Y \in \mathcal{V}M$,

(2) $Y \mapsto D_X Y$ ist linear für jedes $X \in \mathcal{V}M$,

(3) $D_X(fY) = (D_X f)\,Y + f\,(D_X Y)$ (Produktregel);

hierbei haben wir aus Gründen der einheitlichen Notation $D_X f$ für die Richtungsableitung Xf geschrieben, vgl. § 8 : 3.1 (b). Für den Begriff $\mathcal{F}M$–linear verweisen wir auf § 8 : 4.4 (b). Wegen der Produktregel (3) genügt es, statt der Linearität (2) die **Additivität** $D_X(Y+Z) = D_X Y + D_X Z$ zu fordern.

SATZ. *Es gibt genau einen Ableitungsoperator für Vektorfelder auf M mit den zusätzlichen Eigenschaften*

(4) $D_Z\langle X,Y\rangle = \langle D_Z X, Y\rangle + \langle X, D_Z Y\rangle$ *für* $X,Y,Z \in \mathcal{V}M$ (*Skalarproduktregel*),

(5) $D_X Y - D_Y X = [X,Y]$ *für* $X,Y \in \mathcal{V}M$ (*Symmetrie*);

hierbei ist $[\,\cdot\,,\,\cdot\,]$ *die Lie–Klammer, vgl.* § 8 : 3.2.

Der hierdurch ausgezeichnete Ableitungsoperator D wird **kovariante Ableitung** oder **Levi–Civita–Zusammenhang** genannt. Die Verbindung zum Begriff der kovarianten Ableitung in der Flächentheorie (§ 7 : 4.1) wird in (c) mit Hilfe der Koordinatendarstellung hergestellt.

BEWEIS.

(i) *Eindeutigkeit.* Hat D die Eigenschaften (4), (5), so gilt nach Definition von $D_X f$

$$
\begin{aligned}
-Z\langle X,Y\rangle + X\langle Z,Y\rangle + Y\langle X,Z\rangle &= -D_Z\langle X,Y\rangle + D_X\langle Z,Y\rangle + D_Y\langle X,Z\rangle \\
&\overset{(4)}{=} -\langle D_Z X,Y\rangle - \langle X, D_Z Y\rangle + \langle D_X Z, Y\rangle + \langle Z, D_X Y\rangle \\
&\qquad + \langle D_Y X, Z\rangle + \langle X, D_Y Z\rangle \\
&= \langle D_X Z - D_Z X, Y\rangle + \langle D_Y Z - D_Z Y, X\rangle + \langle D_X Y + D_Y X, Z\rangle \\
&\overset{(5)}{=} \langle [X,Z],Y\rangle + \langle [Y,Z],X\rangle + \langle [Y,X],Z\rangle + 2\langle D_X Y, Z\rangle\,,
\end{aligned}
$$

also mit der Schiefsymmetrie der Lie–Klammer (§ 8 : 3.2 (a))

$$
\begin{aligned}
2\langle D_X Y, Z\rangle \;=\; &-Z\langle X,Y\rangle + X\langle Z,Y\rangle + Y\langle X,Z\rangle \\
&+ \langle [Z,X],Y\rangle - \langle [Y,Z],X\rangle + \langle [X,Y],Z\rangle\,.
\end{aligned}
$$

Diese für alle $Z \in \mathcal{V}M$ bestehende **Koszul–Formel** legt das Vektorfeld $D_X Y$ eindeutig fest, da das Skalarprodukt nicht entartet ist.

(ii) *Existenz der kovarianten Ableitung.* Wir fixieren $X, Y \in \mathcal{V}M$ und bezeichnen für $Z \in \mathcal{V}M$ die rechte Seite der Koszul–Formel mit $\omega(Z)$. Die Abbildung $\mathcal{V}M \to \mathcal{F}M,\ Z \mapsto \omega(Z)$ ist $\mathcal{F}M$–linear: Für den Nachweis von $\omega(fZ) = f\,\omega(Z)$ für $f \in \mathcal{F}M$ beachten wir, dass bei der Ersetzung von Z durch fZ in der rechten Seite der Koszul–Formel Ableitungen Xf, Yf produziert werden, diese sich aber wegheben. Für den zweiten und vierten Term ergibt sich nämlich nach der Produktregel

$$
\begin{aligned}
X\langle fZ, Y\rangle &= X(f\langle Z, Y\rangle) = (Xf)\langle Z, Y\rangle + fX\langle Z, Y\rangle\,,\\
\langle [fZ, X], Y\rangle &= \langle fZ(X) - X(fZ), Y\rangle\\
&= \langle fZ(X) - (Xf)Z - fX(Z), Y\rangle\\
&= -(Xf)\langle Z, Y\rangle + f\langle [Z, X], Y\rangle\,;
\end{aligned}
$$

entsprechend heben sich in der Summe des dritten und fünften Terms die Ableitungen Yf weg.

Damit ist $\omega : \mathcal{V}M \to \mathcal{F}M$ nach § 8 : 4.4 (b) eine 1–Form. Wir bezeichnen mit $2D_XY \in \mathcal{V}M$ das metrisch äquivalente Vektorfeld $\omega^\sharp$; für dieses gilt also für alle $Z \in \mathcal{V}M$

$$2\langle D_XY, Z\rangle = \left\langle \omega^\sharp, Z\right\rangle = \omega(Z) = \text{rechte Seite der Koszul–Formel}\,.$$

Das hierdurch definierte Feld D_XY hat die Eigenschaften (1)–(5). Dies ergibt sich durch Rechnungen nach dem eben vorgeführten Muster [ÜA]. □

(c) Wir wiederholen die Argumente des Beweises in der Sprache der Koordinaten. Sei D ein Levi–Civita–Zusammenhang, und seien $\partial_1, \ldots, \partial_n$ die lokalen Basisfelder eines Koordinatensystems von M. Für $D_i := D_{\partial_i}$ besteht die lokale Basisdarstellung

$$D_i\partial_k = \Gamma^j_{ik}\partial_j$$

mit Koeffizientenfunktionen Γ^j_{ik} auf der Koordinatenumgebung.

Für Vektorfelder $X = \xi^i\partial_i,\ \ Y = \eta^k\partial_k$ ergibt sich die Darstellung

$$(1'\!-\!3')\quad D_XY = \xi^i\left(\partial_i\eta^j + \Gamma^j_{ik}\eta^k\right)\partial_j\,,$$

denn mit den Rechenregeln (1), (2), (3) folgt

$$
\begin{aligned}
D_XY &= D_{\xi^i\partial_i}Y = \xi^iD_iY = \xi^iD_i(\eta^k\partial_k)\\
&= \xi^i\left((D_i\eta^k)\partial_k + \eta^kD_i\partial_k\right) = \xi^i\left((\partial_i\eta^k)\partial_k + \eta^k\Gamma^j_{ik}\partial_j\right)\\
&= \xi^i\left(\partial_i\eta^j + \Gamma^j_{ik}\eta^k\right)\partial_j\,.
\end{aligned}
$$

Die Skalarproduktregel (4) liefert mit $\Gamma_{i\ell k} := g_{\ell j}\Gamma^j_{ik}$

(4′) $\partial_j g_{ik} = \Gamma_{jik} + \Gamma_{jki}$,

denn es gilt

$$\begin{aligned}\partial_j g_{ik} &= \partial_j\langle\partial_i,\partial_k\rangle = \langle D_j\partial_i,\partial_k\rangle + \langle\partial_i, D_j\partial_k\rangle \\ &= \left\langle\Gamma^\ell_{ji}\partial_\ell,\partial_k\right\rangle + \left\langle\partial_i,\Gamma^\ell_{jk}\partial_\ell\right\rangle \\ &= \Gamma^\ell_{ji}g_{\ell k} + \Gamma^\ell_{jk}g_{i\ell} = \Gamma_{jki} + \Gamma_{jik} = \Gamma_{jik} + \Gamma_{jki}\,.\end{aligned}$$

Die Bedingung (5) führt auf die Symmetriebedingungen

(5′) $\Gamma^j_{ik} = \Gamma^j_{ki}$ und $\Gamma_{i\ell k} = \Gamma_{k\ell i}$,

denn es gilt $[\partial_i,\partial_k] = 0$ nach der Folgerung in § 8 : 3.2 (a), also folgt aus (5)

$$0 = D_i\partial_k - D_k\partial_i - [\partial_i,\partial_k] = \Gamma^j_{ik}\partial_j - \Gamma^j_{ki}\partial_j = \left(\Gamma^j_{ik} - \Gamma^j_{ki}\right)\partial_j\,.$$

Aus (4′) und (5′) ergibt sich nun

$$\begin{aligned}-\partial_\ell g_{ik} + \partial_i g_{\ell k} + \partial_k g_{i\ell} &= -\Gamma_{\ell ik} - \Gamma_{\ell ki} + \Gamma_{i\ell k} + \Gamma_{ik\ell} + \Gamma_{ki\ell} + \Gamma_{k\ell i} \\ &= 2\Gamma_{i\ell k}\,, \qquad \text{also}\end{aligned}$$

(6′) $\Gamma^j_{ik} = g^{j\ell}\Gamma_{i\ell k} = \dfrac{1}{2}\,g^{j\ell}\left(-\partial_\ell g_{ik} + \partial_i g_{\ell k} + \partial_k g_{i\ell}\right)$,

was zusammen mit (1′–3′) die eindeutige Bestimmtheit des Levi–Civita–Zusammenhangs durch die Metrik bedeutet.

Zum Nachweis der Existenz des Levi–Civita–Zusammenhangs definieren wir für $X, Y \in \mathcal{V}M$ und jedes Koordinatensystem (U, x) von M

$$(D_X Y)_{(U,x)} \quad \text{durch} \quad (1'–3') \text{ und } (6')\,.$$

Hierdurch ist in eindeutiger Weise ein Vektorfeld auf M definiert, d.h. für überlappende Koordinatensysteme (U, x), (V, y) gilt $(D_X Y)_{(U,x)} = (D_X Y)_{(V,y)}$ auf $U \cap V$. Dies beruht auf dem folgenden Transformationsgesetz zwischen den Koeffizienten g_{ik}, Γ^j_{ik} bezüglich x und $\overline{g}_{ab}$, $\overline{\Gamma}^c_{ab}$ bezüglich y:

(∗) $\Gamma^j_{ik} = \left(\overline{\Gamma}^c_{ab}\,\dfrac{\partial y^a}{\partial x^i}\,\dfrac{\partial y^b}{\partial x^k} + \dfrac{\partial^2 y^c}{\partial x^i \partial x^k}\right)\dfrac{\partial x^j}{\partial y^c}$ auf $U \cap V$;

dieses beruht wiederum auf der Transformationsformel

(∗∗) $g_{ik} = \overline{g}_{ab}\,\dfrac{\partial y^a}{\partial x^i}\,\dfrac{\partial y^b}{\partial x^k}$ auf $U \cap V$,

vgl. § 8 : 4.4 (c). Die Verifikation dieser Formeln und der Nachweis der Rechenregeln (1)–(5) ist eine Fleißarbeit und sei den Lesern überlassen; für Details verweisen wir auf [56] VII.3.

Die Koeffizienten $\Gamma_{i\ell k}$ und Γ^j_{ik} der kovarianten Ableitung heißen **Christoffel–Symbole erster und zweiter Art**, vgl. § 7 : 4.1. Die heute verbreitete invariante Schreibweise der kovarianten Ableitung geht auf Koszul zurück (um 1950); durch sie wird der Kalkül der Differentialgeometrie übersichtlicher als durch Koordinatenrechnung.

3.2 Kovariante Ableitung von Tensoren

(a) Die für Funktionen und Vektorfelder definierte kovariante Ableitung D_X setzen wir auf Tensorfelder fort. Hierbei verfahren wir völlig analog zur Einführung der Lie–Ableitung in § 8 : 4.5*, wobei nur das Symbol L_V durch D_X zu ersetzen ist. Für 1–Formen $\omega \in \mathcal{V}^*M$ schreiben wir für den Moment $\omega \cdot Y$ statt $\omega(Y)$ und verlangen die Gültigkeit der Produktregel, symbolisch geschrieben als $D_X(\omega \cdot Y) = D_X\omega \cdot Y + \omega \cdot D_X Y$. Kehren wir zur üblichen Schreibweise zurück und beachten wir, dass definitionsgemäß $D_X f = Xf$ für $f \in \mathcal{F}M$ gilt, so führt dies auf die Definition von $D_X\omega \in \mathcal{V}^*M$ durch

(i) $$(D_X\omega)(Y) := X\,\omega(Y) - \omega(D_X Y) \quad \text{für } \omega \in \mathcal{V}^*M\,, \quad Y \in \mathcal{V}M\,.$$

Für Tensoren $A \in \mathcal{T}^r_s M$ liefert die Produktregel, zunächst formal angewandt auf

$$A \cdot \omega^1 \cdot \ldots \cdot \omega^r \cdot Y_1 \cdot \ldots \cdot Y_s \quad \text{statt} \quad A(\omega^1, \ldots, \omega^r, Y_1, \ldots, Y_s)\,,$$

nach Rückkehr zur üblichen Schreibweise

(ii) $$\begin{aligned}(D_X A)(\omega^1, \ldots, \omega^r, Y_1, \ldots, Y_s) \;:=\; & X(A(\omega^1, \ldots, \omega^r, Y_1, \ldots, Y_s)) \\ & - \sum_{i=1}^r A(\omega^1, \ldots, D_X\omega^i, \ldots, \omega^r, Y_1, \ldots, Y_s) \\ & - \sum_{k=1}^r A(\omega^1, \ldots, \omega^r, Y_1, \ldots, D_X Y_k, \ldots, Y_s)\end{aligned}$$

für $\omega^1, \ldots, \omega^r \in \mathcal{V}^*M$, $Y_1, \ldots, Y_s \in \mathcal{V}M$.

Satz. *Für* $X \in \mathcal{V}M$ *und* $A \in \mathcal{T}^r_s M$ *gilt* $D_X A \in \mathcal{T}^r_s M$.
Ferner gelten folgende Rechenregeln:

(α) $X \mapsto D_X A$ *ist* $\mathcal{F}M$*–linear,*

(β) $A \mapsto D_X A$ *ist linear,*

(γ) $D_X(fA) = (D_X f)A + f D_X A$ *(Produktregel).*

ÜA Verifizieren Sie die Aussage $D_X A \in \mathcal{T}^r_s M$ und die Rechengregeln exemplarisch für zwei Tensortypen, z.B. für 1–Formen $\omega \in \mathcal{T}^0_1 M$ und $(1,2)$–Tensoren.

(b) Das **kovariante Differential** eines Tensors $A \in \mathcal{T}_s^r M$ ist der Tensor $DA \in \mathcal{T}_{s+1}^r M$ mit

$$(DA)(\omega^1, \ldots, \omega^r, Y_1, \ldots, Y_s, X) := (D_X A)(\omega^1, \ldots, \omega^r, Y_1, \ldots, Y_s)$$

für $\omega^1, \ldots, \omega^r \in \mathcal{V}^* M,\ Y_1, \ldots, Y_s, X \in \mathcal{V}M$.

Für ein Vektorfeld Y, aufgefasst als $(1,0)$–Tensorfeld $\omega \mapsto \omega(Y)$, ergibt sich demnach $DY(\omega, X) = \omega(D_X Y)$.

(c) **Koordinatendarstellung der kovarianten Ableitung**. Es sei (U, x) ein Koordinatensystem von M mit den Basisfeldern $\partial_1, \ldots, \partial_n \in \mathcal{V}M$ und $dx^1, \ldots, dx^n \in \mathcal{V}^* M$.

Ist A ein (r, s)–Tensor und X ein Vektorfeld mit der Basisdarstellung $X = \xi^h \partial_h$, so gilt wegen der $\mathcal{F}M$–Linearität der kovarianten Ableitung im ersten Argument

$$D_X A = D_{\xi^h \partial_h} A = \xi^h D_{\partial_h} A = \xi^h D_h A,$$

wobei wir D_h für D_{∂_h} schreiben. Es reicht also, die Koordinatendarstellung von $D_h A$ zu bestimmen. Hat A die Koeffizienten

$$a^{i_1 \ldots i_r}_{j_1 \ldots j_s} = A(dx^{i_1}, \ldots, dx^{i_r}, \partial_{j_1}, \ldots, \partial_{j_s}),$$

so bezeichnen wir die Koeffizienten von $D_h A$ mit

$$\nabla_h a^{i_1 \ldots i_r}_{j_1 \ldots j_s} = (D_h A)(dx^{i_1}, \ldots, dx^{i_r}, \partial_{j_1}, \ldots, \partial_{j_s}).$$

Andere gebräuchliche Schreibweisen hierfür sind $a^{i_1 \ldots i_r}_{j_1 \ldots j_s \| h}$ und $a^{i_1 \ldots i_r}_{j_1 \ldots j_s ; h}$.

Wir erläutern die Berechnung dieser Ableitungen an einigen wichtigen Spezialfällen und kommen dann nochmals auf die Bezeichnungsweise zurück. Ausgangspunkt sind die Relationen

$$\text{(iii)} \quad \begin{aligned} \Gamma^j_{ik} &= \tfrac{1}{2} g^{j\ell} \left(-\partial_\ell g_{ik} + \partial_i g_{\ell k} + \partial_k g_{i\ell}\right), \\ D_k \partial_j &= \Gamma^i_{kj} \partial_i \quad \text{und} \quad D_k dx^i = -\Gamma^i_{kj} dx^j . \end{aligned}$$

Die ersten beiden gelten nach 3.1 (c). Die dritte ergibt sich unter Beachtung von $dx^i(\partial_j) = \delta^i_j$ aus der Definition (i):

$$\begin{aligned} (D_k dx^i)(\partial_j) &\overset{(i)}{=} \partial_k(dx^i(\partial_j)) - dx^i(D_k \partial_j) = \partial_k \delta^i_j - dx^i(\Gamma^\ell_{kj} \partial_\ell) \\ &= -\Gamma^\ell_{kj} dx^i(\partial_\ell) = -\Gamma^\ell_{kj} \delta^i_\ell = -\Gamma^i_{kj} . \end{aligned}$$

Beispiele.

(1) Für Funktionen $f \in \mathcal{F}M = \mathcal{T}_0^0 M$ gilt

$$\nabla_h f = \partial_h f .$$

(2) Für Vektorfelder $Y \in \mathcal{V}M = \mathcal{T}_0^1 M$ mit Koeffizienten η^i gilt nach 3.1 (c)

$$\nabla_h \eta^i \;=\; \partial_h \eta^i \;+\; \Gamma^i_{hj}\, \eta^j \,.$$

(3) Für 1–Formen $\omega \in \mathcal{V}^* M = \mathcal{T}_1^0 M$ mit den Koeffizienten a_j ergibt sich

$$\nabla_h a_j \;=\; \partial_h a_j - \Gamma^i_{hj} a_i \,,$$

denn nach den Rechenregeln (β), (γ) gilt

$$\begin{aligned} D_h \omega \;&=\; D_h (a_j\, dx^j) \;=\; D_h a_j\, dx^j \;+\; a_j D_h\, dx^j \\ &=\; \partial_h a_j\, dx^j \;-\; a_j \Gamma^j_{hi}\, dx^i \;=\; \big(\partial_h a_j - a_i \Gamma^i_{hj}\big)\, dx^j \,. \end{aligned}$$

(4) Für eine 2–Form $A \in \mathcal{T}_2^0$ mit den Koeffizienten a_{ik} gilt

$$\nabla_h a_{ik} \;=\; \partial_h a_{ik} - \Gamma^j_{hi}\, a_{jk} - \Gamma^j_{hk}\, a_{ij} \,.$$

Denn mit $a_{ik} = A(\partial_i, \partial_k)$ ergibt sich nach (ii) und (iii)

$$\begin{aligned} \nabla_h a_{ik} \;&=\; (D_h A)(\partial_i, \partial_k) \;=\; \partial_h (A(\partial_i, \partial_k)) - A(D_h \partial_i, \partial_k) - A(\partial_i, D_h \partial_k) \\ &=\; \partial_h a_{ik} - A(\Gamma^j_{hi} \partial_j, \partial_k) - A(\partial_i, \Gamma^j_{hk} \partial_j) \\ &=\; \partial_h a_{ik} - \Gamma^j_{hi} A(\partial_j, \partial_k) - \Gamma^j_{hk} A(\partial_i, \partial_j) \\ &=\; \partial_h a_{ik} - \Gamma^j_{hi} a_{jk} - \Gamma^j_{hk} a_{ij} \,. \end{aligned}$$

(5) Für einen $(1,1)$–Tensor A mit den Koeffizienten a^i_j gilt

$$\nabla_h a^i_j \;=\; \partial_h a^i_j + \Gamma^i_{hk} a^k_j - \Gamma^k_{hj} a^i_k \,.$$

Denn mit $a^i_j = A(dx^i, \partial_j)$ ergibt sich nach (ii) und (iii)

$$\begin{aligned} \nabla_h a^i_j \;&=\; (D_h A)(dx^i, \partial_j) \\ &=\; \partial_h (A(dx^i, \partial_j)) - A(D_h\, dx^i, \partial_j) - A(dx^i, D_h \partial_j) \\ &=\; \partial_h a^i_j - A(-\Gamma^i_{hk}\, dx^k, \partial_j) - A(dx^i, \Gamma^k_{hj} \partial_k) \\ &=\; \partial_h a^i_j + \Gamma^i_{hk}\, A(dx^k, \partial_j) - \Gamma^k_{hj}\, A(dx^i, \partial_k) \\ &=\; \partial_h a^i_j + \Gamma^i_{hk}\, a^k_j - \Gamma^k_{hj}\, a^i_k \,. \end{aligned}$$

(6) Für einen $(2,0)$–Tensor A mit Koeffizienten a^{ik} gilt

$$\nabla_h a^{ik} = \partial_h a^{ik} + \Gamma^i_{hj} a^{jk} + \Gamma^k_{hj} a^{ij} \,.$$

Denn mit $a^{ik} = A(dx^i, dx^k)$ ergibt sich nach (ii) und (iii)

$$\begin{aligned}\nabla_h a^{ik} &= (D_h A)(dx^i, dx^k) \\ &= \partial_h(A(dx^i, dx^k)) - A(D_h dx^i, dx^k) - A(dx^i, D_h dx^k) \\ &= \partial_h a^{ik} - A(-\Gamma^i_{hj} dx^j, dx^k) - A(dx^i, -\Gamma^k_{hj} dx^j) \\ &= \partial_h a^{ik} + \Gamma^i_{hj} A(dx^j, dx^k) + \Gamma^k_{hj} A(dx^i, dx^j) \\ &= \partial_h a^{ik} + \Gamma^i_{hj} a^{jk} + \Gamma^k_{hj} a^{ij}\end{aligned}$$

(7) Für einen $(1,3)$–Tensor A mit Koeffizienten $a^i_{jk\ell}$ ergibt sich ÜA

$$\nabla_h a^i_{jk\ell} = \partial_h a^i_{jk\ell} + \Gamma^i_{hm} a^m_{jk\ell} - \Gamma^m_{hj} a^i_{mk\ell} - \Gamma^m_{hk} a^i_{jm\ell} - \Gamma^m_{h\ell} a^i_{jkm}\,.$$

(d) Die Bezeichnung $\nabla_h a^{i_1 \dots i_r}_{j_1 \dots j_s}$ ist mit Bedacht in einer ambivalenten Bedeutung gewählt. Wie die Beispiele (2)–(7) zeigen, hängt dieser Ausdruck von allen Koeffizienten $a^{\dots}_{\dots}$ des Tensors A ab, ∇_h ist also im Unterschied zur partiellen Ableitung ∂_h kein auf den Koeffizienten $a^{i_1 \dots i_r}_{j_1 \dots j_s}$ wirkender Operator. Trotzdem kann die suggestive Symbolik ∇_h als Operator für den Koordinatenkalkül der kovarianten Ableitung genützt werden, weil für ∇_h stets die Produktregel gültig ist. Beispielsweise gilt für die Koeffizienten a^{ik}, $b_{k\ell}$ von Tensoren $A \in \mathcal{T}^2_0 M$, $B \in \mathcal{T}^0_2 M$ die Produktregel

$$(*) \qquad \nabla_h(a^{ik} b_{k\ell}) = \nabla_h a^{ik} b_{k\ell} + a^{ik} \nabla_h b_{k\ell}\,.$$

(∇_h soll stets nur auf den nächstfolgenden Term wirken.)

Denn für die linke Seite ergibt sich aus (5) nach Umindizierung

$$\nabla_h(a^{ik} b_{k\ell}) = \partial_h(a^{ik} b_{k\ell}) + \Gamma^i_{hj} a^{jk} b_{k\ell} - \Gamma^j_{h\ell} a^{ik} b_{kj}\,,$$

und für die rechte Seite gilt nach (6) und (4)

$$\begin{aligned}\nabla_h a^{ik} b_{k\ell} + a^{ik} \nabla_h b_{k\ell} &= \left(\partial_h a^{ik} + \Gamma^i_{hj} a^{jk} + \Gamma^k_{hj} a^{ij}\right) b_{k\ell} \\ &\quad + a^{ik} \left(\partial_h b_{k\ell} - \Gamma^j_{hk} b_{j\ell} - \Gamma^j_{h\ell} b_{kj}\right)\,.\end{aligned}$$

Da sich im letzten Ausdruck der dritte und fünfte Term wegheben, folgt die Übereinstimmung beider Seiten.

In diesem Koordinatenkalkül ist es bequem, den Ausdruck

$$\nabla^i := g^{ik} \nabla_k$$

im gleichen symbolischen Sinn wie ∇_k als Ableitungsoperator zu verwenden.

Hiermit schreibt sich z.B. der in 2.3 (b) eingeführte Gradient als

$$\nabla f \;=\; g^{ik}\,\partial_i f\,\partial_k \;=\; \nabla^k f\,\partial_k\,,$$

und mit dem nachfolgenden Lemma sowie der Produktregel $(*)$ folgt

$$\nabla^i\nabla_i \;=\; g^{ik}\nabla_k\nabla_i \;=\; \nabla_k(g^{ik}\nabla_i) \;=\; \nabla_k\nabla^k\,.$$

(e) **Ricci–Lemma**. *Mit den Bezeichnungen* (c) *gilt*

$$\nabla_h g_{ik} \;=\; 0\,,\quad \nabla_h g^{ik} \;=\; 0 \quad \textit{und} \quad \nabla^h g_{ik} \;=\; 0\,,\quad \nabla^h g^{ik} \;=\; 0\,.$$

BEWEIS.
Mit der Formel (4) in (c) und der Produktregel (4′) in 3.1 ergibt sich

$$\begin{aligned}
\nabla_h g_{ik} &= \partial_h g_{ik} - \Gamma^j_{hi} g_{jk} - \Gamma^j_{hk} g_{ij}\\
&= \Gamma_{hik} + \Gamma_{hki} - \Gamma^j_{hi} g_{jk} - \Gamma^j_{hk} g_{ij}\\
&= g_{ij}\Gamma^j_{hk} + g_{kj}\Gamma^j_{hi} - \Gamma^j_{hi} g_{jk} - \Gamma^j_{hk} g_{ij} \;=\; 0\,.
\end{aligned}$$

Weiter gilt nach der Formel (5) in (c)

$$\nabla_h \delta^i_j \;=\; \partial_h \delta^i_j + \Gamma^i_{hk}\delta^k_j - \Gamma^k_{hj}\delta^i_k \;=\; \Gamma^i_{hj} - \Gamma^i_{hj} \;=\; 0\,.$$

Mit der Produktregel $(*)$ in (d) folgt aus $\delta^i_j = g^{ik} g_{kj}$

$$0 \;=\; \nabla_h \delta^i_j \;=\; \nabla_h g^{ik} g_{kj} + g^{ik}\nabla_h g_{kj} \;=\; g_{kj}\nabla_h g^{ik} + g^{ik}\nabla_h g_{kj}$$

für alle i, j, k. Da die Matrix (g_{ik}) invertierbar ist (vgl. 2.1), folgt die Behauptung. □

3.3 Divergenz, d'Alembert–Operator und Laplace–Operator

(a) Die **Divergenz** eines Vektorfelds $Y \in \mathcal{V}M = \mathcal{T}^1_0 M$ ist definiert als die Spur des kovarianten Differentials $DY \in \mathcal{T}^1_1 M$ (vgl. 3.2 (b)), also

$$\operatorname{div} Y \;:=\; C^1_1(DY)$$

mit den Bezeichnungen von § 8 : 4.3.

In Koordinaten ergibt sich mit 3.2 (b) und der Formel (2) in 3.2 (c) [ÜA]

$$\operatorname{div} Y \;=\; \nabla_i \eta^i \;=\; \partial_i \eta^i + \Gamma^k_{ik}\eta^i \quad \text{für } Y = \eta^i\partial_i\,.$$

Als weitere Darstellung der Divergenz ergibt sich

$$\operatorname{div} Y \;=\; \frac{1}{\sqrt{|g|}}\,\partial_i\left(\sqrt{|g|}\,\eta^i\right) \quad \text{mit } g = \det(g_{ik})\,.$$

Denn aus dem Laplaceschen Entwicklungssatz folgt mit Hilfe der Matrix der Adjunkten die Gleichung $\partial g/\partial g_{jk} = g \cdot g^{jk}$ (ÜA, vgl. Bd. 1, § 17 : 2.5, 3.4). Daher liefern die Kettenregel und die Skalarproduktregel 3.1 (4′) ÜA

$$\frac{\partial g}{\partial x_i} = \frac{\partial g}{\partial g_{jk}} \frac{\partial g_{jk}}{\partial x^i} = g\, g^{jk} \cdot (\Gamma_{ijk} + \Gamma_{ikj}) = g\Gamma^k_{ik} + g\Gamma^j_{ij} = 2g\,\Gamma^k_{ik}\,.$$

Hieraus folgt für Lorentz–Mannigfaltigkeiten ($g < 0$) und Riemann–Mannigfaltigkeiten ($g > 0$)

$$\partial_i \left(\sqrt{|g|}\,\eta^i\right) = \sqrt{|g|}\,\left(\Gamma^k_{ik}\eta^i + \partial_i\eta^i\right) = \sqrt{|g|}\,\operatorname{div} Y\,.$$

(b) Unter der **Divergenz eines (1,1)–Tensors** $A \in \mathcal{T}^1_1 M$ verstehen wir in Verallgemeinerung von (a) die Spur des kovarianten Differentials $DA \in \mathcal{T}^1_2 M$,

$$\operatorname{div} A := C^1_2(DA) \in \mathcal{T}^0_1 M = \mathcal{V}^* M\,,$$

vgl. 3.2 (b), § 8 : 4.3. Die Divergenz einer symmetrischen 2–Form $B \in \mathcal{T}^1_2 M$, ist definiert als die Divergenz des metrisch äquivalenten $(1,1)$–Tensors $B^\sharp$ (vgl. 2.3 (c)), also durch

$$\operatorname{div} B := C^1_2(DB^\sharp)\,.$$

In Koordinaten ergibt sich für $A = a^j_i\, \partial_j \otimes dx^i$ bzw. $B = b_{ik}\, dx^i \otimes dx^k$ nach 3.2 (c), (d) und dem Ricci–Lemma ÜA

$$\operatorname{div} A = \nabla_j a^j_i\, dx^i\,,$$

$$\operatorname{div} B = \nabla_j b^j_i\, dx^i = \nabla_j (g^{jk} b_{ik}) dx^i = g^{jk}\, \nabla_j b_{ik}\, dx^i = \nabla^k b_{ik}\, dx^i\,.$$

(c) Wir definieren den **d'Alembert–Operator** $\Box$ auf einer Lorentz–Mannigfaltigkeit M mit Hilfe des in 2.3 (b) erklärten Gradienten durch

$$\Box f = \Box_{\mathbf{g}} f := \operatorname{div} \nabla f \quad \text{für } f \in \mathcal{F}M$$

und den **Laplace–Beltrami–Operator** Δ auf einer Riemann–Mannigfaltigkeit M durch

$$\Delta f = \Delta_{\mathbf{g}} f := \operatorname{div} \nabla f \quad \text{für } f \in \mathcal{F}M\,.$$

Beide Operatoren besitzen nach (a), 2.3 (b) und 3.2 (d) die Koordinatendarstellungen ÜA

$$\nabla_k \nabla^k f = \nabla^i \nabla_i f = g^{ik}(\partial_i \partial_k f - \Gamma^j_{ik} \partial_j f) = \frac{1}{\sqrt{|g|}}\, \partial_i \left(\sqrt{|g|}\, g^{ik}\, \partial_k f\right).$$

Eine Funktion $f \in \mathcal{F}M$ mit $\Delta_{\mathbf{g}} f = 0$ wird **harmonisch** genannt.

3.4 Der Krümmungstensor

(a) RIEMANN untersuchte die Frage, unter welchen Bedingungen es um jeden Punkt p einer Riemannschen Mannigfaltigkeit M ein Koordinatensystem (V, y) gibt mit

$$g_{ik} = \delta_{ik} \quad \text{auf } V .$$

(Ein solches Koordinatensystem nennen wir **euklidisch**.) Er stellte Integrabilitätsbedingungen auf, die für die Existenz euklidischer Koordinatensysteme notwendig und hinreichend sind (*Preisschrift für die Berliner Akademie 1861*). Diese haben in jedem Koordinatensystem (U, x) von M die Form

$$\text{(I)} \qquad R^{\ell}_{kij} := \partial_i \Gamma^{\ell}_{jk} - \partial_j \Gamma^{\ell}_{ik} + \Gamma^{h}_{jk}\Gamma^{\ell}_{ih} - \Gamma^{h}_{ik}\Gamma^{\ell}_{jh} = 0 .$$

Wir zeigen in (b), dass die R^{ℓ}_{kij} die Koeffizienten eines $(1,3)$–Tensors sind, welcher der **Riemannsche Krümmungstensor** genannt wird. Verschwindet dieser an einer Stelle $p \in M$ nicht, so liegen also nahe p keine euklidischen Maßverhältnisse auf der Riemannschen Mannigfaltigkeit M vor; wir nennen dann M an der Stelle p **gekrümmt**.

Bei Flächen im $\mathbb{R}^3$ geht nach dem Theorema egregium § 7 : 4.2 (b) der Krümmungstensor in die Gaußsche Krümmung ein; letztere bestimmt in anschaulicher Weise die lokale Gestalt von Flächen, vgl. § 7 : 3.2 (b).

Wir empfehlen den Lesern, die nachfolgende Beweisskizze bei der ersten Lektüre zu übergehen.

Zum Nachweis, dass (I) notwendig für die Existenz eines euklidischen Koordinatensystems ist, fixieren wir einen Punkt $p \in M$ und betrachten zwei Koordinatensysteme um p,

$$(U, x) \quad \text{mit Koeffizienten } g_{ik},\ \Gamma^{j}_{ik} = \frac{1}{2} g^{j\ell} \left(-\partial_\ell g_{ik} + \partial_i g_{\ell k} + \partial_k g_{i\ell}\right) ,$$

$$(V, y) \quad \text{mit Koeffizienten } \overline{g}_{ab},\ \overline{\Gamma}^{c}_{ab} = \frac{1}{2} \overline{g}^{cd} \left(-\partial_d \overline{g}_{ab} + \partial_a \overline{g}_{db} + \partial_b \overline{g}_{ad}\right) .$$

Aus den Transformationsregeln $(*)$ und $(**)$ in 3.1 (c) folgt

$$\Gamma^{\ell}_{ik} \frac{\partial y^c}{\partial x^\ell} = \overline{\Gamma}^{c}_{ab} \frac{\partial y^a}{\partial x^i} \frac{\partial y^b}{\partial x^k} + \frac{\partial^2 y^c}{\partial x^i \, \partial x^k} .$$

Ist (V, y) euklidisch, also $\overline{g}_{ab} = \delta_{ab} = \text{const.}$ auf V und damit $\overline{\Gamma}^{c}_{ab} = 0$, so folgt

$$\frac{\partial^2 y^c}{\partial x^i \, \partial x^k} = \Gamma^{\ell}_{ik} \frac{\partial y^c}{\partial x^\ell} \quad \text{auf } U .$$

Für die Koeffizienten $\phi_j^c := \partial y^c/\partial x^j$ der Jacobi–Matrix der Koordinatentransformation $\phi = y \circ x^{-1}$ gilt also

$$\partial_i \phi_k^c \;=\; \Gamma_{ik}^{\ell} \phi_\ell^c .$$

Dies dürfen wir als Gleichungen auf $x(U) \subset \mathbb{R}^n$ auffassen, vgl. § 8 : 1.5. Durch Ableiten nach x^j folgt unter nochmaliger Verwendung dieser Gleichungen und nach Vertauschung von ℓ mit h

$$\begin{aligned} \partial_j \partial_i \phi_k^c \;&=\; \partial_j \left(\Gamma_{ik}^{\ell} \phi_\ell^c\right) \;=\; \partial_j \Gamma_{ik}^{\ell}\, \phi_\ell^c + \Gamma_{ik}^{\ell}\, \partial_j \phi_\ell^c \\ &=\; \partial_j \Gamma_{ik}^{\ell} \phi_\ell^c + \Gamma_{ik}^{\ell} \Gamma_{j\ell}^{h} \phi_h^c \;=\; \left(\partial_j \Gamma_{ik}^{\ell} + \Gamma_{ik}^{h} \Gamma_{jh}^{\ell}\right) \phi_\ell^c \end{aligned}$$

und wegen der Vertauschbarkeit der zweiten Ableitungen

$$0 \;=\; \partial_i \partial_j \phi_k^c - \partial_j \partial_i \phi_k^c \;=\; \left(\partial_i \Gamma_{jk}^{\ell} - \partial_j \Gamma_{ik}^{\ell} + \Gamma_{jk}^{h} \Gamma_{ih}^{\ell} - \Gamma_{ik}^{h} \Gamma_{jh}^{\ell}\right) \phi_\ell^c .$$

Da die Jacobi–Matrix (ϕ_ℓ^c) invertierbar ist, folgt als notwendige Bedingung für die Existenz von euklidischen Koordinatensystemen um jeden Punkt $p \in M$ das Verschwinden der Ausdrücke R_{kij}^{ℓ} für jedes Koordinatensystem (U, x) von M, d.h. die Integrabilitätsbedingung (I).

Der Beweis der Umkehrung erfolgt im Wesentlichen in umgekehrter Reihenfolge. Wir skizzieren hier nur die einzelnen Schritte.

– Wahl eines Koordinatensystems (U, x) um $p \in M$ mit $g_{ik}(p) = \delta_{ik}$.

– Lösung der Anfangswertprobleme für Funktionen ϕ_j^c auf $x(U) \subset \mathbb{R}^n$

$$\partial_i \phi_k^c \;=\; \Gamma_{ik}^{\ell} \phi_\ell^c , \qquad \phi_i^c(p) \;=\; \delta_i^c .$$

Die Existenz einer eindeutig bestimmten Lösung $(\phi_1^c, \ldots, \phi_n^c)$ in einer Umgebung $\mathcal{U} \subset \mathbb{R}^n$ von $x(p)$ ergibt sich nach Bd. 2, § 7 : 4.

– Bestimmung von Stammfunktionen φ^c für das Feld $(\phi_1^c, \ldots, \phi_n^c)$ auf der entsprechend verkleinerten Umgebung U; die Bedingung $\partial_k \phi_i^c = \partial_i \phi_k^c$ folgt aus $\Gamma_{ki}^{\ell} = \Gamma_{ik}^{\ell}$ und der eindeutigen Lösbarkeit der Anfangswertprobleme.

– Einführung eines Koordinatensystems (V, y) durch $V = \varphi(\mathcal{U})$, $y := \varphi \circ x$ mit Hilfe von $\varphi = (\varphi^1, \ldots, \varphi^n)$.

– Nachweis der Gleichungen $\overline{\Gamma}_{ab}^{c} = 0$, $\partial_c \overline{g}_{ab} = 0$ für die zu (V, y) gehörigen Koeffizienten, woraus wegen $\overline{g}_{ab}(p) = \delta_{ab}$ dann $\overline{g}_{ab} = \delta_{ab}$ in V folgt.

(b) Für eine Lorentz– oder Riemann–Mannigfaltigkeit M definieren wir die Abbildung

$$Rm : \mathcal{V}M \times \mathcal{V}M \times \mathcal{V}M \;\to\; \mathcal{V}M$$

mit Hilfe der kovarianten Ableitung 3.1 und der Lie–Klammer § 8 : 3.2 durch

$$Rm(X, Y)Z \;:=\; D_X D_Y Z - D_Y D_X Z - D_{[X,Y]} Z \quad \text{für } X, Y, Z \in \mathcal{V}M .$$

SATZ. *Die Abbildung* Rm *ist* $\mathcal{F}M$*–linear in jedem der drei Argumente, und durch*

$$\widetilde{Rm}(\omega, Z, X, Y) := \omega(Rm(X,Y)Z) \quad \text{für} \quad \omega \in \mathcal{V}^*M\,,\ X, Y, Z \in \mathcal{V}M$$

ist ein $(1,3)$*–Tensor gegeben.*

Mit Bezug auf die Isomorphie $L(V^3, V) \cong L(V^* \times V^3, \mathbb{R}) = \bigotimes_3^1 V$ und die Erörterungen in § 8 : 4.4 (b) fassen wir Rm und $\widetilde{Rm}$ als verschiedene Ausprägungen eines Tensors auf, bezeichnet als **Riemannscher Krümmungstensor**.

Die Schreibweise $Rm(X,Y)Z$ an Stelle von $Rm(X,Y,Z)$ soll die schiefsymmetrische Abhängigkeit von den Argumenten X und Y betonen.

Vor dem Beweis des Satzes zeigen wir, dass Rm und $\widetilde{Rm}$ dieselben Koeffizienten besitzen und geben diese an. Die Koeffizienten R^ℓ_{kij} von Rm und $\widetilde{R}^\ell_{kij}$ von $\widetilde{Rm}$ bezüglich eines Koordinatensystems (U, x) sind definiert durch

$$Rm(\partial_i, \partial_j)\partial_k = R^\ell_{kij}\partial_\ell\,, \qquad \widetilde{Rm} = \widetilde{R}^\ell_{kij}\partial_\ell \otimes dx^k \otimes dx^i \otimes dx^j\,,$$

vgl. § 8 : 4.1 (b) und 4.4 (c). Wir zeigen, dass

$$R^\ell_{kij} = \widetilde{R}^\ell_{kij} = \partial_i\Gamma^\ell_{jk} - \partial_j\Gamma^\ell_{ik} + \Gamma^h_{jk}\Gamma^\ell_{ih} - \Gamma^h_{ik}\Gamma^\ell_{jh}\,,$$

wobei nach 3.1 (c) (6′)

$$\Gamma^j_{ik} = \frac{1}{2}\, g^{j\ell}\left(-\partial_\ell g_{ik} + \partial_i g_{\ell k} + \partial_k g_{i\ell}\right).$$

Die Gleichheit der Koeffizienten von $\widetilde{Rm}$ und Rm folgt aus

$$\begin{aligned}\widetilde{R}^\ell_{kij} &= \widetilde{Rm}(dx^\ell, \partial_k, \partial_i, \partial_j) = dx^\ell(Rm(\partial_i, \partial_j)\partial_k) = dx^\ell(R^h_{kij}\partial_h)\\ &= R^h_{kij}dx^\ell(\partial_h) = R^h_{kij}\delta^\ell_h = R^\ell_{kij}\,.\end{aligned}$$

Wir schreiben im Folgenden wie in 3.1 D_i abkürzend für D_{∂_i} (Wirkung immer nur auf den nächstfolgenden Term) und erinnern an $D_i f = \partial_i f$ für $f \in \mathcal{F}M$, sowie $D_i\partial_k = \Gamma^j_{ik}\partial_j$. Damit ergibt sich

$$\begin{aligned}D_iD_j\partial_k &= D_i(D_j\partial_k) = D_i(\Gamma^\ell_{jk}\partial_\ell) = D_i\Gamma^\ell_{jk}\partial_\ell + \Gamma^\ell_{jk}D_i\partial_\ell\\ &= \partial_i\Gamma^\ell_{jk}\partial_\ell + \Gamma^\ell_{jk}\Gamma^h_{i\ell}\partial_h = \left(\partial_i\Gamma^\ell_{jk} + \Gamma^h_{jk}\Gamma^\ell_{ih}\right)\partial_\ell\end{aligned}$$

und unter Beachtung von $[\partial_i, \partial_k] = 0$ (vgl. § 8 : 3.2 (a))

$$\begin{aligned}R^\ell_{kij}\partial_\ell &= Rm(\partial_i, \partial_j)\partial_k = D_iD_j\partial_k - D_jD_i\partial_k\\ &= \left(\partial_i\Gamma^\ell_{jk} - \partial_j\Gamma^\ell_{ik} + \Gamma^h_{jk}\Gamma^\ell_{ih} - \Gamma^h_{ik}\Gamma^\ell_{jh}\right)\partial_\ell\,.\end{aligned}$$

Bemerkung. In der Literatur wird weder das Vorzeichen des Krümmungstensors noch die Bezeichnung der Koeffizienten einheitlich gehandhabt.

Beweis des Satzes.

Die Multilinearität von Rm ist klar. Zum Nachweis der Beziehung

$$Rm(fX,Y)Z = f\,Rm(X,Y)Z \quad \text{für } X,Y,Z \in \mathcal{V}M,\ f \in \mathcal{F}M$$

beachten wir, dass nach der Produktregel für Vektorfelder § 8 : 3.1

$$\begin{aligned}[fX,Y] &= (fX)Y - Y(fX) = fXY - (Yf)X - fYX \\ &= f[X,Y] - (Yf)X\end{aligned}$$

gilt und nach den Rechenregeln für die kovariante Ableitung in 3.1 (b)

$$D_Y D_{fX} Z = D_Y(fD_X Z) = (D_Y f)D_X Z + fD_Y D_X Z\,.$$

Hiermit folgt

$$\begin{aligned}Rm(fX,Y)Z &= D_{fX}D_Y Z - D_Y D_{fX} Z - D_{[fX,Y]}Z \\ &= f\,D_X D_Y Z - (D_Y f)D_X Z - f\,D_Y D_X Z \\ &\quad -f\,D_{[X,Y]}Z + (Yf)D_X Z = f\,Rm(X,Y)Z\,.\end{aligned}$$

Mit der Schiefsymmetrie von Rm in den ersten beiden Argumenten folgt hieraus

$$Rm(X,fY)Z = f\,Rm(X,Y)Z \quad \text{für } X,Y,Z \in \mathcal{V}M,\ f \in \mathcal{F}M\,.$$

Der Nachweis von $Rm(X,Y)(fZ) = f\,Rm(X,Y)Z$ verläuft ähnlich ÜA.

Hiernach ist $\widetilde{Rm}$ $\mathcal{F}M$–multilinear und liefert deshalb nach § 8 : 4.4 (b) einen (1, 3)–Tensor. □

(c) Eine Lorentz– oder Riemann–Mannigfaltigkeit mit einem verschwindenden Krümmungstensor wird **flach** genannt.

Nach (a) besitzt eine Riemann–Mannigfaltigkeit M genau dann um jeden Punkt $p \in M$ ein euklidisches Koordinatensystem (V, y),

$$g_{ik} = \delta_{ik} \quad \text{in } V\,,$$

wenn sie flach ist.

Ein **Minkowski–Koordinatensystem** (V, y) für eine Lorentz–Mannigfaltigkeit M ist gekennzeichnet durch $g_{ik} = \eta_{ik}$ mit $\eta_{nn} = -1$, $\eta_{ik} = \delta_{ik}$ für $i + k < 2n$.

Satz. *Eine Lorentz–Mannigfaltigkeit M besitzt genau dann um jeden Punkt $p \in M$ ein Minkowski–Koordinatensystem (V, y), wenn sie flach ist.*
Dies ergibt sich in völliger Analogie zur Argumentation in (a).

BEMERKUNG. Jeder Minkowski–Raum, gemäß 2.3 (a) als Lorentz–Mannigfaltigkeit aufgefasst, ist flach, ebenso jede Teilmannigfaltigkeit. Eine flache Lorentz–Mannigfaltigkeit muss aber nicht Teilmenge eines Minkowski–Raums sein.

(d) **Identitäten des Krümmungstensors**

(1) $Rm(Y,X)Z \;=\; -Rm(X,Y)Z$
(*Schiefsymmetrie in den ersten beiden Argumenten*),

(2) $Rm(X,Y)Z + Rm(Y,Z)X + Rm(Z,X)Y \;=\; 0$
(*erste Bianchi–Identität*),

(3) $\langle Rm(X,Y)Z, W\rangle \;=\; -\langle Rm(X,Y)W, Z\rangle$
(*Schiefsymmetrie in den letzten beiden Argumenten*),

(4) $\langle Rm(X,Y)Z, W\rangle \;=\; \langle Rm(Z,W)X, Y\rangle$
(*blockweise Symmetrie*),

(5) $(D_X\widetilde{Rm})(\omega,W,Y,Z) + (D_Y\widetilde{Rm})(\omega,W,Z,X) + (D_Z\widetilde{Rm})(\omega,W,X,Y) = 0$
(*zweite Bianchi–Identität*).

In der Koordinatendarstellung schreiben sich diese Identitäten mit der Abkürzung $R_{hkij} := g_{h\ell}R^{\ell}_{kij}$ [ÜA]:

(1′) $R^{\ell}_{kij} \;=\; -R^{\ell}_{kji}\,,$

(2′) $R^{\ell}_{kij} + R^{\ell}_{ijk} + R^{\ell}_{jki} \;=\; 0\,,$

(3′) $R_{hkij} \;=\; -R_{khij}\,,$

(4′) $R_{hkij} \;=\; R_{ijhk}\,,$

(5′) $\nabla_i R^{\ell}_{hjk} + \nabla_j R^{\ell}_{hki} + \nabla_k R^{\ell}_{hij} \;=\; 0\,.$

BEWEIS.

(1) folgt aus der Definition und der Schiefsymmetrie der Lie–Klammer.

(2) Aus der Symmetrie der kovarianten Ableitung 3.1 (b) (5) und der Jacobi–Identität für die Lie–Klammer § 8 : 3.2 (a) ergibt sich

$$\begin{aligned}
&Rm(X,Y)Z + Rm(Y,Z)X + Rm(Z,X)Y \\
&= D_X(D_YZ - D_ZY) + D_Y(D_ZX - D_XZ) + D_Z(D_XY - D_YX) \\
&\quad -D_{[X,Y]}Z - D_{[Y,Z]}X - D_{[Z,X]}Y \\
&= D_X[Y,Z] + D_Y[X,Z] + D_Z[X,Y] - D_{[X,Y]}Z - D_{[Y,Z]}X - D_{[Z,X]}Y \\
&= [X,[Y,Z]] + [Y,[X,Z]] + [Z,[X,Y]] \;=\; 0\,.
\end{aligned}$$

(3) Wir zeigen $\langle Rm(X,Y)Z,Z\rangle = 0$; die Behauptung folgt dann durch Ersetzen von Z durch $Z+W$. Aus der Skalarproduktregel 3.1 (b) (4) ergibt sich

$$D_X\langle D_Y Z, Z\rangle \;=\; \langle D_X D_Y Z, Z\rangle + \langle D_Y Z, D_X Z\rangle\,,$$

daraus durch Rollentausch und mit Hilfe der Skalarproduktregel

$$\begin{aligned}\langle D_X D_Y Z - D_Y D_X Z, Z\rangle \;&=\; D_X\langle D_Y Z, Z\rangle - D_Y\langle D_X Z, Z\rangle\\ &=\; \tfrac{1}{2}D_X D_Y\langle Z,Z\rangle - \tfrac{1}{2}D_Y D_X\langle Z,Z\rangle = \tfrac{1}{2}[X,Y]\langle Z,Z\rangle = \big\langle D_{[X,Y]}Z, Z\big\rangle\,,\end{aligned}$$

was $\langle Rm(X,Y)Z,Z\rangle = 0$ bedeutet.

(4) Aus (2) folgt

$$\begin{aligned}\langle Rm(X,Y)Z,W\rangle + \langle Rm(Y,Z)X,W\rangle + \langle Rm(Z,X)Y,W\rangle \;&=\; 0\,,\\ \langle Rm(W,Y)Z,X\rangle + \langle Rm(Y,Z)W,X\rangle + \langle Rm(Z,W)Y,X\rangle \;&=\; 0\,,\\ \langle Rm(X,W)Z,Y\rangle + \langle Rm(W,Z)X,Y\rangle + \langle Rm(Z,X)W,Y\rangle \;&=\; 0\,,\\ -\langle Rm(X,Y)W,Z\rangle - \langle Rm(Y,W)X,Z\rangle - \langle Rm(W,X)Y,Z\rangle \;&=\; 0\,.\end{aligned}$$

Addition dieser Gleichungen liefert zusammen mit (1) und (3)

$$2\langle Rm(X,Y)Z,W\rangle - 2\langle Rm(Z,W)X,Y\rangle \;=\; 0\,.$$

(5) Zum Nachweis verwenden wir im Vorgriff auf 4.2 (c), dass es um jeden Punkt $p\in M$ eine Karte gibt mit $\Gamma^j_{ik}(p) = 0$. Im Punkt p gilt dann (wir unterdrücken im Folgenden das Argument p):

$$R^\ell_{hij} \;=\; \partial_i\Gamma^\ell_{jh} - \partial_j\Gamma^\ell_{ih}\,,$$

und nach 3.2 (c) (7) wegen $\Gamma^j_{ik}(p) = 0$

$$\nabla_k R^\ell_{hij} \;=\; \partial_k R^\ell_{hij} \;=\; \partial_k\left(\partial_i\Gamma^\ell_{jh} - \partial_j\Gamma^\ell_{ih}\right)\,,$$

woraus folgt

$$\begin{aligned}&\nabla_k R^\ell_{hij} + \nabla_i R^\ell_{hjk} + \nabla_j R^\ell_{hki}\\ &=\; \partial_k\big(\partial_i\Gamma^\ell_{jh} - \partial_j\Gamma^\ell_{ih}\big) + \partial_i\big(\partial_j\Gamma^\ell_{kh} - \partial_k\Gamma^\ell_{jh}\big) + \partial_j\big(\partial_k\Gamma^\ell_{ih} - \partial_i\Gamma^\ell_{kh}\big)\\ &=\; 0\,.\end{aligned}$$

Die hiermit abgeleitete Identität $(\nabla_k R^\ell_{hij} + \nabla_i R^\ell_{hjk} + \nabla_j R^\ell_{hki})(p) = 0$ für Normalkoordinaten um p besteht dann auf Grund der Tensoreigenschaft in jedem Koordinatensystem und stellt die Koordinatenform der zweiten Bianchi–Identität dar. □

3.5 Ricci–Tensor und Skalarkrümmung

(a) Durch Kontraktion (siehe § 8 : 4.3) entstehen aus dem Krümmungstensor weitere Krümmungsgrößen, der **Ricci–Tensor** $Rc \in \mathcal{T}_2^0 M$, definiert durch

$$Rc(X,Y) \;:=\; (C_2^1 \widetilde{Rm})(X,Y) \quad \text{für} \quad X,Y \in \mathcal{V}M\,,$$

und die **Skalarkrümmung** (der **Krümmungsskalar**) $R \in \mathcal{F}M$ mit

$$R \;=\; C(Rc) \;=\; C_1^1(Rc^\sharp)$$

(vgl. 2.3).

Satz. *Der Ricci–Tensor ist eine symmetrische 2–Form,*

$$Rc(X,Y) \;=\; Rc(Y,X) \quad \textit{für} \quad X,Y \in \mathcal{V}M\,,$$

und es gilt

$$\operatorname{div}\left(Rc - \tfrac{1}{2}R\,\mathbf{g}\right) \;=\; 0\,.$$

Der **Einstein–Tensor** $G := Rc - \frac{1}{2}R\,\mathbf{g}$, also

$$G(X,Y) \;=\; Rc(X,Y) - \tfrac{1}{2}R\,\langle X,Y\rangle \quad \text{für} \quad X,Y \in \mathcal{V}M\,,$$

ist somit eine symmetrische divergenzfreie 2–Form. Diese spielt in den Feldgleichungen der allgemeinen Relativitätstheorie eine prominente Rolle.

Vor dem Beweis des Satzes geben wir die Koordinatendarstellungen an.

Der Ricci–Tensor besitzt die Koordinatendarstellung $Rc \;=\; R_{ik}\,dx^i \otimes dx^k$ mit

$$R_{ik} \;=\; R^j_{ijk} \;=\; \partial_j\Gamma^j_{ik} - \partial_k\Gamma^j_{ij} + \Gamma^j_{ik}\Gamma^\ell_{j\ell} - \Gamma^\ell_{ij}\Gamma^j_{k\ell}\,,$$

denn es gilt nach § 8 : 4.3 und nach (b)

$$Rc(X,Y) \;=\; (C_2^1\widetilde{Rm})(X,Y) \;=\; \widetilde{Rm}(dx^j, X, \partial_j, Y)\,,$$

$$R_{ik} \;=\; Rc(\partial_i,\partial_k) \;=\; \widetilde{Rm}(dx^j,\partial_i,\partial_j,\partial_k) \;=\; \widetilde{R}^j_{ijk} \;=\; R^j_{ijk}\,.$$

Die Skalarkrümmung lautet in der Koordinatendarstellung

$$R \;=\; R^i_i \;=\; g^{ik}R_{ik} \quad \text{mit} \quad R^i_j \;=\; g^{ik}R_{kj}\,,$$

denn der zu Rc metrisch äquivalente $(1,1)$–Tensor $Rc^\sharp$ besitzt nach 2.3 (c) die Koeffizienten $R^j_i = g^{jk}R_{ik}$ und hat die Spur $R = C_1^1(Rc^\sharp) = R^i_i$.

Der Einstein–Tensor G hat die Koeffizienten

$$G_{ik} \;=\; R_{ik} - \tfrac{1}{2}R\,g_{ik}\,;$$

der metrisch äquivalente (1, 1)–Tensor $G^\sharp$ hat daher die Koeffizienten

$$G_i^j \;=\; R_i^j - \tfrac{1}{2} R\,\delta_i^j\,,$$

und $\operatorname{div} G = 0$ kann nach 3.3 (b) geschrieben werden als

$$\nabla^k G_{ik} \;=\; 0 \quad \text{oder} \quad \nabla_j G_i^j \;=\; 0\,.$$

BEWEIS des Satzes.

(i) *Für jedes Vektorfeld* $Z = \zeta^h \partial_h$ *gilt* $dx^j(Z) = g^{j\ell}\langle Z, \partial_\ell\rangle$. *Denn*

$$dx^j(Z) \;=\; dx^j(\zeta^h\partial_h) \;=\; \zeta^h\, dx^j(\partial_h) \;=\; \zeta^h \delta_h^j \;=\; \zeta^j\,,$$

$$g^{j\ell}\langle Z, \partial_\ell\rangle \;=\; g^{j\ell}\big\langle \zeta^h\partial_h, \partial_\ell\big\rangle \;=\; \zeta^h g^{j\ell} g_{h\ell} \;=\; \zeta^h\delta_h^j \;=\; \zeta^j\,.$$

(ii) *Symmetrie des Ricci–Tensors.* Nach (i) gilt

$$\begin{aligned} Rc(X,Y) \;&=\; (C_2^1\widetilde{Rm})(X,Y) \;=\; \widetilde{Rm}(dx^j, X, \partial_j, Y) \\ &=\; dx^j(Rm(\partial_j, Y)X) \;=\; g^{j\ell}\langle Rm(\partial_j,Y)X, \partial_\ell\rangle\,. \end{aligned}$$

Hieraus folgt mit Hilfe der Eigenschaften (4), (1), (3) von Rm

$$\begin{aligned} Rc(X,Y) \;&=\; g^{j\ell}\langle Rm(\partial_j,Y)X, \partial_\ell\rangle \;\overset{(4)}{=}\; g^{j\ell}\langle Rm(X,\partial_\ell)\partial_j, Y\rangle \\ &\overset{(1),(3)}{=}\; g^{j\ell}\langle Rm(\partial_\ell, X)Y, \partial_j\rangle \;=\; g^{\ell j}\langle Rm(\partial_j, X)Y, \partial_\ell\rangle \\ &=\; Rc(Y,X)\,. \end{aligned}$$

(iii) *Die Divergenzfreiheit des Einstein–Tensors* folgt aus der zweiten Bianchi–Identität (5′) $\nabla_i R^\ell_{hjk} + \nabla_j R^\ell_{hki} + \nabla_k R^\ell_{hij} \;=\; 0$ durch zweifache Kontraktion und Verwendung der Rechenregel $g^{hk}\nabla_\ell(\ldots) = \nabla_\ell(g^{hk}\ldots)$. Letztere beruht auf der Produktregel für ∇_ℓ und dem Ricci–Lemma 3.2 (e). Unter Berücksichtigung von $\nabla_i\delta_j^i = 0$ ergibt sich

$$\begin{aligned} 0 &= g^{hk}\big(\nabla_i R^i_{hjk} + \nabla_j R^i_{hki} + \nabla_k R^i_{hij}\big) = g^{hk}\big(\nabla_i R^i_{hjk} - \nabla_j R^i_{hik} + \nabla_k R_{hj}\big) \\ &= \nabla_i\left(g^{hk} R^i_{hjk}\right) - \nabla_j\left(g^{hk} R^i_{hik}\right) + \nabla_k\left(g^{hk} R_{hj}\right) \\ &= \nabla_i\left(g^{hk} g^{i\ell} R_{\ell hjk}\right) - \nabla_j\left(g^{hk} R_{hk}\right) + \nabla_k R_j^k \\ &= \nabla_i\left(g^{hk} g^{i\ell} R_{h\ell kj}\right) - \nabla_j R + \nabla_k R_j^k \;=\; \nabla_i\left(g^{i\ell} R^k_{\ell kj}\right) - \nabla_j R + \nabla_k R_j^k \\ &= \nabla_i\left(g^{i\ell} R_{\ell j}\right) - \nabla_j R + \nabla_k R_j^k \;=\; \nabla_i R_j^i - \nabla_j R + \nabla_k R_j^k \\ &= 2\nabla_i R_j^i - \nabla_j R \;=\; \nabla_i\left(2R_j^i - R\delta_j^i\right) \;=\; 2\nabla_i G_j^i\,. \end{aligned}$$

□

(b) AUFGABE. Zeigen Sie

$$\begin{aligned} R_{\ell kij} \;:=\; g_{\ell a} R^a_{kij} \;&=\; \tfrac{1}{2}\left(\partial_i\partial_k g_{j\ell} + \partial_j\partial_\ell g_{ik} - \partial_j\partial_k g_{i\ell} - \partial_i\partial_\ell g_{jk}\right) \\ &\quad + g_{ab}\left(\Gamma^a_{ik}\Gamma^b_{j\ell} - \Gamma^a_{jk}\Gamma^b_{i\ell}\right) . \end{aligned}$$

Verwenden Sie die aus dem Ricci–Lemma 3.2 (e) und aus 3.2 (c) (6) folgende Formel

$$0 \;=\; \nabla_i g^{ab} \;=\; \partial_i g^{ab} + \Gamma^a_{ic} g^{cb} + \Gamma^b_{ic} g^{ac} .$$

Hieraus ergibt sich unmittelbar

$$\begin{aligned} R_{ij} \;=\; R^k_{ikj} \;=\; g^{k\ell} R_{\ell ijk} \;&=\; \tfrac{1}{2} g^{k\ell}\left(\partial_i\partial_k g_{j\ell} + \partial_j\partial_\ell g_{ik} - \partial_i\partial_j g_{k\ell} - \partial_k\partial_\ell g_{ij}\right) \\ &\quad + g_{ab} g^{k\ell}\left(\Gamma^a_{ik}\Gamma^b_{j\ell} - \Gamma^a_{ij}\Gamma^b_{k\ell}\right) \end{aligned}$$

3.6 Vom Schmiegkreis zum Krümmungstensor

GAUSS zeigte 1827 in seiner Flächentheorie, dass die nach ihm benannte Flächenkrümmung eine Größe der inneren Geometrie einer Fläche ist, d.h. diese kann aus Abstands–, Winkel– und Flächeninhaltsmessungen innerhalb der Fläche bestimmt werden (Theorema egregium, § 7 : 4.2 (b)). Von dem mittels Schmiegkreis festgelegten Krümmungsbegriff für Kurven im $\mathbb{R}^3$ führt dabei ein direkter Weg zur Gaußschen Krümmung über Normalschnitte, zweite Fundamentalform und Weingarten–Abbildung (§ 7 : 3.2).

RIEMANN gab dem Konzept der inneren Geometrie eine rigorose Form, indem er eine Geometrie auf abstrakten Mannigfaltigkeiten entwarf („*Über die Hypothesen, welche der Geometrie zu Grunde liegen*“, Habilitationsvortrag Göttingen 1854). Er führte den Krümmungstensor ein und zeigte, dass die aus diesem abgeleitete Schnittkrümmung einen zur Gaußschen Krümmung analogen Ausdruck liefert (*Preisschrift für die Pariser Akademie* 1861). Die Preisschrift wurde nicht angenommen und erschien erst 1876, 10 Jahre nach RIEMANNs Tod. Seine Ideen wurden ab 1869 von CHRISTOFFEL, LIPSCHITZ, RICCI, BIANCHI, LEVI–CIVITA und anderen zur Riemannschen Geometrie ausgebaut.

EINSTEIN benötigte für die Formulierung seiner Idee, Gravitation als geometrische Eigenschaft von Raum und Zeit zu beschreiben, eine Geometrie auf einer vierdimensionalen Mannigfaltigkeit, die punktweise Minkowski–Räume als Träger der speziellen Relativitätstheorie approximiert. Er fand den hierfür benötigten Kalkül mit Hilfe des Mathematikers GROSSMANN in der Riemannschen Geometrie angelegt. Die Ersetzung der positiv definiten Riemannschen Metrik durch das indefinite Minkowski–Skalarprodukt bereitete keine besondere Schwierigkeiten; die Grundkonzepte der Lorentz–Geometrie waren damit geschaffen (1913). Für die geschichtliche Entwicklung verweisen wir auf [76], [77], [74], [122].

4 Parallelverschiebung von Vektorfeldern und Geodätische

4.1 Parallelverschiebung von Vektorfeldern

(a) Wir wenden uns nun dem zu Beginn von Abschnitt 3.1 skizzierten Programm zu. Sei M eine Lorentz– oder Riemann–Mannigfaltigkeit und $\alpha : I \to M$ eine Kurve auf M. Unter einem **Vektorfeld längs α** verstehen wir eine Abbildung

$$X : t \mapsto X(t) \quad \text{mit} \quad X(t) \in T_{\alpha(t)}M \quad \text{für} \quad t \in I$$

und der Eigenschaft, dass für jede Funktion $h \in \mathcal{F}M$ auch die Funktion

$$t \mapsto X(t)h$$

C^∞–differenzierbar ist auf I. Die Gesamtheit aller Vektorfelder längs α bezeichnen wir mit $\mathcal{V}\alpha$. Für $f, g \in \mathcal{F}I := \mathrm{C}^\infty(I)$ und $X, Y \in \mathcal{V}\alpha$ gehört auch $fX + gY : t \mapsto f(t)X(t) + g(t)Y(t)$ zu $\mathcal{V}\alpha$.

Beispiele

(i) Das Tangentialvektorfeld $t \mapsto \dot\alpha(t) \in T_{\alpha(t)}M$ gehört zu $\mathcal{V}\alpha$ (§ 8 : 2.2).

(ii) Für jedes Vektorfeld $X \in \mathcal{V}M$ ist $t \mapsto X_{\alpha(t)}$ ein Vektorfeld längs α.

Satz. *Für jede Kurve $\alpha : I \to M$ gibt es genau einen Differentialoperator*

$$\frac{D}{dt} : \mathcal{V}\alpha \to \mathcal{V}\alpha\,, \quad X \mapsto \dot X = \frac{DX}{dt}$$

mit folgenden Eigenschaften:

(1) $(aX + bY)^{\boldsymbol{\cdot}} = a\dot X + b\dot Y$ *für* $X, Y \in \mathcal{V}\alpha$, $a, b \in \mathbb{R}$ (*Linearität*),

(2) $(fX)^{\boldsymbol{\cdot}} = \dot f X + f\dot X$ *für* $f \in \mathcal{F}I$, $X \in \mathcal{V}\alpha$ (*Produktregel*),

(3) $(Y_\alpha)^{\boldsymbol{\cdot}}(t) = D_{\dot\alpha(t)}Y$ *für* $Y \in \mathcal{V}M$, $t \in I$
(*Verträglichkeit mit der kovarianten Ableitung auf* M).

Der Operator D/dt wird die **kovariante Ableitung längs α** *genannt. Es gilt die* **Skalarproduktregel**

(4) $\langle X, Y\rangle^{\boldsymbol{\cdot}} = \langle \dot X, Y\rangle + \langle X, \dot Y\rangle$ für $X, Y \in \mathcal{V}\alpha$.

Beweis.

(i) *Eindeutigkeit von D/dt.* Es sei D/dt ein Operator mit den Eigenschaften (1), (2), (3). Bezüglich jeder ein Stück von α überdeckenden Karte (U,x) ergibt sich dann mit $x^i(t) := x^i(\alpha(t))$ und den Basisdarstellungen

$$\dot\alpha(t) \;=\; \dot x^i(t)\partial_i|_{\alpha(t)}\,, \quad X(t) \;=\; \xi^k(t)\partial_k|_{\alpha(t)}$$

(vgl. § 8 : 2.2) unter Weglassung des Arguments t

$$(*) \qquad \dot X \;=\; \left(\dot\xi^j + \Gamma^j_{ik}(\alpha)\dot x^i\xi^k\right)\partial_j|_\alpha\,,$$

denn es gilt aufgrund von (1), (2), (3) und von 3.1 (b) (1), 3.1 (c)

$$\begin{aligned}\dot X &= (\xi^k\partial_k|_\alpha)^{\cdot} \overset{(1),(2)}{=} \dot\xi^k\partial_k|_\alpha + \xi^k(\partial_k|_\alpha)^{\cdot} \overset{(3)}{=} \dot\xi^k\partial_k|_\alpha + \xi^k D_{\dot\alpha}\partial_k \\ &= \dot\xi^k\partial_k|_\alpha + \xi^k D_{\dot x^i\partial_i|_\alpha}\partial_k|_\alpha \;=\; \dot\xi^k\partial_k|_\alpha + \xi^k\dot x^i\mathcal{D}_{\partial_i|_\alpha}\partial_k|_\alpha \\ &= \dot\xi^k\partial_k|_\alpha + \xi^k\dot x^i\Gamma^j_{ik}(\alpha)\,\partial_j|_\alpha \;=\; \left(\dot\xi^j + \Gamma^j_{ik}(\alpha)\,\dot x^i\xi^k\right)\partial_j|_\alpha\,.\end{aligned}$$

Somit ist $\dot X$ durch (1), (2), (3) eindeutig bestimmt.

(ii) *Existenz von D/dt.* Auf jedem Teilintervall $J \subset I$, für welches $\alpha(J)$ durch ein Koordinatensystem überdeckt wird, definieren wir $\dot X$ durch $(*)$ und verifizieren, dass hier die Rechenregeln (1), (2), (3) erfüllt sind [ÜA]. Wegen der Eindeutigkeit von D/dt liefern die lokalen Stücke ein Vektorfeld $\dot X \in \mathcal{V}\alpha$.

(iii) Die Skalarproduktregel (4) ergibt sich aus $(*)$ und $\partial_j g_{ik} = \Gamma_{jik} + \Gamma_{jki}$ nach 3.1 (4′) [ÜA]. □

Wir nennen ein Vektorfeld $X \in \mathcal{V}\alpha$ **parallel** oder **parallel verschoben längs $\boldsymbol{\alpha}$**, wenn $\dot X = 0$.

Für parallele Vektorfelder X, Y längs α ist das Skalarprodukt $\langle X, Y\rangle$ konstant. Das folgt unmittelbar aus der Skalarproduktregel (4).

(b) **Existenz– und Eindeutigkeit von parallelen Vektorfeldern**. *Ist $\alpha : I \to M$ eine Kurve, so gibt es zu $t_0 \in I$ und $u_0 \in T_{\alpha(t_0)}M$ genau ein längs α paralleles Vektorfeld X mit $X(t_0) = u_0$.*

Der Beweis verläuft wörtlich wie der für Kurven auf Flächen in § 7 : 6.1 (c): Überdeckung jedes kompakten Kurventeils $\alpha([a,b])$ von α durch endlich viele Koordinatensysteme und Lösung eines Anfangswertproblems für das lineare Differentialgleichungssystem

$$\dot\xi^j + \Gamma^j_{ik}(\alpha)\dot x^i\xi^k \;=\; 0 \quad (j = 1,\dots,n)$$

in jeder dieser Koordinatenumgebungen.

Hiermit können wir nun, wie in 3.1 (a) angekündigt, einen **Zusammenhang** zwischen je zwei Tangentialräumen T_pM, T_qM herstellen. Wir setzen voraus, dass sich p und q durch ein Kurvenstück $\alpha : [0,1] \to M$ mit $\alpha(0) = p$, $\alpha(1) = q$ verbinden lassen und erklären den **Paralleltransport** $P_\alpha : T_pM \to T_qM$ durch

$$P_\alpha u := X(1), \quad X \text{ das längs } \alpha \text{ parallele Vektorfeld mit } X(0) = u.$$

Diese Abbildung liefert eine lineare Isometrie zwischen den Tangentialräumen T_pM, T_qM [ÜA]. Es gilt also

$$\langle P_\alpha u, P_\alpha v\rangle_q = \langle u, v\rangle_p \quad \text{für } u, v \in T_pM.$$

Der Paralleltransport lässt sich durch $P_\alpha := P_{\alpha_N} \circ \cdots \circ P_{\alpha_1}$ auf stückweis glatte Kurvenstücke $\alpha = \alpha_1 + \cdots + \alpha_N$ fortsetzen.

(c) **Beziehung zwischen Paralleltransport und kovarianter Ableitung.** *Es gilt*

$$D_uY = \lim_{t\to 0} \frac{1}{t}\left(\|_t Y_{\alpha(t)} - Y_p\right) \quad \textit{für } u \in T_pM, \quad Y \in \mathcal{V}M.$$

Hierbei ist $\alpha :]-\varepsilon, \varepsilon[\to M$ *eine Kurve mit* $\alpha(0) = p$, $\dot\alpha(0) = u$, *und* $\|_t$ *ist der Paralleltransport* $T_{\alpha(t)}M \to T_pM$ *längs* α.

Wir erwähnen an dieser Stelle ohne Beweis noch die Relation zwischen Paralleltransport und Krümmungstensor,

$$\lim_{\varepsilon\to 0} \frac{1}{\varepsilon^2}\left(w - P_{\alpha_\varepsilon} w\right) = Rm_p(u,v)w$$

für $p \in M$, $u, v, w \in T_pM$. Dabei ist $\alpha_\varepsilon\ [0,1] \to M$ mit $\alpha_\varepsilon(0) = \alpha_\varepsilon(1) = p$, $\dot\alpha_\varepsilon(0) = \varepsilon u$, $\dot\alpha_\varepsilon(1) = -\varepsilon v$ eine Schar von Viereckkurven, die sich für $\varepsilon \to 0$ auf den Punkt p zusammenziehen. Zum Beweis siehe [80] Thm. 2.8.1 oder [51] III.10.2.

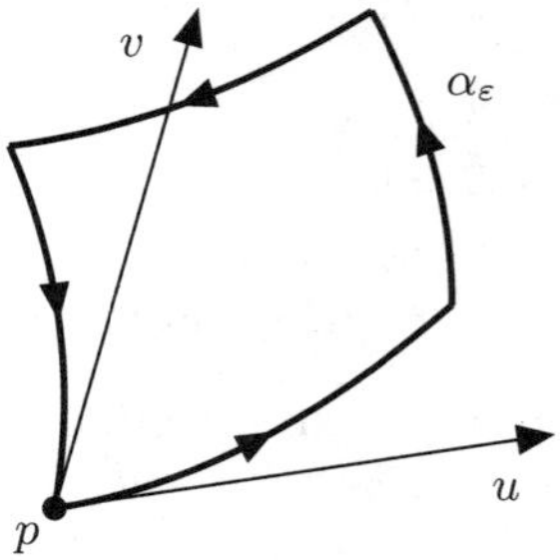

Hiernach muss an Stellen nichtverschwindender Krümmung mit der Wegabhängigkeit des Paralleltransports längs geschlossener Kurven gerechnet werden. Dagegen liegt im flachen Minkowski–Raum $M = V$ nach 2.3 (c) ein wegunabhängiger *Fernparallelismus* zwischen Tangentialräumen T_pM, T_qM von beliebigen Punkten $p, q \in M$ vor. Dieser ist gegeben durch den natürlichen Isomorphismus $v_p \mapsto v_q$, vgl. 2.3 (b).

BEWEIS von (c).

Für jedes t sei $X_t \in \mathcal{V}\alpha$ das parallele Vektorfeld mit $X_t(t) = Y_{\alpha(t)}$. Nach Definition ist dann $\|_t Y_{\alpha(t)} = X_t(0)$. Wir wählen eine Karte um p und diesbezüglich die lokalen Basisdarstellungen

$$\dot\alpha(t) \;=\; \dot x^i(t)\partial_i|_{\alpha(t)}\,, \quad X_s(t) \;=\; \xi_s^j(t)\partial_j|_{\alpha(t)}\,, \quad Y \;=\; \eta^k\partial_k\,.$$

Für die Koeffizienten gilt dann nach (a) (∗)

(1) $\quad \xi_t^i(t) \;=\; \eta^j(\alpha(t))\,,$

(2) $\quad \dot\xi_s^j(t) + \Gamma_{ik}^j(\alpha(t))\,\dot x^i(t)\,\xi_s^k(t) \;=\; 0\,.$

Die Theorie gewöhnlicher Differentialgleichungen (Bd. 2, § 2 : 7.4) liefert für die Lösungen $\xi_s^j(t)$ des Anfangswertproblems (1), (2) die Stetigkeit in beiden Variablen s und t,

(3) $$\lim_{(s,t)\to(0,0)} \xi_s^k(t) \;=\; \xi_0^k(0) \;=\; \eta^k(\alpha(0)) \;=\; \eta^k(p)\,.$$

Nach dem Mittelwertsatz gibt es zu $t \neq 0$ und $j = 1,\dots,n$ Zahlen t_j zwischen 0 und t mit

$$\frac{1}{t}\left(\xi_t^j(t) - \xi_t^j(0)\right) \;=\; \dot\xi_t^j(t_j)\,.$$

Mit (3), (2) und der Basisdarstellung von $\dot\alpha(t)$ folgt für $t \to 0$

$$\frac{1}{t}\left(\xi_t^j(0) - \xi_t^j(t)\right) \;=\; -\dot\xi_t^j(t_j) \;=\; \Gamma_{ik}^j(\alpha(t_j))\,\dot x^i(t_j)\,\xi_t^k(j) \;\to\; \Gamma_{ik}^j(p)\,\dot x^i(0)\,\eta^k(p)\,,$$

$$\frac{1}{t}\left(\eta^j(\alpha(t)) - \eta^j(p)\right) \;\to\; \partial_i\eta^j(\alpha(0))\,\dot x^i(0) \;=\; \partial_i\eta^j(p)\,\dot x^i(0)\,, \quad \text{also mit (1)}$$

$$\begin{aligned}\frac{1}{t}\left(\|_t Y_{\alpha(t)} - Y_p\right) \;&=\; \frac{1}{t}\left(X_t(0) - Y_p\right) \;=\; \frac{1}{t}\left(\xi_t^j(0) - \eta^j(p)\right)\partial_j|_p \\ &=\; \left[\frac{1}{t}\left(\xi_t^j(0) - \xi_t^j(t)\right) + \frac{1}{t}\left(\eta^j(\alpha(t)) - \eta^j(p)\right)\right]\partial_j|_p \\ &\to\; \dot x^i(0)\left(\Gamma_{ik}^j(p)\,\eta^k(p) + \partial_i\eta^j(p)\right)\partial_j|_p \;=\; D_u Y\end{aligned}$$

nach 3.1 (c), Formel (1′ – 3′). □

4.2 Geodätische, Exponentialabbildung und Normalkoordinaten

(a) Unter einer **Geodätischen** in einer Lorentz– oder Riemann–Mannigfaltigkeit M verstehen wir eine Kurve $\gamma : I \to M$ mit parallelem Tangentenvektorfeld,

$$\ddot\gamma \;=\; \frac{D\dot\gamma}{dt} \;=\; 0\,.$$

Nach 4.1 (a) ist das Skalarprodukt $\langle\dot\gamma,\dot\gamma\rangle$ für eine Geodätische konstant. Desweiteren gilt das

LEMMA. *Sei γ eine nichtkonstante Geodätische. Dann ist eine Umparametrisierung $\gamma\circ h$ eine Geodätische genau dann, wenn $h(t)=at+b$ mit Konstanten a,b.*

Das ergibt sich aus

$$(\gamma\circ h)^{\boldsymbol\cdot}(t) \;=\; \dot h(t)\,\dot\gamma(h(t))\,, \quad (\gamma\circ h)^{\boldsymbol{\cdot\cdot}}(t) \;=\; \ddot h(t)\,\dot\gamma(h(t)) \,+\, \dot h(t)^2\ddot\gamma(h(t))\,.$$

Nach 4.1 (a) (∗) genügt jedes von einem Koordinatensystem x überdeckte Stück einer Geodätischen der Differentialgleichung

$$(*) \qquad \ddot x^j + \Gamma^j_{ik}(\alpha)\,\dot x^i\,\dot x^k \;=\; 0 \quad (j=1,\ldots,n)$$

mit der üblichen Abkürzung $x^i(t) := x^i(\alpha(t))$.

BEISPIEL. In einer flachen Lorentz– oder Riemann–Mannigfaltigkeit gibt es nach 3.4 (c) um jeden Punkt Koordinatensysteme mit konstanten g_{ik}, also mit $\Gamma^j_{ik}=0$. In diesen ausgezeichneten Bezugssystemen ist also jede Geodätische ein Stück einer geraden Linie. Im Minkowski–Raum ist das überall der Fall, so dass dort Geodätische die Gestalt $t\mapsto x^j(t)=a^j+b^jt$ besitzen.

(b) SATZ 1. *Zu jedem Punkt $p\in M$ und jedem Vektor $v\in T_pM$ gibt es genau eine maximal definierte Geodätische $\gamma=\gamma_{p,v}:I\to M$ auf einem offenen Intervall $I=I_{p,v}$ mit*

$$\gamma(0)=p\,, \quad \dot\gamma(0)=v\,.$$

Dies ergibt sich aus der Theorie gewöhnlicher DGn, siehe [56] VII.5.

SATZ 2. *Für jeden Punkt $p\in M$ gibt es eine sternförmige Nullumgebung U_p in T_pM, für welche die Abbildung*

$$\exp_p : U_p\to M\,, \quad v\mapsto \gamma_{p,v}(1)$$

einen Diffeomorphismus zwischen U_p und der Umgebung $U:=\exp_p(U_p)$ von p liefert.

Diese **Exponentialabbildung** $\exp_p$ bildet jedes hinreichend kleine Geradenstück $\{tv \mid t\in[0,1]\}$ im Tangentialraum T_pM auf ein vom Punkt p ausgehendes Geodätenstück $\{\gamma_{p,v}(t)\mid t\in[0,1]\}$ ab, denn wegen der im Satz 1 ausgesprochenen Eindeutigkeit gilt [ÜA]

$$\gamma_{p,v}(t) \;=\; \gamma_{p,tv}(1) \;=\; \exp_p(tv) \quad \text{für } t\in[0,1]\,,$$

somit $\{\gamma_{p,v}(t)\mid t\in[0,1]\}=\{\exp_p(tv)\mid t\in[0,1]\}$.

Für Flächen im $\mathbb{R}^3$ ist die Exponentialabbildung in § 7 : 5.3 skizziert.

Der BEWEIS von Satz 2 beruht auf der Verallgemeinerung des Umkehrsatzes für Mannigfaltigkeiten ([55] Prop. 2.5.20). Hiernach muss für den Nachweis, dass die C^∞–Abbildung

$$v \mapsto \exp_p(v) = \gamma_{p,v}(1) \quad \text{auf} \quad D_p := \{v \in T_pM \mid 1 \in I_{p,v}\}$$

nach passender Einschränkung ein C^∞–Diffeomorphismus ist, nur gezeigt werden, dass das in § 8 : 2.3 definierte Differential

$$d_0 \exp_p : T_0V \to T_pM \quad \text{mit} \quad V := T_pM$$

eine invertierbare Abbildung ist. Dies ist der Fall, denn nach § 8 : 2.1 (d) ist

$$i_0 : V \to T_0V\,, \quad v \mapsto v_0 = \dot{\alpha}(0) \quad \text{mit} \quad \alpha(t) = tv$$

ein Isomorphismus, und nach § 8 : 2.3 gilt

$$d_0 \exp_p(v_0) \;=\; d_0 \exp_p(\dot{\alpha}(0)) \;=\; (\exp_p \circ \alpha)^{\boldsymbol{\cdot}}(0) \;=\; \dot{\gamma}_{p,v}(0) \;=\; v\,,$$

somit ist $d_0 \exp_p$ die Umkehrabbildung des Isomorphismus i_0. □

(c) Wir wählen eine Orthonormalbasis $(e_1, \ldots, e_n)$ für T_pM (also $\langle e_i, e_k \rangle = \eta_{ik}$ bzw. $\langle e_i, e_k \rangle = \delta_{ik}$, vgl. 3.4 (c)) und setzen für $\mathbf{u} = (u^1, \ldots, u^n) \in \mathbb{R}^n$

$$\phi(u^1, \ldots, u^n) \;:=\; \exp_p(u^i e_i) \in M\,.$$

Dann ist auch ϕ ein C^∞–Diffeomorphismus zwischen einer Nullumgebung in $\mathbb{R}^n$ und einer Umgebung U von p. Damit ist (U, x) mit $x := \phi^{-1}$ ein Koordinatensystem um p. Dieses heißt ein **Normalkoordinatensystem**, und U heißt eine **normale Umgebung** von p.

SATZ. *Für jedes Normalkoordinatensystem* (U, x) *um* p *gilt*

$$g_{ik}(p) = \eta_{ik} \quad \text{bzw.} \quad g_{ik}(p) = \delta_{ik} \quad \text{und} \quad \Gamma^j_{ik}(p) = 0\,.$$

BEWEIS.

Seien $\mathbf{u} = (u^1, \ldots, u^n) \in \mathbb{R}^n$, $v := u^i e_i$. Nach Definition von x gilt für $|t| < 1$

$$x^i(t) \;:=\; x^i(\gamma_{p,v}(t)) \;=\; x^i(\exp_p(tv)) \;=\; tu^i\,.$$

Nach § 8 : 2.2 folgt $v = \dot{\gamma}_{p,v}(0) = \dot{x}^i(0)\,\partial_i|_p = u^i \partial_i|_p$, insbesondere $e_i = \partial_i|_p$ und damit

$$g_{ik}(p) \;=\; \langle \partial_i|_p, \partial_k|_p \rangle \;=\; \langle e_i, e_k \rangle_p\,.$$

Wegen $x^i(t) = tu^i$ reduzieren sich die geodätischen DGn (∗) in (a) auf

$$\Gamma^j_{ik}(\gamma_{p,v}(t))u^i u^k \;=\; 0 \qquad (j = 1, \ldots, n)\,.$$

Mit $\gamma_{p,v}(0) = p$ folgt $\Gamma^j_{ik}(p)u^i u^k = 0$ für beliebige $\mathbf{u} \in \mathbb{R}^n$ und daraus $\Gamma^j_{ik}(p) = 0$ für $1 \le i, j, k \le n$ aufgrund der Symmetrie $\Gamma^j_{ik}(p) = \Gamma^j_{ik}(p)$. □

Beispiele. (i) Für die Einheitssphäre $M = S^2 \subset \mathbb{R}^3$ und ihren Nordpol $\mathbf{a} = \mathbf{e}_3$ ist die mit dem Vektor $\mathbf{v} \in T_{\mathbf{a}}M$, $\mathbf{v} \neq \mathbf{0}$ startende Geodätische $\gamma = \gamma_{\mathbf{a},\mathbf{v}}$ der Großkreis $t \mapsto \gamma(t) = \cos(\|\mathbf{v}\| \cdot t)\mathbf{e}_3 + \sin(\|\mathbf{v}\| \cdot t)\mathbf{v}/\|\mathbf{v}\|$. Die Exponentialabbildung $\exp_{\mathbf{a}}$ bildet die Kreisscheibe $U_{\mathbf{a}} = \{\mathbf{v} \in T_{\mathbf{a}}M \mid \|\mathbf{v}\| < \pi\}$ auf die im Südpol gelochte Sphäre $U = S^2 \setminus \{-\mathbf{e}_3\}$ ab. (ÜA, Skizze!)

(ii) In einem Minkowski–Raum $M = V$, gemäß 2.3 (a) als (flache) Lorentz–Mannigfaltigkeit aufgefasst, ist die von einem Punkt $p \in M$ mit einem Vektor $v \in T_pM$ startende Geodätische gegeben durch $t \mapsto p + tv$. Dies folgt aus Beispiel (a) mit Satz 1. Die Exponentialabbildung ist hier die Translation $\exp_p : v \mapsto p + v$, welche den ganzen Tangentialraum T_pM auf M abbildet.

(d) Eine Geodätische $\gamma : I \to M$ in einer Lorentz–Mannigfaltigkeit M heißt **zeitartig**, wenn $\langle\dot\gamma, \dot\gamma\rangle < 0$. (Nach (a) ist $\langle\dot\gamma, \dot\gamma\rangle$ konstant.)

Ist die zeitartige Geodätische γ auf dem kompakten Intervall J injektiv, so gibt es ein **Fermi–Koordinatensystem** *(U, x) längs $\gamma(J)$, d.h. es gilt*

$$g_{ik}(\gamma(t)) \;=\; \eta_{ik}\,, \quad \Gamma^j_{ik}(\gamma(t)) \;=\; 0 \quad \textit{für} \;\; t \in J\,.$$

Der Beweis (siehe [66]) 3.8 (ii)) besteht in folgenden Schritten:

(i) Es darf $\langle\dot\gamma, \dot\gamma\rangle = -1$ angenommen werden. Wir fixieren ein $t_0 \in J$ und ergänzen $e_n := \dot\gamma(t_0)$ gemäß 1.1 (d) zu einem Orthonormalsystem $e_1, \ldots, e_n$ für $T_{\gamma(t_0)}M$. Für die längs γ parallelen Vektorfelder $E_1, \ldots, E_n$ mit $E_i(t_0) = e_i$ für $i = 1, \ldots, n$ (vgl. 4.1 (b)) gilt wegen der Konstanz der $\langle E_i, E_k\rangle$

$$\langle E_i(t), E_k(t)\rangle \;=\; \langle E_i(t_0), E_k(t_0)\rangle \;=\; \langle e_i, e_k\rangle \;=\; \eta_{ik} \qquad (t \in J)\,.$$

(ii) Für $t \in J$, $\mathbf{t} = (t^1, \ldots, t^{n-1}) \in \mathbb{R}^{n-1}$ mit $\|\mathbf{t}\| \ll 1$ setzen wir

$$\phi(t^1, \ldots, t^{n-1}, t) \;:=\; \exp_{\gamma(t)}\Big(\sum_{i=1}^{n-1} t^i E_i(t)\Big)\,.$$

Es kann gezeigt werden, dass es von der Strecke $\{(0, \ldots, 0, t) \mid t \in J\}$ Umgebungen $V \in \mathbb{R}^n$ und $U \subset M$ von $\gamma(J)$ gibt, so dass $\phi : V \to U$ ein C^∞–Diffeomorphismus ist. Mit $x := (\phi|_V)^{-1}$ ist dann (U, x) ein Koordinatensystem von M. Die Eigenschaften $g_{ik} = \eta_{ik}$, $\Gamma^j_{ik} = 0$ längs $\gamma(J)$ folgen ähnlich wie in (c).

5 Jacobi–Felder

(a) Es sei $\gamma : I \to M$ eine Geodätische in einer Lorentz– oder Riemann–Mannigfaltigkeit M. Wir fragen, welcher Differentialgleichung ein Vektorfeld $X \in \mathcal{V}\gamma$ längs γ genügen muss, damit die Nachbarkurven $\widetilde{\gamma}_s : I \to M$ mit

$$t \mapsto \widetilde{\gamma}_s(t) := \exp_{\gamma(t)}(s\,X(t))$$

für kleine s näherungsweise Geodätische sind.

Eine Antwort liefert folgende, in gewisser Weise umgekehrte Betrachtung: Gegeben sei eine Schar $\gamma_s : I \to M$ von Geodätischen ($|s| < \varepsilon$) mit den Eigenschaften

$$\gamma_0 = \gamma,$$

$$(s,t) \mapsto A(s,t) := \gamma_s(t) \text{ ist } \mathrm{C}^\infty\text{–differenzierbar.}$$

Eine solche Schar wird eine **geodätische Variation** von γ genannt und das Vektorfeld X längs γ mit

$$t \mapsto X(t) := \frac{\partial A}{\partial s}(t,0)$$

das **Variationsvektorfeld** dieser Schar.

SATZ. *Für jede geodätische Variation von γ genügt das zugehörige Variationsvektorfeld X der linearen Differentialgleichung*

$$\ddot{X} + Rm(X,\dot{\gamma})\dot{\gamma} = 0,$$

genannt die **Jacobi–Gleichung** *oder* **Gleichung der geodätischen Abweichung**.

Die Lösungen der Jacobi–Gleichung heißen **Jacobi–Felder** längs γ.

BEWEISSKIZZE.

Wir nennen eine C^∞–Abbildung $(s,t) \mapsto Y(s,t) = \xi^k(s,t)\partial_k|_{A(s,t)} \in T_{A(s,t)}M$ ein **Vektorfeld längs** A. Analog zur kovarianten Ableitung von Vektorfeldern längs Kurven (vgl. 4.1 (a) (∗)) erklären wir für Vektorfelder längs A die kovariante Ableitung

$$\frac{DY}{\partial s} := \left(\frac{\partial \xi^j}{\partial s} + \Gamma^j_{ik}(A)\,\frac{\partial A^i}{\partial s}\xi^k\right)\partial_j|_A$$

längs der Kurve $s \mapsto A(s,t)$; die kovariante Ableitung längs der Kurve $t \mapsto A(s,t)$ bezeichnen wir hier mit $DY/\partial t$. Hierfür gelten folgende Rechenregeln (vgl. [68] 4.44, Prop.):

(i) $$\frac{D}{\partial s}\frac{\partial A}{\partial t} = \frac{D}{\partial t}\frac{\partial A}{\partial s},$$

(ii) $$\left(\frac{D}{\partial s}\frac{D}{\partial t} - \frac{D}{\partial t}\frac{D}{\partial s}\right)\frac{\partial A}{\partial t} \;=\; Rm\left(\frac{\partial A}{\partial s}, \frac{\partial A}{\partial t}\right)\frac{\partial A}{\partial t}\,.$$

Da $t \mapsto A(s,t) = \gamma_s(t)$ für jedes s eine Geodätische ist, gilt $(D/\partial t)(\partial A/\partial t) = 0$; hieraus folgt mit (i), (ii)

$$\frac{D}{\partial t}\frac{D}{\partial t}\frac{\partial A}{\partial s} \;=\; \frac{D}{\partial t}\frac{D}{\partial s}\frac{\partial A}{\partial t} \;=\; -\left(\frac{D}{\partial s}\frac{D}{\partial t} - \frac{D}{\partial t}\frac{D}{\partial s}\right)\frac{\partial A}{\partial t}$$
$$=\; -Rm\left(\frac{\partial A}{\partial s}, \frac{\partial A}{\partial t}\right)\frac{\partial A}{\partial t}\,.$$

Für $s = 0$ ergibt sich die Behauptung wegen

$$\frac{\partial A}{\partial s}(0,t) \;=\; X(t)\,, \qquad \frac{\partial A}{\partial t}(0,t) \;=\; \dot\gamma(t)\,. \qquad \square$$

(b) SATZ. *Sei* $\gamma : I \to M$ *eine Geodätische. Dann existiert zu gegebenem* $t_0 \in I$ *und vorgegebenen Vektoren* $u_0, u_1 \in T_{\gamma(t_0)}M$ *genau ein Jacobi–Feld* X *längs* γ *mit*

$$X(t_0) \;=\; u_0\,, \quad \dot X(t_0) \;=\; u_1\,.$$

Der BEWEIS folgt der gleichen Argumentation wie der für die Existenz und Eindeutigkeit paralleler Vektorfelder längs einer Kurve, siehe 4.1 (b), § 7 : 6.1 (c).

(c) **Gauß Lemma**. *Ist* γ_s *eine geodätische Variation von* γ *mit der Eigenschaft*

$$\langle\dot\gamma_s(t), \dot\gamma_s(t)\rangle \;=\; \text{const.} \quad \textit{für alle } s,t,$$

so gilt für das zugehörige Variationsvektorfeld X

$$\langle X, \dot\gamma\rangle \;=\; \text{const.}$$

BEWEIS.

Wir verwenden die Bezeichnungen und Rechenregeln von (a). Nach Voraussetzung gilt

$$\left\langle \frac{\partial A}{\partial s}(s,t)\,, \frac{\partial A}{\partial s}(s,t)\right\rangle \;=\; \langle\dot\gamma_s(t), \dot\gamma_s(t)\rangle \;=\; \text{const.}$$

Hieraus folgt mit der Skalarproduktregel 4.1 (a) und nach (a) (i)

$$0 \;=\; \frac{1}{2}\frac{\partial}{\partial s}\left\langle\frac{\partial A}{\partial t}, \frac{\partial A}{\partial t}\right\rangle \;=\; \left\langle\frac{D}{\partial s}\frac{\partial A}{\partial t}, \frac{\partial A}{\partial t}\right\rangle \;=\; \left\langle\frac{D}{\partial t}\frac{\partial A}{\partial s}, \frac{\partial A}{\partial t}\right\rangle.$$

Für $s = 0$ bedeutet dies $\langle\dot X, \dot\gamma\rangle = 0$, und mit $\ddot\gamma = 0$ ergibt sich

$$\langle X, \dot\gamma\rangle^{\boldsymbol{\cdot}} \;=\; \langle\dot X, \dot\gamma\rangle + \langle X, \ddot\gamma\rangle \;=\; 0\,. \qquad \square$$

(d) SATZ. *Für Jacobi–Felder* X, Y *längs einer Geodätischen* $\gamma : I \to M$ *gilt*

(i) $X \perp \dot{\gamma} \iff X(t_0), \dot{X}(t_0) \perp \dot{\gamma}(t_0)$ *für ein* $t_0 \in I$,

(ii) $\langle \dot{X}, Y \rangle - \langle X, \dot{Y} \rangle = \text{const.}$,

(iii) *Ist* X *tangential an* γ *(also* $X(t) = h(t)\dot{\gamma}(t)$*), so gilt* $X(t) = (at+b)\dot{\gamma}(t)$ *mit Konstanten* a, b.

BEWEIS als [ÜA]. Zeigen Sie für (i), dass $\langle X, \dot{\gamma} \rangle^{\cdot\cdot} = 0$.

6* Isometrien und Raumformen

6.1 Homothetien, Isometrien und Schnittkrümmungen

(a) Seien M, N zwei Lorentz– oder zwei Riemann–Mannigfaltigkeiten. Unter einer **Homothetie** $\phi : M \to N$ mit Skalierungsfaktor $c > 0$ verstehen wir einen C^∞–Diffeomorphismus zwischen M und N mit

$$\langle d\phi_p(u), d\phi_p(v) \rangle = c^2 \langle u, v \rangle \quad \text{für } p \in M \text{ und } u, v \in T_pM\,.$$

Im Fall $c = 1$ sprechen wir von einer **Isometrie**. Zur Definition des Differentials $d\phi$ verweisen wir auf § 8 : 2.3.

SATZ. *Für eine Homothetie* $\phi : M \to N$ *gilt*

$$d\phi(Rm(X,Y)Z) = \overline{Rm}\,(d\phi(X), d\phi(Y))d\phi(Z) \qquad (X, Y, Z \in \mathcal{V}M)\,;$$

hierbei bezeichnet $\overline{Rm}$ den zu N gehörigen Krümmungstensor.

BEWEISSKIZZE.

Wir fixieren $p \in M$ und wählen eine Karte Y von N um $\phi(p)$. Wegen der Diffeomorphie von ϕ ist $x := y \circ \phi$ eine Karte von M um p. Nach Definition von $d\phi$ gilt [ÜA]

$$d\phi\left(\frac{\partial}{\partial x^i}\right) = \frac{\partial}{\partial y^i}\Big|_\phi\,,$$

also mit $\overline{g}_{ik} = \left\langle \frac{\partial}{\partial y^i}, \frac{\partial}{\partial y^k} \right\rangle$

$$\overline{g}_{ik}(\phi) = \left\langle d\phi\left(\frac{\partial}{\partial x^i}\right), d\phi\left(\frac{\partial}{\partial x^k}\right) \right\rangle = c^2 \left\langle \frac{\partial}{\partial x^i}, \frac{\partial}{\partial x^k} \right\rangle = c^2 g_{ik}\,.$$

Hieraus ergibt sich

$$\overline{g}^{ik}(\phi) = c^{-2} g^{ik}, \quad \overline{\Gamma}^j_{ik}(\phi) = \Gamma^j_{ik}, \quad \overline{R}^\ell_{kij}(\phi) = R^\ell_{kij}\,,$$

woraus die Behauptung folgt. □

(b) Sei M eine Riemann–Mannigfaltigkeit der Dimension $n \geq 2$. Für $p \in M$ und einen zweidimensionalen Teilraum E von T_pM definieren wir die **Schnittkrümmung** durch

$$K_p(E) := \frac{\langle Rm_p(u,v)v, u\rangle}{\|u\|^2\|v\|^2 - \langle u,v\rangle^2},$$

wobei (u,v) eine Basis von E ist. Der Quotient hängt nicht von der gewählten Basis ab, denn sowohl die 4–Form $\langle Rm_p(u,v)\xi,\eta\rangle$ als auch die 4–Form $\langle u,\eta\rangle\langle v,\xi\rangle - \langle u,\xi\rangle\langle v,\eta\rangle$ sind schiefsymmetrisch im ersten und im letzten Argumentepaar. Daher ändert sich der Quotient nicht, wenn u durch $\alpha u + \beta v$ mit $\alpha \neq 0$ ersetzt wird bzw. v durch $\gamma u + \delta v$ mit $\delta \neq 0$ [ÜA].

Für die nach 3.4 (c) symmetrische biquadratische Form Q mit

$$Q(X,Y) := \langle Rm(X,Y)Y, X\rangle$$

gilt die Polarisierungsgleichung

$$\langle Rm(X,Y)U,V\rangle = \frac{1}{6}\frac{\partial^2}{\partial s\,\partial t}\Big(Q(X+sV,Y+tU) - Q(X+sU,Y+tV)\Big)\Big|_{s=t=0}$$

([ÜA] unter Verwendung der Rechenregeln 3.4 (c)).

Der Krümmungstensor ist daher aus Q und damit auch aus allen Schnittkrümmungen rekonstruierbar.

(c) Hat M im Punkt $p \in M$ **konstante Schnittkrümmung** K,

$$K_p(E) = K \quad \text{für alle zweidimensionalen Teilräume } E \text{ von } T_pM,$$

so hat der Krümmungstensor an der Stelle p die Gestalt

$$Rm_p(u,v)w = K\cdot\Big(\langle w,v\rangle u - \langle w,u\rangle v\Big) \quad \text{für } u,v,w \in T_pM\,.$$

Denn bezeichnen wir die rechte Seite dieser Gleichung mit $\overline{Rm}_p(u,v)w$ und die zugehörige biquadratische Form mit $\overline{Q}_p(u,v) = K\cdot\big(\|u\|^2\|v\|^2 - \langle u,v\rangle^2\big)$, so gilt nach Voraussetzung $\overline{Q}_p = Q_p$. Durch Polarisierung folgt $\overline{Rm}_p = Rm_p$.

Lemma von Schur. *Ist M eine wegzusammenhängende Riemann–Mannigfaltigkeit der Dimension $n \geq 3$, deren Schnittkrümmungen in jedem Punkt konstant sind, so ist die Schnittkrümmung auf ganz M konstant.*

Beweis.

Nach dem Vorangehenden gibt es eine Funktion $K : M \to \mathbb{R}$ mit

$$\begin{aligned} R^\ell_{ijk}\partial_\ell &= Rm(\partial_j,\partial_k)\partial_i = K\cdot\Big(\langle\partial_i,\partial_k\rangle\partial_j - \langle\partial_i,\partial_j\rangle\partial_k\Big) \\ &= K\cdot\big(g_{ik}\delta^\ell_j - g_{ij}\delta^\ell_k\big)\,\partial_\ell\,, \quad \text{also} \quad R^\ell_{ijk} = K\cdot\big(g_{ik}\delta^\ell_j - g_{ij}\delta^\ell_k\big)\,. \end{aligned}$$

Für die Koeffizienten R_{ik} des Ricci–Tensors, die Skalarkrümmung R und die Koeffizienten G_{ik} des Einstein–Tensors folgt nach 3.5

$$R_{ik} = R^j_{ijk} = (n-1)\,K\,g_{ik}\,, \quad R = g^{ik}R_{ik} = n(n-1)K\,, \quad K \in \mathcal{F}M\,,$$

$$G_{ik} = R_{ik} - \frac{1}{2}R\,g_{ik} = -\frac{1}{2}\,(n-1)(n-2)\,K\,g_{ik}\,, \quad \nabla^k G_{ik} = 0\,.$$

Mit dem Ricci–Lemma 3.2 (e) und den Rechenregeln 3.2 folgt hieraus

$$\partial_i K = \nabla_i K = g_{ik}\nabla^k K = \nabla^k(K g_{ik}) = 0\,. \qquad \square$$

Bemerkung. Für Flächen $M \subset \mathbb{R}^3$ ist die Schnittkrümmung in jedem Punkt $p \in M$ konstant, $K_p(E) = K_p(T_pM)$, und sie stimmt nach dem Theorema egregium § 7 : 4.2 (b) mit der Gaußschen Krümmung $K(p)$ im Punkt p überein [ÜA].

(d) Satz. *Ist* $\phi : M \to N$ *eine Homothetie zwischen Riemann–Mannigfaltigkeiten und* $c > 0$ *der Skalierungsfaktor, so gilt für jeden zweidimensionalen Teilraum* E *von* T_pM, $p \in M$

$$K^N_q(E') = c^{-2}\,K^M_p(E) \quad \textit{mit} \quad q = \phi(p)\,, \quad E' = d\phi_p(E)\,.$$

Dies folgt aus dem Satz in (a) und der Definition der Schnittkrümmung [ÜA].

6.2 Raumformen

(a) Unter einer **Raumform** verstehen wir eine Riemann–Mannigfaltigkeit M mit überall konstanter Schnittkrümmung, welche **geodätisch vollständig** ist, d.h. das Existenzintervall jeder maximal definierten Geodätischen ist $\mathbb{R}$.

Wir legen für jedes $\kappa \in \mathbb{R}$ eine Standard–Raumform $\mathbf{S}^n(\kappa)$ fest:

(i) $\mathbf{S}^n(0)$ sei der mit der euklidischen Metrik versehene $\mathbb{R}^n$.

(ii) Für $\kappa > 0$, $R = 1/\sqrt{\kappa}$ sei

$$\mathbf{S}^n(\kappa) = \left\{\xi \in \mathbb{R}^{n+1} \;\middle|\; \|\xi\| = R\right\}$$

die n–dimensionale R–Sphäre, versehen mit der vom $\mathbb{R}^{n+1}$ induzierten Metrik. Sind $\mathbf{e}_1, \dots, \mathbf{e}_{n+1}$ die kanonischen Basisvektoren des $\mathbb{R}^{n+1}$, so nennen wir $\mathbf{n} := R\mathbf{e}_{n+1}$ den Nordpol und $\mathbf{s} := -\mathbf{n}$ den Südpol der Sphäre $\mathbf{S}^n(\kappa)$.

Wir parametrisieren die im Südpol gelochte Sphäre mit Hilfe der vom Nordpol ausgehenden Längenkreise:
Für $\mathbf{u} = (u^1, \dots, u^n) \in \mathbb{R}^n$ mit $r := \|\mathbf{u}\| < \pi/\sqrt{\kappa} = \pi R$ sei

$$\mathbf{\Phi}(\mathbf{u}) := R\sin\left(\sqrt{\kappa}\,r\right) r^{-1}\,\mathbf{u} + R\cos\left(\sqrt{\kappa}\,r\right)\mathbf{e}_{n+1} \quad \text{im Fall } r > 0$$

und $\mathbf{\Phi}(\mathbf{0}) = R\mathbf{e}_{n+1} = \mathbf{n}$.

Bezeichnen wir die auf die Parameterwerte $\mathbf{u}$ bezogenen metrischen Koeffizienten mit $g_{ik}(\mathbf{u})$, so erhalten wir mit $J(r) = J_\kappa(r) := \sin\left(\sqrt{\kappa}\, r\right)/\sqrt{\kappa}$ ÜA

$$g_{ik}(\mathbf{u}) = \frac{J(r)^2}{r^2}\,\delta_{ik} + \left(1 - \frac{J(r)^2}{r^2}\right)\frac{u^i u^k}{r^2} \quad \text{für } r > 0$$

und $g_{ik}(\mathbf{0}) = \delta_{ik}$.

(iii) Für $\kappa < 0$ sei $\mathbf{S}^n(\kappa) := \mathbb{R}^n$, versehen mit der Metrik, die bezüglich der kanonischen Basisfelder ebenfalls Koeffizienten der Form

$$g_{ik}(\mathbf{u}) = \frac{J(r)^2}{r^2}\,\delta_{ik} + \left(1 - \frac{J(r)^2}{r^2}\right)\frac{u^i u^k}{r^2} \quad \text{für } r := \|u\| > 0$$

und $g_{ik}(\mathbf{0}) = \delta_{ik}$ besitzt, wobei jetzt $J(r) = J_\kappa(r) := \sinh\left(\sqrt{-\kappa}\, r\right)/\sqrt{-\kappa}$ gesetzt wird.

Wir können die Metrik für alle drei Fälle einheitlich darstellen durch

$$(*) \qquad g_{ik}(\mathbf{u}) = \frac{J(r)^2}{r^2}\,\delta_{ik} + \left(1 - \frac{J(r)^2}{r^2}\right)\frac{u^i u^k}{r^2} \quad \text{und } g_{ik}(\mathbf{0}) = \delta_{ik}\,,$$

wobei

$$J(r) = \begin{cases} \sin\left(\sqrt{\kappa}\, r\right)/\sqrt{\kappa} & \text{für } \kappa > 0\,, \\ r & \text{für } \kappa = 0\,, \\ \sinh\left(\sqrt{-\kappa}\, r\right)/\sqrt{-\kappa} & \text{für } \kappa < 0\,. \end{cases}$$

J ist also Lösung des Anfangswertproblems $J'' + \kappa J = 0$, $J(0) = 0$, $J'(0) = 1$.

Wir haben in allen drei Fällen ein Koordinatensystem $x = (x^1, \ldots, x^n)$. Im Fall $\kappa \leq 0$ ist x die Identität $\mathbb{1} : \mathbf{S}^n(\kappa) = \mathbb{R}^n \to \mathbb{R}^n$, und im Fall $\kappa > 0$ ist $x = \mathbf{\Phi}^{-1}$, wobei nur der Südpol ausgelassen wird.

SATZ. (1) *Für jedes $\kappa \in \mathbb{R}$ ist $\mathbf{S}^n(\kappa)$ eine Raumform mit Schnittkrümmung κ.*

(2) *x ist ein Normalkoordinatensystem um $\mathbf{n}$ für $\kappa > 0$ bzw. um $\mathbf{0}$ für $\kappa \leq 0$.*

BEWEISSKIZZE.

(i) Für die Metrik $(*)$ ergibt sich ÜA

$$g^{ik}(\mathbf{u}) = \frac{r^2}{J(r)^2}\,\delta^{ik} + \left(1 - \frac{r^2}{J(r)^2}\right)\frac{u^i u^k}{r^2}\,, \qquad g^{ik}(\mathbf{0}) = \delta^{ik}\,.$$

$$\Gamma^j_{ik}(\mathbf{u}) = a(r) h^j_{ik} + b(r)\left(h^i_{jk} + h^k_{ij}\right), \qquad \Gamma^j_{ik}(\mathbf{0}) = 0 \quad \text{mit}$$

$$a(r) := \frac{1}{r} - \frac{J(r)\,J'(r)}{r^2}\,, \quad b(r) := \frac{J'(r)}{J(r)} - \frac{1}{r}\,, \quad h^j_{ik} := \frac{u^j}{r}\left(\delta_{ik} - \frac{u^i u^k}{r^2}\right).$$

Durch Taylor–Entwicklung um $r = 0$ erhalten wir

$$a(r) \;=\; \frac{2\kappa r}{3}\left(1 - \frac{\kappa r^2}{5}\right) + \cdots\,, \quad b(r) \;=\; -\frac{\kappa r}{3}\left(1 + \frac{\kappa r^2}{15}\right) + \cdots\,,$$

und damit mit etwas Rechnung [ÜA] nach 3.4

$$\begin{aligned} R^\ell_{kij}(\mathbf{0}) \;&=\; \left(\partial_j \Gamma^\ell_{jk} - \partial_j \Gamma^\ell_{ik}\right)(\mathbf{0}) \;=\; \kappa\left(\delta_{jk}\delta^\ell_i - \delta_{ik}\delta^\ell_j\right) \\ &=\; \kappa\left(g_{jk}(\mathbf{0})\,\delta^\ell_i - g_{ik}(\mathbf{0})\,\delta^\ell_j\right)\,. \end{aligned}$$

Durch Vergleich mit der im Beweis des Lemmas von Schur angegebenen Formel erkennen wir, dass $\mathbf{S}^n(\kappa)$ die Schnittkrümmung κ im Nordpol $\mathbf{n}$ für $\kappa > 0$ bzw. im Ursprung für $\kappa \le 0$ besitzt.

(ii) x ist ein Normalkoordinatensystem: Jede Gerade $t \mapsto x(t) = t\mathbf{u}$ im Koordinatenraum $\mathbb{R}^n$ liefert eine Geodätische von $\mathbf{S}^n(\kappa)$, denn es gilt [ÜA]

$$\ddot{x}^j + \Gamma^j_{ik}(x)\dot{x}^i\dot{x}^k \;=\; \Gamma^j_{ik}(x)u^i u^k \;=\; \left(a(r)h^j_{ik} + b(r)\left(h^i_{jk} + h^k_{ij}\right)\right)u^i u^k = 0.$$

Umgekehrt ist jede Geodätische mit der Koordinatendarstellung $t \mapsto x(t)$ und $x(0) = \mathbf{0}$ durch den Anfangswert $\dot{x}(0) = \mathbf{u}$ eindeutig bestimmt, also gilt $x(t) = t\mathbf{u}$.

Im Fall $\kappa > 0$ sind die nichtkonstanten Geodätischen durch den Nordpol also Großkreise $t \mapsto \mathbf{\Phi}(t\mathbf{u})$, im Fall $\kappa \le 0$ sind die nichtkonstanten Geodätischen durch $\mathbf{0}$ die Geraden $t \mapsto t\mathbf{u}$; in beiden Fällen ist $\mathbb{R}$ das maximale Definitionsintervall.

(iii) Die Aussagen (i) und (ii) gelten für jeden Punkt von $\mathbf{S}^n(\kappa)$. Denn je zwei Punkte der Sphäre $\mathbf{S}^n(\kappa)$ $(\kappa > 0)$ werden durch eine Drehung $A \in \mathbf{O}_{n+1}$ ineinander überführt und eine solche ist eine Isometrie der Sphäre. Analoges gilt für den Fall $\kappa < 0$, siehe [68] 9, 8. Prop. Im Fall $\kappa = 0$ ist dies unmittelbar klar. □

(b) Satz (Hopf 1925). *Jede n–dimensionale, einfach zusammenhängende Raumform mit Krümmung κ ist isometrisch zur Standard–Raumform $\mathbf{S}^n(\kappa)$.*

Dabei heißt eine Mannigfaltigkeit M **einfach zusammenhängend**, wenn sich jede geschlossene Kurve auf stetige Weise in M zu einem Punkt zusammenziehen lässt.

Für den nichttrivialen Beweis siehe [68] 8, 25. Prop.

Die Räume $\mathbf{S}^n(\kappa)$ mit $\kappa < 0$ werden **hyperbolisch** genannt.

7* Der Gaußsche Integralsatz für Lorentz– und Riemann–Mannigfaltigkeiten

7.1 Volumen und Integral

Wir beziehen uns im Folgenden auf das Integral von n–Formen, siehe § 8 : 5.5. Sei M eine n–dimensionale, orientierte Lorentz– oder Riemann–Mannigfaltigkeit. Wir definieren die **Volumenform** $\mu_M \in \vartheta_n M$ für $p \in M$, $v_1, \dots, v_n \in T_pM$ durch

$$\mu_M(v_1, \dots, v_n) \;:=\; \sigma \cdot \left|\det(\langle v_i, v_k\rangle)\right|^{1/2} ,$$

wobei $\sigma := 1$ bzw. $\sigma = -1$ gesetzt ist, falls $(v_1, \dots, v_n)$ eine positiv bzw. negativ orientierte Basis von T_pM ist und $\sigma := 0$, falls $v_1, \dots, v_n$ linear abhängig sind.

Bezüglich einer positiv orientierten Karte hat μ_M also die Basisdarstellung

$$\mu_M \;=\; \sqrt{|g|}\, dx^1 \wedge \cdots \wedge dx^n \quad \text{mit } g = \det(g_{ik}), \quad g_{ik} = \langle \partial_i, \partial_k \rangle ,$$

vgl. § 8 : 5.2 (a).

Sei $D \subset M$ ein Gebiet mit kompaktem Abschluss. Wir definieren das Volumen von D durch

$$V^n(D) \;:=\; \int_D \mu_M ,$$

wobei D als n–dimensionale Mannigfaltigkeit aufgefasst wird. Nach § 8 : 5.5 ist $V^n(D) < \infty$, d.h. die 1–Form $\omega = \mu_M\big|_D$ ist über D integrierbar. Für $f \in \mathcal{F}M$ setzen wir

$$\int_D f\, dV^n \;:=\; \int_D f\, \mu_M$$

falls die auf D eingeschränkte 1–Form $\omega = f\,\mu_M$ über D integrierbar ist; dies ist z.B. für auf D beschränkte Funktionen der Fall.

7.2 Der Gaußsche Integralsatz

(a) Seien M eine n–dimensionale, orientierte Lorentz– oder Riemann–Mannigfaltigkeit mit $n \geq 2$ und $D \subset M$ ein glatt berandetes Gebiet mit kompaktem Abschluss. Die Randfläche $S = \partial D$, nach Voraussetzung eine $(n-1)$–dimensionale Untermannigfaltigkeit, orientieren wir gemäß § 8 : 5.6. Wir legen ein **äußeres Einheitsnormalenfeld** $\boldsymbol{\nu}$ auf S fest durch die üblichen Eigenschaften, auf S normal zu sein und von D wegzuweisen: Ist $(\nu_1, \dots, \nu_{n-1})$ eine positiv orientierte Basis von T_pS, so gibt es ein positiv orientiertes Koordinatensystem (U, x) für M um p mit $v_i := \partial_i|_p$ für $i = 1, \dots, n-1$ und $(-1)^n x^n(p) > 0$. Wir legen ν_p fest als den zu T_pS orthogonalen Vektor mit $\langle \nu_p, \nu_p \rangle = 1$ und $(-1)^n \nu_p^n < 0$. Da die n–ten Koordinaten von $(-1)^{n-1}\nu_p$ und von $v_n := \partial_n|_p$ positiv sind, weisen beide Vektoren von p aus in denselben durch T_pS begrenzten Halbraum.

Aus Stetigkeitsgründen bilden daher $v_1, \dots, v_n$ und $v_1, \dots, v_{n-1}, (-1)^{n-1}\nu_p$ gleich orientierte Basen. (Machen Sie eine Skizze für $n = 3$.) Bringen wir den Vektor $(-1)^{n-1}\nu_p$ durch $n-1$ Transpositionen an die erste Stelle, so ändert sich die Orientierung $(n-1)$–mal; also ist $(\nu_p, v_1, \dots, v_{n-1})$ eine positiv orientierte Basis von T_pM.

Hieraus ergibt sich die Beziehung

$$\mu_S(v_1, \dots, v_{n-1}) = \mu_M(\nu_p, v_1, \dots, v_{n-1}) \quad \text{für alle } v_1, \dots, v_{n-1} \in T_pS\,,$$

denn im Fall der linearen Abhängigkeit sind beide Seiten Null, und für eine positiv orientierte Basis $(v_1, \dots, v_{n-1})$ von T_pS gilt mit $v_0 := \nu_p$ wegen $\langle v_0, v_0\rangle = 1$, $\langle v_0, v_i\rangle = 0$ für $i = 1, \dots, n-1$

$$\begin{aligned} \mu_M(v_0, \dots, v_{n-1})^2 &= \det(\langle v_i, v_k\rangle)_{0\le i,k\le n-1} = \det(\langle v_i, v_k\rangle)_{1\le i,k\le n-1} \\ &= \mu_S(v_1, \dots, v_{n-1})^2\,. \end{aligned}$$

(b) **Der Gaußsche Integralsatz für Riemann–Mannigfaltigkeiten**. *Sei M eine orientierte Riemann–Mannigfaltigkeit und $D \subset M$ ein glattberandetes Gebiet mit kompaktem Abschluss. Dann gilt mit den Festlegungen und Bezeichnungen (a) für jedes Vektorfeld $X \in \mathcal{V}M$*

$$\int_D \operatorname{div} X \, dV^n = \int_{\partial D} \langle X, \nu\rangle \, dV^{n-1}\,.$$

Beweis.

Wir zeigen: Die n–Form $(\operatorname{div} X)\mu_M$ ist das Differential der $(n-1)$–Form ω mit

$$\omega(X_1, \dots, X_{n-1}) = \mu_M(X, X_1, \dots, X_{n-1}) \quad \text{für } X_1, \dots, X_{n-1} \in \mathcal{V}M\,.$$

Zum Nachweis wählen wir eine Karte x, markieren ein wegzulassendes Argument mit $\widetilde{\ }$ und setzen im Folgenden die Einsteinsche Konvention außer Kraft. Dann erhalten wir

$$\begin{aligned} \omega(\partial_1, \dots, \widetilde{\partial_i}, \dots, \partial_n) &= \mu_M(X, \partial_1, \dots, \widetilde{\partial_i}, \dots, \partial_n) \\ &= \mu_M\Big(\sum_{k=1}^n \xi^k\,\partial_k, \partial_1, \dots, \widetilde{\partial_i}, \dots, \partial_n\Big) \\ &= \xi^i\,\mu_M(\partial_i, \partial_1, \dots, \widetilde{\partial_i}, \dots, \partial_n) \\ &= (-1)^{i-1}\,\xi^i\,\mu_M(\partial_1, \dots, \partial_n)\,. \end{aligned}$$

Mit der Definition von $d\omega$ in § 8 : 5.2 (a) und von $\operatorname{div} X$ in 3.3 (a) folgt

$$\begin{aligned}
d\omega &= \sum_{i=1}^{n}(-1)^{i-1}\, d(\sqrt{g}\,\xi^i) \wedge dx^1 \wedge \cdots \wedge \widetilde{dx^i} \wedge \cdots \wedge dx^n \\
&= \sum_{i,k=1}^{n} (-1)^{i-1} \partial_k(\sqrt{g}\,\xi^i)\, dx^k \wedge dx^1 \wedge \cdots \wedge \widetilde{dx^i} \wedge \cdots \wedge dx^n \\
&= \sum_{i=1}^{n}(-1)^{i-1} \partial_i(\sqrt{g}\,\xi^i) dx^i \wedge dx^1 \wedge \cdots \wedge \widetilde{dx^i} \wedge \cdots \wedge dx^n \\
&= \sum_{i=1}^{n} \partial_i(\sqrt{g}\,\xi^i)\, dx^1 \wedge \cdots \wedge dx^n \\
&= \frac{1}{\sqrt{g}} \sum_{i=1}^{n} \partial_i(\sqrt{g}\,\xi^i) \cdot \sqrt{g}\, dx^1 \wedge \cdots \wedge dx^n \\
&= (\operatorname{div} X)\, \mu_M\,.
\end{aligned}$$

Aus der Orthogonalzerlegung

$$(*) \qquad X \;=\; a\,\nu + Y \quad \text{mit } \langle Y, \nu \rangle = 0\,, \quad a = \langle X, \nu \rangle$$

und der Identität in (a) ergibt sich für $v_1, \ldots, v_{n-1} \in T_p\partial D$

$$\omega(v_1, \ldots, v_{n-1}) = \mu_M(X_p, v_1, \ldots, v_{n-1}) = \mu_M(a(p)\,\nu_p + Y_p, v_1, \ldots, v_{n-1}),$$

also $\omega = a\,\mu_S = \langle X, \nu \rangle \mu_S$. Mit dem Integralsatz § 8 : 5.6 von Stokes folgt

$$\begin{aligned}
\int_D \operatorname{div} X\, dV^n &= \int_D (\operatorname{div} X)\, \mu_M = \int_D d\omega = \int_{\partial D} \omega \\
&= \int_{\partial D} \langle X, \nu \rangle\, \mu_S = \int_{\partial D} \langle X, \nu \rangle\, dV^{n-1}\,.
\end{aligned}$$ □

(c) **Der Gaußsche Integralsatz für Lorentz–Mannigfaltigkeiten**. *Sei D ein stückweis glatt berandetes Gebiet mit kompaktem Abschluss in einer n–dimensionalen Lorentz–Mannigfaltigkeit M. Das äußere Einheitsnormalenfeld ν sei in jedem regulären Randpunkt entweder zeit– oder raumartig. Dann gilt für jedes Vektorfeld $X \in \mathcal{V}M$*

$$\int_D \operatorname{div} X\, dV^n \;=\; \int_{\partial D} \frac{\langle X, \nu \rangle}{\langle \nu, \nu \rangle}\, dV^{n-1}\,.$$

Ein typisches Beispiel eines solchen Gebiets D ist ein von einem zeitartigen Vektorfeld und einer raumartigen Scheibe erzeugtes Flussröhrenstück, vgl. § 8 : 5.6. Für ein solches ist das Einheitsnormalenfeld auf Boden und Deckel zeitartig, auf der Mantelfläche raumartig.

Der Beweis geschieht wie im Riemannschen Fall (b) durch Zurückführung auf den Satz von Stokes für stückweis glatt berandete Gebiete, wobei in der Orthogonalzerlegung $(*)$ diesmal $a := \langle X, \nu \rangle / \langle \nu, \nu \rangle$ gesetzt wird.

Kapitel III

Mathematische Grundlagen der allgemeinen Relativitätstheorie

Der für dieses Kapitel benötigte mathematische Apparat (Differentialgeometrie von Lorentz– und Riemann–Mannigfaltigkeiten) ist in § 8 und § 9 bereitgestellt. Nicht jede Leserin und jeder Leser wird die Geduld und die Zeit mitbringen, diesen nicht sehr schwierigen, aber doch umfangreichen Stoff gründlich zu studieren. Um einen ersten Überblick über die Grundkonzepte der Relativitätstheorie zu gewinnen, kann der folgende kürzere Einstieg reichen: Aneignung der Begriffe Mannigfaltigkeit, Untermannigfaltigkeit, Tangentenvektoren, Vektorfelder und Integralkurven, Tensoren, Tensorfelder in § 8 sowie Sätze hierüber, ohne auf die Beweise und spezielle Formeln einzugehen (Unterabschnitte, 1.1, 1.4, 2.1, 2.2, 3.1, 3.2, 4.1 bis 4.4). Dasselbe Verfahren schlagen wir für die folgenden Begriffe aus § 9 vor: Minkowski–Raum, Lorentz– und Riemann–Mannigfaltigkeit, kovariante Ableitung, Krümmungsgrößen, Parallelverschiebung und Geodätische (Abschnitte 1–4).

Hiermit, gestützt auf physikalische und geometrische Intuition sollte ein erster Durchgang durch dieses Kapitel möglich sein. Hierbei wird gelegentliches Zurückblättern nach § 8 und § 9 unvermeidlich sein, und nicht jedes Detail wird gleich vollständig verstanden werden können.

§ 10 Grundkonzepte der Relativitätstheorie

Die allgemeine Relativitätstheorie ist im Wesentlichen eine Theorie der Gravitation. In dieser bilden Raum, Zeit, Schwere und Trägheit die Aspekte eines einzigen Objekts, des Gravitationsfeldes. Dieses wird modelliert durch die Metrik einer vierdimensionalen Lorentz–Mannigfaltigkeit, die wir eine **Raumzeit** nennen. Die Beziehung zwischen der Materieverteilung und dem Gravitationsfeld wird durch die **Feldgleichungen** hergestellt. Ihr Inhalt lässt sich grob so beschreiben:

- die Materie bestimmt die Krümmung des Gravitationsfeldes,
- das Gravitationsfeld bestimmt die Bewegung der Materie.

Obwohl die allgemeine Relativitätstheorie eine Feldtheorie ist, bei welcher Materie als stetig verteilt angesehen wird, ist das Konzept des Materieteilchens unverzichtbar. Ein Materieteilchen liefert einen vernachlässigbaren Beitrag zum Energieimpuls–Tensor und kann als Analogon zum Begriff des Massenpunktes der klassischen Mechanik betrachtet werden.

In der mathematischen Darstellung der Relativitätstheorie erscheinen physikalische Grundkonzepte im Gewand von Definitionen (wir vermeiden das etwas streng wirkende Wort Axiom). Anders als bei rein mathematischen Definitionen steht hinter solchen Begriffen ein umfangreiches Erfahrungsmaterial, dessen Darstellung aus Platzgründen hier etwas kurz wegkommen muss. Wir empfehlen bei Bedarf an physikalischer Motivation D'INVERNO [84] und WEINBERG [93].

1 Die Geometrie des Gravitationsfeldes

1.1 Raumzeiten, materie– und lichtartige Teilchen

(a) In der Relativitätstheorie gibt es zwei universelle Konstanten, die **Lichtgeschwindigkeit** c und die Newtonsche **Gravitationskonstante G**. Diese haben im cgs–System die Werte

$$c = 2.998 \cdot 10^{10}\,\mathrm{cm} \cdot \mathrm{s}^{-1}\,, \qquad \mathbf{G} = 6.673 \cdot 10^{-8}\mathrm{cm}^3 \cdot \mathrm{s}^{-2} \cdot \mathrm{g}^{-1}\,.$$

Oft werden **geometrische Einheiten** benutzt, bei welchen die Lichtgeschwindigkeit und die Gravitationskonstante den Wert 1 erhalten. Jede andere Einheit wird hierbei durch Potenzen der Zeit– oder der Längeneinheit ausgedrückt. Es gelten also folgende Entsprechungen:

$$1\,\mathrm{g} \mathrel{\widehat{=}} 2.476 \cdot 10^{-39}\,\mathrm{s} \mathrel{\widehat{=}} 7.426 \cdot 10^{-29}\,\mathrm{cm}\,,$$

z.B. für die Sonnenmasse

$$1.989 \cdot 10^{33}\,\mathrm{g} \mathrel{\widehat{=}} 4.925 \cdot 10^{-6}\,\mathrm{s} \mathrel{\widehat{=}} 1.477 \cdot 10^{5}\,\mathrm{cm}\,.$$

(b) Unter einer **Raumzeit** verstehen wir eine zusammenhängende, zeitorientierte, vierdimensionale Lorentz–Mannigfaltigkeit M mit Lorentz–Metrik $\mathbf{g} = \langle\,\cdot\,,\,\cdot\,\rangle$ und der Signatur $(-+++)$, vgl. § 9 : 2.1. Die Punkte von M heißen **Ereignisse** oder **Weltpunkte**.

Wir erinnern an die Zukunftskegel $I_p^+, J_p^+ \subset T_pM$ der zeitartigen, bzw. kausalen (= nicht raumartigen) Vektoren, vgl. § 9 : 2.2 (a).

(c) Unter **Materieteilchen** oder **materieartigen Teilchen** einer Raumzeit M verstehen wir zukunftsgerichtete, zeitartige Kurven $\alpha : I \to M$ mit $\|\dot\alpha\| = c$, also mit

$$\langle \dot\alpha(\tau), \dot\alpha(\tau)\rangle = -c^2 \quad \text{und} \quad \dot\alpha(\tau) \in I^+_{\alpha(\tau)} \quad \text{für } \tau \in I\,.$$

Der bis auf Translationen eindeutig bestimmte Parameter τ ist die **Eigenzeit** des Teilchens. Die Kurven $\tau \mapsto \alpha(\tau)$ und $\tau \mapsto \alpha(\tau - \tau_0)$ mit $\tau_0 \in \mathbb{R}$ sehen wir als das gleiche Teilchen an.

Jede von einem Materieteilchen mitgeführte ideale Uhr (z.B. eine Atomuhr, vgl. [84] 2.12) zeigt nach geeigneter Skalierung die Eigenzeit an. Die Ausführung von Parametertransformationen $\tau \mapsto \tau - \tau_0$ bedeutet also Stellen von Uhren.

Gleichzeitigkeit verschiedener Ereignisse der Raumzeit ist somit nicht wie in der klassischen Mechanik a priori definiert, sondern muss erst durch Übereinkunft festgelegt werden, siehe 1.2 (b).

Materieteilchen modellieren die Lebensgeschichte von nicht allzu großen Körpern, z.B. eines Elektrons oder eines Planeten. Was als Materieteilchen angesehen werden kann, ergibt sich aus dem jeweiligen Kontext, ähnlich wie beim Begriff des Massenpunkts in der klassischen Mechanik.

Für Materieteilchen α betrachten wir die folgenden Vektorfelder längs α:

$\dot{\alpha}$ = **Vierergeschwindigkeit** oder **Weltgeschwindigkeit**,

$\ddot{\alpha}$ = **Viererbeschleunigung** oder **Weltbeschleunigung**.

Wegen $\langle \dot{\alpha}, \dot{\alpha} \rangle = -c^2$ gilt $\langle \dot{\alpha}, \ddot{\alpha} \rangle = 0$.

Ein Materieteilchen α heißt **frei fallend** (**nur der Trägheit folgend**), wenn es unbeschleunigt, also eine Geodätische ist, $\ddot{\alpha} = 0$, vgl. hierzu § 9 : 4.2.

Beispiele für frei fallende Teilchen sind (angenähert) vom Baum fallende Äpfel, Raumschiffe mit abgeschaltetem Antrieb und Planeten. Solche Teilchen bewegen sich also auf einer „geraden“ Linie der gekrümmten Raumzeitgeometrie; nach der klassischen Mechanik folgen sie einer krummen Kurve in der „geraden“ euklidischen Geometrie.

(d) Wir verstehen unter **lichtartigen Teilchen** zukunftsgerichtete, lichtartige Geodätische $\gamma : I \to M$; für diese gilt also

$$\ddot{\gamma} = 0\,, \quad \langle \dot{\gamma}, \dot{\gamma} \rangle = 0$$

und

$$\dot{\gamma}(s) \in J^+_{\gamma(s)} \setminus \{0\} \quad \text{für } s \in I\,.$$

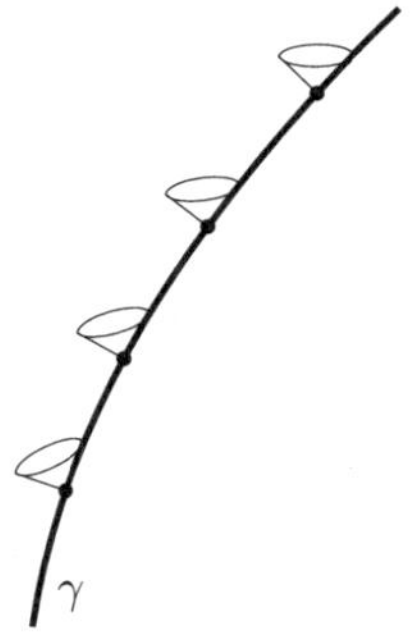

Lichtartige Teilchen $s \mapsto \gamma(s)$ und $s \mapsto \gamma(s - s_0)$ mit $s_0 \in \mathbb{R}$ sehen wir als identisch an. Für lichtartige Teilchen lässt sich wegen $\langle \dot{\gamma}, \dot{\gamma} \rangle = 0$ keine Eigenzeit–Parametrisierung festlegen.

Lichtartige Teilchen sind z.B. Photonen, näherungsweise Neutrinos und die hypothetischen Gravitonen als Träger der Gravitationswechselwirkung.

Ein **Lichtstrahl** zwischen zwei Ereignissen $p, q \in M$ ist die Spur $\gamma([a,b])$ eines lichtartigen Teilchens $\gamma : I \to M$ mit $[a,b] \subset I$, $\gamma(a) = p$, $\gamma(b) = q$.

(e) BEMERKUNG. Der Begriff der Raumzeit kann auch umgekehrt aus einem Axiomensystem für Eigenschaften von frei fallenden Teilchen und Lichtsignalen abgeleitet werden, wobei Satzteil (iii) in 1.2 (b) eine wichtige Rolle spielt. Für diesen physikalisch plausiblen, aber mathematisch recht anspruchsvollen Zugang von EHLERS, PIRANI, SCHILD verweisen wir auf [78], [105].

1.2 Beobachter, Relativgeschwindigkeit und Zeitdilatation

(a) Unter einem **Beobachter** in einer Raumzeit M verstehen wir ein Materieteilchen $\alpha : I \to M$, auf welchem ein– und auslaufende Lichtsignale mittels Eigenzeitmessungen registriert und markiert werden. Wir können uns dabei einen Physiker vorstellen, der in einem mit Uhr, Fernrohr, Funk und Radar ausgestatteten Labor Messungen ausführt. Ein Beobachter kann z.B. Funksignale von einem Raumschiff oder Lichtsignale von einem entfernten Stern empfangen (Figur links). Er kann auch mittels Radarecho Schlüsse über die relative Lage eines benachbarten Teilchens β ziehen, z.B. die Entfernung zwischen Erde und Mond aus der Laufzeit des Radarsignals bestimmen (Figur rechts).

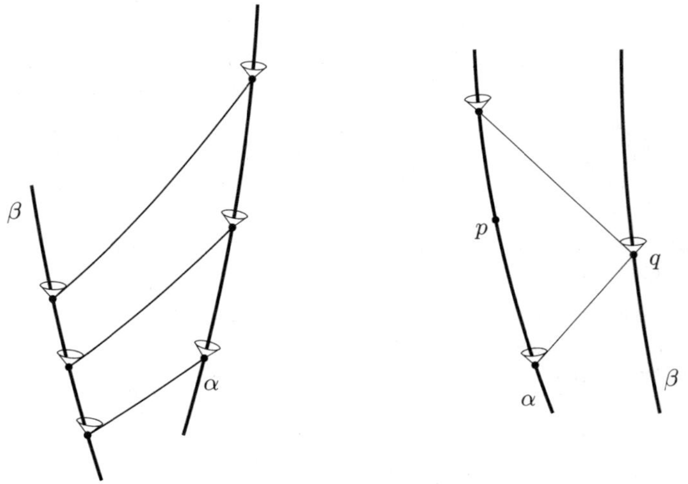

Das Konzept des Beobachters kann dazu dienen, unsere gewohnten Anschauungen von Raum und Zeit in der Raumzeit wiederzufinden, z.B. durch Zerlegung lokaler Raumzeit–Phänomene in Raum– und Zeitanteile. In vielen Fällen liefert es auch eine klarere Beschreibung als die hierbei meistens verwendete Lorentz–Transformation.

(b) Als Erstes diskutieren wir ein Radar–Experiment und zeigen, dass damit für jeden Beobachter ein (lokaler) dreidimensionaler Raumbegriff und ein Konzept von Gleichzeitigkeit verbunden werden können.

Zunächst betrachten wir einen frei fallenden, also gleichförmig, geradlinig bewegten Beobachter (vgl. § 9 : 4.2 (a)) in einem Minkowski–Raum $M = V$. Gemäß § 9 : 2.3 (b) können wir alle Tangentialräume T_pM mit V identifizieren, und nach § 9 : 4.2 (a) sind alle Geodätischen in M Geradenstücke. Der Beobachter ist also durch eine Gerade $\tau \mapsto p + \tau u$ durch einen Punkt $p \in M$ mit einem zukunftsgerichteten Tangentenvektor $u \in V \cong T_pM$ mit $\langle u, u \rangle = -c^2$ gegeben.

Für einen außerhalb der Geraden liegenden Punkt $q \in M$ betrachten wir das in der vorangegangenen rechten Figur skizzierte Radarexperiment mit den Ereignissen: Aussendung eines Lichtstrahls in $\alpha(\tau_1)$, Reflexion in q, Empfang des reflektierten Lichtstrahls in $\alpha(\tau_2)$ mit $\tau_2 > \tau_1$.

Da die Lichtstrahlen auf Geraden $s \mapsto \gamma_i(s) = q + sv_i$ mit $\langle v_i, v_i \rangle = 0$ liegen, ergibt sich für die Parameterwerte s_i mit $\alpha(\tau_i) = q + s_i v_i$ $(i = 1, 2)$ unter Verwendung der Abkürzung $v := q - p$

$$\begin{aligned} q + s_i v_i &= \gamma_i(s_i) = \alpha(\tau_i) = p + \tau_i u\,, \\ s_i v_i &= p + \tau_i u - q = \tau_i u - v\,, \\ 0 &= \langle s_i v_i, s_i v_i \rangle = \tau_i^2 \langle u, u \rangle - 2\tau_i \langle u, v \rangle + \langle v, v \rangle \\ &= -c^2 \tau_i^2 - 2\tau_i \langle u, v \rangle + \langle v, v \rangle = -c^2 \left(\tau_i + \frac{\langle u, v \rangle}{c^2} \right)^2 + \frac{\langle u, v \rangle^2}{c^2} + \langle v, v \rangle\,, \end{aligned}$$

also

$$\tau_{1,2} = \frac{1}{c^2} \left(-\langle u, v \rangle \mp \sqrt{\langle u, v \rangle^2 + c^2 \langle v, v \rangle} \right) \quad \text{und damit}$$

$$\frac{\tau_1 + \tau_2}{2} = -\frac{\langle u, v \rangle}{c^2}\,, \qquad \tau_1 \tau_2 = -\frac{\langle v, v \rangle}{c^2}\,.$$

Der Beobachter kann also das Skalarprodukt $\langle v, v \rangle$ für jedes benachbarte Ereignis $q = p + v$ mit Hilfe des Radarechos bestimmen.

Weiter kann hiermit festgelegt werden, welche Ereignisse q als gleichzeitig mit p angesehen werden sollen. Als einfachste Möglichkeit bietet sich die 1904 von Poincaré vorgeschlagene Übereinkunft an, alle Ereignisse $q \in M$ als mit p **simultan** anzusehen, für welche $\tau_1 + \tau_2 = 0$ gilt. Vereinbaren wir noch, dass p zu sich selbst simultan sein soll, so ist für den Beobachter α die Gesamtheit der zu p simultanen Ereignisse gegeben durch den affinen Teilraum

$$p + u^\perp\,.$$

Der Orthogonalraum $u^\perp$ des Vektors $u = \dot\alpha(0)$ ist nach § 9 : 1.1 (c) eine dreidimensionale, raumartige Hyperebene in $V \cong T_pM$, genannt die **Ruhebene** (**rest space**) des Beobachters α an der Stelle $p = \alpha(0)$.

Aus diesem Synchronisierungskonzept lässt sich das Phänomen der Längenkontraktion bei Beobachtung schnell bewegter Objekte ableiten.

Die vorangehende Betrachtung lässt sich wie folgt auf beliebige Beobachter und beliebige Raumzeiten verallgemeinern.

Satz vom Radarecho. *Für einen Beobachter* $\alpha : I \to M$ *in einer Raumzeit* M *sei* $A = \alpha(I)$ *die Spur und* $p = \alpha(0)$. *Dann gilt:*

(i) *Es gibt eine Umgebung* $U \subset M$ *von* p *und eindeutig bestimmte* C^∞*-Funktionen* T_1, T_2 *auf* $U \setminus A$ *mit* $T_1 < T_2$ *und* $\lim_{q\to p} T_i(q) = 0$, *so dass jedes* $q \in U \setminus A$ *mit den Punkten* $\alpha(T_1(q)), \alpha(T_2(q))$ *jeweils durch eindeutig bestimmte Lichtstrahlen verbindbar ist.*

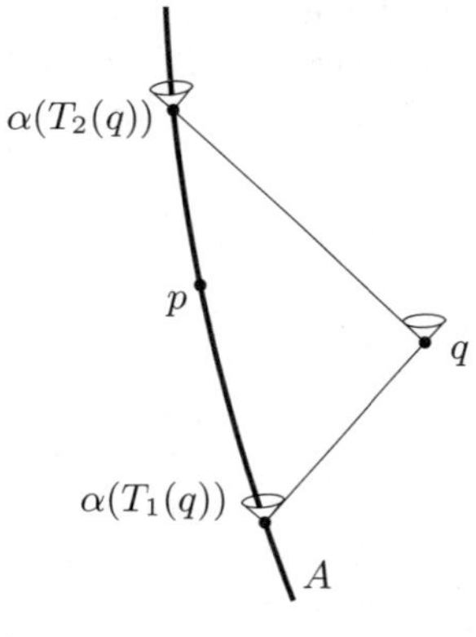

(ii) *Die Funktion* $\frac{1}{2}(T_1+T_2)$ *lässt sich zu einer* C^∞*-Funktion* $T : U \to \mathbb{R}$ *fortsetzen. Für* $\tau \in I$ *mit* $\alpha(\tau) \in U$ *gilt*

$$\nabla T\big|_{\alpha(\tau)} = -c^2\dot\alpha(\tau)\,.$$

Ferner ist

$$\Sigma_\tau := \left\{ q \in U \;\middle|\; T(q) = \tau \right\}$$

eine dreidimensionale Untermannigfaltigkeit von U *mit*

$$\alpha(\tau) \in \Sigma_\tau\,, \quad T_{\alpha(\tau)}\Sigma_\tau = \dot\alpha(\tau)^\perp\,.$$

(iii) *Für jeden von* $u := \dot\alpha(0)$ *linear unabhängigen Vektor* $v \in T_pM$ *und jede Kurve* $\beta : \,]-\varepsilon, \varepsilon[\, \to M$ *mit* $\beta(0) = p$, $\dot\beta(0) = v$ *gilt*

$$\langle v, v\rangle = -\lim_{s\to 0} \frac{c^2}{s^2}\, T_1(\beta(s)) \cdot T_2(\beta(s))\,.$$

Nach (ii) bilden also für $|\tau| \ll 1$ die durch Radarecho definierten, zu $\alpha(\tau)$ simultanen Ereignisse eine Hyperfläche $\Sigma_\tau = \{T = \tau\}$, die **momentane Ruhfläche** des Beobachters α an der Stelle $\alpha(\tau)$.

Der BEWEIS des Satzes erfordert Hilfsmittel, die über den Rahmen dieses Buchs hinausgehen; wir verweisen auf [82] 5.05, 5.06, 5.2 und für Hilfsmittel hierzu auf [68] 5.

(c) Für viele Zwecke reicht das Konzept des **momentanen Beobachters**. Hierunter verstehen wir ein Paar (p, u) mit $p \in M$ und einem zukunftsgerichteten Vektor $u \in T_pM$ mit $\langle u,u\rangle = -c^2$. Für jeden Beobachter $\alpha : I \to M$ und jedes $\tau \in I$ ist z.B. das Paar $(\alpha(\tau), \dot\alpha(\tau))$ ein momentaner Beobachter.

Für jeden momentanen Beobachter (p,u) legen wir einen lokalen Begriff von Raum und Zeit fest durch Auszeichnung der **Ruhebene** $u^\perp \subset T_pM$ und der **Zeitachse** $\mathbb{R}u = \mathrm{Span}\,\{u\} \subset T_pM$. Jeder Vektor $v \in T_pM$ besitzt eine eindeutig bestimmte orthogonale Zerlegung

$$v \;=\; v^0 u + \vec v \quad \text{mit } v^0 \in \mathbb{R}, \quad \vec v \in u^\perp$$

in den **Zeitanteil** $v^0 = -c^{-2}\langle u,v\rangle$ und den **Raumanteil** $\vec v = v + c^{-2}\langle u,v\rangle\, u$. Dies ergibt sich aus § 9 : 1.1 nach Ersetzen von u durch $c^{-1}u$.

(d) Gegeben seien ein Beobachter $\alpha : I \to M$ und ein materie– oder lichtartiges Teilchen $\beta : J \to M$, welches α an einer Stelle $p \in M$ trifft, o.B.d.A. $\alpha(0) = \beta(0) = p$. Wegen $u := \dot\alpha(0) \in I_p^+$, $v := \dot\beta(0) \in J_p^+ \setminus \{0\}$ gilt dann $\langle u,v\rangle < 0$ nach § 9 : 2.2 (b).

Wir bestimmen die momentane Relativgeschwindigkeit des Teilchens β bezüglich des momentanen Beobachters (p,u). Hierzu nähern wir die Kurve β durch die Tangente $t \mapsto \widetilde\beta(t) := tv$ an und erhalten aus der Orthogonalzerlegung

$$\frac{\tau}{v^0}\, v \;=\; \tau u + \frac{\tau}{v^0}\,\vec v$$

in den Zeit– und den Raumanteil für $|\tau| \ll 1$ näherungsweise die Bahn

$$\tau \mapsto \tau\,\frac{\vec v}{v^0}$$

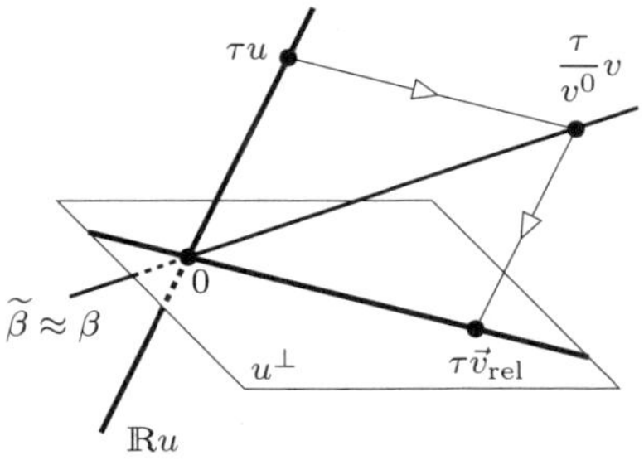

in der raumartigen Ruhebene $u^\perp$. Hieraus ergibt sich

$$\vec v_{\mathrm{rel}} \;:=\; \frac{\vec v}{v^0} \in u^\perp$$

als **relativer Geschwindigkeitsvektor** von β, beobachtet von α im Punkt p.

Aus $v = v^0(u + \vec v_{\mathrm{rel}})$ mit $v^0 = -c^{-2}\langle u,v\rangle > 0$, $\vec v_{\mathrm{rel}} \in u^\perp$ und $\langle u,u\rangle = -c^2$ folgt

$$\langle v,v\rangle \;=\; v^0 v^0 \left(-c^2 + \|\vec v_{\mathrm{rel}}\|^2\right).$$

Ist das Teilchen β lichtartig, so folgt wegen $\langle v,v\rangle = 0$ und $v^0 > 0$

$$\|\vec v_{\mathrm{rel}}\| = c\,;$$

der momentane Beobachter (p,u) misst also c als Relativgeschwindigkeit von β.

Ist das Teilchen β materieartig, also $\langle v, v\rangle = -c^2$, so folgt

$$\|\vec{v}_{\text{rel}}\| = c\sqrt{1 - c^4\langle u, v\rangle^{-2}} < c,$$

$$(*) \qquad v^0 = -\frac{\langle u, v\rangle}{c^2} = \frac{1}{\sqrt{1 - (\|\vec{v}_{\text{rel}}\|/c)^2}}, \qquad v = \frac{u + \vec{v}_{\text{rel}}}{\sqrt{1 - (\|\vec{v}_{\text{rel}}\|/c)^2}}.$$

Der Beobachter misst von β also eine Relativgeschwindigkeit unterhalb der Lichtgeschwindigkeit c. Durch Vertauschung der Rollen von α und β ergibt sich, dass β von α dieselbe Relativgeschwindigkeit misst.

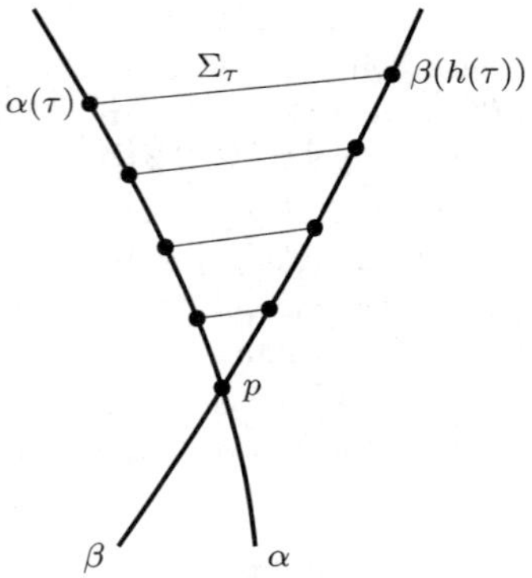

(e) Wir zeigen, dass die Zahl v^0 die von α beobachtete Zeitdilatation bei der Synchronisierung von α und β an der Stelle $p = \alpha(0) = \beta(0)$ ist.

Dabei verstehen wir unter **Synchronisierung** die Zuordnung $\tau \mapsto t = h(\tau)$ von Eigenzeiten derart, dass $\alpha(\tau)$ und $\beta(h(\tau))$ für $|\tau| \ll 1$ simultane Ereignisse sind, d.h. dass

$$\tau = T(\beta(h(\tau))) \quad \text{für } |\tau| \ll 1$$

mit der Zeitfunktion $T : U \to \mathbb{R}$ von Satzteil (ii) in (b) ist. (Die Existenz einer solchen C^∞–Funktion h mit $h(0) = 0$ zeigen wir anschließend.)

Für $\beta_{\text{syn}}(\tau) := \beta(h(\tau))$ gilt $\dot\beta_{\text{syn}}(0) = \dot h(0)\dot\beta(0) = \dot h(0)v$. Durch Ableitung der Gleichung $\tau = (T \circ \beta_{\text{syn}})(\tau)$ an der Stelle $\tau = 0$ folgt nach Definition des Differentials in § 8 : 3.3 (c), des Gradienten in § 9 : 2.3 (b) und mit Hilfe der Aussage $\nabla T\big|_p = -c^{-2}\dot\alpha(0) = -c^{-2}u$ im Satzteil (ii) von (b)

$$1 = (T \circ \beta_{\text{syn}})^{\boldsymbol{\cdot}}(0) = \dot\beta_{\text{syn}}(0)T = \dot h(0)\, vT = \dot h(0)\, dT_p(v)$$

$$= \dot h(0)\,\langle \nabla T|_p, v\rangle = -c^{-2}\,\dot h(0)\,\langle u, v\rangle,$$

also $\dot h(0) = -c^2\,\langle u, v\rangle^{-1}$. Mit $(*)$ ergibt sich somit für die **Zeitdilatation** durch die Synchronisierung $\tau \mapsto t = h(\tau)$

$$\lim_{\tau\to 0} \frac{\text{Eigenzeit } \tau \text{ des Beobachters } \alpha}{\text{Eigenzeit } t \text{ des Teilchens } \beta} = \lim_{\tau\to 0}\frac{\tau}{h(\tau)} = \frac{1}{\dot h(0)} = -\frac{\langle u, v\rangle}{c^2} = v^0.$$

Nachzuweisen bleibt die Existenz einer C^∞–Funktion h mit $T(\beta(h(\tau))) = \tau$ für $|\tau| \ll 1$ und $h(0) = 0$. Dies folgt aus dem Satz über implizite Funktionen, denn es gilt $T(\beta(0)) = \tau(p) = 0$, und durch die gleiche Rechnung wie oben mit β statt β_{syn} ergibt sich $(T \circ \beta)^{\boldsymbol{\cdot}}(0) = -c^{-2}\langle u, v\rangle > 0$ [ÜA].

1.3 Aufgaben

Es sei V eine Minkowski–Raumzeit und e_0, e_1, e_2, e_3 eine Orthonormalbasis von V mit zukunftsgerichtetem, zeitartigem Vektor e_0 (§ 9 : 1.1).

(a) **Gleichförmig beschleunigte Materieteilchen**. Bestimmen Sie das Materieteilchen $\alpha : \mathbb{R} \to V$ in der Ebene $\operatorname{Span}\{e_0, e_1\}$ mit gegebener Beschleunigung $\|\ddot{\alpha}\| = g$ und gegebenen Anfangswerten $\alpha(0) = h\,e_1$, $\dot{\alpha}(0) = c\,e_0$. Hierbei seien g, h gegebene Konstanten mit $g > 0$. Skizzieren Sie das Beschleunigungsfeld $\ddot{\alpha}$ längs α.

Es ergibt sich die Hyperbel

$$\alpha(\tau) = \alpha_{g,h}(\tau) = \frac{c^2}{g} \cdot \left[\sinh\left(\frac{g\tau}{c}\right) e_0 \;+\; \left(\frac{gh}{c^2} - 1 + \cosh\left(\frac{g\tau}{c}\right)\right) e_1\right].$$

Hinweis. Zeigen Sie, dass $U(\tau) := c^{-1}\dot{x}^0(\tau)$ der DG $\ddot{U} = (g/c)^2 U$ genügt.

(b) **Das Zwillingsparadoxon**. Seien α, β zwei Beobachter in der Minkowski–Raumzeit V, genannt Alexander und Bert. Alexander reist ins Weltall (α ist konstant bechleunigt), und Bert bleibt zu Hause (β bewegt sich geradlinig, gleichförmig, d.h. ist frei fallend).

Wir konkretisieren die Konfiguration durch die Annahmen (Bezeichnungen wie in (a))

$$\alpha(\tau) = \alpha_{g,-d}(\tau)\,, \quad \beta(t) = ct\,e_0\,,$$
$$\alpha(-T_0) = \beta(-T_1)\,,$$
$$\alpha(T_0) = \beta(T_1)$$

mit $g = 10^{-2}\,\mathrm{cm/s^2}$ und

$$T_1 = 5\,\text{Jahre} \cong 1.5768 \cdot 10^8\,\mathrm{s}\,,$$

wobei die „Maximaldistanz“ $d > 0$ noch zu bestimmen ist (Figur).

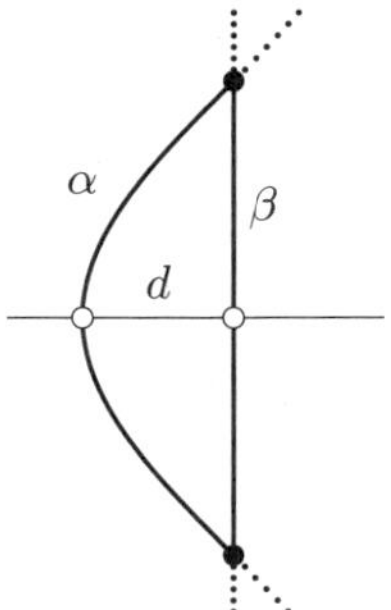

Zeigen Sie, dass

$$T_0 \cong \left(1 - 3.14 \cdot 10^{-7}\right) T_1 < T_1\,, \quad d = 1.24 \cdot 10^9\,\mathrm{km}$$

und dass sich für die relative Geschwindigkeit bei Abreise und Rückkehr

$$v_{\mathrm{rel}} = \|\vec{v}_{\mathrm{rel}}\| = 15.8\,\mathrm{km/s}$$

ergibt. Alexander ist nach der Reise also etwas jünger als Bert.

Zur Kontrolle. Es ergibt sich

$$\frac{gT_1}{c} = \sinh\left(\frac{gT_0}{c}\right) \quad \text{bzw.} \quad \frac{gT_0}{c} = \log\left(\frac{gT_1}{c} + \sqrt{1 + \left(\frac{gT_1}{c}\right)^2}\right),$$

$$\frac{gd}{c^2} = \cosh\left(\frac{gT_0}{c}\right) - 1 = \sqrt{1 + \sinh^2\left(\frac{gT_0}{c}\right)^2} - 1$$

$$\approx \sqrt{1 + \left(\frac{gT_1}{c}\right)^2} - 1 \approx \frac{1}{2}\left(\frac{gT_1}{c}\right)^2.$$

Mit

$$u := \dot{\beta}(T_1) = c\,e_0\,, \qquad v := \dot{\alpha}(T_0) = c\left[\cosh\left(\frac{gT_0}{c}\right)e_0 + \sinh\left(\frac{gT_0}{c}\right)e_1\right]$$

ergibt sich nach 1.2 (c)

$$v^0 = \cosh\left(\frac{gT_0}{c}\right), \quad \vec{v} = c\,\sinh\left(\frac{gT_0}{c}\right)e_1\,,$$

$$v_{\text{rel}} = \|\vec{v}_{\text{rel}}\| = \left\|\vec{v}/v^0\right\| = c\,\tanh\left(\frac{gT_0}{c}\right) \approx gT_0 \approx gT_1\,.$$

1.4 Masse und Energieimpuls von Teilchen

(a) Materieteilchen $\beta : J \to M$ besitzen wie in der klassischen Mechanik eine konstante **Masse** (**Ruhmasse**) $m > 0$; Energie und Impuls haben in der Relativitätstheorie jedoch eine andere Bedeutung als dort.

Als **Energieimpuls–Feld** von β definieren wir

$$P := m\,\dot{\beta}\,.$$

Ein momentaner Beobachter (p, u) an der Stelle $\beta(t_0)$ (o.B.d.A. $t_0 = 0$) zerlegt den Energieimpulsvektor $P(0)$ in einen Zeit– und einen Raumanteil durch

$$P(0) = c^{-2}E\,u + \vec{P} \quad \text{mit} \quad \vec{P} \in u^{\perp}$$

und misst von $P(0)$ die hierdurch bestimmten Größen **Energie** E und **Impuls** $\vec{P}$. Nach § 9 : 2.2 (b) gilt mit $v := \dot{\beta}(0)$

$$E = -\langle u, P(0)\rangle = -m\langle u, v\rangle > 0\,.$$

Wegen $\left\langle\dot{\beta}, \dot{\beta}\right\rangle = -c^2 = \langle u, u\rangle$ und $u \perp \vec{P}$ folgt aus der Zerlegung von $P(0)$

$$-mc^2 = \langle mv, mv\rangle = \langle P(0), P(0)\rangle = c^{-4}E^2\langle u, u\rangle + \langle\vec{P}, \vec{P}\rangle$$

$$= -c^{-2}E^2 + \|\vec{P}\|^2 \quad \text{bzw.}$$

$$(*) \qquad E^2 = (mc^2)^2 + c^2\|\vec{P}\|^2 \qquad (\text{Einstein } 1905).$$

Nach der Beziehung $(*)$ in 1.2 (d) lassen sich E und $\vec{P}$ mit Hilfe der Relativgeschwindigkeit $\vec{v}_{\rm rel}$ ausdrücken: Es gilt

$$c^{-2}Eu + \vec{P} \;=\; P(0) \;=\; mv \;=\; \frac{m}{\sqrt{1-(\|\vec{v}_{\rm rel}\|/c)^2}}\,(u+\vec{v}_{\rm rel})\,.$$

Wegen der Eindeutigkeit der Orthogonalzerlegung folgt

$$E \;=\; \frac{mc^2}{\sqrt{1-(\|\vec{v}_{\rm rel}\|/c)^2}}\,, \qquad \vec{P} \;=\; \frac{m\vec{v}_{\rm rel}}{\sqrt{1-(\|\vec{v}_{\rm rel}\|/c)^2}}\,.$$

Entwicklung in eine Binomialreihe ergibt

$$E = mc^2\left(1+\frac{1}{2}\frac{\|\vec{v}_{\rm rel}\|^2}{c^2}+\cdots\right) = mc^2 + \frac{1}{2}m\|\vec{v}_{\rm rel}\|^2 + \cdots\,;$$

hierbei ist das erste Glied die **Ruhenergie**, und das zweite entspricht der kinetischen Energie der klassischen Mechanik.

(b) Für lichtartige Teilchen $\gamma : J \to M$ erklären wir das **Energieimpuls–Feld** durch

$$P \;=\; \dot{\gamma}\,.$$

Die Raum–Zeit–Zerlegung durch einen momentanen Beobachter (p,u) an der Stelle $p = \gamma(s_0)$ (o.B.d.A. $s_0 = 0$),

$$P(0) = c^{-2}Eu + \vec{P} \quad \text{mit} \quad \vec{P} \in u^{\perp}\,,$$

ergibt wie in (a)

$$E \;=\; -\langle P(0), u\rangle \;>\; 0\,,$$

und es gilt

$$\begin{aligned} 0 \;&=\; \langle\dot{\gamma}(0),\dot{\gamma}(0)\rangle \;=\; \langle P(0),P(0)\rangle \;=\; \left\langle c^{-2}Eu+\vec{P},c^{-2}Eu+\vec{P}\right\rangle \\ &=\; -c^{-2}E^2 + \|\vec{P}\|^2\,, \quad \text{also} \end{aligned}$$

$$E \;=\; c\,\|\vec{P}\|\,.$$

Gemäß dem Teilchen–Welle–Dualismus ist jedem Teilchen der Energie E eine Welle der Frequenz ν mit

$$E \;=\; h\nu$$

zugeordnet, wobei $h = 1.68 \cdot 10^{-28} \mathrm{g} \cdot \mathrm{m}^2 \cdot \mathrm{s}^{-1}$ das PLANCKSCHE Wirkungsquantum ist.

Der Vergleich der Beziehung $E = \|\vec{P}\|$ mit der Einsteinschen Gleichung $(*)$ in (a) führt dazu, lichtartigen Teilchen die Masse $m = 0$ zuzuordnen.

(c) Unter einer **Teilchenkollision** im Ereignis $p \in M$ verstehen wir eine Kollektion von einlaufenden materie– oder lichtartigen Teilchen

$$\alpha_1, \ldots, \alpha_m :]-\varepsilon, 0] \to M$$

und auslaufenden Teilchen

$$\beta_1, \ldots, \beta_n : [0, \varepsilon[\to M$$

mit $\alpha_i(0) = \beta_j(0) = p \quad (i = 1, \ldots, m,$ $j = 1, \ldots, n,\ \varepsilon > 0)$.

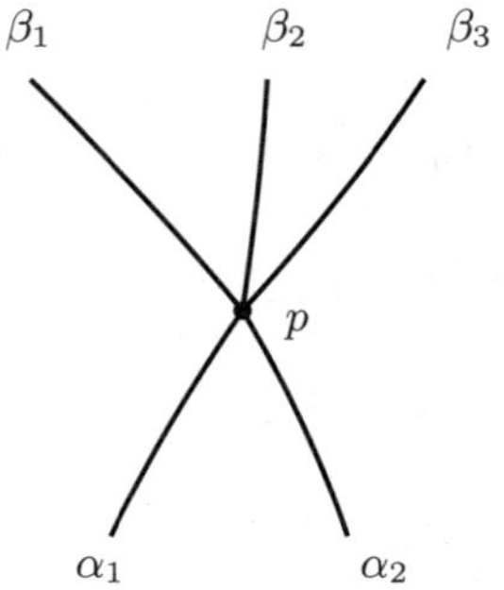

Der Satz von der **Energieimpuls–Erhaltung** bei unelastischer Teilchenkollision im Ereignis p lautet

$$\sum_{i=1}^{m} P_i^{\mathrm{ein}} = \sum_{j=1}^{n} P_j^{\mathrm{aus}},$$

hierbei ist $P_i^{\mathrm{ein}} \in T_pM$ der Energieimpuls–Vektor des Teilchens α_i an der Stelle $p = \alpha_i(0)$ und $P_j^{\mathrm{aus}} \in T_pM$ der Energieimpuls–Vektor von β_j in $p = \beta_j(0)$. Dieser Erhaltungssatz ist eine durch zahlreiche Experimente gesicherte Tatsache.

Ein momentaner Beobachter im Kollisionsereignis p misst daher nach (a), (b)

$$\sum_{i=1}^{m} E_i^{\mathrm{ein}} = \sum_{j=1}^{n} E_j^{\mathrm{aus}}, \qquad \sum_{i=1}^{m} \vec{P}_i^{\mathrm{ein}} = \sum_{j=1}^{n} \vec{P}_j^{\mathrm{aus}}.$$

(d) AUFGABE. Zeigen Sie: Für die unelastische Kollision zweier einlaufender Materieteilchen α_1, α_2 mit Massen m_1, m_2 und einem auslaufenden Teilchen β der Masse m besteht die Beziehung

$$m^2 = m_1^2 + m_2^2 + \frac{2m_1m_2}{\sqrt{1-(v_{\mathrm{rel}}/c)^2}} > (m_1+m_2)^2,$$

wobei $v_{\mathrm{rel}} = \|\vec{v}_{\mathrm{rel}}\|$ die relative Geschwindigkeit zwischen α_1 und α_2 ist. Für diese gilt nach 1.2 (d) $(*)$

$$\frac{1}{\sqrt{1-(v_{\mathrm{rel}}/c)^2}} = -\frac{\langle \dot{\alpha}_1(0), \dot{\alpha}_2(0)\rangle}{c^2}.$$

(e) BEMERKUNG. Eine einheitliche Beschreibung des Energieimpuls–Feldes von materie– und lichtartigen Teilchen lässt sich durch folgende modifizierte Teilchendefinition erhalten: *Ein Teilchen der Masse* $m \geq 0$ ist eine zukunftsgerichtete Kurve β in der Raumzeit M mit $\langle \dot\beta, \dot\beta \rangle = -m^2 c^2$. Hier ist $P = \dot\beta$ das Energieimpuls–Feld des Teilchens. Materieteilchen sind dabei durch $m > 0$ ausgezeichnet. Diese sind nicht durch die Eigenzeit parametrisiert; das zugeordnete, durch die Eigenzeit parametrisierte Materieteilchen im Sinne von 1.1 (c) erhalten wir mittels $\alpha(\tau) := \beta(\tau/m)$, vgl. [82] 3.8. Die lichtartigen Teilchen mit $m = 0$ besitzen keine Umparametrisierungen mit einem Eigenzeit–Parameter, wie schon in 1.1 (d) erwähnt wurde.

1.5 Gravitation als Krümmung

(a) EINSTEINs Ausgangspunkt für die Schaffung der allgemeinen Relativitätstheorie war die Einsicht, dass Schwerkraft im Sinne der klassischen Mechanik lokal wegtransformiert werden kann, vgl. [84] 9.4. Diese Aussage ergibt sich aus der Raumzeit–Geometrie wie folgt: Ist α ein frei fallendes Materieteilchen, so können wir nach § 9 : 4.2 (d) Koordinaten mit

$$g_{ik}(\alpha(\tau)) = \eta_{ik}\,, \quad \Gamma^j_{ik}(\alpha(\tau)) = 0$$

wählen (Fermi–Koordinaten). Die geodätische Differentialgleichung geht dabei über in

$$\ddot x^j(\tau) \;=\; 0 \quad (j = 1,2,3,4)\,.$$

In diesem lokalen Inertialsystem längs α ist also keine Schwerkraft vorhanden, die Bewegung erfolgt gleichförmig. Bei vorhandener Krümmung lässt sich dieses Inertialsystem nach § 9 : 3.4 (c) jedoch nicht auf eine Umgebung ausdehnen, d.h. es gibt kein Koordinatensystem (U, x) mit

$$g_{ik} = \eta_{ik}, \quad \Gamma^j_{ik} = 0 \quad \text{auf ganz } U.$$

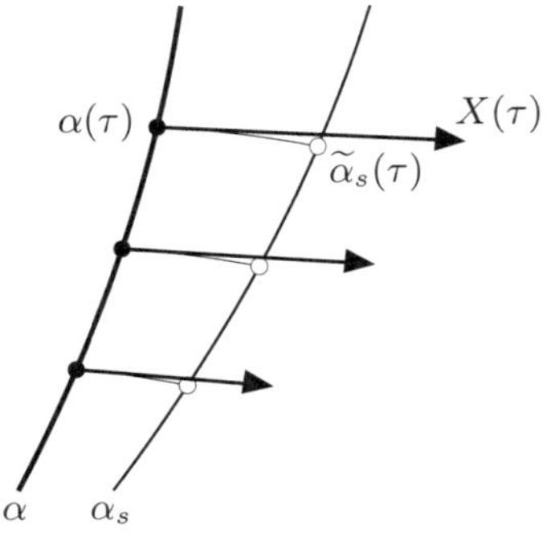

(b) Wir stellen eine Beziehung zwischen der relativen Beschleunigung von benachbarten Teilchen und der Krümmung der Raumzeit her. Um diese aufzustellen,betrachten wir ein frei fallendes Teilchen $\alpha : I \to M$ und ein zu $\dot\alpha$ orthogonales Jacobifeld X längs α, d.h.

$$\ddot X + Rm(X, \dot\alpha)\dot\alpha \;=\; 0\,,$$

$$\langle X, \dot\alpha \rangle \;=\; 0\,.$$

Nach § 9 : 5 (a) sind die durch $\tau \mapsto \widetilde{\alpha}_s(\tau) = \exp_{\alpha(\tau)}(sX(\tau))$ für $|s| \ll 1$ gegebenen Kurven näherungsweise zukunftsgerichtete, zeitartige Geodätische, stellen also näherungsweise frei fallende, zu α benachbarte Materieteilchen dar.

Wir nennen deshalb ein solches Jacobi–Feld $X \in \mathcal{V}\alpha$ ein **frei fallendes Nachbarteilchen** von α.

Ein aus einem Raumschiff α mit abgeschaltetem Antrieb ausgestiegener Astronaut kann als Beispiel für ein frei fallendes Nachbarteilchen von α angesehen werden.

Für ein frei fallendes Nachbarteilchen X von α folgt

$$\langle Rm(X,\dot\alpha)\dot\alpha,\dot\alpha\rangle = 0$$

nach § 9 : 3.4 (c), also gilt

$$\ddot X(\tau) \;=\; -Rm(X(\tau),\dot\alpha(\tau))\dot\alpha(\tau) \;\in\; \dot\alpha(\tau)^\perp .$$

Hiernach ist $\ddot X(\tau)$ nach § 9 : 1.1 raumartig und hängt nur vom relativen Positionsvektor $X(\tau)$ ab. Wir interpretieren $\ddot X(\tau)$ als Beschleunigung des Nachbarteilches X relativ zu α zum Zeitpunkt τ.

Als Maß für die Stärke des Gravitationsfeldes führen wir für jeden momentanen Beobachter (p,u) im Punkt p der Raumzeit M den **Gezeitenkraft–Operator** K_u ein durch

$$K_u : u^\perp \to u^\perp , \quad v \mapsto -Rm(v,u)u .$$

Dieser ordnet also nach den vorangehenden Argumenten jedem relativen Ortsvektor $v \in u^\perp$ den relativen Beschleunigungsvektor von frei fallenden Nachbarteilchen mit $X(\tau) = v$ an der Stelle v zu.

SATZ. $K_u : u^\perp \to u^\perp$ *ist ein symmetrischer linearer Operator,*

$$\langle K_u v, w\rangle \;=\; \langle v, K_u w\rangle$$

für $v, w \in u^\perp$. *Weiter gilt*

$$\operatorname{Spur} K_u = -Rc(u,u) .$$

Hierbei ist Rc der in § 9 : 3.5 eingeführte Ricci–Tensor.

Der BEWEIS ist eine leichte [ÜA] unter Verwendung der Identitäten § 9 : 3.4 (d) des Krümmungstensors.

Nach Definition des Gezeitenkraft–Operators K_u gilt somit für jedes frei fallende Nachbarteilchen X von α

$$\ddot X(\tau) \;=\; K_{\alpha(\tau)}\, X(\tau) .$$

Daher kann $K_{\alpha(\tau)}$ durch Messung von Relativbeschleunigungen bestimmt werden. Nach § 9 : 6.1 ist hierdurch auch der Krümmungstensor längs α festgelegt. Somit lässt sich der Riemannsche Krümmungstensor einer Raumzeit prinzipiell durch Messung von relativen Beschleunigungen bestimmen, vgl. auch [84] § 10, 16.10.

1.6 Rotverschiebung

Gegeben seien zwei Beobachter α_0, α_1 in einer Raumzeit M und ein Lichtstrahl S zwischen den beiden Ereignissen $p_0 = \alpha_0(\tau_0)$, $p_1 = \alpha_1(t_1)$, wobei wir wieder $\tau_0 = t_1 = 0$ annehmen dürfen.

Der Rotverschiebungs–Parameter wird auf zwei Weisen eingeführt. Bei der ersten Definition verwenden wir die Einstein–Relation $E = h\nu$, bei der zweiten synchronisieren wir die beiden Beobachter durch verbindende Lichtstrahlen.

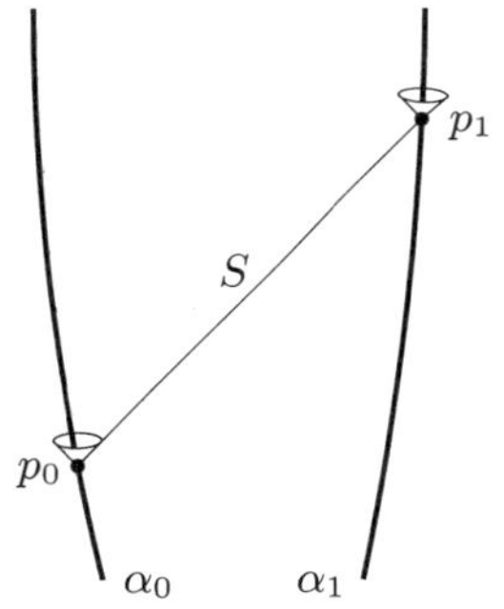

(a) Der Lichtstrahl S sei durch das Stück $\gamma : [0, a] \to M$ einer lichtartigen Geodätischen gegeben (vgl. 1.1 (d)), und es gelte $p_0 = \alpha_0(0) = \gamma(0)$, $p_1 = \alpha_1(0) = \gamma(a)$. Nach 1.4 (b) ergibt sich für die von α_0, α_1 gemessenen Frequenzen ν_0, ν_1

$$\nu_0 = \frac{E_0}{h} = -\frac{1}{h}\langle\dot\gamma(0), \dot\alpha_0(0)\rangle\,, \qquad \nu_1 = \frac{E_1}{h} = -\frac{1}{h}\langle\dot\gamma(a), \dot\alpha_1(0)\rangle\,.$$

Der **Rotverschiebungs–Parameter** z von (α_0, p_0) und (α_1, p_1) ist definiert durch die relative Frequenzänderung

$$z := \frac{\nu_0 - \nu_1}{\nu_1} = \frac{\nu_0}{\nu_1} - 1 = \frac{\langle\dot\gamma(0), \dot\alpha_0(0)\rangle}{\langle\dot\gamma(a), \dot\alpha_1(0)\rangle} - 1\,.$$

Die Zahl ist unabhängig von der S darstellenden Geodätischen γ, denn für eine andere Darstellung $\widetilde{\gamma} : [0, \widetilde{a}] \to M$ von S folgt nach § 9 : 4.2 (a), dass

$$\gamma(s) = \widetilde{\gamma}(bs) \quad \text{mit} \quad b = \frac{\widetilde{a}}{a}\,,$$

woraus sich $\dot\gamma(s) = b\dot{\widetilde{\gamma}}(bs)$ und damit die Gleichheit der Skalarprodukt–Quotienten ergibt.

Rotverschiebung im engeren Sinn bedeutet, dass die empfangene Frequenz ν_1 kleiner als die ausgesandte Frequenz ν_0 ist, also $z > 0$.

(b) Wir synchronisieren α_0 und α_1 durch einen C^∞–Diffeomorphismus

$$h :]-\varepsilon, \varepsilon[\to J$$

(J eine Intervallumgebung von 0) mit $h(0) = 0$, $\dot{h} > 0$, indem wir fordern, dass $\alpha(\tau)$ und $\alpha_1(h(\tau))$ für $|\tau| < \varepsilon$ durch genau einen Lichtstrahl S_τ verbindbar sind.

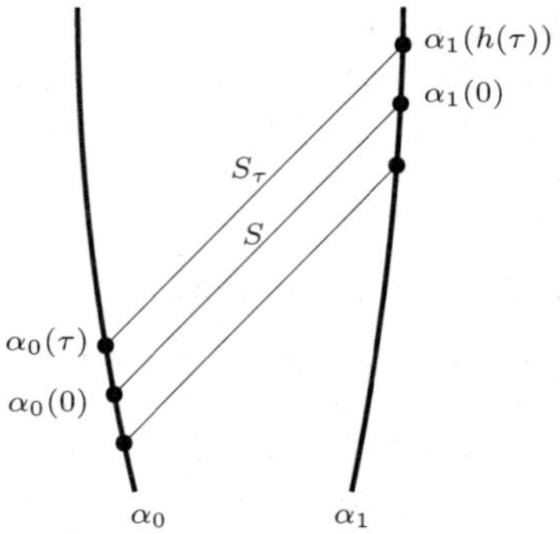

Parametrisieren wir die zugehörigen Stücke der lichtartigen Teilchen durch $s \in [0, 1]$, so wird die Konfiguration beschrieben durch eine C^∞–Abbildung

$$A : [0, 1] \times]-\varepsilon, \varepsilon[\to M\,, \quad (s, \tau) \mapsto A(s, \tau) \quad \text{mit}$$

$$A(0, \tau) = \alpha_0(\tau)\,, \quad A(1, \tau) = \alpha_1(h(\tau))\,,$$

$$s \mapsto \gamma_\tau(s) := A(s, \tau) \quad \text{ist ein lichtartiges Teilchen für } |\tau| < \varepsilon.$$

Die **Eigenzeit–Verzerrung** z_{syn} dieser Synchronisation definieren wir durch

$$1 + z_{\text{syn}} := \lim_{\tau \to 0} \frac{h(\tau)}{\tau} = \dot{h}(0)\,.$$

Diese Eigenzeit–Verzerrung stimmt mit dem Rotverschiebungs–Parameter überein:

SATZ. *Es gilt* $z = z_{\text{syn}}$.

BEWEIS. Die Schar $\{\gamma_\tau\}$ besteht aus lichtartigen Geodätischen. Nach § 9 : 5 (a) ist deshalb

$$X(s) := \frac{\partial \gamma_\tau(s)}{\partial \tau}\Big|_{s=0} = \frac{\partial A}{\partial \tau}(s, 0)$$

ein Jacobi–Feld längs $\gamma := \gamma_0$. Weiter gilt

$$X(0) = \frac{\partial A}{\partial t}(0, 0) = \dot{\alpha}_0(0)\,,$$

$$X(1) = \frac{\partial A}{\partial t}(1, 0) = (\alpha_1 \circ h)^{\boldsymbol{\cdot}}(0) = \dot{h}(0)\, \dot{\alpha}_1(0)\,,$$

$$\left\| \frac{\partial A}{\partial s}(s, \tau) \right\|^2 = \|\dot{\gamma}_\tau(s)\|^2 = \langle \dot{\gamma}_\tau(s), \dot{\gamma}_\tau(s) \rangle = 0 \quad \text{für } |\tau| < \varepsilon\,.$$

Nach dem GAUSS–Lemma § 9 : 5 (c) folgt $\langle X, \dot{\gamma} \rangle = \text{const}$, also

$$\langle \dot{\alpha}_0(0), \dot{\gamma}(0) \rangle = \langle X(0), \dot{\gamma}(0) \rangle = \langle X(1), \dot{\gamma}(1) \rangle = \dot{h}(0) \langle \dot{\alpha}_1(0), \dot{\gamma}(1) \rangle$$

und damit

$$1 + z = \frac{\langle \dot{\gamma}(0), \dot{\alpha}_0(0) \rangle}{\langle \dot{\gamma}(1), \dot{\alpha}_1(0) \rangle} = \dot{h}(0) = 1 + z_{\text{syn}} . \qquad \square$$

(c) **Ein Modell für ein terrestrisches Rotverschiebungsexperiment.** POUND und REBKA führten 1960 ein Experiment zur Messung der Rotverschiebung durch, bei welchem γ–Strahlen von einem Target am Boden eines Turms zu einem Target in der Spitze des Turms gesandt wurden. Der Abstand beider Targets betrug $h = 22.6\,\text{m}$. Ein momentaner Beobachter (p, u) in der Höhe h_0 $(0 < h_0 < h)$, aufgefasst als ein im Turm frei fallendes Teilchen, beschreibt die Konfiguration im Minkowski–Raum $V = T_p M$ als Inertialsystem wie folgt:

(1) Die γ–Strahlen sind lichtartige Geraden, weil in diesem Inertialsystem die Gesetze der Elektrodynamik gelten.

(2) Die beiden Targets α_0, α_1 sind mit der Erdbeschleunigung g relativ zu $\tau \mapsto \beta(\tau) = \tau u$ nach oben (in der linksstehenden Figur nach rechts) beschleunigte Kurven.

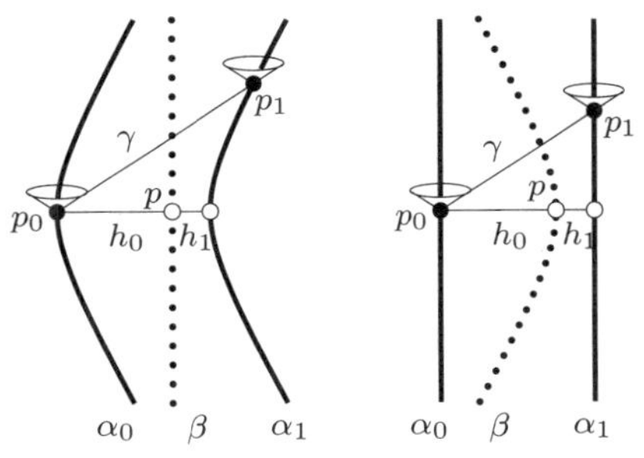

Nach 1.2 (e), Aufgabe 1 sind dann α_0, α_1 Hyperbeln

$$\alpha_0 = \alpha_{g,-h_0} , \quad \alpha_1 = \alpha_{g,h_1}$$

mit $h_1 = h - h_0$ in der von $e_0 = c^{-1}u$ und dem auf der Erdoberfläche senkrechten Einheitsvektor $e_1 \in u^{\perp}$ aufgespannten Ebene in V.

Der Punkt $p_0 = \alpha_0(0) = -h_0 e_1$ ist mit genau einem Punkt p_1 auf α_1 durch einen γ–Strahl verbindbar (etwa dargestellt durch $s \mapsto \gamma(s) = s e_0 + (s - h_0) e_1$) und für den zugehörigen Rotverschiebungsparameter z ergibt sich unter der Annahme $|z| \ll 1$ ÜA

$$z \approx \frac{z}{1+z} = \frac{gh}{c^2} .$$

Der Wert $z = gh/c^2 = 980 \cdot 2260/(3 \cdot 10^{10})^2 = 2.46 \cdot 10^{-15}$ wurde in dem Experiment und durch nachfolgende Experimente mit ansteigend grosser Genauigkeit gemessen, siehe [84] 15.5, [88] § 38.5.

Hätten wir ein erdfestes Inertialsystem zugrunde gelegt (rechtsstehende Figur), so hätte sich der Wert $z = 0$ ergeben.

Dieses Experiment zeigt, dass ein frei fallendes Bezugssystem in guter Näherung ein Inertialsystem ist, ein erdfestes System dagegen nicht.

1.7 Trägheitsachsen

Im Folgenden verwenden wir geometrische Einheiten und setzen $c = 1$.

(a) Sei α ein Beobachter in einer Raumzeit M. Unter einer **Trägheitsachse** (**Kreiselachse**) von α verstehen wir ein Vektorfeld X längs α mit den Eigenschaften

$$(*) \qquad \vec{\dot{X}} = 0 \quad \text{und} \quad \langle X, \dot{\alpha} \rangle = 0 ,$$

wobei $\dot{X}$ die kovariante Ableitung längs α ist (§ 9 : 4.1) und

$$Y \mapsto \vec{Y} := Y + \langle Y, \dot{\alpha} \rangle \dot{\alpha} , \quad \mathcal{V}\alpha \to \mathcal{V}\alpha$$

die punktweise ausgeführte Projektion auf die Ruhebenen von α, vgl. 1.2 (c).

Nach der ersten Bedingung in $(*)$ verschwindet also für den Beobachter α der räumliche Anteil des Geschwindigkeitsvektors von X, was die räumliche Fixierung der Kreiselachse bedeutet.

Wir geben den Bedingungen $(*)$ die Gestalt einer modifizierten Parallelverschiebung längs α, die wir in der Form $D_F X = 0$ schreiben wollen. An den hierzu einzuführenden Differentialoperator

$$D_F : \mathcal{V}\alpha \to \mathcal{V}\alpha$$

stellen wir die Forderungen:

(1) D_F ist additiv und genügt der Produktregel,

$$D_F(X + Y) = D_F X + D_F Y , \qquad D_F(fX) = \dot{f} X + f D_F X ,$$

(2) $D_F \dot{\alpha} = 0$,

(3) $\langle X, \dot{\alpha} \rangle = 0 \implies D_F X = \vec{\dot{X}}$.

Satz. *Es gibt genau einen Operator* $D_F : \mathcal{V}\alpha \to \mathcal{V}\alpha$ *mit den Eigenschaften* (1)–(3), *genannt die* **Fermi–Ableitung** *oder* **Fermi–Walker–Ableitung** *längs* α. *Dieser ist gegeben durch*

$$D_F X = \dot{X} + \langle X, \dot{\alpha} \rangle \ddot{\alpha} - \langle X, \ddot{\alpha} \rangle \dot{\alpha} \qquad \textit{für} \quad X \in \mathcal{V}\alpha$$

und erfüllt die Skalarproduktregel

$$(4) \qquad \langle X, Y \rangle^{\cdot} = \langle D_F X, Y \rangle + \langle X, D_F Y \rangle .$$

Ein Vektorfeld $X \in \mathcal{V}\alpha$ heißt **Fermi–parallel** längs α, wenn $D_F X = 0$ gilt (Fermi 1922, Walker 1932). Fermi–parallele Vektorfelder $X, Y \in \mathcal{V}\alpha$ erhalten nach (4) das Skalarprodukt.

Ist $X \in \mathcal{V}\alpha$ Fermi–parallel und gilt $\langle X(t_0), \dot{\alpha}(t_0)\rangle = 0$ zu einem Zeitpunkt t_0, so gilt für alle Zeiten $\langle X, \dot{\alpha}\rangle = 0$ nach (4) und $\vec{\dot{X}} = D_F X = 0$ nach (3), d.h. X ist eine Trägheitsachse.

Ist der Beobachter frei fallend, so stimmt wegen $\ddot{\alpha} = 0$ die Fermi–Ableitung $D_F X$ mit der kovarianten Ableitung $\dot{X}$ längs α überein. In diesem Fall ist jede Trägheitsachse längs α parallel verschoben.

BEWEIS.

(i) Der im Satz angegebene Ausdruck für D_F genügt den Rechenregeln (1)–(4) (ÜA mit Hilfe der Rechenregeln § 9 : 4.1 für $\dot{X}$).

(ii) *Eindeutigkeit von* D_F: Sei $D_F : \mathcal{V}\alpha \to \mathcal{V}\alpha$ ein Operator mit den Eigenschaften (1),(2),(3). Wir zerlegen jedes Vektorfeld $X \in \mathcal{V}\alpha$ orthogonal: $X = X^0\dot{\alpha} + \vec{X}$ mit $X^0 = -\langle X, \dot{\alpha}\rangle$ und $\langle \vec{X}, \dot{\alpha}\rangle = 0$. Aus (1),(2) folgt dann

$$\begin{aligned} D_F X &= D_F(X^0\dot{\alpha} + \vec{X}) = \dot{X}^0\dot{\alpha} + X^0 D_F\dot{\alpha} + D_F\vec{X} = \dot{X}^0\dot{\alpha} + D_F\vec{X} \\ &= -\langle X, \dot{\alpha}\rangle^{\boldsymbol{\cdot}}\,\dot{\alpha} + D_F\vec{X}\,. \end{aligned}$$

Mit $\langle \dot{\alpha}, \dot{\alpha}\rangle = -1$, $\langle \dot{\alpha}, \ddot{\alpha}\rangle = 0$ ergibt sich

$$\begin{aligned} \dot{\vec{X}} &= (X + \langle X, \dot{\alpha}\rangle\dot{\alpha})^{\boldsymbol{\cdot}} = \dot{X} + \langle X, \dot{\alpha}\rangle^{\boldsymbol{\cdot}}\,\dot{\alpha} + \langle X, \dot{\alpha}\rangle\,\ddot{\alpha}\,, \\ \langle \dot{\vec{X}}, \dot{\alpha}\rangle &= \langle \dot{X}, \dot{\alpha}\rangle - \langle X, \dot{\alpha}\rangle^{\boldsymbol{\cdot}} = -\langle X, \ddot{\alpha}\rangle\,. \end{aligned}$$

Für $Y := \vec{X}$ gilt $\langle Y, \dot{\alpha}\rangle = 0$. Nach (3) folgt $D_F Y = \vec{\dot{Y}}$. Somit folgt

$$\begin{aligned} D_F\vec{X} &= \vec{\dot{Y}} = \dot{Y} + \langle \dot{Y}, \dot{\alpha}\rangle\dot{\alpha} = \dot{\vec{X}} + \langle \dot{\vec{X}}, \dot{\alpha}\rangle\dot{\alpha} \\ &= \dot{X} + \langle X, \dot{\alpha}\rangle^{\boldsymbol{\cdot}}\,\dot{\alpha} + \langle X, \dot{\alpha}\rangle\,\ddot{\alpha} - \langle X, \ddot{\alpha}\rangle\,\dot{\alpha}\,. \end{aligned}$$

Damit erhalten wir

$$D_F X = \dot{X} + \langle X, \dot{\alpha}\rangle\,\ddot{\alpha} - \langle X, \ddot{\alpha}\rangle\,\dot{\alpha}\,. \qquad \square$$

(b) SATZ. *Für jeden Beobachter* $\alpha : I \to M$ *hat das Anfangswertproblem*

$$D_F X = 0\,, \quad X(\tau_0) = u_0$$

zu gegebenem $\tau_0 \in I$, $u_0 \in T_{\alpha(\tau_0)}M$ *genau eine Lösung* $X \in \mathcal{V}\alpha$.

Der BEWEIS ergibt sich mit den gleichen Argumenten wie der für parallele Vektorfelder in § 9 : 4.2 (c).

Jeder Beobachter $\alpha : I \to M$ kann hiernach mit einem Orthonormalsystem von Trägheitsachsen $E_1, E_2, E_3 \in \mathcal{V}\alpha$ versehen werden (etwa realisiert durch Kreiselkompasse), denn nach Fixierung von $\tau_0 \in I$ und Ergänzung von $e_0 := \dot{\alpha}(\tau_0)$ zu einer Orthonormalbasis e_0, e_1, e_2, e_3 von $T_{\alpha(\tau_0)}M$ (wir verwenden geometrische Einheiten) gibt es längs α Fermi–parallele Vektorfelder E_0, E_1, E_2, E_3 mit

$E_i(\tau_0) = e_i$. Für diese gilt $E_0 = \dot\alpha$ und $\langle E_i, E_k\rangle = \langle E_i(\tau_0), E_k(\tau_0)\rangle = \langle e_i, e_k\rangle = \eta_{ik}$, somit

$$\langle E_i, E_k\rangle \;=\; \delta_{ik} \quad \text{für } i,k \geq 1 \quad \text{und } \langle E_i, \dot\alpha\rangle = 0 \quad \text{für } i \geq 1\,.$$

Mit Hilfe der Exponentialabbildung lassen sich hiermit Fermi–Koordinaten in einer Umgebung des Beobachters einführen, vgl. § 9 : 4.2 (c).

(c) **Die Thomas–Präzession**. In einer Minkowski–Raumzeit V sei eine Orthonormalbasis $e_0, \dots, e_3$ mit einem zukunftsgerichteten, zeitartigen Vektor e_0 gewählt. Sei α ein Materieteilchen in V der Gestalt

$$\alpha(\tau) = \gamma\;(\tau e_0 + r\,\cos(\omega\tau)\,e_1 + r\,\sin(\omega\tau)\,e_2) \quad \text{mit } \gamma = (1 + r^2\omega^2)^{-1/2}\,,$$

wobei $r, \omega > 0$ Konstanten sind. Für den Beobachter $t \mapsto \beta(t) = te_0$ beschreibt das Teilchen also eine Kreisbahn in dessen Ruhebenen. Projizieren wir alle Ruhebenen auf die Ebene $e_0^\perp$, so wird dort der Kreis

$$\vec\alpha(\tau) \;= \gamma\, r\;(\cos(\omega\tau)\,e_1 + \sin(\omega\tau)\,e_2)$$

durchlaufen.

Wir bestimmen eine Trägheitsachse $X(\tau) = \xi^i(\tau)\,e_i$ von α und lösen hierzu die Gleichungen

$$(\star)\qquad \begin{aligned} \langle X, \dot\alpha\rangle \;&=\; 0\,,\\ 0 \;&=\; D_F X = \dot X + \langle X, \dot\alpha\rangle\,\ddot\alpha \;-\; \langle X, \ddot\alpha\rangle\,\dot\alpha \;=\; \dot X - \langle X, \ddot\alpha\rangle\,\dot\alpha\,. \end{aligned}$$

Mit der Abkürzung ξ^i für $\xi^i(\tau)$ gilt

$$\dot\alpha(\tau) \;=\; \gamma\,\bigl(e_0 - r\omega\,\sin(\omega\tau)\,e_1 + r\omega\,\cos(\omega\tau)\,e_2\bigr)\,,$$

$$\ddot\alpha(\tau) \;=\; -\gamma\, r\omega^2\,\bigl(\cos(\omega\tau)\,e_1 + \sin(\omega\tau)\,e_2\bigr)\,,$$

$$\langle X(\tau), \dot\alpha(\tau)\rangle \;=\; \gamma\,\bigl(-\xi^0 - r\omega\,\sin(\omega\tau)\xi^1 + r\omega\,\cos(\omega\tau)\xi^2\bigr)\,,$$

$$\langle X(\tau), \ddot\alpha(\tau)\rangle \;=\; -\gamma\, r\omega^2\,\bigl(\cos(\omega\tau)\xi^1 + \sin(\omega\tau)\xi^2\bigr)\,.$$

Hiermit ergeben sich die Gleichungen $(\star)$ in der Koordinatendarstellung:

(1) $\xi^0 \;=\; r\omega\,\bigl(-\sin(\omega\tau)\xi^1 + \cos(\omega\tau)\xi^2\bigr)\,,$

(2) $\dot\xi^0 \;=\; -\gamma^2 r\omega^2\,\bigl(\cos(\omega\tau)\xi^1 + \sin(\omega\tau)\xi^2\bigr)\,,$

(3) $\dot\xi^1 \;=\; \gamma^2 r^2\omega^3\,\bigl(\cos(\omega\tau)\xi^1 + \sin(\omega\tau)\xi^2\bigr)\sin(\omega\tau)\,,$

(4) $\dot\xi^2 \;=\; -\gamma^2 r^2\omega^3\,\bigl(\cos(\omega\tau)\xi^1 + \sin(\omega\tau)\xi^2\bigr)\cos(\omega\tau)\,,$

(5) $\dot\xi^3 \;=\; 0\,.$

Das DG–System (3),(4) kann separat gelöst werden: Für

$$\eta^1 := \cos(\omega\tau)\xi^1 + \sin(\omega\tau)\xi^2\,, \qquad \eta^2 := \sin(\omega\tau)\xi^1 - \cos(\omega\tau)\xi^2$$

ergibt sich das DG–System

$$\dot\eta^1 \;=\; -\omega\,\eta^2\,, \qquad \dot\eta^2 \;=\; \gamma^2\omega\,\eta^2$$

mit den Lösungen

$$\begin{aligned} \eta^1(\tau) &= a\,\cos(\gamma\omega\tau) + b\,\sin(\gamma\omega\tau)\,, \\ \eta^2(\tau) &= -\gamma b\,\cos(\gamma\omega\tau) + \gamma a\,\sin(\gamma\omega\tau) \qquad (a, b \text{ Konstanten}). \end{aligned}$$

Bei der Wahl $a = 1$, $b = 0$ erhalten wir hieraus

$$\begin{aligned} \xi^1(\tau) &= \cos(\gamma\omega\tau)\cos(\omega\tau) + \gamma\,\sin(\gamma\omega\tau)\,\sin(\omega\tau)\,, \\ \xi^2(\tau) &= \cos(\gamma\omega\tau)\sin(\omega\tau) - \gamma\,\sin(\gamma\omega\tau)\,\cos(\omega\tau)\,. \end{aligned}$$

Die Gleichung (1) ist mit den restlichen konsistent.

Mit der Periode $T := 2\pi/\omega$ der Kreisbahn $\vec\alpha$ ergibt sich für den bezüglich des Beobachters β räumlichen Anteil $\vec X$ von X

$$\vec X(0) = e_1\,, \quad \vec X(T) = \big(\cos(2\pi\gamma) - 1\big)\; e_1 - \gamma\,\sin(2\pi\gamma)\,e_2\,.$$

Der räumliche Anteil der Trägheitsachse verschiebt sich somit nach einem Umlauf um

$$\vec X(T) - \vec X(0) \;=\; \big(\cos(2\pi\gamma) - 1\big)\,e_1 \;-\; \gamma\,\sin(2\pi\gamma)\,e_2\,.$$

Die Rotationsachse des Elektrons im Wasserstoffatom zeigt ein solches Präzessionsverhalten, genannt die **Thomas–Präzession**; siehe [88] § 6.6, Ex. 6.9.

1.8 Stationäre und statische Raumzeiten

(a) Unter einer **lokalen Isometrie** einer Raumzeit M verstehen wir eine C^∞–Abbildung $\varphi : U \to M$ auf einer Umgebung U eines Punktes $p \in M$, welche die Lorentz–Metrik erhält,

$$\langle d\varphi_p(u), d\varphi_q(v)\rangle_{\varphi(q)} \;=\; \langle u, v\rangle_q \quad \text{für } \; q \in U\,, \;\; u, v \in T_qM\,.$$

Hierbei ist $d\varphi_q : T_qM \to T_{\varphi(q)}M$ das Differential von φ an der Stelle q, vgl. § 8 : 2.3. Die Isometriebedingung lässt sich in der kürzeren Form

$$(\varphi^*\mathbf{g})_q = \mathbf{g}_q \quad \text{für alle } \; u \in U$$

schreiben, wobei $\varphi^*\mathbf{g}$ die mit der Abbildung φ zurückgeholte Lorentz–Metrik $\mathbf{g} = \langle\,\cdot\,,\,\cdot\,\rangle$ ist, nach § 8 : 4.4 (c) definiert durch

$$(\varphi^*\mathbf{g})_q(u,v) \;=\; \langle d\varphi_q(u), d\varphi_q(v)\rangle_{\varphi(q)} \quad \text{für } u,v \in T_qM\,.$$

Für ein Vektorfeld V auf der Raumzeit M gibt es nach § 8 : 3.2 (b) zu jedem $p \in M$ genau eine, maximal definierte Lösung des Anfangswertproblems $\dot\varphi(t) = V_{\varphi(t)}$, $\varphi(0) = p$, bezeichnet mit $t \mapsto \Phi_t(p)$. Für die Eigenschaften der lokalen Flussabbildungen Φ_t verweisen wir auf § 8 : 3.2 (b).

Satz. *Die lokalen Flussabbildungen* Φ_t ($|t| \ll 1$) *sind genau dann lokale Isometrien von* M, *wenn die Lie–Ableitung der Lorentz–Metrik* $\mathbf{g} = \langle\,\cdot\,,\,\cdot\,\rangle$ *bezüglich* V *verschwindet,*

$$L_V\mathbf{g} \;=\; 0\,.$$

Die Lie–Ableitung von (0, 2)–Tensoren ist nach § 8 : 4.5* (a) definiert durch

$$\begin{aligned}(L_V\mathbf{g})(X,Y) &= V(\mathbf{g}(X,Y)) - \mathbf{g}(L_VX,Y) - \mathbf{g}(X,L_VY)\\ &= V\langle X,Y\rangle - \langle [V,X],Y\rangle - \langle X,[V,Y]\rangle\,.\end{aligned}$$

Mit Hilfe der kovarianten Ableitung (§ 8 : 3.1 (b)) ergibt sich [ÜA]

$$\begin{aligned}(L_V\mathbf{g})(X,Y) &= \langle D_VX - [V,X],Y\rangle + \langle X, D_VY - [V,Y]\rangle\\ &= \langle D_XV,Y\rangle + \langle X, D_YV\rangle \quad \text{für } X,Y \in \mathcal{V}M\,.\end{aligned}$$

Ein Vektorfeld $V \in \mathcal{V}M$ mit $L_V\mathbf{g} = 0$, d.h. mit schiefsymmetrischem kovarianten Differential $X \mapsto D_XV$, heißt ein **Killing–Vektorfeld** oder eine **infinitesimale Isometrie** von M.

In der Koordinatendarstellung ist ein Killing–Vektorfeld $V = v^j\partial_j$ nach § 9 : 3.2 (c) charakterisiert durch [ÜA]

$$\nabla_i v_k + \nabla_k v_i \;=\; 0\,.$$

Beweis.

Nach § 8 : 4.5* (b) besteht die Beziehung

$$L_V\mathbf{g} \;=\; \lim_{t\to 0}\frac{1}{t}\left(\Phi_t^*(\mathbf{g}) - \mathbf{g}\right)$$

bzw. ausgeschrieben

$$(L_V\mathbf{g})_p(u,v) \;=\; \lim_{t\to 0}\frac{1}{t}\left(\langle d\Phi_t(u), d\Phi_t(v)\rangle - \langle u,v\rangle\right)$$

für $p \in M$, $u,v \in T_pM$, vgl. § 8 : 4.5* (b).

Erzeugt V lokale Isometrien, so folgt hieraus die Killing–Eigenschaft $L_V\mathbf{g} = 0$.

Ist umgekehrt V ein Killing–Vektorfeld, so betrachten wir für $p \in M$, $u, v \in T_pM$ und $|s| \ll 1$ die Vektoren $\widetilde{u} := d\Phi_s(u)$, $\widetilde{v} := d\Phi_s(v)$. Aus dem Exponentialgesetz $\Phi_s \circ \Phi_t = \Phi_{s+t}$ folgt $d\Phi_s \circ d\Phi_t = d\Phi_{s+t}$ mit der Kettenregel und daher

$$\begin{aligned} 0 \;=\; (L_v\mathbf{g})(\widetilde{u}, \widetilde{v}) \;&=\; \lim_{t\to 0} \frac{1}{t}\left(\langle d\Phi_t(\widetilde{u}), d\Phi_t(\widetilde{v})\rangle - \langle \widetilde{u}, \widetilde{v}\rangle\right) \\ &=\; \lim_{t\to 0} \frac{1}{t}\left(\langle d\Phi_{s+t}(u), d\Phi_{s+t}(v)\rangle - \langle d\Phi_s(u), d\Phi_s(v)\rangle\right) \\ &=\; \dot{f}(s) \quad \text{mit} \quad f(s) := \langle d\Phi_s(u), d\Phi_s(v)\rangle\,. \end{aligned}$$

Die Konstanz von $s \mapsto f(s)$ liefert die Isometrieeigenschaft der Φ_s. □

Für Koordinatensysteme, für welche $V = \partial_0$ ein Killing–Feld ist, gilt

$$\partial_0 g_{ik} = 0\,.$$

Denn mit $v^i = \delta^i_0$, $v_j = g_{ij}v^i = g_{j0}$ ergibt sich

$$\begin{aligned} 0 &= \nabla_i v_k + \nabla_k v_i = \partial_i v_k - \Gamma^j_{ik} v_j + \partial_k v_i - \Gamma^j_{ki} v_j = \partial_i g_{k0} + \partial_k g_{i0} - 2\Gamma^j_{ik} g_{j0} \\ &= \partial_i g_{k0} + \partial_k g_{i0} - (-\partial_0 g_{ik} + \partial_i g_{k0} + \partial_k g_{i0}) \;=\; \partial_0 g_{ik}\,. \end{aligned}$$

(b) Für jedes Killing–Vektorfeld V und jede Geodätische γ auf M gilt der **Erhaltungssatz**

$$\left\langle V_{\gamma(t)}, \dot{\gamma}(t)\right\rangle \;=\; \text{const.}$$

Denn für $V_\gamma : t \mapsto V_{\gamma(t)}$ gilt $\dot{V}_\gamma = D_{\dot{\gamma}}V$ nach § 9 : 4.1 (a), Formel (3). Wegen der Schiefsymmetrie von $X \mapsto D_X V$ folgt

$$\langle V_\gamma, \dot{\gamma}\rangle^{\boldsymbol{\cdot}} \;=\; \langle \dot{V}_\gamma, \dot{\gamma}\rangle + \langle V_\gamma, \ddot{\gamma}\rangle \;=\; \langle \dot{V}_\gamma, \dot{\gamma}\rangle \;=\; \langle D_{\dot{\gamma}}V, \dot{\gamma}\rangle \;=\; 0\,.$$

(c) Unter einem **Bezugsfeld** oder einem **Beobachterfeld** in einer Raumzeit M verstehen wir ein zeitartiges, zukunftsgerichtetes Einheitvektorfeld U auf M. Jede Integralkurve $\alpha : I \to M$ von U (d.h. $\dot{\alpha}(t) = U_{\alpha(t)}$ für $t \in I$) kann wegen $\langle \dot{\alpha}, \dot{\alpha}\rangle = \langle U_\alpha, U_\alpha\rangle = -1$ (bei Verwendung geometrischer Einheiten) als Materieteilchen oder als Beobachter aufgefasst werden. Die zu $p = \alpha(t_0)$, $u = \dot{\alpha}(t_0)$ gehörige Ruhebene ist dann $U_p^\perp$. Für ein Vektorfeld $X \in \mathcal{V}M$ bezeichnen wir die punktweise aufgeführte Orthogonalprojektion $X_p \mapsto \vec{X}_p = X_p + \langle U_p, X_p\rangle U_p$ auf die Ruhebene $U_p^\perp$ mit

$$\Pi X \;=\; \vec{X} \;:=\; X + \langle U, X\rangle U\,.$$

Ein Bezugsfeld U heißt **wirbelfrei**, wenn für alle zu U orthogonalen Vektorfelder X, Y

$$\langle D_Y U, X\rangle - \langle D_X U, Y\rangle = 0$$

gilt, d.h. wenn

$$\left\langle D_{\vec{Y}} U, \vec{X}\right\rangle - \left\langle D_{\vec{X}} U, \vec{Y}\right\rangle \;=\; 0 \quad \text{für alle} \;\; X, Y \in \mathcal{V}M$$

gilt. In Koordinaten schreibt sich die Wirbelfreiheit ÜA

$$h_i^j\, h_k^\ell\, (\nabla_\ell u_j - \nabla_j u_\ell) \;=\; h_i^j\, h_k^\ell\, (\partial_\ell u_j - \partial_j u_\ell) \;=\; 0\,,$$

wobei die h_i^j die Koeffizienten des Projektionstensors Π sind,

$$\Pi\, \partial_i \;=\; h_i^j \partial_j\,, \qquad h_i^j \;=\; \delta_i^j + u_i u^j\,.$$

SATZ. *Ein Bezugsfeld U ist genau dann wirbelfrei, wenn durch jeden Punkt $p \in M$ eine zu U orthogonale Hyperfläche $N \subset M$ geht, d.h. wenn es eine dreidimensionale Untermannigfaltigkeit $N \subset M$ gibt mit $p \in N$ und*

$$T_q N \perp U_q \quad \textit{für} \;\; q \in N\,.$$

Wirbelfreie Beobachterfelder besitzen also lokale Ruhflächen.

Der Beweis beruht auf einem Satz von FROBENIUS ([56] IV.8, [61] 14.2), wonach durch jeden Punkt $p \in M$ genau dann eine solche Orthogonalfläche N existiert, wenn die Integrabilitätsbedingung

$$[X, Y] \perp U \quad \text{für alle Vektorfelder} \quad X, Y \perp U$$

erfüllt ist. Diese ist äquivalent zur Wirbelfreiheit, denn nach § 9 : 3.1 (b) gilt

$$\begin{aligned}\langle D_Y U, X\rangle - \langle D_X U, Y\rangle \;&=\; Y\langle U, X\rangle - \langle U, D_Y X\rangle - X\langle U, Y\rangle + \langle U, D_X Y\rangle \\ &=\; \langle U, [X, Y]\rangle \quad \text{für} \;\; X, Y \perp U\,.\end{aligned}$$

(d) Eine Raumzeit M heißt **stationär**, wenn es auf M ein überall zeitartiges, zukunftsgerichtetes Killing–Vektorfeld V gibt. Hiermit wird eine Zeit–Translationssymmetrie der Raumzeit beschrieben, vgl. (b).

Ist zusätzlich das zugehörige Bezugsfeld $U = \|V\|^{-1} V$ wirbelfrei, so heißt die Raumzeit **statisch**.

Für den Fluss Φ_t eines beliebigen Vektorfelds V gilt

$$d\Phi_t(V_p) = V_q \quad \text{mit} \quad q = \Phi_t(p)$$

aufgrund der Wirkung des Differentials auf Kurventangenten § 8 : 2.3 und des Exponentialgesetzes ÜA.

Ist daher V ein zeitartiges Killing–Vektorfeld auf M mit wirbelfreiem Bezugsfeld $U = \|V\|^{-1}V$, so wird jede zu U orthogonale Hyperfläche N durch den Fluss Φ_t von V wieder in eine zu U orthogonale Hyperfläche $N_t := \Phi_t(N)$ übergeführt.

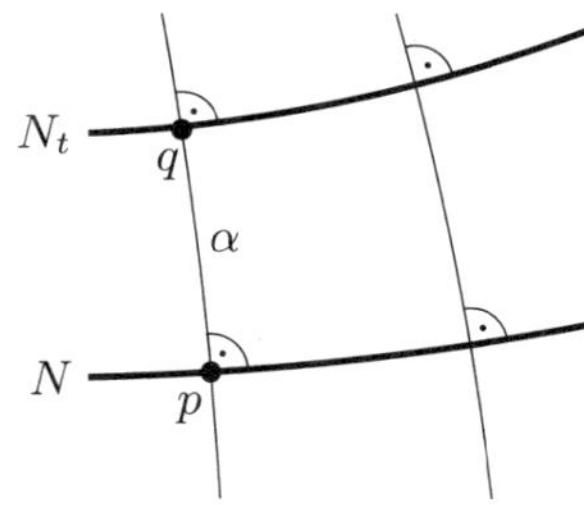

Dieselbe Konfiguration ergibt sich für den Fluss des Beobachterfelds U: Ist α ein Beobachter mit $\dot{\alpha}(t) = U_{\alpha(t)}$, $\alpha(0) = p$, so gilt $\alpha(t) = \Phi_{at}(p)$ mit $a := \|V_p\|^{-1}$.

Denn nach (a) ist Φ_t eine lokale Isometrie, für $\beta(t) := \Phi_t(p)$ gilt also $\|V_{\beta(t)}\| = \|d\Phi_t(V_p)\| = \|V_p\|$ und somit $\dot{\beta}(t) = a^{-1}U_{\beta(t)}$. Es folgt $\alpha(t) = \beta(at)$.

Salopp gesprochen sieht für jeden Beobachter von U das räumliche Universum „immer gleich“ aus. Interpretieren wir die Integralkurven des Bezugssystems als Materieteilchen einer Flüssigkeit, so deuten wir die Wirbelfreiheit als Abwesenheit von Rotation.

(e) Die Konfiguration von Flusslinien und Orthogonalflächen kann zur Konstruktion eines ausgezeichneten Koordinatensystems von M verwendet werden, durch welches lokal die im folgenden Modell vorliegende Produktstruktur hergestellt wird.

Sei N eine dreidimensionale Riemann–Mannigfaltigkeit mit Riemann–Skalarprodukt $\langle\cdot\,,\cdot\rangle^N$ und zugehöriger Riemann–Metrik ds_N^2. Wir versehen die Produktmannigfaltigkeit $M' = \mathbb{R} \times N = \{p = (t,q) \mid t \in \mathbb{R},\ q \in N\}$ mit der Lorentz–Metrik

$$\langle u, v\rangle_p \;:=\; -A(q)u^0v^0 + \langle\vec{u},\vec{v}\rangle_q^N$$

für $p = (t,q)$, $u = (u^0,\vec{u})$, $v = (v^0,\vec{v}) \in T_pM' = T_t\mathbb{R} \times T_qN$ mit $A(q) > 0$, wofür wir symbolisch schreiben

$$ds^2 \;=\; -A(q)\,dt^2 \;+\; ds_N^2\,.$$

Für diese Raumzeit ist leicht Folgendes zu sehen:

(i) $V := \partial_t$ ist ein Killing–Vektorfeld mit dem Fluss

$$\Phi_t(p) = (s+t,q) \quad \text{für } p = (s,q)\,.$$

(ii) Das zugehörige Beobachterfeld $U = \|\partial_t\|^{-1}\partial_t = A^{-1/2}\partial_t$ ist wirbelfrei.

(iii) Die Hyperflächen $N_t := \{t\} \times N$ werden von den Flusslinien orthogonal durchsetzt, und die Projektion $(t,q) \mapsto q$ ist eine Isometrie zwischen N_t und N.

Wir nennen M' die **statische Standard–Raumzeit**.

2 Die Feldgleichungen

2.1 Motivation der Feldgleichungen

(a) Wir beginnen mit der klassisch–mechanischen Beschreibung einer idealen (d.h. nicht zähen) Flüssigkeit unter dem Einfluss eines Gravitationsfeldes mit Potential Φ bezüglich eines Inertialsystems (t, x^1, x^2, x^3). Die Massendichte ϱ, der Druck p und das Geschwindigkeitsfeld $\mathbf{v} = (v^1, v^2, v^3)$ sind durch die folgenden Gleichungen miteinander verbunden, wobei die Operatoren ∇, div und Δ im herkömmlichen euklidischen Sinn zu verstehen sind:

Die Newtonsche Gravitationsgleichung lautet im cgs–System

$$(1) \qquad -\Delta\Phi = 4\pi\mathbf{G}\varrho$$

mit der Gravitationskonstanten $\mathbf{G}$, und die Euler–Gleichungen der Massen– und Impulserhaltung besagen nach Bd. 1, § 26 : 6

$$(2) \qquad \begin{cases} \dfrac{\partial\varrho}{\partial t} + \operatorname{div}(\varrho\,\mathbf{v}) = 0\,, \\[2ex] \varrho\left(\dfrac{\partial \mathbf{v}}{\partial t} + \sum\limits_{k=1}^{3} v^k \dfrac{\partial \mathbf{v}}{\partial x^k}\right) + \nabla p = \varrho\nabla\Phi\,. \end{cases}$$

Wir geben diesen Gleichungen formal eine relativistische Gestalt, wobei wir die Zeitkoordinate t durch $x^0 = ct$ ersetzen. Mit $v^0 := c$ lauten die Gleichungen (2) in Komponentendarstellung

$$\begin{cases} \partial_0\varrho v^0 + \sum\limits_{k=1}^{3} \partial_k(\varrho v^k) = 0\,, \\[2ex] \varrho\,\partial_0 v^i v^0 + \sum\limits_{k=1}^{3} v^k\,\partial_k v^i + \partial_i p = \varrho\,\partial_i\Phi \qquad (i = 1,2,3)\,. \end{cases}$$

Äquivalent hierzu sind die Gleichungen

$$\begin{cases} \sum\limits_{k=0}^{3} \partial_k(\varrho\, v^0 v^k) = 0\,, \\[2ex] \sum\limits_{k=0}^{3} \partial_k(\varrho\, v^i v^k + p\,\delta^{ik}) = \varrho\,\partial_i\Phi \qquad (i = 1,2,3) \end{cases}$$

bzw.

$$(2') \qquad \begin{cases} \sum\limits_{k=0}^{3} \partial_k T^{0k} = 0\,, \\[2ex] \sum\limits_{k=0}^{3} \partial_k T^{ik} = \varrho\,\partial_i\Phi \qquad (i = 1,2,3) \end{cases}$$

mit den Koeffizienten

(3) $$T^{ik} := \begin{cases} \varrho\, v^i v^k + p\,\delta^{ik} & \text{für } i,k \geq 1\,, \\ \varrho\, v^i v^k & \text{sonst.} \end{cases}$$

Wir setzen voraus:

$$|\Phi| \ll c^2\,, \quad |\partial_0 \Phi| \ll \|\nabla\Phi\|\,, \quad \|\vec{v}\| \ll c\,, \quad p \ll c^2\,, \quad \varrho \text{ ist beschränkt.}$$

Dann lassen sich die Terme $\varrho\,\partial_i\Phi$ in (2′) näherungsweise durch die Christoffel–Symbole der Metrik

(∗) $$g_{ik} := \eta_{ik} + 2c^{-2}\Phi\,\delta_i^0\,\delta_k^0$$

darstellen: Mit den Näherungen $g_{ik} \approx \eta_{ik}$, $g^{ik} \approx \eta^{ik}$ folgt nach § 9 : 3.1 (c) ÜA

$$\Gamma_{00}^{\ell},\ \Gamma_{0\ell}^{0},\ \Gamma_{\ell 0}^{0} \ \approx\ -c^{-2}\,\partial_\ell\Phi \quad (\ell = 1,2,3)\,, \qquad \Gamma_{ik}^{j} \approx 0 \quad \text{sonst.}$$

Wir zeigen nun, dass sich die Euler–Gleichungen (2′) in der Form

(2″) $$\nabla_k T^{ik} \approx 0 \qquad (i = 0,1,2,3)$$

(wieder unter Verwendung der Einsteinschen Summationskonvention) darstellen lassen; hierbei ist die Divergenz $\nabla_k T^{ik} = \partial_k T^{ik} + \Gamma_{kj}^{i} T^{jk} + \Gamma_{kj}^{k} T^{ij}$, bezüglich der Metrik (∗) nach 3.2 (c), (d) definiert. Bei Vernachlässigung der fast verschwindenden Terme bleibt

$$\nabla_k T^{0k} \ \approx\ \partial_k T^{0k}\,,$$

$$\nabla_k T^{ik} \ \approx\ \partial_k T^{ik} - c^{-2}\,\partial_i\Phi\,\varrho\,c^2 \ =\ \partial_k T^{ik} - \varrho\,\partial_i\Phi \quad \text{für} \quad i = 1,2,3\,,$$

womit (2′) in (2″) übergeht.

Die Gravitationsgleichung (1) erhält mit (∗) und (3) die Form

(1′) $$-\Delta\, g_{00} \ =\ -2c^{-2}\Delta\Phi \ =\ 8\pi\,\mathbf{G}\,c^{-2}\varrho \ =\ 8\pi\,\mathbf{G}\,c^{-4}T_{00}\,.$$

Die linke Seite $-\Delta g_{00}$ lässt sich durch Krümmungsterme der Metrik (∗) ausdrücken. Nach § 9 : 3.5 (b) ergibt sich für die Koeffizienten des Ricci–Tensors

$$R_{ij} \ \approx\ \frac{1}{2}\eta^{k\ell}\left(\partial_i\partial_k g_{j\ell} + \partial_j\partial_\ell g_{ik} - \partial_i\partial_j g_{k\ell} - \partial_k\partial_\ell g_{ij}\right)\,,$$

wobei wir aufgrund der gemachten Kleinheits–Annahmen die quadratischen Terme $\Gamma^{\cdot}_{\cdot\cdot}\,\Gamma^{\cdot}_{\cdot\cdot}$ vernachlässigt haben. Hieraus folgt mit § 9 : 3.3 (c) ÜA

(4) $$R_{00} \ \approx\ -\frac{1}{2}\sum_{i,k=1}^{3}\eta^{ik}\,\partial_i\partial_k g_{00} \ =\ -\frac{1}{2}\,\Delta g_{00}\,,$$

(5) $R \;=\; g^{ij}R_{ij} \;\approx\; \eta^{ij}R_{ij} \;\approx\; -\Delta g_{00}\,.$

Wir fassen zusammen: Geben wir den Gleichungen idealer Flüssigkeiten formal eine relativistische Gestalt mit der Lorentz–Metrik $(*)$, so bekommen die Erhaltungsgleichungen (2) die Form $\nabla_k T^{ik} = 0$, und die Gravitationsgleichung (1) lässt sich schreiben als $R_{00} = \text{const}\cdot T_{00} = \text{const}\cdot\varrho$. Letztere stellt eine Beziehung zwischen einem Krümmungsterm und der Massendichte her; der Krümmungsterm $R_{00} = -\frac{1}{2}\Delta g_{00}$ ist dabei aus den zweiten Ableitungen der Lorentz–Metrik gebildet.

(b) Für die Feldgleichungen der allgemeinen Relativitätstheorie postulieren wir:

- Das Materiefeld wird durch einen symmetrischen, divergenzfreien $(0,2)$–Tensor T beschrieben,

  $$T_{ik} = T_{ki}\,, \qquad \nabla^k T_{ik} = 0\,.$$

- Die Kopplung von Gravitationsfeld $\mathbf{g}$ und Materiefeld wird durch eine Tensorgleichung

  $$\mathcal{G}_{ik} = \kappa\, T_{ik}$$

  hergestellt, wobei in die Koeffizienten $\mathcal{G}_{ik}$ nur nullte, erste und zweite Ableitungen der metrischen Koeffizienten eingehen und κ eine Konstante ist.

Beide Postulate führen hiernach zu der Aufgabe, alle symmetrischen, divergenzfreien $(0,2)$–Tensoren $\mathcal{G}_{ik}$ zu finden, die in der genannten Weise aus der Lorentz–Metrik aufgebaut sind. Zwei solche sind nach § 9 : 3.5 der Einstein–Tensor $G_{ik} = R_{ik} - \frac{1}{2}R\,g_{ik}$ (bzw. in invarianter Schreibweise $G = Rc - \frac{1}{2}R\,\mathbf{g}$), sowie nach dem Ricci–Lemma § 9 : 3.2 (e) die Metrik $\mathbf{g}$ selbst. Dass hierdurch alle in Frage kommenden Kandidaten erfasst sind, besagt der folgende

SATZ (WEYL 1917, LOVELOCK 1972). *Jeder symmetrische, divergenzfreie* $(0,2)$–*Tensor auf einer vierdimensionalen Lorentz–Mannigfaltigkeit, der aus den nullten, ersten und zweiten Ableitungen der Metrik gebildet werden kann, hat die Gestalt*

$$a\,G + b\,\mathbf{g} \quad \textit{bzw.} \quad aG_{ik} + bg_{ik}$$

mit Konstanten a, b.

Für den BEWEIS siehe [91] Ch. 2, 2.2.

Hiernach können die **Feldgleichungen** nur die Form

$$G + \Lambda\mathbf{g} \;=\; \kappa\,T \quad \text{bzw.} \quad G_{ik} + \Lambda g_{ik} \;=\; \kappa\,T_{ik}$$

mit Konstanten κ, Λ besitzen.

EINSTEIN stellte die Feldgleichungen Ende 1915 auf. Vorangegangen war eine lange Suche nach den Krümmungstermen $\mathcal{G}_{ik}$ auf der linken Seite; diese gestaltete sich deshalb so mühsam, weil EINSTEIN die zweite Bianchi–Identität und damit die Divergenzfreiheit des Tensors $R_{ik} - \frac{1}{2} R\, g_{ik}$ nicht bekannt waren. Fast gleichzeitig leitete HILBERT 1915 die Feldgleichungen aus einem Variationsprinzip ab, siehe 3.1 (b). HILBERTs Beschäftigung mit diesem Problem wurde angeregt durch eine Reihe von Vorträgen in Göttingen im Sommer 1915, in denen EINSTEIN seine damals noch unvollständigen Ansätze für die Feldgleichungen vorstellte; Näheres zu dieser spannenden Geschichte siehe [88] § 17.7, [122] 9, 12, 14, [120] III.4, IV.2.

Die Konstante Λ wird **kosmologische Konstante** genannt. Unter der Annahme $\Lambda \neq 0$ ist für den materiefreien Raum ($T_{ik} = 0$) die sich anbietende Minkowski–Metrik $g_{ik} = \eta_{ik}$ ausgeschlossen. Denn aus $0 = \kappa T_{ik} = R_{ik} - \frac{1}{2} R\, g_{ik} + \Lambda g_{ik}$ folgt $0 = g^{ik}(R_{ik} - \frac{1}{2} R\, g_{ik} + \Lambda g_{ik}) = -R + 4\Lambda$, also $R = 4\Lambda \neq 0$. In einer gekrümmten Raumzeit kann es aber nach § 9 : 3.4 (c) kein Minkowski–Koordinatensystem geben.

Die Konstante Λ spielt nur in kosmologischen Dimensionen eine Rolle; Abschätzungen zeigen, dass Λ sehr klein ist ($|\Lambda| < 10^{-54}\,\mathrm{cm}^{-2}$). Wir setzen $\Lambda = 0$ mit Ausnahme von § 11 : 2.4, wo wir ein kosmologisches Modell diskutieren, in welchen Λ (bis auf einen Faktor) die Rolle einer Nullpunktsenergiedichte des Universums spielt, siehe [91] Ch. 2, 2.2.

Die **Kopplungskonstante** κ in den Feldgleichungen kann durch Betrachtung des **Newtonschen Grenzfalls** bestimmt werden ([84] 12.9, [93] 7.1). Hierbei wird in den Feldgleichungen eine Lorentz–Metrik der Gestalt ($*$) zugrunde gelegt. Aus (4), (5) und den Einsteinschen Feldgleichungen mit $\Lambda = 0$ ergibt sich einerseits

$$\kappa T_{00} = G_{00} = R_{00} - \tfrac{1}{2} R\, g_{00} \approx R_{00} - \tfrac{1}{2} R\, \eta_{00} = R_{00} + \tfrac{1}{2} R \approx -\Delta g_{00}\,,$$

andererseits gilt nach der Newtonschen Feldgleichung in der Form (1′)

$$-\Delta g_{00} \;\approx\; 8\pi \mathbf{G}\, c^{-4} T_{00}\,.$$

Daher muss gelten

$$\kappa \;=\; \frac{8\pi \mathbf{G}}{c^4} \;=\; 2.076 \cdot 10^{-48}\,\mathrm{g}^{-1} \cdot \mathrm{cm}^{-1} \cdot \mathrm{s}^2$$

bzw. in den meistens verwendeten dimensionslosen geometrischen Einheiten

$$\kappa \;=\; 8\pi\,.$$

(c) Eine äquivalente Form der Feldgleichungen ist

$$Rc \;=\; 8\pi \left(T - \tfrac{1}{2} \widetilde{T}\, \mathbf{g} \right) \quad \text{bzw.} \quad R_{ik} \;=\; 8\pi \left(T_{ik} - \tfrac{1}{2} \widetilde{T} g_{ik} \right).$$

mit $\widetilde{T} := C(T) = g^{ik} T_{ik}$. Die Äquivalenz ergibt sich unter Beachtung von $g^{ik} g_{ik} = \delta^i_i = 4$ jeweils durch Spurbildung mit dem Ergebnis $R = -8\pi \widetilde{T}$.

Ein Raumzeit–Gebiet mit verschwindendem Energieimpuls–Tensor wird **Vakuum** genannt. Im Vakuum gilt $Rc = 0$ bzw. $R_{ik} = 0$ nach der zweiten Form der Feldgleichungen.

2.2 Die Feldgleichungen für ideale Flüssigkeiten

(a) Eine **ideale Flüssigkeit** in einer Raumzeit M ist gekennzeichnet durch ein Tripel (U, ε, p), bestehend aus einem zukunftsgerichteten, zeitartigen Einheitsvektorfeld $U \in \mathcal{V}M$ und Skalarfunktionen $\varepsilon, p \in \mathcal{F}M$; hierbei sind U das **Geschwindigkeitsfeld**, ε die **Energiedichte** und p der (**isotrope**) **Druck** der idealen Flüssigkeit.

Der **Energieimpuls–Tensor** der idealen Flüssigkeit ist die symmetrische 2–Form (in geometrischen Einheiten)

$$T = (\varepsilon + p) U_\flat \otimes U_\flat + p\,\mathbf{g}\,,$$

d.h. nach § 8 : 4.1 (d), § 9 : 2.4 (a)

$$T(X, Y) = (\varepsilon + p)\langle U, X\rangle\langle U, Y\rangle + p\,\langle X, Y\rangle \quad \text{für } X, Y \in \mathcal{V}M\,.$$

In Koordinaten lautet dieser

$$T_{ik} = (\varepsilon + p) u_i u_k + p\, g_{ik}$$

bzw. in metrisch äquivalenten Darstellungen (§ 9 : 2.4 (a))

$$T_i^k = (\varepsilon + p) u_i u^k + p\,\delta_i^k\,, \qquad T^{ik} = (\varepsilon + p) u^i u^k + p\, g^{ik}\,.$$

Bei Verwendung des cgs–Systems ist der Term $\varepsilon + p$ durch $c^{-2}(\varepsilon + p)$ zu ersetzen. Im Fall $p = 0$ nennen wir die ideale Flüssigkeit **Staub**.

Der Energieimpuls–Tensor enthält alle Informationen über die Materie: Energiedichte, Impulsdichte und den Spannungstensor, siehe [88] § 5.2–5. Die einfache Gestalt des Spannungstensors beruht wie in der klassischen Mechanik darauf, dass bei idealen Flüssigkeiten nur normale Oberflächenkräfte auftreten, vgl. Bd. 1, § 26 : 6.4. Den Zusammenhang mit dem Energieimpuls–Vektor von Materieteilchen stellen wir in (c) her.

(b) Aus den Feldgleichungen

$$G = 8\pi T \qquad \text{bzw.} \quad G_{ik} = 8\pi\, T_{ik}$$

folgt für ideale Flüssigkeiten mit der in 2.1 (b) festgestellten Divergenzfreiheit des Einstein–Tensors,

$$\operatorname{div} G = 0 \quad \text{bzw.} \quad \nabla^k G_{ik} = 0\,,$$

notwendig die Divergenzfreiheit des Energieimpuls–Tensors

$$\operatorname{div} T = 0 \quad \text{bzw.} \quad \nabla^k T_{ik} = 0\,.$$

SATZ. *Die aus den Feldgleichungen folgende Divergenzfreiheit des Energieimpuls–Tensors der idealen Flüssigkeit ist äquivalent zu den Bedingungen*

$$(1) \qquad U\varepsilon + (\varepsilon + p)\,\operatorname{div} U \;=\; 0\,,$$

$$(2) \qquad (\varepsilon + p)D_U U + \overrightarrow{\nabla p} \;=\; 0\,.$$

Jede Integralkurve α des Geschwindigkeitsfeldes U nennen wir einen **mitgeführten Beobachter** der idealen Flüssigkeit. Aus $\dot\alpha = U_\alpha$ folgt $\ddot\alpha = (U_\alpha)^{\boldsymbol{\cdot}} = D_{\dot\alpha}U = (D_U U)_\alpha$ (nach § 9 : 4.1 (a)), wir nennen deshalb $D_U U$ das **Beschleunigungsfeld** von U.

Schreiben wir ε und p anstelle von $\varepsilon \circ \alpha$ und $p \circ \alpha$, so liefern die Gleichungen (1) und (2) längs der mitgeführten Beobachter

$$(1') \qquad \dot\varepsilon + (\varepsilon + p)(\operatorname{div} U)_\alpha \;=\; 0\,,$$

$$(2') \qquad (\varepsilon + p)\ddot\alpha + (\overrightarrow{\nabla p})_\alpha \;=\; 0\,.$$

Die Gleichungen (1′), (2′) stellen Bewegungsgleichungen für die ideale Flüssigkeit dar, sie ergeben sich bemerkenswerterweise als Folge der Feldgleichungen.

Im Fall von Staub ($p = 0$) kann (1′) als Erhaltungsgleichung $\operatorname{div}(\varepsilon\, U) = 0$ geschrieben werden. Gleichung (2′) besagt, dass die Materieteilchen in Raumzeit–Gebieten mit nicht verschwindender Energiedichte frei fallend sind.

BEWEIS.

Mit der Vereinbarung, dass ∇_k immer nur auf den nächstfolgenden Term wirken soll, gilt nach § 9 : 3.2 (c) und aufgrund des Ricci–Lemmas § 9 : 3.2 (e)

$$\begin{aligned}
0 \;=\; \nabla_k T^{ik} \;&=\; \nabla_k \left((\varepsilon + p)u^i u^k + p\, g^{ik}\right) \\
&=\; \nabla_k(\varepsilon + p)u^i u^k + (\varepsilon + p)\nabla_k u^i u^k + (\varepsilon + p)u^i \nabla_k u^k + \nabla_k p\, g^{ik} \\
&=\; \left(u^k \nabla_k \varepsilon + (\varepsilon + p)\nabla_k u^k\right) u^i + (\varepsilon + p)u^k \nabla_k u^i + \nabla_k p\, g^{ik} + u^k \nabla_k p\, u^i\,.
\end{aligned}$$

Unter Beachtung von

$$\left(\nabla_k p\, g^{ik} + u^k \nabla_k p\, u^i\right)\partial_i \;=\; \nabla p + \langle \nabla p, U\rangle U \;=\; \overrightarrow{\nabla p}$$

bedeutet dies in invarianter Schreibweise

$$(U\varepsilon + (\varepsilon + p)\operatorname{div} U)U + (\varepsilon + p)D_U U + \overrightarrow{\nabla p} \;=\; 0\,.$$

Wegen $\langle U, U\rangle = -1$ gilt $0 = U\langle U, U\rangle = 2\langle D_U U, U\rangle$, somit liefert die Orthogonalzerlegung des links stehenden Ausdrucks die Gleichungen (1) und (2).

□

ÜA Drücken Sie für einen momentanen Beobacher (q, v) die Werte $T_q(v, v)$ und $T_q(v, w)$ für $w \in v^\perp$ gemäß 1.4 (a) mit Hilfe der an $u := U_q$ beobachteten Relativgeschwindigkeit $\vec{u}_{\text{rel}}$ aus.

(c*) Die folgende Überlegung soll plausibel machen, dass beim kontinuierlichen Materiemodell der Energieimpuls durch eine quadratische Form dargestellt werden muss.

Eine Schar von Materieteilchen sei gegeben durch die Integralkurven eines zukunftsgerichteten, zeitartigen Einheitsvektorfeldes U. Des Weiteren sei eine positive Dichtefunktion $\nu : M \to \mathbb{R}$ gegeben, die **Teilchendichte**. Der Einfachheit halber nehmen wir an, dass alle Teilchen die gleiche Masse m besitzen; $P = mU$ ist dann gemäß 1.4 (a) das Energieimpuls–Feld der Schar.

Jeder momentane Beobachter (q, v) misst nach 1.4 (a) von dem durch q laufenden Teilchen die Energie

$$(3) \qquad E_q = -\langle P_q, v\rangle = -m\langle U_q, v\rangle \,.$$

Das Volumen eines Spats $\Sigma = \left\{\sum_{i=1}^{3} t^i v_i \mid 0 \le t^i \le 1,\ i = 1, 2, 3\right\}$ in der Ruhebene $v^\perp$ legen wir durch

$$V^3(\Sigma) = \sqrt{\det(\langle v_i, v_k\rangle)}$$

fest. Mit Hilfe der Teilchendichte ν lässt sich für jedes Hyperflächenstück $S \subset M$ eine Teilchenzahl $N^3(S)$ definieren (darstellbar durch ein Integral $\int_S \nu\, dV^3$, was wir hier aber nicht tun wollen). Wesentlich ist hierbei die Beziehung

$$(4) \qquad \nu(q) = -\frac{1}{\langle U_q, v\rangle} \lim_{V^3(\Sigma)\to 0} \frac{N^3(\Sigma)}{V^3(\Sigma)} \,.$$

ÜA Machen Sie sich plausibel, dass für jeden (hinreichend kleinen) Spat $\Sigma \subset v^\perp$ und dessen Projektion $\vec{\Sigma}$ auf die Ruhebene $u^\perp$ des mitgeführten Beobachters $u = U_q$ die Beziehung

$$-\frac{1}{\langle U_q, v\rangle} \cdot \frac{N^3(\Sigma)}{V^3(\Sigma)} = \frac{N^3(\vec{\Sigma})}{V^3(\vec{\Sigma})}$$

besteht.

Nach (3) und (4) ist für einen kleinen Spat $\Sigma \subset v^\perp$ die vom Beobachter (q, v) gemessene Gesamtenergie der durch Σ tretenden Teilchen näherungsweise $N^3(\Sigma)E_q \approx -mN^3(\Sigma)\langle U_q, v\rangle$ und die zugehörige Energiedichte daher

$$\lim_{V^3(\Sigma)\to 0} \frac{N^3(\Sigma)E_q}{V^3(\Sigma)} = -m\langle U_q, v\rangle \lim_{V^3(\Sigma)\to 0} \frac{N^3(\Sigma)}{V^3(\Sigma)} = m\,\nu(q)\langle U_q, v\rangle^2 \,.$$

Die vom Beobachter (q, v) gemessene Energiedichte ist somit ein in v quadratischer Ausdruck; wir bezeichnen diese mit

$$T_q(v, v) \;=\; \varepsilon \langle U_q, v\rangle^2 ,$$

wobei wir $\varepsilon = m\nu$ setzen. Es lässt sich zeigen, dass die Fortsetzung dieses Ausdrucks auf alle Vektorfelder nur auf eine Weise möglich ist mit dem Ergebnis

$$T(X, Y) \;=\; \varepsilon\langle U, X\rangle\langle U, Y\rangle .$$

Für die präzise Fassung der hier angedeuteten Argumente verweisen wir auf [80] 5.1, [92] Ch. IV, § 1, [68] p. 337-9, [82] 3.01, 3.3.

2.3 Der Energieimpuls–Tensor des elektromagnetischen Feldes

Wir setzen voraus, dass M eine orientierte Raumzeit ist. Die Ruhebene $u^\perp$ jedes momentanen Beobachters (p, u) wird orientiert durch folgende Vorschrift: Eine Basis v_1, v_2, v_3 von $u^\perp$ heißt **positiv orientiert**, wenn es um p eine positiv orientierte Karte x gibt, für welche $\partial_a|_p = v_a$ mit $v_0 := u$ gilt.

(a) Ein **elektromagnetisches Feld** in einer Raumzeit M wird durch eine schiefsymmetrische 2–Form $F \in \mathcal{T}^0_2 M$, den **Faraday–Tensor**, und ein Vektorfeld $J \in \mathcal{V}M$, die **Ladungsstromdichte**, beschrieben, welche den **Maxwell–Gleichungen** im Vakuum genügen. Diese lauten in den Koordinaten F_{ik} von F und $F^{ik} = g^{ij} g^{k\ell} F_{j\ell}$ von $F^{\sharp\sharp}$ (vgl. § 9 : 2.4 (c))

$$\nabla_i F_{jk} + \nabla_j F_{ki} + \nabla_k F_{ij} \;=\; 0 , \qquad \nabla_k F^{ik} \;=\; 4\pi J^i .$$

Aus diesen ergibt sich der Erhaltungssatz

$$\nabla_i J^i \;=\; \frac{1}{4\pi} \nabla_i \nabla_k F^{ik} \;=\; 0 .$$

Die erste Gruppe der Maxwell–Gleichungen kann auch in der Form

$$\partial_i F_{jk} + \partial_j F_{ki} + \partial_k F_{ij} = 0$$

geschrieben werden [ÜA]; mit Hilfe des Differentialformenkalküls können diese in der knappen Form $dF = 0$ geschrieben werden, vgl. § 8 : 5.2.

Jeder momentane Beobachter (p, u) zerlegt den Faraday–Tensor in die **elektrische Feldstärke** $\vec{E} \in u^\perp$, definiert durch

$$F_p(u, v) \;=\; \left\langle \vec{E}, v \right\rangle \quad \text{für alle } \; v \in u^\perp ,$$

und in die **magnetische Feldstärke** $\vec{B} \in u^\perp$, definiert durch

$$F_p(u, w) \;=\; \left\langle \vec{B}, v \times w \right\rangle \quad \text{für alle } \; v, w \in u^\perp .$$

In der Raum–Zeit–Zerlegung der Ladungsstromdichte J,

$$J_p = \sigma u + \vec{J} \quad \text{mit } \sigma \in \mathbb{R}, \quad \vec{J} \in u^{\perp}$$

heißen σ die **Ladungsdichte** und $\vec{J}$ die **Stromdichte**.

Wählen wir Normalkoordinaten um p mit $\partial_0|_p = u$ (§ 9 : 4.2 (c)), so ergibt sich ÜA

$$(F_{ik}) = \begin{pmatrix} 0 & -E^1 & -E^2 & -E^3 \\ E^1 & 0 & B^3 & -B^2 \\ E^2 & -B^3 & 0 & B^1 \\ E^3 & B^2 & -B^1 & 0 \end{pmatrix}, \qquad (F^{ik}) = \begin{pmatrix} 0 & E^1 & E^2 & E^3 \\ -E^1 & 0 & B^3 & -B^2 \\ -E^2 & -B^3 & 0 & B^1 \\ -E^3 & B^2 & -B^1 & 0 \end{pmatrix},$$

und die Maxwell–Gleichungen an der Stelle p erhalten mit $t = x^0/c = x^0$ die bekannte Gestalt ÜA

$$\operatorname{div} \vec{B} = 0, \qquad \frac{\partial \vec{B}}{\partial t} + \operatorname{rot} \vec{E} = \vec{0}$$

$$\operatorname{div} \vec{E} = 4\pi\sigma, \quad -\frac{\partial \vec{E}}{\partial t} + \operatorname{rot} \vec{B} = 4\pi \vec{J}.$$

(b) Jedem elektromagnetischen Feld mit Faraday–Tensor F ordnen wir den **Energieimpuls–Tensor** T zu, welcher in Koordinaten gegeben ist durch

$$T_{ik} = \frac{1}{4\pi}\left(g^{ab} F_{ia} F_{kb} - \frac{1}{4} g_{ik} F^{ab} F_{ab}\right).$$

Satz. *Für den Energieimpuls–Tensor T eines elektromagnetischen Feldes gilt:*

(1) *T ist symmetrisch und spurfrei* ($C(T) = g^{ik} T_{ik} = 0$).

(2) *T erfüllt die* **schwache Energiebedingung**

$$T(X, X) \geq 0 \quad \textit{für alle zeitartigen Vektorfelder } X.$$

(3) $\operatorname{div} T = FJ$ *bzw.* $\nabla^k T_{ik} = F_{ai} J^a$.

Hierbei bedeutet FX für $X \in \mathcal{V}M$ die 1–Form $Y \mapsto F(X, Y)$.

Beweis.

(1) ist leicht nachzurechnen ÜA.

(2) Wir fixieren $p \in M$ und wählen eine Orthonormalbasis $e_0, \ldots, e_3$ für $T_p M$ mit $e_0 = X_p$. Über die im Folgenden doppelt auftretenden Indizes $\alpha, \beta \geq 1$ ist gemäß der Summationskonvention von 1 bis 3, über die a, b dagegen von 0 bis 3 zu summieren.

Wegen $g^{ik} = \eta^{ik}$ und $F_{ik} = -F_{ki}$ ergibt sich, jeweils auf die Stelle p bezogen,

$$F^{00} = 0\,, \quad F^{0\alpha} = -F_{0\alpha}\,, \quad F^{\alpha\beta} = F_{\alpha\beta}$$

und daraus

$$\begin{aligned} 4\pi\, T(X,X) &= 4\pi T_{00} = g^{ab} F_{0a} F_{0b} - \tfrac{1}{4} g_{00} F^{ab} F_{ab} \\ &= F_{0\alpha} F_{0\alpha} + \tfrac{1}{4}\left(F^{00}F_{00} + 2F^{0\alpha}F_{0\alpha} + F^{\alpha\beta}F_{\alpha\beta}\right) \\ &= F_{0\alpha} F_{0\alpha} + \tfrac{1}{4}\left(-2F_{0\alpha}F_{0\alpha} + F^{\alpha\beta}F_{\alpha\beta}\right) \\ &= \tfrac{1}{2} F_{0\alpha}F_{0\alpha} + \tfrac{1}{4} F_{\alpha\beta}F_{\alpha\beta} \;\geq\; 0\,. \end{aligned}$$

(3) Nach den Rechenregeln § 9 : 3.2 (c), (d), (e) gilt

$$\nabla^k (g_{ik} F^{ab} F_{ab}) = g_{ik} \nabla^k (F^{ab} F_{ab}) = \nabla_i (F^{ab} F_{ab}) = 2F^{ab}\, \nabla_i F_{ab}\,, \quad \text{also}$$

$$\begin{aligned} 4\pi \nabla^k T_{ik} &= \nabla^k \left(g^{ab} F_{ia} F_{kb} - \tfrac{1}{4} g_{ik} F^{ab} F_{ab}\right) \\ &= g^{ab} \nabla^k F_{ia} F_{kb} + g^{ab} F_{ia} \nabla^k F_{kb} - \tfrac{1}{2} F^{ab} \nabla_i F_{ab}\,. \end{aligned}$$

Für die zweite Summe ergibt sich mit der zweiten Gruppe der Maxwell–Gleichungen

$$g^{ab} F_{ia} \nabla^k F_{kb} = F_{ia} \nabla_k F^{ka} = -F_{ia} \nabla_k F^{ak} = -4\pi F_{ia} J^a = 4\pi F_{ai} J^a\,.$$

Für den Rest liefert die erste Gruppe der Maxwell–Gleichungen

$$\begin{aligned} g^{ab} \nabla^k F_{ia} F_{kb} - \tfrac{1}{2} F^{ab} \nabla_i F_{ab} &= F^{ka} \nabla_k F_{ia} - \tfrac{1}{2} F^{ab} \nabla_i F_{ab} \\ = F^{ba} \nabla_b F_{ia} + \tfrac{1}{2} F^{ba} \nabla_i F_{ab} &= \tfrac{1}{2} F^{ba} \left(\nabla_b F_{ia} + \nabla_a F_{bi} + \nabla_i F_{ab}\right) = 0\,, \end{aligned}$$

letzteres durch zweimaliges Ausnützen der Schiefsymmetrie. □

(c) Die Zerlegung des Energieimpuls–Tensors durch einen momentanen Beobachter (p,u) ergibt die **Energiedichte**

$$T_p(u,u) = \frac{1}{8\pi}\left(\|\vec{E}\|^2 + \|\vec{B}\|^2\right),$$

die **Impulsdichte** $u^{\perp} \to \mathbb{R}$,

$$v \;\mapsto\; T_p(u,v) = -\frac{1}{4\pi}\big\langle \vec{E} \times \vec{B}, v \big\rangle$$

und den **Maxwellschen Spannungstensor**, welcher auf $u^{\perp} \times u^{\perp}$ gegeben ist durch

$$T_p(v,w) = \frac{1}{4\pi}\left(\frac{1}{2}\left(\|\vec{E}\|^2 + \|\vec{B}\|^2\right)\langle v,w\rangle - \big\langle \vec{E}, v\big\rangle\big\langle \vec{E}, w\big\rangle - \big\langle \vec{B}, v\big\rangle\big\langle \vec{B}, w\big\rangle\right).$$

(d) Wir bestimmen die Bewegungsgleichungen von elektrisch geladenem Staub. Hierzu legen wir den Energieimpuls–Tensor

$$T \;=\; T^{\text{Staub}} + T^{\text{Maxwell}}$$

zugrunde; hierbei ist $T^{\text{Staub}} = \varepsilon\, u_i u_k$ der Energieimpuls–Tensor des Staubmodells (vgl. 2.2 (a)) und T^{Maxwell} wie in (b), wobei wir die Ladungsstromdichte in der Form $J = \sigma\, U$ ansetzen mit der elektrischen **Stromdichte** σ. Als Folge der Feldgleichungen ergibt sich das Verschwinden der Divergenz von T. Nach (b) und 2.1 (b) gilt also mit der Abkürzung $a := U\varepsilon + \varepsilon \operatorname{div} U = \operatorname{div}(\varepsilon U)$

$$\begin{aligned} 0 \;=\; \nabla^k T_{ik} \;&=\; a u_i + \varepsilon u^k \nabla_k u_i + F_{ki} J^k \\ &=\; a u_i + \varepsilon u^k \nabla_k u_i - \sigma F_{ik} u^k \,, \end{aligned}$$

was in invarianter Schreibweise

$$\langle aU + \varepsilon D_U U, X\rangle \;=\; \sigma F(X,U) \quad \text{für alle } X \in \mathcal{V}M$$

bedeutet. Wählen wir $X = U$, so folgt $a = 0$ wegen $\langle D_U U, U\rangle = 0$ und $F(U,U) = 0$. Wir erhalten somit als Bewegungsgleichungen des elektrisch geladenen Staubs

$$\operatorname{div}(\varepsilon U) = 0\,, \quad \varepsilon\langle D_U U, X\rangle = \sigma F(X,U) \quad \text{für alle } X \in \mathcal{V}M$$

bzw. in Koordinatenschreibweise

$$\nabla_i(\varepsilon u^i) = 0\,, \qquad \varepsilon u^k \nabla_k u^i = \sigma\, F^{ij} u_j\,.$$

Für Staubteilchen (d.h. Integralkurven von U) mit Koordinaten $\tau \mapsto x^i(\tau)$ bedeutet die zweite Gleichungsgruppe das **Heaviside–Lorentz–Kraftgesetz**

$$\varepsilon\left(\ddot{x}^j + \Gamma^j_{ik}\dot{x}^i\dot{x}^k\right) \;=\; \sigma\, F^{j\ell}\dot{x}_\ell\,.$$

Die Beobachterzerlegung dieser Gleichung lautet bei Verwendung von Normalkoordinaten mit den Bezeichnungen von (a)

$$\varepsilon\,\ddot{x}^0 \;=\; \sigma\big\langle \vec{E}, \dot{\vec{x}}\big\rangle\,, \qquad \varepsilon\,\ddot{\vec{x}} \;=\; \sigma\big(\dot{x}^0\vec{E} + \dot{\vec{x}}\times\vec{B}\big)\,.$$

3* Variationsprinzipien für die Feldgleichungen

3.1 Das Hilbertsche Wirkungsintegral

(a) Sei U ein Teilgebiet einer vierdimensionalen, orientierten Mannigfaltigkeit M. Für eine beliebige Lorentz–Metrik $\mathbf{g}$ auf M definieren wir das **Hilbertsche Wirkungsintegral** $\mathcal{R}_U(\mathbf{g})$ als das Integral der zu $\mathbf{g}$ gehörigen Skalarkrümmung R über U,

$$\mathcal{R}_U(\mathbf{g}) \;:=\; \int_U R\, dV^4\,;$$

die Existenz dieses Integrals gemäß § 9 : 7.1 setzen wir voraus.

Für unsere Zwecke genügt es, für U stets eine Koordinatenumgebung zu wählen. Für eine positiv orientierte Karte gilt dann mit $g = \det(g_{ik})$

$$\mathcal{R}_U(\mathbf{g}) \;=\; \int\limits_{x(U)} R\sqrt{-g}\, d^4\mathbf{x}\,.$$

SATZ (HILBERT 1915). *Für jeden symmetrischen* $(0,2)$*–Tensor* $\mathbf{h}$ *auf* M *mit kompaktem Träger in* U *gilt*

$$\delta\mathcal{R}_U(\mathbf{g})\mathbf{h} \;:=\; \frac{d}{ds}\mathcal{R}_U(\mathbf{g}+s\mathbf{h})\Big|_{s=0} \;=\; -\int\limits_U G_{ik}h^{ik}\, dV^4\,,$$

wobei $G_{ik} = R_{ik} - \frac{1}{2}R\, g_{ik}$ *der Einstein–Tensor der Metrik* $\mathbf{g}$ *ist.*

In traditioneller Notation schreibt sich diese Beziehung

$$\delta\int R\sqrt{-g}\, d^4\mathbf{x} \;=\; \int G_{ik}\,\delta g^{ik}\sqrt{-g}\, d^4\mathbf{x}\,.$$

BEMERKUNGEN. (i) Hiernach liefert jede stationäre Stelle $\mathbf{g}$ des Hilbert–Integrals,

$$\delta\mathcal{R}_U(\mathbf{g}) = 0 \quad \text{für alle Koordinatenumgebungen } U\subset M\,,$$

eine Lösung der Feldgleichungen im Vakuum $G_{ik} = 0$, was nach 2.1 (c) mit $R_{ik} = 0$ äquivalent ist.

Denn seien (U, x) eine positiv orientierte Karte um $p \in M$, $v = v^i\partial_i|_p \in T_pM$ und $h^{ik} = \varphi v^i v^k$ mit einer Buckelfunktion φ mit supp $\varphi \subset U$. Dann gilt $h^{ik} = \varphi\, v^i v^k$ und daher $\int\limits_{x(U)} (G_{ik}v^iv^k\sqrt{-g})\varphi\, d^4\mathbf{x} = 0$. Mit dem Fundamentallemma der Variationsrechnung § 2 : 1.4 folgt $G_p(v,v) = G_{ik}(p)v^iv^k = 0$ für alle $v = v^i\partial_i|_p \in T_pM$.

(ii) Die Skalarkrümmung R enthält zweite Ableitungen der Metrik. Diese lassen sich jedoch als Divergenzen schreiben und spielen daher bei der Bildung der ersten Variationen des Hilbert–Integrals keine Rolle. Dies ist der Grund dafür, dass die Euler–Gleichungen $G_{ik} = 0$ nur von zweiter Ordnung sind.

BEWEISSKIZZE.

Wir kennzeichnen die Ableitung nach s an der Stelle $s = 0$ mit einem Punkt und verwenden, dass diese Ableitung mit den partiellen Ableitungen vertauschbar ist. Ausgehend von $\dot{g}_{ik} = h_{ik}$ leiten wir folgende Formeln her:

(1) $\quad \dot{g}^{ik} \;=\; -g^{ij}g^{k\ell}\dot{g}_{j\ell} \;=\; -g^{ij}g^{k\ell}h_{j\ell} \;=\; -h^{ik}\,,$

(2) $\quad \sqrt{-g}^{\,\boldsymbol{\cdot}} \;=\; -\frac{1}{2}\sqrt{-g}\, g_{ik}\,\dot{g}^{ik}\,,$

$$(3)\qquad \begin{aligned} g^{ik}\dot{R}_{ik} &= g^{ik}\left(\nabla_j\dot{\Gamma}^j_{ik} - \nabla_k\dot{\Gamma}^j_{ij}\right) = \nabla_j\left(g^{ik}\dot{\Gamma}^j_{ik}\right) - \nabla_k\left(g^{ik}\dot{\Gamma}^j_{ij}\right) \\ &= \nabla_\ell w^\ell = \operatorname{div} W \quad \text{mit} \ \ w^\ell := g^{ik}\,\dot{\Gamma}^\ell_{ik} - g^{i\ell}\,\dot{\Gamma}^k_{ik}\,. \end{aligned}$$

Diese ergeben sich mit Hilfe von § 9 : 3.2, 3.3 wie folgt:

Formel (1) ergibt sich wegen $g_{ij}\,g^{ik} = \delta^k_i$ aus $0 = (g_{ij}\,g^{jk})^\cdot = \dot{g}_{ij}\,g^{jk} + g_{ij}\,\dot{g}^{ik}$.

Formel (2) folgt aus $\dot{g} = (\partial g/\partial g^{ik})\dot{g}^{ik}$ und der Relation

$$(*)\qquad \frac{\partial g}{\partial g^{ik}} = g\cdot g_{ik}\,,$$

die sich mit Hilfe des Laplaceschen Entwicklungssatzes ergibt, vgl. § 9 : 3.3 (a).

Für (3) verwenden wir die Tatsache, dass die $\dot{\Gamma}^j_{ik}$ die Koeffizienten eines $(1,2)$–Tensors sind, siehe [119] § 15. Fixieren wir $p \in U$ und eine Normalkarte um p, so gilt bezüglich dieser $\Gamma^j_{ik} = 0$ im Punkt p (§ 9 : 4.2 (c)) und daher nach § 9 : 3.5

$$\begin{aligned} \dot{R}_{ik} &= \left(\partial_j\Gamma^j_{ik} - \partial_k\Gamma^j_{ij} + \Gamma\,\Gamma + \cdots\right)^\cdot = \partial_j\dot{\Gamma}_{ik} - \partial_k\dot{\Gamma}^j_{ij} + \cdots \\ &= \partial_j\dot{\Gamma}^j_{ik} - \partial_k\dot{\Gamma}^j_{ij} + \cdots = \nabla_j\dot{\Gamma}^j_{ik} - \nabla_k\Gamma^j_{ij} + \cdots\,. \end{aligned}$$

Aufgrund der Tensoreigenschaft der $\dot{\Gamma}^j_{ik}$ gilt diese Beziehung dann in jedem Koordinatensystem.

Aus (3), (2), (1) erhalten wir

$$\begin{aligned} (R\sqrt{-g}\,)^\cdot &= (g^{ab}R_{ab}\sqrt{-g}\,)^\cdot \\ &= \dot{g}^{ab}R_{ab}\sqrt{-g} + g^{ab}\dot{R}_{ab}\sqrt{-g} + g^{ab}R_{ab}(\sqrt{-g})^\cdot \\ &= \dot{g}^{ik}R_{ik}\sqrt{-g} + (\operatorname{div} W)\sqrt{-g} - \tfrac{1}{2}R\,g_{ik}\,\dot{g}^{ik}\sqrt{-g} \\ &= G_{ik}\dot{g}^{ik}\sqrt{-g} + (\operatorname{div} W)\sqrt{-g} \\ &= -G_{ik}\,h^{ik}\sqrt{-g} + (\operatorname{div} W)\sqrt{-g}\,. \end{aligned}$$

Mit Hilfe des Integralsatzes von Gauß § 9 : 7*, angewandt auf ein stückweis glatt berandetes Gebiet D mit supp $\mathbf{h} \subset D$ und kompaktem Abschluss $\overline{D} \subset U$ erhalten wir

$$\begin{aligned} \delta\mathcal{R}_U(\mathbf{g})\mathbf{h} &= \tfrac{d}{ds}\mathcal{R}(\mathbf{g}+s\mathbf{h})\big|_{s=0} = \int\limits_D (R\sqrt{-g})^\cdot\,d^4\mathbf{x} \\ &= -\int\limits_D G_{ik}h^{ik}\,dV^4 + \int\limits_D \operatorname{div} W\,dV^4 \\ &= -\int\limits_D G_{ik}h^{ik}\,dV^4 + \int\limits_{\partial D} \langle\nu,\nu\rangle^{-1}\langle W,\nu\rangle\,dV^3\,. \end{aligned}$$

Das Randintegral verschwindet, weil $\mathbf{h}$ und damit auch W auf ∂D verschwinden.

□

(b) Besitzt der Energieimpuls–Tensor eines Materiefeldes eine Lagrange–Funktion $p \mapsto L(p, \mathbf{g}_p)$, d.h. gilt in jedem Koordinatensystem

$$T_{ik} = \frac{1}{\sqrt{-g}} \frac{\partial (L\sqrt{-g})}{\partial g^{ik}},$$

so lassen sich die Feldgleichungen dieses Materiefeldes durch ein Variationsprinzip kennzeichnen. Definieren wir das zugehörige Wirkungsintegral durch

$$\mathcal{L}_U(\mathbf{g}) := \int_U L(\,\cdot\,, \mathbf{g})\, dV^4,$$

so ergibt sich das

Variationsprinzip für die Feldgleichungen. *Eine Lorentz–Metrik* $\mathbf{g}$ *auf* M *genügt den Feldgleichungen des Materiefeldes* $G_{ik} = 8\pi\, T_{ik}$ *genau dann, wenn* $\mathbf{g}$ *eine stationäre (kritische) Stelle des Wirkungsintegrals* $\mathcal{R} - 8\pi\mathcal{L}$ *ist, d.h. wenn*

$$\delta(\mathcal{R}_U - 8\pi\mathcal{L}_U)(\mathbf{g}) = 0$$

für alle hinreichend kleinen Koordinatenumgebungen $U \subset M$ *gilt.*

Der Beweis ergibt sich mit Hilfe des Fundamentallemmas der Variationsrechnung wie in (a) Bemerkung (i) ÜA.

Wir zeigen in 3.2, dass der Energieimpuls–Tensor des elektromagnetischen Feldes eine Lagrange–Funktion besitzt.

Für den Energieimpuls–Tensor idealer Flüssigkeiten ist das nicht der Fall. Jedoch lassen sich für diese bei stationären Raumzeiten Variationsprinzipien auf raumartigen Hyperflächen aufstellen. Für rotierende Sterne wurde ein Variationsprinzip von Hartle und Sharp in [107] angegeben.

3.2 Das Variationsprinzip für das elektromagnetische Feld

Sei $F \in \vartheta_2 M$ der Faraday–Tensor des elektromagnetischen Feldes (vgl. 2.3) und $\mathbf{g}$ eine Lorentz–Metrik auf M. Dann ist

$$L = L(\mathbf{g}, F) = \frac{1}{8\pi}\langle F, F\rangle := \frac{1}{8\pi} F_{ab}\, F^{ab} = \frac{1}{8\pi} g^{ik}\, g^{ab}\, F_{ia}\, F_{kb}$$

eine Lagrange–Funktion des elektromagnetischen Feldes, denn nach 3.1 $(*)$ gilt

$$\frac{\partial L}{\partial g^{ik}} = \frac{1}{4\pi} g^{ab}\, F_{ia}\, F_{kb}, \qquad \frac{\partial\sqrt{-g}}{\partial g^{ik}} = \frac{\partial\sqrt{-g}}{\partial g}\frac{\partial g}{\partial g^{ik}} = -\frac{1}{2}\sqrt{-g}\, g_{ik},$$

$$\begin{aligned}\frac{1}{\sqrt{-g}}\frac{\partial (L(\sqrt{-g})}{\partial g^{ik}} &= \frac{1}{4\pi} g^{ab}\, F_{ia}\, F_{kb} - \frac{1}{2} L\, g_{ik} \\ &= \frac{1}{4\pi}\left(g^{ab}\, F_{ia}\, F_{kb} - \frac{1}{4} g_{ik}\, F_{ab}\, F^{ab}\right) = T_{ik},\end{aligned}$$

vgl. 2.3 (b). Nach 3.1 (b) sind die Feldgleichungen des elektromagnetischen Feldes also durch das Variationsprinzip $\delta(\mathcal{R} - 8\pi\mathcal{L})(\mathbf{g}) = 0$ charakterisiert.

Wir nehmen zusätzlich an, dass der Faraday–Tensor ein Potential besitzt, d.h. eine 1–Form $A \in \vartheta_1 M$ mit

$$F = dA \quad \text{bzw.} \quad F_{ik} = \partial_i A_k - \partial_k A_i \,.$$

Lokal ist dies stets der Fall aufgrund der ersten Gruppe der Maxwell–Gleichungen

$$dF = 0 \quad \text{bzw.} \quad \partial_i F_{jk} + \partial_j F_{ki} + \partial_k F_{ij} = 0$$

und des Lemmas von Poincaré § 8 : 5.3. Bei vorgegebener Ladungsstromdichte $J \in \mathcal{V}M$ machen wir den modifizierten Ansatz für die Lagrange–Funktion

$$\begin{aligned} L &= L(\mathbf{g}, A) = \frac{1}{8\pi}\langle F, F\rangle - 2\,A(J) = \frac{1}{8\pi}\langle dA, dA\rangle - 2A(J) \\ &= \frac{1}{8\pi}\, g^{ik} g^{ab}\,(\partial_i A_a - \partial_a A_i)\,(\partial_k A_b - \partial_b A_k) \; - \; 2A_i J^i \,, \end{aligned}$$

$$\mathcal{L}_U(\mathbf{g}, A) = \int_U L(\mathbf{g}, A)\, dV^4 \,.$$

Variationsprinzip für die Feldgleichungen und die Maxwell–Gleichungen. *Die Gleichungen*

$$G_{ik} = 8\pi\, T_{ik} \,, \qquad \nabla_k F^{ik} = 4\pi J^i$$

gelten genau dann, wenn $(\mathbf{g}, A)$ *eine stationäre Stelle des Wirkungsintegrals* $\mathcal{F} := \mathcal{R} - 8\pi\mathcal{L}$ *ist,*

$$\delta\mathcal{F}_U(\mathbf{g}, A)(\mathbf{h}, B) = \frac{d}{ds}\mathcal{F}_U(\mathbf{g} + s\mathbf{h}, A + sB)\Big|_{s=0} = 0$$

für alle symmetrischen 2–Formen $\mathbf{h}$ *und alle 1–Formen* B *mit kompaktem Träger in einer Koordinatenumgebung* $U \subset M$ *jedes Punktes* $p \in M$.

Die erste Gruppe $dF = 0$ der Maxwell–Gleichungen ist schon durch die Darstellung $F = dA$ erfüllt wegen $dF = d^2 A = 0$ (Poincaré–Relation § 8 : 5.2 (b)).

BEWEIS.

Da der Zusatzterm $2A(J) = 2A_i J^i$ die Lorentz–Metrik nicht enthält, bleibt das Variationsprinzip

$$\delta\mathcal{F}(\mathbf{g}, A)(\mathbf{h}, 0) = \frac{d}{ds}\mathcal{F}(\mathbf{g} + s\mathbf{h}, A)\Big|_{s=0} = 0 \iff G_{ik} = 8\pi T_{ik}$$

gültig. Es ist somit nur die folgende Äquivalenz zu zeigen:

$$\delta\mathcal{F}(\mathbf{g},A)(\mathbf{0},B) = -8\pi \frac{d}{ds}\mathcal{L}(\mathbf{g},A+sB)\Big|_{s=0} = 0 \quad \Longleftrightarrow \quad \nabla_k F^{ik} = 4\pi\, J^i\,.$$

Kennzeichnen wir die Ableitungen nach s an der Stelle $s=0$ durch einen Punkt, so ergibt sich mit $(\partial_i A_k)^{\bullet} = \partial_i \dot{A}_k = \partial_i B_k$

$$\begin{aligned}
8\pi\dot{L} &= g^{ik}\, g^{ab}\left((\partial_i A_a - \partial_a A_i)(\partial_k A_b - \partial_b A_k)\right)^{\bullet} \;-\; 16\pi \dot{A}_i\, J^i \\
&= 2\, g^{ik}\, g^{ab}\left(\partial_i \dot{A}_a - \partial_a \dot{A}_i\right)(\partial_k A_b - \partial_b A_k) - 16\pi B_i J^i \\
&= 2\, g^{ik}\, g^{ab}\,(\partial_i B_a - \partial_a B_i)\, F_{kb} \;-\; 16\pi\, B_i J^i \\
&= 2\,(\nabla_i B_a - \nabla_a B_i)\, F^{ia} \;-\; 16\pi\, B_i J^i \\
&= 4\,(\nabla_i B_a)\, F^{ia} \;-\; 16\pi\, B_i\, J^i \\
&= 4\nabla_i\left(B_a F^{ia}\right) - 4B_a\, \nabla_i F^{ia} \;-\; 16\pi\, B_i J^i \\
&= 4\nabla_i w^i + 4\left(\nabla_k F^{ik} - 4\pi\, J^i\right) B_i \qquad \text{mit} \qquad w^i \;:=\; B_a\, F^{ia}\,.
\end{aligned}$$

Mit dem Integralsatz von Gauß, angewandt auf ein stückweis glatt berandetes Gebiet D mit $\operatorname{supp} B \subset D$ und kompaktem Abschluss $\overline{D} \subset U$ folgt

$$\begin{aligned}
0 \;&=\; 2\pi \frac{d}{ds}\mathcal{L}_U(\mathbf{g},A+sB)\Big|_{s=0} \;=\; 2\pi \int_D \dot{L}\, dV^4 \\
&= \int_D \operatorname{div} W\, dV^4 \;+\; \int_D \left(\nabla_k F^{ik} - 4\pi\, J^i\right) B_i\, dV^4 \\
&= \int_{\partial D} \langle \nu,\nu\rangle^{-1}\langle W,\nu\rangle\, dV^3 \;+\; \int_D \left(\nabla_k F^{ik} - 4\pi\, J^i\right) B_i\, dV^4\,.
\end{aligned}$$

Das Integral über den Rand ∂D verschwindet, weil dort $B=0$ und damit auch $W = w^i\partial_i = 0$ gilt. Mit dem Fundamentallemma ergibt sich damit wie in 3.1 (a) Bemerkung (i) die zweite Gruppe der Maxwell–Gleichungen $\nabla_k F^{ik} = 4\pi J^i$. □

4* Masse und Energieimpuls isolierter Systeme

4.1 Einführung des Energieimpuls–Vektors

(a) In der klassischen Mechanik verstehen wir unter einem isolierten System eine Massenverteilung, die zu jedem Zeitpunkt einen kompakten Träger hat. Besitzt diese zu einem im Folgenden festen Zeitpunkt die Dichte ϱ, so ist die Masse des Systems gegeben durch

$$\mathrm{M} \;=\; \int_{\mathbb{R}^3} \varrho\, d^3\mathbf{x}\,.$$

Diese kann auch mit Hilfe des zugehörigen Gravitationspotentials ϕ ausgedrückt werden, welches eindeutig bestimmt ist durch

$$-\Delta\phi \;=\; 4\pi\varrho\,, \qquad \lim_{\|\mathbf{x}\|\to\infty} \phi(\mathbf{x}) = 0$$

(Bd. 2, § 14 : 3.3, 5.2). Denn ist $K_r = K_r(\mathbf{0})$ die r–Kugel um $\mathbf{0}$, $S_r = \partial K_r$ die zugehörige r–Sphäre und $\mathbf{n}$ das äußere Einheitsnormalenfeld, so ergibt sich mit dem Gaußschen Integralsatz

$$\text{(1)} \quad \begin{aligned} \mathrm{M} \;&=\; \lim_{r\to\infty} \int\limits_{K_r} \varrho\, d^3\mathbf{x} \;=\; -\tfrac{1}{4\pi} \lim_{r\to\infty} \int\limits_{K_r} \Delta\phi\, d^3\mathbf{x} \\ &=\; -\tfrac{1}{4\pi} \lim_{r\to\infty} \int\limits_{K_r} \operatorname{div} \boldsymbol{\nabla}\phi\, d^3\mathbf{x} \;=\; -\tfrac{1}{4\pi} \lim_{r\to\infty} \int\limits_{S_r} \langle \boldsymbol{\nabla}\phi, \mathbf{n}\rangle\, do\,. \end{aligned}$$

Eine weitere Darstellung der Masse mit Hilfe des Gravitationspotentials erhalten wir durch die Integraldarstellung

$$\phi(\mathbf{x}) \;=\; \int\limits_{\mathbb{R}^3} \frac{\varrho(\mathbf{y})}{\|\mathbf{x}-\mathbf{y}\|}\, d^3\mathbf{y}$$

(Bd. 2, § 14 : 5.2, Satz 1). Wegen der Beschränktheit des Trägers von ϱ kann für $\|\mathbf{x}\| \gg 1$ der Nenner $\|\mathbf{x}-\mathbf{y}\|$ im Integral durch $r = \|\mathbf{x}\|$ angenähert werden. Hieraus ergibt sich die asymptotische Entwicklung $\phi(\mathbf{x}) = \mathrm{M}/r + u(r)$ mit $\lim_{r\to\infty} r \cdot u(r) = 0$.

Wir charakterisieren im Folgenden das Abkling– bzw. Wachstumsverhalten für $r \to \infty$ mit Hilfe der Landau–Symbole o, O: Jede für $r = \|\mathbf{x}\| \gg 1$ definierte Funktion u mit $\lim_{r\to\infty} u(\mathbf{x})/r^\mu = 0$ nennen wir ein $o(r^\mu)$, und mit $O(r^\mu)$ bezeichnen wir jede Funktion v, für die $v(\mathbf{x})/r^\mu$ für $|r| \gg 1$ definiert und beschränkt ist. Demnach ergibt sich aus der Integraldarstellung von ϕ [ÜA]

$$\text{(2)} \quad \phi(\mathbf{x}) \;=\; \frac{\mathrm{M}}{r} + O(r^{-2})\,,$$

$$\text{(3)} \quad \partial_i\phi(\mathbf{x}) \;=\; O(r^{-2})\,, \qquad \partial_i\partial_j\phi(\mathbf{x}) \;=\; O(r^{-3})\,.$$

(b) In der Relativitätstheorie wird ein **isoliertes System** durch eine Raumzeit M beschrieben, die **asymptotisch flach im räumlichen Unendlich** in folgendem Sinn ist:

Es gibt eine abgeschlossene Teilmenge A von M, einen abgeschlossenen Zylinder $Z_R = \{\mathbf{u} = (u^0, u^1, u^2, u^3) \in \mathbb{R}^4 \mid u^1u^1 + u^2u^2 + u^3u^3 \le R^2\} \subset \mathbb{R}^4$ und ein Koordinatensystem $x = (x^0, x^1, x^2, x^3) : M \setminus A \to \mathbb{R}^4 \setminus Z_R$ mit den Eigenschaften

(i) $N_t = \{x^0 = t\}$ ist für jedes $t \in \mathbb{R}$ eine raumartige Hyperfläche in M, genannt ein **Raumblatt**.

(ii) Für jedes $x^0 = t \in \mathbb{R}$ und mit $r := \left(\sum_{a=1}^{3} x^a x^a\right)^{-1/2}$ gelten die **Abklingbedingungen**

$$g_{ij} - \eta_{ij} = O(r^{-1}), \qquad \partial_k g_{ij} = O(r^{-2}), \qquad \partial_\ell \partial_k g_{ik} = O(r^{-3})$$

gleichmäßig auf kompakten x^0–Intervallen. Hierbei sind die η_{ij} die Koeffizienten der Minkowski–Metrik mit Signatur $(-+++)$: $\eta_{00} = -1$, $\eta_{ab} = \delta_{ab}$ $(1 \le a, b \le 3$, so auch im Folgenden), $\eta_{ij} = 0$ sonst (§ 9 : 1).

Wir geben den Abklingbedingungen eine geometrische Interpretation, indem wir $M^\infty = \mathbb{R}^4$ mit der Minkowski–Metrik $g^\infty_{ij} = \eta_{ij}$ und der Zeitorientierung durch ∂_0 als Hintergrundraumzeit von M im räumlichen Unendlich auffassen.

Heben und Senken von Indizes wird im Folgenden bezüglich der Hintergrundmetrik η_{ij} ausgeführt. Wir bilden die im räumlichen Unendlich „kleinen“ Größen

$$\mathbf{h} := \mathbf{g} - \boldsymbol{\eta} \quad \text{bzw.} \quad h_{ij} := g_{ij} - \eta_{ij}$$

und führen Größen H_{ij} als bezüglich $\mathbf{h}$ linearen Anteil des Einstein–Tensors wie folgt ein: Nach § 9 : 3.5 (b) lässt sich der Ricci–Tensor in die Form

$$R_{ij} \;=\; \frac{1}{2}\, g^{k\ell}\left(\partial_i\partial_k g_{j\ell} + \partial_j\partial_\ell g_{ik} - \partial_i\partial_j g_{k\ell} - \partial_k\partial_\ell g_{ij}\right) \;+\; Q_{ij}$$

bringen, wobei Q_{ij} quadratische Ausdrücke in den Christoffel–Symbolen sind. Dann ist der in $\mathbf{h}$ lineare Anteil von R_{ij}

$$S_{ij} \;:=\; \frac{1}{2}\, \eta^{k\ell}\left(\partial_i\partial_k h_{j\ell} + \partial_j\partial_\ell h_{ik} - \partial_i\partial_j h_{k\ell} - \partial_k\partial_\ell h_{ij}\right).$$

Der in $\mathbf{h}$ lineare Anteil des Einstein–Tensors lautet damit entsprechend

$$(4) \qquad H_{ij} \;:=\; S_{ij} - \frac{1}{2}\, S\, \eta_{ij} \quad \text{mit} \quad S \;:=\; \eta^{k\ell}\, S_{k\ell}\,.$$

Nach (ii) erfüllen die H_{ij} die Abklingbedingungen

$$(5) \qquad H_{ij} \;=\; O(r^{-3})\,.$$

Existiert ein Koordinatensystem $x = (x^0, \dots, x^3)$ wie oben, durch welches die ganze Raumzeit M auf den $\mathbb{R}^4$ abgebildet wird, so sind alle Raumblätter N_t diffeomorph zum $\mathbb{R}^3$. Wir definieren in diesem Fall den **Energieimpuls–Vektor** $P = (P^0, \dots, P^3)$ durch

$$P^j \;:=\; \frac{1}{8\pi} \int\limits_{N_t} H^{0j}\, d^3\mathbf{x} \;=\; \frac{1}{8\pi} \int\limits_{\mathbb{R}^3} H^{0j}\, d^3\mathbf{x}\,,$$

wobei wir die dreidimensionale Fläche N_t mit ihrem Koordinatenbild $x(N_t) = \mathbb{R}^3$ identifiziert und dabei das dreidimensionale euklidische Volumenelement verwendet haben. Die Unabhängigkeit dieser Integrale von t wird später gezeigt.

Um zu einer Definition des Energieimpulses zu kommen, welche auch Raumzeiten mit Singularitäten und Horizonten zulässt (dies bedeutet, dass die Raumblätter „Löcher" besitzen können), formen wir die P^j darstellenden Integrale in Integrale über asymptotisch große zweidimensionale Sphären um. Dies wird ermöglicht durch die Identität ÜA

(6) $$H^{ij} = \partial_k H^{kij},$$

wobei die H^{kij} gegeben sind durch

$$2H^{kij} := \eta^{i\ell}\partial_\ell h^{kj} - \eta^{k\ell}\partial_\ell h^{ij} + \eta^{kj}w^i - \eta^{ij}w^k \quad \text{mit}$$

$$w^\ell := \partial_m h^{\ell m} - \eta^{\ell m}\partial_m h^n_n .$$

Da die H^{kij} schiefsymmetrisch in den ersten beiden Indizes sind, ergibt sich hieraus die **linearisierte Bianchi–Identität**

(7) $$\partial_j H^{ij} = \partial_j H^{ji} = \partial_j \partial_k H^{kji} = 0 .$$

Aus $H^{00j} = 0$ folgt ferner $H^{0j} = \partial_a H^{a0j}$ (Indizes a, b sollen hier und im Folgenden von 1 bis 3 laufen).

Wir wenden jetzt für festes $t \in \mathbb{R}$ den Gaußschen Integralsatz wie in (a) auf das letzte Integral an. Mit $K_\varrho = K_\varrho(\mathbf{0})$, $S_\varrho = \partial K_\varrho$ und dem äußeren Einheitsnormalenfeld $\mathbf{n} = (n_1, n_2, n_3)$ ergibt sich

(8) $$\begin{aligned} 8\pi P^j &= \int_{\mathbb{R}^3} H^{0j}\, d^3\mathbf{x} = \lim_{\varrho\to\infty} \int_{K_\varrho} H^{0j}\, d^3\mathbf{x} = \lim_{\varrho\to\infty} \int_{K_\varrho} \partial_a H^{a0j}\, d^3\mathbf{x} \\ &= \lim_{\varrho\to\infty} \int_{S_\varrho} H^{a0j}\, n_a\, do . \end{aligned}$$

Für beliebige asymptotisch flache Raumzeiten M definieren wir den **Energieimpuls–Vektor** $P = (P^0, \ldots, P^3) \in M^\infty$ bezüglich des Koordinatensystems x durch

(9) $$P^j := \lim_{\varrho\to\infty} \frac{1}{8\pi} \int_{S_\varrho} H^{a0j}\, n_a\, do$$

(im cgs–System lautet der Faktor vor dem Integral $c^3/8\pi\mathbf{G}$). Die Unabhängigkeit der rechten Seite von t zeigen wir in (d). Nach Eintragung der Koeffizienten von H^{a0j} ergibt sich unter Beachtung von $\partial_k h_{ij} = \partial_k g_{ij}$ ÜA

(9′) $$P^0 = \lim_{\varrho\to\infty} \frac{1}{16\pi} \int_{S_\varrho} (\partial_b g_{ab} - \partial_a g_{bb})\, n_a\, do , \quad \text{und für } d = 1, 2, 3$$

$$(9'') \quad P^d = \lim_{\varrho \to \infty} \frac{1}{16\pi} \int_{S_\varrho} \left(\partial_a g_{0d} - \partial_0 g_{ad} + (\partial_0 g_{bb} - \partial_b g_{0b})\, \delta_{ad} \right) n_a \, do \,.$$

$E = cP^0$ wird die **ADM–Energie** (nicht ganz korrekterweise auch **ADM–Masse**) nach ARNOWITT, DESER, MISNER 1961 genannt.

Das die ADM–Energie $E = cP^0$ darstellende Integral in (9′) enthält nur Koeffizienten der Riemannschen Metrik der Raumblätter N_t. Die Integranden von P^d in (9″) lassen sich mit Hilfe der zweiten Fundamentalform der N_t ausdrücken, siehe [83] 11.2, [115].

(c) Um die Definition des Energieimpuls–Vektors plausibel zu machen, ordnen wir dem Gravitationspotential ϕ eines Newtonschen isolierten Systems die Lorentz–Metrik

$$g_{ij} = \eta_{ij} + h_{ij} \quad \text{mit} \quad h_{ij} = 2\phi\, \delta_i^0\, \delta_j^0$$

zu. Damit können wir die Gravitationsgleichung $-\Delta\phi = 4\pi\varrho$ nach (4), (5) in 2.1 (a) mit den Koeffizienten H_{ij} des linearisierten Ricci–Tensors in die Gestalt

$$H^{00} = \eta^{0i}\eta^{0j} H_{ij} = H_{00} = S_{00} - \tfrac{1}{2} S\, \eta_{00} = -\Delta h_{00} = -2\Delta\phi = 8\pi\varrho$$

bringen. Für die Newtonsche Masse ergibt sich hiermit

$$\mathrm{M} = \int_{\mathbb{R}^3} \varrho\, d^3\mathbf{x} = \frac{1}{8\pi} \int_{\mathbb{R}^3} H^{00}\, d^3\mathbf{x} = P^0 \,.$$

BEMERKUNG. Zur Definition der P^j können auch andere Integranden verwendet werden. EINSTEIN und KLEIN verwendeten 1918, geleitet durch die Invarianzprinzipien von E. NOETHER, Erhaltungsgrößen des Hilbertschen Wirkungsintegrals, siehe [118] 23, [119] § 37. Varianten hiervon wurden von BELINFANTE 1939, GOLDBERG 1958 und LANDAU–LIFSCHITZ aufgestellt, [87] § 100.

(d) Die in (9) auftretenden Integrale hängen vom Parameter t ab,

$$\int_{S_\varrho} H^{a0j}\, n_a \, do = \int_{S_{\varrho,t}} H^{a0j}\, n_a \, do \,,$$

nicht aber deren Grenzwerte P^j. Denn für $t_1 < t_2$, $\varrho \gg 1$ gilt mit dem Zylinder $Z_\varrho = \{t_1 < x^0 < t_2,\ r = \varrho\} \subset \mathbb{R}^3$

$$\begin{aligned} \int_{S_{\varrho,t_2}} H^{a0j}\, n_a \, do - \int_{S_{\varrho,t_1}} H^{a0j}\, n_a \, do &= \int_{t_1}^{t_2} \int_{S_{\varrho,t}} \partial_0 \left(H^{a0j}\, n_a \right) do \, dt \\ &= \int_{Z_\varrho} \partial_0 \, H^{a0j}\, n_a \, do \, dt \,, \end{aligned}$$

letzteres wegen der Unabhängigkeit der n_a von $x^0 = t$. Nach (ii) gilt $\partial_0 H^{a0j} = O(r^{-3})$, weswegen das letzte Integral durch $\text{const} \cdot \varrho^{-1}$ abschätzbar ist. Nach Grenzübergang $\varrho \to \infty$ folgt die Behauptung.

4.2 Eigenschaften des Energieimpuls–Vektors

(a) **Invarianz unter asymptotischen Lorentz–Transformationen**. Eine Abbildung $\mathbb{R}^4 \to \mathbb{R}^4$, $\mathbf{u} \mapsto \mathbf{v} = \Lambda\mathbf{u} + \mathbf{a}$ heißt **Lorentz–Transformation**, wenn $\Lambda = (\Lambda^i_j)$ eine 4×4–Matrix mit $\eta_{j\ell} = \Lambda^i_j \Lambda^k_\ell \, \eta_{ik}$ und $\mathbf{a} \in \mathbb{R}^4$ ist.

Satz. *Es seien x, y zwei Koordinatensysteme wie in 4.1 (b), welche sich asymptotisch durch eine Lorentz–Transformation unterscheiden, das heisst es gelte mit $r = \big(\sum_{a=1}^{3} x^a x^a\big)^{1/2}$*

$$y^i - \Lambda^i_j x^j - a^i = O(r^0)\,, \quad \frac{\partial y^i}{\partial x^j} - \Lambda^i_j = O(r^{-1})\,, \quad \frac{\partial^2 y^i}{\partial x^j\,\partial x^\ell} = O(r^{-2})$$

gleichmäßig auf kompakten x^0–Intervallen. Dann besteht für die Energieimpuls–Vektoren P, Q bezüglich der Koordinaten x, y die Beziehung

$$Q^i \;=\; \Lambda^i_j P^j\,.$$

Der Beweis beruht auf einer invarianten Darstellung des Energieimpuls–Vektors im **konformen Unendlich** ([98]). Hierbei wird die Raumzeit M in eine größere Raumzeit $\widehat{M}$ eingebettet, in welcher das räumliche Unendlich durch einen Punkt $i^0 \in \widehat{M}$ repräsentiert wird. Die Lorentz–Metrik $\widehat{\mathbf{g}}$ von $\widehat{M}$ unterscheidet sich auf M von der Lorentz–Metrik $\mathbf{g}$ von M durch einen konformen Faktor Ω, $\widehat{\mathbf{g}} = \Omega^2\mathbf{g}$, welcher in i^0 verschwindet. Siehe hierzu [83] 11 und den Übersichtsartikel von Ashtekar in [108] Vol. 2, pp. 37–69.

(b) **Die Positivität der ADM–Energie**. Eine dreidimensionale Untermannigfaltigkeit N einer Raumzeit M heißt **Cauchy–Fläche**, wenn sie von jeder nicht fortsetzbaren zeitartigen Kurve von M genau einmal geschnitten wird (N ist dann notwendig raumartig). Wir sagen, die Materie erfüllt die **dominante Energiebedingung**, wenn für den Energieimpuls–Tensor T

$$T(X, Y) \;\geq\; 0$$

für alle zukunftsgerichteten, kausalen Vektorfelder $X, Y \in \mathcal{V}M$ gilt.

Satz. *Sei M eine asymptotisch flache Raumzeit, welche eine geodätisch vollständige Cauchy–Fläche N besitzt und die dominante Energiebedingung erfüllt. Dann ist der Energieimpuls–Vektor P von M entweder zukunftsgerichtet und zeitartig,*

$$P^0 > 0\,, \quad \langle P, P\rangle_\infty = -P^0P^0 + P^1P^1 + P^2P^2 + P^3P^3 < 0\,,$$

oder es gilt $P = 0$. Letzteres ist genau dann der Fall, wenn M der flache Minkowski–Raum M^∞ ist.

Die ADM–Energie $E = cP^0$ stellt somit ein Maß für die Abweichung der Raumzeit M vom Grundzustand M^∞ dar,

$$E \geq 0 \quad \text{mit Gleichheit genau dann, wenn} \quad M = M^\infty .$$

Dieser Satz ist von fundamentaler Bedeutung für die Relativitätstheorie. Sein Beweis ist aufwendig; der Grund hierfür liegt in der Nichtlinearität der Feldgleichungen, was zur Folge hat, dass sich die Energie nicht als Integral über eine Summe von Quadraten schreiben und damit als positiv erkennen lässt. Die dominante Energiebedingung kann als Bedingung für „normales“ Verhalten der Materie verstanden werden. Für ideale Flüssigkeiten bedeutet diese $|p| \leq \varepsilon$.

Beweise gaben Schoen und Yau 1979/81 (Minimalflächenbeweis) und Witten 1981 (Spinorbeweis). Diesen Beweisen waren zahlreiche Teilresultate vorangegangen, siehe dazu den Artikel von Brill und Jang in [108] Vol. I, pp. 173–193 und [115]. Einen Überblick über neuere Entwicklungen gibt der Bericht [100].

(c) **Die Energie von stationären, asymptotische flachen Raumzeiten.** Eine Lorentz–Mannigfaltigkeit M heißt **stationär und asymptotisch flach**, wenn sie asymptotisch flach im räumlichen Unendlich ist und ein zeitartiges, zukunftsgerichtetes Killing–Vektorfeld U besitzt mit

$$U = \partial_0$$

bezüglich eines Koordinatensystems $x = (x^0, \ldots, x^3)$ wie in 4.1 (b). Für ein solches gilt nach 1.8 (b)

$$\partial_0 g_{ij} = 0 .$$

Ein Raumblatt $N \subset M$ wird **asymptotisch orthogonal** zu U genannt, wenn $N = \{x^0 = \tau\}$ bezüglich eines solchen Koordinatensystems gilt (o.B.d.A. $\tau = 0$); es ist dann also

$$\begin{aligned} \langle U, \partial_a \rangle &= g_{0a} = O(r^{-1}) , \\ \partial_b g_{0a} &= O(r^{-2}) , \\ \partial_b \partial_c g_{0a} &= O(r^{-3}) . \end{aligned}$$

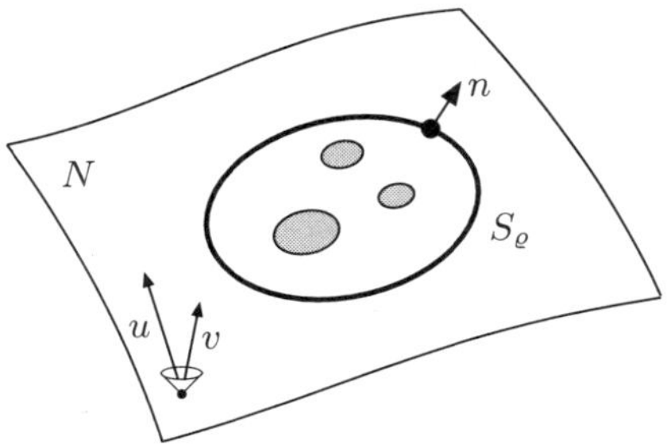

Die zweidimensionalen Sphären in N bezeichnen wir wieder mit S_ϱ; n sei deren äußeres Einheitsnormalenfeld in der Mannigfaltigkeit N (Figur).

SATZ. *Sei M eine stationäre, asymptotisch flache Raumzeit mit Killing–Vektorfeld U. Dann besitzt die ADM–Energie E auf jedem zu U asymptotisch orthogonalen Raumblatt $N \subset M$ die Darstellung durch das* **Komar–Integral**

$$E = \lim_{\varrho \to \infty} \frac{1}{4\pi} \int_{S_\varrho} \langle D_\nu U, n \rangle \, dV^2 \, ;$$

hierbei ist ν das zukunftsgerichtete Einheitsnormalenfeld von N.
Ist N diffeomorph zu $\mathbb{R}^3$, so gilt weiter

$$E \;=\; \tfrac{1}{4\pi} \int_N Rc(U, \nu) \, dV^3 \, .$$

Für Koordinaten $x = (x^0, \ldots, x^3)$ mit $U = \partial_0$ lauten die Koeffizienten von ν

$$\nu^j \;=\; -\sqrt{-g/\gamma}\, g^{0j} \quad \text{mit } g := \det(g_{ik}) \, , \quad \gamma := \det(g_{ab})_{a,b \geq 1}$$

(ÜA unter Verwendung von $g^{00} = \gamma/g$ nach Bd. 1, § 17 : 3.4). Die zweite Darstellung der ADM–Energie erhält damit die Koordinatenform

$$\begin{aligned} E \;&=\; \tfrac{1}{4\pi} \int_{\{x^0=0\}} R_{ij} u^i \nu^j \sqrt{\gamma}\, d^3\mathbf{x} \;=\; -\tfrac{1}{4\pi} \int_{\{x^0=0\}} R^0_0 \sqrt{-g}\, d^3\mathbf{x} \\ &=\; \int_{\{x^0=0\}} \left(-T^0_0 + T^1_1 + T^2_2 + T^3_3\right) \sqrt{-g}\, d^3\mathbf{x} \, ; \end{aligned}$$

Letzteres ergibt sich unter Verwendung der Feldgleichung

$$R^0_0 = 8\pi (T^0_0 - \frac{1}{2} \widetilde{T} \delta^0_0) = 4\pi(-T^0_0 + T^1_1 + T^2_2 + T^3_3) \, , \quad \text{vgl. 2.1 (b).}$$

Für ideale Flüssigkeiten mit Geschwindigkeitsfeld V folgt z.B. ÜA

$$E \;=\; \int_{\{x^0=0\}} \left(3p + \varepsilon + 2(p+\varepsilon) v_a v^a\right) \sqrt{-g}\, d^3\mathbf{x} \, .$$

BEWEISE der ersten Identität geben BEIG [101] 1978 und ASHTEKAR, MAGNON–ASHTEKAR [98] 1979, Letztere mit den Methoden des konformen Unendlich (vgl. 4.2 (a)). Die Übereinstimmung der beiden Integraldarstellungen der Energie zeigen wir in (d).

Die zweite Darstellung der ADM–Energie zeigte schon TOLMAN 1930 unter der Annahme, dass die Raumzeit Koordinaten besitzt mit

$$(*) \quad g_{ij} \;=\; \eta_{ij} + \frac{2m}{r} \delta_{ij} + o\left(\frac{1}{r}\right) \, , \quad \partial_a g_{ij} \;=\; -\frac{2m}{r^3} \delta_{ij} x^a + o\left(\frac{1}{r^2}\right) \, ,$$

für $r \gg 1$, wobei $m > 0$ eine Konstante ist. Wir führen dies in (e) aus.

Eine Metrik der Gestalt $(*)$ ergibt sich für die *Schwarzschild–Raumzeit in isotropen Koordinaten* für den Außenraum. Für diese gilt nach der ÜA am Ende von § 11 : 1.4

$$g_{00} = -\left(\frac{1-\frac{m}{2r}}{1+\frac{m}{2r}}\right)^2 = -1 + \frac{2m}{r} + o\left(\frac{1}{r}\right), \qquad g_{0a} = 0,$$

$$g_{ab} = \left(1+\frac{2m}{r}\right)^4 \delta_{ab} = \left(1+\frac{2m}{r}\right)\delta_{ab} + o\left(\frac{1}{r}\right),$$

und entsprechend für die ersten Ableitungen.

Dass jede stationäre, asymptotisch flache Raumzeit Koordinaten mit (∗) besitzt, wurde erst 1981 bewiesen (Beig und Simon [102]).

(d) Beweis der Gleichheit der Integraldarstellungen der ADM–Energie in (c).

(i) Für jedes Killing–Vektorfeld U besteht die Identität

$$\nabla^j\nabla_j u^k = -R^k_i u^i \quad \text{bzw.} \quad \nabla^j\nabla_j u_k = -R_{k\ell}u^\ell .$$

Denn nach Definition des Krümmungstensors § 9 : 3.4 (b) gilt

$$D_iD_jU - D_jD_iU = Rm(\partial_i,\partial_j)U \quad \text{bzw.} \quad \nabla_i\nabla_j u^k - \nabla_j\nabla_i u^k = R^k_{\ell ij}u^\ell .$$

Unter Verwendung der Killing–Gleichung $\nabla_i u_k + \nabla_k u_i = 0$ (1.8 (a)) folgt

$$\nabla_i\nabla_j u_k + \nabla_j\nabla_k u_i = R_{k\ell ij}u^\ell = -R_{\ell kij}u^\ell .$$

Hieraus ergibt sich

$$2\nabla_i\nabla_j u_k = (\nabla_i\nabla_j u_k + \nabla_j\nabla_k u_i) + (\nabla_k\nabla_i u_j + \nabla_i\nabla_j u_k) - (\nabla_j\nabla_k u_i + \nabla_k\nabla_i u_j)$$

$$= (-R_{\ell kij} - R_{\ell jki} + R_{\ell ijk})\,u^\ell = 2R_{\ell ijk}u^\ell = -2R_{i\ell jk}u^\ell ,$$

wobei in den letzten beiden Gleichungen die Identitäten des Krümmungstensors (2′) und (3′) in § 9 : 3.4 (d) verwendet wurden. Metrische Kontraktion dieser Gleichung ergibt die Behauptung

$$\nabla^j\nabla_j u_k = g^{ij}\nabla_i\nabla_j u_k = -g^{ij}R_{i\ell jk}u^\ell = -R^j_{\ell jk}u^\ell = -R_{k\ell}u^\ell .$$

(ii) Das Vektorfeld $X := D_\nu U$ ist wegen $\langle D_\nu U, \nu\rangle = 0$ ein tangentiales Vektorfeld auf N, d.h. es gilt $X \in \mathcal{V}N$. Weiter gilt in Koordinaten mit $U = \partial_0$, $N = \{x^0 = 0\}$

$$X = D_\nu U = \nu^i\nabla_i u^j\partial_j = -\nu^i g^{jk}\nabla_i u_k\partial_j = \sqrt{-g/\gamma}\, g^{0i}g^{jk}\nabla_k u_i\partial_j$$

$$= \sqrt{-g/\gamma}\,\nabla^j u^0\partial_j = \sqrt{-g/\gamma}\,\nabla^a u^0\partial_a .$$

Unter Verwendung der Identität in (i) folgt

$$\mathrm{div}_N X = \frac{1}{\sqrt{\gamma}}\partial_a(\sqrt{\gamma}X^a) = \frac{1}{\sqrt{\gamma}}\,\partial_a\left(\sqrt{-g}\,\nabla^a u^0\right) = \frac{1}{\sqrt{\gamma}}\partial_j\left(\sqrt{-g}\nabla^j u^0\right)$$

$$= \sqrt{-g/\gamma}\,\nabla_j\nabla^j u^0 = -\sqrt{-g/\gamma}\,R^0_i u^i = R_{ij}u^i\nu^j = Rc(U,\nu),$$

und mit dem Gaußschen Integralsatz ergibt sich

$$\int_N Rc(U,\nu)\,dV^3 \;=\; \int_N \mathrm{div}_N X\,dV^3 \;=\; \lim_{\varrho\to\infty}\int_{K_\varrho} \mathrm{div}_N X\,dV^3$$
$$=\; \lim_{\varrho\to\infty}\int_{S_\varrho} \langle X,n\rangle\,dV^2 \;=\; \lim_{\varrho\to\infty}\int_{S_\varrho} \langle D_\nu U,n\rangle\,dV^2\,. \qquad \square$$

(e) Beweis der ersten Integraldarstellung der Energie in (c) unter der Annahme, dass Koordinaten mit $(*)$, $U = \partial_0$ und $N = \{x^0 = 0\}$ existieren.

Aus $(*)$ ergibt sich

$$\partial_b g_{ab} - \partial_a g_{bb} \;=\; -2mr^{-3}\,\delta_{ab}\,x^b + 2mr^{-3}\delta_{bb}\,x^a + o(r^{-2})$$
$$=\; 4mr^{-3}x^a + o(r^{-2})\,,$$

und mit $n_a = r^{-1}x^a$ folgt nach 4.1 (b) (9′)

$$16\pi E \;=\; 16\pi P^0 \;=\; \lim_{\varrho\to\infty}\int_{S_\varrho} (\partial_b g_{ab} - \partial_a g_{bb})\,n_a\,dV^2$$
$$=\; \lim_{\varrho\to\infty}\int_{S_\varrho} \big(4m\varrho^{-2} + o(\varrho^{-2})\big)\,dV^2 \;=\; 16\pi m\,.$$

Auf der anderen Seite erhalten wir für die Koeffizienten X^a des Vektorfeldes $X = D_\nu U$ auf N

$$X^a \;=\; \sqrt{-g/\gamma}\,\nabla^a u^0 \;=\; \nabla^a u^0 + o(r^{-2}) \;=\; \nabla_a u^0 + o(r^{-2})$$
$$=\; \Gamma^0_{ab}u^b + o(r^{-2}) \;=\; \Gamma^0_{a0} + o(r^{-2}) \;=\; -\tfrac{1}{2}\partial_a g_{00} + o(r^{-2})$$
$$=\; mr^{-3}x^a + o(r^{-2})\,.$$

Für das äußere Einheitsnormalenfeld n der Sphäre $S_\varrho = \{x^0 = 0,\ r = \varrho\}$ gilt $n_a = \varrho^{-1}x^a + o(r^0)$, also folgt

$$\langle X,n\rangle \;=\; X^a n_a \;=\; m\varrho^{-4}x^a x^a + o(\varrho^{-2}) \;=\; m\varrho^{-2} + o(\varrho^{-2})\,.$$

Weiter lässt sich unschwer zeigen, dass

$$\varrho^{-2}\int_{S_\varrho} dV^2 \;=\; 4\pi + o(r^0)$$

gilt, woraus durch Grenzübergang $\varrho\to\infty$ folgt

$$\int_{S_\varrho} \langle X,n\rangle\,dV^2 \;=\; \big(m\varrho^{-2} + o(\varrho^{-2})\big)\int_{S_\varrho} dV^2 \;\to\; 4\pi m \;=\; 4\pi E\,. \qquad \square$$

§ 11 Raumzeit–Modelle

1 Schwarzschild–Raumzeiten

1.1 Übersicht

Die Schwarzschild–Raumzeiten sind Modelle für Raumzeiten mit einem nicht rotierenden, kugelsymmetrischen Stern als einzige Quelle des Gravitationsfeldes. Hierbei wird eine statische Raumzeit zugrunde gelegt, denn eine solche besitzt nach § 10 : 1.8 (d) ein nicht rotierendes Bezugsfeld. Neben der Kugelsymmetrie wird **asymptotische Flachheit** gefordert, welche beinhaltet, dass die Lorentz–Metrik im räumlich Unendlichen in die Minkowski–Metrik übergeht. Zwei Modelle sind zu unterscheiden:

- **Die reguläre Schwarzschild–Raumzeit**. In dieser wird ein aus einer idealen Flüssigkeit bestehender ausgedehnter Stern mit nicht zu starker Massenkonzentration betrachtet.
- **Die singuläre Schwarzschild–Raumzeit**. Diese besteht aus einem statischen Teil und einem **schwarzen Loch**, welches eine Singularität umgibt. Dieses Modell kann als der Endzustand eines nichtrotierenden, kugelsymmetrischen Sterns nach dem Gravitationskollaps aufgefasst werden.

1.2 Modellbildung

Wir gehen aus von einer statischen Standard–Raumzeit $M = \mathbb{R} \times N$ mit der Metrik $ds^2 = -A(q)\,dt^2 + ds_N^2$, wobei N eine dreidimensionale Riemann–Mannigfaltigkeit mit Metrik ds_N^2 ist und A eine positive Funktion, vergleiche § 10 : 1.8 (e).

Die Modellierung der Kugelsymmetrie (sphärischen Symmetrie) können wir aus Platzgründen nur andeuten. Diese bedeutet, dass N (und damit auch alle Ruhflächen $N_t = \{t\} \times N$ in M) eine zur SO_3 isomorphe Gruppe $\widetilde{\mathrm{SO}}_3$ von Isometrien besitzt. Für jeden Punkt $q \in N$ (mit Ausnahme möglicher Fixpunkte) entsteht durch Anwendung aller Isometrien $A \in \widetilde{\mathrm{SO}}_3$ auf q eine zur Einheitssphäre S^2 diffeomorphe zweidimensionale Untermannigfaltigkeit $S_q = \{A(q) \mid A \in \widetilde{\mathrm{SO}}_3\}$, genannt **Orbitsphäre** von q. Mit Hilfe deren Flächeninhalts $V^2(S_q)$ (vgl. § 9 : 7.1) erklären wir den **Schwarzschild–Radius** als Funktion

$$r : M \to \mathbb{R} \quad \text{mit} \quad r(p) = r(t,q) := \sqrt{V^2(S_q)/4\pi}\,,$$

also durch $4\pi r(p)^2 = V^2(S_q)$. Die **Schwarzschild–Zeit** ist die Projektion

$$t : M \to \mathbb{R}, \quad p = (t,q) \mapsto t\,.$$

Unter der Annahme, dass ∇r nirgends verschwindet, lässt sich ein Koordinatensystem (t, r, θ, φ) auf M einführen, bezüglich dessen die Lorentz–Metrik die

Gestalt

$$(*) \qquad ds^2 \;=\; -A(r)\,dt^2 + B(r)\,dr^2 + r^2\,d\sigma^2$$

mit positiven Funktionen A, B auf dem Bildintervall I des Schwarzschild–Radius r hat und $d\sigma^2 = d\theta^2 + \sin^2\theta\,d\varphi^2$ die Metrik der Einheitssphäre $S^2 \subset \mathbb{R}^3$ ist. Für die genaue Begründung der Kugelsymmetrie siehe [79] App. B, [91] II, Ch. 3, App.

Hiernach kann die Raumzeit M als Produkt $\mathbb{R} \times I \times S^2$ geschrieben werden. Ist M ein Außenraum, d.h. hat das Intervall I die Gestalt $]a, \infty[$, so fordern wir die **asymptotische Flachheit** durch

$$(**) \qquad \lim_{r\to\infty} A(r) \;=\; \lim_{r\to\infty} B(r) \;=\; 1\,.$$

Dies bedeutet, dass die Metrik für $r \to \infty$ in die flache Minkowski–Metrik $ds_\infty^2 = -dt^2 + dr^2 + r^2\,d\sigma^2$ übergeht.

1.3 Aufstellung der Feldgleichungen

Die Koeffizienten $G_i^k = R_i^k - \frac{1}{2}R\,\delta_i^k$ des Einstein–Tensors $G^\#$ (§ 9 : 3.5) der Metrik $(*)$ bezüglich der Koordinaten $(x^0, x^1, x^2, x^3) = (t, r, \theta, \varphi)$ ergeben sich nach längerer Rechnung ÜA zu

$$G_0^0 \;=\; -\frac{1}{r^2} + \frac{1}{B}\left(\frac{1}{r^2} - \frac{B'}{rB}\right), \qquad G_1^1 \;=\; -\frac{1}{r^2} + \frac{1}{B}\left(\frac{1}{r^2} + \frac{A'}{rA}\right),$$

$$G_2^2 \;=\; G_3^3 \;=\; \frac{1}{2B}\left(\frac{A''}{A} - \frac{A'}{2A}\left(\frac{A'}{A} + \frac{B'}{B}\right) + \frac{1}{r}\left(\frac{A'}{A} - \frac{B'}{B}\right)\right).$$

Bemerkung. Dieses Ergebnis gilt auch im Fall $A, B < 0$, d.h. wenn ∂_r zeitartig ist und ∂_t raumartig.

Für die ideale Flüssigkeit mit $U = u^i\partial_i = A^{-1/2}\partial_0$ als Geschwindigkeitsfeld nehmen wir die gleichen Symmetrien wie für die Raumzeit an. Das bedeutet für den Energieimpuls–Tensor $T_i^k = (p+\varepsilon)u_i u^k + p\,\delta_i^k$ (vgl. § 10 : 2.2 (a)), dass ε und p nur von r abhängen. Unter Beachtung von $u^k = A^{-1/2}\delta_0^k$, $u_i = -A^{1/2}\delta_i^0$ ergibt sich

$$T_i^k \;=\; -(\varepsilon + p)\delta_i^0\delta_0^k + p\delta_i^k\,.$$

Damit erhalten wir die Feldgleichungen

$$(1) \qquad -\frac{1}{r^2} + \frac{1}{B}\left(\frac{1}{r^2} - \frac{B'}{rB}\right) \;=\; G_0^0 \;=\; 8\pi T_0^0 \;=\; -8\pi\varepsilon\,,$$

$$(2) \qquad -\frac{1}{r^2} + \frac{1}{B}\left(\frac{1}{r^2} + \frac{A'}{rA}\right) \;=\; G_1^1 \;=\; 8\pi T_1^1 \;=\; 8\pi p\,,$$

(3) $$\frac{1}{2B}\left(\frac{A''}{A}-\frac{A'}{2A}\left(\frac{A'}{A}+\frac{B'}{B}\right)+\frac{1}{r}\left(\frac{A'}{A}-\frac{B'}{B}\right)\right) = G_2^2 = 8\pi T_2^2 = 8\pi p\,,$$

ebenso $G_3^3 = 8\pi T_3^3 = 8\pi p$. Die Divergenzgleichung $\nabla_k T_i^k = 0$ liefert die **Gleichung des hydrodynamischen Gleichgewichts** ÜA

(4) $$p' = -(\varepsilon+p)\,\frac{A'}{2A}\,.$$

LEMMA. *Bei Gültigkeit der Gleichungen* (1), (2) *sind die Gleichungen* (3) und (4) *zueinander äquivalent.*

BEWEIS.

Seien L_1, L_2, L_3 die linken Seiten von (1), (2), (3). Wir eliminieren A''/A in L_3 mit Hilfe der differenzierten Gleichung (2). Unter Beachtung der aus (1), (2) folgenden Beziehung $\frac{1}{B}\left(\frac{A'}{A}+\frac{B'}{B}\right) = 8\pi r(\varepsilon+p)$ ergibt sich ÜA

$$L_3 - 8\pi p = L_3 - L_2 = 2\pi r\left(2p' + (\varepsilon+p)A'/A\right)\,,$$

woraus die Behauptung folgt. □

Hiernach können wir uns bei der Lösung der Feldgleichungen auf die Betrachtung der einfach gebauten Gleichungen (1), (2) und (4) beschränken.

Gleichung (1) ist äquivalent zu

(1′) $$\frac{1}{B(r)} = 1 - 2r^2\mu(r) \qquad \text{mit} \qquad \mu(r) := \frac{4\pi}{r^3}\int_0^r s^2\,\varepsilon(s)\,ds\,,$$

denn es gilt

$$\left(\frac{r}{B(r)}\right)' = \frac{1}{B(r)} - \frac{rB'(r)}{B(r)^2} = \frac{r^2}{B(r)}\left(\frac{1}{r^2} - \frac{B'(r)}{r\,B(r)}\right)$$

$$= 1 - 8\pi r^2\varepsilon(r) = (r - 2r^3\mu(r))'\,.$$

Eliminieren wir in (4) den Term A'/A mit Hilfe von (2) und drücken B mit Hilfe von μ aus, so ergibt sich die **Tolman–Oppenheimer–Volkoff–Gleichung** (**TOV–Gleichung**)

(2′) $$p' = -\,\frac{r(\varepsilon+p)(\mu+4\pi p)}{1-2r^2\mu}\,.$$

Aus einem Lösungspaar p, μ dieser Gleichung ergeben sich die Koeffizienten B und A durch (1′) und (2).

1.4 Die reguläre Schwarzschild–Raumzeit

(a) Wir betrachten das **Innenraum–Problem** für die reguläre Schwarzschild–Raumzeit. Gegeben sei der Zentraldruck $p_0 = p(0) > 0$ und eine **Zustandsgleichung** $\varepsilon = f(p)$, wobei $f : \mathbb{R}_+ \to \mathbb{R}_+$ eine stetige, in $]0, \infty[$ C^∞–differenzierbare Funktion ist mit $f(0) = 0$, $f'(s) > 0$ für $s > 0$ und

$$\int_0^{p_0} \frac{ds}{f(s) + s} < \infty .$$

(Die letzte Bedingung hat die Unbeschränktheit von f' nahe 0 zur Folge.)

Die Lösung von (2′) in 1.3 mit der Anfangsbedingung $p(0) = p_0$ erfordert auch die Bestimmung von μ. Hierzu beachten wir, dass μ der singulären DG

$$\mu'(r) = (4\pi\varepsilon(r) - 3\mu(r))/r$$

genügt. Wir charakterisieren μ jetzt durch diese DG und kommen so zu dem Differentialgleichungs–Problem

$$(\mathrm{TOV}) \quad \begin{cases} \mu' = \dfrac{4\pi\varepsilon - 3\mu}{r}, \\[2ex] p' = -\dfrac{r(\varepsilon + p)(\mu + 4\pi p)}{1 - 2r^2\mu}, \qquad p(0) = p_0 . \end{cases}$$

Satz (Rendall, Schmidt 1991).

(1) *Es gibt genau ein Intervall* $[0, R[$ $(0 < R \le \infty)$, *auf welchem das System* TOV *ein eindeutig bestimmtes Lösungspaar* p, μ *besitzt mit*

$$p(r) > 0 \quad \textit{in} \ [0, R[, \qquad \lim_{r \to R} p(r) = 0 .$$

(2) *Für diese gilt*

$$2r^2 \mu(r) < 1 \quad \textit{in} \ ]0, R[\qquad \textit{und} \qquad M_S := 4\pi \int_0^R s^2 \varepsilon(s)\, ds < \frac{R}{2} .$$

(3) *Der* **Sternradius** *R ist endlich, falls* $\int_0^{p_0} f(s)^{-2}\, ds < \infty$.

Wir nennen M_S die **Schwarzschild–Masse** des Sterns. Im cgs–System hat diese die Form

$$M_S := \frac{4\pi}{c^2} \int_0^R s^2 \varepsilon(s)\, ds ,$$

und die Abschätzung (2) erhält die Gestalt $M_S < (c^2/2\mathbf{G}) \cdot R$.

BEMERKUNGEN. (i) Der Existenzbeweis für die Lösungen des Innenraum–Problems erfordert wegen des singulären Charakters der ersten Differentialgleichung eine eigene Lösungstheorie.

(ii) Die Masseschranke in (2) kann verkleinert werden. Es gilt

$$M_S \;<\; \frac{4c^2}{9\mathbf{G}}\,R$$

(BUCHDAHL 1959). Unter speziellen Annahmen über die Zustandsgleichung lassen sich noch kleinere Schranken herleiten.

In der klassischen Mechanik lautet die zur TOV–Gleichung analoge Beziehung

$$p' \;=\; -\,r\varrho\mu \ll 1 \quad \text{mit} \;\; \varrho = f(p)$$

(diese ergibt sich aus der TOV–Gleichung unter den Annahmen $2r^2\mu \ll 1$, $p \ll \varepsilon = \varrho$). Hier tritt also der die Massenkonzentration beschränkende Term $1 - 2r^2\mu$ nicht auf. Bei der Integration des zugehörigen Anfangswertproblems gibt es dann keine Beschränkungen für die Masse. Die Newtonsche Mechanik erlaubt somit Sternmodelle beliebig großer Masse.

(iii) Eine weitere hinreichende Bedingung für die Endlichkeit des Sternradius R liefert die fast polytrope Zustandsgleichung $p = f^{-1}(\varepsilon) = K\varepsilon^{\gamma} + L\varepsilon^{2\gamma-1}$ mit Konstanten $0 < L \ll K$ und $5/4 \leq \gamma \leq 2$.

Für den Beweis des Satzes und der Bemerkung (iii) siehe [113], für die Masseschranken [91] III, Ch. 6.6, [83] 6.2.

Im Fall konstanter Energiedichte $\varepsilon = \text{const} = \varepsilon_0 > 0$ als Zustandsgleichung ist $\mu(r) = 4\pi\varepsilon_0/3$, und die TOV–Gleichung ist eine DG mit getrennten Variablen. Die Integration mit dem Anfangswert $p(R) = 0$ ($\varepsilon_0, R > 0$ gegeben, R hinreichend klein) ergibt für $0 < r \leq R$ ÜA

$$p(r) = \varepsilon_0\,\frac{u(r) - u(R)}{3u(R) - u(r)} \quad \text{mit} \quad u(r) := \sqrt{1 - \frac{2mr^2}{R^3}}\,, \qquad m = \frac{4\pi R^3}{3}\,\varepsilon_0\,.$$

Die aus der Positivität des Nenners folgende Ungleichung $3u(R) \geq u(0) = 1$ liefert wieder die Masseschranke $M_S = m \leq 4R/9$ (in geometrischen Einheiten).

SCHWARZSCHILD fand diese Lösung der Feldgleichungen für Sterne konstanter Energiedichte 1916, nur wenige Monate nach der Aufstellung der Feldgleichungen durch EINSTEIN; siehe [120] IV.2.

(b) Der **Außenraum** des Sterns besteht aus dem Raumzeitgebiet $\{r \geq R\}$. In diesem wird Vakuum, also $\varepsilon = p = 0$ angenommen, wodurch die Feldgleichung (4) in 1.3 identisch erfüllt ist. Die übrig bleibenden Feldgleichungen (1), (2) aus 1.3 lauten

$$-\frac{1}{r^2} + \frac{1}{B}\left(\frac{1}{r^2} - \frac{B'}{rB}\right) = 0\,, \qquad -\frac{1}{r^2} + \frac{1}{B}\left(\frac{1}{r^2} + \frac{A'}{rA}\right) = 0\,.$$

Subtraktion beider Gleichungen liefert $0 = A'/A + B'/B = (\log(AB))'$, also $AB = \text{const}$ und unter Beachtung der asymptotischen Flachheit (∗∗) in 1.2 daher $AB = 1$. Aus 1.3 (1′) folgt

$$(rB^{-1})' = B^{-1} - rB^{-2}B' = r^2B^{-1}\left(\frac{1}{r^2} - \frac{B'}{rB}\right) = 1,$$

somit

$$A = B^{-1} = 1 + \frac{k}{r} \qquad \text{mit einer Integrationskonstanten } k\,.$$

Bei der Zusammensetzung der Innenraum– und Außenraum–Lösung fordern wir die C^1–Differenzierbarkeit der Gesamtlösung auf $]0, \infty[$ (eine höhere Glattheit lässt sich nicht erreichen); dies bedeutet, wenn wir für den Moment die Außenraumlösung mit $\widetilde{A}, \widetilde{B}$ bezeichnen

$$\lim_{r\to R} A(r) = \widetilde{A}(R)\,, \quad \lim_{r\to R} A'(r) = \widetilde{A}'(R)\,,$$

$$\lim_{r\to R} B(r) = \widetilde{B}(R)\,, \quad \lim_{r\to R} B'(r) = \widetilde{B}'(R)\,.$$

Unter Beachtung von $p(R) = 0$, $\mu'(R) = 4\pi R^2\varepsilon(R) = 4\pi R^2 f(p(R)) = 0$ und der Gleichungen (1′), (2) in 1.3 ergibt sich, dass diese Anpassung erfüllt ist durch die Wahl $k = 2m$ für die Integrationskonstante k ÜA, also durch

$$(***)\ A(r) = B(r)^{-1} = 1 - \frac{2m}{r} \quad \text{für } r > R \quad \text{mit } m = 4\pi \int_0^R s^2\varepsilon(s)\,ds\,.$$

Die so gefundene **reguläre Schwarzschild–Raumzeit** besitzt eine nur C^1–differenzierbare Metrik (die jedoch für $r < R$ und $r > R$ jeweils C^∞–differenzierbar ist). Dieses Modell fällt wegen des Sprungs in den zweiten Ableitungen der Metrik streng genommen nicht mehr unter den Begriff der Raumzeit; für das Verständnis des Modells ist dies jedoch ohne Belang.

ÜA Zeigen Sie, dass die Schwarzschild–Metrik im Außenraum durch die nachfolgende Transformation der Radiuskoordinate $r \mapsto \varrho$ in die **isotrope Gestalt**

$$ds^2 = -h(\varrho)^2\,dt^2 + f(\varrho)^2\left(dy^1dy^1 + dy^2dy^2 + dy^3dy^3\right)$$

gebracht werden kann mit

$$\varrho = \sqrt{y^1y^1 + y^2y^2 + y^3y^3}\,, \quad f(\varrho) = \left(1 + \frac{m}{2\varrho}\right)^2, \quad h(\varrho) = \frac{1 - m\,(2\varrho)^{-1}}{1 + m\,(2\varrho)^{-1}}\,.$$

Hinweis. Einsetzen von $r = r(\varrho)$, $dr = r'(\varrho)\, d\varrho$ in die Schwarzschild–Metrik und Vergleich mit der isotropen Form in Kugelkoordinaten $ds^2 = -h(\varrho)^2\, dt^2 + f(\varrho)^2(d\varrho^2 + \varrho^2 d\sigma^2)$ führen auf die DG

$$r'(\varrho) \;=\; \frac{r(\varrho)}{\varrho}\sqrt{1 - \frac{2m}{r(\varrho)}}$$

mit der Lösung

$$r \;=\; \varrho\left(1 + \frac{m}{2\varrho}\right)^2 \qquad \text{bzw.} \qquad \varrho = \frac{1}{2}\left(r - m + \sqrt{r^2 - 2mr}\right).$$

1.5 Die singuläre Schwarzschild–Raumzeit

Unser Ziel ist die Behandlung des Falls $R < 2m$. Es zeigt sich, dass ein Stern von so hoher Massenkonzentration zwangsläufig kollabiert und nur durch ein dynamisches Modell beschrieben werden kann, was wir aus Platzgründen nicht ausführen können, siehe [103], [104]. Wir behandeln den Grenzfall $R = 0$, vorzustellen als Endzustand nach dem Gravitationskollaps. Der kollabierte Stern ist hierbei nicht mehr Bestandteil der Raumzeit, sondern manifestiert sich in einer Singularität der Raumzeit, welche von einem Bereich eines extremen Gravitationsfeldes umgeben wird, einem **schwarzen Loch**.

Wir gehen von der Metrik des Außenraums in 1.4 (b) aus,

$$\text{(S)} \qquad ds^2 \;=\; -\left(1 - \frac{2m}{r}\right) dt^2 + \left(1 - \frac{2m}{r}\right)^{-1} dr^2 + r^2\, d\sigma^2$$

für $r > R = 0$.

Zu dieser gehören jetzt zwei Lorentz–Mannigfaltigkeiten

$$M_1^S = R \times I_1 \times S^2\,,$$

$$M_2^S = R \times I_2 \times S^2$$

mit $I_1 =]2m, \infty[$, $I_2 =]0, 2m[$.

In M_2^S ist ∂_t raumartig und ∂_r zeitartig wegen

$$\langle \partial_t, \partial_t \rangle \;=\; -\left(1 - \frac{2m}{r}\right) > 0\,,$$

$$\langle \partial_r, \partial_r \rangle \;=\; \left(1 - \frac{2m}{r}\right)^{-1} < 0\,.$$

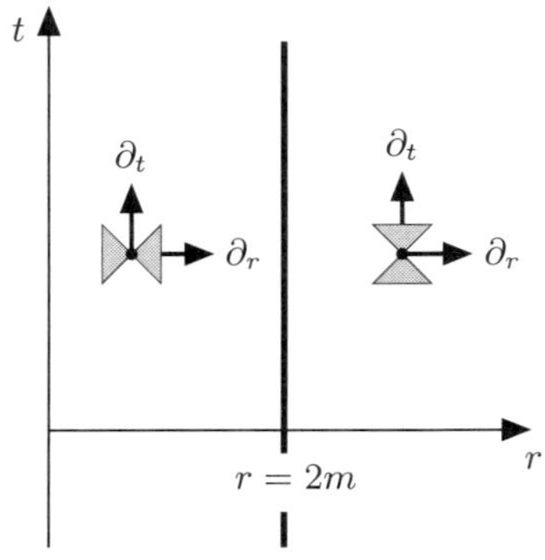

Die Koeffizienten des Einstein–Tensors ergeben sich wie in 1.3 nach der dort gemachten Bemerkung. Wegen $\varepsilon = p = 0$ gilt $G_i^k = 0$ und damit auch

$R_i^k = 0$ in M_2^S. Wir versehen M_2^S mit der durch das zeitartige Vektorfeld $-\partial_r$ erzeugten Zeitorientierung; die gleiche Lorentz–Mannigfaltigkeit mit der entgegengesetzten Zeitorientierung bezeichnen wir mit M_3^S. Die Raumzeiten M_2^S und M_3^S sind nicht statisch, vgl. [68] 13, 8.Cor..

Wir zeigen im Folgenden, dass die drei Raumzeiten M_1^S, M_2^S, M_3^S zu einer größeren Raumzeit vereinigt werden können. Hierzu benötigen wir neue Koordinaten, welche die „Trennwand $\{r = 2m\}$" überdecken. Die auf beiden Seiten geltenden Gleichungen $\det(g_{ik}) = -r^4 \sin^2\theta$, $R_{ijk\ell}R^{ijk\ell} = 48m^2r^{-6}$ werten wir als Indiz dafür, dass sich nahe „$\{r = 2m\}$" nichts Dramatisches abspielt.

(b) Wir wollen die geometrischen Verhältnisse in M_1^S, M_2^S, M_3^S mit Hilfe von radial laufenden Lichtteilchen mit verschwindendem Drehimpuls studieren. Zunächst stellen wir Erhaltungsgrößen auf:

Erhaltungssatz. *Für jedes frei fallende Materieteilchen oder Lichtteilchen*

$$s \mapsto \alpha(s) \cong (x^0(s), x^1(s), x^2(s), x^3(s)) = (t(s), r(s), \theta(s), \varphi(s))$$

in den drei Raumzeiten M_1^S, M_2^S, M_3^S *mit den Anfangswerten*

$$\theta(0) = \frac{\pi}{2}, \quad \dot\theta(0) = 0$$

gibt es Konstanten E, J *mit*

(1) $\left(1 - \dfrac{2m}{r}\right)\dot t = E,$

(2) $\theta = \dfrac{\pi}{2},$

(3) $r\dot\varphi = J,$

(4) $\left(\mu + \dfrac{J^2}{r^2}\right)\left(1 - \dfrac{2m}{r}\right) + \dot r^2 = E^2.$

Hierbei ist $\mu := -\langle\dot\alpha, \dot\alpha\rangle$, *also* $\mu = 1$ *für materieartige und* $\mu = 0$ *für lichtartige Teilchen.*

Die vorgeschriebenen Anfangswerte bedeuten keine Einschränkung, da sie durch Wahl der Winkelkoordinaten für jedes Teilchen herstellbar sind. Die Gleichung (4) zeigt Ähnlichkeit mit dem Energieerhaltungssatz der klassischen Mechanik. Die Konstante E ist für ein Materieteilchen der Masse 1 mit der vom statischen momentanen Beobachter $u = (1 - 2m/r)^{-1/2}\partial_t$ $(r > 2m)$ gemessenen Energie E_0 verbunden durch $E = (1 - 2m/r)^{1/2}E_0$, vgl. § 10 : 1.4 (a), ÜA.

Aus diesen Erhaltungsgleichungen lassen sich die berühmten Anwendungen auf die Perihelbewegung des Merkur, die Lichtablenkung an der Sonne und die Laufzeit–Verzögerung in der Nähe des Sonnenrandes unschwer ableiten, siehe [84] 15, [68] 13, [93] 8.4–8.6 [88] § 40.4, [93] Sect. 8.7. Wir müssen aus Platzgründen hierauf verzichten.

Beweis.

Wie in § 7 : 5.2 ergibt sich [ÜA], dass die geodätischen Differentialgleichungen äquivalent sind zu den Euler–Gleichungen (EG) der Lagrange–Funktion

$$L(x(s),\dot{x}(s)) = \tfrac{1}{2}\langle\dot{\alpha}(s),\dot{\alpha}(s)\rangle = \tfrac{1}{2}g_{ik}(x(s))\dot{x}^i(s)\,\dot{x}^k(s)$$
$$= \frac{1}{2}\left(-\left(1-\frac{2m}{r}\right)\dot{t}^2 + \left(1-\frac{2m}{r}\right)^{-1}\dot{r}^2 + r^2\left(\dot{\theta}^2 + \sin^2\theta\,\dot{\varphi}^2\right)\right).$$

Diese lauten in der Notation von § 2 : 1.3 (f)

$$0 = \frac{d}{ds}\left[\frac{\partial L}{\partial \dot{t}}\right] - \frac{\partial L}{\partial t} = \frac{d}{ds}\left[-\left(1-\frac{2m}{r}\right)\dot{t}\right] - 0,$$

$$0 = \frac{d}{ds}\left[\frac{\partial L}{\partial \dot{r}}\right] - \frac{\partial L}{\partial r}$$
$$= \frac{d}{ds}\left[\left(1-\frac{2m}{r}\right)^{-1}\dot{r}\right] + \frac{m}{r^2}\dot{t}^2 - \left(1-\frac{2m}{r}\right)^{-2}\frac{m}{r^2}\dot{r}^2 - r\left(\dot{\theta}^2 + \sin^2\theta\,\dot{\varphi}^2\right),$$

$$0 = \frac{d}{ds}\left[\frac{\partial L}{\partial \dot{\theta}}\right] - \frac{\partial L}{\partial \theta} = \frac{d}{ds}\left[r^2\dot{\theta}\right] - r^2\sin\theta\,\cos\theta\,\dot{\varphi}^2,$$

$$0 = \frac{d}{ds}\left[\frac{\partial L}{\partial \dot{\varphi}}\right] - \frac{\partial L}{\partial \varphi} = \frac{d}{ds}\left[r^2\sin^2\theta\,\dot{\varphi}\right] - 0.$$

Die erste EG ist mit (1) äquivalent. Das AWP für die dritte EG bei gegebenen Funktionen $r(s)$, $\varphi(s)$ hat zu den Anfangswerten $\theta(0) = \pi/2$, $\dot{\theta}(0) = 0$ genau eine Lösung. Da die Konstante $\theta = \pi/2$ eine Lösung ist, folgt Gleichung (2) für alle s. Die vierte EG ergibt zusammen mit $\theta = \pi/2$ die Gleichung (3). Aus (1), (2), (3) (oder aus der zweiten EG) ergibt sich Gleichung (4):

$$-\mu = \langle\dot{\alpha},\dot{\alpha}\rangle = -\left(1-\frac{2m}{r}\right)\dot{t}^2 + \left(1-\frac{2m}{r}\right)^{-1}\dot{r}^2 + r^2\dot{\varphi}^2$$
$$= -\left(1-\frac{2m}{r}\right)^{-1}E^2 + \left(1-\frac{2m}{r}\right)^{-1}\dot{r}^2 + \frac{J^2}{r^2}. \qquad \square$$

Wir betrachten nun radial laufende Teilchen mit verschwindendem Drehimpuls J (d.h. $\theta = \text{const}$, $\varphi = \text{const}$, o.B.d.A. $\theta = \pi/2$, $\varphi = 0$).

Folgerung 1. *Für jedes radial laufende lichtartige Teilchen in* M_1^S, M_2^S *oder* M_3^S *gibt es Konstanten* t_0, r_0 *mit*

$$\pm(t - t_0) = r - r_0 + 2m\log\frac{r-2m}{r_0-2m}$$

für $r, r_0 > 2m$ *bzw.* $0 < r, r_0 < 2m$.

Beweis.
Die Gleichungen (4), (1) des Erhaltungssatzes liefern mit $J = \mu = 0$

$$\pm\,\dot r = E = \left(1 - \frac{2m}{r}\right)\dot t\,.$$

Fassen wir r als Funktion von t auf, so folgt

$$\frac{dr}{dt} = \frac{\dot r}{\dot t} = \pm\left(1 - \frac{2m}{r}\right).$$

Für die Lösung dieser DG mit $r(t_0) = r_0$ ergibt sich nach bewährtem Muster

$$\pm(t - t_0) = \pm\int_{t_0}^{t} 1\,dt = \int_{r_0}^{r} \frac{dr}{1 - \frac{2m}{r}} = \int_{r_0}^{r} 1\,dr + 2m\int_{r_0}^{r}\frac{dr}{r - 2m}$$
$$= r - r_0 + 2m\log\frac{r - 2m}{r_0 - 2m}\,.$$ □

Wir schreiben jetzt wieder τ für die Eigenzeit.

Folgerung 2. *Jedes radial frei fallende Materieteilchen in M_1^S, M_2^S oder M_3^S mit Energie $E < 1$ ist in den (τ, r)–Koordinaten ein Zykloidenstück und zwar gilt mit* $R = m/(1 - E^2)$, $a = E/\sqrt{1 - E^2} = \sqrt{(R/m) - 1}$

(i) $$\tau = \tau_0 \pm \sqrt{\frac{R}{m}}\,R(\psi + \sin\psi)\,, \quad r = R(1 + \cos\psi)\,,$$

wobei ψ der Abrollwinkel der Zykloide ist. Für die zugehörige t–Koordinate ergibt sich

(ii) $$t = t_0 \pm 2m\left(a\psi + \frac{aR}{2m}(\psi + \sin\psi) + \log\left|\frac{a + \tan(\psi/2)}{a - \tan(\psi/2)}\right|\right).$$

Die Figur zeigt radial laufende Lichtteilchen in M_1^S und M_2^S.

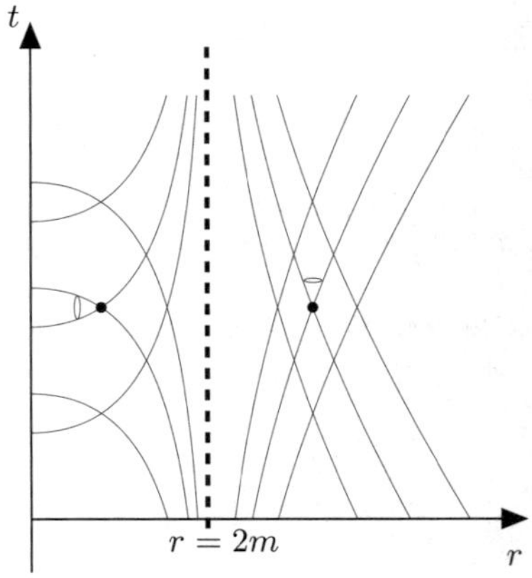

Beweis.
Nach Gleichung (4) im Erhaltungssatz gilt mit $\mu = 1$ und $J = 0$

$$E^2 = 1 - \frac{2m}{r} + \dot r^2\,, \quad \text{also}$$

$$\pm\,\dot r = \sqrt{\frac{2m}{r} + E^2 - 1} = \sqrt{\frac{2m}{r} - \frac{m}{R}}$$
$$= \sqrt{\frac{m}{R}}\sqrt{\frac{2R - r}{r}}\,.$$

Dies ist bis auf den Skalierungsfaktor $\sqrt{m/R}$ die Differentialgleichung der Zykloide. Deren Lösung kann nach § 2 : 2.3 (a) als durch den Abrollwinkel ψ parametrisierte Kurve

$$\begin{aligned} \tau &= \tau_0 \pm \sqrt{\frac{R}{m}}\, R(\psi + \sin\psi)\,, \\ r &= R(1 + \cos\psi) \end{aligned}$$

dargestellt werden. Für t als Funktion von ψ ergibt sich mit (1)

$$\frac{dt}{d\psi} = \frac{dt}{d\tau}\frac{d\tau}{d\psi} = E\left(1 - \frac{2m}{r}\right)^{-1}\frac{d\tau}{d\psi}\,.$$

Nach Einsetzen der von ψ abhängenden Funktionen r und $d\tau/d\psi$ folgt Gleichung (ii) durch Integration, ÜA. □

1.6 Die Kruskal–Szekeres–Raumzeit

Die Kruskal–Szekeres–Raumzeit stellt die (im Wesentlichen eindeutige) Fortsetzung der drei singulären Schwarzschild–Raumzeiten dar. Diese beruht auf der Wahl von raffinierten Koordinatensystemen, welche die Trennwände „$\{r = 2m\}$“ überdecken. Wir motivieren diese Transformation durch eine Vorbetrachtung.

(a) *1. Schritt*: Wir wählen in M_1^S und M_2^S Koordinaten $(\eta, r, \theta, \varphi)$, durch welche radial einlaufende Lichtteilchen ($\dot{r} < 0$) als Geraden dargestellt werden. Nach Folgerung 1 von 1.5 (b) ist

$$\eta := t + r + 2m \log|r - 2m|$$

konstant längs dieser lichtartigen Teilchen und leistet somit das Gewünschte.

Analog wählen wir in M_1^S und M_3^S Koordinaten $(\xi, r, \theta, \varphi)$, durch welche radial auslaufende Lichtteilchen ($\dot{r} > 0$) gerade gebogen werden. Hier ist entsprechend

$$\xi := t - r - 2m \log|r - 2m|$$

als neue Koordinate anstelle von t zu wählen.

Führen wir in M_1^S nun $(\xi, \eta, \theta, \varphi)$ als Koordinaten ein, so ergibt sich ÜA.

$$\begin{aligned} d\xi &= dt - \left(1 - \frac{2m}{r}\right)^{-1} dr\,, \\ d\eta &= dt + \left(1 - \frac{2m}{r}\right)^{-1} dr\,, \\ ds^2 &= -\left(1 - \frac{2m}{r}\right) d\xi\, d\eta + r^2 d\sigma^2\,, \end{aligned}$$

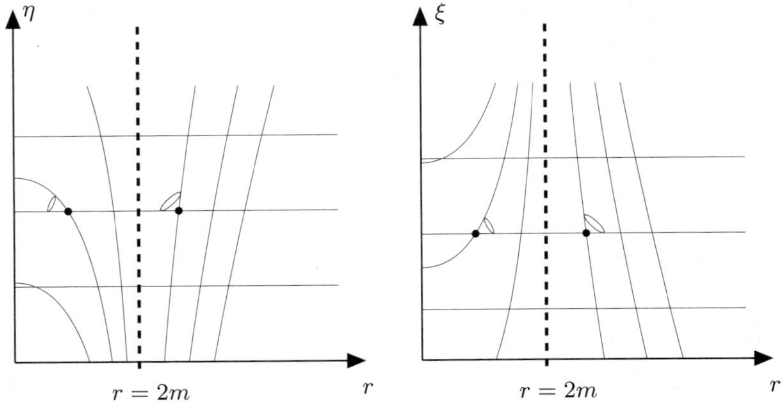

Die Koordinaten (η, r, θ, ϕ) und $(\xi, r, \theta, \varphi)$ werden **Eddington–Finkelstein–Koordinaten** genannt.

2. Schritt. Die immer noch vorhandene Unstetigkeit der Metrik in $r = 2m$ lässt sich jetzt durch einfaches Umskalieren $\xi \mapsto u = u(\xi)$, $\eta \mapsto v = v(\eta)$ beseitigen: Nach einigem Probieren finden wir für die Koordinaten (u, v, θ, φ) mit

$$u = \exp\left(-\frac{\xi}{4m} - \frac{1}{2}\right), \qquad v = \exp\left(\frac{\eta}{4m} - \frac{1}{2}\right)$$

(die Terme $-1/2$ in den Exponenten erweisen sich später als praktisch, für den Moment sind sie ohne Interesse),

$$du = -\frac{1}{4m}\exp\left(-\frac{\xi}{4m} - \frac{1}{2}\right) d\xi\,, \quad dv = \frac{1}{4m}\exp\left(\frac{\eta}{4m} - \frac{1}{2}\right) d\eta\,,$$

$$\begin{aligned} du\,dv &= -\frac{1}{16m^2}\exp\left(\frac{\eta - \xi}{4m} - 1\right) d\xi\,d\eta \\ &= -\frac{1}{16m^2}\exp\left(\frac{r}{2m} + \log(r - 2m) - 1\right) d\xi\,d\eta \\ &= -\frac{1}{16m^2}(r - 2m)\exp\left(\frac{r}{2m} - 1\right) d\xi\,d\eta \\ &= -\frac{r}{16m^2}\left(1 - \frac{2m}{r}\right)\exp\left(\frac{r}{2m} - 1\right) d\xi\,d\eta\,, \end{aligned}$$

$$ds^2 = \frac{16m^2}{r}\exp\left(1 - \frac{r}{2m}\right) du\,dv + r^2\,d\sigma^2\,,$$

[ÜA]. Die Unstetigkeit der Metrik in $r = 2m$ ist durch diese Koordinatenwahl beseitigt!

(b) Wir setzen

$$K := \left\{ (u,v) \in \mathbb{R}^2 \;\middle|\; u \cdot v > -2me^{-1} \right\}$$

und definieren den C^∞–Diffeomorphismus

$$f :]0,\infty[\;\to\; \left]-2me^{-1},\infty\right[\,, \quad r \mapsto f(r) := (r-2m)\,\mathrm{e}^{\frac{r}{2m}-1}\,.$$

Die C^∞–Mannigfaltigkeit

$$M^K := K \times S^2\,,$$

versehen mit der Lorentz–Metrik

$$ds^2 = \frac{16m^2}{r}\,\exp\left(1-\frac{r}{2m}\right)du\,dv \;+\; r^2\,d\sigma^2$$

und der durch $\partial_v - \partial_u$ erzeugten Zeitorientierung heißt die **Kruskal–Szekeres–Raumzeit** der Masse $m > 0$ (KRUSKAL, SZEKERES 1960). Hierbei fassen wir u, v und $r = f^{-1}(u,v)$ auch als Funktionen auf M^K auf.

Weiter betrachten wir in M^K die Teilmengen

$$M_1^K := \{u, v > 0\}\,,\quad M_2^K := \{u < 0 < v\}\,,$$

$$M_3^K := \{u > 0 > v\}\,,\quad M_4^K := \{u, v < 0\}$$

und definieren auf deren Vereinigung $M^K \setminus \{u \cdot v = 0\}$ die Abbildung

$$(u,v) \mapsto (t,r) \quad \text{mit} \;\; t := 2m\,\log|v/u|\,, \quad r = f^{-1}(u \cdot v)\,.$$

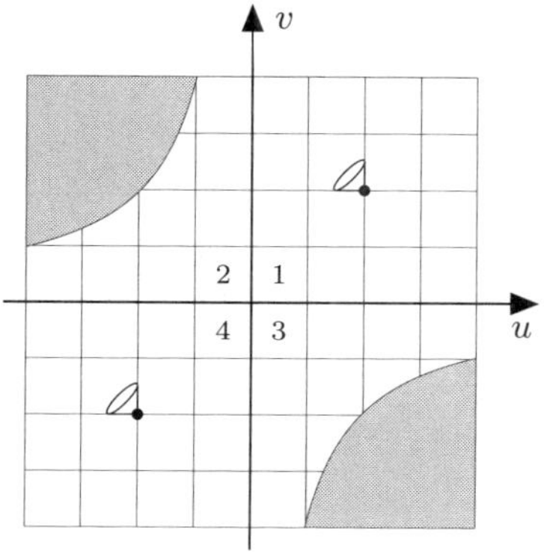

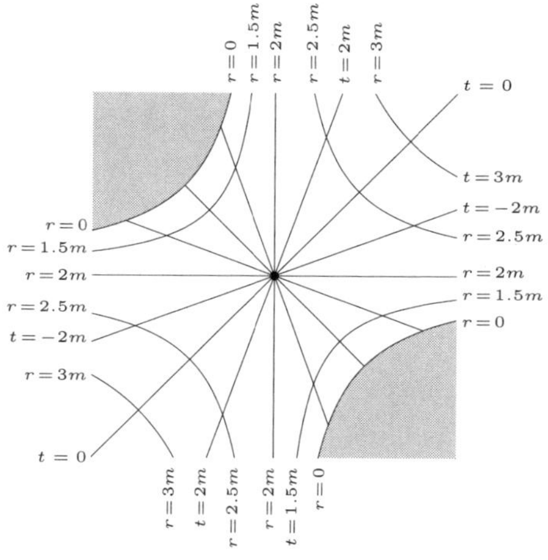

SATZ 1. *Die Abbildung* $(u, v, \theta, \varphi) \mapsto (t, r, \theta, \varphi)$ *liefert bijektive Isometrien*

$$M_1^K \to M_1^S\,, \quad M_2^K \to M_2^S\,, \quad M_3^K \to M_3^S\,.$$

BEWEIS siehe [68] 13, 24.Prop. Der Nachweis der ersten Isometrieeigenschaft erfolgte im Wesentlichen in der Vorbetrachtung (a).

ÜA Bestimmen Sie die inversen Abbildungen $(t, r) \mapsto (u, v)$ in den genannten drei Fällen.

Um zu einer anschaulichen Vorstellung der hier vorgenommenen Transformationen zu kommen, ist es empfehlenswert, radial ein– und auslaufende lichtartige Teilchen in den vier Koordinatensystemen (t, r), (η, r), (ξ, r), (u, v) (die Winkelkoordinaten θ, φ fortgelassen) zu skizzieren und einander zuzuordnen.

Wir betrachten in M^K die beiden Mengen

$$B := \{u \le 0,\ v > 0\} = \{r \le 2m,\ v > 0\}\,,$$

$$H := \{u = 0,\ v > 0\} = \{r = 2m,\ v > 0\}\,.$$

Im folgenden Satz schreiben wir für Kurven α in M^K $r(s)$ anstelle von $r(\alpha(s))$.

SATZ 2. *B ist ein* **schwarzes Loch**, *d.h. besitzt folgende Eigenschaften:*

(1) *Jedes einmal in B eingetretene (maximal definierte) frei fallende Materieteilchen* $\alpha :]a, b[\to M^K$ *hat eine endliche Zukunft und fällt in die zentrale Singularität,*

$$b < \infty\,, \quad \lim_{\tau \to b} r(\tau) = 0\,.$$

(2) *Für jedes (maximal definierte) lichtartige Teilchen* $\alpha :]a, b[\to M^K$ *mit* $\alpha(s_0) \in B$ *für ein* $s_0 \in]a, b[$ *tritt genau einer der beiden folgenden Fälle ein:*

(i) $\alpha(s_0) \in H$, $\dot\alpha(s_0) \in T_{\alpha(s_0)}H$. *Dann ist* $b = \infty$ *und* $\alpha([s_0, \infty[)$ *liegt ganz in* H, *es gilt also* $r(s) = 2m$ *für alle* $s \ge s_0$.

(ii) $b < \infty$ *und* $\lim_{s \to b} r(s) = 0\,.$

(3) *Beliebige Materieteilchen* $\alpha :]a, b[\to M^K$ *mit* $\alpha(\tau_0) \in B$ *für ein* τ *haben ebenfalls endliche Zukunft und bewegen sich auf die zentrale Singularität zu,*

$$b < \infty\,, \quad \dot r(\tau) < 0 \quad \textit{für} \quad \tau \ge \tau_0\,.$$

Für den BEWEIS verweisen wir auf [68] 13.30, 13.31, 13.36.

Die Hyperfläche H ist die Trennwand zwischen dem statischen Außenraum $M_1^K = \{u > 0,\ v > 0\} = \{r > 2m,\ v > 0\}$ und dem schwarzen Loch B; diese wird nach (2) (i) also aufgespannt von den mit konstantem Schwarzschild–Radius $r = 2m$ stehenden lichtartigen Teilchen. H wird der **Horizont** genannt, weil durch diesen Kommunikation nur von außen nach innen möglich ist; vgl. auch die nachfolgende Aufgabe (b).

Als physikalisch relevant wird von der Kruskal–Szekeres–Raumzeit M^K nur der Teil $\{v > 0\}$ angesehen.

Als Literatur zum Gravitationskollaps und zu schwarzen Löchern empfehlen wir [88] Ch. 31–33, [79] 9, [104].

1.7 Aufgaben

(a) Zeigen Sie, dass die Schwarzschild–Metrik in $M_1^S \cup M_2^S$ bezüglich der Koordinaten $(\eta, r, \theta, \varphi)$ die Gestalt

$$ds^2 \;=\; -\left(1 - \frac{2m}{r}\right) d\eta^2 \;+\; 2\, d\eta\, dr \;+\; r^2\, d\sigma^2$$

und in $M_1^S \cup M_3^S$ bezüglich der Koordinaten $(\xi, r, \theta, \varphi)$ die Gestalt

$$ds^2 \;=\; -\left(1 - \frac{2m}{r}\right) d\xi^2 \;-\; 2\, d\xi\, dr \;+\; r^2\, d\sigma^2$$

besitzt.

(b) *Rotverschiebung von Funksprüchen bei Annäherung an das schwarze Loch*: In einer (t, r)–Ebene des Schwarzschild–Außenraums M_1^S (Koordinaten θ, φ fortgelassen) sei $\tau \mapsto \alpha(\tau) = (t(\tau), r(\tau))$ eine frei fallende Raumkapsel mit Energie $E < 1$, und $\tau \mapsto \beta(\tau) = (c_0\tau, r_0)$ mit $r_0 > 2m$, $c_0 = (1 - 2m/r_0)^{-1/2}$ sei ein Beobachter. Zeigen Sie:

(i) Die Raumkapsel α erreicht zu einem endlichen Eigenzeitpunkt τ_1 den Horizont, $\lim\limits_{\tau \to \tau_1} r(\tau) = 2m$, und es gilt $\lim\limits_{\tau \to \tau_1} t(\tau) = \infty$.

(ii) Sind für $\tau > \tau_1$ die Ereignisse $\alpha(\tau)$ und $\beta(h(\tau))$ durch Funksignale synchronisiert (vgl. § 10 : 1.2 (e)), so empfängt β die von α unmittelbar vor Erreichen des Horizonts ausgesandten Funksignale erst nach unendlich langer Eigenzeit, d.h. es gilt $\lim\limits_{\tau \to \tau_1} h(\tau) = \infty$.

Skizzieren Sie die Kurven α, β und eine Folge von verbindenden Funksignalen in den Koordinaten (t, η) und in den Koordinaten (u, v). Beschreiben Sie, wie β den von der Besatzung der Raumkapsel α kurz vor Erreichen des Horizonts ausgesandten Funkspruch „Uns geht es gut" hört.

Anleitung: (i) Verwenden Sie die Folgerung 2 in 1.5 (b) und stellen Sie wie dort τ, r, t als Funktionen des Zykloidenabrollwinkels ψ dar, wobei $\psi = 0$ zum Start der Raumkapsel und $\psi_1 \in \,]0, \pi[$ zum Eintritt in den Horizont, $r(\psi_1) = 2m$, gehört. Folgern Sie aus $2m = r(\psi_1) = R\,(1 + \cos\psi_1) = 2R\cos^2(\psi_1/2)$, dass $\tan(\psi/2) = \sqrt{(R/m) - 1} = a$ und daraus $\lim\limits_{\psi \to \psi_1} t(\psi) = \infty$.

(ii) Verwenden Sie die Folgerung 1 in 1.5 (b), wonach die Ereignisse $\alpha(\tau) = (t(\tau), r(\tau))$ und $\beta(h(\tau)) = (c_0 h(\tau), r_0)$ durch ein Funksignal (= Lichtsignal) genau dann verbunden sind, wenn

$$c_o h(\tau) - t(\tau) \;=\; r_0 - r(\tau) + 2m \log \frac{r_0 - 2m}{r(\tau) - 2m}\,.$$

2 Robertson–Walker–Raumzeiten

2.1 Modellbildung

(a) Ziel ist die Aufstellung eines einfachen kosmologischen Raumzeitmodells unter der Annahme der räumlichen **Isotropie des Universums**. Für diese Hypothese sprechen astronomische Beobachtungen, nach welchen die über kosmische Skalen gemittelte Sterndichte in jeder Beobachtungsrichtung annähernd gleich ist. Einen besonders hohen Grad von Isotropie zeigt die 1965 von Penzias und Wilson entdeckte kosmische Hintergrundstrahlung.

Die Bewegung der Materie des Universums beschreiben wir durch ein Bezugsfeld U der Raumzeit, also durch ein zukunftsgerichtetes, zeitartiges Einheitsvektorfeld, welches wir als wirbelfrei annehmen, vgl. § 10 : 1.8 (c). Dessen Integralkurven stellen wir uns durch Mittelung über die Bahnen der Galaxien entstanden vor, wobei räumlich lokalisierte Rotationen bei der Mittelung vernachlässigt werden.

Wir formulieren die Bedingungen an das kosmologische Modell ganz in Termen der Lorentz–Metrik; über die Feldgleichungen ergibt sich dann das Materiemodell einer idealen Flüssigkeit.

An die Raumzeit M stellen wir folgende Bedingungen.

(1) Es gibt ein wirbelfreies Bezugsvektorfeld U auf M.

(2) M ist bezüglich U **lokal räumlich isotrop**, d.h. zu jedem Punkt $p \in M$ gibt es eine Umgebung $W \subset M$ von p mit folgender Eigenschaft: Zu je zwei Einheitsvektoren $v, w \in U_p^\perp \subset T_pM$ gibt es eine Isometrie $\Psi : W \to W$ mit Fixpunkt p, die mit dem Fluss Φ_t von U kommutiert und deren Differential v in w überführt, also

$$\Psi \circ \Phi_t \;=\; \Phi_t \circ \Psi\,, \quad \text{soweit definiert, und} \quad \Psi(p) = p\,, \quad d\Psi_p(v) = w\,.$$

Die Wirbelfreiheit des Bezugsfelds U hat nach § 10 : 1.8 (c) zur Folge, dass durch jeden Punkt $p \in M$ eine Orthogonalfläche $N_0 \subset M$ zu U existiert, welche wir als Momentaufnahme (eines Teils) des Universums interpretieren.

Wir zeigen im Folgenden, dass jedes solche Raumblatt durch die lokalen Flussabbildungen Φ_t von U in Raumblätter $N_t := \Phi_t(N_0)$ verschoben wird, wobei sich die Riemannschen Metriken von N_0 und N_t durch einen nur von t abhängigen Skalenfaktor $\varrho(t) > 0$ unterscheiden. Monotones Steigen von $\varrho(t)$ bedeutet demnach Expansion des Weltalls. Bei statischen Raumzeiten ist eine Expansion ausgeschlossen, weil nach § 10 : 1.8 alle Raumblätter zueinander isometrisch sind, was $\varrho = 1$ bedeutet.

Das hier betrachtete kosmologische Modell wurde vom russischen Mathematiker und Physiker FRIEDMANN 1922 aufgestellt, sieben Jahre vor Entdeckung der Expansion des Weltalls durch HUBBLE 1929. Allerdings ging FRIEDMANN nicht von der Isotropiebedingung (2) aus, sondern postulierte eine konstante Schnittkrümmung der Raumblätter. Dass sich diese schon aus der Isotropiebedingung (2) ergibt, zeigten erst ROBERTSON und WALKER 1936.

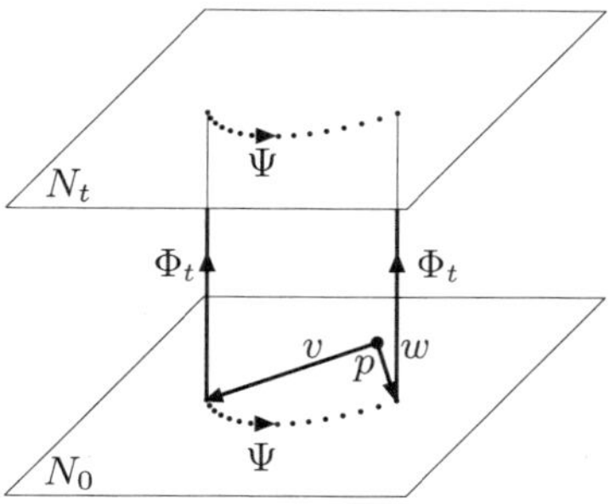

Ein von EHLERS, GEREN und SACHS 1966 aufgestelltes allgemeines kinetisches Gasmodell führt ebenfalls auf die im Folgenden betrachtete Robertson–Walker–Raumzeit, siehe [78] 3.

(b) SATZ. *Die Raumzeit* M *mit dem Bezugsfeld* U *erfülle die Bedingungen* (1), (2). *Ferner sei* N_0 *eine zusammenhängende Orthogonalfläche und* $N_t := \Phi_t(N_0)$ *das Bild von* N_0 *unter der lokalen Flussabbildung* Φ_t *von* U. *Dann gilt*:

(i) *N_0 hat konstante Schnittkrümmung.*

(ii) *Für* $|t| \ll 1$ *ist* $\Phi_t : N_0 \to N_t$ *eine Homothetie, d.h. es gilt mit* $\varrho(t) > 0$

$$\langle d\Phi_t(v), d\Phi_t(w)\rangle \;=\; \varrho(t)^2 \langle v, w\rangle \quad \text{für } p \in N_0\,, \quad v, w \in T_pN_0\,.$$

BEMERKUNGEN. (i) Für die Begriffe Homothetie und konstante Schnittkrümmung verweisen wir auf § 9 : 6.1. Dieser Satz wurde 1936 von Robertson und Walker bewiesen; hierbei charakterisierten die Autoren die räumliche Isotropie und Homogenität anders als hier durch die Existenz einer Maximalzahl von sechs linear unabhängigen Killing–Vektorfeldern, siehe [93] Sect. 13.1, 14.1.

(ii) Als Folgerung aus der räumlichen Isotropie ergibt sich auch die **räumliche Homogenität**: Zu je zwei Punkten $p, q \in N_t$ gibt es eine Isometrie von N_t, welche p in q überführt [ÜA].

BEWEIS.

(i) Für jede Isometrie $\Psi : W \to W$ der in (2) genannten Art mit Zentrum $p \in N_0$ folgt aus $\Psi \circ \Phi_t = \Phi_t \circ \Psi$

$$d\Psi \circ d\Phi_t \;=\; d\Phi_t \circ d\Psi\,, \qquad d\Psi(U_p) \;=\; U_p\,.$$

Die erste Gleichung folgt aus der Kettenregel, die zweite mit $\varphi(t) := \Phi_t(p)$ aus

$$\Psi(\varphi(t)) \;=\; \Psi(\Phi_t(p)) \;=\; \Phi_t(\Psi(p)) \;=\; \Phi_t(p) \;=\; \varphi(t)$$

und damit

$$d\Psi(U_p) \;=\; d\Psi(\dot{\varphi}(0)) \;=\; \dot{\varphi}(0) \;=\; U_p\,.$$

(ii) N_0 hat in jedem Punkt $p \in N_0$ konstante Schnittkrümmung. Denn seien $E, E' \subset T_pN_0 = U_p^\perp$ zwei Ebenen der Dimension 2 mit Einheitsnormalenvektoren $v, v' \in T_pN_0$. Dann gibt es nach (2) eine Isometrie Ψ um p mit $\Psi(p) = p$, $d\Psi(v) = v'$ und $d\Psi(U_p) = U_p$ nach (i). Für diese gilt dann auch $d\Psi(E) = E'$, woraus wegen der Isometrieeigenschaft von Ψ die Gleichheit der Schnittkrümmungen $K_p(E), K_p(E')$ nach § 9 : 6.1 (b) folgt. Mit dem Lemma von Schur § 9 : 6.1 (c) folgt aus der Konstanz der Schnittkrümmungen in jedem Punkt $p \in N_0$ deren Konstanz auf N_0 (siehe vorangehende Figur).

(iii) Für $p \in N_0$ und zwei Einheitsvektoren $v, v' \in T_pN_0$ sei Ψ eine isotrope Isometrie um p gemäß (2) mit $d\Psi(v) = v'$. Dann gilt nach (i) für $|t| \ll 1$

$$\big\|d\Phi_t(v')\big\| \;=\; \|d\Phi_t(d\Psi(v))\| \;=\; \|d\Psi(d\Phi_t(v))\| \;=\; \|d\Phi_t(v)\|\,,$$

d.h. $\|d\Phi_t(v)\|$ hat auf T_pN_0 einen konstanten Wert $\varrho(t,p)$. Durch Polarisierung folgt

$$\langle d\Phi_t(v), d\Phi_t(w)\rangle \;=\; \varrho^2(t,p)\,\langle v, w\rangle \quad \text{für } \; v, w \in T_pN_0\,.$$

Wir zeigen nun, dass $\varrho_t : N_0 \to \mathbb{R}, \;\; p \mapsto \varrho(t,p)$ bei festem t konstant ist. Hierzu reicht der Nachweis von

$$d\varrho_t(v) = 0 \quad \text{für jeden Einheitsvektor } \; v \in T_pN_0 \quad \text{mit } \; p \in N_0\,.$$

Sei $v \in T_pN_0$ ein Einheitsvektor und α die Geodätische von M mit $\alpha(0) = p$, $\dot{\alpha}(0) = v$. Gemäß (2) gibt es eine isotrope Isometrie Ψ mit $\Psi(p) = p$, $d\Psi(v) = -v$. Auch $\beta := \Psi \circ \alpha$ ist eine Geodätische. (Dies lässt sich am einfachsten durch Wahl von Koordinatensystemen x, y von N_0 um p erkennen, für welche $y \circ \Psi \circ x^{-1}$ die Identität ist, woraus $g_{ik,x} = g_{ik,y}$ und $\Gamma^j_{ik,x} = \Gamma^j_{ik,y}$ folgt.) Wegen $\beta(0) = \Psi(p) = p$ und $\dot{\beta}(0) = (\Psi \circ \alpha)^{\boldsymbol{\cdot}}(0) = d\Psi(\dot{\alpha}(0)) = d\Psi(v) = -v$ folgt $\beta(s) = \alpha(-s)$ für $|s| \ll 1$ aufgrund der eindeutigen Bestimmtheit einer Geodätischen γ aus ihren Anfangswerten $\gamma(0)$, $\dot{\gamma}(0)$, vgl. § 9 : 4.2(b). Daher gilt

$$-\dot{\alpha}(-s) \;=\; \dot{\beta}(s) \;=\; d\Psi(\dot{\alpha}(s))\,,$$

und wegen $|\langle\dot{\alpha}(s), \dot{\alpha}(s)\rangle| = |\langle\dot{\alpha}(0), \dot{\alpha}(0)\rangle| = |\langle v, v\rangle| = 1$ folgt für $|s| \ll 1$ mit (2)

$$\begin{aligned}\varrho_t(\alpha(s)) \;&=\; \|\Phi_t(\dot{\alpha}(s))\| \;=\; \|d\Psi(d\Phi_t(\dot{\alpha}(s)))\| \;=\; \|d\Phi_t(d\Psi(\dot{\alpha}(s)))\| \\ &=\; \|d\Phi_t(-\dot{\alpha}(-s))\| \;=\; \|-d\Phi_t(\dot{\alpha}(-s))\| \;=\; \varrho_t(\alpha(-s))\,.\end{aligned}$$

Durch Ableiten nach s an der Stelle $s = 0$ erhalten wir

$$0 \;=\; \frac{d}{ds}\varrho_t(\alpha(s))\Big|_{s=0} \;=\; \dot\alpha(0)\,\varrho_t \;=\; v\,\varrho_t \;=\; d\varrho_t(v)\,. \qquad \square$$

(c) Wir verschärfen nun die Forderungen (1), (2) durch Vollständigkeitsbedingungen an die Raumzeit M sowohl in räumlicher als auch in zeitlicher Richtung. Nach (b) besitzt jedes Raumblatt $N_t \subset M$ eine konstante Schnittkrümmung $K(t)$. Fordern wir von N_t noch die geodätische Vollständigkeit und den einfachen Zusammenhang, so ist N_t nach dem Satz von Hopf § 9 : 6.2 (b) isometrisch zur Standard–Raumform $\mathbf{S}^3(K(t))$. Von der Skalenfunktion $t \mapsto \varrho(t)$ fordern wir maximale Definiertheit auf einem offenen Intervall I, d.h. ϱ kann nicht zu einer positiven C^∞–Funktion auf einem größeren Intervall fortgesetzt werden. Wir fassen diese Bedingungen zusammen:

(3) M wird durch die Raumblätter N_t überdeckt, $M = \bigcup_{t\in I} N_t$.

(4) Jedes Raumblatt N_t ist isometrisch zur Standardraumform $\mathbf{S}^3(K(t))$.

(5) Die Skalenfunktion $\varrho : I \mapsto \mathbb{R}_{>0}$ ist maximal definiert.

Bezeichnet $\mathbf{g}_t$ die Riemann–Metrik von N_t, so gilt nach (b)

$$(*) \qquad \Phi_t^*\mathbf{g}_t \;=\; \varrho(t)^2\mathbf{g}_0\,,$$

und für die zugehörigen Schnittkrümmungen gilt $K(t) = \varrho(t)^{-2}K(0)$ nach § 9 : 6.1 (b). Wir definieren den für alle Raumblätter $N_t \subset M$ einheitlichen **Krümmungstyp** $k \in \{-1, 0, 1\}$ durch

$$k \;:=\; \frac{K(t)}{|K(t)|} \;=\; \frac{K(0)}{|K(0)|} \quad \text{für } K(0) \neq 0 \quad \text{und } k \;:=\; 0 \quad \text{für } K(0) = 0\,.$$

(d) Wir geben der Raumzeit M nun eine Standardgestalt und verwenden hierbei die Raumform $N = \mathbf{S}^3(k)$ als **Raummodell**. N hat nach § 9 : 6.2 (a) bezüglich Normalkoordinaten $\mathbf{x} = (x^1, x^2, x^3)$ die Riemann–Metrik

$$d\sigma^2 \;=\; \sum_{i,k=1}^{3} g_{ik}\,dx^i\,dx^k \quad \text{mit} \quad g_{ik} \;=\; \frac{J(r)^2}{r^2}\,\delta_{ik} + \left(1 - \frac{J(r)^2}{r^2}\right)\frac{x^i x^k}{r^2}\,,$$

$$r \;=\; \|\mathbf{x}\| \quad \text{und}$$

$$J(r) \;=\; J_k(r) \;=\; \begin{cases} \sin r & \text{für } k = 1\,, \\ r & \text{für } k = 0\,, \\ \sinh r & \text{für } k = -1\,. \end{cases}$$

Weiter definieren wir die neue **Skalenfunktion** $R : I \to \mathbb{R}_{>0}$ durch $R(t) := c\,\varrho(t)$, wobei

$$c \;:=\; |K(0)|^{-1/2} \quad \text{für } K(0) \neq 0, \quad c \;:=\; 1 \quad \text{für } K(0) = 0\,.$$

SATZ. *Jede durch die Bedingungen* (1)–(5) *festgelegte Raumzeit* M *ist isometrisch zur Raumzeit* $I \times N = I \times \mathbf{S}^3(k)$*, versehen mit der Lorentz–Metrik*

$$ds^2 \;=\; -dt^2 \;+\; R(t)^2\, d\sigma^2$$

und der von ∂_t *erzeugten Zeitorientierung.*
Unter der Isometrie gehen das Bezugsfeld U *über in* ∂_t *und die Raumblätter* N_t *in die Raumzeitschnitte* $\{t\} \times N$*.*

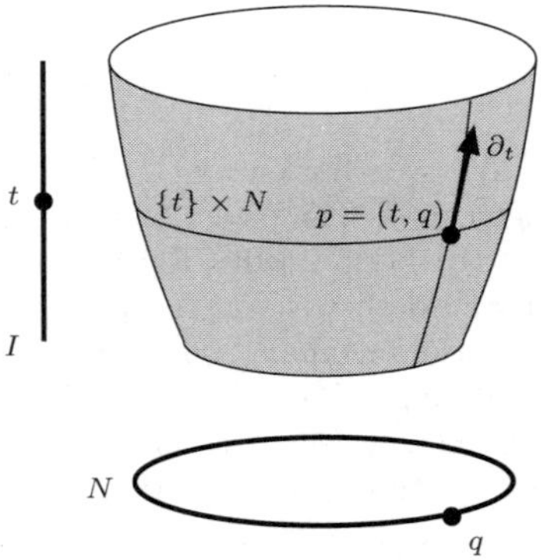

Wir identifizieren die beiden Raumzeiten und schreiben entsprechend

$$U = \partial_t, \quad N_t = \{t\} \times N\,.$$

Das Standardmodell $I \times N = I \times \mathbf{S}^3(k)$ wird **Robertson–Walker–Raumzeit** oder **Friedmann–Robertson–Walker–Raumzeit** mit dem Raummodell $N = \mathbf{S}^3(k)$ und der Skalenfunktion $R : I \to \mathbb{R}_{>0}$ genannt.

BEWEISSKIZZE.

(i) Nach § 9 : 6.2 (b) liefert die Abbildung $(x^1, x^2, x^3) \mapsto (cx^1, cx^2, cx^3)$ bezüglich Normalkoordinaten eine Homothetie $N \to N_0$ mit Skalenfaktor c. Der Einfachheit halber nehmen wir $K(0) = k \in \{-1, 0, 1\}$ an und erhalten damit

$$N = N_0\,, \quad c = 1\,, \quad R(t) = \varrho(t)\,.$$

(ii) Nach (3), (4) ist der Fluss von U,

$$\Phi : I \times N \;\to\; M\,, \quad (t, q) \;\mapsto\; \Phi(t, q) \;=\; \Phi_t(q)\,,$$

ein Diffeomorphismus.

(iii) Es gilt $d\Phi(\partial_t) = U|_\Phi$, denn die Integralkurven $t \mapsto (t, q) \in I \times N = I \times N_0$ von ∂_t gehen unter dem Fluss von Φ in die Integralkurven $t \mapsto \Phi(t, q) = \Phi_t(q)$ von U über.

Wie schon in (a) festgestellt wurde, geht $\{t\} \times N = \{t\} \times N_0 \subset I \times N$ unter dem Fluss Φ in das Raumblatt $N_t \subset M$ über.

(iv) $\Phi : I \times N \to M$ ist eine Isometrie: Die Metrik $ds^2 = -dt^2 + R(t)^2 d\sigma^2$ von $I \times N$ bedeutet ausgeschrieben wegen $N = N_0$ und $d\sigma^2 = \mathbf{g}_0$

$$\langle v, w \rangle \;=\; -v^0 w^0 \;+\; R(t)^2 \mathbf{g}_0(\vec{v}, \vec{w})$$

für $v, w \in T_{(t,q)}(I \times N) = T_t I \times T_q N$, $v = (v^0, \vec{v})$, $w = (w^0, \vec{w})$ mit $\vec{v}, \vec{w} \in T_q N$.

Für $v = w = \partial_t = \partial_0$ gilt wegen $d\Phi(\partial_t) = U$

$$\langle \partial_t, \partial_t \rangle \;=\; \langle \partial_0, \partial_0 \rangle \;=\; -1 \;=\; \langle U, U \rangle \;=\; \langle d\Phi(\partial_t), d\Phi(\partial_t) \rangle\,.$$

Für $v, w \perp \partial_t$ gilt $0 = \langle v, \partial_t \rangle = -v^0 \cdot 1 = -v^0$, also $v = \vec{v} \in T_qN$ und daher $d\Phi(v) = d\Phi_t(\vec{v})$; entsprechend $d\Phi(w) = d\Phi_t(\vec{w})$. Nach $(*)$ in (b) folgt

$$\begin{aligned}\langle d\Phi(v), d\Phi(w)\rangle &= \langle d\Phi_t(\vec{v}), d\Phi_t(\vec{w})\rangle = \Phi_t^* \mathbf{g}_t(\vec{v}, \vec{w}) \\ &= \varrho(t)^2 \mathbf{g}_0(\vec{v}, \vec{w}) = R(t)^2 \mathbf{g}_0(\vec{v}, \vec{w}) = \langle v, w \rangle .\end{aligned}$$

Schließlich gilt wegen $d\Phi(v) = d\Phi_t(\vec{v}) \in T_pN_t = U_p^\perp$ mit $p = \Phi(t, q)$ die Gleichung

$$\langle d\Phi(v), d\Phi(\partial_t)\rangle = \langle d\Phi_t(\vec{v}), U_p \rangle = 0 . \qquad \square$$

2.2 Die Feldgleichungen

Sei $M = I \times \mathbf{S}^3(k)$ eine Robertson–Walker–Raumzeit vom Krümmungstyp $k = \{-1, 0, 1\}$ mit Skalenfunktion $R : I \to \mathbb{R}$ und Bezugsfeld $U = \partial_t$.

SATZ. *Für* $X, Y, Z \in \mathcal{V}M$ *mit* $X, Y, Z \perp U$ *gilt:*

(i) $D_U U = 0\,, \quad D_X U = D_U X = R^{-1}R'X\,, \quad D_X Y = R^{-1}R'\langle X, Y\rangle U + \vec{D}_X Y\,,$

wobei $\vec{D}$ *die kovariante Ableitung bezüglich der Metrik* $d\sigma^2$ *von* N *bedeutet.*

(ii)
$$\begin{aligned}&Rm(X,Y)U = 0\,, \quad Rm(U,X)Y = R^{-1}R''\langle X,Y\rangle U\,,\\ &Rm(U,X)U = R^{-1}R''X\,,\\ &Rm(X,Y)Z = R^{-2}(R'^2 + k)(\langle Z,Y\rangle X - \langle Z,X\rangle Y)\,.\end{aligned}$$

(iii)
$$\begin{aligned}&Rc(U,U) = -3R^{-1}R''\,, \quad Rc(U,X) = 0\,,\\ &Rc(X,Y) = R^{-2}(RR'' + 2R'^2 + 2k)\langle X,Y\rangle\,.\end{aligned}$$

(iv) $S = 6R^{-2}(RR'' + R'^2 + k)\,, \quad G(U,X) = 0\,,$

wobei wir für den Moment die Skalarkrümmung mit S bezeichnet haben.

(v)
$$\begin{aligned}&G(U,U) = 3R^{-2}(R'^2 + k)\,, \quad G(U,X) = 0\,,\\ &G(X,Y) = -R^{-2}\left(2RR'' + R'^2 + k\right)\langle X,Y\rangle\,.\end{aligned}$$

BEWEISSKIZZE.

Wir setzen $x^0 = t$ und wählen Koordinaten (x^1, x^2, x^3) von $\mathbf{S}^3(k)$. Bezüglich der Riemann–Metrik $d\sigma^2$ von $\mathbf{S}^3(k)$ bezeichnen wir die metrischen Koeffizienten mit $\vec{g}_{ik}$, $\vec{\Gamma}^j_{ik}$, $\vec{R}^\ell_{kij}$ $(i, j, k, \ell \in \{1, 2, 3\}$, so auch im Folgenden). Mit etwas Rechnung ergibt sich dann aus

$$g_{00} = -1\,, \quad g_{0i} = 0\,, \quad g_{ik} = R^2 \vec{g}_{ik} \quad \boxed{\text{ÜA}}\ :$$

$$\text{(I)}\quad \begin{array}{lll} \Gamma^0_{00} = 0\,, & \Gamma^0_{0i} = 0\,, & \Gamma^0_{ik} = RR'\vec{g}_{ik} = R^{-1}R'g_{ik}\,, \\ \Gamma^j_{00} = 0\,, & \Gamma^j_{0k} = R^{-1}R'\delta^j_k\,, & \Gamma^j_{ik} = \vec{\Gamma}^j_{ik}\,. \end{array}$$

$$\text{(II)}\quad \begin{aligned} &R^\ell_{0ij} = 0\,, \quad R^\ell_{k0i} = R^{-1}R''g_{ik}\delta^\ell_0\,, \quad R^\ell_{00j} = R^{-1}R''\delta^\ell_j\,, \\ &R^\ell_{kij} \;=\; k^{-1}(R'^2 + k)\vec{R}^\ell_{kij} \;=\; k^{-1}(R'^2 + k)k(\vec{g}_{kj}\delta^\ell_i - \vec{g}_{ki}\delta^\ell_j) \\ &\qquad\;=\; R^{-2}(R'^2 + k)(g_{kj}\delta^\ell_i - g_{ki}\delta^\ell_j)\,. \end{aligned}$$

Die vorletzte Gleichheit folgt nach § 9 : 6.2 (a).

Die Gleichungen (iii), (iv), (v) ergeben sich unmittelbar aus (2). □

Der Gestalt des Einstein–Tensors G in (v) entnehmen wir, dass die Feldgleichungen $G = 8\pi T$ zum Materiemodell einer idealen Flüssigkeit mit Geschwindigkeitsfeld U führen. Für den Energieimpuls–Tensor einer solchen gilt nach § 10 : 2.2 (a)

$$T(U,U) = \varepsilon\,, \quad T(U,X) = 0\,, \quad T(X,Y) = p\,\langle X,Y\rangle$$

für Vektorfelder $X, Y \perp U$. Die Energiedichte ε und der Druck p sind hiernach festgelegt durch

$$\text{(1)}\quad 3R^{-2}(R'^2 + k) \;=\; 8\pi\varepsilon\,,$$

$$\text{(2)}\quad -R^{-2}(2RR'' + R'^2 + k) \;=\; 8\pi p\,.$$

Die Gleichung des hydrodynamischen Gleichgewichts (äquivalent mit $\operatorname{div} T = 0$) ergibt sich durch Ableiten von (1) und Verwendung von (1), (2) [ÜA]:

$$\text{(3)}\quad \varepsilon' \;=\; -3(\varepsilon + p)R^{-1}R'\,.$$

Eine weitere unmittelbare Folge von (1) und (2) ist

$$\text{(4)}\quad R^{-1}R'' \;=\; -\frac{4\pi}{3}(\varepsilon + 3p)\,.$$

2.3 Die Abstands–Rotverschiebungs–Relation

(a) In der Robertson–Walker–Raumzeit $M = I \times N$ mit $N = \mathbf{S}^3(k)$ sei α_1 eine entfernte Galaxie und α_0 ein Astronom auf der Erde. Wir stellen α_0 und α_1 als Integralkurven des Bezugsfeldes $U = \partial_t$ dar, also in der Gestalt $t \mapsto \alpha_i(t) = (t, q_i)$ mit $q_i \in N$ $(i = 0, 1)$.

Die Galaxie α_1 sende zur Zeit t_1 ein Lichtsignal aus, das vom Astronomen α_0 zur Zeit $t_0 > t_1$ empfangen wird. Wir setzen $p_i := \alpha_i(t_i) = (t_i, q_i)$ und bezeichnen die Zeit t_0 als **Gegenwart**.

SATZ. (1) *Der Rotverschiebungsparameter* z *von* (α_1, p_1) *und* (α_0, p_0) *(vgl.* § 10 : 1.6 (a)) *ist gegeben durch*

$$1 + z \;=\; \frac{R(t_0)}{R(t_1)}\,.$$

(2) *Der gegenwärtige Abstand von* α_0 *nach* α_1 *(also der Abstand der Punkte* (t_0, q_0) *und* (t_0, q_1) *im Raumblatt* $N_{t_0} = \{t_0\} \times N$*) beträgt*

$$d_0 \;=\; R(t_0) \int\limits_{t_1}^{t_0} \frac{dt}{R(t)}\,,$$

vorausgesetzt, dass im Fall $k = 1$ *das Integral höchstens gleich* π *ist.*

Nach (1) ist also eine von α_0 beobachtete Rotverschiebung $z > 0$ von Spektrallinien äquivalent zur Expansion $R(t_0) > R(t_1)$. Aus (2) ergibt sich die

FOLGERUNG. *Im Fall eines endlichen Zeitbeginns* $T_0 := \inf I$ *kann* α_0 *zur Zeit* t_0 *nur Lichtquellen* α_1 *beobachten mit*

$$d_0 \;\le\; D_0 \;:=\; R(t_0) \int\limits_{T_0}^{t_0} \frac{dt}{R(t)}\,.$$

BEWEIS.

(1) Sei $\gamma : [-1, 0] \to M = I \times N,\ \ s \mapsto \gamma(s) = (t(s), \vec{\gamma}(s))$ ein Stück einer lichtartigen Geodätischen mit $\gamma(-1) = p_1,\ \ \gamma(0) = p_0$. Nach Beweisteil (i) des Satzes in 2.2 lauten die geodätischen Differentialgleichungen mit den dort verwendeten Bezeichnungen

$$\text{(i)} \qquad \ddot{t} + R(t)\,R'(t)\,\|\dot{\vec{\gamma}}\|_N^2 \;=\; 0 \quad \text{mit} \quad \|\dot{\vec{\gamma}}\|_N^2 \;=\; \vec{g}_{ik}(\vec{\gamma})\dot{x}^i\dot{x}^k\,,$$

$$\text{(ii)} \qquad \ddot{x}^j + \vec{\Gamma}^j_{ik}(\vec{\gamma})\dot{x}^i\dot{x}^k \;=\; \lambda x^j \quad \text{mit} \ \ \lambda \;:=\; -2R'(t)R(t)^{-1}\dot{t}\,.$$

Die Lichtartigkeit von γ bedeutet

$$\text{(iii)} \qquad 0 \;=\; \langle\dot{\gamma}, \dot{\gamma}\rangle \;=\; \dot{t}^2 - R(t)^2\|\dot{\vec{\gamma}}\|_N^2\,.$$

Aus (i) und (iii) folgt $(R(t)\dot{t})^{\boldsymbol{\cdot}} = R'(t)\dot{t}^2 + R(t)\ddot{t} = 0$, also $R(t)\dot{t} = \text{const.}$

Nach § 10 : 1.6 (a) ist der Rotverschiebungsparameter z damit gegeben durch

$$1 + z = \frac{\langle\dot{\gamma}(-1), \dot{\alpha}_1(t_1)\rangle}{\langle\dot{\gamma}(0), \dot{\alpha}_0(t_0)\rangle} = \frac{\langle\dot{\gamma}(-1), \partial_t|_{p_1}\rangle}{\langle\dot{\gamma}(0), \partial_t|_{p_0}\rangle} = \frac{\dot{t}(-1)}{\dot{t}(0)} = \frac{R(t(0))}{R(t(1))} = \frac{R(t_0)}{R(t_1)}\,.$$

(2) Die Projektion von $s \mapsto \gamma(s) = (t(s), \vec{\gamma}(s))$ auf das Raumblatt $N_{t_0} = \{t_0\} \times N$ ist $s \mapsto \beta(s) := (t_0, \vec{\gamma}(s))$. Das Kurvenstück $\beta : [-1, 0] \to M$ hat nach (iii) die Länge

$$\begin{aligned} L_{-1}^{0}(\beta) &= \int_{-1}^{0} \|\dot{\beta}(s)\|\, ds = R(t_0) \int_{-1}^{0} \|\dot{\vec{\gamma}}(s)\|_N ds \\ &= R(t_0) \int_{-1}^{0} R(t(s))^{-1} \dot{t}(s)\, ds \;=\; R(t_0) \int_{t_1}^{t_0} R(t)^{-1} dt\,. \end{aligned}$$

Wir zeigen anschließend, dass β durch eine Umparametrisierung in eine Geodätische $\widetilde{\beta} = \beta \circ h^{-1}$ überführt werden kann. Die Länge $L_0^{\ell}(\widetilde{\beta})$ des zugehörigen geodätischen Segments repräsentiert in der Raumform $N_{t_0} = \mathbf{S}^3(K)$ den Abstand d der beiden Endpunkte $(t_0, q_1) = \widetilde{\beta}(0)$, $(t_0, q_0) = \widetilde{\beta}(\ell)$. Dies ist im Fall $K = 0$, also für $N_{t_0} = \mathbf{S}^3(0) = \mathbb{R}^3$ wohlbekannt und auch im hyperbolischen Fall $K < 0$ richtig ([68] 10, 22.Thm.). Im Fall $K > 0$, also für die Sphäre vom Radius $R(t_0) = K^{-1/2}$ ist das für $L_0^{\ell}(\widetilde{\beta}) \le \pi K^{-1/2} = \pi R(t_0)$ richtig, ganz analog wie auf zweidimensionalen Sphären.

Damit erhalten wir die Behauptung

$$d_0 \;=\; L_0^{\ell}(\widetilde{\beta}) \;=\; L_{-1}^{0}(\beta) \;=\; R(t_0) \int_{t_0}^{t_1} R(t)^{-1}\, dt\,.$$

Die Parametertransformation h erhalten wir aus der Forderung $\ddot{\widetilde{\beta}} = 0$ und der zu (ii) äquivalenten Gleichung $\ddot{\beta} = \lambda \dot{\beta}$. Durch zweimaliges Ableiten der Gleichung $\widetilde{\beta} \circ h = \beta$ folgt ÜA

$$(\log \dot{h})^{\bullet} = \ddot{h}/\dot{h} = \lambda = (\log R(t)^{-2})^{\bullet}, \quad \text{also } \dot{h} = cR(t)^{-2}$$

mit einer Konstanten $c > 0$ und damit $h(s) = c \int_{-1}^{s} R(t(\sigma))^{-2} d\sigma$. □

(b) Satz 2. *Unter den Voraussetzungen* $R'(t_0) > 0$ *und* $\varepsilon + 3p \ge 0$ *besteht die Taylorentwicklung*

$$d_0 \;=\; \frac{1}{H_0}\left(z - \tfrac{1}{2}(1 + q_0) z^2 + \cdots\right) \quad \text{für } |z| \ll 1\,.$$

Hierbei sind die **Hubble–Konstante** H_0 *und der* **Verzögerungsparameter** q_0 *definiert durch*

$$H_0 \;:=\; \frac{R'(t_0)}{R(t_0)}, \qquad q_0 \;:=\; -\frac{R(t_0) R''(t_0)}{R'(t_0)^2}\,.$$

Beweis.

Die Taylor–Entwicklung von $t \mapsto R(t_0)/R(t)$ an der Stelle t_0 lautet

$$\begin{aligned}\frac{R(t_0)}{R(t)} &= 1 - \frac{R'(t_0)}{R(t_0)}(t-t_0) + \left(\frac{R'(t_0)^2}{R(t_0)^2} - \frac{R''(t_0)}{2R(t_0)}\right)(t-t_0)^2 + \cdots \\ &= 1 - H_0(t-t_0) + \left(1 + \tfrac{1}{2}q_0\right) H_0^2 (t-t_0)^2 + \cdots\end{aligned}$$

($\cdots$ steht hier wie im Folgenden für Glieder höherer Ordnung). Hiermit folgt nach (a)

$$z = z(t_1) := \frac{R(t_0)}{R(t_1)} - 1 = H_0(t_0 - t_1) + \left(1 + \tfrac{1}{2}q_0\right) H_0^2 (t_0 - t_1)^2 + \cdots .$$

Wegen $R'(t_0) > 0$ und $R'' \le 0$ nach 2.2 (4) gilt auch $R'(t) > 0$ für $t \le t_0$. Die Funktion $t_1 \mapsto z(t_1)$ ist somit invertierbar, und wir erhalten

$$H(t_0 - t_1) = z - \left(1 - \tfrac{1}{2}q_0\right) + \cdots .$$

Mit der Integraldarstellung für d_0 in (a) ergibt sich damit

$$\begin{aligned}d_0 &= \int_{t_1}^{t_0} \frac{R(t_0)}{R(t)}\,dt = t_0 - t_1 + \frac{1}{2H_0}(t_0 - t_1)^2 + \cdots \\ &= \frac{1}{H_0}\left(z - \tfrac{1}{2}(1+q_0)z^2 + \cdots\right) .\end{aligned}$$

□

Der gegenwärtige Abstand d_0 einer Galaxie ist der astronomische Beobachtung nicht zugänglich. Bei der Bestimmung der Abstands–Rotverschiebungsrelation werden deshalb andere Abstandsbegriffe verwendet, siehe [93] Sect. 14.4. Wir geben deren Beziehung zu d_0 an und verwenden hierbei die in 2.1 (c) eingeführte Funktion $J = J_k$; wobei $d_0/R(t_0) < \pi$ im Fall $k = 1$ vorausgesetzt wird:

$$\begin{aligned}d_M &= R(t_0) J(d/R(t_0)) && \text{(Echtbewegungsabstand)}, \\ d_L &= (1+z)\, d_M && \text{(Helligkeitsabstand)}, \\ d_A &= (1+z)^{-1}\, d_M && \text{(Winkeldurchmesserabstand)}, \\ d_p &= \frac{d_M}{1 - k(d_M/R(t_0))^2} && \text{(Parallaxenabstand)}.\end{aligned}$$

Für kleine Werte von z und $d_0/R(t_0)$ fallen alle vier Größen praktisch mit d zusammen.

Systematische Rotverschiebungsmessungen wurden von Slipher und anderen seit 1910 durchgeführt. Mit Hilfe dieser Daten und den von ihm angestellten

Entfernungsmessungen fand HUBBLE 1929 eine annähernd lineare Beziehung zwischen der Rotverschiebung und dem Helligkeitsabstand benachbarter Galaxien, womit er die Expansion des Weltalls entdeckte. Nach der Inbetriebnahme des 200–Zoll–Spiegelteleskops auf dem Mt. Palomar 1950 konnten Hubbles Nachfolger das Datenmaterial um ein Vielfaches erweitern, siehe [93] Sect. 14.3. Bedeutende Fortschritte an Beobachtungsgenauigkeit brachten die astronomischen Beobachtungen durch Forschungssatelliten seit 1993. Die Messungen mit der Wilkinson microwave anisotropic probe (WMAP) von 2003 liefern für die Konstanten H_0 und q_0 die Werte

$$H_0^{-1} = (13.8 \pm 0.7) \cdot 10^9 \,\text{Jahre}, \qquad q_0 = -0.595 \pm 0.05 .$$

(c) Bei bekannter Zustandsgleichung $p = f(\varepsilon)$ kann aus den Feldgleichungen (1) und (3) von 2.2 die Energiedichte ε eliminiert werden, woraus die **verallgemeinerte Friedmann–Gleichung**

$$R'^2 + k = g(R)$$

mit einer C^∞–Funktion g auf $]0, \infty[$ entsteht. Hieraus ergibt sich unter der Annahme $R'(t_0) > 0$ die Integraldarstellung des gegenwärtigen Abstandes

$$d_0 = \int_1^{1+z} \frac{du}{u\sqrt{g(R_0 u^{-1}) - k}} \qquad \text{mit} \qquad R_0 := R(t_0)$$

(Nachweis als $\boxed{\text{ÜA}}$ unter Verwendung der Substitution $t \mapsto u = R_0/R(t)$ im d_0 darstellenden Integral in (a)).

Die Elimination von ε aus 2.2 (1) geschieht folgendermaßen: Ist die Funktion $f : \mathbb{R}_+ \to \mathbb{R}$ C^∞–differenzierbar und gilt $f(0) = 0$, $u + f(u) > 0$ für $u > 0$, so ist die Stammfunktion

$$F : \mathbb{R}_{>0} \to \mathbb{R} \quad \text{mit} \quad F(s) := \int_1^s \frac{du}{u + f(u)}$$

bijektiv. Nach 2.2 (3) ergibt sich

$$F(\varepsilon) = \log(c\,R^{-3})$$

mit einer Konstanten $c > 0$ $\boxed{\text{ÜA}}$. Nach Inversion dieser Gleichung kann hiermit ε in 2.2 (1) eliminiert werden.

2.4 Die Evolution der Robertson–Walker–Raumzeiten

Wir untersuchen im Folgenden das durch die Feldgleichungen 2.2 (1), (3) gesteuerte Evolutionsverhalten der Funktionen $R(t)$, $\varepsilon(t)$, $p(t)$ und setzen dabei

$$\varepsilon > 0 \quad \text{auf } M$$

voraus. Die Grenzen des maximalen Existenzintervalls I bezeichnen wir mit T_0 und T_1, schreiben also $I =]T_0, T_1[$ $(-\infty \leq T_0 < T_1 \leq \infty)$.

(a) Bei gegebener Zustandsgleichung $p = f(\varepsilon)$ lassen sich die Feldgleichungen 2.2 (1), (3) leicht integrieren. Für $p = 0$ (Staubmodell) lautet die Feldgleichung 2.2 (3) $\varepsilon' = -3\varepsilon R' R^{-1}$. Diese hat die Lösung

$$\frac{4\pi}{3} R^3 \varepsilon \;=\; m$$

mit einer Konstanten $m > 0$, die wir als skalierungsinvariante Energie– bzw. Massendichte interpretieren können. Durch Eliminieren von ε in der Feldgleichung 2.2 (1) ergibt sich die **Friedmann–Gleichung** (FRIEDMANN 1922)

$$R'^2 + k \;=\; 2m\, R^{-1}\,.$$

Für $k = 0$ folgt aus $R \cdot R'^2 = 2m$ und $R'(t_0) > 0$ für ein $t_0 \in I$, dass R monoton wächst und R' monoton fällt. Es gibt also ein $T_0 \in \mathbb{R}$ mit $\lim\limits_{t \to T_0} R(t) = 0$. Nach einer Zeitverschiebung $t \mapsto t - T_0$ erhalten wir die Lösung

$$R(t) = \sqrt[3]{9m/2}\; t^{2/3} \quad \text{auf } I =]0, \infty[\,.$$

Für $k = 1$ ist die Friedmann–Gleichung die Differentialgleichung einer Zykloide (vgl. § 2 : 2.3). Die Lösung kann als durch den Abrollwinkel parametrisierte Kurve

$$t = m\,(\psi - \sin\psi)\,,$$
$$R = m\,(1 - \cos\psi)$$

auf dem Intervall $I =]0, 2\pi m[$ dargestellt werden [ÜA].

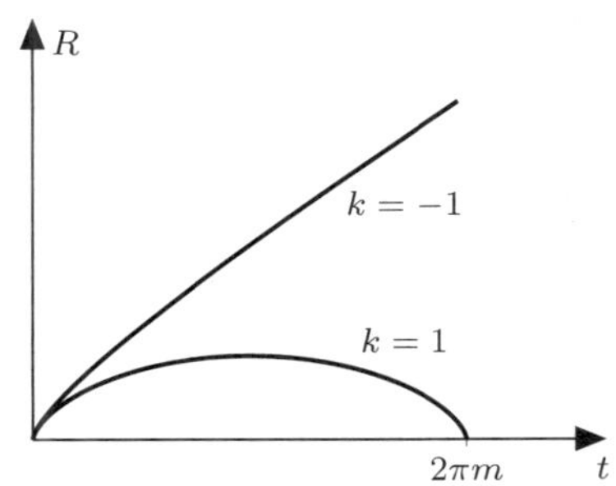

Im Fall $k = -1$ ergibt sich die **hyperbolische Zykloide**

$$t \;=\; m\,(\sinh\psi - \psi)\,, \qquad R \;=\; m\,(\cosh\psi - 1)$$

auf $I =]0, \infty[$ [ÜA].

Für alle drei Raumtypen startet die Skalenfunktion mit $R(t) \approx \text{const} \cdot t^{2/3}$ und die Energiedichte mit $\varepsilon(t) \approx \text{const} \cdot t^{-2}$ nahe $t = 0$. Im Fall eines offenen

Universums $\mathbf{S}^3(k) = \mathbb{R}^3$ mit $k \in \{-1, 0\}$ findet unbeschränkte Expansion für alle Zeiten $0 < t < \infty$ statt. Im Fall eines geschlossenen Universums $\mathbf{S}^3(k) = S^3$ mit $k = 1$ expandiert das Universums bis zum Erreichen des Maximums $R = 2m$ für $t = \pi m$. Dann kontrahiert es in symmetrischer Weise zum Kollaps, wie sich durch Zeitspiegelung $t \mapsto 2\pi m - t$ ergibt.

Unter der Annahme $p = \varepsilon/3 > 0$ (Strahlungsmodell für ein heißes Universum) ergibt sich aus den Feldgleichungen 2.2 (3) und (1) ganz ähnlich

$$R^4\varepsilon \;=\; c_0 \quad \text{und} \quad R'^2 + k \;=\; \frac{8\pi c_0}{3}\, R^{-2}$$

mit einer Konstanten $c_0 > 0$. Als Lösung der zweiten Gleichung erhalten wir

$$R(t) \;=\; \sqrt{2at - kt^2} \quad \text{mit } a := \sqrt{8\pi c_0/3}$$

auf $I =]0, \infty[$ im Fall $k \in \{-1, 0\}$ und $I =]0, 2a[$ für $k = 1$ [ÜA]. Das qualitative Verhalten der Skalenfunktion ist also das Gleiche wie beim Staubmodell.

(b) Wir zeigen jetzt, dass das in den Beispielen beobachtete Verhalten an der Stelle $T_0 = 0$ typisch ist. Hierbei gehen wir von den Feldgleichungen mit kosmologischem Glied aus, d.h. von

$$G = 8\pi T - \Lambda \mathbf{g} \quad \text{bzw.} \quad G_{ik} = 8\pi T_{ik} - \Lambda g_{ik}\,.$$

Diese werden neueren kosmologischen Modellen zugrunde gelegt, wobei die kosmologische Konstante Λ als Dichte der **Nullpunktsenergie** (**dunkle Energie**) interpretiert wird, siehe [110] 7, [112].

Nach 2.2 lauten hiermit die Feldgleichungen der Robertson–Walker–Raumzeit

(1) $\quad 3R^{-2}(R'^2 + k) \;=\; 8\pi\varepsilon + \Lambda\,,$

(2) $\quad -R^{-2}(2RR'' + R'^2 + k) \;=\; 8\pi p - \Lambda\,.$

Wie in 2.2 folgt aus (1) und (2)

(3) $\quad \varepsilon' \;=\; -3(\varepsilon + p)R^{-1}R'\,,$

(4) $\quad R^{-1}R'' \;=\; -\dfrac{4\pi}{3}(\varepsilon + 3p) + \dfrac{1}{3}\Lambda\,.$

Existenz des big bang. *Es gelte*

$$p \geq \frac{A-1}{3}\,\varepsilon \quad \textit{für } 0 < R < R_0$$

mit Konstanten $A, R_0 > 0$. *Gibt es ein* $t_0 \in I =]T_0, T_1[$ *mit*

$$R'(t_0) > 0\,, \quad R(t_0) < R_0 \quad \textit{und} \;\; 4\pi A\,\varepsilon(t_0) > \Lambda\,,$$

so hat die Robertson–Walker–Raumzeit eine endliche Vergangenheit, $T_0 > -\infty$, *und es gilt*

$$\lim_{t\to T_0} R(t) = 0\,, \quad \lim_{t\to T_0} R'(t) = \infty\,, \quad \lim_{t\to T_0} \varepsilon(t) = \infty\,.$$

BEWEIS.
Nach Voraussetzung gilt $R(t) < R_0$ für $0 < t_0 - t \ll 1$ und daher nach (3)

$$\varepsilon^{-1}\varepsilon' \;=\; -3(1+\varepsilon^{-1}p)R^{-1}R' \;\leq\; -(A+2)R^{-1}R'\,.$$

Hieraus folgt durch Integration von t bis t_0

$$(5) \qquad \varepsilon(t) \;\geq\; c\,R(t)^{-A-2} \quad \text{mit } c \;:=\; \varepsilon(t_0)\cdot R(t_0)^{A+2}$$

für $0 < t_0 - t \ll 1$. Mit (4) folgt wegen $\varepsilon + 3p \geq A\varepsilon$

$$-3R^{-1}R'' \;=\; 4\pi(\varepsilon+3p) - \Lambda \;\geq\; 4\pi A\varepsilon - \Lambda \;\geq\; 4\pi AcR^{-A-2} - \Lambda\,.$$

Wegen $4\pi A\varepsilon(t_0) > \Lambda$ folgt $R''(t) < 0$ und damit $R'(t) > R'(t_0)$ sowie $R(t) < R_0$ für $t < t_0$, $t_0 - t \ll 1$. Damit bleiben die Bedingungen für die vorangehenden Abschätzungen für fallendes $t \leq t_0$ erhalten, und es folgt

$$R(t) \leq R(t_0) + R'(t_0)(t-t_0) \quad \text{für } T_0 < t \leq t_0\,,$$

was nur für $T_0 > -\infty$ möglich ist. Nach Definition von T_0 (vgl. 2.1 (c)) ist dann $\lim\limits_{t\to T_0} R(t) = 0$. Die übrigen Grenzwertaussagen ergeben sich daraus mit (5) und (1). □

Exponentielle Expansion. *Es gelte* $\Lambda > 0$, $k = 0$ *und*

$$-B\varepsilon \;\leq\; p \;\leq\; 0 \quad \textit{für} \quad R > R_1 > 0$$

mit einer Konstanten $B \in [0,1[$. *Gibt es einen Zeitpunkt* $t_1 \in I =]T_0, T_1[$ *der Expansion mit großem Skalenfaktor,*

$$R'(t_1) > 0\,, \quad R(t_1) > R_1\,,$$

so hat die Robertson–Walker–Raumzeit unendliche Zukunft, $T_1 = \infty$, *und es gilt mit* $\lambda := \sqrt{\Lambda/3}$ *und einer Konstanten* $\mu > \lambda$

$$R(t_1)\,\mathrm{e}^{\lambda(t-t_1)} \;\leq\; R(t) \;\leq\; R(t_1)\,\mathrm{e}^{\mu(t-t_1)} \quad \textit{für } t \geq t_1\,,$$

$$\lim_{t\to\infty} \varepsilon(t) \;=\; 0\,.$$

Beweis.

Nach (1) mit $k = 0$ gilt

$$3R^{-2}R'^2 \;=\; 3R^{-2}\left(R'^2 + k\right) \;=\; 8\pi\varepsilon + \Lambda > \Lambda = 3\lambda^2\,,$$

somit $R'(t) \ge \lambda R(t)$ und $R(t) \ge R(t_1) > R_1$ für $t \in I$ mit $t \ge t_1$.

Daher folgt nach Voraussetzung und nach (3) für $t \ge t_1$

$$\varepsilon^{-1}\varepsilon' \;=\; -3(1 + \varepsilon^{-1}p)R^{-1}R' \;\ge\; -3R^{-1}R'\,,$$

$$\varepsilon^{-1}\varepsilon' \;=\; -3(1 + \varepsilon^{-1}p)R^{-1}R' \;\le\; -3(1-B)R^{-1}R'\,.$$

Durch Integration von t_1 bis $t > t_1$ folgt

$$\text{(6)} \qquad c_1 R(t)^{-3} \;=\; \varepsilon(t) \;\le\; c_2 R(t)^{-3(1-B)} \quad \text{für } t \ge t_1$$

mit Konstanten $c_1, c_2 > 0$. Nochmalige Anwendung von (1) ergibt für $t \ge t_1$

$$3R^{-2}R'^2 \;=\; 8\pi\varepsilon + \Lambda \;\le\; 8\pi c_2 R(t)^{-3(1-B)} + \Lambda \;=:\; 3\mu^2$$

und damit $R'(t) \le \mu\, R(t)$. Hieraus folgt das behauptete exponentielle Wachstum von R und damit $T_1 = \infty$ gemäß 2.1 (c). Die zweite Behauptung ergibt sich aus (6). □

(c) Wir gehen nun von einem kosmologischen Modell mit inflationärer Phase aus, vgl. [110] 7, und machen die Annahme, dass die Energiedichte ε von der Gestalt ist

$$\frac{\varepsilon}{\varepsilon_c} \;=\; \Omega_M \left(\frac{R_0}{R}\right)^3 \;+\; \Omega_R \left(\frac{R_0}{R}\right)^4 .$$

Hierbei ist $R_0 = R(t_0)$, $\varepsilon_c = 3H_0^2/(8\pi)$, $H_0 = R'(t_0)/R(t_0)$ für den gegenwärtigen Zeitpunkt $t_0 \in I$ und Ω_M, Ω_R sind positive Konstanten (oft auch mit $\Omega_{M_0}, \Omega_{R_0}$ bezeichnet, weil sie sich auf den gegenwärtigen Zeitpunkt beziehen); siehe [112]. Weiter setzen wir

$$\Omega_\Lambda \;=\; \Lambda/(3H_0^2)\,.$$

Die Feldgleichung (1) schreibt sich hiermit

$$\left(\frac{R'}{H_0 R}\right)^2 \;=\; \frac{\Lambda}{3H_0^2} \;-\; \frac{k}{3H_0^2}\frac{1}{R^2} \;+\; \frac{8\pi}{3H_0^2}\varepsilon$$

$$\;=\; \Omega_\Lambda \;-\; \frac{k}{3H_0^2}\frac{1}{R^2} \;+\; \Omega_M\left(\frac{R_0}{R}\right)^3 \;+\; \Omega_R\left(\frac{R_0}{R}\right)^4 ,$$

und wenn wir noch $a(t) = R(t)/R_0$, $\Omega_K = -k/(3H_0^2R_0^2)$ setzen,

$$(*) \quad \left(\frac{a'}{H_0\, a}\right)^2 = \Omega_\Lambda + \Omega_K\, a^{-2} + \Omega_M\, a^{-3} + \Omega_R\, a^{-4}.$$

Die Konstanten $\Omega_\Lambda, \Omega_K, \Omega_M, \Omega_R$ konnten durch die Wilkinson microwave anisotropic probe (WMAP) von 2003 sehr genau bestimmt werden. Es ergab sich

$$\Omega_\Lambda = 0.73 \pm 0.04\,, \quad \Omega_M = 0.27 \pm 0.04\,, \quad \Omega_K \approx 0\,, \quad \Omega_R \approx 0\,,$$

$$H_0^{-1} = (13.8 \pm 0.7) \cdot 10^9 \,\text{Jahre}\,,$$

also der Krümmungstyp $k = 0$ des offenen Universums. Wie sich leicht nachprüfen lässt, sind durch dieses Modell die Voraussetzungen der beiden Sätze erfüllt. Es ergibt sich somit die Existenz des big bang sowie exponentielle Expansion für große R.

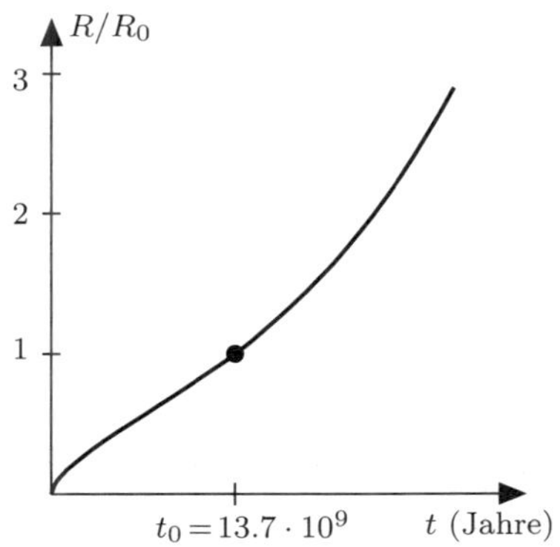

Die Integration der DG $(*)$ mit dem Anfangswert

$$a(0) = 1$$

ergibt einen eindeutig bestimmten Wert T_0 mit $a(T_0) = 0$. Nach Ausführung der Translation $t \mapsto t - T_0$ erhalten wir für das Alter des Universums dann $t_0 = -T_0$, und zwar

$$t_0 = (13.7 \pm 0.2) \cdot 10^9 \,\text{Jahre}.$$

Namen und Lebensdaten

BELTRAMI, Eugenio (1835–1900)

BERNOULLI, Jakob (1655–1705)

BERNOULLI, Johann (1667–1748)

BIANCHI, Luigi (1856–1928)

BURALI–FORTI, Cesare (1861–1931)

CARATHÉODORY, Constantin (1873–1950)

CARTAN, Élie Joseph (1869–1951)

CAUCHY, Augustin–Louis (1789–1857)

CHRISTOFFEL, Elwin Bruno (1829–1900)

COURANT, Richard (1888–1972)

DU BOIS–REYMOND, Paul (1831–1889)

EDDINGTON, Sir Arthur Stanley (1882–1944)

EINSTEIN, Albert (1879–1955)

EULER, Leonard (1707–1783)

FARADAY, Michael (1791–1867)

FERMAT, Pierre de (1601–1665)

FERMI, Enrico (1901–1954)

FOUCAULT, Jean Bernard (1819–1869)

FRIEDMANN, Alexander Alexandrowitsch (1888–1925)

GAUSS, Carl Friedrich (1777–1855)

HAMILTON, Sir William Rowan (1805–1865)

HAWKING, Stephen William (*1942)

HILBERT, David (1862–1943)

HUBBLE, Edwin Powell (1889–1953)

HUYGENS, Christiaan (1629–1695)

JACOBI, Carl Gustav (1804–1851)

KILLING, Wilhelm Karl Joseph (1847–1923)

LADYZHENSKAJA, Olga Alexandrowa (*1922)

LAGRANGE, Joseph Louis (1736–1813)

LAPLACE, Pierre Simon (1749–1827)

LEBESGUE, Henri (1875–1941)

LEVI, Beppo (1875–1961)

LEVI–CIVITA, Tullio (1873–1941)

LIE, Sophus (1842–1899)

LORENTZ, Hendrik Antoon (1853–1928)

MAUPERTUIS, Pierre Louis Moreau de (1698–1759)

MAXWELL, James Clerk (1831–1879)

MAYER, Christian Gustav Adolph (1839–1908)

MEUSNIER DE LA PLACE, Jean Baptiste Marie Charles (1754–1793)

MINKOWSKI, Hermann (1864–1909)

MORREY, Charles Bradfield (1907–1984)

NEWTON, Isaac (1643–1727)

NOETHER, Amalie Emmy (1882–1935)

PLATEAU, Joseph Antoine Ferdinand (1801–1883)

POINCARÉ, Henri (1854–1912)

RICCI–CURBASTRO, Gregorio (1853–1925)

RIEMANN, Georg Friedrich Bernhard (1826–1866)

SCHWARZSCHILD, Karl (1873–1916)

SLIPHER, Vesto Melvin (1875–1969)

SNELLIUS, Willebrod (1591–1626)

TONELLI, Leonida (1885–1946)

WEIERSTRASS, Karl (1815–1897)

WEYL, Hermann (1885–1955)

Literaturverzeichnis

Variationsrechnung

Klassische Variationsrechnung

[1] Bolza, O.: *Vorlesungen über Variationsrechnung.* Teubner 1909 / Nachdrucke 1933 und 1949.

[2] Brunt, B. van.: *The Calculus of Variations.* Springer 2004.

[3] Carathéodory, C.: *Variationsrechnung und partielle Differentialgleichungen erster Ordnung.* Teubner 1935.

[4] Courant, R., Hilbert, D.: *Methoden der Mathematischen Physik I,II.* Springer 1993.

[5] Funk, P.: *Variationsrechnung und ihre Anwendung in Physik und Technik.* Springer 1970.

[6] Giaquinta, M., Hildebrandt, S.: *Calculus of Variations I,II.* Springer 2004.

[7] Klötzler, R.: *Mehrdimensionale Variationsrechnung.* Deutscher Verlag der Wissenschaften 1969/Birkhäuser 1970.

[8] Morse, M.: *Variational Analysis.* Wiley 1973.

[9] Sagan, H.: *Introduction to the Calculus of Variations.* Mc Graw–Hill 1969.

[10] Wan, F.Y.M.: *Calculus of Variations and its Applications.* Chapman and Hall 1995.

[11] Weinstock, R.: *Calculus of Variations with Applications to Physics and Engineering.* Mc Graw–Hill 1952 / Nachdruck Dover Publ. 1974.

siehe auch [19], [20]

Hamiltonsche Mechanik, geometrische Optik

[12] Arnold, V.I.: *Mathematical Methods of Classical Mechanics.* Springer 1989.

[13] Arnold, V.I.: *Singularities of Caustics and Wave Fronts.* Kluwer Acad. Publishers 1990.

[14] Carathéodory, C.: *Geometrische Optik.* Springer 1937.

[15] Lanczos, C.: *The Variational Principles of Mechanics.* Univ. of Toronto Press 1972 / Nachdruck Dover Publ. 1986.

[16] Rund, H.: *The Hamilton–Jacobi Theory in the calculus of variations.* Van Nostrand 1966.

siehe auch [6]

Direkte Methoden, Minimax–Methoden

[17] Aubin, J.P., Ekeland, I.: *Applied Nonlinear Analysis.* Wiley 1984.

[18] Bensoussan, A., Frehse, J.: *Regularity results for nonlinear elliptic systems and applications.* Springer 2002.

[19] Blanchard, P., Brüning, E.: *Direkte Methoden der Variationsrechnung.* Springer 1982.

[20] Buttazzo, G., Giaquinta, M., Hildebrandt, S.: *One–dimensional Variational Problems.* Oxford Science Publ. 1998.

[21] DACOROGNA, B.: *Direct Methods in the Calculus of Variations*. Springer 1989.

[22] GIAQUINTA, M.: *Multiple Integrals in the Calculus of Variations and Nonlinear Elliptic Systems*. Princeton Univ. Press 1983.

[23] GIAQUINTA, M.: *Introduction to Regularity Theory for Nonlinear Elliptic Systems*. Birkhäuser 1993.

[24] LADYZHENSKAYA, O.A., URALTSEVA, N.N.: *Linear and Quasilinear Elliptic Equations*. Acad. Press 1968.

[25] MORREY, C.B.: *Multiple Integrals in the Calculus of Variations*. Springer 1966.

[26] RABINOWITZ, P.H.: *Minimax Methods in Critical Point Theory with Applications to Differential Equations*. CBMS Regional Conference Series Math. **65**. Amer. Math. Soc. 1986.

[27] ROCKAFELLAR, R.T., WETS, R.J.: *Variational Analysis*. Springer 1998.

[28] STRUWE, M.: *Variational Methods*. Springer 2000.

[29] WILLEM, M.: *Minimax Theorems*. Birkhäuser 1996.

Minimalflächen, Kapillaritätsflächen

[30] COURANT, R.: *Dirichlet's Principle, Conformal Mapping, and Minimal Surfaces*. Interscience Publ. 1950.

[31] GIUSTI, E.: *Minimal Surfaces and Functions of bounded Variation*. Birkhäuser 1984.

[32] DIERKES, U., HILDEBRANDT, S., KÜSTER, A., WOHLRAB, O.: *Minimal Surfaces I, II*. Springer 1992.

[33] FINN, R.: *Equilibrium Capillary Surfaces*. Springer 1986.

[34] JOST, J.: *Differentialgeometrie und Minimalflächen*. Springer 1994.

[35] NITSCHE, J.C.C.: *Vorlesungen über Minimalflächen*. Springer 1975.

[36] STRUWE, M.: *Plateau's Problem and the Calculus of Variations*. Princeton Univ. Press 1988.

Optimale Kontrolle

[37] BELLMAN, R.: *Introduction to the Mathematical Theory of Control Process I, II*. Acad. Press 1967/71.

[38] CESARI, L.: *Optimization – Theory and Applications*. Springer 1983.

[39] MILYUTIN, A.A., OSMOLOVSKII, N.P.: *Calculus of Variations and Optimal Control*. Amer. Math. Soc. 1998.

[40] IOFFE, A.D., TICHOMIROV, V.M.: *Theorie der Extremalaufgaben*. Deutscher Verlag der Wissenschaften 1979.

[41] TROUTMAN, J.L.: *Variational Calculus and Optimal Control*. Springer 1996.

Geschichte

[42] EULER, L.: *Methodus inveniendi lineas curvas maximi minimive proprietate gaudentes sive solutio problematis isoperimetrici lattisimo sensu accepti*. (C. Carathéodory Ed.). Bousquet, Lausannae et Genevae 1744 / Opera, Ser. I, Vol. 24 1952.

[43] GOLDSTINE, H.H.: *A History of the Calculus of Variations from the 17th through the 19th century*. Springer 1980.

[44] PLANCK, M.: *Das Prinzip der kleinsten Wirkung*. Physikalische Abhandlungen III, pp. 91–101. Vieweg 1958.

[45] SCHRAMM, M.: *Natur ohne Sinn? Das Ende des teleologischen Weltbildes*. Verlag Styria 1985.

[46] TODHUNTER, I.: *A History of the Calculus of Variations*. Cambridge London: MacMillan 1873 / Nachdruck Chelsea Publ. Comp..

siehe auch [5], [6], [19]

Differentialgeometrie

Klassische Differentialgeometrie

[47] BLASCHKE, W., LEICHTWEISS, K.: *Elementare Differentialgeometrie*. Springer 1973.

[48] DO CARMO, M.P.: *Differentialgeometrie von Kurven und Flächen*. Vieweg 1976.

[49] KLINGENBERG, W.: *Eine Vorlesung über Differentialgeometrie*. Springer 1973.

[50] KÜHNEL, W.: *Differentialgeometrie*. Vieweg 2005.

[51] LAUGWITZ, D.: *Differentialgeometrie*. Teubner 1977.

[52] OPREA, J.: *Differential Geometry*. Prentice–Hall 1997.

Mannigfaltigkeiten, Tensoren, Differentialformen, Spinoren

[53] ABRAHAM, R., MARSDEN, J.E., RATIU, T.: *Manifolds, Tensor Analysis, and Applications*. Springer 1993.

[54] AGRICOLA, I., FRIEDRICH, T.: *Globale Analysis*. Vieweg 2001.

[55] BERGER, M., GOSTIAUX, B.: *Differential Geometry: Manifolds, Curves, and Surfaces*. Springer 1988.

[56] BOOTHBY, W.M.: *An Introduction to Differentiable Manifolds and Riemannian Geometry*. Academic Press 1975.

[57] FLANDERS, H.: *Differential Forms*. Acad. Press 1963.

[58] FRANKEL, T.: *The Geometry of Physics*. Cambridge Univ. Press 2004.

[59] LAWSON, H.B., MICHELSOHN, M.L.: *Spin Geometry*. Princeton Univ. Press 1989.

[60] PENROSE, R., RINDLER, W.: *Spinors and Space–Time 1, 2*. Cambridge Univ. Press 1995/89

[61] WASSERMAN, R.H.: *Tensors and Manifolds*. Oxford Univ. Press 2004.

Lorentz–Geometrie, Riemann–Geometrie

[62] BAO, D., CHERN, S.S., SHEN, Z.: *An Introduction to Riemann–Finsler–Geometry*. Springer 2000.

[63] BEEM, J.K., EHRLICH, P.E.: *Global Lorentzian Geometry*. Marcel Dekker 1996.

[64] CHERN, S.S., CHEN, W.H., LAM, K.S.: *Lectures on Differential–Geometry*. World Scientific 1999.

[65] CHAVEL, I.: *Riemannian Geometry: A modern Introduction*. Cambridge Univ. Press 1995.

[66] Gromoll, D., Klingenberg, W., Meyer, W.: *Riemannsche Geometrie im Großen*. Springer 1968.

[67] Lee, J.M.: *Riemannian Manifolds*. Springer 1997.

[68] O'Neill, B.: *Semi–Riemannian Geometry with Applications to Relativity*. Acad. Press 1983.

Spezielle Themen

[69] Jost, J.: *Riemannian Geometry and Geometric Analysis*. Springer 2005.

[70] Schottenloher, M.: *Geometrie und Symmetrie in der Physik*. Vieweg 1995.

Klassiker

[71] Darboux, G.: *Lecons sur la Théorie Générale des Surfaces I–IV*. Gauthier–Villars 1887–1896 / Nachdruck Chelsea Publ. Comp. 1972.

[72] Eisenhart, L.P.: *Riemannian Geometry*. Princeton Univ. Press 1926/1949.

[73] Gauss, C. F.: *Disquisitiones generales circa superficies curvas*. Werke 4, pp. 217–258. Deutsche Übersetzung: Allgemeine Flächentheorie. (Wangerin Hrsg.) Oswald's Klassiker 5, Engelmann 1905.

[74] Riemann, B.: *Über die Hypothesen, welche der Geometrie zu Grunde liegen* (Herausgegeben und erläutert von H. Weyl). Springer 1919.

Geschichte

[75] Dombrowski, P.: *Differentialgeometrie*. In Fischer, Hirzebruch, Scharlau, Törnig (Hrsg.): *Ein Jahrhundert Mathematik 1890–1990. Festschrift zum Jubiläum der DMV, pp. 323–360. Vieweg 1990.*

[76] Gericke, H.: Zur Vorgeschichte und Entwicklung des Krümmungsbegriffs. *Arch. Hist. Ex. Sci.* **27** (1982) 1–21.

[77] Reich, K.: Geschichte der Differentialgeometrie von Gauß bis Riemann (1828–1868). *Arch. Hist. Ex. Sci.* **11** (1973) 273–382.

Relativitätstheorie

Allgemeine Relativitätstheorie, mathematisch orientierte Werke

[78] Ehlers, J.: Survey of General Relativity Theory. In W. Israel (Ed.), *Relativity, Astrophysics and Cosmology*, pp. 1–125. Reidel Publ. Comp. 1973.

[79] Hawking, S., Ellis, G.F.R.: *The Large Scale Structure of Space–Time*. Cambridge Univ. Press 1973.

[80] Kriele, M.: *Spacetime, Foundations of General Relativity and Differential Geometry*. Springer 2001.

[81] Oloff, R.: *Geometrie der Raumzeit*. Vieweg 2004.

[82] Sachs, R.K., Wu, I.: *General Relativity for Mathematicians*. Springer 1977.

[83] Wald, R.M.: *General Relativity*. Univ. of Chicago Press 1984.

siehe auch [68]

Allgemeine Relativitätstheorie, physikalisch orientierte Werke

[84] D'INVERNO, R.: *Einführung in die Relativitätstheorie*. VCH Verlagsgesellschaft 1995.

[85] FRANKEL, T.: *Gravitational Curvature*. Freeman 1979.

[86] HUGHSTON, L.P., TOD, K.P.: *An Introduction to General Relativity*. Cambridge Univ. Press 1992.

[87] LANDAU, L.D., LIFSCHITZ, E.M.: *Lehrbuch der Theoretischen Physik II. Klassische Feldtheorie*. 3. Auflage. Akademie–Verlag 1966.

[88] MISNER, C.W., THORNE, K.S., WHEELER, J.A.: *Gravitation*. Freeman 1971.

[89] RINDLER, W.: *Relativity. special, general, and cosmological*. Oxford Univ. Press 2001.

[90] STEPHANI, H.: *Allgemeine Relativitätstheorie*. Deutscher Verlag der Wissenschaften 1980.

[91] STRAUMANN, N.: *General Relativity and Relativistic Astrophysics*. Springer 2004.

[92] SYNGE, J.L.: *Relativity. The General Theory*. North–Holland Publ. Comp. 1960.

[93] WEINBERG, S.: *Gravitation and Cosmology*. Wiley 1972.

Spezielle Relativitätstheorie

[94] NABER, G.L.: *The Geometry of Minkowski Spacetime*. Springer 1992.

[95] RINDLER, W.: *Introduction to Special Relativity*. Clarendon Press 1991.

[96] RUDER, H., RUDER, M.: *Die spezielle Relativitätstheorie*. Vieweg 1995.

[97] SYNGE, J.L.: *Relativity. The Special Theory*. North–Holland Publ. Comp. 1965.

Spezielle Themen

[98] ASHTEKAR, A., MAGNON–ASHTEKAR, A.: On conserved quantities in general relativity. *J. Math. Phys.* **20** (1979) 793–800.

[99] BARTNIK, R.: The Mass of an Asymptotic Flat Manifold. *Comm. Pure Appl. Math.* **39** (1986) 661–693.

[100] BARTNIK, R.: Energy in Relativity. In Tsing Hua Lectures on Geometry and Analysis, pp.5–27. Hsinchu, Taiwan 1990–1992. International Press 1995.

[101] BEIG, R.: Arnowitt-Deser–Misner energy and g_{00}. *Phys. Lett.* **69A** (1978) 153–155.

[102] BEIG, R., SIMON, W.: On the multiple expansion for stationary spacetimes. *Proc. Roy. Soc.* A**376** (1981) 333–341.

[103] CHRISTODOULOU, D.: Violation of cosmic censorship in the gravitational collapse of a dust cloud. *Comm. Math. Phys.* **93** (1984) 171–195.

[104] CHRISTODOULOU, D.: The formation of black holes and singularities in spherically symmetric gravitational collapse. *Comm. Pure Appl. Math.* **44** (1991) 339–373.

[105] EHLERS, J., PIRANI, F.A.E., SCHILD, A.: The Geometry of Free Fall and Light Propagation. In L. O'Raifeartaigh (Ed.), *General Relativity. Papers in Honour of J.L. Synge*, pp. 63–84. Clarendon Press 1972.

[106] FROLOV, V.P., NOVIKOV, I.P.: *Black Hole Physics*. Kluwer Acad. Publ. 1998.

[107] HARTLE, J.B., SHARP, D.H.: Variational principle for the equilibrium of a relativistic, rotating star. *Astrophys. J.* **147** (1967) 317–339.

[108] HELD, A. (ED.): *General Relativity and Gravitation. One Hundret Years after the Birth of Albert Einstein 1, 2*. Plenum Press 1980.

[109] HEUSLER, M.: *Black hole uniqueness theorems.* Cambridge Univ. Press 1996.

[110] LIEBSCHER, D.E.: *Cosmology.* Springer 2005.

[111] O'NEILL, B.: *The Geometry of Black Holes*. A K Peters 1995.

[112] PEEBLES, P.J.E., RATRA, B.: *The cosmological constant and dark energy.* Rev. Mod. Phys. **75** (2003) 559-606.

[113] RENDALL, A.D., SCHMIDT, B.G.: Existence and properties of spherically symmetric static fluid bodies with a given equation of state. *Class. Quant. Grav.* **8** (1991) 985–1000.

[114] SCHOEN, R., YAU, S.T.: Proof of the Positive–Mass Theorem II. *Comm. Math. Phys.* **79** (1981) 231–260.

[115] YORK, J. W.: Energy and Momentum of the Gravitational Field. In F.J. Tipler (Ed.), *Essays in General Relativity*, pp.39–58. Acad. Press 1980.

[116] WITTEN, E.: A new Proof of the Positive Energy Theorem. *Comm. Math. Phys.* **80** (1981) 381–402.

Klassiker

[117] EINSTEIN, A.: *Grundzüge der Relativitätstheorie*. Vieweg 1973.

[118] PAULI, W.: *Relativitätstheorie*. In *Encykl. Math. Wiss. V.2*, pp. 538–775. Teubner 1921 / Nachdrucke Paolo Boringhieri 1963 und Springer 2005.

[119] Weyl, H.: *Raum–Zeit–Materie*. 5. Auflage. Springer 1923.

Geschichte

[120] FÖLSING, H.: *Albert Einstein. Eine Biographie*. Suhrkamp 1994.

[121] LANCZOS, C.: *The Einstein Decade*. Acad. Press 1974.

[122] PAIS, A.: *„Raffiniert ist der Herrgott ...“*. Vieweg 1986.

Theoretische Physik

[123] NOLTING, W.: *Grundkurs Theoretische Physik 1–7*. Springer 2004–2006.

[124] SOMMERFELD, A.: *Vorlesungen über Theoretische Physik I–VI*. Akad. Verlagsgesellschaft 1962–68.

Lineare Algebra, Vektoranalysis, Funktionalanalysis

[125] BARNER, M., FLOHR, F.: *Analysis II*. de Gruyter 2000.

[126] FISCHER, G.: *Lineare Algebra*. Vieweg 2003.

[127] FORSTER, O.: *Analysis 3*. Vieweg 1984.

[128] KÖNIGSBERGER, K.: *Analysis 2*. Springer 2004.

[129] RIESZ, K., SZ.-NAGY, B.: *Vorlesungen über Funktionalanalysis*. VEB Deutscher Verlag der Wissenschaften 1968.

[130] YOSIDA, K.: *Functional Analysis*. Springer 1995.

Symbole und Abkürzungen

Index